鋼筋混凝土學

(附分析設計軟體光碟)

趙元和・趙英宏　編著

全華圖書股份有限公司

　　鋼筋混凝土是人類運用鋼筋與混凝土各自優缺點互補原理所發展出來的一種價廉物美的人造建築材料，為人類的各項工程帶來莫大貢獻，也提供生命與財產的保障。鋼筋的高抗拉能力彌補了混凝土的脆性缺失；而混凝土的高抗壓強度、抗腐蝕性及抗風化性提供鋼筋的保護與抗壓能力。鋼筋混凝土因屬鋼筋與混凝土的複合材料；因此尚難完全以材料力學的原理與公式來分析與設計。經過人類不斷地實驗與實務案例的研究與歸納發展出許多鋼筋混凝土的設計方法與經驗公式；復由專業學術機構整合各種設計方法與經驗公式而成鋼筋混凝土設計規範。鋼筋混凝土學則是以鋼筋混凝土設計規範為藍本，有系統地介紹建築物各鋼筋混凝體構件的分析與設計方法；是一門大專院校土木、水利、建築科系必修課程。

　　鋼筋混凝土建築物是一種高度超靜定結構，其構件的檢驗與分析是相當複雜且需大量的計算工作；構件的設計工作更是必經構件斷面尺寸假設、鋼筋配置與合理性檢驗的「假設－設計－檢驗」等繁雜、反覆的計算工作。本書除闡述各種鋼筋混凝土構件基本設計理論外，更詳述梁、柱、版等構件承受彎矩、剪力與扭矩等的分析、設計步驟與實例。電腦程式是解決繁雜、反覆性計算工作的最佳工具，本書隨附以微軟公司的 MicroSoft Excel 2000 VBA 所撰寫的鋼筋混凝土分析設計軟體，以供讀者試用。讀者徹底瞭解構件設計原理及計算步驟，更能體會善用軟體，快速輕易設計最經濟適用的鋼筋混凝土構件。本軟體的撰寫與測試已力求完整，惟作者才疏學淺，疏漏之處尚祈不吝賜教。

趙元和、趙英宏　謹識於 VBA 工作室

編 輯 部 序

　　「系統編輯」是我們的編輯方針，我們所提供給您的，絕不只是一本書，而是關於這門學問的所有知識，它們由淺入深，循序漸進。

　　作者以多年從業經驗來編著此書，書內除闡述各種鋼筋混凝土構件基本設計理論外，更詳述梁、柱、版等構件承受彎矩、剪力與扭矩等的分析、設計步驟與實例。電腦程式是解決繁雜、反覆性計算工作的最佳工具，本書隨附以微軟公司的 MicroSoft Excel 2000 VBA 所撰寫的鋼筋混凝土分析設計軟體，以供讀者試用。讀者徹底瞭解構件設計原理及計算步驟，更能體會善用軟體，快速輕易設計最經濟適用的鋼筋混凝土構件。適合科大、技術學院土木、水利、建築等相關科系『鋼筋混凝土學』使用，並提供專業工程師一種有效率的職場分析設計工具。

　　若您在這方面有任何問題，歡迎來函連繫，我們將竭誠爲您服務。

目 錄

第 4 章　剪力設計 4-1

第 5 章　鋼筋之握裹與錨定

第 6 章　扭矩設計

第 7 章　構材之適用性

第 8 章　短柱分析與設計

第 9 章　細長柱分析與設計

第 10 章　單向版

第 11 章　雙向版直接設計法

Reinforced Concrete

Chapter **1**

鋼筋與混凝土

1-1　鋼筋混凝土

　　鋼筋混凝土一詞係由英文「Reinforced Concrete 簡稱 RC」意譯而來，意指「加強型混凝土」。混凝土係由適當比例的水泥(cement)、砂、碎石(grave)或其他骨材和水經過混拌成漿，再澆灌於模型、經過凝結、硬化而膠結為堅硬如天然石的一種人造石質材料。模型則是依據所需要結構物之形狀與尺寸來設計的。混凝土具有很高的抗壓強度，抗腐蝕性及抗風化性；惟其抗拉能力甚弱，僅及其抗壓強度的十分之一，是一種脆性材料，因此在斷面上承受拉力之結構物(如梁或其他撓曲構材)易生裂縫甚至破壞。為了彌補此項缺點，可利用具有高抗拉能力的鋼筋置放於構材承受拉力之處補強之，而成為鋼筋混凝土。鋼筋為圓形條狀的鋼鐵，其表面為竹節狀，以增加與混凝土間的握裹力。鋼筋與混凝土相互合作互補缺點，混凝土可分擔大部份壓力並保護鋼筋不被腐蝕、風化及火熔，而鋼筋則可協助混凝土抵抗拉力。鋼筋與混凝土的合作，產生了價廉物美的建築材料，為人類的各項工程帶來莫大貢獻，也提供生命與財產的保障。

1-1-1　鋼筋混凝土的優點

　　鋼筋混凝土是鋼筋與混凝土互補優缺點的一種合成構材，其優點歸納如下：

1. 容易施工

　　混凝土的可塑性很高，可不受市場材料尺寸之限制，建造任意形狀的結構物；鋼筋安置及模板組立均不須特別專業的人工即可完成。

2. 成本低廉

　　混凝土中的細砂及石子可以就近或就地取用或低價購得品質較佳的級配，水泥是混凝土中較貴的材料，但其使用量的比例不大；鋼筋雖較為昂貴，但鋼筋屬鋼料中最廉價的材料；故整體而言，鋼筋混凝土的建造成本應屬低廉。構築後無須養護費用更是其最大優點。

3. 高強度構件

　　兼取混凝土的抗壓特長與鋼筋的抗拉特長，可構築能承擔高應力的各種構件。

4. 耐久性

　　混凝土具有高度抗腐蝕及抗風化的特性，因此安置於混凝土內部的鋼筋亦可獲得保護，使不致生銹；故其耐久性極佳。

5. 耐火性

　　混凝土為一種熱的不良導體，受溫度的急速變化也不致龜裂破碎，更可保護其內置的鋼筋不致因高溫而減低其強度；是為耐火性極佳的構材。

6. 耐用性

　　鋼筋混凝土可恆久使用而不減其承載能力，更由於混凝土的冗長硬化過程，其強度可能隨歲月增長而漸增。

7. 造形容易

　　混凝土澆灌時有很高的可塑性，可隨模型產生各種實際需要的建築外形。

1-1-2　鋼筋混凝土的缺點

　　鋼筋混凝土也有其缺點歸納如下：

1. 增大靜載重

　　鋼筋混凝土的單位重量約在 $1.5\sim2.5$ t/m^3，由於單位重量的強度偏低，增加構件的體積而增加建築物的載重，也增加構材斷面的尺寸及建造成本；近有輕質混凝土的發展或採用預力設計法以減少設計斷面的尺寸。

2. 模板費用稍高

　　模板的尺寸全由結構物的形狀、尺寸所決定，每次澆灌混凝土均須組立模板，施工完畢又須拆除模板，因模板的再用率不高，故模板費用當然偏高。

3. 品質管制困難

　　舉凡骨材的級配、形狀及混凝土的水灰比、混拌、搗實、養護方法均可影響混凝土的品質。影響混凝土品質的因素很多，因此從選材到養護完成均須工作人員高度的謹慎、用心與技術，才能達成與設計規範相同的混凝土品質。

4. 施工期間很長

　　混凝土從澆灌、搗實、養護、拆卸模板至少需要兩週，更需二十八天後才可達到設計強度，承受載重；故施工期間稍嫌冗長。

5. 修改及拆除困難

　　鋼筋混凝土結構具有整體性設計考量，施工後如發現有不妥或錯誤之處，修改或部分拆除均須整體考量，極為困難。

1-2 混凝土材料

1-2-1 水　泥

　　水泥是混凝土的一種最重要物質，是一種膠著性及黏性甚強的膠結物，可將碎石、砂黏結成抗壓性很高的固體。目前各國所用的水泥均是以石灰及黏土配以適量化學成分後，送入窯中高溫鍛燒成塊，冷卻後再研磨成粉末，即成為水泥，一般稱為波特蘭水泥(Portland cements)。當水泥、砂、石子與水拌合成可塑的泥漿狀，隨即澆灌到各種形狀的模板中，經過一段時間後，逐漸凝聚成不致潰壞的程度，謂之凝結；此時混凝土尚未產生強度與硬度，稍加壓力即可壓裂，但隨時間的增加而變硬，謂之硬化。混凝土的凝結與硬化作用在拌合後二至四小時內快速進行，以後隨時間的增加而變慢，故混凝土攪拌後應盡速澆灌；十四天才能達到強度的三分之二，二十八天可達設計強度。

1-2-2 骨　材

　　礫石及沙是混凝土的主幹材料，亦稱粒料或骨材；礫石為粗骨材，砂則為細骨材；粗細骨材均為混凝土的填充料，約佔混凝土總體積的四分之三，其餘為水泥、水分及空氣。混凝土以粗骨材為主幹，以細骨材填入粗骨材的間隙，水泥漿則填入細骨材的空隙，並將各種骨材黏結成一種堅硬固體。骨材的品質對於混凝土的強度、耐久性、水密性、收縮、單位重量及彈性係數均有影響。骨材的選用雖可就近或就地取用，但應注意其質地潔淨、顆粒堅硬、及優良級配(骨材大小顆粒混合的比例)，尤其不能與混凝土其他材料如水泥、水及摻合劑產生化學作用而傷害水泥的黏著力。骨材粒徑之級配為選用骨材最重要之項目。混凝土骨材中凡留於篩號 No. 4(即一吋長度有四個篩孔)以上者，稱為粗骨材；凡通過篩號 No. 4 留於篩號 No. 100 以上者稱為細骨材。級配優良的骨材，可產生最小的空隙、

最大的密度。若以水泥漿填塞此最小的空隙，則可節省水泥用量，而獲致相同的強度。混凝土中所用的粗骨材粒徑不得大於模板間最小淨距的五分之一或樓版厚度的三分之一，亦不得大於鋼筋最小間距的三分之二。

1-2-3　摻合劑

　　為了改善混凝土的性能、提高品質或達到某些特殊目的，在混凝土混拌前或拌合中加入一適當定量的其他劑料，這些劑料稱為摻合劑(admixture)。於混凝土中加入摻合劑以改善混凝土的工作性與品質的觀念與產品廣被採納且大量生產後，各化學廠商競相研究，各自號召，混凝土的摻合劑層出不窮、五花八門，且種類繁多，其中亦確有增進混凝土品質或工作度者；但在使用前，必須詳實試驗，尋求其正確使用量，並證明確實有效，始可採用；否則可能獲得相反的結果而徒耗金錢。摻合劑大致有下列數種：

1. 輸氣劑(air-entraining admixtures)：天然樹脂或脂肪酸之鹽基性鹽類為其主要材料，其作用純為物理性的輸入氣泡，滿佈混凝土拌合料內，具有潤滑作用，減少摩擦，使混凝土的拌合容易。

2. 促凝劑(accelerating admixtures)：其作用在加速水化作用之進行，可獲致早期高強之混凝土，適用於緊急搶修工程，或需要提早拆卸模板之工程。促凝劑最具成效者為氯化鈣，其他如氯化鐵，氯化鋁，食鹽及氯化鎂等，均可採用。

3. 阻凝劑(retarding admixtures)：其作用在阻滯水化作用之進行，目的在避免混凝土在酷熱氣候下之過速凝結，並消除水泥之假凝現象，延緩巨積灌漿之凝結時間，混凝土的長途運送或交通阻塞也須靠阻凝劑來延緩凝結時間。阻凝劑最佳者為石膏粉，其他如硫酸銅、澱粉、砂糖等均可滲用。

4. 強塑劑(superplasticizer)：其作用在減少混凝土中的水分含量而保持相同坍度，使混凝土材料更為膠著及密實，減少分離現象。其優點在使混凝土之後期強度增高，減低透水性。此種膠著材料如石灰、火山灰及含炭量高之飛灰等。

5. 防漏劑(waterProofing material)：利用可溶性之鈉醋、鉀醋或銨醋，加入混凝土中，則水泥中之鈣離子即取納鉀等而代之，成為不溶解之鈣醋，即具有防漏排水之效能。混凝土如具有防漏而不滲透水分之性能，則對於抵抗冰凍循環、乾濕循環、屋頂牆壁防漏等，均有極大之改善。

1-3　混凝土之成分比例

混凝土的成分比係以重量或體積來表示水泥、砂及石子的混合比值,一般採用 1:2:4 或 1:3:6。這些成分比並未指明拌合水量的多少,一般均以每袋水泥所使用的水量稱為水灰比(water cement ratio),用水愈多則水灰比愈大,使混凝土硬化後空隙增多、減低混凝土的強度;反之用水過少,則施工時混凝土的流動性差,工作度不佳;故選擇適當的水灰比是配量設計的重要工作。

1-4　混凝土的品質

為確保生命與財產的安全,混凝土的品質亦須經過適當的品質管制。混凝土的各種性質,皆可由其抗壓力的強度來判斷,抗壓力強的混凝土,其他強度及耐久性皆佳,故測驗混凝土的最主要項目為抗壓強度。其做法是將拌好之混凝土裝入一個高三十公分,直徑十五公分的圓筒模內,在室溫中濕潤養護二十八天即為混凝土圓柱試體(如圖 1-4-1),然後按正常加壓速率在試驗機上量出該試體的極限壓力強度。這種混凝土的抗壓強度均以 f_c' 表示之,是為混凝土品質管制的依據。

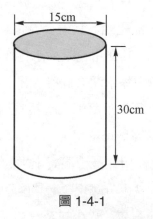

圖 1-4-1

混凝土壓力試驗的時機有二:一是設計前的配比試驗,一是施工中的抽樣試驗。配比試驗係就預計可取用材料,找尋可達設計強度的適當混凝土之成分比及水灰比;抽樣試驗則是施工時,依據建築規範採取試體以檢驗所用混凝土是否符合設計強度。

　　混凝土成分配比可由同樣條件及材料之 30 次以上連續試驗記錄中選用，但所選用試驗記錄之壓力強度，需按標準偏差，比設計壓力強度大於下表規定數值：

標準偏差 kg/cm²	20 以下	21～30	31～35	36～40	41 以上或無適當配比
大於設計壓力強度 kg/cm²	30	40	50	60	85

　　抽樣試驗應於施工時，每天，每 100 立方公尺或 500 立方公尺之混凝土中，至少取 2 個試體試驗其壓力強度，且總共不得少於五次試驗。每一強度試驗係由同一配比取樣，兩圓柱試體在 28 日齡期試驗而得之壓力強度平均值，如 3 次連續強度試驗結果，均不小於規定壓力強度，且其單一試驗結果，亦不小於規定壓力強度 35kg/cm²，應予認為合格。

■ 1-5　混凝土的強度

1-5-1　抗壓強度

　　為使混凝土能在各種建築物中扮演各種不同角色，必須掌握混凝土的抗壓強度、抗拉強度、抗剪強度及混凝土與鋼筋間的握裹強度。經過無數的試驗、觀察、分析與歸納，發現各種強度均與其抗壓強度有關，且設計實務上，混凝土的各種強度均以其極限抗壓強度的某種關係式表示之。

　　混凝土抗壓強度的測定如前述以澆置二十八天的混凝土圓柱試體，按照正常加壓速率，在試驗機上量測而得，其應力－應變關係如圖 1-5-1 所示。由混凝土的應力－應變關係可得下列重要性質：

1. 混凝土開始受壓時，其應變與應力成一直線的定比例關係，故此部份為一彈性直線(應變在 0.00045cm/cm 內)。
2. 然後應力應變關係開始變成曲線的非線性關係，使結構的應力分析更趨複雜。
3. 當應變達到 0.002cm/cm 時，達曲線的最高點，其相當的應力為極限抗壓應力 f_c'。

4. 達曲線的最高點後曲線開始下彎，在壓力未增的情況下，應變持續增加，直到混凝土破壞為止。混凝土並未有明顯的屈服強度，但總是在應變達 0.003 至 0.004 之間破壞，強度設計法取應變達 0.003 時為破壞點。

在一般鋼筋混凝土工程中，常用的混凝土抗壓強度多在 210～350 kg/cm^2 之間，預力混凝土則在 280～420 kg/cm^2。我國混凝土工程設計規範規定，結構混凝土的 f_c' 不得小於 175 kg/cm^2；而預力混凝土的 f_c' 不得小於 280 kg/cm^2。雖然不同試驗顯示，混凝土之最大破碎壓應變可自 0.003 至 0.008，但一般配比與材料的混凝土在極限彎矩時之應變約在 0.003 至 0.004 之間，故混凝土工程設計規範規定，混凝土最外受壓纖維之極限應變規定為 0.003。

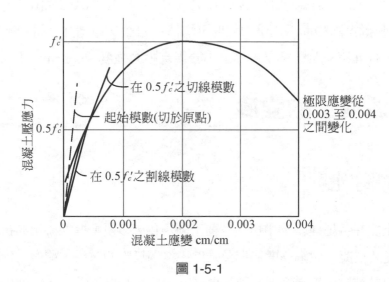

圖 1-5-1

圓柱體抗壓試驗時，承受軸向壓力後，不但使其長度縮短，也使與受力垂直方向有膨脹發生，其橫向應變與縱向應變之比值稱為柏森比(Poission's Ratio)。柏森比因混凝土性質而異，其平均值約 1.6。一般混凝土設計均未考慮柏森比的效應，但在隧道、拱霸工程中則是重要設計因素。

1-5-2 抗拉強度

混凝土拉力強度約為抗壓強度的 8%～15% 之間，拉力強度較低的主要原因是混凝土中含有很多細小裂縫，當承受壓力時，這些細小裂縫受到壓縮亦可傳遞壓力；但如受拉力，

這些細小裂縫可能擴大而無法有效傳遞拉力，故其拉力強度遠低於抗壓強度。混凝土抗拉強度主要用來抵抗鋼筋混凝土構件中的剪力及扭力所形成的拉力，對於裂縫與撓度控制有其重要功用。

　　混凝土的拉力強度不是與抗壓強度成線性相關，而是與混凝土抗壓強度的平方根直接相關。混凝土的拉力強度並不能使用直接拉力試驗取得，因為避免偏心與應力集中的試體抓拉是不易做到的。混凝土拉力強度的間接測定方法有下列兩種：

1. 圓柱劈裂試驗

　　　　將一個高三十公分，直徑十五公分的混凝土圓柱體(與抗壓試驗所用者相同)，於柱體側向施加線形載重 P 使得壓力可以均勻沿著圓柱體長的直徑方向上作用(如圖 1-5-2)直到劈裂成兩半為止。在均質材料的假設下，此圓柱體的理論碎裂抗拉強度 f_{ct} 為：

$$f_{ct} = \frac{2P}{\pi l d} \tag{1-5-1}$$

　　　　經試驗歸納，混凝土的碎裂抗拉強度 f_{ct} 約與 $\sqrt{f_c'}$ 成正比，按規範規定為：(其中 f_c' 為混凝土試體 28 天的抗壓強度)

普通混凝土： $f_{ct} = 1.78\sqrt{f_c'}$ kg/cm^2 $\tag{1-5-2}$

砂質輕質混凝土： $f_{ct} = 1.5\sqrt{f_c'}$ kg/cm^2 $\tag{1-5-3}$

全輕質混凝土： $f_{ct} = 1.3\sqrt{f_c'}$ kg/cm^2 $\tag{1-5-4}$

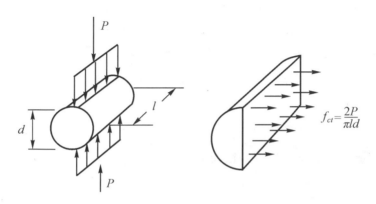

圖 1-5-2

2. 破壞模數試驗

　　撓曲抗拉應力強度又稱破壞模數或開裂模數(modulus of rupture)，是計算梁的裂縫與撓度的重要參數，可由破壞模數試驗量得。破壞模數試驗係將一具有 15.24 公分(6 吋)方形斷面，長度 76.2 公分(30 吋)且跨度為 60.96 公分(24 吋)的無鋼筋混凝土梁，以等量集中載重作用於跨度的三分點上，如圖 1-5-3，將集中載重逐漸增加到梁的受拉面產生裂縫為止。假設梁受力後的行為為彈性，則造成梁跨度中央底部龜裂的拉應力稱之為破裂模數 f_r，則

$$f_r = \frac{My}{I}$$
(1-5-5)

式中

　　M 為跨度中央撓曲彎矩

　　y 為梁底纖維至中性軸的距離(7.12 公分)

　　I 為梁斷面對中性軸的慣性矩

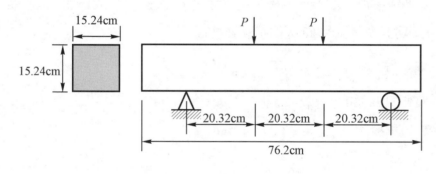

圖 1-5-3

　　因為拉應力破壞時，混凝土壓應力已非線性分布，故按公式(1-5-5)計算的破壞模數並不很正確。一般均按規範規定取用，破裂模數與 $\sqrt{f_c'}$ 的關係如下：

　　普通混凝土：$f_r = 2.0\sqrt{f_c'}$ kg/cm^2
(1-5-6)

　　輕質混凝土：$f_r = 1.5\sqrt{f_c'}$ kg/cm^2
(1-5-7)

1-5-3　剪力強度

混凝土的剪力強度約為抗壓強度的 35%～80%。規範允許普通混凝土的極限剪力強度為 $0.53\sqrt{f_c'}$ kg/cm^2。

1-5-4　混凝土的彈性模數

混凝土為一種非均質的合成材料，其在混凝土圓柱體試驗中所呈現的應力－應變關係圖為部分線性關係，部分曲線關係。所謂混凝土的彈性模數(modulus of elasticity)E_c，乃指其應力－應變關係圖中直線部分的斜率，亦即

$$E_c = \frac{f_c}{\varepsilon_c} \tag{1-5-8}$$

規範規定混凝土的彈性模數可由下列經驗公式求得：

$$E_c = 0.137 w_c^{1.5} \sqrt{f_c'} \quad \text{kg/cm}^2 \tag{1-5-9}$$

其中　　f_c' 為混凝土圓柱試體的抗壓強度 kg/cm^2

　　　　w_c 為混凝土的單位重量(kg/m^3) 或

$$E_c = 4270 w_c^{1.5} \sqrt{f_c'} \quad \text{kg/cm}^2 \tag{1-5-10}$$

其中　　f_c' 為混凝土圓柱試體的抗壓強度 kg/cm^2

　　　　w_c 為混凝土的單位重量(t/m^3)

如為常重混凝土，取 2.3 t/m^3

則　　　$$E_c = 15000 \sqrt{f_c'} \quad \text{kg/cm}^2 \tag{1-5-11}$$

1-5-5　潛變與收縮

潛變與收縮均是與時間有關的變形。因為混凝土在澆置二十八天之後，其水化及硬化作用仍繼續進行，於是在持續載重作用下；混凝土的應力與應變仍隨水化及硬化作用的進

行，呈現長時期的變化現象。混凝土材料在承受一定載重時，在相當長時間內之持續變形，稱為混凝土的潛變(creep)。混凝土潛變可能造成體積縮小、細裂縫增加、增加長期撓度變位、甚至減低混凝土的強度而造成實質上或心理上的不安。一般可採下列措施以減低潛變對混凝土的危害：

1. 增加養護時間，延遲承受載重的時間，使混凝土具備足夠強度後再承受載重。
2. 使用高強度的水泥。
3. 增加鋼筋用量。

混凝土為了保持適當的工作度，拌合水量可能較水灰比大，因澆置後暴露於空氣中，其水分必然蒸發掉而發生收縮(shrinkage)現象。混凝土因收縮外部產生毛細拉力，其內部因水分散失較慢而產生壓力。因此，在混凝土收縮產生表面毛細拉力，進而導致表面裂縫；此種裂縫可降低構件的抗剪能力，又使鋼筋暴露於空氣中增加腐蝕的危險，更損及外部美觀。減低收縮的措施為：

1. 使用摻合劑，減少用水量以保持應有的工作度。
2. 加強濕潤養護。
3. 使用高密度而無空隙的骨材。
4. 使用收縮鋼筋。

◼ 1-6　鋼筋的形狀與尺寸

鋼筋混凝土用的鋼筋通常為一圓形斷面，長約 6 公尺、12 公尺或 18 公尺長的條狀鋼料，其表面則有竹節狀突出物(如圖 1-6-1)，以增加鋼筋與混凝土的握裹強度，而達成兩者本質上的優劣互補合作關係。因為竹節鋼筋的表面呈凹凸狀，其直徑不易測定，故竹節鋼筋的直徑定義為相當於單位長度等重的光面鋼筋的直徑；一般稱此直徑為標稱直徑(nominal diameter)。鋼筋的標稱直徑是區別鋼筋大小的重要指標，在鋼筋混凝土的設計與施工中，均以編號來標示鋼筋直徑的大小。鋼筋的編號由 3 號編到 8 號，每號之間的直徑相差 1/8 吋(即 0.125 吋或 0.318 公厘)。竹節鋼筋的國家標準標稱尺寸及單位重量如下表。表中除依美國混凝土學會的代號外，另加以直徑整數值表示的稱號，如直徑為 0.953 公分的鋼筋稱為 D10，直徑為 1.910 公分的鋼筋稱為 D19 等等。

標示代號	鋼筋稱號	單位重量	標稱尺寸		
		kg/m	直徑 cm	面積 cm^2	周長 cm
3	D10	0.56	0.953	0.713	2.994
4	D13	0.99	1.270	1.267	3.990
5	D16	1.56	1.590	1.986	4.995
6	D19	2.25	1.910	2.865	6.000
7	D22	3.04	2.220	3.871	6.974
8	D25	3.98	2.540	5.067	7.980
9	D29	5.08	2.870	6.469	9.016
10	D32	6.39	3.220	8.143	10.116
11	D36	7.90	3.580	10.066	11.247
12	D39	9.57	3.940	12.192	12.378
14	D43	11.40	4.300	14.522	13.509
16	D50	15.50	5.020	19.792	15.771
18	D57	20.20	5.730	25.787	18.001

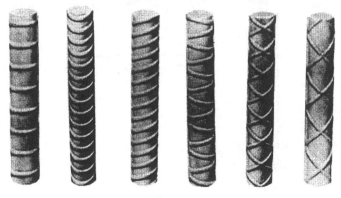

圖 1-6-1

Chapter 1

1-7 鋼筋的彈性模數與降伏強度

　　圖 1-7-1 為鋼筋在承受單向拉力試驗所繪得的應力－應變關係曲線。曲線開始為一傾斜的直線(即 ab 段屬於彈性範圍內)，鋼筋在彈性限度內應力與應變成線性正比關係，該直線段的斜率稱為鋼筋的彈性模數 E_s。隨著應力的增加，經過降伏水平線而進入塑性範圍(即 bd 段)，此時應變增加，但應力卻保持不變，因此降伏水平線起點的應力稱謂降伏強度 f_y。此後，應變增加應力亦增加，僅應力增加速度趨緩，此現象稱為應變硬化(即 de 段)。然後應力再增加時，曲線亦上升到最高點，此最高點的應力即為鋼筋的極限強度 f_u。過了極限強度後，應力急速下降但應變卻快速增加，最後直到鋼筋斷裂為止。

　　鋼筋的彈性模數與降伏強度為決定鋼筋特性的兩項性質。幾乎所有的鋼筋的彈性模數均相同，其值為 2.04×10^6 kg/cm²。鋼筋的降伏強度隨鋼筋級數而異如下表。

鋼筋級數	降伏強度 f_y	附註
40	2800 kg/cm²	耐震結構及抗扭、抗剪鋼筋的降伏強度不得超過 4200 kg/cm²
50	3500 kg/cm²	
60	4200 kg/cm²	
70	4900 kg/cm²	
75	5270 kg/cm²	
彈性模數 $E_s = 2.04 \times 10^6$ kg/cm²		

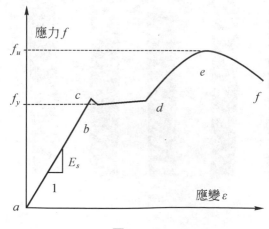

圖 1-7-1

因此鋼筋在彈性限度內

$$應力\ f_s = \varepsilon_s E_s$$

$$應變\ \varepsilon_s = \frac{f_s}{E_s}$$

鋼筋在降伏點的應變為　$\varepsilon_y = \dfrac{f_y}{E_s}$

1-8　彈性模數比

彈性模數比(Modulus ratio) n 為鋼筋之彈性模數 E_s 與混凝土的彈性模數 E_c 之比。

$$n = \frac{E_s}{E_c}$$

如以常重混凝土 $E_c = 15000\sqrt{f_c'}$ kg/cm^2，$E_s = 2.04 \times 10^6$ kg/cm^2 帶入，可得 f_c' 與 n 的關係如下表：

f_c' kg/cm^2	140	175	210	280	350	420	2490
n	12	10	9	8	7	7	6

1-9　量測單位

美國鋼筋混凝土(ACI)學會對於鋼筋混凝土的設計規範採用英制，加拿大、英國則採 SI 公制，我國、日本及西半球多數國家則採用公制(MKS)。各種物理量在不同度量衡制的表示單位如下表：

物理量	MKS 公制	SI 公制	英制
長度	m、cm	m、cm	英尺 ft、英吋 in
面積	m^2、cm^2	m^2、cm^2	ft^2、in^2
體積	m^3、cm^3	m^3、cm^3	ft^3、in^3
慣性矩	m^4、cm^4	m^4、cm^4	ft^4、in^4
力	kgf、t	N(Newton)	英磅(lb)
彎矩、扭矩	kgf-m、t-m	N-m	ft-lb
應力	kgf/cm^2	N/m^2	Psi(lb/in^2)
單位重	t/m^3	N/m^2	lb/ft^3

在公制(SI)中，若力的單位為牛頓(N)，面積的單位為平方公尺(m^2)，則應力的單位為 N/m^2，此一單位通稱為 pascal，簡稱為 Pa。

不同度量衡制間的單位換算如下表：

	公制(MKS)	公制(SI)	英制
長度	1.0 m	1.0 m	3.28 ft
	1.0 cm	1.0 cm	0.3937 in
	0.3048 cm	0.3048 cm	1.0 ft
	2.54 cm	2.54 cm	1.0 in
力	1.0 Kg	9.80615 N	2.20462 lb
	0.1020 Kg	1.0 N	0.2248 lb
	0.4536 Kg	4.448 N	1.0 lb
應力	$1.0\ Kg/cm^2$	$9.80615\ N/cm^2$	$14.2234\ lb/in^2$
	$0.1020\ Kg/cm^2$	$1.0\ N/cm^2$	$1.4505\ lb/in^2$
	$0.07032\ Kg/cm^2$	$0.6894\ N/cm^2$	$1.0\ psi(lb/in^2)$

Chapter **2**

鋼筋混凝土設計方法

◪ 2-1 設計規範

　　鋼筋混凝土是一種使用範圍相當廣泛的優質人造石質建築構材，各國政府爲保障人民生命與財產的安全，對於鋼筋混凝土結構物的設計與建造均須有一套設計與施工規範供設計及建造人員遵循參用。由於鋼筋混凝土是一種由多種材料合成的非均質構材，因此尚難完全套用材料力學相關理論來設計之；因此鋼筋混凝土的設計是一種結合力學基本理論及經無數試驗、分析、歸納所得經驗公式與實務經驗的試誤漸進設計程序。這些半理論的無數試驗、觀察、分析、歸納與實務驗證均須投入大量費用與人力，始能整理出合用的設計規範。目前，各國政府大都根據美國混凝土學會(American Concrete Institute，簡稱 ACI)所頒布的「鋼筋混凝土建築設計規範」(Building Code Requirements for Structural Concrete，簡稱 ACI 規範)配合國情所修訂而來。

　　我國「建築技術規則」於民國三十四年二月二十六日頒佈實施，最近於民國七十八年十一月十三日又修訂，爲我國建築法令體系之一環。「建築技術規則」對於建築物之設計、施工構造、設備及材料規格均有所規範。其中建築構造篇第一章爲「基本規則」，爲結構設計要求、施工品質、載重、風力級地震力等結構應力分析之基本規定；第二章爲「基礎構造」，爲地基調查、版基礎、樁基礎、墩基礎及基礎開挖等設計施工規範；第三章爲「磚構造」；第四章爲「木構造」；第五章爲「鋼構造」；第六章爲「混凝土構造」爲鋼筋混凝土及預力混凝土的設計規則。

　　中國土木水利工程學會混凝土工程委員會於民國五十四年成立，以編訂各種混凝土設計或施工之規範與手冊爲宗旨。「鋼筋混凝土建築設計規範」自民國五十六年六月初版後，因應工程設計學術理論與施工技術之進步，並配合國內工程環境之需要，曾作五次修訂。該規範以參照美國混凝土學會 ACI 318-95 版本作必要修訂，同時因其內容已涵蓋鋼筋混凝土、預力混凝土、結構純混凝土、預鑄及合成混凝土構材等，因此更名爲「混凝土工程設計規範與解說」。這些規範在於規定基本的安全條件，以防疏失造成生命財產的損失；工程師實際從事設計工作時，除須遵循規範的規定外，更須依據基本力學理論及材料的力學行爲與特性加以妥善處理。

　　政府訂定的設計規範只是訂出了爲避免人們生命受到傷害及達到良好的安全性所需之最低要求標準；設計規範不是實際推行工作之方法，也非設計手冊，更不可取代工程知

識。設計安全經濟的結構物是鋼筋混凝土設計工程師的職責,其責任並不因為忠實遵循設計規範而減輕之。

◨ 2-2　設計方法

　　建築物構造須依據業經公認通用之設計方法,予以合理分析,並依所規定之需要強度設計之。鋼筋混凝土公認通用的設計方法有:

　　　　工作應力設計法(Working Stress Design Method,簡稱 W.S.D)
　　　　極限強度設計法(Ultimate Strength Design Method,簡稱 U.S.D)

　　「工作應力設計法」是由 Coignet 及 Tedesco 提出後,最早被公認採用的鋼筋混凝土設計法,該法是以彈性理論為分析基礎,輔以設計圖表使易於了解與應用,是西元 1900～1960 年間的鋼筋混凝土分析與設計的主要方法。工作應力設計法經過多年的實務經驗與實驗室工作,發現該法有(1)將鋼筋與混凝土的承受應力侷限於某一範圍內,未能發揮材料的極限強度而有浪費之嫌(2)未考量各種載重估算的可靠性,卻採用相同的安全係數,造成部份設計過於浪費及部分稍嫌不足(3)未能考量材料的非彈性部分的強度亦有浪費之嫌(4)工作應力法中必須採用混凝土的彈性模數 E_c;彈性模數 E_c 則因混凝土品質的控制不易而難有合理的估算方法等缺失。業界與學界經過半個世紀的實際經驗、觀察、體會與歸納及不斷的試驗,對於鋼筋與混凝土材料的更深了解後,因「工作應力設計法」尚未充分發揮鋼筋與混凝土的潛能,逐發展出較切實際的「極限強度設計法」分析設計方法(Ultimate Strength Design, 簡稱為 USD),亦稱為強度設計法。

　　美國混凝土學會 1956 年所頒布的「鋼筋混凝土建築規範」(簡稱 1956 年 ACI 規範)中首次承認並允許「極限強度設計法」,更於 1963 年 ACI 規範中成為一重要部分。1971 年版的 ACI 規範更將「工作應力設計法」列為替代設計法(alternate design method),而將「極限強度設計法」提昇為主要設計方法,並更名為「強度設計法」。我國「混凝土工程設計規範與解說」亦以強度設計法為主,而「工作應力設計法」則列於附錄 A。

■ 2-3 工作應力設計法

工作應力設計法係指建築物所能承受之各種載重(如本身之靜載重、活載重、風力、地震力與雪等)均依其實際需要之載重量(工作載重或使用載重)作為設計之載重強度,並使鋼筋與混凝土之強度均限制於其容許應力值內,故稱為「工作應力設計法」。

由材料試驗的結果顯示,大部分構材的應力與應變曲線均有受力初期應力與應變成一線性關係的共同特性(虎克定律)。此一應力與應變所成的線性關係即為工作應力設計法所依據的力學理論。ACI 規範及我國建築技術規則均規定混凝土之容許應力在 $0.45f_c'$ 之內(f_c' 為混凝土的極限抗壓強度);規範亦規定撓曲構材中拉力鋼筋的拉應力不得大於鋼筋的容許應力。當鋼筋的降伏強度 f_y=2,800 kg/cm^2～3,500 kg/cm^2 時,其容許應力不得超過 1,400 kg/cm^2;降伏強度 f_y 大於 4,200 kg/cm^2 者,其容許應力等於或小於 1,700 kg/cm^2。因此,工作應力設計法僅用鋼筋降伏強度的 40～50%。

建築技術規則規定:鋼筋的彈性模數 E_s 為 2,040,000 kg/cm^2,混凝土的彈性模數 E_c 為15,000 $\sqrt{f_c'}$;兩者彈性模數比 $n = \dfrac{E_s}{E_c}$ 為工作應力設計法的重要常數。

工作應力設計法的特徵可歸納如下:

1. 以建築物的實際靜載重、活載重及臨時載重等為設計載重。

2. 以材料的彈性限度為其分析與設計的基本理論。

3. 混凝土的外緣壓應力,不得大於 $0.45f_c'$。全面積承受壓應力時為 $0.3f_c'$ 範圍內。混凝土之拉應力限制在 $0.42\sqrt{f_c'}$ 範圍內。

4. 容許拉應力限定為:

    1,400 kg/cm^2,當鋼筋的降伏應力 f_y=2,800 kg/cm^2～3,500 kg/cm^2

    1,700 kg/cm^2,當鋼筋的降伏應力 f_y 大於 4,200 kg/cm^2 者

5. 設計的安全係數為材料的降伏應力與容許應力之比。

工作應力設計法的缺點可歸納如下:

1. 工作應力設計法係以承受工作載重下,限制其構材之總應力的設計法;但對於一些具有不同程度不確定或變化的載重(如風載重、地震載重等),與容易確定的靜載重間並無有效區隔劃分的機制,一律以工作載重視之。

2. 混凝土的潛變與收縮是隨時間增長的變形，其應力應變關係已非線性關係，有違本設計法的原始假設。

3. 僅利用材料的彈性範圍潛能，而忽略降伏前的極限潛能，顯有浪費材料之嫌。

2-4　強度設計法

「強度設計法」又稱「極限強度設計法」，是費特尼教授(C.S.Whitney)於西元 1942 年發表的鋼筋混凝土極限強度設計理論，西元 1956 年美國 ACI 規範在附錄中正式認可；西元 1963 年的 ACI 規範中使與工作應力設計法站於相等地位，直到 1971 年的 ACI 規範中才取代工作應力設計法而成為主要的鋼筋混凝土設計方法。

強度設計法是依據結構物承載極限載重下，構材斷面的鋼筋及混凝土應力或應變達到該材料之規定極限值為基準的設計方法。混凝土材料的極限值為其斷面受壓側最外緣應變值為 0.003；鋼筋材料的極限值為其降伏強度。此時，應力與應變之關係不成線性正比(超出材料的彈性範圍)，而接近破壞時之強度容量。強度設計法的基本做法是將實際載重乘以載重因數(load factor)求取各構材的需要強度(required strength)；將各構材發揮到極限時的極限強度乘以強度折減因數求得設計強度(design strength)；設計者應該調整構材斷面及鋼筋量直到設計強度大於需要強度始告設計完成。

2-5　載　重

建築物構造須能承受的載重共分三種：

1. 靜載重(dead load)

　　靜載重係指在結構物使用年限內，其載重的大小、型態及位置不會變更者。故建築物本身各部分的重量及固定於建築物構造上各物之重量，如牆壁、隔牆、梁柱、樓版及屋頂等均為靜載重。靜載重可由構材的尺寸較為精確的估算出來。

2. 活載重(live load)

　　垂直載重中不屬於靜載重者，均為活載重；活載重包括建築物室內人員、傢俱、設備、貯藏物品、活動隔間等。依據建築技術規則第十七條，建築物活載重因

樓地板之用途而不同，不得低於下表中所列之值；不在表列的樓地板用途或使用情形與表列不同時，應按實計算之。

樓版用途類別	載重(Kg/M^2)
1. 住宅、旅館客房、病房	200
2. 教室	250
3. 辦公室、商店、餐廳、圖書閱覽室、醫院手術室及固定座位之集會堂、電影院、戲院、歌廳與演藝場等	300
4. 博物館、健身房、保齡球館、太平間、市場及無固定座位之集會堂、電影院、戲院、歌廳與演藝場等	400
5. 百貨商場、拍賣商場、舞廳、夜總會、運動場及看臺、操練場、工作場、車庫、鄰街看臺、太平樓梯與公共走廊	500
6. 倉庫、書庫	600
7. 走廊、樓梯的活載重應與室載重相同，但供公眾使用人數眾多者如教室、集會堂等之公共走廊、樓梯每平方公尺不得少於 400 公斤	
8. 屋頂陽台之活載重得較室載重每平方公尺減少 50 公斤，但供公眾使用人數眾多者，每平方公尺不得少於 300 公斤	

3. 環境載重(environmental load)

環境載重包括雪載重、風壓力、風吸力、地震力、土壓力、基礎不均勻沉陷引發之載重等等。環境載重的算計應依當地的環境與規定辦理。

2-6 結構物的安全性

建築構造物的設計以能在使用年限內滿足結構物建造目的為最高指導原則；但工程師在設計之初，可能面臨環境載重的不確定性(如地震的最大級數、颱風級數、風雪、洪水等)而低估設計載重；建造時亦可能因材料品質、施工技術、監工疏失等因導致強度不足；或建造後因變更用途而致超載而造成結構物不安全狀態。

各種建築規範均有安全條款的規定，以降低結構物失敗的機會並導引到較為經濟的設計。早期的工作應力設計法使用容許應力來設計構材斷面即為安全機制；其材料的降伏強度與容許應力的比值即稱為安全係數(safety factor)。工作應力設計法中對結構物中任一構件均採用相同的安全係數；強度設計法則對各種載重及其組合賦予不同權數(載重因數)，並對材料的極限強度因使用目的的差異賦予不同權數(強度折減因數)，以達到適當、經濟的安全保護。

■ 2-7　載重因數

載重因數(load factor)是強度設計法的一種安全機制；主要是對於構造物的可能載重乘以不同載重因數以期獲得適當經濟的安全保護。「載重因數」(load factor)與「使用載重」(service load)組合計算所得之載重稱為「因數化載重」(factored load)。結構物上各因數化載重的和稱為極限載重 U (ultimate load)；以極限載重按結構分析方法或設計規範規定的方法所算得的結構物各項內力(彎矩、剪力、扭矩，軸力等)均稱為設計載重或需要強度(required strength)。因此，「設計載重」一詞涵蓋由「載重因數」與「使用載重」組合計算所得之載重，及由此載重在構材或斷面上產生之各種相關彎矩 M_u、軸力 P_u、剪力 V_u 及扭力 T_u。

「使用載重」係指建築技術規則中所規定的各種載重，如靜載重、活載重、風力、地震力、流體載重、土壤載重、以及因為溫度、潛變、乾縮補償混凝土之膨脹及沉陷等變化引起之效應。

載重因數的大小端視載重估算的精確程度或載重組合的或然率而異。靜載重是一項可以精確計算的載重，故其載重因數較小為 1.4；而活載重則因估算誤差較大，故其載重因數較大為 1.7。各種載重的載重因數如下表：

載重種類	載重因數
靜載重 D	1.4
活載重 L	1.7
風載重 W	1.7
側向土壓力 H	1.7
地震力 E	1.87

● 一般結構物均以靜載重 D 及活載重 L 為主，故其極限載重 U 為：

$$U = 1.4D + 1.7L \tag{2-7-1}$$

● 如同時考量風力 W，則其極限載重為應採以下兩式算得之較大者，但不得小於公式 (2-7-1)的值

$$U = 0.75(1.4D + 1.7L + 1.7W) \tag{2-7-2}$$

$$U = 0.9D + 1.3W \tag{2-7-3}$$

上式中，因規範考量活載重與風壓力同時達到最高值的機會不大，故建議將其極限載重乘以 0.75，實務上可視實際情形取捨之。如因地震橫力須併入合計時，可以 $1.1E$ 帶入上式的 W，則其極限載重為：

$$U = 0.75(1.4D + 1.7L + 1.87E) \tag{2-7-4}$$

$$U = 0.9D + 1.43E \tag{2-7-5}$$

● 如土壤側向壓力 H 併入計算時，其極限載重(設計載重)U 不得小於

$$U = 1.4D + 1.7L + 1.7H \tag{2-7-6}$$

但當 D 或 L 減少 H 之影響時，則極限載重應採以下三式算得之較大者，但不得小於公式(2-7-1)的值。

當 D 減少 H 之影響時

$$U = 0.9D + 1.7L + 1.7H \tag{2-7-7}$$

當 L 減少 H 之影響時

$$U = 1.4D + 1.7H \tag{2-7-8}$$

當 D 及 L 減少 H 之影響時

$$U = 0.9D + 1.7H \tag{2-7-9}$$

- 如液體力 F 併入計算時，若液體力能正確計算其單位重及最大可控制深度，可用公式(2-7-6)至公式(2-7-9)，惟其中之 $1.7H$ 以 $1.4F$ 代入，且 $1.4F$ 應考慮於含活載重 L 之載重組合中。但液體力無法正確計算其單位重及最大可控制深度時，則應以 $1.7F$ 取代之，但不得小於公式(2-7-1)的值。

- 如有衝擊力作用時，應併入 L 計算。

- 如有溫度變化、潛變、乾縮、乾縮補償混凝土之膨脹或不等沉陷之效應 T 對結構物有顯著之影響時，其設計載重 U 不得小於

$$U = 0.75(1.4D + 1.7L + 1.4T) \tag{2-7-10}$$

亦不得小於

$$U = 1.4(D + T) \tag{2-7-11}$$

T 之值應按實際情況估計之。

2-8　強度折減因數

　　強度折減因數(strength reduction factor)是強度設計法的另一種安全機制。強度設計法中各構材斷面依材料的強度極限值計算所得的抵抗強度稱為極限強度(ultimate strength)或稱標稱強度(nominal strength)，為反應材料強度、構材斷面等可能變異所造成之強度不足；設計方程式簡化造成的偏差；及構件在結構物中的重要性，必須對於構件的極限強度乘以小於 1.0 的強度折減因數 ϕ 來減低強度使用，以便保障結構物的安全。我國混凝土工程設計規範規定強度折減因數 ϕ 如下表：

構材功能	強度折減因數 ϕ
撓曲或撓曲與軸拉力共同作用	0.90
軸拉力	0.90
軸壓力或撓曲與軸壓力共同作用♣	
以螺旋箍筋圍束	0.75

(續前表)

構材功能	強度折減因數 ϕ
其他情形	0.70
剪力與扭力	0.85
混凝土承壓	0.70
純混凝土受撓曲、壓力、剪力及承壓	0.65

♣低軸力高彎矩之受壓構材，使受壓構材變成純梁的功能，則強度折減因數可能提升到 0.90(參與第八章短柱設計)

由上表可知螺旋柱(受軸壓力的構材)的強度折減因數(0.75)比梁(受撓曲的構材)的強度折減因數(0.90)小，乃是因為螺旋柱的韌度與延展性較差，易受混凝土強度的影響，且一旦破壞，所造成的損害較梁的破壞更慘重。而橫箍柱的韌度與延展性較螺旋柱差，故橫箍柱的強度折減因數為 0.7，較螺旋柱的強度折減因數小。

2-9　設計載重與需要強度

強度設計法中的設計載重或需要強度(required strength)是依下列程序計算所得：

步驟	動作
1	構件的使用載重(乘以載重因數)
2	因數化載重(彙總)
3	極限載重(結構分析法或係數法)
4	構件需要強度(彎矩、軸力、剪力或扭矩)

將構件上的各個使用載重乘以載重因數而得因數化載重，彙總構件上各因數化載重而得該構件的極限載重；然後依據極限載重以結構分析法或係數法求得構件所需如彎矩、軸力、剪力或扭矩等的需要強度(或稱設計載重)。

強度設計法中的設計強度(design strength)是依下列程序計算所得：

步驟	動作
1	構件斷面尺寸及材料強度極限值(依規範的公式或計算程序)
2	標稱強度或極限強度(乘以強度折減因數 ϕ)
3	構件設計強度(彎矩、軸力、剪力或扭矩)

　　以構件斷面假設或受限的尺寸及材料的極限強度，依據設計規範的公式或計算程序計算該構件所能承擔或抵抗如彎矩、軸力、剪力或扭矩等的標稱強度或極限強度；然後依構件使用目的乘以不同的強度折減因數而得該構件的設計強度。

　　因此，強度設計法的基本要求為：

設計強度	$\geqq$	需要強度(或設計載重)
(軸力設計強度)ϕP_n	$\geqq$	P_u 軸力需要強度
(彎矩設計強度)ϕM_n	$\geqq$	M_u 彎矩需要強度
(剪力設計強度)ϕV_n	$\geqq$	V_u 剪力需要強度
(扭矩設計強度)ϕT_n	$\geqq$	T_u 扭矩需要強度

　　一般以 P、M、V 及 T 代表軸力、彎矩、剪力及扭矩；另以下標 u、n、d 來代表需要強度、標稱強度及設計強度。

　　總而言之，結構物的設計應先依據使用目的及環境因素決定極限載重，再用結構力學分析分法來計算需要強度；另依構材特性及選用的構材尺寸利用力學原理及規範公式或計算程序計算其標稱強度，經強度折減因數修正而得設計強度；最終以使需要強度不超過設計強度為目的。

■ 2-10　分析與設計

　　從事鋼筋混凝土設計工作的工程師可能面臨的計算工作為分析計算與設計計算，茲說明如下：

2-10-1　設計計算

　　設計計算係指已知一鋼筋混凝土構件(如梁、柱、版或基礎等)所需滿足的使用載重或需要強度(設計載重)，在遵循混凝土工程設計規範及選用材料的強度前提下，設計該構件的形狀、尺寸及鋼筋量與配置，所需要的計算工作。有時因受環境的限制，可能構件斷面的形狀或尺寸已經限定，僅需計算鋼筋量及配置亦屬設計計算。

　　鋼筋混凝土的設計計算是一種複雜的試誤(try and error)計算程序。構件的尺寸及形狀影響構材的自重(即使用靜載重)及幾何特性(如形心、慣性矩等)，進而影響計算的結果。因此，工程師必須先依據假設的構材斷面形狀及尺寸修改使用載重及需要強度，再依據混凝土工程設計規範及選用材料的強度計算設計強度，使滿足設計強度大於或等於需要強度的強度設計法基本要求；如果設計強度小於需要強度，則須再修改構材斷面形狀與尺寸直到滿足強度設計法基本要求始止，因此是一種假設、計算與驗證的試誤複雜計算程序。

2-10-2　分析計算

　　分析計算係指已知一鋼筋混凝土構件(如梁、柱、版或基礎等)所需滿足的使用載重或需要強度及其斷面形狀與尺寸、鋼筋量及配置、選用材料的強度等，依據混凝土工程設計規範計算該構件的設計強度，以研判其安全性及適當性的計算工作。分析計算可以是設計階段的複驗工作；亦可是建築物變更用途或查驗建築物設計妥當性的查驗工作。分析計算與設計計算應注意其使用的公式與計算程序的差異。分析計算不如設計計算需要重複的試誤計算，整個程序較為簡單。

■ 2-11　設計細則

2-11-1　鋼筋間距之限制

　　鋼筋最小間距限制之主要目的在於使混凝土澆置時，混凝土易於通過鋼筋之間隙進入模板內，完全充滿鋼筋與模板間及鋼筋與鋼筋間之空間，不致產生蜂窩現象，並避免鋼筋排列過密以致發生剪力或乾縮裂縫。

　　鋼筋間距限制之相關規定如下：

1. 同層平行鋼筋間之淨距不得小於鋼筋的標稱直徑 d_b，或粗骨材標稱最大粒徑 1.33 倍，亦不得小於 2.5cm。

2. 若鋼筋分置兩層以上者，兩層間之淨距不得小於 2.5cm，各層之鋼筋需上下對齊不得錯列。

3. 受壓構材之主筋間淨距不得小於 $1.5\,d_b$，或粗骨材標稱最大粒徑之 1.33 倍，亦不得小於 4cm。

4. 鋼筋間淨距之限制亦適用於接觸搭接鋼筋與其他相鄰鋼筋或其他續接鋼筋之間。

5. 除混凝土欄柵版外，牆及版之主筋間距不得大於牆厚或版厚之 3 倍，亦不得超過 45cm。

2-11-2　束　筋

　　當構材之配筋較多無法使鋼筋各自分開保持應有之最小間距時，可將四根以內鋼筋接觸合成一束如單根鋼筋作用，此種成束鋼筋稱為束筋。所謂「鋼筋接觸合成一束如單根鋼筋作用」即避免發生束筋中有任何三根鋼筋在同一平面上之情況。三筋或四筋之標準束筋型式為三角形、正方形或 L 形，其可能之安排方式如圖 2-11-1。

圖 2-11-1

束筋在彎曲平面上比單筋深時不宜整體彎曲或做彎鉤，當須做末端彎鉤時，最好各單筋於束筋內錯開做彎鉤。不論垂直或水平放置之束筋可採用繫筋、鋼線或其他方式綑綁，以確保其位置固定。束筋相關規定如下：

1.   束筋須以肋筋或箍筋圍束。

2.   大於 D36 之鋼筋不得成束置於梁內。

3.   受撓構材跨度內之束筋，束內每根鋼筋應在不同點終斷，終斷點至少應錯開 $40\,d_b$ 之距離。

4.   若鋼筋之間距限制及最小保護層係由鋼筋直徑 d_b 決定者，束筋所用之直徑可用其等面積所相當單根鋼筋之直徑。

2-11-3　鋼筋之保護層

混凝土保護層係為保護鋼筋抵抗天候及其他之侵蝕。混凝土保護層之量測為自混凝土之表面至鋼筋之最外表面。各種構材混凝土最小保護層之量測分別為：有橫向鋼筋圍封主鋼筋時，量至肋筋、箍筋或螺旋筋之最外緣；無橫向鋼筋圍封之一層以上主筋，量至最外層鋼筋。規範規定現場澆置混凝土時，鋼筋之最小保護層如下表：

狀況	版、牆、欄柵及牆版 mm	梁、柱及基腳 mm	薄殼及摺版 mm
不受風雨侵襲且不與土壤接觸者：			
鋼線或 $d_b \leq 16mm$ 鋼筋	20	40	15
$16mm < d_b \leq 36mm$ 鋼筋	20	40	20
$d_b > 36mm$ 鋼筋	40	40	20
受風雨侵襲或與土壤接觸者：			
鋼線或 $d_b \leq 16mm$ 鋼筋	40	40	40
$16mm < d_b$ 鋼筋	50	50	50
澆置於土壤或岩石上或經常與水及土壤接觸者：	75	75	
與海水或腐蝕性環境接觸者：	100	100	

　　受風雨侵襲情況係指直接暴露於溼度變化及溫度變化處。但梁、版或薄殼底面並不被認為直接暴露，除非承受乾濕交替作用，包括結露、流水或其他類似作用。

2-12　公式推導的力學假設

　　鋼筋混凝土既是一種合成的非均質人工建築石材，基本力學、結構力學及材料力學的原理尚難完全適用。通常都根據力學基本原理及一些假設進行各項試驗，再由試驗資料分析、歸納出經驗公式。鋼筋混凝土所依據的力學性質與假設如下：

1. 鋼筋混凝土構件在任一剖面上之內力(如彎矩、軸向力、剪力、扭矩)均與剖面上所有載重形成平衡狀態，故可以基本力學靜力平衡觀念分析之。

2. 鋼筋與混凝土之間因為竹節鋼筋與混凝土的磨擦與握裹力而緊密結合成一體，故鋼筋與混凝土的應變是一致的。

3. 鋼筋混凝土構件剖面在承受載重之前與承受載重之後均保持為一平面。此項假設所推導之理論公式與試驗結果非常接近。

4. 鋼筋混凝土因混凝土的低抗拉性而使構件產生裂縫，造成使用上心理的不安與實質上可能造成鋼筋的鏽蝕。規範雖訂有裂縫控制方法，但在設計時均假定混凝土不承受拉力。

5. 鋼筋混凝土構件係依據鋼筋與混凝土兩種材料之強度性質及其應力與應變關係而設計，早期的工作應力設計法受到彈性上限的限制；近因材料科學的進步，使鋼筋與混凝土之應力與應變不受彈性上限限制而充分使用材料之極限強度分析之，因而發展出極限強度設計法。

　　到目前為止，鋼筋混凝土尚無純理論的分析方法可資利用，但依據前述的力學假設、經過許多的試驗所歸納出的經驗公式及一些合理的簡化解法，設計規範已能提供合理而簡潔的設計方法與公式，供工程師遵循應用。

2-13　單位制間公式的轉換

　　鋼筋混凝土設計規範所用的公式可分為理論公式與經驗公式；理論公式完全依據力學原理所推導，公式中的常數並不會因為公式中的物理量採用不同度量衡制而有所區別。例

如：一承受均佈載重 w 的簡支梁，跨度長為 l，其跨度中央的最大正彎矩的理論公式為 $wl^2/8$；公式中的常數 8 不會因為均佈載重及跨度採用不同度量衡制而有所不同。下表為本公式在不同單位制的使用情況，惟須注意單位的一致性，如均佈載重的單位為 Kg/cm，則跨度長必須以 cm 為單位，否則計算所得的彎矩值是錯誤的。

簡支梁跨度中央的彎矩公式 $\dfrac{wl^2}{8}$			
	均佈載重單位	跨度單位	彎矩單位
公制(MKS)	Kg/cm	cm	Kg-cm
公制(SI)	N/m	m	N-m
英制	Lb/ft	ft	Lb-ft

經驗公式則是由許多的試驗資料經過分析歸納所得的，故公式中的常數將會因為公式中物理量所使用的單位制不同而異。例如鋼筋混凝土梁的最小拉力鋼筋的鋼筋比 ρ_{min} 在美國的鋼筋混凝土規範定為 $\dfrac{200}{f_y}$，其中鋼筋降伏強度的單位必須是 $\mathrm{psi}\left(\mathrm{lb}\big/\mathrm{in}^2\right)$；但在我國的混凝土工程設計規範則定為 $\dfrac{14}{f_y}$，其中鋼筋降伏強度的單位必須是 $\mathrm{kg/cm}^2$。這種因為經驗公式中物理量採用不同單位制而須修改公式中常數的公式轉換工作是一些需要仰賴美國(或其他不同度量衡制國家)鋼筋混凝土設計規範來修改為國家設計規範的國家及其工程師非常重要的工作。工程師如須採用國外最新試驗結果，在尚未納入國家規範以前，必須具備這種公式轉換的能力。

經驗公式中常數轉換步驟如下：

1. 依據公式中的物理量單位，分析經驗公式中常數的單位。
2. 轉換常數的單位為新單位制的單位。
3. 帶入經驗公式，計算新常數。

範例 2-13-1

美國鋼筋混凝土設計規範規定鋼筋混凝土梁最小抗拉力鋼筋的鋼筋比為 $\rho_{min} = \dfrac{200}{f_y}$，而 f_y 的單位為 lb/in^2。試將該公式轉換為公制的公式，f_y 以 kg/cm^2 單位表示之。

1. 依據公式中的物理量單位，分析經驗公式中常數的單位

   設常數的單位為 x，則

   $1 = \dfrac{x}{lb\Big/in^2}$ ，則 x 的單位為 lb/in^2（ρ_{min} 為無單位，以 1 表示之）

2. 轉換常數的單位為新單位制的單位

   $1.0 \ lb/in^2 = \dfrac{0.4536 \ kg}{(2.54 \ cm)^2} = 0.0703 \ kg/cm^2$

   帶入經驗公式，計算新常數

   $\rho_{min} = \dfrac{200(0.0703)}{f_y} = \dfrac{14.1}{f_y}$ 　規範取 　$\dfrac{14}{f_y}$

範例 2-13-2

美國鋼筋混凝土設計規範規定鋼筋混凝土梁最小抗拉力鋼筋的鋼筋比(考量混凝土的抗壓強度)為 $\rho_{min} = \dfrac{3\sqrt{f_c'}}{f_y}$ ，而 f_y 的單位為 lb/m^2。試將該公式轉換為公制的公式，f_c'、f_y 以 kg/cm^2 單位表示之。

1. 依據公式中的物理量單位，分析經驗公式中常數的單位

   設常數的單位為 x，則

   $1 = \dfrac{x\sqrt{lb/in^2}}{lb/in^2} = x\dfrac{in}{\sqrt{lb}}$ ，則 x 的單位為 $\dfrac{\sqrt{lb}}{in}$（ρ_{min} 為無單位，以 1 表示之）

2. 轉換常數的單位為新單位制的單位

   $1.0\dfrac{\sqrt{lb}}{in} = \dfrac{\sqrt{0.4536 \ kg}}{2.54 \ cm} = \dfrac{0.6735\sqrt{kg}}{2.54 \ cm} = 0.2652\dfrac{\sqrt{kg}}{cm}$

Chapter 2

3. 帶入經驗公式，計算新常數

$$\rho_{\min} = \frac{3(0.2652)\sqrt{f_c^{'}}}{f_y} = \frac{0.8\sqrt{f_c^{'}}}{f_y}$$

範例 2-13-3

試將英制的經驗公式 $l_d = 0.04 A_b f_y \big/ \sqrt{f_c^{'}}$ 轉換為公制(MKS)的經驗公式，其中各物理量的單位如下表：

記　號	l_d	A_b	f_y	$f_c^{'}$
英制單位	in	In^2	lb/in^2	lb/in^2
公制(MKS)單位	cm	cm^2	kg/cm	kg/cm

1. 依據公式中的物理量單位，分析經驗公式中常數的單位

設常數的單位為 x，則

$$\text{in} = \frac{x \times \text{in}^2 \times \text{lb/in}^2}{\sqrt{\text{lb/in}^2}}，則 x 的單位為 \frac{\sqrt{\text{lb}}}{\text{lb}}$$

轉換常數的單位為新單位制的單位

$$1\frac{\sqrt{\text{lb}}}{\text{lb}} = \frac{\sqrt{0.4536\,\text{kg}}}{0.4536\,\text{kg}} = 1.4848\frac{\sqrt{\text{kg}}}{\text{kg}}$$

帶入經驗公式，計算新常數

$$l_d = \frac{0.04 \times 1.4848 A_b f_y}{\sqrt{f_c^{'}}} = \frac{0.0594 A_b f_y}{\sqrt{f_c^{'}}} \quad (公制 MKS 單位)$$

範例 2-13-4

試將英制的經驗公式 $h = \dfrac{l_n(800 + 0.005 f_y)}{36000}$ 轉換為公制(MKS)的經驗公式，其中各物理量的單位如下表：

記號	h	l_n	f_y
英制單位	英吋	英吋	磅/平方英吋
公制(MKS)單位	公分	公分	公斤/平方公分

單位換算如下表：

公斤	磅	英吋	公分	磅/平方英吋	公斤/平方公分
1	2.2046				
0.4536	1				
		1	2.5404		
		0.3937	1		
				1	0.0703
				14.224	1

1. 依據公式中的物理量單位，分析經驗公式中常數的單位

   經驗公式中的 h 及 l_n 均為長度單位，故常數 800 及 36000 應為無單位，而 $0.005 f_y$ 也應為無單位。設常數 0.005 的單位為 x，則

   $1 - x \times \dfrac{\text{lb}}{\text{in}^2}$，則 x 的單位為 $\dfrac{\text{in}^2}{\text{lb}}$

2. 轉換常數的單位為新單位制的單位

   $$1 \frac{\text{in}^2}{\text{lb}} = \frac{(2.5404\,\text{cm})^2}{0.4536\,\text{kg}} = 14.2276 \frac{\text{cm}^2}{\text{kg}}$$

3. 帶入經驗公式，計算新常數

   $$h = \frac{l_n \left(800 + 0.005 \times 14.2276 f_y\right)}{36000} = \frac{l_d \left(800 + 0.0711 f_y\right)}{36000} \quad \text{(公制 MKS 單位)}$$

範例 2-13-5

試將英制的經驗公式 $E_c = 33w_c^{1.5}\sqrt{f_c'}$ 轉換為公制(MKS)的經驗公式，其中各物理量的單位如下表：

記號	E_c	w_c	f_c'
英制單位	lb/in^2	lb/ft^3	lb/in^2
公制(MKS)單位	kg/cm^2	t/m^3	kg/cm^2

如果 w_c 的公制單位改為 kg/m^3，則經驗公式為何？

設公式中常數的單位為 x，則

1. 依據公式中的物理量單位，分析經驗公式中常數的單位

$$\frac{\text{lb}}{\text{in}^2} = x\left(\frac{\text{lb}}{\text{ft}^3}\right)^{1.5}\sqrt{\frac{\text{lb}}{\text{in}^2}} \text{，則 } x \text{ 的單位為 } \frac{\sqrt{\text{lb}}}{\text{in}\left(\frac{\text{lb}}{\text{ft}^3}\right)^{1.5}}$$

2. 轉換常數的單位為新單位制的單位

$$1.0\frac{\sqrt{\text{lb}}}{\text{in}\left(\frac{\text{lb}}{\text{ft}^3}\right)^{1.5}} = \frac{\sqrt{0.4536\,\text{kg}}}{2.54\text{cm}\times\left(\frac{0.4536/1000\,\text{t}}{(0.3048\,\text{m})^3}\right)^{1.5}}$$

$$= \frac{0.673498}{2.54\times0.0020274} = 130.787\frac{\text{kg}}{\text{cm}\times\left(\text{t/m}^3\right)^{1.5}}$$

3. 帶入經驗公式，計算新常數

$$E_c = 33\times130.787 w_c^{1.5}\sqrt{f_c'} = 4136 w_c^{1.5}\sqrt{f_c'} \text{ (公制 MKS 單位)}$$

規範取 $E_c = 4270 w_c^{1.5}\sqrt{f_c'}$

如果 w_c 的公制單位改為 kg/m^3，則

4. 轉換常數的單位為新單位制的單位

Chapter 2

$$1.0 \frac{\sqrt{\text{lb}}}{\text{in} \left(\frac{\text{lb}}{\text{ft}^3} \right)^{1.5}} = \frac{\sqrt{0.4536 \text{ kg}}}{2.54 \text{ cm} \times \left(\frac{0.4536 \text{ kg}}{(0.3048 \text{ m})^3} \right)^{1.5}}$$

$$= \frac{0.673498}{2.54 \times 64.11243} = 0.0041358 \frac{\text{kg}}{\text{cm} \times (\text{kg/m}^3)^{1.5}}$$

5. 帶入經驗公式，計算新常數

$$E_c = 33 \times 0.0041358 w_c^{1.5} \sqrt{f_c'} = 0.13648 w_c^{1.5} \sqrt{f_c'} \text{ (公制 MKS 單位)}$$

■ 2-14　鋼筋混凝土分析與設計軟體的安裝

　　鋼筋混凝土構件的分析與設計並非是一種直線式的計算；構件的尺寸影響構件的自重及承載強度，構件設計之初，通常須先假設構件尺寸(如構件的厚度)，推算承載強度或需要強度，直到承載強度小於設計強度始告設計完成；它是一種「假設－推算－檢驗」的重複性的試誤計算程序。每一循環均是冗長的計算，相當耗時費力。本書以微軟公司的 Microsoft Excel 2000 軟體為版本開發「鋼筋混凝土分析與設計軟體」一套，供習者在學習過程中可以快速地觀察並獲得不同設計條件的計算過程與結果。

　　鋼筋混凝土分析與設計軟體為適用於微軟公司 Microsoft Excel 2000 版本以上的試算表軟體，其安裝步驟如下：

1. 將本書所附「鋼筋混凝土分析與設計軟體」光碟片置入與主機連線的光碟機(假設光碟機設置在 E 槽)。

2. 執行鋼筋混凝土分析與設計軟體的自我解壓縮程式「鋼筋混凝土分析與設計.exe」。

　　由視窗左下方工作列上，選擇 ☞ 開始\執行(R) ☜ 並輸入 E:\鋼筋混凝土分析與設計.exe 如圖 2-14-1 以執行光碟上的「鋼筋混凝土分析與設計.exe」執行檔。執行後出現圖 2-14-2 畫面。另外亦可進入檔案總管，找尋光碟上唯一的執行檔「鋼筋混凝土分析與設計.exe」，以滑鼠雙擊(Double-Click)「鋼筋混凝土分析與設計.exe」執行檔，出現圖 2-14-2 畫面。

圖 2-14-1

3. 選擇「鋼筋混凝土分析與設計軟體」存放位置。

　　如圖 2-14-2 鋼筋混凝土分析與設計軟體存放的預設資料夾為「C:\鋼筋混凝土分析與設計」，可以不修改或直接修改軟體所欲存放的資料夾或單擊「瀏覽(W)…」鈕以選擇軟體所欲存放的資料夾。資料夾選定後，單擊「安裝」按鈕以將軟體解壓縮並存放於指定的資料夾。

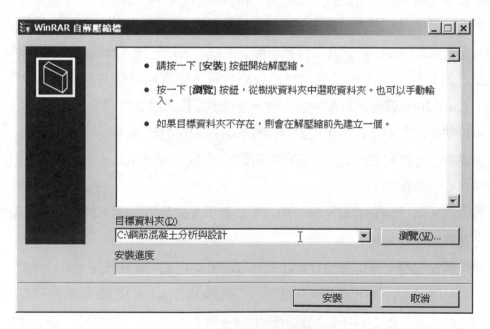

圖 2-14-2

2-15　鋼筋混凝土分析與設計軟體的使用

鋼筋混凝土分析與設計軟體的使用步驟說明如下：

2-15-1　軟體使用環境的設定

微軟公司任何一個試算表檔案(如 RC.xls)於檔案開啓時，均可自動執行某些巨集指令，因此造成一些程式病毒的寄所溫床。微軟公司的試算表軟體對於含有巨集指令的試算表檔案處理方式有三種。

1. 高層級安全性：只有來自被信任來源的簽名巨集允許被執行，未簽名的巨集都會被自動關閉。

2. 中層級安全性：你可以選擇是否要執行具有潛在危險性的巨集。

3. 低層級安全性：對任何試算表檔案均不設防。

這三種安全性設定程序如下：

1. 開啓微軟公司 MicroSoft Excel 2000 版本以上試算表軟體。

2. 從功能表選單中選擇 ☞工具(T)\巨集(M)\安全性(S) ☜ 如圖 2-15-1，出現圖 2-15-2 的安全性對話方塊。點選「安全性層級(S)」標籤的畫面以選用高、中或低的安全性層級。如果點選高安全性層級，則須再點選「信任的來源(T)」標籤的畫面以設定可以信任的來源。

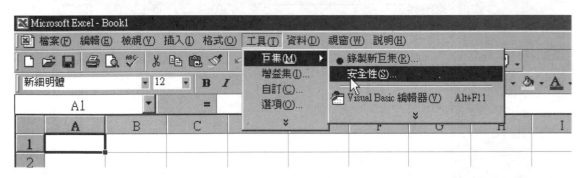

圖 2-15-1

鋼筋混凝土分析與設計軟體完全運用試算表的巨集指令所設計完成的，且未採用數位簽證，因此如果選用「高」層級安全性，則無法執行本程式。執行本程式應先將試算表軟體的安全性層級設定爲中或低層級安全性。

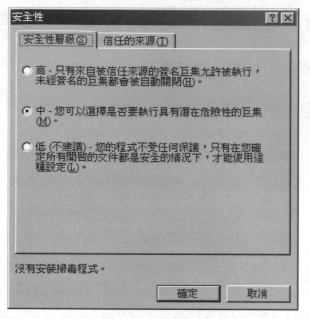

圖 2-15-2

2-15-2 軟體程式的啟動

1. 開啟微軟公司 MicroSoft Excel 2000 版本以上的試算表軟體。

圖 2-15-3

2. 從功能表選單中選擇☞檔案(F)\開啟舊檔(O)☜或單擊一般工具列上的開啟舊檔按
鈕後出現如圖 2-15-3 的開啟檔案對話方塊。如果顯示的畫面非如圖 2-15-3 所示，
應挑選置放本軟體的資料夾(如安裝步驟 2 所選定的)後，點選鋼筋混凝土分析與設
計軟體的試算表檔案 RC.XLS 如圖 2-15-3。

3. 單擊開啟檔案對話方塊中的「開啟」按鈕，以載入 RC.XLS 試算表並出現如圖 2-15-4
的畫面。在圖 2-15-4 的畫面上方如游標所指之處功能表上多了一個功能選項
「RC」，表示鋼筋混凝土軟體已經順利載入，並即可執行。如果在前述「軟體使用
環境的設定」中，設定「高」層級安全性，則雖然仍可出現如圖 2-15-4 的畫面，
但在圖 2-15-4 的畫面上方功能表上並未出現功能選項「RC」，表示鋼筋混凝土軟體
未能順利載入而無法執行。

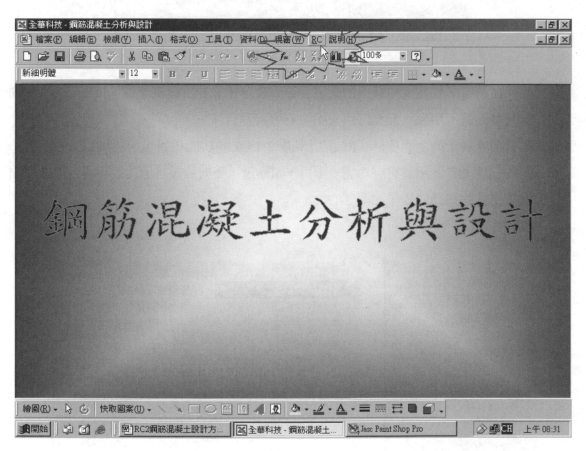

圖 2-15-4

4. 如果在前述「軟體使用環境的設定」中，設定「中」層級安全性，則會出現如圖
   2-15-5 的畫面，供使用者選擇是否開啓巨集。如果單擊「關閉巨集(D)」按鈕，則
   如同設定「高」層級安全性，因爲巨集未被開啓，功能表上未能出現功能選項「RC」。
   如果單擊「開啓巨集(E)」按鈕，則因巨集的開啓，方使功能表上出現功能選項「RC」，
   表示鋼筋混凝土軟體已順利載入而即可執行。

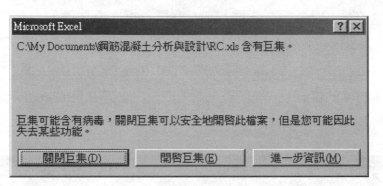

圖 2-15-5

5. 如果在前述「軟體使用環境的設定」中，設定「低」層級安全性，則圖 2-15-5 的
   詢問畫面就不出現，而允許巨集指令的直接執行。

6. 點選功能表上的功能項目「RC」出現圖 2-15-6 的功能項目；功能項目中右側有一
   向右三角形者表示尚有副功能表項目，如點選「雙向版設計」功能項目，則右側出
   現其相當的副功能表，如圖 2-15-7。

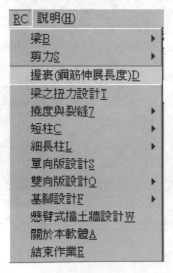

圖 2-15-6

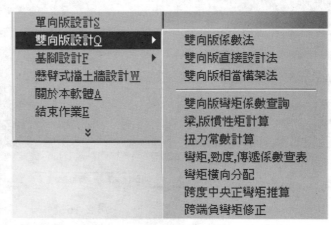

圖 2-15-7

7. 如果點選☜RC\雙向版設計(Q)\雙向版直接設計法☜則出現如圖 2-15-8 的畫面，即可輸入相關資料進行雙向版直接設計法的設計工作。

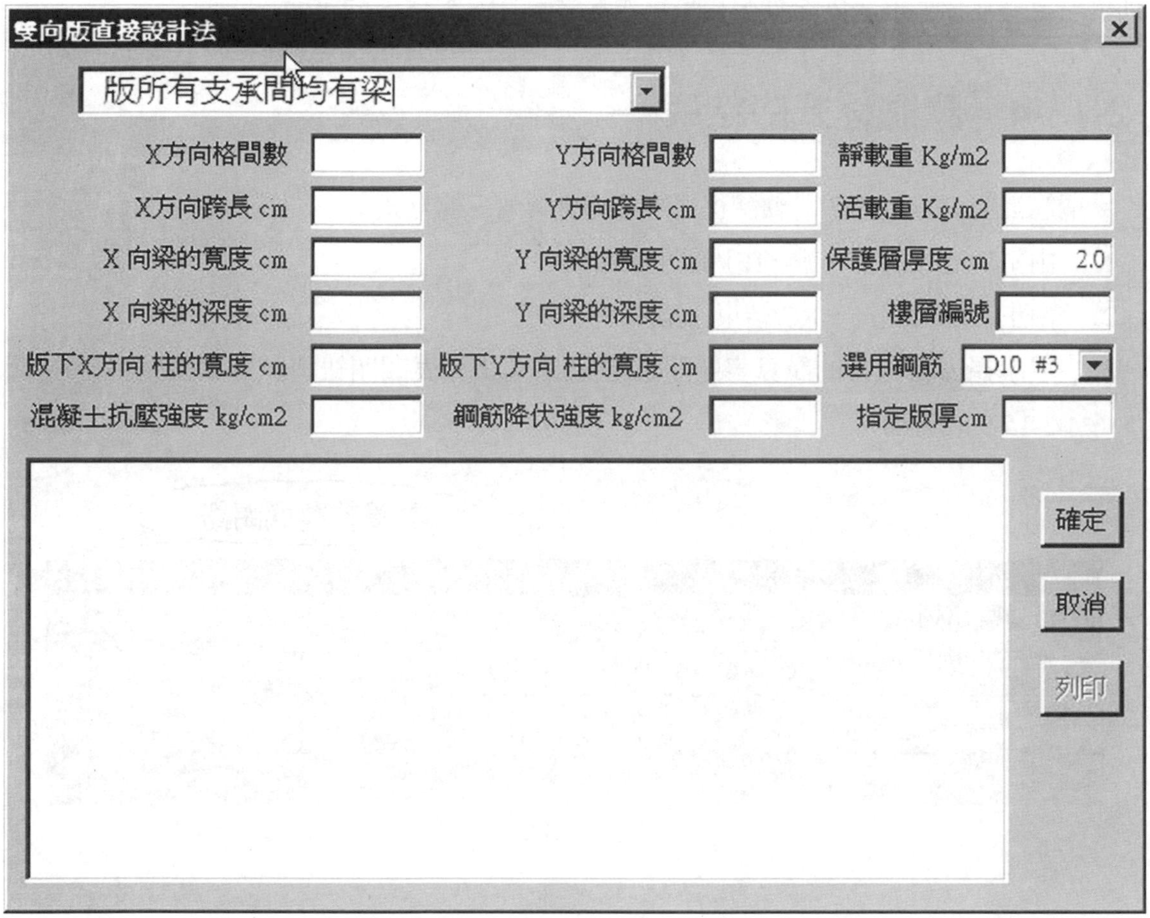

圖 2-15-8

2-15-3　軟體環境設定的建議

　　鋼筋混凝土分析與設計軟體因使用巨集指令且未經數位簽證而無法在安全性層級設定為「高」的環境下執行，而只能在「中」或「低」層級安全性環境下工作；如果設定為「中」層級安全性環境，則每次啓定鋼筋混凝土分析與設計軟體均需回答圖 2-15-5 的詢問畫面。因為鋼筋混凝土分析與設計軟體已經密碼保護，尚難由使用者再加修改，屬可信任為無病毒的程式，因此每次都可回答「開啓巨集(E)」。如果設定為「低」層級安全性環

境，則不會出現圖 2-15-5 的詢問畫面。因此微軟試算表軟體使用者，如果常用他人提供的試算表檔案，則可設定為「中」層級安全性；如果僅使用自己撰寫的試算表及本書程式，則可設定為「低」層級安全性，以免每次都需回答圖 2-15-5 的畫面。

2-15-4　軟體程式的結束

鋼筋混凝土分析與設計軟體程式的結束有下列三種方式：

1. 由主功能表選擇☞檔案(F)/關閉檔案(C)☜。
2. 由主功能表選擇☞RC/結束作業(E)☜。
3. 單擊視窗右上方的試算表關閉鈕(注意區別試算表關閉鈕與試算軟體關閉鈕)如圖 2-15-9 的畫面。

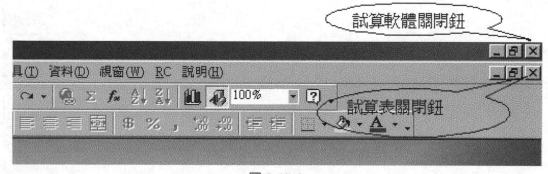

圖 2-15-9

2-15-5　軟體功能表結構

鋼筋混凝土分析與設計軟體的各階層功能表彙整如下表：

RC
梁 **B**
單筋梁分析
單筋梁設計

Chapter 2

雙筋梁分析
雙筋梁設計
T 形梁分析
T 形梁設計
剪力 S
矩形梁斷面剪力分析
矩形梁斷面剪力設計
握裹(鋼筋伸展長度)D
梁之扭力設計 T
撓度與裂縫 7
矩形梁撓度計算
矩形梁裂紋計算
短柱 C
柱斷面標稱強度計算
軸心載重柱設計
柱斷面塑性中心計算
單向偏心短柱分析(雙排筋)
單向偏心短柱設計(雙排筋)
解一元二/三次方程式
細長柱 L
相對徑度已知之有效長度因數計算
受壓構材有效長度因數計算
單向版設計 S
雙向版設計 O

雙向版直接設計法
梁，版慣性矩計算
扭力常數計算
結束作業&E

2-15-6　關於本軟體

在鋼筋混凝土分析與設計軟體畫面的功能表上，選擇☞RC/關於本軟體 <u>A</u>☜後或程式開˙時偶而隨機出現如圖 2-15-10 的畫面，簡述本軟體的主要功能及版權事項。

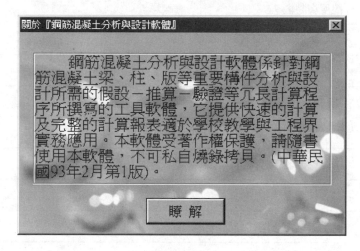

圖 2-15-10

Chapter **3**

梁的撓曲分析設計

■ 3-1　導　論

　　鋼筋混凝土梁為結構體系中承受彎曲力矩、剪力與扭矩的重要撓曲構件。本章主要討論淺梁(shallow beam)承受彎曲力矩的行為與反應。針對淺梁受撓行為所推導的一些原理、原則均可套用於樓版、基礎、擋土牆等較為複雜混凝土構件的設計與分析。鋼筋混凝土梁的設計一般均先按承受的撓曲彎矩來決定斷面尺寸及鋼筋量，然後再檢核剪力與扭矩的影響而修正鋼筋量或斷面尺寸。剪力、扭矩對梁的影響將於第四章「剪力設計」、第六章「扭矩設計」論述之。鋼筋混凝土梁分析與設計的基本假設是鋼筋與混凝土的完全密合，因此鋼筋與混凝土間的裏握能力也是重要檢核項目之一，裏握力將於第五章「鋼筋之握裏與錨定」論述之。

　　從業主的觀點總是希望較淺的鋼筋混凝土梁以增加可用空間，但結構上，深梁的結構勁度及效率均較佳，之間的選擇取決於設計者的經驗與智慧，所幸一般建物或橋梁的梁均屬淺梁。規範規定梁深與梁跨度之比值小於 4/5(簡支梁)或 2/5(連續梁)者稱為淺梁，其他稱為深梁。淺梁的設計以承受的彎曲力矩為主。

　　鋼筋混凝土梁依其斷面形狀及鋼筋配置情形可分為下列數種：

1. 單筋矩形梁(single reinforced rectangular section)：矩形斷面內只有抗拉鋼筋與受壓混凝土，由鋼筋拉力與混凝土的壓力形成的力偶來抵抗外加的彎矩。

2. 雙筋矩形梁(double reinforced rectangular section)：矩形斷面內有抗拉鋼筋、抗壓鋼筋及受壓混凝土的拉力與壓力形成的力偶來抵抗外加彎矩。

3. 單筋 T 形梁(single reinforced T section)：為單獨或與樓版一起澆灌而成，梁頂較寬；僅有拉力鋼筋及受壓混凝土的拉力與壓力產生的力偶來抵抗外加彎矩。

4. 雙筋 T 形梁(double reinforced T section)：為單獨或與樓版一起澆灌而成，梁頂較寬；由拉力鋼筋、抗壓鋼筋及受壓混凝土的拉力與壓力產生的力偶來抵抗外加彎矩。

5. 異形梁(irregular section)：配合特殊空間或美學的需求，採用凸形、凹形或三角形斷面，有抗拉鋼筋(及)抗壓鋼筋而形成單筋或雙筋不規則斷面梁。

　　工作應力法(working stress method)是以彈性理論為分析的基礎，故視混凝土為遵從虎克定律的彈性體來分析與設計，是早期鋼筋混凝土結構物設計的主要方法。經過多年的實務經驗與實驗室工作，發現該法有(1)將鋼筋與混凝土的承受應力侷限於某一範圍內，因

未能發揮材料的極限強度而有浪費之嫌(2)未考量各種載重估算的可靠性，卻採用相同的安全係數，造成部份設計過於浪費、部分稍嫌不足(3)未能考量材料的非彈性部分的強度亦有浪費之嫌(4)工作應力法中必須採用混凝土的彈性模數 E_c，彈性模數 E_c 則因混凝土品質的控制不易而難有合理的估算方法等缺失。業界與學界依據多年來廣泛而深入的試驗研究結果，已發展出較切實際的分析設計方法，稱為強度設計法(ultimate strength design，簡稱為 USD)。強度設計法在西元 1956 年由美國混凝土學會首度訂立規範後，經過四十多年的研究與修改，該法已在先進國家普遍應用，目前更有將工作應力法淘汰的趨勢。因為以強度設計法計算鋼筋混凝土諸問題的準確度相當高，所以各國現行的設計規範均是以『強度設計法』作為設計準則，也是目前我國設計規範主要依據的方法。

結構物在設計荷重下，影響使用者的最大因素，是它所產生的裂縫與撓度，因為超額的裂縫與撓度，均可能造成心理上的壓力，甚至人員的傷害。目前設計規範僅對於撓度的計算與裂縫的控制仍需借重工作應力法。

3-2　鋼筋混凝土梁的受力行為

圖 3-2-1(c)所示為一鋼筋混凝土簡支梁，承受均佈載重 w，梁跨度中央的最大正彎矩 M 隨著均佈載重 w 的逐漸增加而增大。則梁斷面將歷經三種不同的階段：

1.　未龜裂彈性階段

當梁跨度中央承受的彎矩 M 小於混凝土的開裂彎矩 M_{cr}，則梁底的受拉混凝土尚完好如初，並無裂紋發生，且處彈性狀態，應變在應力去除後可以恢復原狀，故混凝土的全斷面均屬有效；混凝土承受壓力與拉力，其應力與應變圖如圖 3-2-1(b)。

2.　龜裂彈性階段

當梁承受的均佈載重逐漸增加，致梁跨度中央的彎矩 M 大於混凝土的開裂彎矩 M_{cr}，則於跨度中央的梁底面產生裂紋(如圖 3-2-1c)，隨著彎矩的漸增，裂紋逐漸加深且向梁之兩端擴散之。鋼筋混凝土梁產生裂縫並不表示該梁已經破壞，只要拉力區配置足量鋼筋來承擔開裂前混凝土所承擔的拉力。此時若受壓混凝土之應力略小於 $0.45 f'_c$，且鋼筋應力未達降伏強度時，二者之受力仍近於彈性狀態，此為一般鋼筋混凝土在工作載重下之正常現象。混凝土因裂縫加大加深致抗拉能力視同消失而由抗拉鋼筋完全承擔，其應力應變如圖 3-2-1(d)。

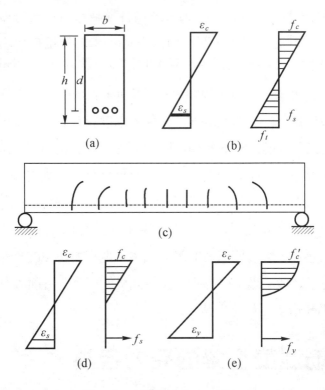

圖 3-2-1

3. 龜裂極限階段

　　當載重持續增加到梁處於瀕臨破壞時，此時拉力當然全由抗拉鋼筋承擔，而受壓混凝土也接近其極限強度，其壓力分佈情形已非線性的三角形而是非線性的梯形或其他形狀如圖 3-2-1(e)。

　　以上三個階段為鋼筋混凝土梁從開始承受載重到破壞的生命過程。因為在未龜裂彈性階段時混凝土尚未開裂，故可以材料力學的複合材料分析模式分析之。使用中的鋼筋混凝土構件均超過此階段，且一旦混凝土產生裂縫，即無法復合恢復抵抗拉力的能力。早期因為對於鋼筋混凝土的行為瞭解不足，為安全起見，以龜裂彈性階段的模式來發展設計規範，此乃工作應力法的分析模式。

　　工作應力法規定在工作載重下，鋼筋與混凝土承受的應力必須限制於某一範圍，僅發揮材料的部份強度；工作應力法無法對於構件的重要性及載重(如活載重、地震力、風力、土壓、雪壓等)估算的難易度賦予不同的安全係數，而不合實際情況。經過不斷的試驗、

研究發現以工作應力法設計的鋼筋混凝土構件略嫌保守與浪費，逐以龜裂極限階段的模式來修改設計規範，此乃強度設計法的分析模式。

　　我國混凝土工程設計規範亦採用強度設計法，惟在構件撓度與裂縫控制的規範中尚須借用工作應力法的一些觀念，故本章僅略述工作應力法的一些觀念與名詞。讀者可以先略讀或直接閱讀強度設計法。

■ 3-3　工作應力法

3-3-1　基本假設

工作應力法的基本假設為：

1.　構件斷面承受載重前後均保持平面，因此斷面上的應力與應變從中性軸成線性變化。斷面中性軸處的應力與應變為零。
2.　僅鋼筋承受拉力，混凝土因有裂縫而不承受拉力。
3.　鋼筋與混凝土均遵循應力與應變成正比的虎克定律。
4.　鋼筋與混凝土緊密裹握而無滑動現象。
5.　混凝土的彈性模數 E_c 定為 $E_c = 4{,}270 w_c^{1.5} \sqrt{f_c^{'}}$ 。
6.　鋼筋之彈性模數定為 $E_s = 2.04 \times 10^6 \text{ kg/cm}^2$ 。
7.　彈性模數比 $n = E_s / E_c$ ，可取一相近之整數。

3-3-2　容許工作應力

　　基於「鋼筋與混凝土均遵循應力與應變成正比的虎克定律」的假設，可以推導構件承受載重的設計應力，混凝土工程設計規範規定，在各種構件中，混凝土之應力不得超過下列規定值：

1.　容許之撓曲壓應力：$0.45 f_c^{'}$
2.　梁、單向版及基腳的容許剪應力：$0.29 \sqrt{f_c^{'}}$
3.　欄柵版之肋梁的容許剪應力：$0.32 \sqrt{f_c^{'}}$

4. 雙向版及基腳的容許剪應力：$0.53\sqrt{f_c'}$

5. 容許承壓應力(全斷面承壓)：$0.3f_c'$

鋼筋之拉應力不得超過下列規定值：

若 $f_y = 2,800 \sim 3,500\ \text{kg/cm}^2$，則 $f_s = 1,400\ \text{kg/cm}^2$

若 $f_y \geq 4,200\ \text{kg/cm}^2$，則 $f_s = 1600\ \text{kg/cm}^2$

3-3-3 單筋矩形梁設計公式

圖 3-3-1 為單筋矩形梁承受撓曲彎矩後的應變(如圖 3-3-1b)與應力(如圖 3-3-1c)圖。圖中 d 為構材最外受壓纖維至受拉鋼筋斷面重心的距離；f_s、f_c 分別為鋼筋的容許拉應力與混凝土的容許壓應力；n 為鋼筋與混凝土之彈性模數比；T、C 分別為鋼筋的總拉力與混凝土的總壓力；ε_s、ε_c 分別為鋼筋及構材最外受壓纖維的應變量。另假設 b 為單筋矩形梁斷面寬；A_s 為拉力鋼筋的斷面積。

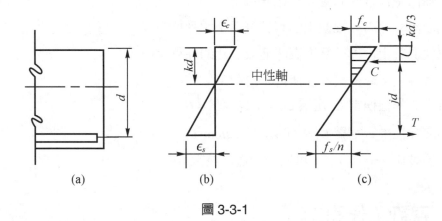

(a)　　　　　　　(b)　　　　　　　(c)

圖 3-3-1

梁承受彎矩而彎曲，梁頂部的纖維因受壓變形而縮短，梁底部纖維因受拉而伸長；在梁頂與梁底之間必有一個平面，其纖維長度不變，該平面稱為中立面；中立面與梁的斷面相交的直線稱為中性軸(netural axis)。設中性軸距離構材最外受壓纖維的距離為 kd，由圖 3-3-1(b)的應變圖相似三角形，得

$$\frac{\varepsilon_c}{\varepsilon_s} = \frac{kd}{d - kd}$$

，又因

$$\varepsilon_c = \frac{f_c}{E_c} \quad 及 \quad \varepsilon_s = \frac{f_s}{E_s}$$

，所以

$$\frac{f_c/E_c}{f_s/E_s} = \frac{kd}{d-kd}$$

，整理成

$$\frac{f_c(E_s/E_c)}{f_s} = \frac{f_c n}{f_s} = \frac{k}{1-k}$$

，整理成

$$\frac{f_c}{f_s} = \frac{k}{n(1-k)} \tag{3-3-1}$$

$$f_c = \frac{kf_s}{n(1-k)} \tag{3-3-2}$$

$$f_s = \frac{nf_c(1-k)}{k} \tag{3-3-3}$$

$$k = \frac{1}{1+\dfrac{f_s}{nf_c}} \tag{3-3-4}$$

混凝土總壓力 C 為

$$C = \frac{1}{2}f_c bkd$$

設拉力鋼筋比為

$$p = \frac{A_s}{bd}$$

鋼筋之總拉力 T 為

$$T = A_s f_s = pbdf_s$$

由斷面靜力平衡條件 $C = T$ 得

$$\frac{1}{2} f_c bkd = pbdf_s$$

，整理得

$$\frac{f_c}{f_s} = \frac{2p}{k} \tag{3-3-5}$$

$$p = \frac{kf_c}{2f_s} \tag{3-3-6}$$

將公式(3-3-1)帶入公式(3-3-5)得

$$\frac{2p}{k} = \frac{k}{n(1-k)}$$

，整理成

$$k^2 + 2pnk - 2pn = 0$$

解得

$$k = \sqrt{2pn + (pn)^2} - pn \tag{3-3-7}$$

由圖 3-3-1(c)知， $jd = d - kd/3$ 或

$$j = 1 - k/3 \tag{3-3-8}$$

由混凝土總壓力 C 與鋼筋總拉力 T 形成的抵抗力偶分別為 M_c 與 M_s ，且應相等，即 $M_c = M_s = M$ ，如

$$R = \frac{f_c jk}{2} \tag{3-3-9}$$

則

$$M = M_c = Cjd = \frac{1}{2} f_c kd^2 bj = Rbd^2 \tag{3-3-10}$$

因 $M = M_s = A_s f_s jd$ ，所以

$$A_s = \frac{M}{f_s \, j \, d} \tag{3-3-11}$$

3-3-4　單筋矩形梁分析與設計

　　單筋梁工作應力法分析時，已知斷面尺寸(b、d)、彈性模數比 n 及鋼筋量 A_s，依據公式(3-3-7)計算 k 值，公式(3-3-8)計算 j 值，公式(3-3-9)計算 R 值，及公式(3-3-10)計算該梁所能承擔之彎矩。

　　單筋梁工作應力法設計時，已知承擔彎矩 M、鋼筋與混凝土的容許應力(f_c、f_s)及彈性模數比 n，依據公式(3-3-7)計算 k 值，公式(3-3-8)計算 j 值，公式(3-3-9)計算 R 值，及公式(3-3-10)計算該梁梁寬 b 與有效深度 d 的 bd^2。依據 bd^2 值挑選梁斷面尺寸後，依公式(3-3-11)推算鋼筋量 A_s。

3-4　開裂彎矩的計算

　　鋼筋混凝土斷面受彎矩作用後，若其拉力緣應力恰等於混凝土的開裂模數 f_r 時，該斷面即將開裂，而此時之彎矩稱爲開裂彎矩 M_{cr}。依材料力學的公式

$$f = \frac{My}{I}$$

若令 $f = f_r$ 則得

$$M_{cr} = f_r \frac{I_g}{y_t} \tag{3-4-1}$$

其中　　　f_r 爲混凝土的開裂模數(混凝土抗拉強度試驗所得的拉應力)；kg/cm^2

　　　　　I_g 爲總斷面對其中性軸的慣性矩；cm^4

　　　　　y_t 爲總斷面中性軸至最外受拉纖維之距離；cm

　　　　　M_{cr} 爲混凝土的開裂彎矩；kg-cm

　　規範規定，對常重混凝土而言

$$f_r = 2.0\sqrt{f_c'} \tag{3-4-2}$$

對輕質混凝土而言

1.　當 f_{ct} (輕質混凝土之平均開裂抗拉強度；kg/cm²)已予規定時，f_r 之公式須以 f_{ct} /1.8 替代 $\sqrt{f_c'}$ 修正之，但所用之 f_{ct} /1.8 值不得超過 $\sqrt{f_c'}$。

2.　當 f_{ct} 未予規定時，f_r 公式中之 $\sqrt{f_c'}$，對粗細骨材皆為輕質骨材之全輕質混凝土須乘以 0.75，對常重砂輕質混凝土須乘以 0.85。介於以上兩者之含有部份輕質細骨材之混凝土可以內插法定之。

相關規定整理如下：

混凝土種類	說明		f_r 之公式
常重混凝土			$f_r = 2.0\sqrt{f_c'}$
輕質混凝土	f_{ct} 已予規定		$f_r = \dfrac{f_{ct}}{0.9} \le 2.0\sqrt{f_c'}$
	f_{ct} 未予規定	全輕質混凝土	$f_r = 0.75 \times 2.0\sqrt{f_c'}$
		常重砂輕質混凝土	$f_r = 0.85 \times 2.0\sqrt{f_c'}$
		介於以上兩者間之含有部份輕質骨材之混凝土	可以內插法定之

　　當梁斷面尚未產生裂縫時，該梁除了多一種鋼筋材料外與均質梁的情況類似。全部混凝土斷面對其中性軸的慣性矩即為 I_g，其計算方法有兩種：

1.　略算法

　　　　因為鋼筋量相對於混凝土斷面甚為微小，故可忽略鋼筋的存在而以純混凝土斷面來計算中性軸位置 x 及慣性矩 I_g (如圖 3-4-1a 及圖 3-4-1b)。

中性軸位置　$x = \dfrac{h}{2}$

慣性矩　$I_g = \dfrac{bh^3}{12}$

2.　精算法

　　　　考量鋼筋的存在而將鋼筋量化為等值之混凝土面積來計算中性軸位置 x 及慣性矩 I_g (如圖 3-4-1a 及圖 3-4-1c)。

中性軸位置　$x = \dfrac{(b \times h)\dfrac{h}{2} + (n-1)A_s \times d}{(b \times h) + (n-1)A_s}$

慣性矩　$I_g = \dfrac{b}{3}\left[x^3 + (h-x)^3\right] + (n-1)A_s(d-x)^2$

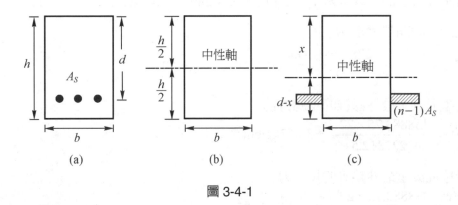

圖 3-4-1

範例 3-4-1

圖 3-4-2 所示為一單筋矩形梁，梁寬 30 cm，梁高 45 cm，若鋼筋降伏強度為 2,800 kg/cm²，混凝土抗壓強度為 280 kg/cm²，彈性模數比 $n = 8$，試依下列情況計算該梁的開裂彎矩 M_{cr} 及鋼筋與混凝土的應力？(1)常重混凝土(2)輕質混凝土之平均開裂抗拉強度 f_{ct} 未指定的全輕質混凝土(3) $f_{ct} = 30$ kg/cm² 的全輕質混凝土。(4)考量鋼筋(A_s=11.61 cm²)貢獻的常重混凝土？

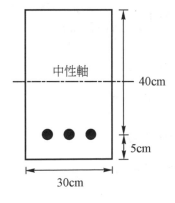

圖 3-4-2

因為未發生裂縫，故斷面中性軸位置距梁頂為 45/2=22.5 cm

總斷面對其中性軸的慣性矩 $I_g = \dfrac{bh^3}{12} = \dfrac{30 \times 45^3}{12} = 227812.5 \text{cm}^4$

總斷面中性軸至最外受拉纖維之距離 $y_t = 45 - 22.5 = 22.5 \text{cm}$

1. 常重混凝土

   常重混凝土的開裂模數 $f_r = 2\sqrt{f_c'} = 2 \times \sqrt{280} = 33.47 \text{kg/cm}^2$

   混凝土的開裂彎矩 M_{cr} 為

   $$M_{cr} = \frac{I_g f_r}{y_t} = \frac{227812.5 \times 33.47}{22.5} = 338883.75 \text{ kg-cm}$$

   受壓混凝土最外纖維的壓應力為

   $$\frac{My}{I_g} = \frac{338883.75 \times 22.5}{227812.5} = 33.47 \text{kg/cm}^2$$

   受拉混凝土最外纖維的拉應力為

   $$\frac{My}{I_g} = \frac{338883.75 \times 22.5}{227812.5} = 33.47 \text{kg/cm}^2$$

   受拉鋼筋的拉應力為

   $$nf_s = 8 \times \frac{338883.75 \times (22.5 - 5)}{227812.5} = 208.26 \text{kg/cm}^2$$

2. f_{ct} 未指定的全輕質混凝土

   因 f_{ct} 未指定，故全輕質混凝土的開裂模數取

   $$f_r = 0.75 \times 2\sqrt{f_c'} = 0.75 \times 2 \times \sqrt{280} = 25.10 \text{kg/cm}^2$$

   混凝土的開裂彎矩 M_{cr} 為

   $$M_{cr} = \frac{I_g f_r}{y_t} = \frac{227812.5 \times 25.1}{22.5} = 254137.5 \text{ kg-cm}$$

   受壓混凝土最外纖維的壓應力為

   $$\frac{My}{I_g} = \frac{254137.5 \times 22.5}{227812.5} = 25.10 \text{kg/cm}^2$$

   受拉混凝土最外纖維的拉應力為

   $$\frac{My}{I_g} = \frac{254137.5 \times 22.5}{227812.5} = 25.10 \text{kg/cm}^2$$

   受拉鋼筋的拉應力為

$$nf_s = 8 \times \frac{254137.5 \times (22.5 - 5)}{227812.5} = 156.18 \text{kg/cm}^2$$

3. $f_{ct}=30\text{kg/cm}^2$ 的輕質混凝土

$$2\sqrt{f_c'} = 2.0 \times \sqrt{280} = 33.47 \text{kg/cm}^2$$

$$f_r = f_{ct}/0.9 = 30.0/0.9 = 33.33 \text{kg/cm}^2 \leq 2\sqrt{f_c'} \text{ OK}$$

混凝土的開裂彎矩 M_{cr} 為

$$M_{cr} = \frac{I_g f_r}{y_t} = \frac{227812.5 \times 33.33}{22.5} = 337466.25 \text{ kg-cm}$$

受壓混凝土最外纖維的壓應力為

$$\frac{My}{I_g} = \frac{337466.25 \times 22.5}{227812.5} = 33.33 \text{kg/cm}^2$$

受拉混凝土最外纖維的拉應力為

$$\frac{My}{I_g} = \frac{337466.25 \times 22.5}{227812.5} = 33.33 \text{kg/cm}^2$$

受拉鋼筋的拉應力為

$$nf_s = 8 \times \frac{337466.25 \times (22.5 - 5)}{227812.5} = 207.39 \text{kg/cm}^2$$

4. 考量鋼筋貢獻的常重混凝土

設斷面中性軸距離梁頂的距離為 y，則

$$y = \frac{(b \times h)\dfrac{h}{2} + (n-1)A_s \times d}{(b \times h) + (n-1)A_s} = \frac{30 \times 45 \times 22.5 + (8-1) \times 11.61 \times 40}{30 \times 45 + (8-1) \times 11.61} = 23.494 \text{cm}$$

總斷面對其中性軸的慣性矩 I_g 為

$$I_g = \frac{bx^3 + b(h-y)^3}{3} + (n-1)A_s(d-y)^2$$

$$= \frac{30 \times \left(23.494^3 + (45 - 23.494)^3\right)}{3} + (8-1) \times 11.61 \times (40 - 23.494)^2$$

$$= \frac{30 \times (12967.937 + 9946.698)}{3} + 81.27 \times 272.448$$

$$= 229146.35 + 22141.85 = 251288.2 \text{cm}^4$$

總斷面中性軸至最外受拉纖維之距離 $y_t = 45 - 23.494 = 21.506 \text{cm}$

總斷面中性軸至最外受壓纖維之距離 $y_c = 23.494 \text{cm}$

常重混凝土的開裂模數 $f_r = 2\sqrt{f_c'} = 2 \times \sqrt{280} = 33.47 \text{kg/cm}^2$

混凝土的開裂彎矩 $M_{cr} = \dfrac{I_g f_r}{y_t} = \dfrac{251288.2 \times 33.47}{21.506} = 391082.31 \text{kg-cm}$

受壓混凝土最外纖維的壓應力為

$\dfrac{My}{I_g} = \dfrac{391082.31 \times 23.494}{251288.2} = 36.56 \text{kg/cm}^2$

受拉混凝土最外纖維的拉應力為

$\dfrac{My}{I_g} = \dfrac{391082.31 \times 21.506}{251288.2} = 33.47 \text{kg/cm}^2$

受拉鋼筋的拉應力為

$nf_s = 8 \times \dfrac{391082.31 \times (21.506 - 5)}{251288.2} = 205.51 \text{kg/cm}^2$

範例 3-4-2

圖 3-4-3 所示為一單筋凹形常重混凝土梁，若鋼筋降伏強度為 2,800 kg/cm²，混凝土抗壓強度為 280kg/cm²，彈性模數比 $n=8$，試計算該梁的開裂彎矩 M_{cr} 及鋼筋與混凝土的應力？

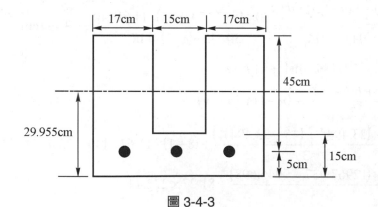

圖 3-4-3

因為未發生裂縫，故斷面中性軸位置距梁底為 y_n，則

$(2 \times 17 \times 50 + 15 \times 15) y_n = (2 \times 17 \times 50 \times 50/2) + (15 \times 15 \times 15/2)$

$$1925 y_n = 42500 + 1687.5 = 44187.5 \text{ 得 } y_n = 29.955 \text{cm}$$

$$I_{g1} = 2 \times \left(\frac{17 \times 50^3}{12} + 17 \times 50 \times (29.955 - 50/2)^2 \right) = 395905.11 \text{cm}^4$$

$$I_{g2} = \frac{15 \times 15^3}{12} + 15 \times 15 \times (29.955 - 15/2)^2 = 117669.83 \text{cm}^4$$

總斷面對其中性軸的慣性矩

$$I_g = I_{g1} + I_{g2} = 395905.11 + 117669.83 = 513574.94 \text{cm}^4$$

總斷面中性軸至最外受拉纖維之距離 $y_t = 29.955 \text{cm}$

總斷面中性軸至最外受壓纖維之距離 $y_c = 50 - 29.955 = 20.045 \text{cm}$

常重混凝土的開裂模數 $f_r = 2\sqrt{f_c'} = 2 \times \sqrt{280} = 33.47 \text{kg/cm}^2$

混凝土的開裂彎矩 $M_{cr} = \dfrac{I_g f_r}{y_t} = \dfrac{513574.94 \times 33.47}{29.955} = 573839.20 \text{ kg-cm}$

受壓混凝土最外纖維的壓應力 $\dfrac{My}{I_g} = \dfrac{573839.2 \times 20.045}{51357494} = 22.40 \text{kg/cm}^2$

受拉混凝土最外纖維的拉應力 $\dfrac{My}{I_g} = \dfrac{573839.2 \times 29.955}{51357494} = 33.47 \text{kg/cm}^2$

受拉鋼筋的拉應力 $= nf_s = 8 \times \dfrac{573839.2 \times (29.955 - 5)}{513574.94} = 223.07 \text{kg/cm}^2$

3-5　強度設計法的基本假設

　　強度設計法係鋼筋與混凝土的應力應變超過彈性範圍，且混凝土應力呈非線性變化的分析模式，對於撓曲桿件的分析與設計，均基於下列幾點的假設：

1. 鋼筋與其周圍的混凝土緊密裏握，故其應變完全相同。
2. 斷面在受力前後均呈平面，鋼筋與混凝土之應變與其至中性軸之距離成正比。
3. 假設鋼筋承受拉力而混凝土完全不能承受拉力。
4. 鋼筋的彈性模數 E_s 假設為 2.04×10^6 kg/cm^2。
5. 混凝土的最大壓縮應變 ε_u，則假設為 0.003。

　　上述假設均類似工作應力法的基本假設，惟強度設計法為進一步利用上述 4、5 等項假設演繹而來。

▣ 3-6 混凝土的應力分佈

梁承受載重後，其斷面的頂部承受壓力而底部則承受拉力，因此斷面上由壓力變化到拉力時，必有一應力與應變均為零的軸線，該軸線即為前述基本假設 2 中的中性軸。當梁斷面面臨極限破壞時，中性軸以上的混凝土壓應力，已非彈性分析時的線性行為，而呈非線性的變化如圖 3-7-1(b)所示。極限強度時，實際上混凝土的應力分佈複雜不明，加以影響混凝土的彈性模數 E_c 的因數甚多而難正確估算，故工程界以較易量測的應變來界定混凝土的極限破壞；所以現行規範對於撓曲理論的極限分析，其基本精神是以混凝土的壓縮應變來控制整個理論的精神。易言之，當混凝土的最大壓縮應變達到一規定值時，則可視該梁將發生極限破壞。強度設計法的理論，就是根據構件瀕臨極限破壞的現象誘導建立的。混凝土的最大壓縮應變 ε_u，現行規範均保守的假設為 0.003。

▣ 3-7 等值矩形應力方塊

混凝土壓力分佈的幾何形狀是不固定的，但是混凝土的總壓力仍是需要的，以便據以推導相關公式；因此學界從事許多試驗，試圖以一簡單的幾何圖形來代表在極限狀態下混凝土壓應力的分佈。在這些研究過程中，應把握下列三項重點才具實用價值：

1. 簡單幾何圖形的應力塊總合力與實際應力塊之總合力相等。
2. 簡單幾何圖形的應力塊與實際應力塊之合力作用點應一致。
3. 代表混凝土壓力分佈的幾何圖形，應該容易計算其面積(合力)與形心。

因此，各種混凝土壓力分佈的替代壓力圖形相繼推出，其中以惠特尼(C.S. Whitney)教授所提出的『等值矩形應力方塊(rectangular stress block)』觀念，如圖 3-7-1 所示，因被廣泛採用而納入設計規範。規範規定將圖 3-7-1(b)的不定型混凝土壓應力之分佈假設為圖 3-7-1(c)的矩形分佈，以 $0.85 f_c'$ 均佈於壓力區內；此壓力區以一與中性軸平行並距最大壓縮應變纖維 $a = \beta_1 x$ 之直線為界。x 為最外受壓纖維至中性軸之距離。

其中 β_1 即為矩形應力方塊的深度 a 與中性軸位置 x 的比值。規範亦規定，若混凝土抗壓強度 f_c' 不超過 280kg/cm^2，$\beta_1 = 0.85$；若 f_c' 超過 280kg/cm^2 時，每增加 70kg/cm^2，β_1 值減少 0.05，但 β_1 不小於 0.65。

參數 β_1 以數學式表示，即

當 $f_c' \le 280 \, \text{kg/cm}^2$ ，　$\beta_1 = 0.85$

當 $f_c' > 280 \, \text{kg/cm}^2$ ，　$\beta_1 = 0.85 - \left(\dfrac{f_c' - 280}{70} \right) \ge 0.65$

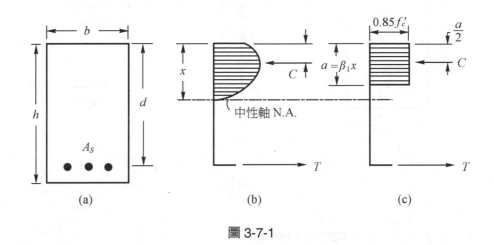

圖 3-7-1

依此假設，則極限破壞時的混凝土合壓力 C 為

$$C = 0.85 f_c' ab \tag{3-7-1}$$

只要中性軸的位置 x 決定，則得 $a = \beta_1 x$ ，而且由力矩不衡可得標稱彎矩 M_n 為：

$$M_n = C \left(d - \frac{a}{2} \right) \tag{3-7-2}$$

或

$$M_n = T \left(d - \frac{a}{2} \right) \tag{3-7-3}$$

範例 3-7-1

圖 3-7-2(a)為一單筋矩形梁斷面，配置三根 #8 號鋼筋(每根鋼筋的標稱面積為 5.07cm²)，試以等值矩形應力方塊的觀念，推算該梁的標稱彎矩 M_n。假設混凝土的抗壓強度為 280kg/cm²，鋼筋的降伏強度為 4,200kg/cm²，鋼筋彈性模數為 $2.04 \times 10^6 \, \text{kg/cm}^2$ 。

因為混凝土的抗壓強度 f_c' 為 280kg/cm²，故 $\beta_1 = 0.85$，先假設該梁在極限破壞時，抗拉鋼筋已經降伏，因此抗拉鋼筋的拉力 T 為

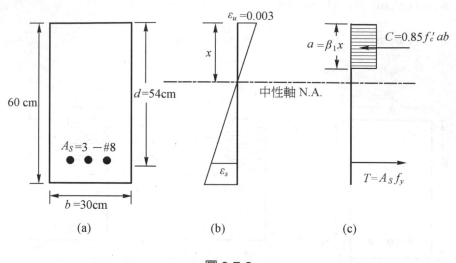

圖 3-7-2

$$T = A_s f_s = 5.07 \times 3 \times 4200 = 63882 \text{kg}$$

$$C = 0.85 f_c' \beta_1 x b = 0.85 \times 280 \times 0.85 \times 30 x = 6069 x$$

依水平力平衡原理，$C = T$，得

$63882 = 6069x$，解得 $x = 10.53\text{cm}$，$a = \beta_1 x = 0.85 \times 10.53 = 8.95\text{cm}$

依圖 3-7-2(b)的幾何關係，求算抗拉鋼筋的應變量為

$$\varepsilon_s = \frac{\varepsilon_u(d-x)}{x} = \frac{0.003 \times (54-10.53)}{10.53} = 0.01238$$

鋼筋降伏時的應變量 $\varepsilon_y = \dfrac{f_y}{E_s} = \dfrac{4200}{2040000} = 0.00206$

因 $\varepsilon_s > \varepsilon_y$，故原抗拉鋼筋降伏的假設為正確

依公式(3-7-2)或公式(3-7-3)可得標稱彎矩 M_n 為

$$M_n = T(d - a/2) = 63882 \times (54 - 8.95/2)$$
$$= 3163756 \text{kg-cm} = 31.64 \text{ t-m}$$

3-8　中性軸位置

通過梁斷面之應力或應變等於零之軸稱為中性軸(Netural Axis，簡寫 NA)，在極限載重下，當混凝土應變達到 0.003 時，鋼筋之應力亦同時達到降伏強度(應變達到 ε_y)時，如圖 3-8-1 所示，其中性軸距最外壓力緣的位置 x 可由應變的幾何關係求得，即

$$x = \frac{\varepsilon_u}{\varepsilon_u + \varepsilon_y}d = \frac{\varepsilon_u}{\varepsilon_u + \dfrac{f_y}{E_s}}d \tag{3-8-1}$$

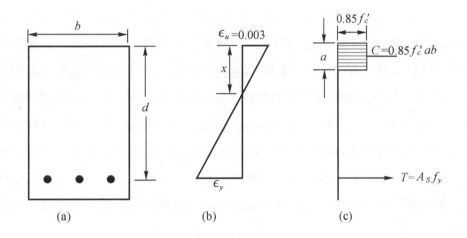

圖 3-8-1

當 $E_s = 2.04 \times 10^6 \, \text{kg/cm}^2$，$\varepsilon_u = 0.003$ 時，帶入公式(3-8-1)，得中性軸位置 x 為

$$x = \frac{0.003}{0.003 + \varepsilon_y}d = \frac{0.003}{0.003 + \dfrac{f_y}{2.04 \times 10^6}}d = \frac{6120}{6120 + f_y}d \tag{3-8-2}$$

故等值矩形壓力方塊的深度 a 為

$$a = \beta_1 x = \frac{6120}{6120 + f_y}\beta_1 d \tag{3-8-3}$$

公式(3-8-1)、(3-8-2)及(3-8-3)均是在極限載重下，當混凝土應變達到 0.003 時，鋼筋之應力亦同時達到降伏強度(應變達到 ε_y)時的中性軸位置。實際上，中性軸的位置是依據混凝土與鋼筋的實際應變量按三角形幾何關係所推算的。

🔲 3-9　梁的極限破壞模式

對於承受撓曲梁的破壞不外是混凝土壓潰或鋼筋拉斷；目前的規範是以混凝土的最大壓縮應變或以鋼筋的應力達到降伏強度，作為判別梁斷面是否達到極限強度的指標。換句話說，混凝土的最大壓縮應變在不超過 0.003 或鋼筋應力未達降伏強度時，即未達梁的極限強度，表示還可以承受額外的彎矩，一直到達混凝土受壓側的最大壓縮應變為 0.003 或鋼筋應力達到降伏強度為止。瀕臨極限破壞時，通常有下列幾種情形發生：

1. **拉力破壞**(tension failure)

    當梁承受載重增加至某一限度時，若鋼筋的應力在混凝土應變達到 0.003 以前先達到降伏強度，則依鋼筋的特性，其應變則突然增大，梁隨即向下產生相當大的撓度。於此同時，混凝土的拉裂縫迅速加寬並向上延伸，壓力區內的混凝土應變增加得很快，直到混凝土最大壓縮應變 ε_u=0.003 而壓碎，此種破壞模式稱為拉力破壞(tension failure)或延展性破壞(ductile failure)。此種破壞係發生於含有鋼筋量較少的梁中，因為破壞係逐漸發生的，且在發生前會有諸如裂縫之加寬及增長與撓度顯著增加等延展破壞的種種徵兆，因此規範允許並鼓勵此種方式。這種破壞模式的梁亦為低量鋼筋梁(underreinforced beams)。拉力破壞的梁斷面，其應變及應力圖如圖 3-9-1 所示。

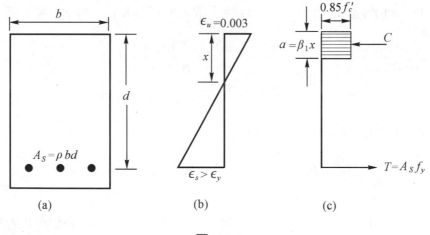

圖 3-9-1

2. **壓力破壞**(compression failure)

　　當梁承受載重增加至某一限度時，若混凝土應變在鋼筋的應力達到降伏強度以前先達到 0.003 而破壞，此種破壞模式稱為壓力破壞(compression failure)或脆性破壞(brittle failure)。因該種破壞發生時，鋼筋未達降伏故毫無明顯裂縫與撓度的事先徵兆可預見，係屬突發性的，所以於設計時應避免此種情況的發生。此種破壞發生於採用高強度鋼筋，或超量鋼筋的撓曲構件，故亦稱為過量鋼筋梁(over reinforced beams)。壓力破壞的梁斷面，其應變及應力圖如圖 3-9-2 所示。

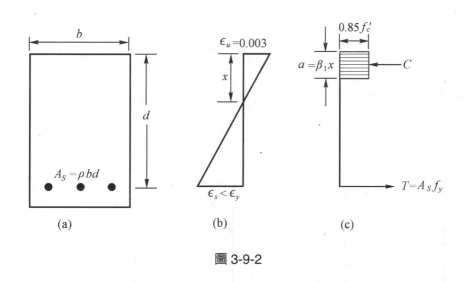

圖 3-9-2

3. **平衡破壞**(balanced failure)

　　規範上定義當受壓混凝土的應變量達 0.003 時，鋼筋也因承受拉力而達降伏，這種鋼筋與混凝土同時破壞的模式稱為平衡破壞(balanced failure)，如圖 3-10-1。理論上，平衡破壞設計是最為物盡其用的設計，但為求安全，規範鼓勵設計成拉力破壞模式。平衡破壞時的鋼筋量是規範上設定最大鋼筋量的基數；規範規定梁的最大鋼筋量取平衡鋼筋量的 75%，以保證梁設計時的拉力破壞。

3-10　平衡鋼筋量

　　觀察鋼筋混凝土梁的破壞模式，得知使用過量鋼筋可能造成無預警的脆性破壞，使用較少量鋼筋反而可得到延展性破壞而獲得破壞前的預警；其間必有一最大鋼筋量與一最小

鋼筋量的限制以供遵循。最大與最小鋼筋量的探討前，應先瞭解平衡鋼筋量(平衡鋼筋比)。最經濟的梁斷面設計應該是調整鋼筋量使鋼筋達到降伏強度(或降伏應變 ε_y)的同時，混凝土的應變亦剛好達到極限應變量 0.003。此時的鋼筋量稱爲平衡鋼筋量 A_{sb}，平衡鋼筋量與梁斷面有效面積(有效深度乘以矩形梁寬)之比稱爲平衡鋼筋比 ρ_b。換言之，當混凝土承受極限載重破壞(ε_u=0.003)的同時，梁內拉力區的鋼筋亦剛達降伏強度($f_s = f_y$)。利用圖 3-10-1(b)的應變圖比例關係，得

$$\frac{\varepsilon_u}{x_b} = \frac{\varepsilon_y}{d - x_b} \tag{3-10-1}$$

或

$$x_b = \frac{\varepsilon_u}{\varepsilon_u + \varepsilon_y} d \tag{3-10-2}$$

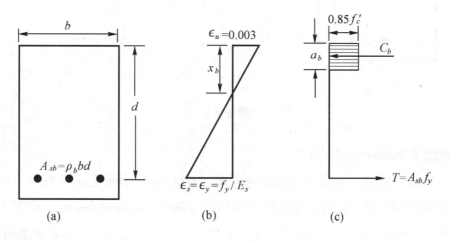

圖 3-10-1

所以採用平衡鋼筋用量 A_{sb} 的單筋梁斷面，其混凝土的合壓力 C_b 及拉力筋的合拉力 T_b，分別爲

$$C_b = 0.85 f_c' a_b b = 0.85 f_c' \left(\frac{\beta_1 \varepsilon_u b d}{\varepsilon_u + \varepsilon_y} \right) \tag{3-10-3}$$

$$T_b = A_{sb} f_y \tag{3-10-4}$$

最後利用水平力平衡 $C_b = T_b$，得

$$A_{sb} = 0.85\,\beta_1\,\frac{\varepsilon_u}{\varepsilon_u + \varepsilon_y}\,\frac{f_c^{'}}{f_y}\,bd \tag{3-10-5}$$

若令 $\rho_b = A_{sb}/(bd)$ 為平衡鋼筋比，而且 $\varepsilon_y = f_y/E_s$ ，則式(3-10-5)可寫成

$$\rho_b = 0.85\,\beta_1\,\frac{\varepsilon_u}{\varepsilon_u + f_y/E_s}\,\frac{f_c^{'}}{f_y} \tag{3-10-6}$$

因此，所得的平衡鋼筋量 A_{sb}，與實際採用的鋼筋量 A_s 比較，可判別極限破壞時，抗拉筋是否降伏，亦即

比鋼筋量	比鋼筋比	破壞模式	鋼筋應變與應力
$A_s < A_{sb}$	$\rho_s < \rho_{sb}$	拉力破壞	$\varepsilon_s > \varepsilon_y$ $f_s = f_y$
$A_s = A_{sb}$	$\rho_s = \rho_{sb}$	平衡破壞	$\varepsilon_s = \varepsilon_y$ $f_s = f_y$
$A_s > A_{sb}$	$\rho_s > \rho_{sb}$	壓力破壞	$\varepsilon_s < \varepsilon_y$ $f_s < f_y$

3-11　鋼筋量的限制

3-11-1　最大鋼筋量的限制

理論上，平衡鋼筋量可使鋼筋與混凝土同時達到極限強度，發揮物盡其用的經濟模式。梁設計時其鋼筋量若超過平衡鋼筋量必進入危險的壓力破壞模式；若等於平衡鋼筋量，亦因為鋼筋與混凝土同時達到極限強度而產生無預警的同時崩潰；故在實際應用中，梁鋼筋的使用量須與平衡鋼筋量保留適度的差距，以避免因為材料性質與施工品質不易精確控制而引致破壞模式的改變。

　　規範規定：撓曲構材之最大鋼筋比不得大於平衡鋼筋比的 0.75 倍，以確保受撓構材的韌性。亦即

$$\rho_{\max} = 0.75\rho_b = 0.75 \times 0.85\beta_1 \frac{\varepsilon_u}{\varepsilon_u + \varepsilon_y} \frac{f_c^{'}}{f_y} \tag{3-11-1}$$

或

$$A_{s,\max} = 0.75A_{sb} = 0.75 \times 0.85\beta_1 \frac{\varepsilon_u}{\varepsilon_u + \varepsilon_y} \frac{f_c^{'}}{f_y} bd \tag{3-11-2}$$

3-11-2　最小鋼筋量的限制

　　梁設計時可能有建築上或功能上的理由使其斷面比抵抗需要彎矩(required moment)所需斷面大。理論上，這種斷面所需的鋼筋量必定甚為微小。這種過低量的鋼筋混凝土梁也會引致另一種破壞模式，即當承受彎矩大於混凝土的開裂彎矩 M_{cr} 時，可能裂縫擴大而斷裂。設計規範是傾向具有警告性破壞的低鋼筋梁設計，於是對於會像純混凝土梁的破壞一樣的超低量鋼筋混凝土梁，也有其最小鋼筋量的限制。規範中限制鋼筋比 ρ 亦不得小於 $\rho_{\min}$，亦即

$$\rho_{\min} = 14 / f_y \tag{3-11-3}$$

式中 f_y 的單位為 kg/cm^2。

　　因為低鋼筋量梁的鋼筋先達到極限強度，故標稱彎矩

$$M_n = T\left(d - \frac{a}{2}\right) = A_s f_y \left(d - \frac{a}{2}\right) \cong A_s f_y d$$

　　混凝土的開裂彎矩

$$M_{cr} = \frac{f_r I_g}{y} = \frac{2.0\sqrt{f_c^{'}} \dfrac{bh^3}{12}}{h/2} = \left(\frac{\sqrt{f_c^{'}}}{3}\right)bh^2 \cong \left(\frac{\sqrt{f_c^{'}}}{3}\right)bd^2$$

若取 $f_c^{'} = 280\text{kg/cm}^2$，而且安全係數爲 2.5，則

$$M_n = 2.5 M_{cr}$$

$$A_s f_y d = 2.5 \times \left(\frac{\sqrt{f_c^{'}}}{3} \right) bd^2 = 2.5 \times \frac{\sqrt{280}}{3} bd^2 = 13.944 bd^2 \cong 14 bd^2$$

$$\rho_{\min} = \frac{A_s}{bd} = \frac{14}{f_y}$$

上式係依據混凝土抗壓強度 $f_c^{'} = 280\text{kg/cm}^2$ 所推導的，因爲安全係數與 $\sqrt{f_c^{'}}$ 成反比，當混凝土抗壓強度提高時，其安全係數相對減小，故在最新規範另加最小鋼筋比亦不得小於 $0.8\sqrt{f_c^{'}} \big/ f_y$ 的規定，以掌握較高強度混凝土的安全係數。因此單筋梁的最小鋼筋比爲

$$\rho_{\min} = \max\left(\frac{14}{f_y}, \frac{0.8\sqrt{f_c^{'}}}{f_y} \right) \tag{3-11-4}$$

單筋矩形梁的鋼筋比 ρ 與規範的最大鋼筋比 $\rho_{\max}$、最小鋼筋比 $\rho_{\min}$ 比較分析如下表：

鋼筋比比較	設計狀態
$\rho_{\min} < \rho < \rho_{\max}$	符合規範拉力破壞模式的最佳設計
$\rho_{\max} < \rho \le \rho_b$	仍屬拉力破壞模式，但不符設計規範，可加大斷面或改爲雙筋梁
$\rho < \rho_{\min}$	雖屬拉力破壞模式，但斷面積太大，不合經濟亦不符設計規範，應縮小斷面或增加鋼筋量
$\rho > \rho_b$	屬壓力破壞模式，不符規範的危險設計，應加大斷面或改爲雙筋梁

3-12　單筋矩形梁斷面的分析

單筋矩形梁斷面的分析係就已設計的梁斷面及鋼筋量分析其破壞模式及極限撓曲設計強度(標稱彎矩 M_n)。由已知的斷面尺寸及材質，可推算其平衡鋼筋量(比)、最大鋼筋量

(比)及最小鋼筋量(比)；進而依據實際使用的鋼筋量(比)按圖 3-12-1 研判其規範規定的破壞模式。

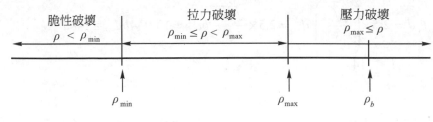

圖 3-12-1

單筋梁的極限撓曲設計強度(標稱彎矩 M_n)因破壞模式的不同，推算方式亦異；茲說明如下：。

3-12-1　脆性破壞的梁斷面

當梁的鋼筋比 ρ 小於規範規定的最小鋼筋比 ρ_{min} 時，其極限撓曲設計強度(標稱彎矩 M_n)小於混凝土的開裂彎矩，而無助於混凝土開裂後的彎矩抵抗。故其標稱彎矩為：

$$M_n = M_{cr} = \frac{\sqrt{f_c^{'}}\,bh^2}{3} \tag{3-12-1}$$

範例 3-12-1

有一簡支鋼筋混凝土梁斷面如圖 3-12-2 所示，但僅使用 1 根#8 號鋼筋，若混凝土的抗壓強度為 280kg/cm^2，鋼筋降伏強度為 4,200kg/cm^2，鋼筋的彈性模數為 E_s=2,040,000 kg/cm^2，混凝土的極限應變 ε_u =0.003，#8 鋼筋的標稱面積為 5.07cm^2/支，試評估該斷面的破壞模式並計算該斷面的極限設計強度(標稱彎矩 M_n)？

梁使用的鋼筋量 $A_s = 1 \times 5.07 = 5.07 \text{cm}^2$

梁使用的鋼筋比 $\rho = \dfrac{5.07}{36 \times 52} = 0.002708$

因 $f_c^{'} = 280 \text{kg/cm}^2$ 故 $\beta_1 = 0.85$

該梁的平衡鋼筋比

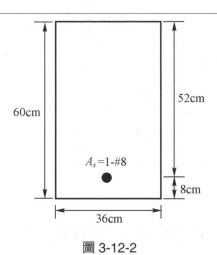

圖 3-12-2

$$\rho_b = 0.85\beta_1 \frac{6120}{6120+f_y} \frac{f_c'}{f_y} = 0.85(0.85)\frac{6120}{6120+4200} \times \frac{280}{4200} = 0.0286$$

允許最大鋼筋比 $\rho_{max} = 0.75\rho_b = 0.75 \times 0.0286 = 0.02145$

允許最小鋼筋比 ρ_{min} 取下列兩者的大值

$$\frac{14}{f_y} = \frac{14}{4200} = 0.00333$$

$$\frac{0.8\sqrt{f_c'}}{f_y} = \frac{0.8 \times \sqrt{280}}{4200} = 0.003188$$

故　　　$\rho_{min} = 0.00333$

∵ $\rho < \rho_{min}$，故屬脆性破壞模式的梁斷面，該斷面的標稱彎矩小於開裂彎矩，1 根#8 鋼筋形同虛設，無法發揮功用。

3-12-2　拉力破壞的梁斷面

當梁的鋼筋比 ρ 不小於規範規定的最小鋼筋比 ρ_{min} 且不大於該梁的平衡鋼筋比 ρ_b 時，因為斷面的抗拉筋會先行降伏，然後鋼筋的應力保持不變，但是應變卻一直增加，使得中性軸往上升以平衡再增加的彎矩，一直到混凝土壓碎為止。這種有警告性的拉力破壞

斷面，在極限強度時，拉力筋的應變 ε_s 會大於 ε_y，但是應力 f_s 仍為 f_y，如圖 3-9-1，所以其極限撓曲設計強度(標稱彎矩 M_n)為

$$M_n = T(d-a/2) = A_s f_y (d - a/2) \tag{3-12-2}$$

其中因 $T = C$，故

$$a = \frac{A_s f_y}{0.85 f_c' b} \tag{3-12-3}$$

令 $A_s = \rho bd$ 並將公式(3-12-3)的 a 帶入公式(3-12-2)得

$$M_n = \rho bd^2 f_y \left(1 - 0.59\rho \frac{f_y}{f_c'}\right) \tag{3-12-4}$$

或

$$M_u = \phi \rho bd^2 f_y \left(1 - 0.59\rho \frac{f_y}{f_c'}\right) \tag{3-12-5}$$

若令材料強度比 $m = \dfrac{f_y}{0.85 f_c'}$，則由公式(3-12-3)得

$$a = \frac{A_s m}{b} \tag{3-12-6}$$

以公式(3-12-6)的 a 及 $A_s = \rho bd$ 帶入公式(3-12-2)得

$$M_n = \rho\ b\ d^2 f_y \left(1 - \frac{1}{2}m\rho\right) \tag{3-12-7}$$

或

$$M_u = \phi\ M_n = \phi\ \rho\ bd^2 f_y \left(1 - \frac{1}{2}m\ \rho\right) \tag{3-12-8}$$

範例 3-12-2

　　有一簡支鋼筋混凝土梁，承受靜載重與活載重作用，其淨跨徑為 6m，其斷面如圖 3-12-3 所示，若含梁自重的靜載重為 3.5t/m，混凝土的抗壓強度為 280kg/cm²，鋼筋降伏強度為 4,200kg/cm²，鋼筋的彈性模數為 E_s=2,040,000kg/cm²，混凝土的極限應變 ε_u=0.003，#8 鋼筋的標稱面積為 5.07cm²/支，試計算該斷面的極限設計強度(標稱彎矩 M_n)？並計算該斷面所能承載的最大活載重？

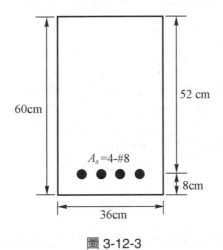

圖 3-12-3

梁使用的鋼筋量 $A_s = 4 \times 5.07 = 20.28\text{cm}^2$

梁使用的鋼筋比 $\rho = \dfrac{20.28}{36 \times 52} = 0.01083$

因 $f_c^{'} = 280\text{kg/cm}^2$ 故 $\beta_1 = 0.85$

該梁的平衡鋼筋比

$$\rho_b = 0.85\beta_1 \frac{6120}{6120 + f_y} \frac{f_c^{'}}{f_y} = 0.85(0.85)\frac{6120}{6120 + 4200} \times \frac{280}{4200} = 0.0286$$

允許最大鋼筋比 $\rho_{\max} = 0.75\rho_b = 0.75 \times 0.0286 = 0.02145$

允許最小鋼筋比 $\rho_{\min}$ 取下列兩者的大值

$$\frac{14}{f_y} = \frac{14}{4200} = 0.00333$$

$$\frac{0.8\sqrt{f_c^{'}}}{f_y} = \frac{0.8 \times \sqrt{280}}{4200} = 0.003188$$

故 $\rho_{\min} = 0.00333$

∴ $\rho < \rho_b$，故屬拉力破壞模式，鋼筋的應力已達降伏強度；而實際鋼筋比(0.01083)介於最小鋼筋比(0.00333)與最大鋼筋比(0.02145)之間，故合乎規範。

設等值矩形壓力方塊的深度為 a，則混凝土的合壓力為 C

$$C = 0.85 f_c^{'} ab \quad (b \text{ 為梁寬})$$

鋼筋的總拉力 $T = A_s f_y$

由靜力平衡條件 $C = T$，得

$$a = \frac{A_s f_y}{0.85 f_c^{'} b} = \frac{20.28 \times 4200}{0.85 \times 280 \times 36} = 9.941 \text{cm}$$

該斷面的標稱彎矩

$$M_n = T(d - a/2) = 20.28 \times 4200 \times (52 - 9.941/2) = 4005785 \text{kg - cm} = 40.06 \text{t - m}$$

依據規範，撓曲構件的強度折減因數 $\phi = 0.9$

需要強度 $M_u = \dfrac{wl^2}{8} = \dfrac{(1.4 \times 3.5 + 1.7 w_l)6^2}{8} = 0.9 \times 40.06$

解得 $w_l = 1.831 \text{ t/m}$

3-12-3 壓力破壞的梁斷面

當梁的鋼筋比 ρ 大於該梁的平衡鋼筋比 ρ_b 時，混凝土達到極限應變 0.003 時，鋼筋尚未到達降伏強度，故抗拉筋的應變 ε_s 通常小於 ε_y，由圖 3-9-2(b) 的應變分佈圖的幾何關係，抗拉鋼筋的應變 ε_s 可利用混凝土的極限應變 ε_u 及中性軸的位置 x 表示為

$$\varepsilon_s = \varepsilon_u \frac{d - x}{x}$$

由圖 3-9-2(c)的水平力平衡，得

$$0.85 f_c' ab = \rho b d f_s$$

將抗拉鋼筋的應變 ε_s、應力 $f_s = E_s \varepsilon_s$ 及 $a = \beta_1 x$ 代入上式，可得 x 的二次方程式如下：

$$\frac{0.85 f_c' \beta_1 b}{\rho b d E_s \varepsilon_u} x^2 + x - d = 0 \tag{3-12-9}$$

依據公式(3-12-9)推得中性軸位置後，等值矩形應力方塊的高度 a、混凝體總壓力 C、或抗拉鋼筋的應變量、應力及總拉力均可求得，可依公式(3-7-2)或公式(3-7-3)推算標稱彎矩 M_n。

範例 3-12-3

有一簡支鋼筋混凝土梁斷面如圖 3-12-3 所示，若混凝土的抗壓強度為 280kg/cm²，鋼筋降伏強度為 4,200 kg/cm²，鋼筋的彈性模數為 E_s=2,040,000 kg/cm²，混凝土的極限應變 ε_u=0.003，#8 鋼筋的標稱面積為 5.07cm²/支，試評估(1)抗拉鋼筋為 8 根#8 鋼筋(2)抗拉鋼筋為 12 根#8 鋼筋時，該斷面的破壞模式並計算該斷面的極限設計強度(標稱彎矩 M_n)？

1. 抗拉鋼筋為 8 根#8 鋼筋時

   梁使用的鋼筋量 $A_s = 8 \times 5.07 = 40.56 \text{cm}^2$

   梁使用的鋼筋比 $\rho = \dfrac{40.56}{36 \times 52} = 0.02167$

   因 $f_c' = 280\text{kg/cm}^2$ 故 $\beta_1 = 0.85$

   該梁的平衡鋼筋比

   $$\rho_b = 0.85\beta_1 \frac{6120}{6120 + f_y} \frac{f_c'}{f_y} = 0.85(0.85)\frac{6120}{6120+4200} \times \frac{280}{4200} = 0.0286$$

   允許最大鋼筋比 $\rho_{max} = 0.75\rho_b = 0.75 \times 0.0286 = 0.02145$

   允許最小鋼筋比 ρ_{min} 取下列兩者的大值

   $$\frac{14}{f_y} = \frac{14}{4200} = 0.00333$$

$$\frac{0.8\sqrt{f_c^{'}}}{f_y} = \frac{0.8\times\sqrt{280}}{4200} = 0.003188$$

故 $\rho_{\min} = 0.00333$

∵ $\rho < \rho_b$，故屬拉力破壞模式，鋼筋的應力已達降伏強度；而實際鋼筋比(0.02167)

比最大鋼筋比(0.02145)還大，故不合乎規範。

設等值矩形壓力方塊的深度為 a 為

$$a = \frac{A_s f_y}{0.85 f_c^{'} b} = \frac{40.56\times 4200}{0.85\times 280\times 36} = 19.882\text{cm}$$

該斷面的標稱彎矩

$$M_n = T(d - a/2) = 40.56\times 4200\times(52 - 19.882/2) = 7164835\text{kg-cm} = 71.65\text{t-m}$$

依據規範，撓曲構件的強度折減因數 $\phi = 0.9$

設計強度 $M_u = 0.9\times 71.65 = 64.485\text{t-m}$

2. 抗拉鋼筋為 12 根#8 鋼筋時

梁使用的鋼筋量 $A_s = 12\times 5.07 = 60.84\text{cm}^2$

梁使用的鋼筋比 $\rho = \frac{60.84}{36\times 52} = 0.0325$

因 $f_c^{'} = 280\text{kg/cm}^2$ 故 $\beta_1 = 0.85$

該梁的平衡鋼筋比

$$\rho_b = 0.85\beta_1 \frac{6120}{6120 + f_y}\frac{f_c^{'}}{f_y} = 0.85(0.85)\frac{6120}{6120 + 4200}\times\frac{280}{4200} = 0.0286$$

允許最大鋼筋比 $\rho_{\max} = 0.75\rho_b = 0.75\times 0.0286 = 0.02145$

允許最小鋼筋比 $\rho_{\min}$ 取下列兩者的大值

$$\frac{14}{f_y} = \frac{14}{4200} = 0.00333$$

$$\frac{0.8\sqrt{f_c^{'}}}{f_y} = \frac{0.8\times\sqrt{280}}{4200} = 0.003188$$

故 $\rho_{\min} = 0.00333$

∵ $\rho > \rho_b$，故屬壓力破壞模式，鋼筋的應力未達降伏強度。

設中性軸距受壓混凝土外緣的距離為 x，則

等值矩形壓力方塊的深度為 $a = \beta_1 x$

受壓區混凝土的總壓力 $C = 0.85 f_c' \beta_1 xb = 0.85 \times 280 \times 0.85 \times 36x = 7282.8x$

抗拉鋼筋的應變量 $\varepsilon_s = \dfrac{\varepsilon_u (d - x)}{x}$

抗拉鋼筋之總拉力為

$T = E_s \varepsilon_s A_s = 2.04 \times 10^6 \times \dfrac{0.003 \times (52 - x)}{x} \times 60.84$

$\quad = 372340.8(52 - x)$

依水平力平衡 $T = C$，得

$7282.8x = 372340.8 \times \dfrac{52 - x}{x}$，整理得

$7282.8x^2 + 372340.8x - 19361721.6 = 0$，解得 $x = 31.987$cm

$a = \beta_1 x = 0.85 \times 31.987 = 27.19$cm

$C = 7282.8x = 7282.8 \times 31.987 = 232955$kg

該斷面的標稱彎矩

$M_n = C(d - a/2) = 232955 \times (52 - 27.19/2) = 8946637$ kg-cm $= 89.47$t-m

依據規範，撓曲構件的強度折減因數 $\phi = 0.9$

設計強度

$M_u = 0.9 \times 89.47 = 80.523$t-m

3-13　單筋矩形梁斷面分析程式使用說明

在鋼筋混凝土分析與設計軟體畫面的功能表上，選擇☞RC/梁/單筋梁分析☜後出現如圖 3-13-1 的輸入畫面。圖 3-13-1 為範例 3-12-1 的輸入畫面，依序輸入矩形梁梁寬 b(36cm)、矩形梁實際梁深 h(60cm)、矩形梁有效深度 d(52cm)、混凝土抗壓強度(280kg/cm^2)、鋼筋降伏強度(4,200kg/cm^2)、鋼筋彈性模數(2,040,000kg/cm^2)及混凝土單位重(2400kg/m^3)等資料，並選 1 根#8 號鋼筋後，單擊「斷面分析」鈕進行單筋梁斷面分析並將計算過程及結果顯示於畫面中的列示方塊，如圖 3-13-1 及圖 3-13-2。單擊「取消」鈕則程式即停止執行；單擊「列印」鈕則將分析結果有組織的列印單筋矩形梁斷面強度分析報表，如圖 3-13-7。

　　輸入畫面中除矩形梁實際梁深 h、矩形梁有效深度 d 外，所有欄位均必須輸入，否則會有圖 3-13-3 的錯誤訊息；欄位資料必須合理，否則有如圖 3-13-4 的警示訊息。如果實際梁深 h 為零或不大於有效深度，則會有圖 3-13-5 或圖 3-13-6 的警示訊息。

單筋矩形梁斷面分析

矩形梁梁寬 (cm) b　　36　　混凝土抗壓強度(kg/cm2)fc'　　280

　　　　　　　　　　　　　　鋼筋降伏強度 (Kg/cm2) fy　　4200

矩形梁實際梁深 (cm) h　　60　　鋼筋彈性模數 Kg/cm2　　2040000.0

矩形梁有效梁深 (cm) d　　52　　混凝土單位重 kg/m3　　2400.0

拉力鋼筋為　D25 #8　　1 根　　共 5.067 cm2

```
矩形梁寬度 (cm) = 36.00 cm
矩形梁有效深度 (cm) = 52.00 cm
矩形梁實際深度 (cm) = 60.00 cm
矩形梁每公尺重量 (Kg/m) = 518.40 kg/m　以每立方公尺 2400 Kg 計
拉力鋼筋為 #8(D25) X 1 拉力鋼筋量 = 5.07 cm2
實際鋼筋比 = 0.0027
混凝土抗壓強度 (Kg/cm2) = 280.00 kg/cm2
鋼筋降伏應力 (Kg/cm2) = 4200.00 kg/cm2　降伏應變 = 0.00206
拉力鋼筋用量 (cm2) = 5.067 cm2
中性軸距壓力面外援的深度 (cm) = 30.837
等值壓力塊的深度 (cm) = 26.21 cm　Beta1 = 0.8500
平衡破壞時的鋼筋比 = 0.0286
```

斷面分析　　取消　　列印

圖 3-13-1

單筋矩形梁斷面分析

矩形梁梁寬 (cm) b　　36　　混凝土抗壓強度(kg/cm2)fc'　　280

　　　　　　　　　　　　　　鋼筋降伏強度 (Kg/cm2) fy　　4200

矩形梁實際梁深 (cm) h　　60　　鋼筋彈性模數 Kg/cm2　　2040000.0

矩形梁有效梁深 (cm) d　　52　　混凝土單位重 kg/m3　　2400.0

拉力鋼筋為　D25 #8　　1 根　　共 5.067 cm2

```
實際鋼筋比 = 0.0027
混凝土抗壓強度 (Kg/cm2) = 280.00 kg/cm2
鋼筋降伏應力 (Kg/cm2) = 4200.00 kg/cm2　降伏應變 = 0.00206
拉力鋼筋用量 (cm2) = 5.067 cm2
中性軸距壓力面外援的深度 (cm) = 30.837
等值壓力塊的深度 (cm) = 26.21 cm　Beta1 = 0.8500
平衡破壞時的鋼筋比 = 0.0286
平衡破壞時的鋼筋量 (cm2) = 53.47 cm2
拉力破壞的最小鋼筋比 0.0033　最小鋼筋量 (cm2) =6.24 cm2
拉力破壞的最大鋼筋比 = 0.0214　最大鋼筋量 (cm2) =40.10 cm2
===== > 突然脆性破壞 < =====
抵抗彎距 (kg-m) = 7,228.74 kg-m　抵抗彎距 (t-m) = 7.23 t-m
```

斷面分析　　取消　　列印

圖 3-13-2

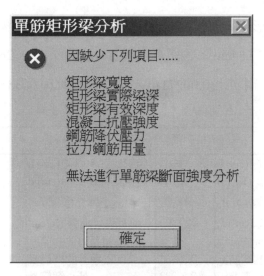

圖 3-13-3

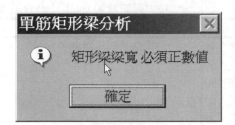

圖 3-13-4

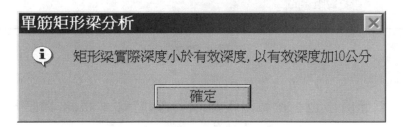

圖 3-13-5

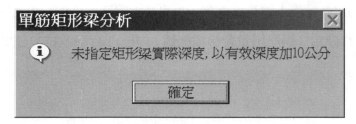

圖 3-13-6

圖 3-13-7 為單筋矩形梁斷面強度分析報表，報表第 2 行至第 10 行為基本資料及平衡破壞時的中性軸位置(x=30.84cm)、等值矩形壓力方塊的深度(a=26.21cm)、最大鋼筋比(量)及最小(量)等。因為實際鋼筋比(0.00271)小於最小鋼筋比(0.00333)，故屬突然脆性破壞。

單筋矩形梁斷面強度分析					1
矩形梁梁寬 (cm) b	36.00	矩形梁實際梁深 (cm) h	60.00		2
矩形梁每公尺重量 (Kg/m)	518.40	矩形梁有效梁深 (cm) d	52.00		3
混凝土抗壓強度(kg/cm^2)f$_c$	280.00	混凝土單位重 kg/m^3	2400.00		4
鋼筋降伏應力 (Kg/cm^2) f$_y$	4200.00	鋼筋彈性模數 Kg/cm^2	2040000	β=0.85	5
中性軸距壓力面外援的深度	30.84	等值壓力塊的深度	26.21		6
平衡破壞時的鋼筋比	0.02856	平衡破壞時的鋼筋量	53.47		7
拉力破壞的最小鋼筋比	0.00333	最小鋼筋量	6.24		8
拉力破壞的最大鋼筋比	0.02142	最大鋼筋量	40.10		9
拉力鋼筋 #8(D25) X 1		拉力鋼筋量 A$_s$ cm2	5.067	實際鋼筋比 0.00271	10
					11
破壞型態		突然脆性破壞			12
抵抗彎距 (t-m)		7.22874			13
中性軸距壓力面外緣深度(cm)					14
壓力等值方塊的深度 (cm)					15
壓力 (Kg)					16
拉力 (Kg)					17
力偶臂 (cm)					18
抵抗彎距 (t-m)					19
極限彎距(t-m)					20

圖 3-13-7

圖 3-13-8 為範例 3-12-2 的輸出報表，抗拉鋼筋為 4 根#8 鋼筋，所以鋼筋量為 20.268cm^2，鋼筋比為 0.01083。因為實際鋼筋比小於平衡破壞時的鋼筋比(0.02856)，故屬拉力破壞；且鋼筋比介於最小鋼筋比(0.00333)與最大鋼筋比(0.02142)之間，故又合乎設計規範。報表第 11 行顯示「鋼筋用量合乎規範值」，第 12 行顯示拉力破壞。

單筋矩形梁斷面強度分析				1
矩形梁樑寬 (cm) b	36.00	矩形樑實際樑深 (cm) h	60.00	2
矩形梁每公尺重量 (Kg/m)	518.40	矩形樑有效樑深 (cm) d	52.00	3
混凝土抗壓強度(kg/cm²)f_c'	280.00	混凝土單位重 kg/m³	2400.00	4
鋼筋降伏應力 (Kg/cm²) f_y	4200.00	鋼筋彈性模數 Kg/cm²	2040000 β=0.85	5
中性軸距壓力面外援的深度	30.84	等值壓力塊的深度	26.21	6
平衡破壞時的鋼筋比	0.02856	平衡破壞時的鋼筋量	53.47	7
拉力破壞的最小鋼筋比	0.00333	最小鋼筋量	6.24	8
拉力破壞的最大鋼筋比	0.02142	最大鋼筋量	40.10	9
拉力鋼筋　#8(D25) X 4		拉力鋼筋量 A_s cm2　20.268	實際鋼筋比　0.01083	10
====> 鋼筋用量合乎規範值 <====				11
破壞型態	拉力破壞			12
拉力筋應變 ε_s	0.01035			13
中性軸距壓力面外緣深度(cm)	11.69			14
壓力等值方塊的深度 (cm)	9.94			15
壓力 (Kg)	85,125.60			16
拉力 (Kg)	85,125.60			17
力偶臂 (cm)	47.03			18
抵抗彎距 (t-m)	36.0329			19
極限彎距(t-m)	40.0366			20

圖 3-13-8

　　圖 3-13-9 為範例 3-12-3 當抗拉鋼筋為 8 根#8 鋼筋的輸出報表，所以鋼筋量為 40.536cm²。因為實際鋼筋比(0.02165)小於平衡破壞時的鋼筋比(0.02856)，故屬拉力破壞；但鋼筋比雖大於最小鋼筋比(0.00333)，但也大於最大鋼筋比(0.02142)，故不合乎設計規範。報表第 11 行顯示「鋼筋用量不合乎規範值(鋼筋量大於最大鋼筋量)」的訊息，第 12 行仍然顯示拉力破壞。

　　圖 3-13-10 為範例 3-12-3 當抗拉鋼筋為 12 根#8 鋼筋的輸出報表，所以鋼筋量為 60.804cm²。因為實際鋼筋比(0.03248)大於平衡破壞時的鋼筋比(0.02856)，故屬壓力破壞；但鋼筋比又大於最大鋼筋比(0.02142)，故不合乎設計規範。報表第 11 行顯示「鋼筋用量不合乎規範值(鋼筋量大於最大鋼筋量)」的訊息，第 12 行仍然顯示壓力破壞。

單筋矩形梁斷面強度分析				1
矩形梁梁寬 (cm) b	36.00	矩形梁實際梁深 (cm) h	60.00	2
矩形梁每公尺重量 (Kg/m)	518.40	矩形梁有效梁深 (cm) d	52.00	3
混凝土抗壓強度(kg/cm²)f'c	280.00	混凝土單位重 kg/m³	2400.00	4
鋼筋降伏應力 (Kg/cm²) fy	4200.00	鋼筋彈性模數 Kg/cm²	2040000 β=0.85	5
中性軸距壓力面外撐的深度	30.84	等值壓力塊的深度	26.21	6
平衡破壞時的鋼筋比	0.02856	平衡破壞時的鋼筋量	53.47	7
拉力破壞的最小鋼筋比	0.00333	最小鋼筋量	6.24	8
拉力破壞的最大鋼筋比	0.02142	最大鋼筋量	40.10	9
拉力鋼筋 #8(D25) X 8	拉力鋼筋量 As cm2	40.536	實際鋼筋比 0.02165	10
==== 鋼筋用量不合乎規範值 (鋼筋量大於最大鋼筋量)====				11
破壞型態	拉力破壞			12
拉力筋應變 εs	0.00367			13
中性軸距壓力面外緣深度(cm)	23.38			14
壓力等值方塊的深度 (cm)	19.87			15
壓力 (Kg)	170,251.20			16
拉力 (Kg)	170,251.20			17
力偶臂 (cm)	42.06			18
抵抗彎距 (t-m)	64.4541			19
極限彎距 (t-m)	71.6157			20

圖 3-13-9

單筋矩形梁斷面強度分析				1
矩形梁梁寬 (cm) b	36.00	矩形梁實際梁深 (cm) h	60.00	2
矩形梁每公尺重量 (Kg/m)	518.40	矩形梁有效梁深 (cm) d	52.00	3
混凝土抗壓強度(kg/cm²)f'c	280.00	混凝土單位重 kg/m³	2400.00	4
鋼筋降伏應力 (Kg/cm²) fy	4200.00	鋼筋彈性模數 Kg/cm²	2040000 β=0.85	5
中性軸距壓力面外撐的深度	30.84	等值壓力塊的深度	26.21	6
平衡破壞時的鋼筋比	0.02856	平衡破壞時的鋼筋量	53.47	7
拉力破壞的最小鋼筋比	0.00333	最小鋼筋量	6.24	8
拉力破壞的最大鋼筋比	0.02142	最大鋼筋量	40.10	9
拉力鋼筋 #8(D25) X 12	拉力鋼筋量 As cm2	60.804	實際鋼筋比 0.03248	10
==== 鋼筋用量不合乎規範值 (鋼筋量大於最大鋼筋量)====				11
破壞型態	壓力破壞			12
拉力筋應變 εs	0.00188			13
中性軸距壓力面外緣深度(cm)	31.98			14
壓力等值方塊的深度 (cm)	27.18			15
壓力 (Kg)	232,917.71			16
拉力 (Kg)	232,917.71			17
力偶臂 (cm)	38.41			18
抵抗彎距 (t-m)	80.5125			19
極限彎距(t-m)	89.4583			20

圖 3-13-10

3-14　單筋矩形梁鋼筋用量的探討

圖 3-14-1 爲圖 3-12-2 中，抗拉鋼筋量爲 1 根、2 根、3 根、至 19 根不同鋼筋量分析所得的破壞模式、鋼筋應變量、中性軸位置、等值方塊深度、力偶臂及極限彎矩等資料。圖 3-14-2 爲以抗拉鋼筋量爲橫軸，以極限彎矩爲縱軸所繪的關係圖，圖中三角形點代表平衡鋼筋量時的極限彎矩；鋼筋量小於平衡鋼筋量時，屬拉力破壞；鋼筋量大於平衡鋼筋量時，屬壓力破壞。觀察圖 3-14-2 知極限彎矩的增加率隨鋼筋量的增加而漸緩；此乃因鋼筋應變隨鋼筋量的增加而漸緩，鋼筋應變量的漸小，使其降伏的機會趨小，故極限彎矩亦趨低。

鋼筋量	鋼筋比	模式	鋼筋應變	中性軸位置	等值方塊深度	力偶臂	極限彎矩
5.067	0.00271	脆性	-	-	-	-	-
10.134	0.00541	拉力	0.02369	5.84	4.97	49.52	21.08
15.201	0.00812	拉力	0.01480	8.77	7.45	48.27	30.82
20.268	0.01083	拉力	0.01030	11.69	9.94	47.03	40.04
25.335	0.01353	拉力	0.00768	14.61	12.42	45.79	48.72
30.402	0.01624	拉力	0.00590	17.53	14.90	44.55	55.68
35.469	0.01895	拉力	0.00463	20.46	17.39	43.31	64.51
40.536	0.02165	拉力	0.00367	23.38	19.87	42.06	71.62
45.603	0.02436	拉力	0.00293	26.30	22.35	40.82	78.19
50.670	0.02707	拉力	0.00234	29.22	24.84	39.58	84.23
53.464	0.02856	平衡	0.00206	30.84	26.21	38.90	87.34
55.737	0.02977	壓力	0.00200	31.21	26.53	38.74	88.04
60.804	0.03248	壓力	0.00188	31.98	27.18	38.41	89.46
65.871	0.03519	壓力	0.00177	32.69	27.79	38.11	90.73
70.938	0.03789	壓力	0.00168	33.35	28.34	37.83	91.87
76.005	0.04060	壓力	0.00159	33.95	28.86	37.57	92.90
81.072	0.04331	壓力	0.00152	34.51	29.34	37.33	93.84
86.139	0.04601	壓力	0.00145	35.04	29.78	37.11	94.70
91.206	0.04872	壓力	0.00139	35.53	30.20	36.90	95.48
96.273	0.05143	壓力	0.00133	35.99	30.59	36.70	96.20

圖 3-14-1

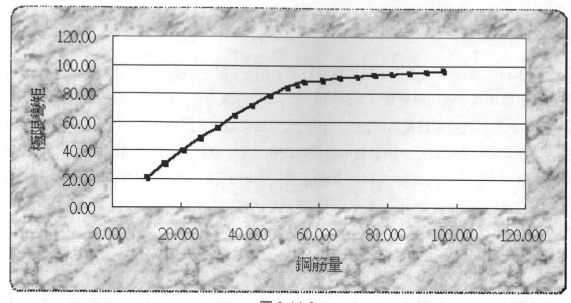

圖 3-14-2

■ 3-15　單筋矩形梁斷面的設計

矩形梁的設計問題是決定梁的材質、斷面尺寸及抗拉鋼筋量，使能在拉力破壞模式下，承擔符合設計目的的使用載重。確定使用目的及載重後，設計彎矩即告確定。斷面的尺寸可由美觀、環境限制等因素所左右，最後再依可用材質來決定抗拉鋼筋量，甚至需要抗壓鋼筋輔助之。因此，梁的設計係依使用載重(設計彎矩)、斷面尺寸及鋼筋量的順序決定與設計的。梁之設計的問題大致可分為兩類型；其一是設計彎矩及斷面尺寸已知，只需要決定應該排置的鋼筋用量；另一則依據可用材質設計斷面尺寸 b、d，以及鋼筋用量 A_s。其設計步驟說明如下：

第一類問題(已知：M_u、b、d、f_c' 及 f_y，求 A_s)的設計步驟：

1. 判別是否需要採用壓力鋼筋

　　依據公式(3-11-2)規範規定的最大鋼筋量 $A_{s,max}$ 為斷面尺寸(b、d)及材質(f_c'、f_y)的函數。為了確保單筋梁在極限強度時發生拉力破壞，所以對已知斷面的單筋梁，應先就該尺寸在拉力破壞的模式下推算所能容許的最大鋼筋量 $A_{s,max}$ 及最大抵抗彎矩 M_{uc}。如果設計彎矩 M_u 不大於最大抵抗彎矩 M_{uc}，則可按單筋梁設計之。如果設計彎矩 M_u 大於最大抵抗彎矩 M_{uc}，則需按雙筋梁設計之。相關公式彙整如下：

$$\rho_b = 0.85\beta_1 \frac{\varepsilon_u}{\varepsilon_u + f_y/E_s} \frac{f_c'}{f_y} \qquad (3\text{-}10\text{-}6)$$

$$\rho_{\max} = 0.75\rho_b = 0.75\times 0.85\beta_1 \frac{\varepsilon_u}{\varepsilon_u + \varepsilon_y} \frac{f_c'}{f_y} \qquad (3\text{-}11\text{-}1)$$

$$A_{s,\max} = 0.75A_{sb} = 0.75\times 0.85\beta_1 \frac{\varepsilon_u}{\varepsilon_u + \varepsilon_y} \frac{f_c'}{f_y} bd \qquad (3\text{-}11\text{-}2)$$

$$M_{uc} = \phi\rho_{\max} bd^2 f_y \left(1 - 0.59\rho_{\max} \frac{f_y}{f_c'}\right) \qquad (3\text{-}15\text{-}1)$$

2. 計算實際的鋼筋比 ρ

如果無須設置抗壓鋼筋，則可按下列方法設計抗拉鋼筋

方法(1)：

公式(3-12-7)及公式(3-12-8)係拉力破壞時梁斷面的標稱彎矩與設計彎矩。

$$M_n = \rho\ b\ d^2 f_y \left(1 - \frac{1}{2}m\rho\right) \qquad (3\text{-}12\text{-}7)$$

$$M_u = \phi\ M_n = \phi\ \rho\ bd^2 f_y \left(1 - \frac{1}{2}\mathrm{m}\ \rho\right) \qquad (3\text{-}12\text{-}8)$$

如令

$$R_n = \frac{M_u}{\phi\ b\ d^2} \qquad (3\text{-}15\text{-}2)$$

公式(3-12-8)可整理得

$$R_n = \rho f_y - \frac{1}{2}m\rho^2 f_y$$

再整理成

$$\frac{1}{2}m\rho^2 - \rho + \frac{R_n}{f_y} = 0 \qquad (3\text{-}15\text{-}3)$$

解得需要的鋼筋比 ρ 爲

$$\rho = \frac{1}{m}\left(1 - \sqrt{1 - \frac{2mR_n}{f_y}}\right) \qquad\qquad (3\text{-}15\text{-}4)$$

$$m = \frac{f_y}{0.85 f_c'} \qquad\qquad (3\text{-}15\text{-}5)$$

方法(2)：

　　將承受的標稱彎矩 M_n 或設計彎矩 M_u 帶入拉力破壞梁斷面的標稱彎矩公式 (3-12-4)或設計彎矩公式(3-12-5)，解實際鋼筋比 ρ 的一元二次方形式求得 ρ 值

$$M_n = \rho b d^2 f_y\left(1 - 0.59\rho\frac{f_y}{f_c'}\right) \qquad\qquad (3\text{-}12\text{-}4)$$

$$M_u = \phi\rho b d^2 f_y\left(1 - 0.59\rho\frac{f_y}{f_c'}\right) \qquad\qquad (3\text{-}12\text{-}5)$$

3. 決定鋼筋用量 A_s

(1) 當 $\rho_{\min} < \rho < \rho_{\max}$ 時，則 $A_s = \rho bd$

(2) 當 $\rho < \rho_{\min}$ 時，則 $A_s = \rho_{\min}bd$

第二類問題(已知：M_u、f_c' 及 f_y，求 b、d 及 A_s)的設計步驟：

1. 依據規範選取鋼筋比 ρ

　　根據材質(f_c'、f_y)計算平衡鋼筋比 ρ_b、最大鋼筋比 $\rho_{\max}$ 及最小鋼筋比 $\rho_{\min}$，選取一鋼筋比 ρ 使滿足 $\rho_{\min} < \rho < \rho_{\max}$，其中 $\rho_{\min}$ 與 $\rho_{\max}$ 計算公式如下：

$$\rho_{\max} = 0.75\rho_b = 0.75\times 0.85\beta_1\frac{\varepsilon_u}{\varepsilon_u + \varepsilon_y}\frac{f_c'}{f_y} \qquad\qquad (3\text{-}11\text{-}1)$$

$$\rho_{\min} = \max\left(\frac{14}{f_y}, \frac{0.8\sqrt{f_c'}}{f_y}\right) \qquad\qquad (3\text{-}11\text{-}4)$$

2. 計算所需的 $b\,d^2$

方法(1)：計算需要的 bd^2 值

已知公式

$$\frac{1}{2}m\rho^2 - \rho + \frac{R_n}{f_y} = 0 \qquad\qquad (3\text{-}15\text{-}3)$$

$$R_n = \frac{M_u}{\phi\, b\, d^2} \tag{3-15-2}$$

由公式(3-15-3)解得

$$R_n = \rho f_y \left(1 - \frac{m\rho}{2}\right) \tag{3-15-6}$$

又由公式(13-15-2)解得

$$bd^2 = \frac{M_u}{\phi\, R_n} \tag{3-15-7}$$

方法(2)：利用拉力破壞梁斷面的標稱彎矩公式(3-12-4)或設計彎矩公式(3-12-5)，直接計算所需的 bd^2 值。

3. 選定一組 b 及 d 值，使所提供的 bd^2 近似於需要的 bd^2 值。

4. 自選定的斷面，計算修正的鋼筋比 ρ。

5. 決定鋼筋用量 A_s

$A_s =$(修正的 ρ 值)(實際的 bd)

範例 3-15-1

圖 3-15-1 所示單筋混凝土梁，已知梁斷面寬度為 $b=30\text{cm}$，梁斷面高度 $h=60\text{cm}$，保護層厚度為 7cm，混凝土抗壓強度為 210kg/cm²，鋼筋降伏強度為 2,800kg/cm²，鋼筋彈性模數為 $E_s = 2.04\times10^6\,\text{kg/cm}^2$，如果該梁將承受的設計彎矩 M_u 為 18t-m，試求其所需抗拉鋼筋量 A_s？(選用#8 鋼筋)

因為 $f_c' \le 280$，所以 $\beta_1 = 0.85$

平衡鋼筋比 ρ_b 為

$$\rho_b = 0.85\beta_1 \frac{6120}{6120+f_y}\frac{f_c'}{f_y}$$

$$= 0.85\times0.85\times\frac{6120}{6120+2800}\times\frac{210}{2800} = 0.0372$$

最大鋼筋比 $\rho_{max} = 0.75\rho_b = 0.75\times0.0372 = 0.0279$

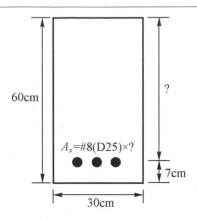

圖 3-15-1

最小鋼筋比 $\rho_{\min} = \max\left(\dfrac{14}{f_y}, \dfrac{0.8\sqrt{f_c'}}{f_y}\right) = \max(\dfrac{14}{2800}, \dfrac{0.8\sqrt{210}}{2800}) = 0.005$

$$M_{uc} = \phi\rho_{\max} bd^2 f_y\left(1 - 0.59\rho_{\max}\frac{f_y}{f_c'}\right)$$

$$= 0.9 \times 0.0279 \times 30 \times 53^2 \times 2800 \times \left(1 - 0.59 \times 0.0279 \times \frac{2800}{210}\right)$$

$$= 5924855.16 \times (1 - 0.21948) = 4624468\,kg\text{-}cm = 46.24\,t\text{-}m$$

因 $M_{uc} > 18.0$t-m，故不須抗壓鋼筋。

因為選用#8(D25)號鋼筋，標稱直徑為 2.54cm，標稱面積為 5.07cm^2，故

梁的有效深度 $d = 60 - 7 - 2.54/2 = 51.73$cm

$$m = \frac{f_y}{0.85 f_c'} = \frac{2800}{0.85 \times 210} = 15.686$$

$$R_n = \frac{M_u}{\phi\, b\, d^2} = \frac{18 \times 100000}{0.9 \times 30 \times 51.73^2} = 24.913$$

$$\rho = \frac{1}{m}\left(1 - \sqrt{1 - \frac{2\,m\,R_n}{f_y}}\right)$$

$$= \frac{1}{15.686}\left(1 - \sqrt{1 - \frac{2 \times 15.686 \times 24.913}{2800}}\right) = 0.00962$$

所需抗拉鋼筋量為 $A_s = 0.00962 \times 30 \times 51.73 = 14.93$cm^2

需要鋼筋數$=14.93/5.07 = 2.94$，取 3 根#8(D25)鋼筋。

範例 3-15-2

已知混凝土抗壓強度為 210kg/cm^2，鋼筋降伏強度為 $2,800\text{kg/cm}^2$，鋼筋彈性模數為 $E_s = 2.04 \times 10^6 \text{kg/cm}^2$，如果該梁將承受的設計彎矩為 $M_u = 18\text{t-m}$，且梁寬 b 指定為 30cm，試設計該單筋梁斷面及所需抗拉鋼筋量 A_s？(選用#8 號鋼筋)

因為 $f_c^{'} \le 280$，所以 $\beta_1 = 0.85$

標稱彎矩 $M_n = M_u / 0.9 = 18 / 0.9 = 20$ t-m

平衡鋼筋比 ρ_b 為

$$\rho_b = 0.85\beta_1 \frac{6120}{6120 + f_y} \frac{f_c^{'}}{f_y}$$

$$= 0.85 \times 0.85 \times \frac{6120}{6120 + 2800} \times \frac{210}{2800} = 0.0372$$

最大鋼筋比 $\rho_{\max} = 0.75\rho_b = 0.75 \times 0.0372 = 0.0279$

最小鋼筋比 $\rho_{\min} = \max\left(\frac{14}{f_y}, \frac{0.8\sqrt{f_c^{'}}}{f_y}\right) = \max(\frac{14}{2800}, \frac{0.8\sqrt{210}}{2800}) = 0.005$

選擇 $\rho = 0.5\rho_{\max} = 0.5 \times 0.0279 = 0.01395$

$$m = \frac{f_y}{0.85 f_c^{'}} = \frac{2800}{0.85 \times 210} = 15.686$$

依公式(3-15-6)，得

$$R_n = \rho f_y \left(1 - \frac{1}{2}m\rho\right) = 0.01395 \times 2800 \times \left(1 - \frac{15.686 \times 0.01395}{2}\right) = 34.79$$

$$bd^2 = \frac{M_u}{\phi R_n} = \frac{18 \times 100000}{0.9 \times 34.79} = 57487.78 \text{cm}^2$$

取 b=30cm，則 $30d^2 = 57487.78$，解得 d =43.775cm

因為選用#8(D25)號鋼筋，標稱直徑為 2.54cm，標稱面積為 5.07cm^2，故

$h = 43.775 + 7 + 2.54 / 2 = 52.045\text{cm}$，取梁深 h =53cm

則 $d = 53 - 7 - 2.54 / 2 = 44.73\text{cm}$

$b = 57487.78 \big/ 48.76^2 = 24.18\text{cm} < 30\text{cm}$，依指定取梁寬 b =30cm

$$R_n = \frac{M_u}{\phi \, b \, d^2} = \frac{18 \times 100000}{0.9 \times 30 \times 44.73^2} = 33.32$$

$$\rho = \frac{1}{m}\left(1 - \sqrt{1 - \frac{2\,m\,R_n}{f_y}}\right)$$

$$= \frac{1}{15.686}\left(1 - \sqrt{1 - \frac{2 \times 15.686 \times 33.32}{2800}}\right) = 0.01328$$

所需抗拉鋼筋量為 $A_s = 0.01328 \times 30 \times 44.73 = 17.82 \, cm^2$

需要鋼筋數=$17.82 / 5.07 = 3.51$，取 4 根#8(D25)號鋼筋。

設計結果如圖 3-15-2。

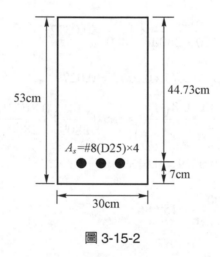

圖 3-15-2

範例 3-15-3

已知混凝土抗壓強度為 $210 kg/cm^2$，鋼筋降伏強度為 $2,800 kg/cm^2$，鋼筋彈性模數為 $E_s = 2.04 \times 10^6 \, kg/cm^2$，如果該梁將承受的設計彎矩為 $M_u = 18$ t-m，試設計該單筋梁斷面(梁寬 b 與梁之有效深度 d 之比約為 1:2)及所需抗拉鋼筋量 A_s？(選用#8 號鋼筋)

因為 $f_c' \leq 280$，所以 $\beta_1 = 0.85$

標稱彎矩 $M_n = M_u / 0.9 = 18 / 0.9 = 20$ t-m

平衡鋼筋比 ρ_b 為

$$\rho_b = 0.85\beta_1 \frac{6120}{6120 + f_y} \frac{f_c^{'}}{f_y}$$

$$= 0.85 \times 0.85 \times \frac{6120}{6120 + 2800} \times \frac{210}{2800} = 0.0372$$

最大鋼筋比 $\rho_{max} = 0.75\rho_b = 0.75 \times 0.0372 = 0.0279$

最小鋼筋比 $\rho_{min} = \max\left(\frac{14}{f_y}, \frac{0.8\sqrt{f_c^{'}}}{f_y}\right) = \max(\frac{14}{2800}, \frac{0.8\sqrt{210}}{2800}) = 0.005$

選擇 $\rho = 0.5\rho_{max} = 0.5 \times 0.0279 = 0.01395$

$$m = \frac{f_y}{0.85 f_c^{'}} = \frac{2800}{0.85 \times 210} = 15.686$$

依公式(3-15-6)，得

$$R_n = \rho f_y\left(1 - \frac{1}{2}m\rho\right) = 0.01395 \times 2800 \times \left(1 - \frac{15.686 \times 0.01395}{2}\right) = 34.79$$

$$bd^2 = \frac{M_u}{\phi R_n} = \frac{18 \times 100000}{0.9 \times 34.79} = 57487.78\text{cm}^2$$

取 b=0.5d，則 $0.5d^3 = 57487.78$，解得 d =48.626cm

因為選用#8(D25)號鋼筋，標稱直徑為 2.54cm，標稱面積為 5.07cm^2，故

$h = 48.626 + 7 + 2.54/2 = 56.896$cm，取梁深 h =57cm

則 $d = 57 - 7 - 2.54/2 = 48.76$cm

$b = 57487.78/48.76^2 = 24.18$cm，取梁寬 b =25cm

$$R_n = \frac{M_u}{\phi b d^2} = \frac{18 \times 100000}{0.9 \times 25 \times 48.76^2} = 33.65$$

$$\rho = \frac{1}{m}\left(1 - \sqrt{1 - \frac{2 m R_n}{f_y}}\right)$$

$$= \frac{1}{15.686}\left(1 - \sqrt{1 - \frac{2 \times 15.686 \times 33.65}{2800}}\right) = 0.01343$$

所需抗拉鋼筋量為 $A_s = 0.01343 \times 25 \times 48.76 = 16.37$cm^2

需要鋼筋數=16.37 / 5.07 = 3.2，取 4 根#8(D25)號鋼筋。

設計結果如圖 3-15-3。

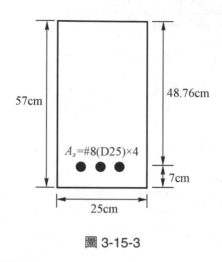

圖 3-15-3

3-16 鋼筋配置的規定

單筋梁經過設計程序所求的鋼筋量，尚須選用適當鋼筋組合、鋼筋間距及保護層等配置工作，始告完成。僅將規範中相關規定說明如下：

1. 鋼筋的混凝土保護層

混凝土保護層係為保護鋼筋抵抗天候及其他的侵蝕。保護層厚度之量測為自混凝土之表面至鋼筋之最外表面，相關規定與習慣歸納如下：

(1) 規範對現場澆置混凝土而言，如果不受風雨侵襲且不與土壤接觸者，梁的保護層不可小於 4cm；如果受風雨侵襲或與土壤接觸者，保護層的厚度至少 5cm(對 5 號(D16)鋼筋或更小號鋼筋，則為 4cm)；如果澆置於土壤或岩石上或經常與水及土壤接觸者，保護層的厚度至少 7.5cm；如果與海水或腐蝕性環境接觸者，保護層的厚度至少 7.5cm。

(2) 為降低施工及模板成本，梁的混凝土斷面尺寸寬度 b 與深度 h 通常捨入到最接近 5cm 單位，經常用 5cm 的倍數。梁的有效深度 d 為梁深度 h 減去保護層厚度、肋筋直徑，及主鋼筋直徑的一半所得，因此通常並非整數。

2.　鋼筋與鋼筋間隔的選擇

　　　對於鋼筋之配置有最小鋼筋間距限制，其主要目的在於使混凝土澆置時，混凝土易於通過鋼筋之間隙進入模板內，完全充滿鋼筋與模板間及鋼筋間之空間，不致產生蜂窩現象，並避免鋼筋排列過密以致發生剪力或乾縮裂縫。鋼筋間距的相關規定如下：

(1)　同層平行鋼筋間之淨距不得小於鋼筋直徑或 2.5 公分，亦不得小於粗骨材標稱最大粒徑之 1.33 倍。鋼筋排置時，一般須對稱於垂直軸。

(2)　若鋼筋分置兩層以上者，兩層間之淨距不得小於 2.5 公分，各層之鋼筋須上下對齊不得錯列。

(3)　當鋼筋之配置較多無法使鋼筋各自分開保持應有之最小間距時，可將四根以內鋼筋接觸合成一束如單根鋼筋作用。相關規定請參閱第五章「鋼筋之握裹與錨定」第 5-5 節「成束鋼筋」。

(4)　規範並未限制必須選用相同尺寸鋼筋；選用不同尺寸的鋼筋，各鋼筋互相間的尺寸應越接近越好；且應將大號鋼筋排列近於梁的最外層。如能避免選用不同尺寸鋼筋，應可避免施工錯誤、降低監工成本。

3-17　單筋矩形梁斷面設計程式使用說明

　　在鋼筋混凝土分析與設計軟體畫面的功能表上，選擇☞RC/梁/單筋梁設計☜後出現如圖 3-17-1 的輸入畫面。圖 3-17-1 為範例 3-15-1 的輸入畫面，依序輸入矩形梁梁寬 b(30cm)、矩形梁實際梁深 h(60cm)、設計彎矩 M_u(18t-m)、混凝土抗壓強度(210kg/cm^2)、鋼筋降伏強度(2,800kg/cm^2)、保護層厚度(7cm)、鋼筋彈性模數(2,040,000kg/cm^2)等資料，並指定鋼筋編號為#8 號鋼筋後，單擊「斷面設計」鈕進行單筋梁斷面設計並將計算過程及結果顯示於畫面中的列示方塊，如圖 3-17-1 及圖 3-17-2。單擊「取消」鈕則程式即停止執行；單擊「列印」鈕則將設計結果有組織的列印單筋矩形梁斷面強度分析報表，如圖 3-17-7。

　　輸入畫面中混凝土抗壓強度、鋼筋降伏強度、保護層厚度、鋼筋彈性模數均為必須輸入項目；標稱彎矩 M_n 與設計彎矩 M_u 兩者必須擇一輸入，如果兩者均輸入，則必須符合 $M_u = 0.9M_n$ 的關係，否則會有如圖 3-17-3 的警示訊息並以設計彎矩為準，推算標稱彎矩。矩形梁實際梁深 h、矩形梁梁寬 b 可同時指定或指定其中之一與梁寬與有效深度比，但不

單筋矩形梁設計 ✕

矩形梁梁寬 (cm) b	30	混凝土抗壓強度 (Kg/cm2) fcp	210
矩形梁實際梁深 (cm) h	60	拉力鋼筋降伏強度 (Kg/Cm2) fy	2800
標稱彎距 (t-m) Mn		鋼筋保護層厚度 (cm)	7
設計彎距 (t-m) Mu	18	鋼筋彈性模數 (Kg/cm2)	2040000.0
寬(b) 比 有效深度(d)	比	指定鋼筋編號	D25 #8 ▾

```
混凝土抗壓強度 (Kg/cm2) = 210.00 kg/cm2
鋼筋降伏強度 (Kg/cm2) = 2800.00 kg/cm2  鋼筋降伏應變 = 0.00137
   Beta1 = 0.850
材料強度 = 15.686 kg/cm2
平衡破壞時的鋼筋比 = 0.03718
拉力破壞的最小鋼筋比 = 0.00500
拉力破壞的最大鋼筋比 = 0.02788
矩形梁的設計彎距  (t-m) = 18.00t-m
矩形梁的標稱彎距  (t-m) = 20.00t-m

===>  斷面尺寸固定,設計鋼筋量  <===
梁寬 b = 30.00 cm
有效梁深 d = 51.73 cm
梁的實際深度 h = 60.00 cm
```

斷面設計

取 消

列 印

圖 3-17-1

單筋矩形梁設計 ✕

矩形梁梁寬 (cm) b	30	混凝土抗壓強度 (Kg/cm2) fcp	210
矩形梁實際梁深 (cm) h	60	拉力鋼筋降伏強度 (Kg/Cm2) fy	2800
標稱彎距 (t-m) Mn		鋼筋保護層厚度 (cm)	7
設計彎距 (t-m) Mu	18	鋼筋彈性模數 (Kg/cm2)	2040000.0
寬(b) 比 有效深度(d)	比	指定鋼筋編號	D25 #8 ▾

```
梁的實際深度 h = 60.00 cm
鋼筋保護層厚度 = 7.00 cm
平衡破壞時, 中性軸距壓力面外緣的深度Xb (cm) = 35.49 cm
平衡破壞時, 壓力等值方塊的深度a (cm) = 30.17 cm
Rn = 24.9129 kg/cm2
設計鋼筋比 rho = 0.0096
設計梁寬 b = 30.00 cm
指定有效梁深 d = 51.73 cm
鋼筋保護層厚度 = 7.00 cm
設計實際梁深 h = 60.00 cm
需要鋼筋量 As = 14.94 cm2
選用鋼筋 #8(D25) x 3  選用鋼筋量 As = 15.20 cm2
鋼筋間距 = 2.5 cm
設計鋼筋比 = 0.0098
```

斷面設計

取 消

列 印

圖 3-17-2

圖 3-17-3

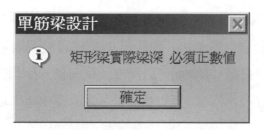

圖 3-17-4

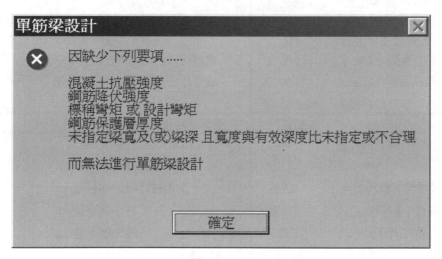

圖 3-17-5

可全缺。欄位資料必須合理，否則會有圖 3-17-4 的錯誤訊息；必要資料未能齊全輸入者，會有如圖 3-17-5 的警示訊息。如果設計所需鋼筋比大於規範規定的最大鋼筋比，則有如圖 3-17-6 的警示訊息，應以雙筋梁設計之。

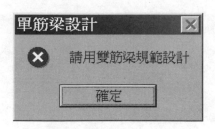

圖 3-17-6

圖 3-13-7 為單筋矩形梁斷面設計報表，報表第 2 行至第 7 行為基本資料，輸入的資料右側有「√」註記；未輸入的資料或計算所得之資料右側有「X」註記。第 8 行則是依據輸入資料條件研判設計之性質；如「斷面尺寸固定,設計鋼筋量」、「已知梁深度,求斷面梁寬及鋼筋量」、「已知梁寬,求斷面有效深度及鋼筋量」及「僅知梁寬 b 與有效深度 d 的比 0.5000,求斷面尺寸及鋼筋量」等。第 19 行顯示設計結果是否合乎規範。

單筋矩形梁斷面設計						1
矩形梁梁寬 (cm) b	30.00	√	混凝土抗壓強度(kg/cm²)fc'	210	√	2
矩形梁實際梁深 (cm) h	60.00	√	鋼筋降伏強度 (Kg/cm²) fy	2800	√	3
鋼筋保護層厚度 cm	7.00	√	鋼筋彈性模數 Kg/cm²	2040000	√	4
設計彎矩 M_u (t-m)	18.00	√	寬度(b)比有效深度(d)的分子		X	5
標稱彎矩 M_n (t-m)	20.00	X	寬度(b)比有效深度(d)的分母		X	6
指定鋼筋編號	#8(D25)	√	矩形梁有效梁深 (cm) d	51.73	X	7
斷面尺寸固定,設計鋼筋量						8
斷面尺寸固定,設計鋼筋量	432.00		中性軸距壓力面外援的深度X_b cm		35.49	9
β	0.850		等值壓力塊的深度a cm		30.17	10
平衡破壞時的鋼筋比ρ_b	0.03718		平衡破壞時的鋼筋量 cm²		57.70	11
拉力破壞的最小鋼筋比ρ_{min}	0.00500		最小鋼筋量 cm²		7.76	12
拉力破壞的最大鋼筋比ρ_{max}	0.02788		最大鋼筋量 cm²		43.27	13
材料強度m 15.6863	Rn kg/cm²	24.91	計算的bd² cm³		80279.79	14
需要的鋼筋比ρ	0.00962		需要的鋼筋量 A_s cm²		14.94	15
設計的鋼筋比ρ	0.00980		設計的鋼筋量 A_s cm²		15.20	16
選用鋼筋	#8(D25) x 3					17
最小鋼筋間距 cm	2.54					18
合乎單筋梁規範設計						19

圖 3-17-7

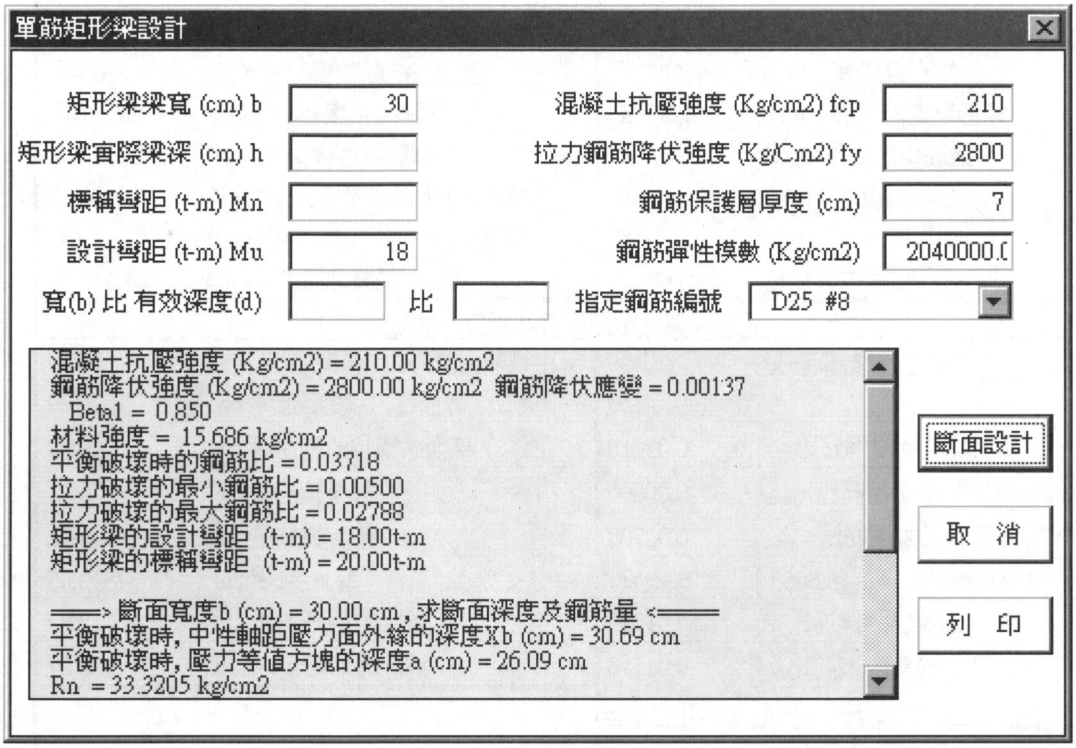

單筋矩形梁設計

矩形梁梁寬 (cm) b	30		混凝土抗壓強度 (Kg/cm2) fcp	210
矩形梁實際梁深 (cm) h			拉力鋼筋降伏強度 (Kg/Cm2) fy	2800
標稱彎距 (t-m) Mn			鋼筋保護層厚度 (cm)	7
設計彎距 (t-m) Mu	18		鋼筋彈性模數 (Kg/cm2)	2040000.(
寬(b) 比 有效深度(d)		比	指定鋼筋編號	D25 #8

```
混凝土抗壓強度 (Kg/cm2) = 210.00 kg/cm2
鋼筋降伏強度 (Kg/cm2) = 2800.00 kg/cm2  鋼筋降伏應變 = 0.00137
   Beta1 = 0.850
材料強度 = 15.686 kg/cm2
平衡破壞時的鋼筋比 = 0.03718
拉力破壞的最小鋼筋比 = 0.00500
拉力破壞的最大鋼筋比 = 0.02788
矩形梁的設計彎距  (t-m) = 18.00t-m
矩形梁的標稱彎距  (t-m) = 20.00t-m

===> 斷面寬度b (cm) = 30.00 cm, 求斷面深度及鋼筋量 <===
平衡破壞時, 中性軸距壓力面外緣的深度Xb (cm) = 30.69 cm
平衡破壞時, 壓力等值方塊的深度a (cm) = 26.09 cm
Rn = 33.3205 kg/cm2
```

斷面設計

取 消

列 印

圖 3-17-8

　　設計計算過程中平衡破壞時的中性軸位置、等值矩形壓力方塊的深度、平衡鋼筋比、最大、最小鋼筋(量)比、計算的 bd^2 值、需要鋼筋(量)比、設計鋼筋(量)比、選用鋼筋根數及最小間距等均列印於報表中。

　　圖 3-17-8 為範例 3-15-2 的輸入畫面，依序輸入矩形梁梁寬 b(30cm)、設計彎矩 M_u(18t-m)、混凝土抗壓強度(210kg/cm²)、鋼筋降伏強度(2,800kg/cm²)、保護層厚度(7cm)、鋼筋彈性模數(2,040,000kg/cm²)等資料，並指定鋼筋編號為#8 號鋼筋後，單擊「斷面設計」鈕進行單筋梁斷面設計如圖 3-17-8。單擊「列印」鈕則將設計結果有組織的列印單筋矩形梁斷面強度分析報表，如圖 3-17-9。第 8 行顯示「已知梁深度，求斷面梁寬及鋼筋量」，設計結果與範例相符。

單筋矩形梁斷面設計						1
矩形梁梁寬 (cm) b	30.00	√	混凝土抗壓強度(kg/cm^2)fc'	210	√	2
矩形梁實際梁深 (cm) h	53.00	X	鋼筋降伏強度 (Kg/cm^2) fy	2800	√	3
鋼筋保護層厚度 cm	7.00	√	鋼筋彈性模數 Kg/cm^2	2040000	√	4
設計彎矩 M_u (t-m)	18.00	√	寬度(b)比有效深度(d)的分子		X	5
標稱彎矩 M_n (t-m)	20.00	X	寬度(b)比有效深度(d)的分母		X	6
指定鋼筋編號	#8(D25)	√	矩形梁有效梁深 (cm) d	44.73	X	7
已知梁寬，求斷面有效深度及鋼筋量						8
斷面尺寸固定，設計鋼筋量	381.60		中性軸距壓力面外援的深度X_b cm		30.69	9
β	0.850		等值壓力塊的深度a cm		26.09	10
平衡破壞時的鋼筋比ρ_b	0.03718		平衡破壞時的鋼筋量 cm^2		49.89	11
拉力破壞的最小鋼筋比ρ_{min}	0.00500		最小鋼筋量 cm^2		6.71	12
拉力破壞的最大鋼筋比ρ_{max}	0.02788		最大鋼筋量 cm^2		37.42	13
材料強度m	15.6863	Rn kg/cm^2 33.32	計算的bd^2 cm^3		57523.65	14
需要的鋼筋比ρ	0.01328		需要的鋼筋量 A_s cm^2		17.83	15
設計的鋼筋比ρ	0.01510		設計的鋼筋量 A_s cm^2		20.27	16
選用鋼筋	#8(D25) x 4					17
最小鋼筋間距 cm	2.54					18
合乎單筋梁規範設計						19

圖 3-17-9

圖 3-17-10 為範例 3-15-3 的輸入畫面，依序輸入設計彎矩 M_u(18t-m)、混凝土抗壓強度 (210kg/cm^2)、鋼筋降伏強度 (2,800kg/cm^2)、保護層厚度 (7cm)、鋼筋彈性模數 (2,040,000kg/cm^2)及寬比有效深度為 1 比 2 等資料，並指定鋼筋編號為#8 號鋼筋後，單擊「斷面設計」鈕進行單筋梁斷面設計如圖 3-17-10。單擊「列印」鈕則將設計結果有組織的列印單筋矩形梁斷面強度分析報表，如圖 3-17-11。第 8 行顯示「僅知梁寬 b 與有效深度 d 的比 0.500，求斷面尺寸及鋼筋量」，設計結果與範例相符。

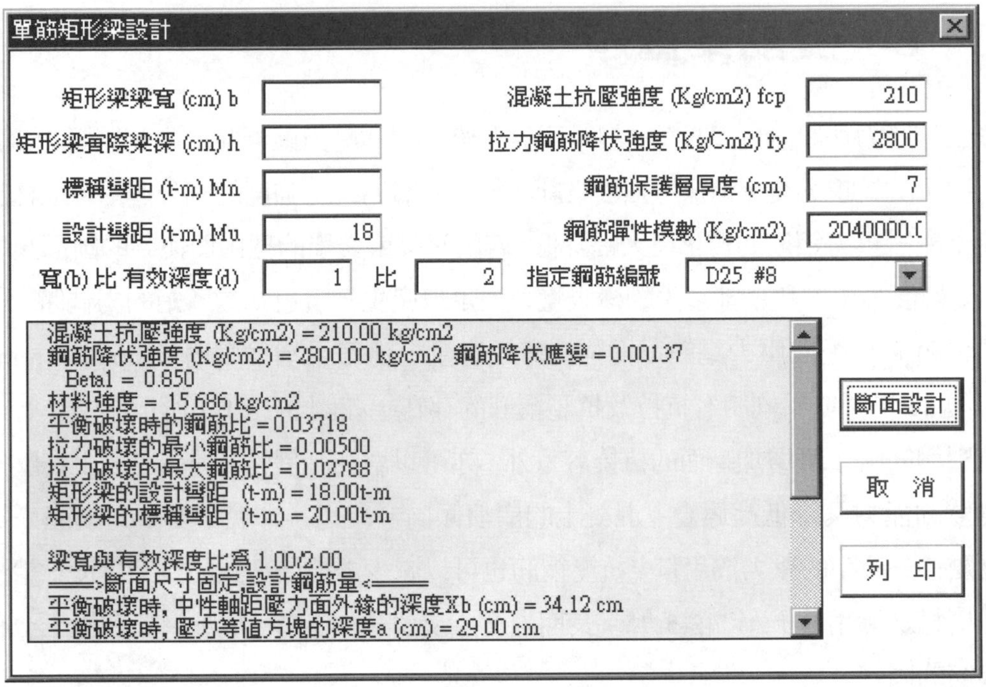

Chapter 3

單筋矩形梁設計

矩形梁梁寬 (cm) b		混凝土抗壓強度 (Kg/cm2) fcp	210
矩形梁實際梁深 (cm) h		拉力鋼筋降伏強度 (Kg/Cm2) fy	2800
標稱彎距 (t-m) Mn		鋼筋保護層厚度 (cm)	7
設計彎距 (t-m) Mu	18	鋼筋彈性模數 (Kg/cm2)	2040000.0
寬(b) 比 有效深度(d)	1 比 2	指定鋼筋編號	D25 #8

```
混凝土抗壓強度 (Kg/cm2) = 210.00 kg/cm2
鋼筋降伏強度 (Kg/cm2) = 2800.00 kg/cm2  鋼筋降伏應變 = 0.00137
  Beta1 = 0.850
材料強度 = 15.686 kg/cm2
平衡破壞時的鋼筋比 = 0.03718
拉力破壞的最小鋼筋比 = 0.00500
拉力破壞的最大鋼筋比 = 0.02788
矩形梁的設計彎距  (t-m) = 18.00t-m
矩形梁的標稱彎距  (t-m) = 20.00t-m

梁寬與有效深度比為 1.00/2.00
===>斷面尺寸固定,設計鋼筋量<====
平衡破壞時, 中性軸距壓力面外緣的深度Xb (cm) = 34.12 cm
平衡破壞時, 壓力等值方塊的深度a (cm) = 29.00 cm
```

斷面設計

取　消

列　印

圖 3-17-10

單筋矩形梁斷面設計					1
矩形梁梁寬 (cm) b	24.00 X	混凝土抗壓強度(kg/cm²)fc'	210 √		2
矩形梁實際梁深 (cm) h	58.00 X	鋼筋降伏強度 (Kg/cm²) fy	2800 √		3
鋼筋保護層厚度 cm	7.00 √	鋼筋彈性模數 Kg/cm²	2040000 √		4
設計彎矩 M$_u$ (t-m)	18.00 √	寬度(b)比有效深度(d)的分子	1.00 √		5
標稱彎矩 M$_n$ (t-m)	20.00 X	寬度(b)比有效深度(d)的分母	2.00 √		6
指定鋼筋編號	#8(D25) √	矩形梁有效梁深 (cm) d	49.73 X		7
僅知梁寬b 與 有效深度 d 的比0.500，求斷面尺寸及鋼筋量					8
斷面尺寸固定,設計鋼筋量	334.08	中性軸距壓力面外援的深度X$_b$ cm	34.12		9
β	0.850	等值壓力塊的深度a cm	29.00		10
平衡破壞時的鋼筋比 ρ$_b$	0.03718	平衡破壞時的鋼筋量 cm²	44.37		11
拉力破壞的最小鋼筋比 ρ$_{min}$	0.00500	最小鋼筋量 cm²	5.97		12
拉力破壞的最大鋼筋比 ρ$_{max}$	0.02788	最大鋼筋量 cm²	33.28		13
材料強度m	15.6863	Rn kg/cm²　33.70	計算的bd² cm³	57523.65	14
需要的鋼筋比 ρ	0.01345	需要的鋼筋量 A$_s$ cm²	16.06		15
設計的鋼筋比 ρ	0.01698	設計的鋼筋量 A$_s$ cm²	20.27		16
選用鋼筋	#8(D25) x 4				17
最小鋼筋間距 cm	2.54				18
合乎單筋梁規範設計					19

圖 3-17-11

3-18 雙筋梁概述

依工作應力法設計的受撓梁，經常可見在梁斷面的壓力區混凝土中配置壓力鋼筋，以補強受撓梁的抗撓容量，但採用強度設計法後，因為混凝土強度的充分運用，這種於壓力區混凝土配置壓力鋼筋的需求已大幅降低。若因建築或美學的理由而使梁的斷面尺寸受到限制，使得混凝土面積所能產生的極限壓力不足以產生抵抗已知的彎矩的力偶時，混凝土壓力區內就必須配置壓力鋼筋以增強抗彎矩容量，這種梁稱為雙筋梁(doubly reinforced beam)，亦即，雙筋梁同時有抗拉及抗壓鋼筋的存在，如圖 3-18-1(a)所示。

抗壓鋼筋除了可增加斷面的抗撓容量外，亦可以增加延展性，提高混凝土在壓碎前抵抗壓應變的能力及降低高應變下混凝土的崩潰傾向。所以，即使不要壓力鋼筋來提供強度，也要有一最小的壓力筋用量。抗壓鋼筋也可以減少潛變所導致的長期撓度，請參閱第七章「構材之適用性」第 7-3-5 節「長期撓度」及公式(7-3-7)。抗壓鋼筋在施工上有助於抗剪箍筋的固定。

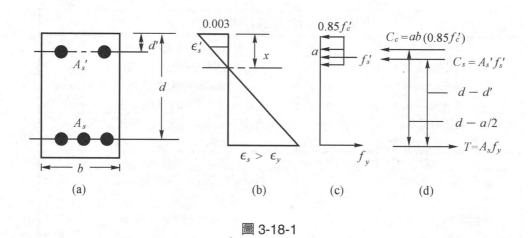

圖 3-18-1

圖 3-18-1(b)為雙筋梁的應變圖，圖 3-18-1(c)為雙筋梁的應力圖，圖 3-18-1(d)為雙筋梁的合力圖；由圖 3-18-1(d)中可知，除了原有的抗拉鋼筋的拉力 T，抗壓混凝土的壓力 C_c 外，新增了抗壓鋼筋的壓力 C_s。由圖 3-18-1(b)的應變圖知在極限強度(亦即混凝土的最大壓縮應變達到 0.003)時，抗拉與抗壓鋼筋的應力 f_s 及 f_s' 可能達到降伏點，亦可能低於降伏點，應由中性軸位置及應力與應變的關係依應變的一致性之原理研判求算之。

假設圖 3-18-1(b)的中性軸位於距梁頂受壓面距離 x 處，則

$$C_c = 0.85 f_c' ab \tag{3-18-1}$$

$$C_s = A_s' \left(f_s' - 0.85 f_c' \right) \tag{3-18-2}$$

$$T = A_s f_s \tag{3-18-3}$$

公式(3-18-2)、(3-18-3)中的 f_s' 及 f_s，分別表示抗壓及抗拉鋼筋的應力。

抗拉鋼筋的應力 f_s 應依抗拉鋼筋的應變量 ε_s 依下列情況研判之：

若 $\varepsilon_s \geq \varepsilon_y$，則 $f_s = f_y$

若 $\varepsilon_s < \varepsilon_y$，則 $f_s = E_s \varepsilon_s$

其中 $\varepsilon_s = \dfrac{0.003(d - x)}{x}$ ， $\varepsilon_y = \dfrac{f_y}{E_s}$

同理，抗壓鋼筋的應力 f_s' 應依抗壓鋼筋的應變量 ε_s' 依下列情況研判之：

若 $\varepsilon_s' \geq \varepsilon_y$，則 $f_s' = f_y$

若 $\varepsilon_s' < \varepsilon_y$，則 $f_s' = E_s \varepsilon_s'$

其中 $\varepsilon_s' = \dfrac{0.003(x - d')}{x}$ ， $\varepsilon_y = \dfrac{f_y}{E_s}$

當 T、C_s、C_c 各內力求得後，則如圖 3-18-1(d)，斷面的標稱彎矩 M_n 為

$$M_n = C_s \left(d - d' \right) + C_c (d - a/2) \tag{3-18-4}$$

而且，設計彎矩 M_u 為

$$M_u = \phi \ M_n = \phi \ \left[C_s \left(d - d' \right) + C_c \left(d - a/2 \right) \right] \tag{3-18-5}$$

若忽略抗壓鋼筋所佔混凝土的影響，抗壓筋的合壓力 C_s 可改為

$$C_s = A_s' f_s' \tag{3-18-6}$$

範例 3-18-1

圖 3-18-2 所示雙筋梁，若其抗壓鋼筋 A_s' 為 2 根#8 號鋼筋，抗拉鋼筋 A_s 為 4 根#8 號鋼筋，抗拉鋼筋的有效深度 d =50cm，抗壓鋼筋距受壓面緣距離為 6cm，混凝土抗壓強度

為 $210kg/cm^2$，鋼筋降伏強度為 $2,800kg/cm^2$，鋼筋彈性模數為 $E_s = 2.04 \times 10^6 \, kg/cm^2$，試驗證下列中性軸位置的正確性及其標稱彎矩？(1)x=10cm，(2)x=8.67cm。

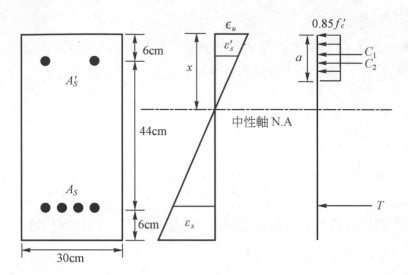

圖 3-18-2

已知：$A_s = 5.07 \times 4 = 20.28cm^2$

$A_s^{'} = 5.07 \times 2 = 10.14cm^2$

降伏強度為 $2,800kg/cm^2$，鋼筋的降伏應變量 $\varepsilon_y = \dfrac{2800}{2040000} = 0.001373$

因 $f_c^{'} = 210kg/cm^2$，所以 $\beta_1 = 0.85$

1. 當中性軸位置 x =10cm 時

    抗壓鋼筋之應變 $\varepsilon_s^{'} = \dfrac{0.003 \times (10-6)}{10} = 0.0012 < \varepsilon_y$

    所以抗壓鋼筋之應力 $f_s^{'} = \varepsilon_s^{'} \times E_s = 0.0012 \times 2040000 = 2448kg/cm^2$

    抗壓鋼筋之合壓力 $C_s = A_s^{'}\left(f_s^{'} - 0.85f_c^{'}\right) = 10.14 \times (2448 - 0.85 \times 210) = 22990kg$

    抗拉鋼筋之應變 $\varepsilon_s = \dfrac{0.003(50-10)}{10} = 0.012 > \varepsilon_y$

    所以抗拉鋼筋之應力 $f_s = f_y = 2800kg/cm^2$

    抗拉鋼筋之合拉力 $T = A_s f_s = 20.28 \times 2800 = 56784kg$

    混凝土的合壓力

    $C_c = 0.85f_c^{'}ab = 0.85f_c^{'}\beta_1 xb = 0.85 \times 210 \times 0.85 \times 10 \times 30 = 45518kg$

$$C_c + C_s - T = 45518 + 22990 - 56784 = 11724\text{kg} \neq 0$$

因為水平力不平衡，故中性軸位置並不正確。

2.　當中性軸位置 $x=8.67\text{cm}$ 時

抗壓鋼筋之應變

$$\varepsilon_s' = \frac{0.003 \times (8.67 - 6)}{8.67} = 0.000923875 < \varepsilon_y$$

所以抗壓鋼筋之應力

$$f_s' = \varepsilon_s' \times E_s = 0.000923875 \times 2040000 = 1884.71\text{kg/cm}^2$$

抗壓鋼筋之合壓力

$$C_s = A_s' \left(f_s' - 0.85 f_c' \right) = 10.14 \times (1884.7 - 0.85 \times 210) = 17301\text{kg}$$

抗拉鋼筋之應變

$$\varepsilon_s = \frac{0.003(50 - 8.67)}{8.67} = 0.014301 > \varepsilon_y$$

所以抗拉鋼筋之應力 $f_s = f_y = 2800\text{kg}/\text{cm}^2$

抗拉鋼筋之合拉力 $T = A_s f_s = 20.28 \times 2800 = 56784\text{kg}$

混凝土的合壓力

$$C_c = 0.85 f_c' ab = 0.85 f_c' \beta_1 xb = 0.85 \times 210 \times 0.85 \times 8.67 \times 30 = 39464\text{kg}$$

$$C_c + C_s - T = 39464 + 17301 - 56784 = -19\text{kg} \cong 0$$

水平力視同平衡，故中性軸位置為正確，斷面抗撓標稱彎矩為

$$
\begin{aligned}
M_n &= C_s \left(d - d' \right) + C_c (d - a/2) \\
&= 17301 \times (50 - 6) + 39464 \times (50 - 7.37/2) = 761244 + 1827775 \\
&= 2589019\text{kg-cm} = 25.89\text{t-m}
\end{aligned}
$$

■ 3-19　雙筋梁平衡鋼筋量

當雙筋梁的壓力區混凝土達極限應變 0.003 的同時，抗拉鋼筋也達降伏應變時的抗拉鋼筋量稱為雙筋梁的平衡鋼筋量 $\overline{A}_{sb}$，鋼筋比為 $\overline{\rho}_{sb}$。依圖 3-19-1，其推導步驟如下：

1. 依應變的三角形關係決定中性軸的位置 x_b

$$x_b = \frac{\varepsilon_u}{\varepsilon_u + \varepsilon_y} d \tag{3-19-1}$$

$$a_b = \beta_1 x_b = \frac{\beta_1 \varepsilon_u d}{\varepsilon_u + \varepsilon_y} \tag{3-19-2}$$

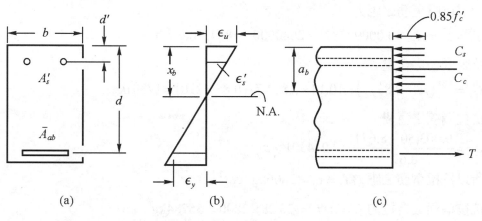

圖 3-19-1

2. 決定平衡破壞下抗壓筋的應力 f_s'

由圖 3-19-1(b)的應變圖比例關係得

$$\frac{\varepsilon_u}{x_b} = \frac{\varepsilon_s'}{x_b - d'} \tag{3-19-3}$$

將公式(3-19-1)代入公式(3-19-3)，可整理得

$$\varepsilon_s' = \varepsilon_u \left(1 - \frac{d'}{x_b} \right) = \varepsilon_u - \frac{d'}{d} \left(\varepsilon_u + \varepsilon_y \right) \tag{3-19-4}$$

公式(3-19-4)中，只要抗拉鋼筋與抗壓鋼筋的配置位置確定及鋼筋降伏強度選定後，抗壓鋼筋的應變量 ε_s' 即告確定，因此抗壓筋的應力 f_s' 為

若 $\varepsilon_s' \geq \varepsilon_y$，則 $f_s' = f_y$

若 $\varepsilon_s' < \varepsilon_y$，則 $f_s' = E_s \varepsilon_s'$

3. 決定雙筋梁的平衡鋼筋量 $\overline{A}_{sb}$

　　由圖 3-19-1(c)的應力圖，得

$$C_s = A_s'\left(f_s' - 0.85 f_c'\right) \tag{3-19-5}$$

$$C_c = 0.85 f_c' a_b b = 0.85 f_c' \beta_1 \frac{\varepsilon_u}{\varepsilon_u + \varepsilon_y} bd \tag{3-19-6}$$

$$T = \overline{A}_{sb}\, f_y \tag{3-19-7}$$

水平力平衡 $T = C_c + C_s$，得

$$\overline{A}_{sb} = \frac{C_c + C_s}{f_y} \tag{3-19-8}$$

將公式(3-19-5)、(3-19-6)代入公式(3-19-8)，整理得

$$\overline{A}_{sb} = 0.85\, \beta_1\, b\, d\, \frac{\varepsilon_u}{\varepsilon_u + \varepsilon_y} \frac{f_c'}{f_y} + A_s'\left[\frac{f_s'}{f_y} - \frac{0.85\, f_c'}{f_y}\right] \tag{3-19-9}$$

若不考慮抗壓鋼筋所佔混凝土對抗壓鋼筋合壓力的影響，則公式(3-19-9)可簡化為

$$\overline{A}_{sb} = 0.85\, \beta_1\, b\, d\, \frac{\varepsilon_u}{\varepsilon_u + \varepsilon_y} \frac{f_c'}{f_y} + A_s'\, \frac{f_s'}{f_y} \tag{3-19-10}$$

若取 $\varepsilon_u = 0.003$，$E_s = 2.04 \times 10^6\ \text{kg/cm}^2$，代入公式(3-19-9)、(3-19-10)可得

$$\overline{A}_{sb} = 0.85\, \beta_1\, b\, d\, \frac{6120}{6120 + f_y} \frac{f_c'}{f_y} + A_s'\left[\frac{f_s'}{f_y} - \frac{0.85\, f_c'}{f_y}\right] \tag{3-19-11}$$

$$\overline{A}_{sb} = 0.85\, \beta_1\, b\, d\, \frac{6120}{6120 + f_y} \frac{f_c'}{f_y} + A_s'\left(\frac{f_s'}{f_y}\right) \tag{3-19-12}$$

　　如將公式(3-19-11)、(3-19-12)等號兩端同除以 bd，且以 $\overline{\rho}_{sb} = \dfrac{\overline{A}_{sb}}{bd}$，$\rho' = \dfrac{A_s'}{bd}$ 表示之，則可得

$$\overline{\rho}_{sb} = 0.85\, \beta_1\, \frac{6120}{6120 + f_y} \frac{f_c'}{f_y} + \rho'\left[\frac{f_s'}{f_y} - \frac{0.85\, f_c'}{f_y}\right] \tag{3-19-13}$$

$$\overline{\rho}_{sb} = 0.85\,\beta_1\,\frac{6120}{6120+f_y}\frac{f_c'}{f_y} + \rho'\left(\frac{f_s'}{f_y}\right) \tag{3-19-14}$$

且因 $\rho_b = 0.85\beta_1\,\dfrac{6120}{6120+f_y}\dfrac{f_c'}{f_y}$ ，可得

$$\overline{\rho}_{sb} = \rho_b + \rho'\left(\frac{f_s'}{f_y} - \frac{0.85f_c'}{f_y}\right) \tag{3-19-14}$$

$$\overline{\rho}_{sb} = \rho_b + \rho'\left(\frac{f_s'}{f_y}\right) \tag{3-19-16}$$

4. 雙筋梁破壞模式判別

　　雙筋梁的平衡鋼筋量或平衡鋼筋比求得之後，即可以實際的抗拉筋用量 A_s 依下列規則判別其破壞模式

　　實際抗拉鋼筋量 $A_s \le \overline{A}_{sb}$ 或抗拉鋼筋比 $\rho \le \overline{\rho}_{sb}$，則屬拉力破壞(拉力鋼筋已達降伏)；實際抗拉鋼筋量 $A_s > \overline{A}_{sb}$ 或抗拉鋼筋比 $\rho > \overline{\rho}_{sb}$，則屬壓力破壞(拉力鋼筋尚未降伏)。

3-19-1　最大鋼筋量的限制

　　理論上，平衡鋼筋量可使鋼筋與混凝土同時達到極限強度，發揮物盡其用的經濟模式。梁設計時其鋼筋量若超過平衡鋼筋量必進入危險的壓力破壞模式；若等於平衡鋼筋量，亦因為鋼筋與混凝土同時達到極限強度而產生無預警的同時崩潰；故在實際應用中，梁鋼筋的使用量須與平衡鋼筋量保留適度的差距，以避免因為材料性質與施工品質不易精確控制而引致破壞模式的改變。

　　為了保證在極限破壞時能發生延展性的破壞，規範對於單筋梁規定最高抗拉鋼筋量取平衡鋼筋量的 0.75 倍；對於雙筋梁，規範亦有相同的規定，故抗拉筋的最高用量 $\overline{A}_{s,\max}$ 定為

$$\overline{A}_{s,\max} = \frac{0.75(C_c + C_s)}{f_y} \quad 亦即$$

$$\overline{A}_{s,\max} = 0.75\overline{A}_{sb} \tag{3-19-17}$$

最新的規範因認爲壓力筋的存在會提供構件較佳的韌性，因此合壓力 C_s 不予折減的考慮，故抗拉筋的最高用量 $\overline{A}_{s,\max}$ 及最高鋼筋比 $\overline{\rho}_{\max}$ 定爲

$$\overline{A}_{s,\max} = \frac{0.75\,C_c + C_s}{f_y} \tag{3-19-18}$$

$$\overline{A}_{s,\max} = 0.75 \times 0.85\beta_1 bd\,\frac{6120}{6120+f_y}\frac{f'_c}{f_y} + A'_s\left(\frac{f'_s}{f_y} - \frac{0.85f'_c}{f_y}\right) \tag{3-19-19}$$

$$\overline{\rho}_{\max} = 0.75 \times 0.85\beta_1\,\frac{\varepsilon_u}{\varepsilon_u+\varepsilon_y}\frac{f'_c}{f_y} + \rho'\left(\frac{f'_s}{f_y} - \frac{0.85f'_c}{f_y}\right) \tag{3-19-20}$$

$$\overline{\rho}_{\max} = 0.75\rho_b + \rho'\left(\frac{f'_s}{f_y} - \frac{0.85f'_c}{f_y}\right) \tag{3-19-21}$$

$$\overline{\rho}_{\max} = 0.75\,\rho_b + \rho'\left(\frac{f'_s}{f_y}\right) \tag{3-19-22}$$

3-19-2　最小鋼筋量的限制

梁設計時可能有建築上或功能上的理由使其斷面比抵抗需要彎矩(required moment)所需斷面大。理論上，這種斷面所需的鋼筋量必定甚爲微小。這種過低量的鋼筋混凝土梁也會引致另一種破壞模式，即當承受彎矩大於混凝土的開裂彎矩 M_{cr} 時，可能裂縫擴大而斷裂。設計規範是傾向具有警告性破壞的低鋼筋設計，於是對於會像純混凝土梁的破壞一樣的超低量鋼筋混凝土梁，也有其最小鋼筋量的限制。規範中限制鋼筋比 ρ 亦不得小於 $\rho_{\min}$，亦即

$$\rho_{\min} = 14/f_y \tag{3-19-23}$$

亦不得小於

$$\rho_{\min} = \frac{0.8\sqrt{f'_c}}{f_y} \tag{3-19-24}$$

式中 f_y 的單位爲 kg/cm^2。

■ 3-20 抗壓鋼筋的降伏條件

觀察公式(3-19-9)至公式(3-19-16)，雙筋梁的平衡鋼筋量或平衡鋼筋比均為單筋梁的平衡鋼筋量或平衡鋼筋比加上某量；而該量卻與抗壓鋼筋的應力有關，因此在確定抗壓鋼筋的應力以前是無法判定雙筋梁的破壞模式的。前已述及雙筋梁在拉力破壞或壓力破壞模式下，抗壓鋼筋可能降伏或亦可能未降伏，因此在決定雙筋梁的平衡鋼筋量或平衡鋼筋比以前，應有一個機制來判定抗壓鋼筋是否降伏？此一機制即是推導一個使抗壓與抗拉鋼筋均為降伏的最低抗拉鋼筋量的公式來判定之。

當拉力破壞時，抗拉鋼筋已達降伏，若假設抗壓鋼筋亦達降伏，則可由該二個應變量推定中性軸位置，進而推算所需抗拉鋼筋量 A_{sy}。若雙筋梁實際抗拉鋼筋量 A_s 不小於 A_{sy} 時，則抗壓鋼筋必達降伏；反之，若雙筋梁實際抗拉鋼筋量 A_s 小於 A_{sy} 時，則抗壓鋼筋必未達降伏。此即所謂的「抗壓筋的降伏條件」；以依計算的抗拉鋼筋量 A_{sy} 來研判抗壓鋼筋是否降伏。假設 A_{sy} 為造成抗壓及抗拉鋼筋降伏所需的最低抗拉鋼筋用量，如圖 3-20-1，因此其推導步驟如下：

1. 決定使抗壓筋降伏的最小中性軸位置 x_y

    圖 3-20-1(b)的應變圖中，抗壓鋼筋恰達降伏時的中性軸位置 x_y，則由三角形比例關係得

$$\frac{\varepsilon_u}{x_y} = \frac{\varepsilon_y}{x_y - d'} \quad 或 \quad x_y = \frac{\varepsilon_u d'}{\varepsilon_u - \varepsilon_y} \tag{3-20-1}$$

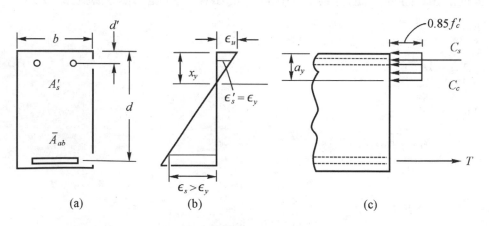

圖 3-20-1

等值應力方塊深度 a_y 為

$$a_y = \beta_1 x_y = \frac{\beta_1 \varepsilon_u d'}{\varepsilon_u - \varepsilon_y} \tag{3-20-2}$$

2. 由水平力平衡決定所需的抗拉鋼筋量 A_{sy}

由圖 3-20-1(c)，得 C_s、C_c 及 T 分別為

$$C_s = A_s'\left(f_y - 0.85 f_c'\right) \tag{3-20-3}$$

$$C_c = 0.85 f_c' a_y b = \frac{0.85 f_c' \beta_1 \varepsilon_u b d'}{\varepsilon_u - \varepsilon_y} \tag{3-20-4}$$

$$T = A_{sy} f_y \tag{3-20-5}$$

因水平力平衡 $T = C_c + C_s$，得

$$A_{sy} f_y = \frac{0.85 f_c' \beta_1 \varepsilon_u b d'}{\varepsilon_u - \varepsilon_y} + A_s'\left(f_y - 0.85 f_c'\right)$$

$$A_{sy} = 0.85 \beta_1 \frac{\varepsilon_u}{\varepsilon_u - \varepsilon_y} \frac{f_c' b d'}{f_y} + A_s'\left(1 - \frac{0.85 f_c'}{f_y}\right) \tag{3-20-6}$$

若忽略抗壓筋所佔混凝土面積 A_s' 的影響時，可得

$$A_{sy} = 0.85 \beta_1 \frac{\varepsilon_u}{\varepsilon_u - \varepsilon_y} \frac{f_c' b d'}{f_y} + A_s' \tag{3-20-7}$$

若取 ε_u=0.003，E_s=2.04×10^6 kg/cm^2，代入公式(3-20-6)、(3-20-7)可得

$$A_{sy} = 0.85 \beta_1 \frac{6120}{6120 - f_y} \frac{f_c' b d'}{f_y} + A_s'\left(1 - \frac{0.85 f_c'}{f_y}\right) \tag{3-20-8}$$

若不考慮抗壓鋼筋所佔混凝土對抗壓鋼筋合壓力的影響，則公式(3-20-8)可簡化為

$$A_{sy} = 0.85 \beta_1 \frac{6120}{6120 - f_y} \frac{f_c' b d'}{f_y} + A_s' \tag{3-20-9}$$

如將公式(3-20-6)至公式(3-20-9)等號兩端均除以 bd，且令 $\rho_{sy} = A_{sy}/bd$，$\rho' = A_s'/bd$，則可得

$$\rho_{sy} = 0.85\beta_1 \frac{\varepsilon_u}{\varepsilon_u - \varepsilon_y} \frac{f_c'}{f_y} \frac{d'}{d} + \rho'\left(1 - \frac{0.85 f_c'}{f_y}\right) \tag{3-20-10}$$

$$\rho_{sy} = 0.85\beta_1 \frac{\varepsilon_u}{\varepsilon_u - \varepsilon_y} \frac{f_c'}{f_y} \frac{d'}{d} + \rho' \tag{3-20-11}$$

$$\rho_{sy} = 0.85\beta_1 \frac{6120}{6120 - f_y} \frac{f_c'}{f_y} \frac{d'}{d} + \rho'\left(1 - \frac{0.85 f_c'}{f_y}\right) \tag{3-20-12}$$

$$\rho_{sy} = 0.85\beta_1 \frac{6120}{6120 - f_y} \frac{f_c'}{f_y} \frac{d'}{d} + \rho' \tag{3-20-13}$$

3. 抗壓鋼筋降伏之判別

造成抗壓與抗拉鋼筋均降伏所需的最低抗拉筋用量 A_{sy} 或鋼筋比 ρ_{sy} 求得之後，可依實際的抗拉鋼筋量 A_s 與 A_{sy} 比較來判別抗壓鋼筋之降伏與否，即：

實際抗拉鋼筋量 $A_s \geq A_{sy}$ 表示抗壓鋼筋已降伏
實際抗拉鋼筋量 $A_s < A_{sy}$ 表示抗壓筋尚未降伏

或可依實際的抗拉鋼筋比 ρ 與 ρ_{sy} 比較來判別抗壓鋼筋之降伏與否，即：

實際抗拉鋼筋比 $\rho \geq \rho_{sy}$ 表示抗壓鋼筋已降伏
實際抗拉鋼筋比 $\rho < \rho_{sy}$ 表示抗壓筋尚未降伏

3-20-1　抗壓鋼筋降伏的另一條件式

另由圖 3-20-1(b)雙筋梁應變圖可得

$$x_y = \frac{\varepsilon_u}{\varepsilon_u + \varepsilon_y} d \tag{3-20-14}$$

$$\varepsilon_s' = \varepsilon_u \frac{x_y - d'}{x_y} \tag{3-20-15}$$

抗壓鋼筋降伏時，

$$\varepsilon_s' \geq \varepsilon_y \tag{3-20-16}$$

將公式(3-20-14)、(3-20-15)帶入公式(3-20-16)得

$$\varepsilon_u \frac{\dfrac{\varepsilon_u}{\varepsilon_u+\varepsilon_y}d-d'}{\dfrac{\varepsilon_u}{\varepsilon_u+\varepsilon_y}d} \geq \varepsilon_y$$

$$\varepsilon_u \frac{\varepsilon_u d-d'\left(\varepsilon_u+\varepsilon_y\right)}{\varepsilon_u d} \geq \varepsilon_y$$

$$\varepsilon_u d-\varepsilon_u d'-\varepsilon_y d' \geq \varepsilon_y d$$

移項得

$$\left(\varepsilon_u-\varepsilon_y\right)d \geq \left(\varepsilon_u+\varepsilon_y\right)d'$$

$$\frac{d'}{d} \leq \frac{\varepsilon_u-\varepsilon_y}{\varepsilon_u+\varepsilon_y} \tag{3-20-17}$$

若取 $\varepsilon_u=0.003$，$E_s=2.04\times10^6\,\mathrm{kg/cm^2}$，則

$$\frac{d'}{d} \leq \frac{6120-f_y}{6120+f_y} \tag{3-20-18}$$

依公式(3-20-17)或公式(3-20-18)，可僅依抗壓與抗拉鋼筋配置位置及鋼筋降伏強度來研判抗壓鋼筋是否降伏，如公式(3-20-17)或公式(3-20-18)成立，則抗壓鋼筋降伏，否則抗壓鋼筋未達降伏。

3-21　雙筋梁的分析模式

雙筋梁的分析是就一已知斷面尺寸、抗拉與抗壓鋼筋量與配置位置的雙筋梁研判其破壞模式並計算標稱彎矩及設計彎矩。

一、判定抗壓鋼筋是否降伏？

1. 以實際抗拉鋼筋量 A_s 與公式(3-20-6)、(3-20-7)、(3-20-8)或(3-20-9)計算所得的抗壓鋼筋降伏的最低抗拉鋼筋量 A_{sy} 比較

   若 $A_s \geq A_{sy}$，則抗壓鋼筋降伏

   若 $A_s < A_{sy}$，則抗壓鋼筋未降伏

2. 以抗拉鋼筋比 ρ 與公式(3-20-10)、(3-20-11)、(3-20-12)或(3-20-13)計算所得的抗壓鋼筋降伏的最低抗拉鋼筋比 ρ_{sy} 比較

   若 $\rho \geq \rho_{sy}$，則抗壓鋼筋降伏

   若 $\rho < \rho_{sy}$，則抗壓鋼筋未降伏

3. 評估公式(3-20-17)或(3-20-18)，若為真，則抗壓鋼筋降伏，否則抗壓鋼筋未降伏

二、計算抗壓鋼筋的應力

若抗壓鋼筋降伏，則抗壓鋼筋的應力為 $f_s' = f_y$

若抗壓鋼筋尚未降伏，請到六

三、計算平衡鋼筋量與鋼筋比

依據公式(3-19-9)、(3-19-10)、(3-19-11)或(3-19-12)計算平衡鋼筋量 $\overline{A}_{sb}$

依據公式(3-19-13)、(3-19-14)、(3-19-15)或(3-19-16)計算平衡鋼筋比 $\overline{\rho}_{sb}$

四、研判破壞模式

拉力破壞，若 $A_s < \overline{A}_{sb}$ 或 $\rho < \overline{\rho}_{sb}$

平衡破壞，若 $A_s = \overline{A}_{sb}$ 或 $\rho = \overline{\rho}_{sb}$

壓力破壞，若 $A_s > \overline{A}_{sb}$ 或 $\rho > \overline{\rho}_{sb}$

五、計算內力、中性軸位置 x、標稱彎矩及設計彎矩

1. 抗壓鋼筋降伏

   因為抗壓鋼筋已降伏，故 $f_s' = f_y$

   (1) 平衡破壞

   $$x = \frac{\varepsilon_u}{\varepsilon_u + \varepsilon_y} d$$

   $$a = \beta_1 x = \frac{\beta_1 \varepsilon_u d}{\varepsilon_u + \varepsilon_y}$$

   $$C_c = 0.85 f_c' ba$$

   $$C_s = A_s'\left(f_y - 0.85 f_c'\right)$$

   $$T = A_s f_y$$

   $$M_n = 0.85 f_c' ba(d - a/2) + A_s' f_y\left(d - d'\right) \text{或}$$

   $$M_n = \left(A_s - A_s'\right)f_y(d - a/2) + A_s' f_y\left(d - d'\right)$$

   $$M_u = \phi M_n \quad \text{其中} \quad \phi = 0.9$$

   (2) 拉力破壞

   因為拉力破壞，$f_s = f_y$，$\varepsilon_s = \varepsilon_y$

   $$C_s = A_s'\left(f_y - 0.85 f_c'\right)$$

   $$T = A_s f_y$$

   $$C_c = 0.85 f_c' ba$$

   $$a = \frac{T - C_s}{0.85 f_c' b} = \frac{A_s f_y - A_s'\left(f_y - 0.85 f_c'\right)}{0.85 f_c' b}$$

   $$x = \frac{a}{\beta_1}$$

   $$\begin{aligned} M_n &= C_c\left(d - a/2\right) + C_s\left(d - d'\right) \\ &= 0.85 f_c' ba(d - a/2) + A_s'\left(f_y - 0.85 f_c'\right)\left(d - d'\right) \end{aligned}$$

   $$M_u = \phi M_n \text{ 其中 } \phi = 0.9$$

(3) 壓力破壞

因為壓力破壞，$f_s < f_y$，$\varepsilon_s < \varepsilon_y$

$$f_s = E_s \varepsilon_s = \varepsilon_u \frac{d-x}{x} E_s$$

$$T = A_s f_s = \varepsilon_u \frac{d-x}{x} A_s E_s$$

$$C_c = 0.85 f_c' ba = 0.85 f_c' b \beta_1 x$$

$$C_s = A_s' \left(f_y - 0.85 f_c' \right)$$

由 $T = C_s + C_c$ 得

$$\varepsilon_u \frac{d-x}{x} A_s E_s = 0.85 f_c' b \beta_1 x + A_s' \left(f_y - 0.85 f_c' \right)$$

$$0.85 f_c' b \beta_1 x^2 + \left(A_s' f_y - 0.85 A_s' f_c' + A_s E_s \varepsilon_u \right) x - A_s E_s \varepsilon_u d = 0$$

解上式一元二次方程式，得壓力外緣距中性軸的距離 x

x 求得後，即可求得 T 及 C_c；

$$M_n = C_c (d - a/2) + C_s (d - d')$$

$$M_u = \phi M_n \quad \text{其中} \quad \phi = 0.9$$

六、抗壓鋼筋未降伏

因為抗壓鋼筋未降伏，故 $f_s' = E_s \varepsilon_s'$，$\varepsilon_s' = \frac{x-d'}{x} \varepsilon_u$，但因中性軸距壓力區外緣的距離 x 尚未決定，判定破壞類型的平衡破壞鋼筋量 A_{sb} 亦無法決定，因此只好先假設破壞類型，再研判假設的正確性。各類破壞類型均以 $T = C_c + C_s$ 的基本靜力方程式來求解中性軸距壓力區外緣的距離 x。除平衡破壞外，均須以一元二次方程式求解 x 值。x 值得解後，即可依 $f_s' = E_s \varepsilon_s'$，$\varepsilon_s' = \frac{x-d'}{x} \varepsilon_u$ 求得抗壓鋼筋的應力，再依公式(3-19- 9)、(3-19-10)、(3-19-11)或(3-19-12)求平衡破壞鋼筋量 $\overline{A_{sb}}$。

依據實際抗拉鋼筋量 A_s 與平衡鋼筋量 $\overline{A}_{sb}$ 來判定破壞類型；如果判定的破壞類型與假設的破壞類型相符，則繼續計算其抗拉鋼筋的拉力 T、抗壓鋼筋的壓力 C_s 及混凝土的壓力 C_c，並計算標稱彎矩 M_n 及設計彎矩 M_u 等；否則進行另一假設。

1. 假設平衡破壞

$$x = \frac{\varepsilon_u}{\varepsilon_u + \varepsilon_y} d$$

$$a = \beta_1 x = \frac{\beta_1 \varepsilon_u d}{\varepsilon_u + \varepsilon_y}$$

$$f_s' = E_s \varepsilon_u \frac{x - d'}{x}$$

$$\overline{A}_{sb} = 0.85 \beta_1 \, b \, d \frac{6120}{6120 + f_y} \frac{f_c'}{f_y} + A_s' \left[\frac{f_s'}{f_y} - \frac{0.85 f_c'}{f_y} \right]$$

若 $A_s = \overline{A}_{sb}$，則

$$C_c = 0.85 f_c' ba$$
$$C_s = A_s' \left(f_s' - 0.85 f_c' \right)$$
$$T = A_s f_y$$
$$M_n = 0.85 f_c' ba (d - a/2) + A_s' f_s' (d - d') 或$$
$$M_n = (A_s - A_s') f_y (d - a/2) + A_s' f_s' (d - d')$$
$$M_u = \phi M_n 其中 \phi = 0.9$$

若 $A_s \neq \overline{A}_{sb}$，則進行次一假設。

2. 假設為拉力破壞
因為拉力破壞，$f_s = f_y$，$\varepsilon_s = \varepsilon_y$

$$C_s = A_s' \left(f_s' - 0.85 f_c' \right) = A_s' \left(\varepsilon_u \frac{x - d'}{x} E_s - 0.85 f_c' \right)$$

$$T = A_s f_y$$

$$C_c = 0.85 f_c' ba = 0.85 f_c' b \beta_1 x$$

由 $T = C_s + C_c$ 得

$$A_s f_y = 0.85 f_c' b \beta_1 x + A_s' \left(\varepsilon_u \frac{x - d'}{x} E_s - 0.85 f_c' \right)$$

移項得

$$0.85 f_c' b \beta_1 x^2 + \left(A_s E_s \varepsilon_u - A_s f_y - 0.85 f_c' A_s' \right) x - A_s' E_s \varepsilon_u d' = 0$$

解上式一元二次方程式，得壓力外緣距中性軸的距離 x

x 求得後，即可求得

$$\overline{A}_{sb} = 0.85 \beta_1 \, b \, d \, \frac{6120}{6120 + f_y} \frac{f_c'}{f_y} + A_s' \left[\frac{f_s'}{f_y} - \frac{0.85 f_c'}{f_y} \right]$$

若 $A_s < \overline{A}_{sb}$，則因假設正確，依據 x 值求 C_s 及 C_c；再求

$$M_n = C_c (d - a/2) + C_s (d - d')$$
$$M_u = \phi M_n \quad 其中 \quad \phi = 0.9$$

若 $A_s > \overline{A}_{sb}$，則進行次一假設。

3. 假設為壓力破壞
   因為壓力破壞，$f_s < f_y$，$\varepsilon_s < \varepsilon_y$

$$f_s = E_s \varepsilon_s = \varepsilon_u \frac{d - x}{x} E_s$$
$$T = A_s f_s = \varepsilon_u \frac{d - x}{x} A_s E_s$$
$$C_c = 0.85 f_c' ba = 0.85 f_c' b \beta_1 x$$
$$C_s = A_s' \left(f_s' - 0.85 f_c' \right) = A_s' \left(\varepsilon_u \frac{x - d'}{x} E_s - 0.85 f_c' \right)$$

由 $T = C_s + C_c$ 得

$$\varepsilon_u \frac{d - x}{x} A_s E_s = 0.85 f_c' b \beta_1 x + A_s' \left(\varepsilon_u \frac{x - d'}{x} E_s - 0.85 f_c' \right)$$

移項得

$$0.85 f_c' b \beta_1 x^2 + \left(A_s E_s \varepsilon_u + A_s' E_s \varepsilon_u - 0.85 A_s' f_c'\right) x - \varepsilon_u E_s \left(A_s' d' + A_s d\right) = 0$$

解上式一元二次方程式，得壓力外緣距中性軸的距離 x

x 求得後，即可求得

$$f_s' = E_s \varepsilon_u \frac{x - d'}{x} \ 及$$

$$\overline{A}_{sb} = 0.85 \, \beta_1 \, b \, d \, \frac{6120}{6120 + f_y} \frac{f_c'}{f_y} + A_s' \left[\frac{f_s'}{f_y} - \frac{0.85 \, f_c'}{f_y}\right]$$

然後依據 x 值求 T、C_s 及 C_c；再求

$$M_n = C_c \left(d - a/2\right) + C_s \left(d - d'\right)$$

$$M_u = \phi M_n \ \ 其中 \ \ \phi = 0.9$$

範例 3-21-1

　　圖 3-21-1 所示為一雙筋混凝土梁，梁寬 b 為 25cm，梁高 h 為 50cm，有效深度 d 為 43cm，抗拉筋保護層厚度 d 為 7cm，抗壓筋保護層厚度 d' 為 7cm，混凝土抗壓強度為 280kg/cm^2，鋼筋的降伏強度為 4,200kg/cm^2，鋼筋的彈性模式為 2.04×10^6kg/cm^2，混凝土單位重為 2,400kg/m^3，若抗拉鋼筋量 A_s 為 7 根#8 號鋼筋(面積 35.47cm^2)，抗壓鋼筋量 A_s' 為 2 根#7 號鋼筋(面積為 7.74cm^2)，試分析該雙筋梁的破壞模式及標稱彎矩、設計彎矩？

　　已知 b=25cm，h=50cm，d=43cm，d'=7cm，

$$f_c' = 280 \text{kg/cm}^2 \ , \ f_y = 4,200 \text{kg/cm}^2 \ , \ E_s = 2.04 \times 10^6 \, \text{kg/cm}^2$$

$$A_s = 35.47 \text{cm}^2, \ A_s' = 7.74 \text{cm}^2$$

因為混凝土抗壓強度小於或等於 280kg/cm^2，故 β_1 =0.85

依據雙筋梁分析模式，逐步分析如下：

1.　判定抗壓鋼筋是否降伏？

　　依公式(3-20-8)計算抗壓鋼筋降伏的最低抗拉鋼筋量 A_{sy}

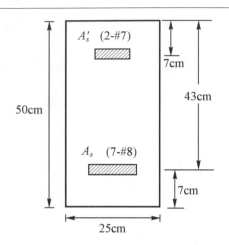

圖 3-21-1

$$A_{sy} = 0.85\beta_1 \frac{6120}{6120 - f_y} \times \frac{f_c' bd'}{f_y} + A_s' \left(1 - \frac{0.85 f_c'}{f_y}\right)$$

$$= 0.85 \times 0.85 \times \frac{6120}{6120 - 4200} \times \frac{280 \times 25 \times 7}{4200} + 7.74 \times \left(1 - \frac{0.85 \times 280}{4200}\right)$$

$$= 34.17 \text{cm}^2$$

因為抗拉鋼筋量(A_s=35.47cm^2)大於 A_{sy}，故抗壓鋼筋已經降伏。

2. 計算抗壓鋼筋應力

   因為抗壓鋼筋已經降伏，故抗壓鋼筋的應力為鋼筋的降伏強度，亦即 $f_s' = f_y = 4200 \text{kg/cm}^2$

3. 計算平衡鋼筋量與鋼筋比

   依公式(3-19-11)及公式(3-19-13)計算平衡鋼筋量 $\overline{A}_{sb}$ 及平衡鋼筋比 $\overline{\rho}_{sb}$

$$\overline{A}_{sb} = 0.85\beta_1 bd \frac{6120}{6120 + f_y} \times \frac{f_c'}{f_y} + A_s' \left(\frac{f_s'}{f_y} - \frac{0.85 f_c'}{f_y}\right)$$

$$= 0.85 \times 0.85 \times 25 \times 43 \times \frac{6120}{6120 + 4200} \times \frac{280}{4200} + 7.74 \times \left(\frac{4200}{4200} - \frac{0.85 \times 280}{4200}\right)$$

$$= 38.01 \text{cm}^2$$

$$\overline{\rho}_{sb} = 0.85\beta_1 \frac{6120}{6120 + f_y} \times \frac{f_c'}{f_y} + \frac{A_s'}{bd}\left(\frac{f_s'}{f_y} - \frac{0.85 f_c'}{f_y}\right)$$

$$= 0.85 \times 0.85 \times \frac{6120}{6120 + 4200} \times \frac{280}{4200} + \frac{7.74}{25 \times 43} \times \left(\frac{4200}{4200} - \frac{0.85 \times 280}{4200}\right) = 0.0354$$

4. 研判破壞模式

因為抗拉鋼筋量(A_s=35.47cm^2)小於平衡鋼筋量($\overline{A}_{sb}$=38.01cm^2)，故屬拉力破壞模式，且抗壓鋼筋已經降伏。

5. 計算內力、中性軸位置、標稱彎矩及設計彎矩

因屬拉力破壞，則拉力鋼筋的應力為 4200kg/cm^2，故

抗拉鋼筋的拉力 $T = A_s f_s = 35.47 \times 4200 = 148974$kg

因抗壓鋼筋已降伏，故抗壓鋼筋的應力為 4200kg/cm^2，

故抗壓鋼筋的壓力為

$C_s = A_s'\left(f_s' - 0.85 f_c'\right) = 7.74 \times \left(4200 - 0.85 \times 280\right) = 30665.88$kg

混凝土壓力 $C_c = 0.85\beta_1 f_c' bx$

依據靜力平衡 $T = C_c + C_s$，所以

$148974 = 30665.88 + 0.85\beta_1 f_c' bx$ 解得 $x = 23.39$cm

所以 $a = \beta_1 x = 0.85 \times 23.39 = 19.88$cm

$C_c = 0.85\beta_1 f_c' bx = 0.85 \times 0.85 \times 280 \times 25 \times 23.39 = 118294.92$kg

$C_c + C_s = 118294.92 + 30665.88 = 148960.8$kg $\cong 148974$kg　O.K.

標稱彎矩 M_n 及設計彎矩 M_u 計算如下：

$M_n = C_c\left(d - a/2\right) + C_s\left(d - d'\right)$
$= 118294.92 \times \left(43 - 19.88/2\right) + 30665.88 \times \left(43 - 7\right)$
$= 5014801.74$kg - cm $= 50.15$t - m

$M_u = \phi M_n = 0.9 \times 5014801.74 = 4513321.57$kg-cm $= 45.133$t-m

故本雙筋梁斷面屬拉力破壞，且抗壓鋼筋已達降伏，標稱彎矩為 50.15t-m，設計彎矩為 45.133t-m。

範例 3-21-2

雙筋混凝土梁斷面尺寸及材料強度均如範例 3-21-1，若抗拉鋼筋量 A_s 改為 8 根#8 號鋼筋(面積 40.54cm^2)，抗壓鋼筋量 A_s' 為 2 根#8 號鋼筋(面積為 10.13cm^2)，試分析該雙筋梁的破壞模式及標稱彎矩、設計彎矩？

已知 b=25cm，h=50cm，d=43cm，d'=7cm，

$$f_c^{'} = 280\text{kg/cm}^2 \text{ , } f_y = 4{,}200\text{kg/cm}^2 \text{ , } E_s = 2.04 \times 10^6 \text{ kg/cm}^2$$

$$A_s = 40.54\text{cm}^2 \text{ , } A_s^{'} = 10.13\text{cm}^2$$

因為混凝土抗壓強度小於或等於 280kg/cm^2，故 $\beta_1 = 0.85$

依據雙筋梁分析模式，逐步分析如下：

1. 判定抗壓鋼筋是否降伏？

依公式(3-20-8)計算抗壓鋼筋降伏的最低抗拉鋼筋量 A_{sy}

$$A_{sy} = 0.85\beta_1 \frac{6120}{6120-f_y} \times \frac{f_c^{'}bd^{'}}{f_y} + A_s^{'}\left(1 - \frac{0.85f_c^{'}}{f_y}\right)$$

$$= 0.85 \times 0.85 \times \frac{6120}{6120-4200} \times \frac{280 \times 25 \times 7}{4200}$$

$$+ 10.13 \times \left(1 - \frac{0.85 \times 280}{4200}\right) = 36.424\text{cm}^2$$

因為抗拉鋼筋量($A_s = 40.54\text{cm}^2$)大於 A_{sy}，故抗壓鋼筋已經降伏。

2. 計算抗壓鋼筋應力

因為抗壓鋼筋已經降伏，故抗壓鋼筋的應力為鋼筋的降伏強度，亦即

$$f_s^{'} = f_y = 4200\text{kg/cm}^2$$

3. 計算平衡鋼筋量與鋼筋比

抗壓鋼筋應力求得後，則可帶入公式(3-19-11)及(3-19-13)求算平衡鋼筋量 $\overline{A}_{sb}$ 及平衡鋼筋比 $\overline{\rho}_{sb}$

$$\overline{A}_{sb} = 0.85\beta_1 bd \frac{6120}{6120+f_y} \times \frac{f_c^{'}}{f_y} + A_s^{'}\left(\frac{f_s^{'}}{f_y} - \frac{0.85f_c^{'}}{f_y}\right)$$

$$= 0.85 \times 0.85 \times 25 \times 43 \frac{6120}{6120+4200} \times \frac{280}{4200}$$

$$+ 10.13 \times \left(\frac{4200}{4200} - \frac{0.85 \times 280}{4200}\right) = 40.26\text{cm}^2$$

$$\overline{\rho}_{sb} = 0.85\beta_1 \frac{6120}{6120+f_y} \times \frac{f_c^{'}}{f_y} + \frac{A_s^{'}}{bd}\left(\frac{f_s^{'}}{f_y} - \frac{0.85f_c^{'}}{f_y}\right)$$

$$= 0.85 \times 0.85 \times \frac{6120}{6120+4200} \times \frac{280}{4200} + \frac{10.13}{25 \times 43}\left(\frac{4200}{4200} - \frac{0.85 \times 280}{4200}\right)$$

$$= 0.0375$$

4. 研判破壞模式

因為抗拉鋼筋量(A_s=40.54cm^2)大於平衡鋼筋量($\overline{A}_{sb}$=40.26cm^2)，故屬壓力破壞模式，且抗壓鋼筋已經降伏。

5. 計算內力、中性軸位置、標稱彎矩及設計彎矩

抗壓鋼筋的壓力 $C_s = A_s'\left(f_s' - 0.85f_c'\right) = 10.13 \times (4200 - 0.85 \times 280) = 40135.06\text{kg}$

設中性軸距壓力區外緣的距離為 x，則

抗拉鋼筋的應力為 $f_s = E_s\varepsilon_s = E_s\varepsilon_u \dfrac{d-x}{x}$

抗拉鋼筋的拉力為 $T = A_s f_s = A_s E_s\varepsilon_u \dfrac{d-x}{x}$

混凝土壓力 $C_c = 0.85\beta_1 f_c' bx$ kg

依據靜力平衡 $T = C_c + C_s$，解一元二次方程式

$x^2 + 56.99x - 2109.235 = 0$ 得 $x = 25.553\text{cm}$

所以 $a = \beta_1 x = 0.85 \times 25.553 = 21.72\text{cm}$

帶入各內力公式得

$f_s = E_S\varepsilon_u \dfrac{d-x}{x} = 2.04 \times 10^6 \times 0.003 \times \dfrac{43 - 25.553}{25.553} = 4178.60\text{kg/cm}^2$

$T = A_s f_s = 40.54 \times 4178.6 = 169400.44\text{kg}$

$C_c = 0.85\beta_1 f_c' bx = 0.85 \times 0.85 \times 280 \times 25 \times 25.553 = 129234.3\text{kg}$

$C_c + C_s = 129234.3 + 40135.06 = 169369.36\text{kg} \cong 169400.44\text{kg}$　O.K.

標稱彎矩 M_n 及設計彎矩 M_u 計算如下：

$$M_n = C_c(d - a/2) + C_s(d - d')$$
$$= 129234.3 \times (43 - 21.72/2) + 40135.06 \times (43 - 7)$$
$$= 5598452.56\text{kg-cm} = 55.99\text{t-m}$$

$M_u = \phi M_n = 0.9 \times 5598452.56 = 5038607.31\text{kg-cm} = 50.39\text{t-m}$

故本雙筋梁斷面屬壓力破壞，且抗壓鋼筋已達降伏，標稱彎矩為 55.99t-m，設計彎矩為 50.39t-m。

範例 3-21-3

　　雙筋混凝土梁斷面尺寸及材料強度均如範例 3-21-1，若抗拉鋼筋量 A_s 改爲 7 根#8 號鋼筋(面積 35.47cm²)，抗壓鋼筋量 A_s'爲 2 根#8 號鋼筋(面積爲 10.13cm²)，試分析該雙筋梁的破壞模式及標稱彎矩、設計彎矩？

　　已知 b =25cm，h=50cm，d=43cm，d'=7cm，

　　　　$f_c' = 280\text{kg/cm}^2$，$f_y = 4{,}200\text{kg/cm}^2$，$E_s = 2.04 \times 10^6\,\text{kg/cm}^2$

　　　　A_s=35.47cm²，A_s'=10.13cm²

　　因爲混凝土抗壓強度小於或等於 280kg/cm²，故 $\beta_1 = 0.85$

　　依據雙筋梁分析模式，逐步分析如下：

1. 判定抗壓鋼筋是否降伏？

　　依公式(3-20-8)計算抗壓鋼筋降伏的最低抗拉鋼筋量 A_{sy}

$$A_{sy} = 0.85\beta_1 \frac{6120}{6120-f_y}\frac{f_c'bd'}{f_y} + A_s'\left(1-\frac{0.85f_c'}{f_y}\right)$$

$$= 0.85 \times 0.85 \times \frac{6120}{6120\text{-}4200} \times \frac{280 \times 25 \times 7}{4200} + 10.13 \times \left(1-\frac{0.85 \times 280}{4200}\right)$$

$$= 36.424\text{cm}^2$$

　　因爲抗拉鋼筋量(A_s=35.47cm²)小於 A_{sy}，故抗壓鋼筋尚未降伏。

2. 計算抗壓鋼筋應力

　　　　因爲抗壓鋼筋尚未降伏，故抗壓鋼筋的應力爲

$$f_s' = \varepsilon_s' E_s = E_s \varepsilon_u \frac{x-d'}{x}$$

　　　　因爲抗壓鋼筋應力尚未能決定，故先依靜力平衡原理，求解中性軸位置後，才能解得抗壓鋼筋的應力。抗壓鋼筋應力未決定前，平衡鋼筋量也不能確定，故雙筋梁的破壞模式亦不能判定。因此中性軸的決定必須依賴試誤法，即先假設斷面的破壞模式，再驗證之，實際演算如下。

3. 計算內力、中性軸位置、標稱彎矩及設計彎矩

(1) 假設雙筋梁斷面爲平衡破壞，

　　中性軸距壓力區外緣的距離爲 x，則

$$x = \frac{6120}{6120 + f_y}d = \frac{6120}{6120 + 4200} \times 43 = 25.5\text{cm}$$

抗壓鋼筋的應力為

$$f_s' = E_s \frac{x - d'}{x}\varepsilon_u = 2.04 \times 10^6 \times \frac{25.5 - 7}{25.5} \times 0.003 = 4440\text{kg/cm}^2$$

因抗壓鋼筋應力大於鋼筋降伏強度，抗壓鋼筋已經降伏，其應力僅能等於鋼筋的降伏強度，故 $f_s' = 4200\text{kg/cm}^2$

　　抗壓鋼筋應力求得後，可帶入公式(3-19-11)及(3-19-13)求算平衡鋼筋量 $\overline{A}_{sb}$ 及平衡鋼筋比 $\overline{\rho}_{sb}$

$$\overline{A}_{sb} = 0.85\beta_1 bd \frac{6120}{6120 + f_y}\frac{f_c'}{f_y} + A_s'\left(\frac{f_s'}{f_y} - \frac{0.85f_c'}{f_y}\right)$$

$$= 0.85 \times 0.85 \times 25 \times 43 \frac{6120}{6120 + 4200} \times \frac{280}{4200}$$

$$+ 10.13 \times \left(\frac{4200}{4200} - \frac{0.85 \times 280}{4200}\right) = 40.26\text{cm}^2$$

$$\overline{\rho}_{sb} = 0.85\beta_1 \frac{6120}{6120 + f_y}\frac{f_c'}{f_y} + \frac{A_s'}{bd}\left(\frac{f_s'}{f_y} - \frac{0.85f_c'}{f_y}\right)$$

$$= 0.85 \times 0.85 \times \frac{6120}{6120 + 4200} \times \frac{280}{4200} + \frac{10.13}{25 \times 43} \times \left(\frac{4200}{4200} - \frac{0.85 \times 280}{4200}\right)$$

$$= 0.0375$$

　　因抗拉鋼筋量(A_s=35.47cm^2)與平衡鋼筋量(A_{sb}=40.26cm^2)不相等，故斷面屬平衡破壞的假設是錯誤的。

(2) 再假設雙筋梁斷面為拉力破壞，則

$$f_s = f_y = 4200\text{kg/cm}^2$$

設中性軸距壓力區外緣的距離為 x，則抗壓鋼筋的應力為

$$f_s' = E_s\varepsilon_u \frac{x - d'}{x}$$

抗壓鋼筋的壓力為 $C_s = A_s'\left(f_s' - 0.85f_c'\right) = A_s'\left(E_s\varepsilon_u \frac{x - d'}{x} - 0.85f_c'\right)$

混凝土壓力 $C_c = 0.85\beta_1 f_c'bx$

抗拉鋼筋的拉力 $T = A_s f_s = A_s f_y = 35.47 \times 4200 = 148974\text{kg}$

依據靜力平衡 $T = C_c + C_s$，解一元二次方程式

$x^2 - 17.67x - 85.841 = 0$ 得 $x = 21.637$cm

抗壓鋼筋的應力為

$$f'_s = E_s \frac{x - d'}{x} \varepsilon_u = 2.04 \times 10^6 \times \frac{21.637 - 7}{21.637} \times 0.003 = 4140 \text{kg/cm}^2$$

抗壓鋼筋應力求得後，可帶入公式(3-19-11)及(3-19-13)求算平衡鋼筋量 $\overline{A}_{sb}$ 及平衡鋼筋比 $\overline{\rho}_{sb}$

$$\overline{A}_{sb} = 0.85\beta_1 bd \frac{6120}{6120 + f_y} \frac{f'_c}{f_y} + A'_s \left(\frac{f'_s}{f_y} - \frac{0.85f'_c}{f_y} \right)$$

$$= 0.85 \times 0.85 \times 25 \times 43 \frac{6120}{6120 + 4200} \times \frac{280}{4200}$$

$$+ 10.13 \times \left(\frac{4140}{4200} - \frac{0.85 \times 280}{4200} \right) = 40.12 \text{cm}^2$$

$$\overline{\rho}_{sb} = 0.85\beta_1 \frac{6120}{6120 + f_y} \times \frac{f'_c}{f_y} + \frac{A'_s}{bd} \left(\frac{f'_s}{f_y} - \frac{0.85f'_c}{f_y} \right)$$

$$= 0.85 \times 0.85 \times \frac{6120}{6120 + 4200} \times \frac{280}{4200} + \frac{10.13}{25 \times 43} \times \left(\frac{4140}{4200} - \frac{0.85 \times 280}{4200} \right)$$

$$= 0.0373$$

因抗拉鋼筋量(A_s=35.47cm^2)小於平衡鋼筋量($\overline{A}_{sb}$=40.12cm^2)，故斷面屬拉力破壞，與假設相符。

所以 $a = \beta_1 x = 0.85 \times 21.637 = 18.392$cm

帶入各內力公式得

抗壓鋼筋的壓力為

$$C_s = A'_s \left(f'_s - 0.85f'_c \right) = 10.13 \times (4140 - 0.85 \times 280) = 39527.26 \text{kg}$$

混凝土壓力 $C_c = 0.85\beta_1 f'_c bx = 0.85 \times 0.85 \times 280 \times 25 \times 21.637 = 109429.13 \text{kg}$

抗拉鋼筋的拉力 $T = A_s f_s = A_s f_y = 35.47 \times 4200 = 148974 \text{kg}$

$C_c + C_s = 109429.13 + 39527.26 = 148956.39 \text{kg} \cong 148974 \text{kg}$ O.K.

標稱彎矩 M_n 及設計彎矩 M_u 計算如下：

$$M_n = C_c(d - a/2) + C_s(d - d')$$

$$= 109429.13 \times (43 - 18.392/2) + 39527.26 \times (43 - 7)$$

$$= 5122123.67 \text{kg-cm} = 51.22 \text{t-m}$$

$$M_u = \phi M_n = 0.9 \times 5122123.67 = 4609911.30 \text{kg-cm} = 46.10 \text{t-m}$$

　　故本雙筋梁斷面屬拉力破壞，但抗壓鋼筋尚未降伏，標稱彎矩為 51.22 t-m，設計彎矩為 46.10 t-m。抗壓鋼筋應力為($f_s' = 4140.0 \text{kg/cm}^2$)。

3-22　雙筋矩形梁分析程式使用說明

　　在鋼筋混凝土分析與設計軟體畫面的功能表上，選擇☞ RC/梁/雙筋梁分析☜後出現如圖 3-22-1 的輸入畫面。圖 3-22-1 的畫面，以範例 3-21-1 為例，按序輸入雙筋梁梁寬 b(25cm)、雙筋梁拉力筋有效深度 d (43cm)、雙筋梁壓力筋有效深度 d' (7cm)、雙筋梁實際深度 h(50cm)、混凝土抗壓強度 f_c' (280kg/cm²)、鋼筋降伏強度 f_y(4,200 kg/cm²)、鋼筋彈性模數 E_s(2,040,000kg/cm²)、混凝土單位重(2400Kg/m³)、拉力鋼筋為 7 根#8 號鋼筋 (A_s=35.47cm²)、壓力鋼筋為 2 根#7 號鋼筋(A_s'=7.74cm²)及雙筋梁名稱(B123)等資料後，單擊「斷面分析」鈕即進行雙筋梁斷面分析，分析內容主要判別梁的破壞模式、抗壓鋼筋是

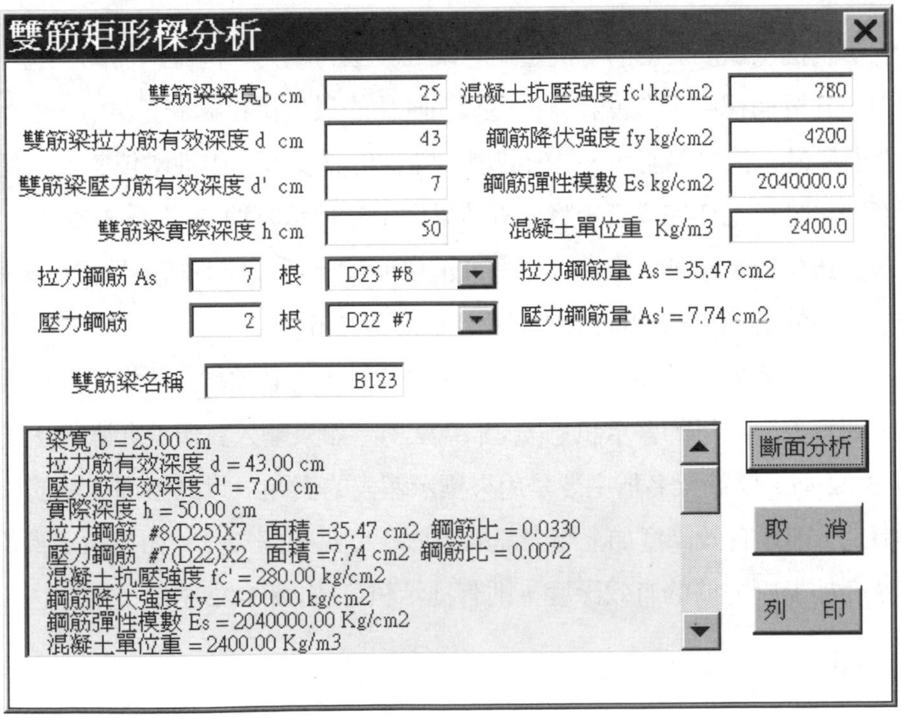

圖 3-22-1

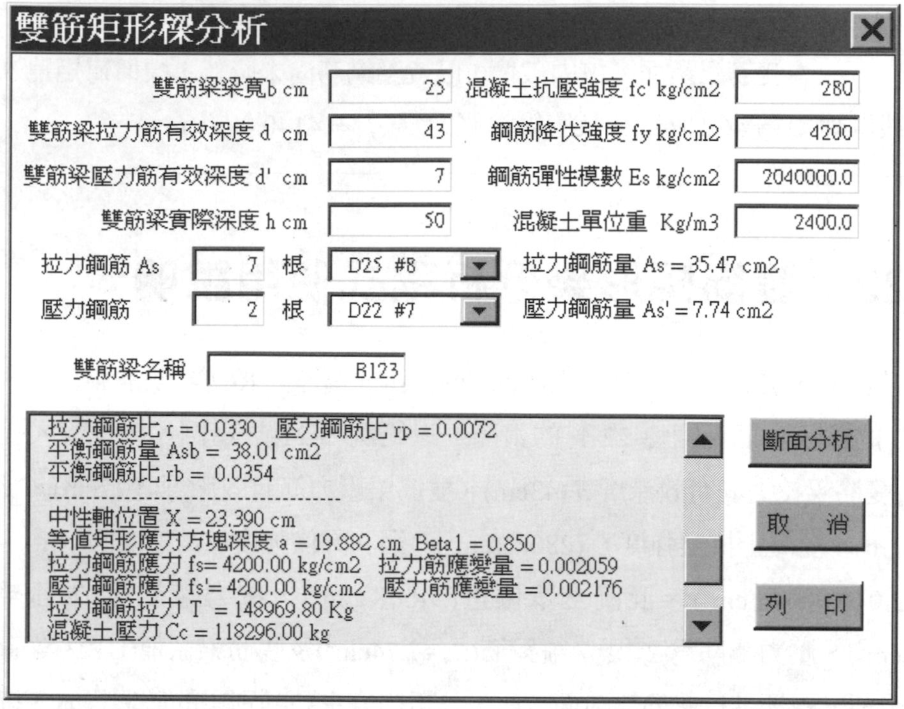

圖 3-22-2

否降伏、抗壓及抗拉鋼筋的應力、抗壓鋼筋及混凝土的壓力、抗拉鋼筋的拉力、標稱彎矩及設計彎矩。分析過程中，亦會計算抗壓鋼筋降伏的最低抗拉鋼筋量(A_{sy})、平衡鋼筋量及鋼筋比、最小及最大抗拉鋼筋比、平衡破壞中性軸位置及實際中性軸位置及等值矩形應力方塊的深度等。分析工作完成後，將分析結果顯示於列示方塊中(如圖 3-22-1 及圖 3-22-2)並使「列印」鈕生效。單擊「取消」鈕即取消雙筋梁分析工作並結束程式。單擊「列印」鈕即將分析結果的資訊有組織地排列亦印出如圖 3-22-6。

輸入欄位中，除雙筋梁實際深度及雙筋梁名稱外，均必須輸入；如果必要資料欄位未正確輸入，則有欠缺項目的警示訊息(如圖 3-22-3)。如果輸入負值或非數值，均會有警示訊息(如圖 3-22-4)。雙筋梁名稱主要是用來標示報表的表頭，以茲區別。雙筋梁的實際深度如果未指定，則以有效深度加上壓力筋的有效深度為實際深度；如果指定實際深度，但小於有效深度加上壓力筋的有效深度，則有提示訊息(如圖 3-22-5)供選用。

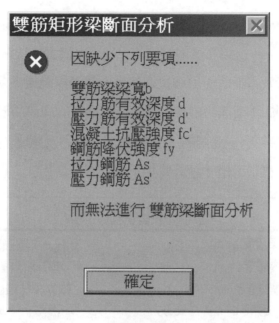

圖 3-22-3

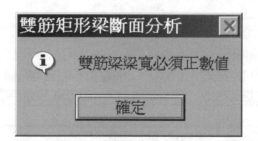

圖 3-22-4

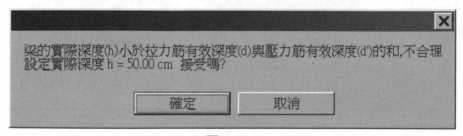

圖 3-22-5

圖 3-22-6 報表中，除列印雙筋梁的基本資料外，尚列印平衡破壞時的中性軸位置、等值矩形應力方塊深度、平衡鋼筋量與鋼筋比、最小與最大抗拉鋼筋的鋼筋比、抗壓鋼筋降伏的最低抗拉鋼筋量及本斷面使用抗拉鋼筋是否超過規範規定量。

報表的第三部份列印本斷面的破壞模式及抗壓鋼筋的降伏情形、斷面的實際中性軸位置、等值矩形應力方塊深度、抗壓鋼筋及抗拉鋼筋的應力及應變、抗壓鋼筋及混凝土的壓力、抗拉鋼筋的拉力、標稱彎矩、設計彎矩及其力臂長。

雙筋梁斷面分析

雙筋梁梁寬 b cm	25.00		混凝土抗壓強度 f_c' kg/cm^2	280
雙筋梁拉力筋有效深度 d cm	43.00		鋼筋降伏強度 f_y kg/cm^2	4200
雙筋梁壓力筋有效深度 d' cm	7.00		鋼筋彈性模數 E_s Kg/cm^2	2040000
雙筋梁實際深度 h cm	50.00		混凝土梁單位重 Kg/m	300.00
拉力鋼筋 As #8(D25)X7	35.47	鋼筋比 0.0330	鋼筋應變量	0.00206
壓力鋼筋 As' #7(D22)X2	7.74	鋼筋比 0.0072	Beta	0.85

平 衡 破 壞

中性軸位置 X_b cm	25.50	等值矩形應力方塊深度 a cm	21.68
平衡鋼筋比 ρ_b	0.0354	平衡鋼筋量 A_{sb} cm^2	38.01
最少抗拉鋼筋比	0.0033	抗壓鋼筋降伏的最低抗拉鋼筋量 cm^2	34.17
最大抗拉鋼筋比	0.0282	抗拉鋼筋用量超過規範規定最大量	

本 斷 面

====> 拉力破壞, 壓力鋼筋已經降伏 <=====			
中性軸位置 X cm	23.39	等值壓力塊深度 a cm	19.88
壓力筋應變量	0.002176	壓力鋼筋應力 f_s' kg/cm^2	4200.00
拉力筋應變量	0.002059	拉力鋼筋應力 f_s Kg/cm^2	4200.00
混凝土壓力 C_c Kg	118296.00	壓力鋼筋壓力 C_s Kg/cm^2	30673.80
合壓力 C Kg	148969.80	力矩臂距 33.66 cm	拉力鋼筋拉力 T Kg 148969.80
標稱彎矩 Mn t-m	50.15	設計彎矩 Mu t-m	45.14

圖 3-22-6

圖 3-22-7 為範例 3-21-2 的輸入畫面，圖 3-22-8 則為其輸出的報表。主要差異為抗拉鋼筋量 A_s 改為 8 根#8 號鋼筋(面積 40.54cm^2)，抗壓鋼筋量 A_s' 為 2 根#8 號鋼筋(面積為 10.13cm^2)。本實例為抗壓鋼筋已經降伏的壓力破壞，為求解抗拉鋼筋的應力必須先依據靜

力平衡方程式解一元二次方程式，決定實際中性軸的位置。在圖 3-22-8 的報表最後一行即為如下的一元二次方程式。

$$5057.5x^2 + 288231.23x - 10667453.76 = 0$$

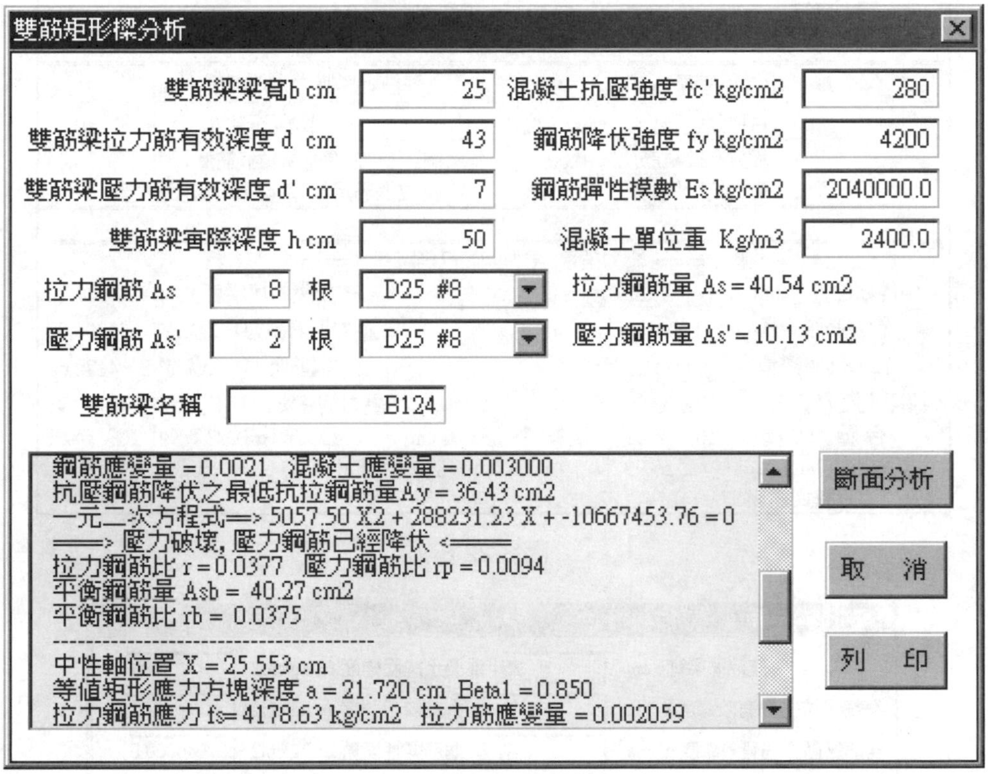

圖 3-22-7

圖 3-22-9 為範例 3-21-3 的輸入畫面，圖 3-22-10 則為其輸出的報表。主要差異為抗拉鋼筋量 A_s 改為 7 根#8 號鋼筋(面積 35.47cm^2)，抗壓鋼筋量 As' 為 2 根#8 號鋼筋(面積為 10.13cm^2)。本實例為抗壓鋼筋尚未降伏的拉力破壞，為求解抗壓鋼筋的應力必須先依據靜力平衡方程式解一元二次方程式，決定實際中性軸的位置。在圖 3-22-10 的報表最後一行即為如下的一元二次方程式。

$$5057.5x^2 - 89361.61x - 434140.56 = 0$$

[B124]雙筋梁斷面分析

雙筋梁梁寬 b cm	25.00			混凝土抗壓強度 f_c' kg/cm^2		280
雙筋梁拉力筋有效深度 d cm	43.00			鋼筋降伏強度 f_y kg/cm^2		4200
雙筋梁壓力筋有效深度 d' cm	7.00			鋼筋彈性模數 E_s Kg/cm^2		2040000
雙筋梁實際深度 h cm	50.00			混凝土梁單位重 Kg/m		300.00
拉力鋼筋 As	#8(D25)X8	40.54	鋼筋比	0.0377	鋼筋應變量	0.00206
壓力鋼筋 As'	#8(D25)X2	10.13	鋼筋比	0.0094	Beta	0.85
平 衡 破 壞						
中性軸位置 X_b cm	25.50			等值矩形應力方塊深度 a cm		21.68
平衡鋼筋比 ρ_b	0.0375			平衡鋼筋量 A_{sb} cm^2		40.27
最少抗拉鋼筋比	0.0033			抗壓鋼筋降伏的最低抗拉鋼筋量 cm^2		36.43
最大抗拉鋼筋比	0.0303			抗拉鋼筋用量超過規範規定最大量		
本 斷 面						
====> 壓力破壞, 壓力鋼筋已經降伏 <=====						
中性軸位置 X cm	25.55			等值壓力塊深度 a cm		21.72
壓力筋應變量	0.002176			壓力鋼筋應力 f_s kg/cm^2		4200.00
拉力筋應變量	0.002059			拉力鋼筋應力 f_s Kg/cm^2		4178.63
混凝土壓力 C_o Kg	129233.90			壓力鋼筋壓力 C_s Kg		40150.91
合 壓力 C Kg	169384.81	力矩臂距	33.05 cm	拉力鋼筋拉力 T Kg		169384.81
標稱彎矩 Mn t-m	55.99			設計彎矩 Mu t-m		50.39
一元二次方程式為 5057.50 X2 + 288231.23 X + -10667453.76 = 0						

圖 3-22-8

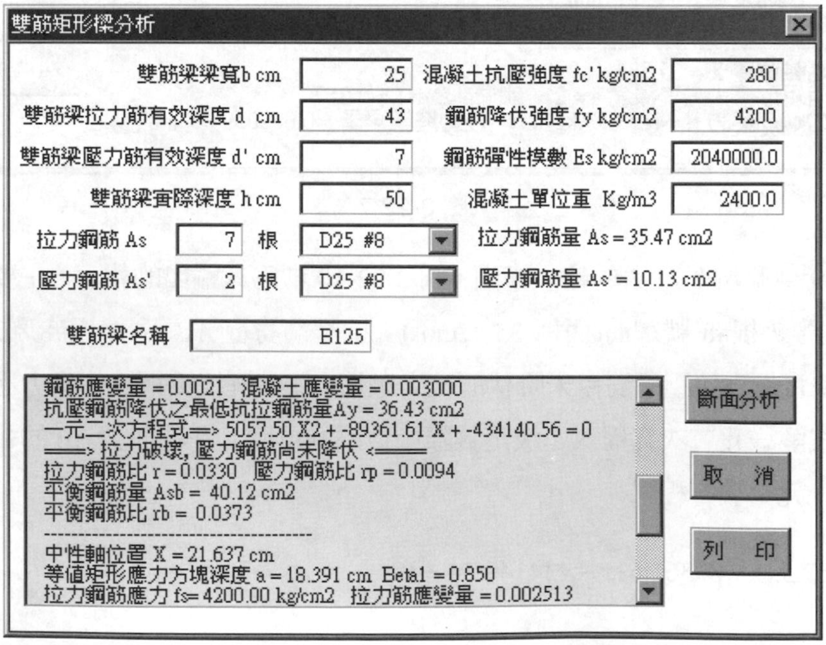

雙筋矩形樑分析

雙筋梁梁寬 b cm	25	混凝土抗壓強度 fc' kg/cm2	280
雙筋梁拉力筋有效深度 d cm	43	鋼筋降伏強度 fy kg/cm2	4200
雙筋梁壓力筋有效深度 d' cm	7	鋼筋彈性模數 Es kg/cm2	2040000.0
雙筋梁實際深度 h cm	50	混凝土單位重 Kg/m3	2400.0

拉力鋼筋 As ⬚7⬚ 根 [D25 #8 ▼]　拉力鋼筋量 As = 35.47 cm2

壓力鋼筋 As' ⬚2⬚ 根 [D25 #8 ▼]　壓力鋼筋量 As' = 10.13 cm2

雙筋梁名稱 [B125]

```
鋼筋應變量 = 0.0021  混凝土應變量 = 0.003000
抗壓鋼筋降伏之最低抗拉鋼筋量 Ay = 36.43 cm2
一元二次方程式 ==> 5057.50 X2 + -89361.61 X + -434140.56 = 0
===> 拉力破壞, 壓力鋼筋尚未降伏 <===
拉力鋼筋比 r = 0.0330  壓力鋼筋比 rp = 0.0094
平衡鋼筋量 Asb = 40.12 cm2
平衡鋼筋比 rb = 0.0373
----------------------------------
中性軸位置 X = 21.637 cm
等值矩形應力方塊深度 a = 18.391 cm  Beta1 = 0.850
拉力鋼筋應力 fs = 4200.00 kg/cm2  拉力筋應變量 = 0.002513
```

[斷面分析]　[取 消]　[列 印]

圖 3-22-9

[B125]雙筋梁斷面分析

雙筋梁梁寬 b cm	25.00	混凝土抗壓強度 f_c' kg/cm^2		280
雙筋梁拉力筋有效深度 d cm	43.00	鋼筋降伏強度 f_y kg/cm^2		4200
雙筋梁壓力筋有效深度 d' cm	7.00	鋼筋彈性模數 E_s Kg/cm^2		2040000
雙筋梁實際深度 h cm	50.00	混凝土梁單位重 Kg/m		300.00
拉力鋼筋 As	#8(D25)X7	35.47	鋼筋比	0.0330	鋼筋應變量	0.00206
壓力鋼筋 As'	#8(D25)X2	10.13	鋼筋比	0.0094	Beta	0.85

平 衡 破 壞

中性軸位置 X_b cm	25.50	等值矩形應力方塊深度 a cm	21.68
平衡鋼筋比 ρ_b	0.0373	平衡鋼筋量 A_{sb} cm^2	40.12
最少抗拉鋼筋比	0.0033	抗壓鋼筋降伏的最低抗拉鋼筋量 cm^2	36.43
最大抗拉鋼筋比	0.0302	抗拉鋼筋用量超過規範規定最大量	

本 斷 面

====> 拉力破壞, 壓力鋼筋尚未降伏 <=====			
中性軸位置 X cm	21.64	等值壓力塊深度 a cm	18.39
壓力筋應變量	0.001722	壓力鋼筋應力 f_s' kg/cm^2	4140.02
拉力筋應變量	0.002513	拉力鋼筋應力 f_s Kg/cm^2	4200.00
混凝土壓力 C_c Kg	109426.77	壓力鋼筋壓力 C_s Kg/cm^2	39543.03
合 壓 力 C Kg	148969.80	力矩臂距 34.39 cm	拉力鋼筋拉力 T Kg	148969.80
標稱彎矩 Mn t-m	51.23	設計彎矩 Mu t-m	46.10
一元二次方程式為 5057.50 X2 + -89361.61 X + -434140.56 = 0			

圖 3-22-10

3-23 雙筋梁的設計

若一矩形斷面梁所承受的設計彎矩 M_u 大於該斷面單筋設計的最大抵抗彎矩 M_{u1}，則可採用雙筋梁設計，以增設抗壓鋼筋及增加抗拉鋼筋量來增強斷面的抗壓力及抗拉力，進而抵抗超額的設計彎矩 $M_u - M_{u1}$。

3-23-1 雙筋梁的設計步驟

雙筋矩形梁的強度設計步驟如下：

1. 假設矩形梁斷面的梁寬、梁高與有效深度

   衡酌空間環境、美學觀點及工程需求假設矩形斷面的梁寬 b、梁高 h 及梁的有效深度 d。

2. 依據設計載重計算梁所需承擔的設計彎矩 M_u 及標稱彎矩 M_n

   由使用目的及梁的自重估算該梁所需承擔的設計彎矩 M_u，並換算為標稱彎矩 M_n。

3. 計算單筋梁的最大規範允許抗拉鋼筋量 A_{s1}

   計算單筋矩形梁的平衡鋼筋比 $\rho_b = 0.85\beta_1 \dfrac{\varepsilon_u}{\varepsilon_u + \varepsilon_y} \dfrac{f'_c}{f_y}$

   計算單筋矩形梁最大規範允許抗拉鋼筋量 $A_{s1} = 0.75\rho_b bd$

   如以混凝土極限應變量 $\varepsilon_u = 0.003$ 及鋼筋彈性模數 $E_s = 2.04 \times 10^6 \, \text{kg/cm}^2$ 帶入，則

   $$A_{s1} = 0.75 \times 0.85\beta_1 bd \frac{6120}{6120 + f_y} \frac{f'_c}{f_y}$$

4. 計算單筋梁的最大規範允許標稱彎矩 M_{n1}

   混凝土等值矩形應力方塊的深度 $a = \dfrac{A_{s1}f_y}{0.85f'_c b}$

   中性軸位置 $x = \dfrac{a}{\beta_1}$

   單筋梁的最大規範允許標稱彎矩 $M_{n1} = A_{s1}f_y(d - a/2)$

   研判是否需要抗壓鋼筋？

   若 $M_n \leq M_{n1}$，則不需要增設抗壓鋼筋，執行步驟 9、10 的鋼筋配置及檢核

   若 $M_n > M_{n1}$，則需要增設抗壓鋼筋，繼續執行次一步驟。

5. 計算需要抵抗的超額標稱彎矩 M_{n2}

   需要抵抗的超額標稱彎矩 $M_{n2} = M_n - M_{n1}$。

6. 計算需要增加的抗拉鋼筋量 A_{s2}

   超額的標稱彎矩 M_{n2} 需要依賴增加的抗拉鋼筋的拉力與增設的抗壓鋼筋的壓力所產生的力偶來抵抗之，該力偶的力臂為 d-d'，其中 d' 為選定的抗壓鋼筋保護層厚度。規範規定梁必須設計成拉力破壞，故抗拉鋼筋的應力均已達降伏強度，所以

$$A_{s2} = \frac{M_{n2}}{f_y\left(d - d'\right)}$$

7. 計算總抗拉鋼筋量 A_s

　　總抗拉鋼筋量 $A_s = A_{s1} + A_{s2}$

8. 決定抗壓鋼筋應力及增設的抗壓鋼筋量 A_s'

　　　　抵抗超額標稱彎矩 M_{n2} 所需增加的抗拉鋼筋量 A_{s2} 已經計算出來，但所需增設的抗壓鋼筋量未必等於增加的抗拉鋼筋量。抗壓鋼筋如果已達降伏，其應力與抗拉鋼筋均為降伏強度，則所需增設的鋼筋量當然為 A_{s2}；但若抗壓鋼筋未達降伏，則抗壓鋼筋的應力必小於降伏強度，故需要比 A_{s2} 大的鋼筋量才能與增加的抗拉鋼筋拉力匹配產生抵抗力偶。設計時當然希望抗壓鋼筋已達降伏，以免增加抗壓鋼筋量。

　　　　增設抗壓鋼筋量的求算步驟如下：

(1) 抗拉鋼筋已降伏時的抗壓鋼筋應變量

　　抗拉鋼筋的應變量 $\varepsilon_y = \dfrac{f_y}{E_S}$

　　抗壓鋼筋的應變量 $\varepsilon_s' = \varepsilon_u \dfrac{x - d'}{x}$

(2) 抗拉鋼筋已降伏時的抗壓鋼筋應力

　　若 $\varepsilon_S' \geq \varepsilon_Y$，則 $f_s' = f_y$

　　若 $\varepsilon_s' < \varepsilon_y$，則 $f_s' = \varepsilon_s' E_s = E_s \varepsilon_u \dfrac{x - d'}{x}$

(3) 計算抗壓鋼筋量

$$A_s' = \frac{M_{n2}}{\left(f_s' - 0.85 f_c'\right)\left(d - d'\right)}$$

9. 配置鋼筋。

10. 檢核鋼筋配置後的標稱彎矩能否抵抗需要的標稱彎矩。

範例 3-23-1

設有一如圖 3-23-1 的鋼筋混凝土矩形梁，梁寬 b 為 35cm，梁高 h 為 70cm，有效深度 d 為 60cm，抗壓鋼筋保護層厚度 d' 為 5cm，鋼筋混凝土單位重為 2,400 kg/m³，鋼筋降伏強度為 4,200kg/cm²，鋼筋彈性模數為 2,040,000kg/cm²，混凝土的抗壓強度為 350kg/cm²，試設計該梁使能承擔 120t-m 的需要彎矩。

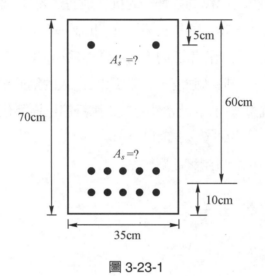

圖 3-23-1

1. 已知梁寬 b=35cm，有效深度 d=60cm，抗壓鋼筋保護層厚度 d'=5cm

2. 已知需要的設計彎矩(M_u)為 120t-m，則標稱彎矩為

$$M_n = \frac{M_u}{\phi} = \frac{120}{0.9} = 133.33\text{t-m}$$

3. 計算單筋梁的最大規範允許抗拉鋼筋量 A_{s1}

規範規定混凝土抗壓強度為 280kg/cm² 時，β_1 為 0.85，但混凝土抗壓強度每增加 70kg/cm²，β_1 減 0.05，故混凝土抗壓強度 350kg/cm² 時，β_1 為 0.85-0.05=0.80。

$$\rho_b = 0.85\beta_1 \frac{6120}{6120+f_y}\frac{f_c'}{f_y} = 0.85\times0.80\times\frac{6120}{6120+4200}\times\frac{350}{4200} = 0.0336$$

$$A_{s1} = 0.75\rho_b bd = 0.75\times0.0336\times35\times60 = 52.92\text{cm}^2$$

4. 計算單筋梁的最大規範允許標稱彎矩 M_{n1}

單筋梁部份，由鋼筋拉力等於混凝土壓力，得

混凝土等值矩形壓力方塊的深度 a

$$a = \frac{A_{s1}f_y}{0.85f_c'b} = \frac{52.92 \times 4200}{0.85 \times 350 \times 35} = 21.346\text{cm}$$

中性軸位置 $x = \dfrac{a}{\beta_1} = \dfrac{21.346}{0.80} = 26.683\text{cm}$

單筋梁的最大規範允許標稱彎矩 M_{n1}

$$\begin{aligned}M_{n1} &= A_{s1}f_y(d - a/2) = 52.92 \times 4200 \times (60 - 21.346/2)\\ &= 10963616\text{kg-cm} = 109.64\text{t-m}\end{aligned}$$

5. 研判是否需要抗壓鋼筋？

　　因為標稱彎矩(M_n=133.33t-m)大於單筋梁的最大抵抗彎矩(M_{n1}=109.64t-m)，故需設置抗壓鋼筋。

6. 計算需要抵抗的超額標稱彎矩 M_{n2}

需要抵抗的超額標稱彎矩 $M_{n2} = M_n - M_{n1}$=133.33-69.64=23.69t-m

7. 計算需要增加的抗拉鋼筋量 A_{s2}

$$A_{s2} = \frac{M_{n2}}{f_y(d - d')} = \frac{23.69 \times 100000}{4200 \times (60 - 5)} = 10.26\text{cm}^2$$

8. 計算總抗拉鋼筋量

總抗拉鋼筋量 $A_s = A_{s1} + A_{s2} = 52.92 + 10.26 = 63.18\text{cm}^2$

9. 決定抗壓鋼筋應力及增設的抗壓鋼筋量 A_s'

抗拉鋼筋降伏時的應變量 $\varepsilon_y = \dfrac{f_y}{E_s} = 4200/2040000 = 0.002059$

抗拉鋼筋降伏時，抗壓鋼筋的應變量

$$\varepsilon_s' = \varepsilon_u \frac{x - d'}{x} = 0.003 \times \frac{26.683 - 5}{26.683} = 0.002438$$

因 $\varepsilon_s' \geq \varepsilon_y$，故 $f_s' = f_y = 4200\text{kg/cm}^2$

抗壓鋼筋量 A_s'

$$A_s' = \frac{M_{n2}}{(f_s' - 0.85f_c')(d - d')} = \frac{23.69 \times 100000}{(4200 - 0.85 \times 350) \times (60 - 5)} = 11.04\text{cm}^2$$

10. 配置鋼筋

抗拉鋼筋需要量為 63.18cm²，若選 10 根#9 號鋼筋，則鋼筋量為 64.69cm²。

抗壓鋼筋需要量為 11.04cm²，若選 2 根#9 號鋼筋，則鋼筋量為 12.94cm²。

11. 標稱彎矩的檢核

鋼筋配置後的抗拉鋼筋的拉力 $T = A_s f_y = 64.69 \times 4200 = 271698\text{kg}$

抗壓鋼筋的壓力 $C_s = A'_s \left(f'_s - 0.85 f'_c\right) = 12.94 \times (4200 - 0.85 \times 350) = 50498\text{kg}$

混凝土的壓力 $C_c = T - C_s = 271696 - 50498 = 221200\text{kg}$

混凝土等值矩形應力塊深度

$$a = \frac{C_c}{0.85 f'_c b} = \frac{221200}{0.85 \times 350 \times 35} = 21.244\text{cm}$$

標稱彎矩 M_n

$$
\begin{aligned}
M_n &= C_c \left(d - a/2\right) + C_s \left(d - d'\right) \\
&= 221200 \times (60 - 21.244/2) + 50498 \times (60 - 5) \\
&= 10922415 + 2777390 = 13699805\text{kg-cm} = 137.00\text{t-m}
\end{aligned}
$$

137.00t-m 大於 133.33t-m，設計完成如圖 3-23-2。

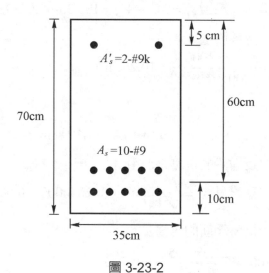

$A'_s = 2\text{-}\#9\text{k}$

$A_s = 10\text{-}\#9$

5 cm

60cm

70cm

10cm

35cm

圖 3-23-2

3-24 雙筋矩形梁設計程式使用說明

在鋼筋混凝土分析與設計軟體畫面的功能表上，選擇☞RC/梁/雙筋梁設計☜後出現如圖 3-24-1 的輸入畫面。圖 3-24-1 的畫面是以範例 3-23-1 為例，按序輸入雙筋梁梁寬 b(35cm)、雙筋梁拉力筋有效深度 d (60cm)、雙筋梁壓力筋有效深度 d' (5cm)、雙筋梁實際

深度 h(70cm)、設計彎矩 M_u(120t-m)、混凝土抗壓強度 f'_c(350kg/cm^2)、鋼筋降伏強度 f_y(4,200 kg/cm^2)，鋼筋彈性模數 E_s(2,040,000kg/cm^2)、混凝土單位重(2,400Kg/m^3)，指定拉力鋼筋與壓力鋼筋均採用#9 號鋼筋及雙筋梁名稱(B204)等資料後，單擊「斷面設計」鈕即進行雙筋梁斷面設計。設計工作完成後，將設計結果顯示於列示方塊中如圖 3-24-1 及圖 3-24-2，並使「列印」鈕生效。單擊「取消」鈕即取消雙筋梁設計工作並結束程式。單擊「列印」鈕即將設計結果的資訊有組織地排列亦印出如圖 3-24-7。

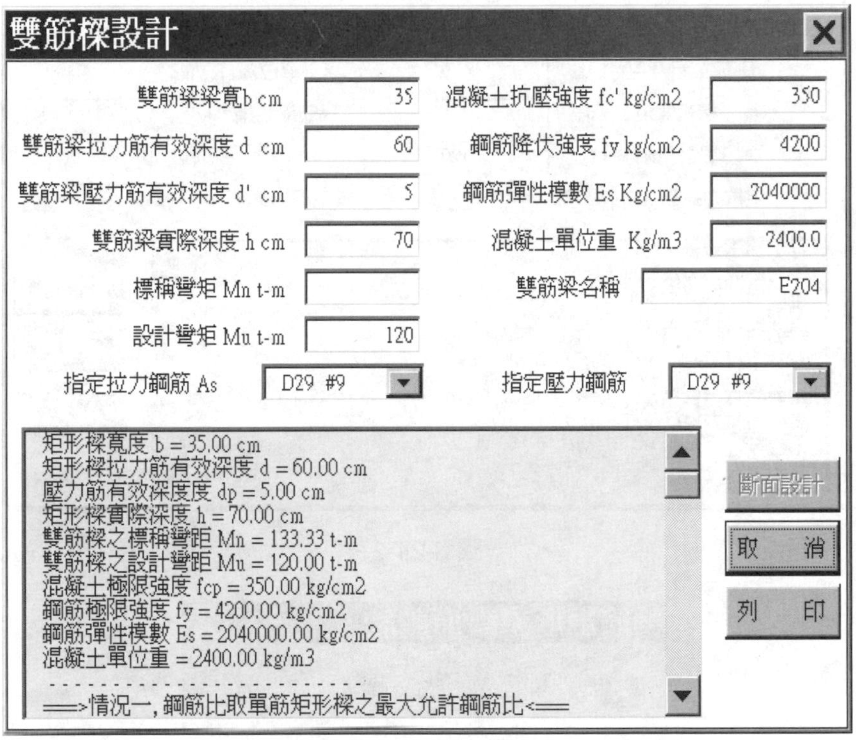

圖 3-24-1

　　輸入欄位中，除雙筋梁實際深度、標稱彎矩、設計彎矩及雙筋梁名稱等欄位外，均必須輸入；如果必要資料欄位未正確輸入，則有欠缺項目的警示訊息(如圖 3-24-3)。如果輸入負值或非數值，均會有警示訊息(如圖 3-24-4)。標稱彎矩(M_n)與設計彎矩(M_u)，因兩者間有固定轉換關係故可以兩者擇一輸入；兩者均輸入但不符合兩者間的轉換關係，則有警示訊息如圖 3-24-5。若指定的標稱彎矩或設計彎矩小於規範允許的單筋梁最大標稱彎矩或設計彎矩，則有圖 3-24-6 的請改用單筋梁設計訊息。雙筋梁名稱只要是用來標示報表的表頭，以茲區別。

本設計程式對於單筋梁抗拉鋼筋比的選用分別以按規範規定最大鋼筋比(情況一)，按規範規定最大鋼筋比的 0.75 倍(情況二)及按規範規定最大鋼筋比的 0.5 倍(情況三)來計算單筋梁的最大標稱彎矩，再將超額標稱彎矩由增加的抗拉鋼筋量及增設的抗壓鋼筋量來承擔。

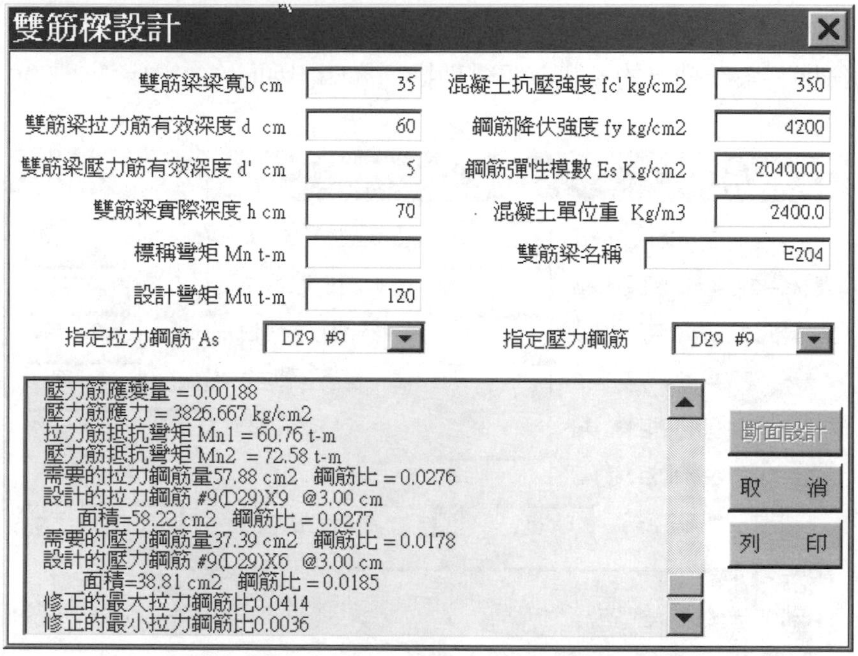

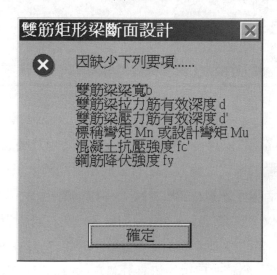

圖 3-24-2

圖 3-24-3

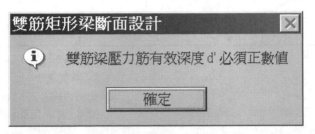

圖 3-24-4

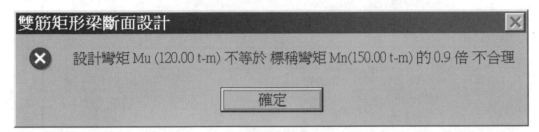

圖 3-24-5

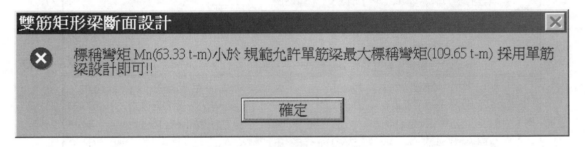

圖 3-24-6

　　圖 3-24-7 報表中，第 2~10 行列印雙筋梁的基本資料、材料強度及標稱彎矩、設計彎矩外、規範允許單筋梁最大鋼筋比(ρ_{max})、規範允許最小鋼筋比(ρ_{min})、規範允許單筋梁最大抗拉鋼筋量及規範允許單筋梁最大標稱彎矩等。

　　對於每一種情況，則均列印該情況的中性軸位置 x、平衡鋼筋比、壓力筋應變量、壓力筋應力、單筋梁拉力筋抵抗彎矩(M_{n1})、壓力筋抵抗彎矩(M_{n2})、需要的拉力鋼筋量(A_s)及配筋、需要的壓力鋼筋量(A_s')及配筋、修正的最大拉力鋼筋比及修正的最小拉力鋼筋比等資訊。第 11～20 行、第 21～30 行、第 31～40 行分別為前述情況一、二、三等之鋼筋計算與配置。配筋完成後，將再核算配筋後的標稱彎矩並檢核其能否承擔施加的需要彎矩。

[E204] 雙筋梁斷面設計						1
雙筋梁梁寬 b cm	35.00		混凝土抗壓強度 f_o' kg/cm^2		350	2
雙筋梁拉力筋有效深度 d cm	60.00		鋼筋降伏強度 f_y kg/cm^2		4200	3
雙筋梁壓力筋有效深度 d' cm	5.00		鋼筋彈性模數 E_s Kg/cm^2		2040000	4
雙筋梁實際深度 h cm	70.00		混凝土梁單位重 Kg/m		588.00	5
標稱彎矩 M_n t-m	133.33		設計彎矩 M_u t-m		120.00	6
Beta	0.800		材料強度比 m Kg/cm^2		14.118	7
鋼筋極限應變量	0.002059					8
規範允許單筋梁最大鋼筋比	0.0252		規範允許最小鋼筋比		0.0036	9
規範允許單筋梁最大鋼筋量 cm^2	52.93	規範允許單筋梁最大標稱彎矩 $M_{n,max}$ t-m			109.65	10
===>情況一, 鋼筋比取單筋矩形樑之最大允許鋼筋比 $\rho = \rho_{max}$ <===						11
中性軸位置 cm	26.69		平衡鋼筋比 ρ_b		0.0336	12
壓力筋應變量	0.002438		壓力筋應力 kg/cm^2		4200.00	13
拉力筋抵抗彎矩 M_{n1} t-m	109.65		壓力筋抵抗彎矩 M_{n2} t-m		23.69	14
需要的拉力鋼筋量 cm^2	63.18	鋼筋比	0.03009			15
設計的拉力鋼筋 #9(D29)X10	64.69 cm2	鋼筋比	0.03080	最小間距 cm	3.00	16
需要的壓力鋼筋量 cm^2	11.03	鋼筋比	0.00525			17
設計的壓力鋼筋 #9(D29)X2	12.94 cm2	鋼筋比	0.00616	最小間距 cm	3.00	18
修正的最大拉力鋼筋比	0.0305		修正的最小拉力鋼筋比		0.0036	19
						20
===>情況二, 鋼筋比取單筋矩形樑之最大允許鋼筋比之3/4 $\rho = 0.75\rho$ max <===						21
中性軸位置 cm	20.01		平衡鋼筋比 ρ_b		0.0336	22
壓力筋應變量	0.002251		壓力筋應力		4200.00	23
拉力筋抵抗彎矩 M_{n1} t-m	86.69		壓力筋抵抗彎矩 M_{n2} t-m		46.65	24
需要的拉力鋼筋量 cm^2	59.89	鋼筋比	0.02852			25
設計的拉力鋼筋 #9(D29)X10	64.69 cm2	鋼筋比	0.03080	最小間距 cm	3.00	26
需要的壓力鋼筋量 cm^2	21.73	鋼筋比	0.01035			27
設計的壓力鋼筋 #9(D29)X4	25.88 cm2	鋼筋比	0.01232	最小間距 cm	3.00	28
修正的最大拉力鋼筋比	0.0356		修正的最小拉力鋼筋比		0.0036	29
						30
===>情況三, 鋼筋比取單筋矩形樑之最大允許鋼筋比之一半 $\rho = 0.5\rho$ max <===						31
中性軸位置 cm	13.34		平衡鋼筋比 ρ_b		0.0336	32
壓力筋應變量	0.001876		壓力筋應力		3826.67	33
拉力筋抵抗彎矩 M_{n1} t-m	60.76		壓力筋抵抗彎矩 M_{n2} t-m		72.58	34
需要的拉力鋼筋量 cm^2	57.88	鋼筋比	0.02756			35
設計的拉力鋼筋 #9(D29)X9	58.22 cm2	鋼筋比	0.02772	鋼筋間距 cm	3.00	36
需要的壓力鋼筋量 cm^2	37.39	鋼筋比	0.01781			37
設計的壓力鋼筋 #9(D29)X6	38.81 cm2	鋼筋比	0.01848	鋼筋間距 cm	3.00	38
修正的最大拉力鋼筋比	0.0414		修正的最小拉力鋼筋比		0.0036	39
						40

圖 3-24-7

□ 3-25 T 形梁概述

鋼筋混凝土樓版與梁均是一次灌鑄而成,所以梁會與一部份的版共同發揮整體的作用以抵抗外來的載重。梁的上方多了較寬的樓版而構成 T 形梁或 L 形梁。梁上樓版部分稱為梁翼(flanges),而樓版以下部份的露出稱為梁腹(web);梁的肋筋(stirrups)與彎上鋼筋均延深入版內,使版成為梁的一部份,以抵抗軸壓力。

當 T 形梁或 L 形梁梁翼受壓時,因為較寬的梁翼使等值矩形應力方塊的深度較淺,破壞發生時,中性軸的位置較接近梁翼的壓力側,因而造成內力偶的力臂增加,並可確保延展性的破壞模式,所以 T 形梁或 L 形梁斷面可以有效地抵抗彎矩。同時 T 形梁或 L 形梁將不負擔拉應力的混凝土去掉,則可有效減輕梁身載重,而不影響梁的撓曲強度。但 T 形梁也有如下的缺點:

T 形梁中性軸以下混凝土僅能有限度的縮減,以免導致剪應力過度的增加,故必須有足夠的寬度與深度,以產生足夠的剪力強度。

T 形梁能有效抵抗正彎矩而無虞發生壓力破壞,但在連續梁的支承處,因為承擔負彎矩,梁腹下部承受的壓應力將導致 T 形梁作用完全消失。

3-25-1 T 形梁的有效寬度

T 形梁設計時,到底樓版的多大部份可以視為 T 形梁的梁翼?版翼較長且薄的 T 形梁,由於梁翼的剪力變形,使得版翼寬度內的壓應力沿版翼寬度而不均勻的變化,如圖 3-25-1(a)所示。為簡化 T 形梁的分析與設計,規範規定一梁翼有效寬度並以等值均佈壓應力 $0.85 f_c'$ 來代替,如圖 3-25-1(b)所示。

規範規定 T 形梁或 L 形梁的有效寬度如下:

1. 對稱的雙翼 T 形梁如圖 3-25-2 所示,其有效翼寬不得超過跨徑長 L 的 1/4,梁腹兩側伸出的寬度不得超過 8 倍版厚 h 或 1/2 梁間的淨跨距 S。

2. 對於單翼 L 形梁如圖 3-25-2 所示,其有效翼寬不得超過梁跨徑 L 的 1/2,或 6 倍版厚,或梁間淨跨距 S_1 的 1/2。

3. 獨立式的 T 形梁僅供增加壓力面積的兩翼,其翼厚不得小於 1/2 梁腹寬 b_w,總翼寬 b 不得超過 4 倍梁腹寬 b_w。

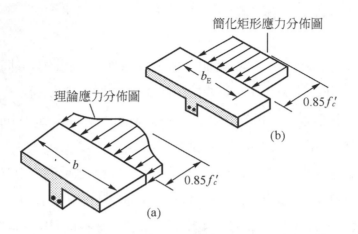

圖 3-25-1

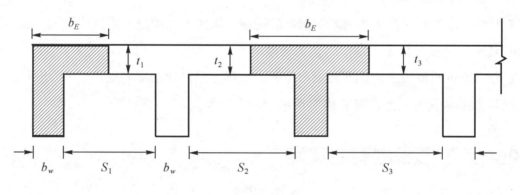

圖 3-25-2

　　整理如下：

1.　雙翼 T 形梁(如圖 3-25-2)

　　　取下列三項的最小值

$$b_E \le \frac{L}{4}$$

$$b_E \le b_w + 8t_2 + 8t_3 \text{；如果}\ t_2 = t_3 = t \text{，則}\ b_E \le b_w + 16t$$

$$b_E \le b_w + \frac{S_2}{2} + \frac{S_3}{2} \text{；如果}\ S_2 = S_3 = S \text{，則}\ b_E \le b_w + S$$

2. 單翼 L 形梁(如圖 3-25-2)

$$b_E \le b_w + \frac{L}{12}$$

$$b_E \le b_w + 6t_1$$

$$b_E \le b_w + \frac{S_1}{2}$$

3. 獨立 T 形梁(如圖 3-25-3)

$$t \ge \frac{b_w}{2}$$

$$b_E \le 4b_w$$

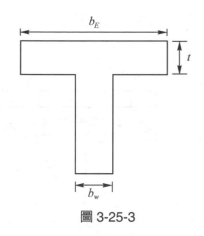

圖 3-25-3

3-25-2　梁翼撓曲鋼筋的配置

1. 縱向鋼筋

　　當連續 T 形梁支撐處因承受負彎矩而致 T 形梁翼受拉力時,由於抗拉鋼筋都集中在梁腹內,故在與梁腹鄰接的版上,會產生過大的裂縫開口。為防止這種現象產生,抗拉鋼筋必須在梁翼寬度上均勻分佈如圖 3-25-4(a)所示。但由於剪力遲滯(shear lag)的作用,梁翼外側的鋼筋所受的應力,比梁腹正上方鋼筋所受的應力為小,這種情形會造成不經濟的設計。

　　設計規範規定梁翼抗拉鋼筋應在有效翼寬內,或十分之一跨徑的寬度內(兩者取其小者),必須採用均勻分佈的配置。若有效翼寬超過跨徑十分之一,則梁翼外側部分須另加上一些抗拉鋼筋。這些額外的鋼筋不得小於版的抗溫鋼筋量,通常係採用抗溫鋼筋量的兩倍需要量。

2. 橫向鋼筋

　　若載重係直接作用於 T 形梁的梁翼上,則將引起如圖 3-25-4(a)所示的梁翼向下彎曲現象。為防止可能的撓曲破壞,需在梁翼版頂配置適當橫向鋼筋,此項鋼筋量可如圖 3-25-4(b)將梁腹視為固定端,梁翼視為懸臂梁求算之;配置鋼筋的間距不

得超過樓版厚的 5 倍，或 45cm。又額外的縱向鋼筋也必須加於梁翼，以使得灌漿時保持橫向鋼筋位置的固定。

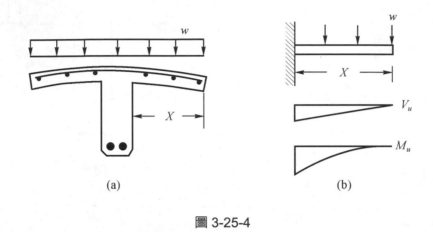

(a)　　　　　　　　　　(b)

圖 3-25-4

3-25-3　T 形梁的中性軸

　　T 形梁亦可依據抗拉鋼筋的多寡與材料的強度計算中性軸的位置。T 形梁的分析與設計可能因為中性軸落在梁翼內或落在梁腹內而有所不同。茲討論如下：

　　若中性軸深度小於或等於梁翼厚 h(即中性軸落在梁翼內)如圖 3-25-5 (a)，則因中性軸以上斜線部分為受壓面積，以下為混凝土的受拉面積，因為中性軸以下的混凝土不承擔抗拉力，故該梁可視同寬度為有效翼寬 b_E (並非梁腹寬度)的矩形梁分析。若在梁腹兩側亦灌鑄混凝土使成為寬度 b_E 的矩形梁，則因增灌的混凝土面積係在拉力區內，而該區內混凝土的抗拉力不予計入，故未能增加梁的撓曲強度，但卻增加了梁的自重。原來的 T 形梁撓曲強度，與這個假想矩形梁的撓曲強度一樣，故分析也是一致的。假如中性軸深度大於梁翼厚 h(即中性軸落在梁腹內)如圖 3-25-5(b)，此時因為受壓區已是 T 形，故前述的論述不再適用，而必須採用不同程序來分析與設計。

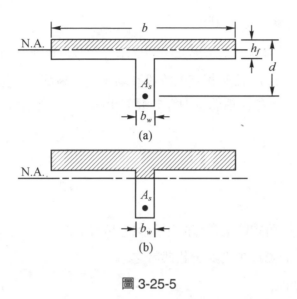

圖 3-25-5

　　T 形梁也如矩形梁一樣，可以採用等值矩形壓應力塊來計算壓力區的混凝土壓力。壓力計算係依據等值矩形壓應力方塊的深度 $a(= \beta_1 x，\beta_1$ 恆小於 0.85)來計算，故前述「若中性軸落在梁翼內，該 T 形梁可視同矩形梁分析設計」的論述，可修改為「若中性軸落在梁翼外，但其等值矩形壓應力方塊的深度仍落在梁翼內時，該 T 形梁亦可視同矩形梁分析設計」。準此，在中性軸(或等值矩形壓力方塊)以下混凝土的任何形狀如圖 3-25-6，只會影響梁的自重而不會增強 T 形梁的撓曲強度。

　　T 形梁不論能否視同矩形梁分析設計，中性軸(或等值矩形壓力方塊)以下的混凝土形狀並不影響其設計強度，故可為美觀或包容較多鋼筋的需要，採用如圖 3-25-6 或其他的形狀。

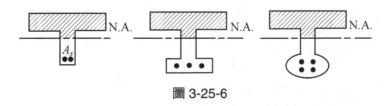

圖 3-25-6

　　一已知斷面尺寸及實際拉力鋼筋用量的 T 形梁，能否視同為梁翼寬的矩形梁分析設計的判別方法有下列二種：

1. 依實際使用拉力鋼筋量 A_s 判別

　　能夠將 T 形梁視同為梁翼寬的矩形梁分析設計的最大等值矩形壓應力塊的深度應等於梁翼厚度 h。規範規定梁的設計均屬拉力破壞，故拉力鋼筋的應力等於鋼筋的降伏強度 f_y，如使鋼筋拉力等於混凝土壓力的最小鋼筋量為 A_h，則

$$A_h = \frac{0.85 f_c' b_E h}{f_y} \qquad (3\text{-}25\text{-}1)$$

如果 $A_s \le A_h$，則可視同梁翼寬的矩形梁分析設計之

如果 $A_s > A_h$，則應以 T 形梁分析設計之

2. 依梁翼厚度 h 判別

　　規範規定梁的設計均屬拉力破壞，故拉力鋼筋的應力等於鋼筋的降伏強度 f_y，如使鋼筋拉力等於梁翼全部混凝土壓力的最小等值矩形壓應力方塊為 a，則

$$a = \frac{A_s f_y}{0.85 f_c' b_E} \qquad (3\text{-}25\text{-}2)$$

如果 $h \ge a$，則可視同梁翼寬的矩形梁分析設計之

如果 $h < a$，則應以 T 形梁分析設計之

3-25-4　T 形梁鋼筋量的限制

　　T 形梁斷面的平衡鋼筋量 A_{sb} 為梁腹部份矩形梁(到頂)的平衡鋼筋量 A_{sw} 與平衡梁翼伸出部份混凝土壓力的平衡鋼筋量 A_{sf} 之和，如圖 3-25-7 所示。

$$A_{sw} = 0.85 \beta_1 b_w d \frac{f_c'}{f_y} \frac{\varepsilon_u}{\varepsilon_u + \varepsilon_y}$$

如以 $\varepsilon_u = 0.003$ 及 $\varepsilon_y = \dfrac{E_s}{f_y} = \dfrac{2.04 \times 10^6}{f_y}$ 帶入，則

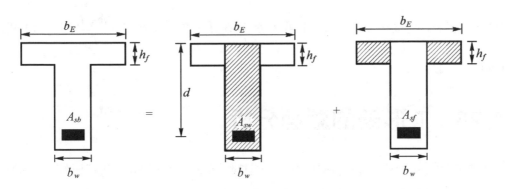

圖 3-25-7

$$A_{sw} = 0.85\beta_1 b_w d \frac{f_c'}{f_y} \frac{6120}{6120 + f_y} \tag{3-25-3}$$

平衡破壞時，等值矩形壓力方塊的深度 a

$$a = 0.85\beta_1 d \frac{\varepsilon_u}{\varepsilon_u + \varepsilon_y}$$

平衡梁翼伸出部份混凝土壓力的平衡鋼筋量 A_{sf} 為
若 $a \geq h_f$，則

$$A_{sf} = \frac{0.85 f_c'(b_e - b_w)h_f}{f_y} \tag{3-25-4}$$

若 $a < h_f$，則

$$A_{sf} = \frac{0.85 f_c'(b_e - b_w)a}{f_y} \tag{3-25-5}$$

T 形梁的平衡鋼筋量 A_{sb} 為

$$A_{sb} = A_{wb} + A_{sf} \tag{3-25-6}$$

當考慮到延展性的要求時，規範規定最大鋼筋量 $A_{s,\max}$ 為

$$A_{s,\max} = 0.75 A_{sb} = 0.75\left(A_{wb} + A_{sf}\right)$$

規範規定最小抗拉鋼筋量 $A_{s,\min}$ 不可小於 $\dfrac{14}{f_y}b_w d$，亦不可小於 $\dfrac{0.8\sqrt{f_c^{'}}}{f_y}b_w d$；即取兩者的較大值。

■ 3-26　Ｔ形梁的斷面分析

Ｔ形梁也有斷面分析與設計兩大問題。其中斷面的分析問題，乃就已知的斷面尺寸、材料強度以及鋼筋用量分析其所能承受的標稱彎矩及設計彎矩並判別其破壞模式，其分析研判步驟如下：

1. 判別是否需以Ｔ形梁分析

   計算抵抗鋼筋拉力所需混凝土等值矩形壓力塊的深度 a

   $$a = \frac{A_s f_y}{0.85 f_c^{'} b_E}$$

   如果 $h \ge a$，則可視同梁翼寬的矩形梁分析設計之，或

   計算混凝土等值矩形壓力塊的深度等於版翼厚度的最小鋼筋量為 A_h，則

   $$A_h = \frac{0.85 f_c^{'} b_E h}{f_y}$$

   如果 $A_s \le A_h$，則可視同梁翼寬的矩形梁分析設計之

   如需以Ｔ形梁分析，繼續進行步驟 4，否則繼續。

2. (以矩形梁分析之)計算梁寬為 b_E 的矩形梁平衡鋼筋量 A_{sb}，最小及最大拉力鋼筋量 $A_{s,\min}$ 及 $A_{s,\max}$

   $$A_{sb} = 0.85 \beta_1 b_E d \frac{f_c^{'}}{f_y} \frac{\varepsilon_u}{\varepsilon_u + \varepsilon_y}$$

   $$A_{s,\max} = 0.75 A_{sb}$$

   $$A_{s,\min} = \frac{14}{f_y} b_E d \quad , \quad \frac{0.8\sqrt{f_c^{'}}}{f_y} b_E d \text{ 兩者取較大的值。}$$

3. 計算混凝土壓力 C_c、鋼筋拉力 T、標稱彎矩 M_n 及設計彎矩 M_u

$$C_c = 0.85 f_c' b_E a$$

$$T = A_s f_y$$

$$M_n = T\left(d - \frac{a}{2}\right) = C_c\left(d - \frac{a}{2}\right)$$

因此，設計彎矩 M_u 為

$$M_u = 0.9 M_n$$

繼續進行步驟 9

4. (以 T 形梁分析之)計算 T 形梁的平衡鋼筋量 A_{sb}，最小及最大拉力鋼筋量 $A_{s,\min}$ 及 $A_{s,\max}$

5. 決定梁翼伸出部份的混凝土壓力 C_1 及所需平衡的鋼筋量 A_{sf}

$$C_1 = 0.85 f_c' (b_e - b_w) h_f$$

$$A_{sf} = \frac{C_1}{f_y}$$

6. 計算抵抗所餘鋼筋(A_s–A_{sf})拉力所需梁腹部份的混凝土等值矩形壓力方塊的深度 a

$$a = \frac{(A_s - A_{sf}) f_y}{0.85 f_c' b_w}$$

7. 計算梁腹部份的混凝土壓力 C_2 及鋼筋拉力 T

$$C_2 = 0.85 f_c' a b_w$$

在拉力破壞下，拉力鋼筋的拉力 T 為

$$T = A_s f_y$$

8. 決定斷面的設計彎矩 M_u
   由力矩平衡的得

$$M_n = C_1\left(d - \frac{h_f}{2}\right) + C_2\left(d - \frac{a}{2}\right)$$

因此，設計彎矩 M_u 為

$$M_u = \phi M_n$$

9. 研判破壞模式

若 $A_s < A_{sb}$，則屬拉力破壞

若 $A_s = A_{sb}$，則屬平衡破壞

若 $A_s > A_{sb}$，則屬壓力破壞

範例 3-26-1

有一版梁系統，依據其版的厚度、梁跨徑及梁間距核算 T 形梁有效寬度如圖 3-26-1 所示。已知鋼筋的彈性模數爲 2,040,000kg/cm²，鋼筋混凝土單位重爲 2400 kg/m³，鋼筋的降伏強度爲 4,200kg/cm²，混凝土的抗壓強度爲 210kg/cm²；如果採用 8 根#8 鋼筋(5.067cm²)爲拉力鋼筋，試計算該 T 形梁的標稱彎矩 M_n 及設計彎矩 M_u，並研判其破壞模式。

1. 已知條件爲

b_E=100cm，b_w=30cm，t=10cm，d=65cm，h=75cm

$f_c' = 210\text{kg/cm}^2$， $f_y = 4200\text{kg/cm}^2$， $E_s = 2.04 \times 10^6 \text{kg/cm}^2$

$A_s = 8 \times 5.067 = 40.536\text{cm}^2$

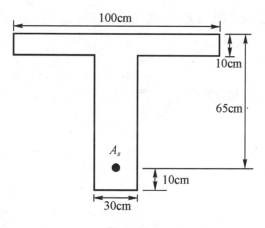

圖 3-26-1

2. 判別是否需以 T 形梁分析

計算抵抗鋼筋拉力所需混凝土等值矩形壓力塊的深度 a

$$a = \frac{A_s f_y}{0.85 f_c' b_E} = \frac{40.536 \times 4200}{0.85 \times 210 \times 100} = 9.538\text{cm}$$

因 $a(=9.538\text{cm}) <$ 梁翼厚度$(=10\text{cm})$，故可視同梁寬為 100cm 的矩形梁分析之。

3. 計算矩形梁平衡鋼筋量 A_{sb}，最小及最大拉力鋼筋量 $A_{s,\min}$ 及 $A_{s,\max}$

$$A_{sb} = 0.85 \times 0.85 \times 100 \times 65 \times \frac{210}{4200} \times \frac{6120}{6120 + 4200} = 139.249\text{cm}^2$$

$$A_{s,\max} = 0.75 A_{sb} = 0.75 \times 139.249 = 104.437\text{cm}^2$$

$$\frac{14}{f_y} b_E d = \frac{14}{4200} \times 100 \times 65 = 21.667\text{cm}^2$$

$$\frac{0.8\sqrt{f_c'}}{f_y} b_E d = \frac{0.8 \times \sqrt{210}}{4200} \times 100 \times 65 = 17.942\text{cm}^2$$

兩者取較大的值，所以 $A_{s,\min} = 21.667\text{cm}^2$。

4. 計算混凝土壓力 C_c、鋼筋拉力 T、標稱彎矩 M_n 及設計彎矩 M_u

$$C_c = 0.85 f_c' b_E a = 0.85 \times 210 \times 100 \times 9.538 = 170253.3\text{kg}$$

$$T = A_s f_y = 40.536 \times 4200 = 170251.2\text{kg}$$

$$M_n = T\left(d - \frac{a}{2}\right) = 170251.2 \times (65 - 9.538/2)$$
$$= 10254400.03\text{kg-cm} = 102.544\text{t-m}$$

$$M_u = 0.9 M_n = 0.9 \times 10254400.03 \times 0.9$$
$$= 9228960.02\text{kg-cm} = 92.290\text{t-m}$$

5. 研判破壞模式

　　因 $A_s(=40.536\text{cm}^2)$ 小於平衡鋼筋量 $A_{sb}(=139.249\text{cm}^2)$，且大於最小鋼筋量 $A_{s,\min}(=21.667\text{cm}^2)$，小於最大鋼筋量 $A_{s,\max}(=104.437\text{cm}^2)$，故為符合規範鋼筋量的拉力破壞。

範例 3-26-2

　　如範例 3-26-1 的版梁系統 T 形梁。如果採用 9 根#8 鋼筋(5.067cm^2)為拉力鋼筋，試計算該 T 形梁的標稱彎矩 M_n 及設計彎矩 M_u，並研判其破壞模式。

1. 已知條件為

$b_E = 100\text{cm}$，$b_w = 30\text{cm}$，$t = 10\text{cm}$，$d = 65\text{cm}$，$h = 75\text{cm}$

$$f_c^{'} = 210 \text{kg/cm}^2 \text{，} f_y = 4200 \text{kg/cm}^2 \text{，} E_s = 2.04 \times 10^6 \text{kg/cm}^2$$

$$A_s = 9 \times 5.067 = 45.603 \text{cm}^2$$

2. 判別是否需以 T 形梁分析

計算抵抗鋼筋拉力所需混凝土等值矩形壓力塊的深度 a

$$a = \frac{A_s f_y}{0.85 f_c^{'} b_E} = \frac{45.603 \times 4200}{0.85 \times 210 \times 100} = 10.730 \text{cm}$$

因 a(=10.730cm)>梁翼厚度(=10cm)，故應以 T 形梁分析。

3. 計算 T 形梁平衡鋼筋量 A_{sb}，最小及最大拉力鋼筋量 $A_{s,\min}$ 及 $A_{s,\max}$

$$A_{sw} = 0.85 \times 0.85 \times 30 \times 65 \times \frac{210}{4200} \times \frac{6120}{6120 + 4200} = 41.775 \text{cm}^2$$

平衡破壞時，等值矩形壓力方塊的深度 a

$$a = 0.85 \times 0.85 \times 65 \times \frac{6120}{6120 + 4200} = 27.850 \text{cm}$$

因 $a(= 27.850 \text{cm}) \ge h_f (10 \text{cm})$，故平衡梁翼伸出部份混凝土壓力的平衡鋼筋量 A_{sf} 為

$$A_{sf} = \frac{0.85 f_c^{'} (b_E - b_w) h_f}{f_y} = \frac{0.85 \times 210 \times (100 - 30) \times 10}{4200} = 29.75 cm^2$$

T 形梁的平衡鋼筋量 A_{sb} 為

$$A_{sb} = A_{wb} + A_{sf} = 41.775 + 29.75 = 71.525 \text{cm}^2$$

$$A_{s,\max} = 0.75 A_{sb} = 0.75 \times 71.525 = 53.644 \text{cm}^2$$

$$\frac{14}{f_y} b_w d = \frac{14}{4200} \times 30 \times 65 = 6.5 \text{cm}^2$$

$$\frac{0.8 \sqrt{f_c^{'}}}{f_y} b_w d = \frac{0.8 \times \sqrt{210}}{4200} \times 30 \times 65 = 5.383 \text{cm}^2$$

兩者取較大的值，所以 $A_{s,\min}$=6.5cm^2。

4. 決定梁翼伸出部份的混凝土壓力 C_1 及所需平衡的鋼筋量 A_{sf}

$$C_1 = 0.85 f_c^{'} (b_E - b_w) h_f = 0.85 \times 210 \times (100 - 30) \times 10 = 124950 \text{kg}$$

$$A_{sf} = \frac{C_1}{f_y} = \frac{124950}{4200} = 29.75 \text{cm}^2$$

5. 計算抵抗所餘鋼筋($A_s - A_{sf}$)拉力所需梁腹部份的混凝土等值矩形壓力方塊的深度 a

$$a = \frac{(A_s - A_{sf}) f_y}{0.85 f_c^{'} b_w} = \frac{(45.603 - 29.75) \times 4200}{0.85 \times 210 \times 30} = 12.4337 \text{cm}$$

6. 計算梁腹部份的混凝土壓力 C_2 及鋼筋拉力 T

$$C_2 = 0.85 f_c' a b_w = 0.85 \times 210 \times 12.4337 \times 30 = 66583 \text{kg}$$

在拉力破壞下，拉力鋼筋的拉力 T 為

$$T = A_s f_y = 45.603 \times 4200 = 191533 \text{kg}$$

$$
\begin{aligned}
M_n &= C_1 \left(d - \frac{h_f}{2} \right) + C_2 \left(d - \frac{a}{2} \right) \\
&= 124950 \times (65 - 10/2) + 66583 \times (65 - 12.4337/2) \\
&= 7497000 + 3913626 = 11410626 \text{kg-cm} = 114.106 \text{t-m}
\end{aligned}
$$

$$
\begin{aligned}
M_u &= 0.9 M_n = 0.9 \times 11410626 \\
&= 10269563 \text{kg-cm} = 102.696 \text{t-m}
\end{aligned}
$$

7. 研判破壞模式

因 $A_s (=45.603 \text{cm}^2)$ 小於平衡鋼筋量 $A_{sb} (=71.525 \text{cm}^2)$，且大於最小鋼筋量 $A_{s,\min} (=6.5 \text{cm}^2)$，小於最大鋼筋量 $A_{s,\max} (=53.644 \text{cm}^2)$，故為符合規範鋼筋量的拉力破壞。

3-27　T 形梁分析程式使用說明

在鋼筋混凝土分析與設計軟體畫面的功能表上，選擇☞RC/梁/T 形梁分析☜後出現如圖 3-27-1 的輸入畫面。圖 3-27-1 的畫面是以範例 3-26-1 為例，首先點選 T 形梁之類別為雙翼 T 形梁、單翼 T 形梁或獨立 T 形梁，然後按序輸入 T 形梁有效寬度 b_E (100cm)、梁腹寬度 b_w (30cm)、T 形梁翼版厚度 t(10cm)、拉力鋼筋有效深度 d(65cm)、梁實際深度 h(75cm)、混凝土抗壓強度 f_c' (210kg/ cm²)、鋼筋降伏強度 f_y (4,200 kg/cm²)、鋼筋彈性模數 E_s(2,040,000kg/cm²)、混凝土單位重(2,400Kg/m³)、拉力鋼筋為 8 根#8 號鋼筋(A_s=40.47cm²)及 T 形梁梁名稱(T123)等資料後，單擊「斷面分析」鈕即進行 T 形梁斷面分析，分析內容主要判別梁的破壞模式、混凝土的壓力、抗拉鋼筋的拉力、標稱彎矩及設計彎矩。分析程式首先計算以梁翼抵抗抗拉鋼筋拉力所需的梁翼厚度，並與實際梁翼厚度比較研判能否以矩形梁分析之。分別計算 T 形梁或矩形梁的平衡鋼筋量 A_{sb}，規範規定最小抗拉鋼筋量 $A_{s,\min}$ 及最大抗拉鋼筋量 $A_{s,\max}$；研判鋼筋量是否合乎規範及其破壞模式。計算混凝土的總壓力、

抗拉鋼筋拉力、標稱彎矩及設計彎矩。最後將分析結果顯示於列示方塊中(如圖 3-27-1 及圖 3-27-2)並使「列印」鈕生效。單擊「取消」鈕即取消 T 形梁分析工作並結束程式。單擊「列印」鈕即將分析結果的資訊有組織地排列並印出如圖 3-27-6。

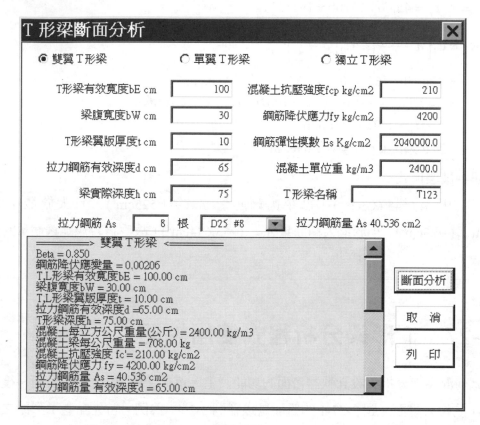

圖 3-27-1

　　輸入欄位中,除 T 形梁實際深度及 T 形梁名稱外,均必須輸入;如果輸入負值或非數值,均會有警示訊息(如圖 3-27-3);如果必要資料欄位未正確輸入,則有欠缺項目的警示訊息(如圖 3-27-4)。T 形梁名稱主要是用來標示報表的表頭,以茲區別。T 形梁的實際深度如果未指定,則以有效深度加 4cm 的深度為實際深度;如果指定實際深度,但小於有效深度,則以有效深度加 4cm 的深度為實際深度。獨立 T 形梁的板厚應大於腹寬的一半,有效翼版寬度應小於腹寬的四倍等規範規定,否則會有警示訊息(如圖 3-27-5)。

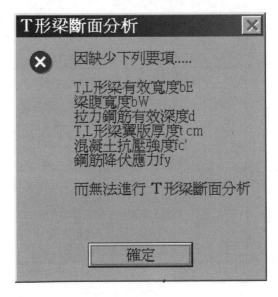

T 形梁斷面分析

- ⦿ 雙翼 T 形梁　　○ 單翼 T 形梁　　○ 獨立 T 形梁

T形梁有效寬度bE cm	100	混凝土抗壓強度fcp kg/cm2　210
梁腹寬度bW cm	30	鋼筋降伏應力fy kg/cm2　4200
T形梁翼版厚度t cm	10	鋼筋彈性模數 Es Kg/cm2　2040000.0
拉力鋼筋有效深度d cm	65	混凝土單位重 kg/m3　2400.0
梁實際深度h cm	75	T形梁名稱　T123

拉力鋼筋 As 　8　根　D25 #8 ▼　拉力鋼筋量 As 40.536 cm2

```
平衡破壞時,Cc=584846.9477 kg
平衡破壞時,T=584846.9477 kg
平衡拉力鋼筋量 Asb = 139.249 cm2
規範規定 最小鋼筋量 = 21.667 cm2
規範規定 最大鋼筋量 = 104.437 cm2
- - - - - - - - - - - - - - - -
══════> 視同矩形梁 <══════
中性軸距壓力面外緣深度 X (cm) = 11.22
　　等值壓力方塊深度 a = 9.54 cm
混凝土總壓力 Cc = 170251.20 Kg
拉力鋼筋承受拉力 = 170251.20 Kg
標稱彎矩 Mn = 10254410.04 kg-cm 或 102.54 t-m
設計彎矩 Mu= 9228969.04 kg-cm 或 92.29 t-m
拉力破壞,鋼筋用量符合規範
```

斷面分析

取　消

列　印

圖 3-27-2

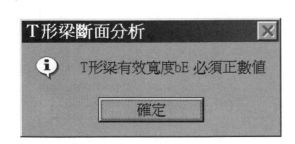

T 形梁斷面分析

ⓘ　T形梁有效寬度bE 必須正數值

確定

圖 3-27-3

T 形梁斷面分析

❌　因缺少下列要項......

T,L形梁有效寬度bE
梁腹寬度bW
拉力鋼筋有效深度d
T,L形梁翼版厚度t cm
混凝土抗壓強度fc'
鋼筋降伏應力fy

而無法進行 T形梁斷面分析

確定

圖 3-27-4

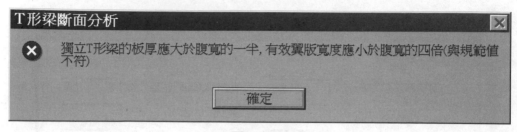

T形梁斷面分析

✕ 獨立T形梁的板厚應大於腹寬的一半,有效翼版寬度應小於腹寬的四倍(與規範值不符)

[確定]

圖 3-27-5

　　圖 3-27-6 報表中,除列印 T 形梁的基本資料外,尙列印平衡破壞時的中性軸位置、等值矩形應力方塊深度、平衡鋼筋量、最小與最大抗拉鋼筋的鋼筋量、混凝土壓力及抗拉鋼筋拉力。實際等值矩形應力方塊深度爲以梁翼抵抗抗拉鋼筋拉力所需的梁翼厚度(9.538cm),因其値小於梁翼厚度(10cm)故視同梁寬爲 100cm 的矩形梁分析之。

　　報表的第三部份列印本斷面的分析模式,斷面的實際中性軸位置、等值矩形應力方塊深度、混凝土的壓力及抗拉鋼筋的拉力、標稱彎矩及設計彎矩。最後研判破壞模式及鋼筋用量是否合乎規範。

[T123] 雙翼T形梁斷面分析				
T,L形梁有效寬度 b_E cm	100.00		混凝土抗壓強度 fc' kg/cm2	210.00
梁腹寬度 b_w cm	30.00		鋼筋彈性模數 Es kg/cm2	2040000.00
T,L形梁翼版厚度 t cm	10.00		鋼筋降伏應力 fy kg/cm^2	4200.00
拉力鋼筋有效深度 d cm	65.00		T,L形梁單位重 kg/m	708.00
T,L形梁深度 h cm	75.00		混凝土單位重 kg/m^3	2400.00
拉力鋼筋量 As cm^2	40.536		Beta$_1$	0.85
鋼筋降伏應變量 ε_y	0.002059			
中性軸距壓力面外緣的深度 X_b (cm)	38.547	<==平衡時	C$_1$ kg	584846.95
平衡拉力鋼筋的鋼筋量 A_{sb} cm^2	139.249		C$_2$ kg	0.00
規範規定 最小鋼筋量 $A_{s,min}$ cm^2	21.667		T kg	584846.95
規範規定 最大鋼筋量 $A_{s,max}$ cm^2	104.437			
實際等值矩形應力方塊深度 a cm	9.538	≦	10.00	
======= > 視同矩形梁 < =======				
中性軸距壓力面外緣深度 X cm	11.221		等值壓力方塊深度 a cm	9.538
混凝土梁翼伸出部份壓力 C$_1$ t	0.000		混凝土梁腹壓力 C$_2$ t	0.000
混凝土總壓力 C$_c$ t	170.251		拉力鋼筋承受拉力 T t	170.251
標稱彎矩 M$_n$ t-m	102.544		設計彎矩 M$_u$ t-m	92.290
拉力破壞,鋼筋用量符合規範				

圖 3-27-6

圖 3-27-7 為範例 3-26-2 的輸入資料及顯示畫面。圖 3-27-8 則為其輸出報表。實際等值矩形應力方塊深度為以梁翼抵抗抗拉鋼筋拉力所需的梁翼厚度(10.730cm)，因其值大於梁翼厚度(10cm)故應以 T 形梁分析之。混凝土梁翼伸出部份壓力為 124.950t，混凝土梁腹壓力為 66.583t，混凝土總壓力則為 191.533t；拉力鋼筋承受拉力為 191.533t。標稱彎矩 M_n 為 114.109t-m，設計彎矩 M_u 為 102.698t-m。最後研判破壞模式及鋼筋用量是否合乎規範。

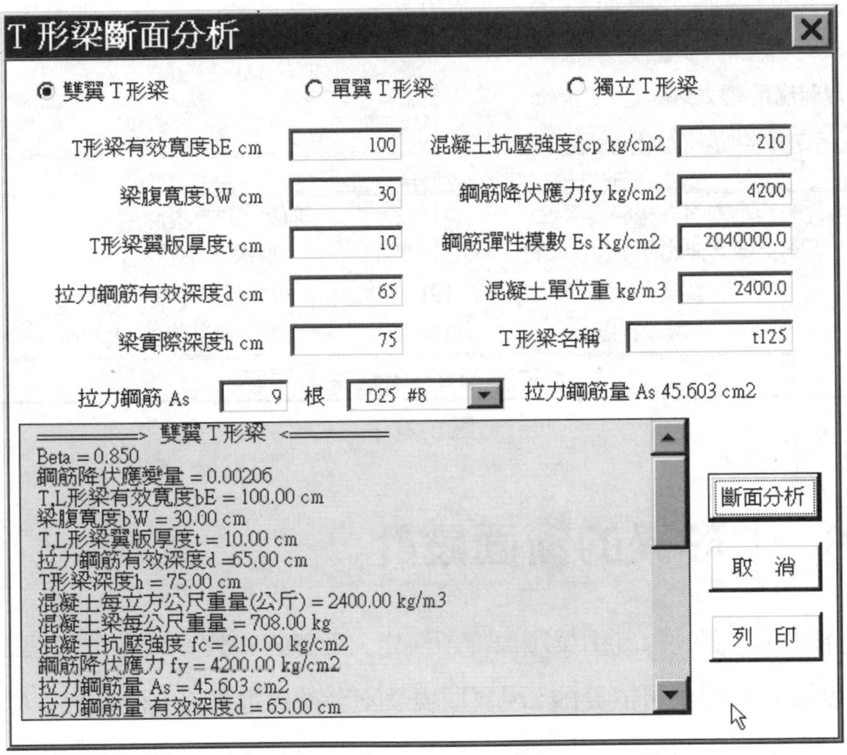

T 形梁斷面分析

● 雙翼 T 形梁　　○ 單翼 T 形梁　　○ 獨立 T 形梁

T形梁有效寬度 bE cm .... 100　混凝土抗壓強度 fcp kg/cm2 210

梁腹寬度 bW cm .... 30　鋼筋降伏應力 fy kg/cm2 4200

T形梁翼版厚度 t cm .... 10　鋼筋彈性模數 Es Kg/cm2 ...... 2040000.0

拉力鋼筋有效深度 d cm .... 65　混凝土單位重 kg/m3 ...... 2400.0

梁實際深度 h cm .... 75　T形梁名稱 tl25

拉力鋼筋 As ...... 9 根　D25 #8 ▼　拉力鋼筋量 As 45.603 cm2

```
=====> 雙翼 T 形梁 <=====
Beta = 0.850
鋼筋降伏應變量 = 0.00206
T,L形梁有效寬度 bE = 100.00 cm
梁腹寬度 bW = 30.00 cm
T,L形梁翼版厚度 t = 10.00 cm
拉力鋼筋有效深度 d = 65.00 cm
T形梁深度 h = 75.00 cm
混凝土每立方公尺重量(公斤) = 2400.00 kg/m3
混凝土梁每公尺重量 = 708.00 kg
混凝土抗壓強度 fc' = 210.00 kg/cm2
鋼筋降伏應力 fy = 4200.00 kg/cm2
拉力鋼筋量 As = 45.603 cm2
拉力鋼筋量 有效深度 d = 65.00 cm
```

斷面分析

取消

列印

圖 3-27-7

[T125] 雙翼T形梁斷面分析

T，L形梁有效寬度b_E cm	100.00	混凝土抗壓強度 fc' kg/cm2		210.00
梁腹寬度b_w cm	30.00	鋼筋彈性模數Es kg/cm2		2040000.00
T，L形梁翼版厚度 t cm	10.00	鋼筋降伏應力 fy kg/cm^2		4200.00
拉力鋼筋有效深度d cm	65.00	T,L形梁單位重 kg/m		708.00
T,L形梁深度 h cm	75.00	混凝土單位重 kg/m^3		2400.00
拉力鋼筋量 As cm^2	45.603	Beta$_1$		0.85
鋼筋降伏應變量 ε_y	0.002059			
中性軸距壓力面外緣的深度 X_b (cm)	38.547	<==平衡時	C_1 kg	124950.00
平衡拉力鋼筋的鋼筋量 A_{sb} cm^2	71.525		C_2 kg	175454.08
規範規定 最小鋼筋量 $A_{s,min}$ cm^2	6.500		T kg	300404.08
規範規定 最大鋼筋量 $A_{s,max}$ cm^2	53.644			
實際等值矩形應力方塊深度a cm	10.730	>	10.00	
======= > 應以T形梁分析之 < =======				
中性軸距壓力面外緣深度 X cm	14.628	等值壓力方塊深度a cm		12.434
混凝土梁翼伸出部份壓力 C_1 t	124.950	混凝土梁腹壓力 C_2 t		66.583
混凝土總壓力 C_c t	191.533	拉力鋼筋承受拉力T t		191.533
標稱彎矩 M_n t-m	114.109	設計彎矩 M_u t-m		102.698
拉力破壞，鋼筋用量符合規範				

圖 3-27-8

3-28　T形梁的斷面設計

　　設計 T 形梁，梁翼的厚度由梁版厚度所決定，梁翼的有效寬度亦可依據規範計算之；至於梁腹寬度及有效深度可依美觀、現實環境及安全考量選擇之。獨立的 T 形梁可選擇項目較多，但亦需符合梁翼厚度不小於梁腹寬度的一半及梁翼有效寬度不大於梁腹寬度四倍寬的規範規定。T 形梁斷面尺寸設定後，即可依據載重計得的需要彎矩算出設計彎矩 M_n 或標稱彎矩 M_u，進而進行鋼筋量的設計。

　　當 T 形梁斷面尺寸已知時，其設計步驟如下：

1.　判別是否按 T 形梁設計

　　　計算 T 形梁梁翼混凝土壓力與鋼筋拉力(力偶)所產生的力矩 M_{cn}

$$M_{cn} = 0.85 f_c' b_E h_f \left(d - \frac{h_f}{2} \right)$$

以實際承受的設計彎矩 M_u 與 M_{cn} 比較得

實際 $M_n \leqq M_{cn}$ 可按矩形梁斷面來設計

實際 $M_n > M_{cn}$ 可按 T 形梁斷面來設計

2. (按 T 形斷面來設計)計算抵抗梁翼混凝土壓力所需的鋼筋量 A_{sf} 及鋼筋比 ρ_{sf}。

將混凝土受壓區分成 A_1 及 A_2 兩區，A_1 區為梁翼伸出部份受壓區，A_2 區為梁腹部份受壓區如圖 3-28-1，其等值矩形壓力方塊的深度分別為 h_f 及 a；h_f 為已知而 a 為未知，若分佈在 A_1 及 A_2 的合壓力分別為 C_1 及 C_2，則

梁翼混凝土的壓力 $C_1 = 0.85 f_c' (b_E - b_w) h_f$

梁腹混凝土的壓力 $C_2 = 0.85 f_c' b_w a$

$$A_{sf} = \frac{C_1}{f_y} = \frac{0.85 f_c' (b_E - b_w) h_f}{f_y}$$

$$\rho_{sf} = \frac{A_{sf}}{b_w d}$$

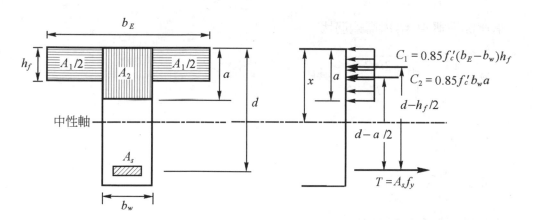

圖 3-28-1

3. 計算 T 形梁平衡鋼筋量 A_{sb}，最小及最大拉力鋼筋量 $A_{s,\min}$ 及 $A_{s,\max}$ 及其鋼筋比。

$$A_{sb} = 0.85\beta_1 b_w d \frac{f_c^{'}}{f_y} \frac{\varepsilon_u}{\varepsilon_u + \varepsilon_y} + A_{sf}$$

$$\rho_{sb} = \frac{A_{sb}}{b_w d}$$

$$A_{s,max} = 0.75 A_{sb}$$

$$\rho_{s,max} = \frac{A_{s,max}}{b_w d}$$

最小抗拉鋼筋量 $A_{s,min}$ 不可小於 $\frac{14}{f_y} b_w d$，亦不可小於 $\frac{0.8\sqrt{f_c^{'}}}{f_y} b_w d$；即取兩者的較大值。

4. 計算梁腹所需承擔的標稱彎矩 M_2 及鋼筋比 ρ

梁翼承擔的標稱彎矩 M_1，則

$$M_1 = C_1 \left(d - \frac{h_f}{2} \right)$$

梁腹所需承擔的標稱彎矩 M_2，則

$$M_2 = M_n - M_1$$

承擔標稱彎矩 M_2 所需鋼筋比

$$\rho = \frac{1}{m} \left(1 - \sqrt{1 - \frac{2mR_n}{f_y}} \right)，其中$$

$$m = \frac{f_y}{0.85 f_c^{'}}$$

$$R_n = \frac{M_2}{b_w d^2}$$

5. 研判是否需要抗壓鋼筋

能用以抵抗彎矩的抗拉鋼筋比 $\rho_w = \alpha \rho_{s,max} - \rho_{sf}$，其中 $\alpha \leq 1.0$，$\alpha = 1$ 表示抗拉鋼筋使用到規範規定的最大值，但是精算所得的抗拉鋼筋量 A_s 經過挑選適用鋼筋後，實際的抗拉鋼筋量可能超過規範規定的最大值$(A_{s,max})$而有所不妥；如欲使挑

選適用鋼筋後的實際的抗拉鋼筋量仍在規範規定的最大值以內時，可將 α 值降低，惟降低量並無定律可循，只能依賴試誤法選定之。

若 $\rho_w \leq \rho$，則需要抗壓鋼筋

若 $\rho_w > \rho$，則不需抗壓鋼筋

6.　不需抗壓鋼筋時，計算抗拉鋼筋用量

決定等值矩形壓力方塊深度 a

由混凝土壓力所產生的抵抗彎矩為 $M_2 = C_2\left(d - \dfrac{a}{2}\right)$

將 $C_2 = 0.85 f_c' b_w a$ 代入上式，可解得壓力方塊深度 a 值。

計算梁腹混凝土壓力 C_2，混凝土總壓力 $C_c = C_1 + C_2$

$$A_s = A_{sf} + \rho b_w d$$

7.　需要抗壓鋼筋時，計算抗拉鋼筋及抗壓鋼筋用量

抗拉鋼筋量 $A_{s1} = \rho_w b_w d$

抗拉鋼筋量 A_{s1} 時，等值矩形壓力塊的深度 a，則

$$a = \frac{A_{s1} f_y}{0.85 f_c' b_w}$$

$$x = \frac{a}{\beta_1}$$

梁腹混凝土壓力 $C_2 = 0.85 f_c' b_w a$

混凝土壓力區總壓力 $C_c = C_1 + C_2$

抗壓鋼筋的應變量 $\varepsilon_s' = \dfrac{\left(x - d'\right)\varepsilon_u}{x}$

若 $\varepsilon_s' \geq \varepsilon_y$ 抗壓鋼筋的應力為 $f_s' = f_y$

若 $\varepsilon_s' < \varepsilon_y$ 抗壓鋼筋的應力為 $f_s' = E_s \varepsilon_s'$

抗拉鋼筋所能抵抗的標稱彎矩

$$M_3 = \rho_w f_y b_w d^2 \left(1 - \frac{\rho_w m}{2}\right)$$

需由抗壓鋼筋抵抗的標稱彎矩

$$M_4 = M_2 - M_3$$

配合抗壓鋼筋所需的抗拉鋼筋量

$$A_{s2} = \frac{M_4}{f_y (d - d')}$$

其中 d' 為抗壓鋼筋距壓力區外緣的距離

抗壓鋼筋量 $A_s' = A_{s2} \dfrac{f_y}{f_s'}$

壓力鋼筋抵抗的壓力 $C_s = f_s' A_s'$

修正規範規定最大鋼筋量 $A_{s,\max} = A_{s,\max} + A_{s2}$

修正平衡鋼筋量 $A_{sb} = A_{sb} + A_{s2}$

修正平衡鋼筋比 $\rho_b = \dfrac{A_{sb}}{b_w d}$

抗拉鋼筋總用量 $A_s = A_{s1} + A_{s2} + A_{sf}$

8. 檢核是否滿足規範的要求

按規範的規定，抗拉鋼筋用量 A_s，必須滿足下式，則

$$A_{s,\min} \leqq A_s \leqq A_{s,\max}$$

範例 3-28-1

　　有一鋼筋混凝土版梁構造，版厚為 12cm，梁跨徑為 3.6m，梁間距為 3.8m，梁腹寬為 30cm，有效深度為 50cm，梁實際深度為 60cm，已知鋼筋的降伏強度為 2,800kg/cm²，鋼筋的彈性模數為 2,040,000kg/cm²，混凝土的抗壓強度為 210 kg/cm²，鋼筋混凝土單位重為 2,400kg/m³。若設計彎矩 M_u 為 68t-m，試設計該 T 形梁的鋼筋用量(採用#8 鋼筋，每根鋼筋的斷面積為 5.067cm²)。

1. 因 $f_c' = 210 \text{kg/cm}^2$，所以 $\beta_1 = 0.85$

   材料強度 $m = \dfrac{f_y}{0.85 f_c'} = \dfrac{2800}{0.85 \times 210} = 15.686$

   設計彎矩 M_u 爲 68t-m，故標稱彎矩 $M_n = 68/0.9 = 75.556$t-m

2. T 形梁梁翼有效寬度 b_E 的決定

   T 形梁有效寬度應取下列各值的最小者

   梁跨徑的 4 分之 1，即

   $\dfrac{l}{4} = \dfrac{360}{4} = 90 \text{cm}$

   梁間距=380cm 或

   梁腹寬度加 16 倍的梁翼厚度，即

   $b_w + 16 h_f = 30 + 16 \times 12 = 222 \text{cm}$

   故梁翼有效深度爲 $b_E = 90$cm。

3. 判別是否按 T 形梁設計

   計算 T 形梁梁翼混凝土壓力與鋼筋拉力(力偶)所產生的力矩 M_{cn}

   $M_{cn} = 0.85 f_c' b_E h_f \left(d - \dfrac{h_f}{2} \right)$

   $\qquad = 0.85 \times 210 \times 90 \times 12 \times (50 - 12/2) = 8482320 \text{kg-cm} = 84.823 \text{t-m}$

   因實際 $M_n (=75.556 \text{ t-m}) \leqq M_{cn} (=84.823 \text{ t-m})$，故可按梁寬爲 90cm 的矩形梁斷面來設計

4. 計算平衡鋼筋量 A_{sb}，鋼筋比及規範規定的最小及最大鋼筋量

   平衡鋼筋比爲

   $\rho_b = 0.85 \beta_1 \dfrac{f_c'}{f_y} \dfrac{\varepsilon_u}{\varepsilon_u + \varepsilon_y}$

   $\qquad = 0.85 \times 0.85 \times \dfrac{210}{2800} \times \dfrac{0.003}{0.003 + \dfrac{2800}{2.04 \times 10^6}} = 0.03718$

   平衡鋼筋量 $A_{sb} = \rho_b b_E d = 0.03718 \times 90 \times 50 = 167.31 \text{cm}^2$

   最大鋼筋量 $A_{s,\max} = 0.75 A_{sb} = 0.75 \times 167.31 = 125.48 \text{cm}^2$

   最小鋼筋量 $A_{s,\min}$ 取下列兩者的較大者

$$\frac{14}{f_y}b_E d = \frac{14}{2800} \times 90 \times 50 = 22.5 \text{cm}^2$$

$$\frac{0.8\sqrt{f_c'}}{f_y}b_E d = \frac{0.8 \times \sqrt{210}}{2800} \times 90 \times 50 = 18.632 \text{cm}^2$$

故 $A_{s,\min}$=22.5cm^2

5. 計算抗拉鋼筋量

$$R_n = \frac{M_n}{b_e d^2} = \frac{75.556}{90 \times 50^2} = 33.58$$

$$\rho = \frac{1}{m}\left(1 - \sqrt{1 - \frac{2mR_n}{f_y}}\right) = \frac{1}{15.686}\left(1 - \sqrt{1 - \frac{2 \times 15.686 \times 33.58}{2800}}\right) = 0.0134$$

所需抗拉鋼筋量 $A_s = \rho b_E d = 0.0134 \times 90 \times 50 = 60.3 \text{cm}^2$

鋼筋拉力 $T = A_s f_y = 60.3 \times 2800 = 168840 \text{kg} = 168.840 \text{t}$

混凝土等值矩形壓力方塊的深度 a 為

$$a = \frac{T}{0.85 f_c' b_E} = \frac{168840}{0.85 \times 210 \times 90} = 10.51 \text{cm}$$

混凝土壓力 $C_c = 0.85 f_c' b_E a = 0.85 \times 210 \times 90 \times 10.51 = 168843 \text{kg}$

所能承擔之標稱彎矩 M_n 為

$$M_n = T\left(d - \frac{a}{2}\right) = 168840 \times (50 - 10.51/2)$$
$$= 7554746 \text{kg-cm} = 75.548 \text{t-m}$$

採用 12 根#8 號鋼筋的面積為 $5.067 \text{cm}^2 \times 12 = 60.804 \text{cm}^2$

因為 $A_{s,\min}\left(= 22.50 \text{cm}^2\right) < A_s\left(= 60.804 \text{cm}^2\right) < A_{s,\max}\left(= 125.48 \text{cm}^2\right)$ OK

鋼筋量採用 60.804cm^2 後

鋼筋拉力 $T = A_s f_y = 60.804 \times 2800 = 170251 \text{kg} = 170.251 \text{t}$

混凝土等值矩形壓力方塊的深度 a 為

$$a = \frac{T}{0.85 f_c' b_E} = \frac{170251}{0.85 \times 210 \times 90} = 10.598 \text{cm}$$

混凝土壓力 $C_c = 0.85 f_c' b_E a = 0.85 \times 210 \times 90 \times 10.598 = 170257 \text{kg}$

所能承擔之標稱彎矩 M_n 為

$$M_n = T\left(d - \frac{a}{2}\right) = 170251 \times (50 - 10.598/2)$$
$$= 7610390 \text{kg-cm} = 76.104 \text{t-m}$$

範例 3-28-2

　　有一如範例 3-28-1 的鋼筋混凝土版梁構造。若斷面尺寸及材料強度均相同，但設計彎矩 M_u 改為 80 t-m，試設計該 T 形梁的鋼筋用量(採用#8 鋼筋，每根鋼筋的斷面積為 5.067cm^2)。

1.　因 $f_c' = 210\text{kg/cm}^2$，所以 $\beta_1 = 0.85$

　　材料強度 $m = \dfrac{f_y}{0.85 f_c'} = \dfrac{2800}{0.85 \times 210} = 15.686$

　　設計彎矩 M_u 為 80t-m，故標稱彎矩 $M_n = 80/0.9 = 88.889$t-m

2.　T 形梁梁翼有效寬度 b_E 的決定

　　T 形梁有效寬度應取下列各值的最小者

　　梁跨徑的 4 分之 1，即 $l\big/4 = 360\big/4 = 90\text{cm}$

　　梁間距=380cm 或

　　梁腹寬度加 16 倍的梁翼厚度，即 $b_w + 16h_f = 30 + 16 \times 12 = 222\text{cm}$

　　故梁翼有效深度為 $b_E = 90\text{cm}$。

3.　判別是否按 T 形梁設計

　　計算 T 形梁梁翼混凝土壓力與鋼筋拉力(力偶)所產生的力矩 M_{cn}

$$M_{cn} = 0.85 f_c' b_E h_f \left(d - \dfrac{h_f}{2} \right)$$
$$= 0.85 \times 210 \times 90 \times 12 \times (50 - 12/2) = 8482320\text{kg-cm} = 84.823\text{t-m}$$

　　以實際 $M_n(=88.889\text{t-m}) \geq M_{cn}(=84.823\text{t-m})$，故應按 T 型梁的梁斷面來設計

4.　計算抵抗梁翼混凝土壓力所需的鋼筋量 A_{sf} 及鋼筋比 ρ_{sf}

　　梁翼混凝土的壓力 C_1，則

$$C_1 = 0.85 f_c' (b_E - b_w) h_f = 0.85 \times 210 \times (90 - 30) \times 12 = 128520\text{kg}$$

$$A_{sf} = \dfrac{C_1}{f_y} = \dfrac{128520}{2800} = 45.9\text{cm}^2$$

$$\rho_{sf} = \dfrac{A_{sf}}{b_w d} = \dfrac{45.9}{30 \times 50} = 0.0306$$

5.　計算 T 形梁平衡鋼筋量 A_{sb}，最小及最大拉力鋼筋量 $A_{s,\min}$ 及 $A_{s,\max}$ 及其鋼筋比

　　平衡鋼筋量 A_{sb}，則

$$A_{sb} = 0.85\beta_1 b_w d \frac{f_c'}{f_y} \frac{\varepsilon_u}{\varepsilon_u + \varepsilon_y} + A_{sf}$$

$$= 0.85 \times 0.85 \times 30 \times 50 \times \frac{210}{2800} \times \frac{0.003}{0.003 + \frac{2800}{2.04 \times 10^6}} + 45.9$$

$$= 55.767 + 45.9 = 101.667 \text{cm}^2$$

$$\rho_{sb} = \frac{A_{sb}}{b_w d} = \frac{101.667}{30 \times 50} = 0.067778$$

$$A_{s,\max} = 0.75 A_{sb} = 101.667 \times 0.75 = 76.25 \text{cm}^2$$

$$\rho_{s,\max} = \frac{A_{s,\max}}{b_w d} = \frac{76.25}{30 \times 50} = 0.05083$$

最小抗拉鋼筋量 $A_{s,\min}$ 取下列兩者之較大者

$$\frac{14}{f_y} b_e d = \frac{14}{2800} \times 30 \times 50 = 7.5 \text{cm}^2$$

$$\frac{0.8\sqrt{f_c'}}{f_y} b_e d = \frac{0.8 \times \sqrt{210}}{2800} \times 30 \times 50 = 6.211 \text{cm}^2$$

故 $A_{s,\min}$=7.5cm^2

6. 計算梁腹所需承擔的標稱彎矩 M_2 及鋼筋比 ρ

  梁翼承擔的標稱彎矩 M_1，則

$$M_1 = C_1 \left(d - \frac{h_f}{2} \right) = 128520 \times (50 - 12/2) = 5654880 \text{kg-cm}$$

  梁腹所需承擔的標稱彎矩 M_2，則

$$M_2 = M_n - M_1 = 88.889 \times 100000 - 5654880 = 3234020 \text{kg-cm}$$

$$R_n = \frac{M_2}{b_w d^2} = \frac{3234020}{30 \times 50^2} = 43.12$$

  承擔標稱彎矩 M_2 所需鋼筋比 ρ，則

$$\rho = \frac{1}{m} \left(1 - \sqrt{1 - \frac{2mR_n}{f_y}} \right) = \frac{1}{15.686} \left(1 - \sqrt{1 - \frac{2 \times 15.686 \times 43.12}{2800}} \right) = 0.01792$$

7. 研判是否需要抗壓鋼筋

  能用以抵抗彎矩的抗拉鋼筋比 ρ_w

$$\rho_w = \alpha\rho_{s,\max} - \rho_{sf} = 1 \times 0.05083 - 0.0306 = 0.02023$$

因 $\rho_w (= 0.02023) > \rho (= 0.01792)$，則不需抗壓鋼筋

8. 計算抗拉鋼筋用量

梁翼混凝土的壓力 $C_1 = 128520 \text{kg}$

梁腹混凝土的壓力 $C_2 = 0.85 f_c' b_w a$

由混凝土壓力所產生的抵抗彎矩為

$$M_2 = C_1 \left(d - \frac{h_f}{2} \right) + C_2 \left(d - \frac{a}{2} \right)$$

$$3234020 = 128520 \times (50 - 12/2) + 0.85 \times 210 \times 30a \times (50 - a/2)$$

$$3234020 = 5654880 + 5355a \times (50 - a/2)$$

得 $2677.5a^2 - 267750a - 2420860 = 0$

可解得等值矩形壓力方塊深度 $a = 14.0535 \text{cm}$。

計算梁腹混凝土壓力 C_2

$$C_2 = 0.85 f_c' b_w a = 0.85 \times 210 \times 30 \times 14.0535 = 75256.49 \text{kg}$$

混凝土總壓力 $C_c = C_1 + C_2 = 128520 + 75256.49 = 203776.49 \text{kg}$

$$A_s = A_{sf} + \rho b_w d = 45.9 + 0.01792 \times 30 \times 50 = 72.78 \text{cm}^2$$

鋼筋拉力 $T = A_s f_y = 72.78 \times 2800 = 203784 \text{kg} = 203.784 \text{t}$

採用 15 根#8 號鋼筋的面積為 $5.067 \text{cm}^2 \times 15 = 76.005 \text{cm}^2$

因為 $A_{s,min} (= 7.50 cm^2) < A_s (= 76.005 cm^2) < A_{s,max} (= 76.25 cm^2)$ OK

習作 3-28-3

有一如範例 3-28-1 的鋼筋混凝土版梁構造。若斷面尺寸及材料強度均相同，但設計彎矩 M_u 改為 100 t-m，試設計該 T 形梁的鋼筋用量(採用#10 鋼筋，每根鋼筋的斷面積為 8.143cm^2)。

▢詳解請參閱鋼筋混凝土分析與設計資料夾內之第三章\習作 3-28-3.doc

習作 3-28-4

有一如範例 3-28-1 的鋼筋混凝土版梁構造。若斷面尺寸及材料強度均相同，但設計彎矩 M_u 改為 120 t-m，試設計該 T 形梁的鋼筋用量(採用#10 鋼筋，每根鋼筋的斷面積為 8.143cm²)。

☐詳解請參閱鋼筋混凝土分析與設計資料夾內之第三章\習作 3-28-4.doc

■ 3-29 T 形梁設計程式使用說明

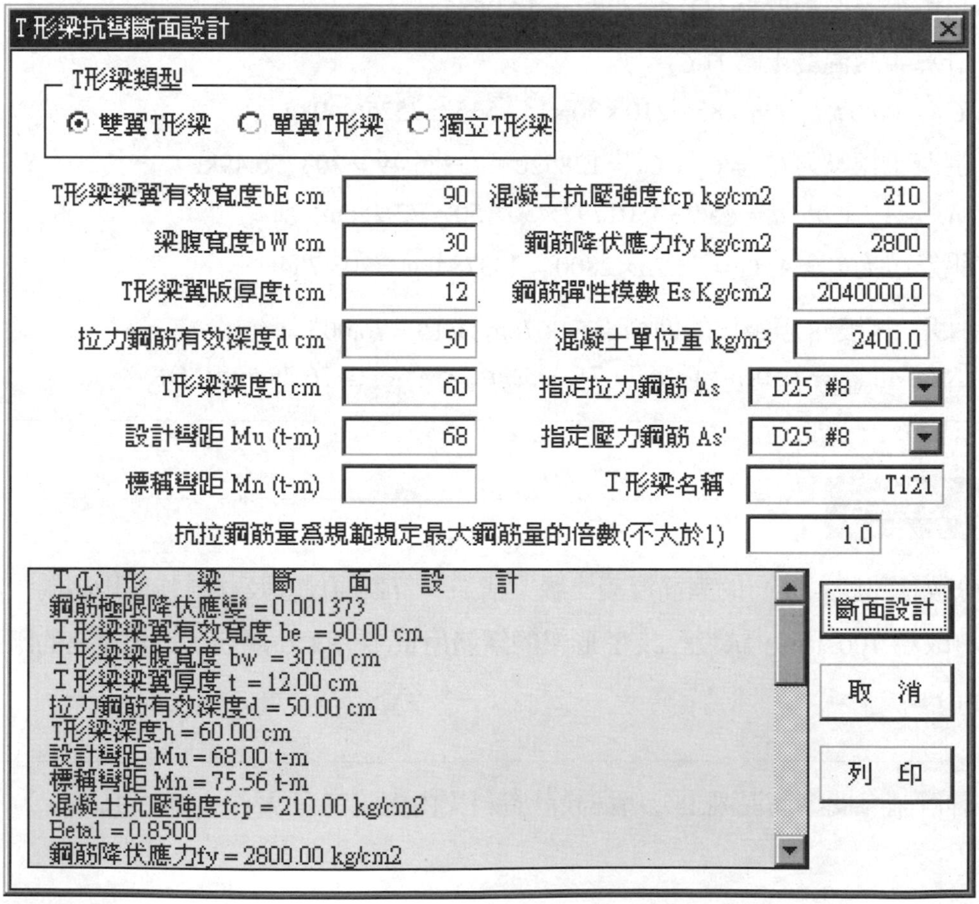

T形梁抗彎斷面設計 ✕

　T形梁類型
　◉ 雙翼T形梁　　○ 單翼T形梁　　○ 獨立T形梁

T形梁梁翼有效寬度bE cm	90	混凝土抗壓強度fcp kg/cm2	210
梁腹寬度bW cm	30	鋼筋降伏應力fy kg/cm2	2800
T形梁翼版厚度t cm	12	鋼筋彈性模數 Es Kg/cm2	2040000.0
拉力鋼筋有效深度d cm	50	混凝土單位重 kg/m3	2400.0
T形梁深度h cm	60	指定拉力鋼筋 As	D25 #8 ▼
設計彎距 Mu (t-m)	68	指定壓力鋼筋 As'	D25 #8 ▼
標稱彎距 Mn (t-m)		T 形梁名稱	T121

　　　抗拉鋼筋量為規範規定最大鋼筋量的倍數(不大於1) 　1.0

```
   T (L) 形   梁   斷   面   設   計
鋼筋極限降伏應變 = 0.001373
 T形梁梁翼有效寬度 be = 90.00 cm
 T形梁梁腹寬度 bw = 30.00 cm
 T形梁梁翼厚度 t = 12.00 cm
拉力鋼筋有效深度 d = 50.00 cm
 T形梁深度 h = 60.00 cm
設計彎距 Mu = 68.00 t-m
標稱彎距 Mn = 75.56 t-m
混凝土抗壓強度 fcp = 210.00 kg/cm2
 Beta1 = 0.8500
鋼筋降伏應力 fy = 2800.00 kg/cm2
```

斷面設計

取 消

列 印

圖 3-29-1

在鋼筋混凝土分析與設計軟體畫面的功能表上，選擇☞RC/梁/T 形梁設計☜後出現如圖 3-29-1 的輸入畫面。圖 3-29-1 的畫面是範例 3-28-1 為例，首先點選 T 形梁之類別為雙翼 T 形梁、單翼 T 形梁或獨立 T 形梁，然後按序輸入 T 形梁有效寬度 b_E(90cm)、梁腹寬度 b_w (30cm)、T 形梁翼版厚度 t (12cm)、拉力鋼筋有效深度 d (50cm)、T 形梁深度 h (60cm)，設計彎距 M_u (68t-m)及(或)標稱彎距 M_n(t-m)、混凝土抗壓強度 f_c'(210kg/cm²)、鋼筋降伏強度 f_y (2,800kg/ cm²)、鋼筋彈性模數 E_s (2,040,000kg/cm²)、混凝土單位重(2,400Kg/m³)，指定拉力鋼筋 A_s 使用的鋼筋號數、指定壓力鋼筋 A_s'，T 形梁名稱(T121)、抗拉鋼筋量為規範規定最大鋼筋量的倍數(不大於 1)等資料後，單擊「斷面設計」鈕即進行 T 形梁斷面設計，設計內容主要判別 T 形梁應以 T 形梁或梁寬為有效寬度的矩形梁設計之。計算 T 形梁或矩形梁的平衡鋼筋量 A_{sb}，規範規定最小抗拉鋼筋量 $A_{s,min}$ 及最大抗拉鋼筋量 $A_{s,max}$。計算混凝土受壓區梁翼伸出及梁腹的壓力及總壓力、抗拉鋼筋拉力及鋼筋量。最後將分析結果顯示於列示方塊中如圖 3-29-1 及圖 3-29-2，並使「列印」鈕生效。單擊「取消」鈕即取消

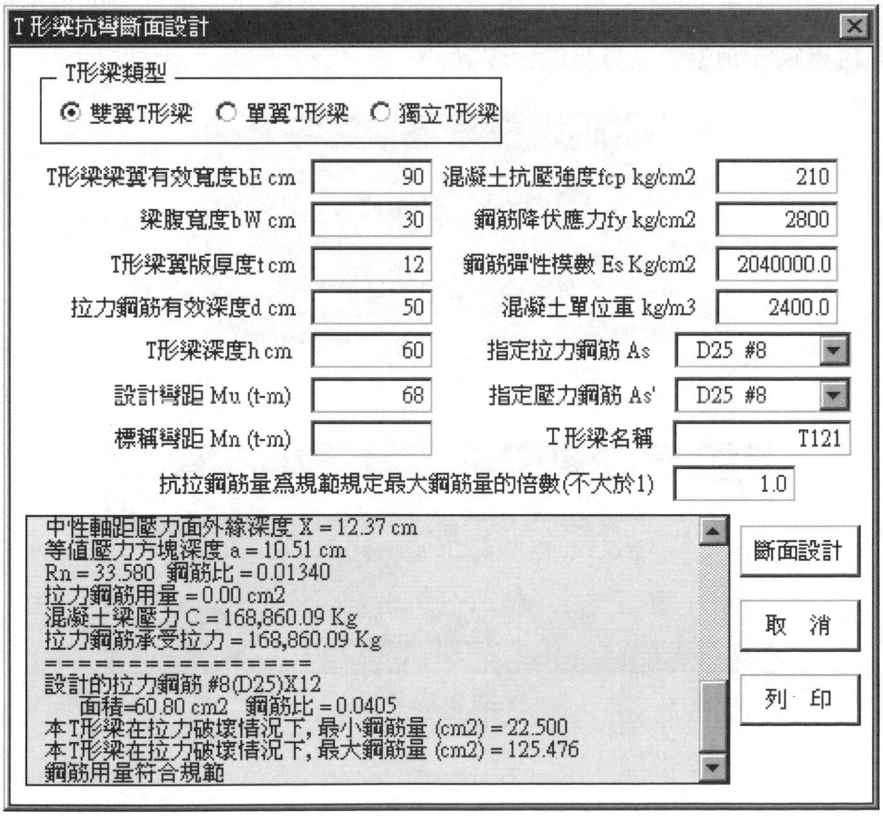

圖 3-29-2

T形梁設計工作並結束程式。單擊「列印」鈕即將設計結果的資訊有組織地排列並印出如圖 3-29-9。

　　輸入欄位中,除 T 形梁實際深度、設計彎矩、標稱彎矩及 T 形梁名稱外,均必須輸入;如果輸入負值或非數值或非在一定範圍內的數值均會有警示訊息,如圖 3-29-3 及圖 3-29-4。如果必要資料欄位未正確輸入,則有欠缺項目的警示訊息,如圖 3-29-5。因為設計彎矩 M_u 為標稱彎矩 M_n 的 0.9 倍,故設計彎矩 M_u 與標稱彎矩 M_n 兩者至少輸入一項,再推算另一項。如果兩項均輸入,但未符合設計彎矩 M_u 為標稱彎矩 M_n 的 0.9 倍的關係,則出現圖 3-29-6 的判選畫面,如果點選「是(Y)」則以標稱彎矩 M_n 為準推算設計彎矩 M_u 的值;如果點選「否(N)」則以設計彎矩 M_u 為準推算標稱彎矩 M_n 的值。T 形梁名稱主要是用來標示報表的表頭,以茲區別。T 形梁的實際深度如果未指定,則以有效深度加 4cm 的深度為實際深度;如果指定實際深度,但小於有效深度,則以有效深度加 4cm 的深度為實際深度。獨立 T 形梁的板厚應大於腹寬的一半,有效翼版寬度應小於腹寬四倍的規範規定,否則會有警示訊息(如圖 3-29-7)。T 形梁設計時,如需抗壓鋼筋,則會出現圖 3-29-8 的畫面詢問抗壓鋼筋距壓力區外緣的距離 d'。

圖 3-29-3

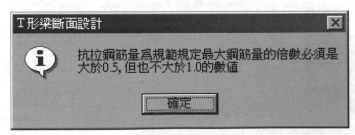

圖 3-29-4

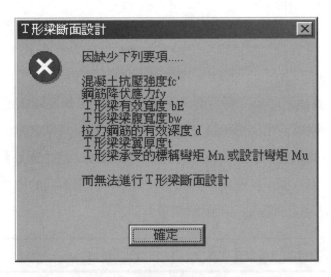

圖 3-29-5

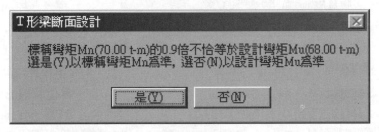

圖 3-29-6

圖 3-29-7

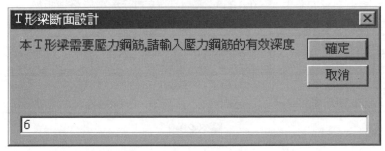

圖 3-29-8

　　圖 3-29-9 報表中，除列印 T 形梁的基本資料外，尚列印判別 T 形梁應以 T 形梁或梁寬為有效寬度的矩形梁設計之判別標稱彎矩，本例的設計彎矩為 68 t‑m，故標稱彎矩為 77.556 t‑m。因為標稱彎矩小於判斷標稱彎矩(84.823 t‑m)，故應「視同梁寬為 90.00 cm 的矩形梁設計之」；其他列印項目有平衡鋼筋量、鋼筋比，規範規定最小與最大抗拉鋼筋的鋼筋量、鋼筋比，梁翼伸出部份承擔之壓力及彎矩、梁腹承擔之壓力及彎矩、抗拉鋼筋的拉力及彎矩、計算的抗拉鋼筋量及鋼筋比與選配鋼筋後的抗拉鋼筋量與鋼筋比等。如 T 形梁需要抗壓鋼筋，則亦顯示抗壓鋼筋的壓力及彎矩、抗壓鋼筋的應變與應力、計算的抗壓鋼筋量及鋼筋比與選配鋼筋後的抗壓鋼筋量與鋼筋比。

[T121] 雙翼 T 形梁斷面設計				
T形梁有效寬度b_E cm	90.00	混凝土抗壓強度 fc' kg/cm^2		210.00
梁腹寬度b_w cm	30.00	$Beta_1$		0.8500
T形梁翼版厚度 t cm	12.00	鋼筋降伏應力 fy kg/cm^2		2800.00
T形梁深度 h cm	60.00	鋼筋彈性模數 E_s kg/cm^2		2040000.00
標稱彎矩 M_n t-m	75.556	T形梁單位重 kg/m		604.80
設計彎矩 M_u t-m	68.000	混凝土單位重 kg/m^3		2400.00
材料強度比 m	15.686	拉力鋼筋有效深度 d cm		50.00
判斷標稱彎矩 M_{cn} t-m	84.823	壓力鋼筋有效深度 d' cm		0.00
中性軸距壓力面外緣深度 X cm	12.366	等值壓力方塊深度 a		10.511
Rn	33.580	視同梁寬為 90.00 cm 的矩形梁設計之		
平衡鋼筋量A_{sb} cm^2	167.301	平衡鋼筋比		0.03718
規範允許最小鋼筋量$A_{s,min}$ Cm^2	22.500	規範允許最大鋼筋量$A_{s,max}$ Cm^2		125.476
梁翼混凝土壓力 C_1 t	168.860	梁翼承擔標稱彎矩M_{c1} t-m		75.556
梁腰混凝土壓力C_2 t	0.000	梁腰承擔標稱彎矩M_{c2} t-m		0.000
壓力鋼筋的壓力 t	0.000	壓力筋承擔標稱彎矩M_{cs} t-m		0.000
混凝土梁壓力 C_c t	168.860	拉力筋承擔標稱彎矩M_t t-m		75.556
拉力鋼筋承受拉力 T t	168.860	壓力鋼筋應變與應力	0.00000	0.00
拉力鋼筋	需用量 cm2	60.307	鋼筋比	0.04020	
	使用量 cm2	60.804	鋼筋比	0.04054	#8(D25)X12
壓力鋼筋	需用量 cm2	0.000	鋼筋比	0.00000	
	使用量 cm2	0.000	鋼筋比	0.00000	

圖 3-29-9

Chapter 3

圖 3-29-10 爲範例 3-28-2 的輸出報表。本例的設計彎矩爲 80 t－m，故標稱彎矩爲 88.889 t－m。因爲標稱彎矩大於判斷標稱彎矩(84.823 t－m)，故應「視同 T 形梁設計之(不需壓力鋼筋)」設計之。

[T120] 雙翼Ｔ形梁斷面設計			
T形梁有效寬度b_E cm	90.00	混凝土抗壓強度fc' kg/cm²	210.00
梁腹寬度b_w cm	30.00	Beta₁	0.8500
T形梁翼版厚度t cm	12.00	鋼筋降伏應力 fy kg/cm²	2800.00
T形梁深度h cm	60.00	鋼筋彈性模數 E_s kg/cm²	2040000.00
標稱彎矩 M_n t-m	88.889	T形梁單位重 kg/m	604.80
設計彎矩 M_u t-m	80.000	混凝土單位重 kg/m³	2400.00
材料強度比 m	15.686	拉力鋼筋有效深度d cm	50.00
判斷標稱彎矩 M_{cn} t-m	84.823	壓力鋼筋有效深度d' cm	0.00
中性軸距壓力面外緣深度 X cm	16.533	等值壓力方塊深度 a	14.053
Rn	43.120	視同T形梁設計之(不需壓力鋼筋)	
平衡鋼筋量A_{sb} cm²	101.667	平衡鋼筋比	0.06778
規範允許最小鋼筋量$A_{s,min}$ Cm²	7.500	規範允許最大鋼筋量$A_{s,max}$ Cm²	76.250
梁翼混凝土壓力C_1 t	128.520	梁翼承擔標稱彎矩M_{c1} t-m	56.549
梁腰混凝土壓力C_2 t	75.256	梁腰承擔標稱彎矩M_{c2} t-m	32.340
壓力鋼筋的壓力 t	0.000	壓力筋承擔標稱彎矩M_{cs} t-m	0.000
混凝土梁壓力 C_c t	203.776	拉力筋承擔標稱彎矩M_t t-m	88.889
拉力鋼筋承受拉力T t	203.776	壓力鋼筋應變與應力　0.00000	0.00

拉力鋼筋	需用量 cm2	72.777	鋼筋比	0.04852	
	使用量 cm2	76.005	鋼筋比	0.05067	#8(D25)X15
壓力鋼筋	需用量 cm2	0.000	鋼筋比	0.00000	
	使用量 cm2	0.000	鋼筋比	0.00000	

圖 3-29-10

3-30　異形梁的分析與設計

因爲環境空間的限制或美觀的需要使承受撓曲的梁斷面異於矩形或 T 形者稱爲異形梁(如圖 3-30-1)；因爲梁斷面中性軸(或混凝土等值壓力方塊深度)以下的混凝土不予考慮其抗拉能力，故其形狀不影響梁的分析與設計；但梁斷面中性軸以上的壓力區形狀則會影

響其斷面的分析與設計計算。梁斷面的分析與設計原理雖然相同，但因異形梁在中性軸以上的形狀非如矩形梁或 T 形梁有固定形狀或形狀關係，故尚難推導一般化公式，本節就異形梁的分析與設計原理及計算程序說明之。

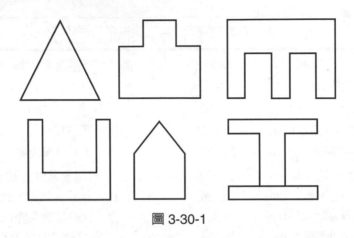

圖 3-30-1

3-30-1　平衡中性軸的位置

在強度設計法中，混凝土應變達到 0.003 且抗拉鋼筋亦達降伏時，斷面上應變量為零的位置稱為平衡中性軸位置。觀察圖 3-30-2(b)，平衡中性軸位置 x 為中性軸距壓力區外緣的距離，可由混凝土與鋼筋的極限應變量的幾何關係及抗拉鋼筋的有效深度 d 來決定如下式：

$$x = \frac{\varepsilon_u}{\varepsilon_u + \varepsilon_y} d \tag{3-30-1}$$

如以 $\varepsilon_u = 0.003$，$\varepsilon_y = \dfrac{f_y}{E_s}$，且設鋼筋的彈性模式 $E_s = 2.04 \times 10^6 \, \text{kg/cm}^2$，則

$$x = \frac{6120}{6120 + f_y} d \tag{3-30-2}$$

由公式(3-30-1)及(3-30-2)知，梁斷面平衡中性軸的位置與鋼筋降伏強度及抗拉鋼筋有效深度有關，而與斷面的形狀無關。

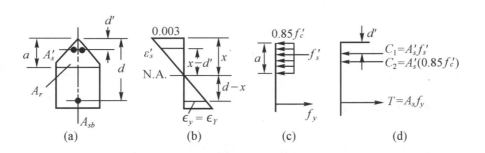

圖 3-30-2

3-30-2　異形梁的鋼筋限制

　　異形梁的鋼筋量設計有其最大量的限制 $A_{s,max}$ 以控制其破壞模式仍屬拉力破壞範圍，亦有其最小量的限制 $A_{s,min}$ 以免因混凝土裂縫的產生就發生斷裂的不良設計。平衡鋼筋量 A_{sb} 為使梁斷面壓力區外緣應變達 0.003 時，抗拉鋼筋剛好達到降伏的抗拉鋼筋量；亦即判定梁斷面破壞模式的鋼筋量。

　　異形梁的平衡鋼筋量因其壓力區非為矩形或 T 形的固定幾何關係，故無直接推算的公式，而需依據平衡鋼筋量的定義推算。

$$A_{sb} = \frac{C_c + C_s}{f_y}$$

　　其中 C_c 為混凝土在壓力區的總壓力，但因壓力區非為矩形，故應依據壓力區內的斷面形狀分成一個或多個矩形及(或)三角形，計算各分形斷面的混凝土壓力。各分形的壓力和為混凝土壓力區的總壓力 C_c。將壓力區斷面分成矩形或三角形乃因矩形或三角形的形心位置及面積均是熟知的基本幾何圖形。C_s 為抗壓鋼筋的總壓力，抗壓鋼筋的應力由其應變量 ε_s' 依下列關係來決定：

中性軸位置 $x = \dfrac{\varepsilon_u}{\varepsilon_u + \varepsilon_y} d$

抗壓鋼筋應變量 $\varepsilon_s' = \dfrac{x - d'}{x} \varepsilon_u = \dfrac{x - d'}{x}(0.003)$

鋼筋降伏應變量 $\varepsilon_y = \dfrac{f_y}{E_s}$

抗壓鋼筋之應力 $f_s' = f_y$，若 $\varepsilon_s' \geq \varepsilon_y$

抗壓鋼筋之應力 $f_s' = \varepsilon_s' E_s$，若 $\varepsilon_s' < \varepsilon_y$

抗壓鋼筋之總壓力 $C_s = A_s f_s'$

為確保梁屬於拉力破壞模式，規範規定允許的最大抗拉鋼筋量 $A_{s,\max}$ 為

$$A_{s,\max} = \frac{0.75 C_c + C_s}{f_y}$$

其中 C_c 為混凝土壓力區總壓力，規定打七五折(0.75)，而抗壓鋼筋因可增加梁的延展性，故抗壓鋼筋總壓力 C_s 不打折。如果沒有抗壓鋼筋，則 $C_s = 0$。

混凝土工程設計規範亦規定最小抗拉鋼筋量 $A_{s,\min}$ 不可小於 $\dfrac{14}{f_y}bd$，亦不可小於 $\dfrac{0.8\sqrt{f_c'}}{f_y}bd$；亦即取兩者之較大者。

3-30-3　異形梁的斷面分析

異形梁的斷面分析乃就斷面的形狀與尺寸、材料強度及鋼筋用量分析其所能承受的標稱彎矩 M_n 及設計彎矩 M_u 並判斷其破壞模式，其分析步驟如下：

1.　研判應以矩形梁、T 形梁或異形梁斷面分析

　　　　研判分析模式以前，先假設拉力鋼筋降伏時，計算混凝土等值壓力塊深度(即實際中性軸位置 x)，如果混凝土壓力區的斷面形狀為矩形或 T 形，則按矩形或 T 形梁分析之，否則按異形梁分析之。

2.　檢驗抗拉鋼筋降伏的假設

　　　　依實際中性軸位置計算抗拉鋼筋的應變量；如果抗拉鋼筋的應變量大於或等於抗拉鋼筋的降伏應變量，則前述抗拉鋼筋降伏的假設為正確；否則屬壓力破壞，應將抗拉鋼筋減量到規範規定最大鋼筋量。

3. 計算標稱彎矩 M_n 及設計彎矩 M_u

　　標稱彎矩 M_n 為抗壓鋼筋總壓力 C_s 及壓力區各分形混凝土壓力 C_i 對抗拉鋼筋的力偶總和，即

$$M_n = \sum C_i d_i + C_s \left(d - d'\right)$$

設計彎矩 M_u 等於標稱彎矩 M_n 乘以強度折減因數 ϕ

$$M_u = \phi M_n$$

4. 計算鋼筋限制量

　　計算抗拉鋼筋的平衡鋼筋量 A_{sb}，最大鋼筋量 $A_{s,\max}$ 及最小鋼筋量 $A_{s,\min}$。

5. 判定破壞模式

　　若抗拉鋼筋量 $A_s <$ 平衡鋼筋量 A_{sb}，則屬拉力破壞(延展性破壞)
　　若抗拉鋼筋量 $A_s =$ 平衡鋼筋量 A_{sb}，則屬平衡破壞
　　若抗拉鋼筋量 $A_s >$ 平衡鋼筋量 A_{sb}，則屬壓力破壞(脆性破壞)

　　檢驗抗拉鋼筋量是否在規範範圍內。

範例 3-30-1

　　圖 3-30-3 為一異形梁的斷面形狀與尺寸，已知混凝土的抗壓強度為 280 kg/cm^2，鋼筋的降伏強度為 3,500kg/cm^2，每根#9 號鋼筋的斷面積為 6.469cm^2，試判別其破壞模式並計算拉力破壞時的標稱彎矩 M_n 及設計彎矩 M_u。

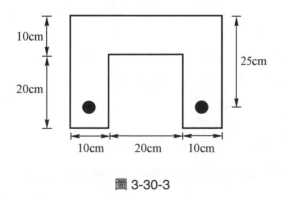

圖 3-30-3

已知：$f_y = 3,500\text{kg/cm}^2$

因為 $f_c^{'} = 280\text{kg/cm}^2$，所以 $\beta_1 = 0.85$

2 根#9 號鋼筋 $A_s = 6.469 \times 2 = 12.938\text{cm}^2$

$b=40\text{cm}$，$d=25\text{cm}$

1. 研判應以矩形梁、T 形梁或異形梁斷面分析

   假設混凝土等值壓力方塊深度 $a=10\text{cm}$，則

   混凝土總壓力 $C_c = 0.85 \times 280 \times 40 \times 10 = 95200\text{kg}$

   假設抗拉鋼筋已達降伏，則

   抗拉鋼筋總拉力 $T = 12.938 \times 3500 = 45283\text{kg}$

   因為 $C_c > T$，故混凝土等值壓力塊的深度必小於 10cm；且因混凝土壓力區的斷面形狀為矩形，故可按矩形斷面分析之。

   實際的混凝土等值壓力塊的深度 $a = \dfrac{45283}{0.85 \times 280 \times 40} = 4.76\text{cm}$

2. 檢驗抗拉鋼筋降伏的假設

   實際中性軸位置 $x = \dfrac{a}{\beta_1} = \dfrac{4.76}{0.85} = 5.60\text{cm}$

   抗拉鋼筋的應變量 $\varepsilon_s = 0.003 \times \dfrac{d-x}{x} = 0.003 \times \dfrac{25-5.6}{5.6} = 0.0104$

   抗拉鋼筋的降伏應變量 $\varepsilon_y = \dfrac{3500}{2.04 \times 10^6} = 0.001716$

   因為抗拉鋼筋的應變量（$\varepsilon_s = 0.0104$）大於抗拉鋼筋的降伏應變量（$\varepsilon_y = 0.001716$），前述抗拉鋼筋降伏的假設為正確。

3. 計算標稱彎矩 M_n 及設計彎矩 M_u

   混凝土總壓力 $C_c = 0.85 \times 280 \times 40 \times 4.76 = 45315.2\text{kg}$

   $M_n = \sum C_i d_i + C_s \left(d - d^{'}\right)$

   $\quad = 45315.2 \times (25 - 4.763/2) = 1024962\text{kg-cm} = 10.25\text{t-m}$

   設計彎矩 $M_u = \phi M_n = 0.9 \times 10.25 = 9.225\text{t-m}$

4. 計算鋼筋限制量

   平衡中性軸位置 $x = \dfrac{6120}{6120 + 3500} \times 25 = 15.90\text{cm}$

   混凝土等值壓力方塊深度 $a = \beta_1 x = 0.85 \times 15.90 = 13.515\text{cm}$

因為 $a>10$cm，故

混凝土總壓力為

$$C_c = 0.85 \times 280 \times \left(2 \times 10 \times 13.515 + 20 \times (13.515 - 10)\right) = 81062.8 \text{kg}$$

平衡鋼筋量 $A_{sb} = \dfrac{C_c + C_s}{f_y} = \dfrac{81062.8 + 0}{3500} = 23.16 \text{cm}^2$

最大鋼筋量 $A_{s,\max} = \dfrac{0.75C_c + C_s}{f_y} = \dfrac{0.75 \times 81062.8 + 0}{3500} = 17.37 \text{cm}^2$

$$\frac{14}{f_y} bd = \frac{14}{3500} \times (10 + 10) \times 25 = 2.0 \text{cm}^2$$

$$\frac{0.8\sqrt{f_c^{'}}}{f_y} bd = \frac{0.8 \times \sqrt{280}}{3500} \times (10 + 10) \times 25 = 1.91 \text{cm}^2$$

最小鋼筋量取 2.0cm^2 及 1.91cm^2 的最大值，所以 $A_{s,\min} = 2.0 \text{cm}^2$

5.　判定破壞模式

抗拉鋼筋量 $A_s \left(= 12.938 \text{cm}^2\right) <$ 平衡鋼筋量 $A_{sb} \left(= 23.16 \text{cm}^2\right)$，屬拉力破壞(延展性破壞)；且最小鋼筋量 $\left(A_{s,\min} = 2.0 \text{cm}^2\right) <$ 抗拉鋼筋量 $A_s \left(= 12.938 \text{cm}^2\right) <$ 最大鋼筋量 $\left(A_{s,\max} = 17.37 \text{cm}^2\right)$，故合乎規範。

範例 3-30-2

圖 3-30-4 為中空異形梁的斷面形狀與尺寸，已知混凝土的抗壓強度為 210 kg/cm^2，鋼筋的降伏強度為 4,200kg/cm^2，抗拉鋼筋量為 5 根#8 號鋼筋，每根#8 號鋼筋的斷面積為 5.1cm^2，試判別其破壞模式並計算拉力破壞時的標稱彎矩 M_n 及設計彎矩 M_u。

已知：$f_y = 4{,}200 \text{kg/cm}^2$

因為 $f_c^{'} = 210 \text{kg/cm}^2$，所以 $\beta_1 = 0.85$

5 根#8 號鋼筋 $A_s = 5.1 \times 5 = 25.5 \text{cm}^2$

$b = 40$cm，$d = 58.5$cm

1.　研判應以矩形梁、T 形梁或異形梁斷面分析

假設混凝土等值壓力方塊深度 $a = 10$cm，則

混凝土總壓力 $C_c = 0.85 \times 210 \times 40 \times 10 = 71400 \text{kg}$

假設抗拉鋼筋已達降伏，則

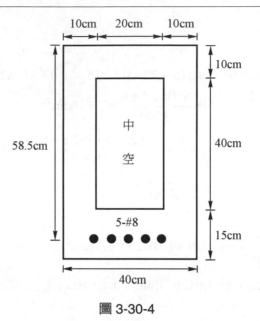

圖 3-30-4

抗拉鋼筋總拉力 $T = 25.5 \times 4200 = 107100 \text{kg}$

因為 $C_c < T$，故混凝土等值壓力塊的深度必大於 10cm；且因混凝土壓力區的斷面形狀非為矩形或 T 形，故應按異形斷面分析之。

實際的混凝土等值壓力塊的深度 a，由圖 3-30-5 得

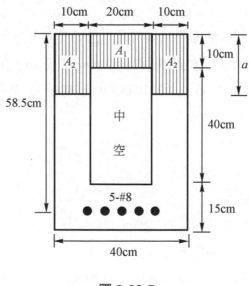

圖 3-30-5

$$A_s f_y = 0.85 f_c^{'} (A_1 + 2A_2)$$

$$25.5 \times 4200 = 0.85 \times 210 \times ((40 - 2 \times 10) \times 10 + 2 \times 10 \times a)$$

解得 $a = 20$cm

2. 檢驗抗拉鋼筋降伏的假設

實際中性軸位置 $x = \dfrac{a}{\beta_1} = \dfrac{20}{0.85} = 23.53$cm

抗拉鋼筋的應變量 $\varepsilon_s = 0.003 \times \dfrac{d - x}{x} = 0.003 \times \dfrac{58.5 - 23.53}{23.53} = 0.0045$

抗拉鋼筋的降伏應變量 $\varepsilon_y = \dfrac{4200}{2.04 \times 10^6} = 0.00206$

因為抗拉鋼筋的應變量($\varepsilon_s = 0.0045$)大於抗拉鋼筋的降伏應變量($\varepsilon_y = 0.00206$)，前述抗拉鋼筋降伏的假設為正確。

3. 計算標稱彎矩 M_n 及設計彎矩 M_u

混凝土壓力 $C_1 = 0.85 \times 210 \times (40 - 20) \times 10 = 35700$kg

混凝土壓力 $C_2 = 2 \times 0.85 \times 210 \times 20 \times 10 = 71400$kg

$$M_n = \sum C_i d_i + C_s (d - d^{'})$$
$$= 35700 \times (58.5 - 10/2) + 71400 \times (58.5 - 20/2) + 0$$
$$= 5372850 \text{kg-cm} = 53.73 \text{t-m}$$

設計彎矩 $M_u = \phi M_n = 0.9 \times 53.73 = 48.357$t-m

4. 計算鋼筋限制量

平衡中性軸位置 $x = \dfrac{6120}{6120 + 4200} \times 58.5 = 34.692$cm

混凝土等值壓力方塊深度 $a = \beta_1 x = 0.85 \times 34.692 = 29.488$cm

因為 $a > 10$cm，故

混凝土壓力 $C_1 = 0.85 \times 210 \times (40 - 20) \times 10 = 35700$kg

混凝土壓力 $C_2 = 2 \times 0.85 \times 210 \times 29.488 \times 10 = 105272$kg

平衡鋼筋量 $A_{sb} = \dfrac{C_c + C_s}{f_y} = \dfrac{35700 + 105272 + 0}{4200} = 33.565$cm^2

最大鋼筋量 $A_{s,max} = \dfrac{0.75 C_c + C_s}{f_y} = \dfrac{0.75 \times (35700 + 105272) + 0}{4200} = 25.174$cm^2

最小鋼筋量取 $\dfrac{14}{f_y} bd = \dfrac{14}{4200} \times 40 \times 58.5 = 7.8$cm^2 或

$$\frac{0.8\sqrt{f_c'}}{f_y}bd = \frac{0.8 \times \sqrt{210}}{4200} \times 40 \times 58.5 = 6.863\text{cm}^2 \text{ 的最大值,所以 } A_{s,\min} = 7.8\text{cm}^2$$

5. 判定破壞模式

抗拉鋼筋量 $A_s \left(= 25.5\text{cm}^2\right) <$ 平衡鋼筋量 $A_{sb} \left(= 33.565\text{cm}^2\right)$,屬拉力破壞(延展性破壞);且最小鋼筋量 $\left(A_{s,\min} = 7.8\text{cm}^2\right) <$ 抗拉鋼筋量 $A_s \left(= 25.5\text{cm}^2\right) >$ 最大鋼筋量 $\left(A_{s,\max} = 25.174\text{cm}^2\right)$,故不合乎規範。

習作 3-30-3

圖 3-30-6 為一異形梁的斷面形狀與尺寸,已知混凝土的抗壓強度為 280 kg/cm²,鋼筋的降伏強度為 2800kg/cm²,若抗拉鋼筋量為 8 根#9 號鋼筋(每根#9 號鋼筋的斷面積為 6.469cm²),試判別其破壞模式並計算拉力破壞時的標稱彎矩 M_n 及設計彎矩 M_u。

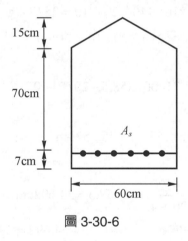

圖 3-30-6

📄詳解請參閱鋼筋混凝土分析與設計資料夾內之第三章\習作 3-30-3.doc

習作 3-30-4

圖 3-30-7 為一異形梁的斷面形狀與尺寸,已知混凝土的抗壓強度為 280 kg/cm²,鋼筋的降伏強度為 2800kg/cm²,若抗拉鋼筋量為 4 根#9 號鋼筋(每根#9 號鋼筋的斷面積為 6.469cm²),試判別其破壞模式並計算拉力破壞時的標稱彎矩 M_n 及設計彎矩 M_u。

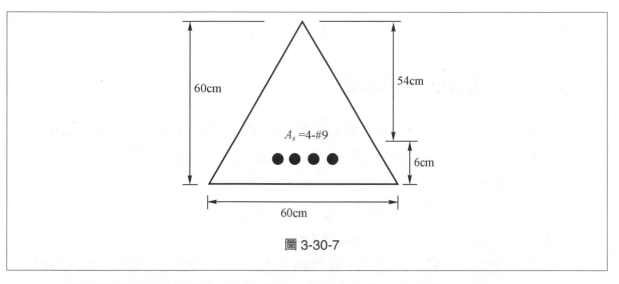

圖 3-30-7

詳解請參閱鋼筋混凝土分析與設計資料夾內之第三章\習作 3-30-4.doc

習作 3-30-5

　　圖 3-30-8 為一異形梁的斷面形狀與尺寸，已知混凝土的抗壓強度為 210 kg/cm^2，鋼筋的降伏強度為 4200kg/cm^2，若抗拉鋼筋量為 3 根#8 號鋼筋(每根#8 號鋼筋的斷面積為 5.07cm^2)、抗壓鋼筋量為 2 根#7 號鋼筋(每根#7 號鋼筋的斷面積為 3.88cm^2)，試判別其破壞模式並計算拉力破壞時的標稱彎矩 M_n 及設計彎矩 M_u。

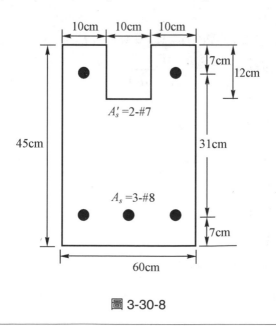

圖 3-30-8

　　　　詳解請參閱鋼筋混凝土分析與設計資料夾內之第三章\習作 3-30-5.doc

3-30-4　異形梁的斷面設計

　　異形梁的斷面設計乃為抵抗某一需要彎矩 M_d，配合空間環境選出異形梁斷面的形狀與尺寸及材料強度，設計選用抗拉鋼筋量(及)抗壓鋼筋量，其設計步驟如下：

1. 計算鋼筋限制量

　　計算抗拉鋼筋的平衡鋼筋量 A_{sb}，最大鋼筋量 $A_{s,\max}$ 及最小鋼筋量 $A_{s,\min}$。

2. 設定抗拉鋼筋量 A_{s1} 為規範允許的最大鋼筋量 $A_{s,\max}$

　　為避免抗拉鋼筋量 A_{s1} 配筋後超過規範允許的最大鋼筋量，通常設定抗拉鋼筋量小於規範允許的最大鋼筋量。

3. 計算抗拉鋼筋量為 A_{s1} 的設計彎矩 M_{u1}

　　如果設計彎矩 M_{u1} 大於或等於需要彎矩 M_d，不需抗壓鋼筋進行步驟 4；如果設計彎矩 M_{u1} 小於需要彎矩 M_d，則需抗壓鋼筋進行步驟 5。

4. 計算抵抗需要彎矩 M_d 的抗拉鋼筋量 A_s

　　計算抵抗需要彎矩 M_d 的混凝土等值壓力方塊深度 a 及平衡混凝土總壓力所需的抗拉鋼筋量 A_s，進行步驟 7。

5. 計算抗壓鋼筋量 $A_{s'}$

需要抗壓鋼筋抵抗的需要彎矩為 $M_{u2}=M_d-M_{u1}$。

需要增加的抗拉鋼筋量 $A_{s2}=\dfrac{M_{u2}}{f_y\left(d-d^{'}\right)}$

需要的抗壓鋼筋量為 $A_s^{'}=A_{s2}\dfrac{f_y}{f_s^{'}}$

修正平衡鋼筋量 $A_{sb}=A_{sb}+A_{s2}$

修正最大鋼筋量 $A_{s,\max}=A_{s,\max}+A_{s2}$

6. 計算抗拉鋼筋總量 A_s

拉鋼筋總量 $A_s=A_{s1}+A_{s2}$

7. 檢核抗拉鋼筋量 A_s 是否符合規範值

　　如果抗拉鋼筋量 A_s 在規範允許範圍內，則設計完成。

如果抗拉鋼筋量 A_s 不在規範允許範圍內，則設定 $A_{s1}=\alpha A_{s,\max}$，且 α 小於 1，然後重複進行步驟 3 直到設計完成。

範例 3-30-6

圖 3-30-9 為一配合空間環境需要選用的異形梁斷面形狀與尺寸，已知混凝土的抗壓強度為 210 kg/cm²，鋼筋的降伏強度為 2,800kg/cm²，試設計必要的抗拉(及)抗壓鋼筋量以抵抗 80t-m 的需要彎矩 M_d。每根#7 號鋼筋的斷面積為 3.88 cm²，每根#8 號鋼筋的斷面積為 5.07cm²，每根#9 號鋼筋的斷面積為 6.45cm²，每根#10 號鋼筋的斷面積為 8.17cm²。

已知：$f_y = 2,800\text{kg/cm}^2$

因為 $f_c^{'} = 210\,\text{kg/cm}^2$，所以 $\beta_1 = 0.85$

$b = 60\text{cm}$，$d = 70\text{cm}$，$d^{'} = 10\text{cm}$

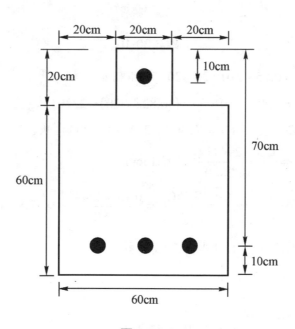

圖 3-30-9

1. 計算鋼筋限制量

   平衡中性軸位置 $x_b = \dfrac{6120}{6120 + 2800} \times 70 = 48.027\text{cm}$

   混凝土等值壓力方塊深度 $a = \beta_1 x_b = 0.85 \times 48.027 = 40.823\text{cm}$

將混凝土壓力區區分成 A_1、A_2 兩塊，如圖 3-30-10，則

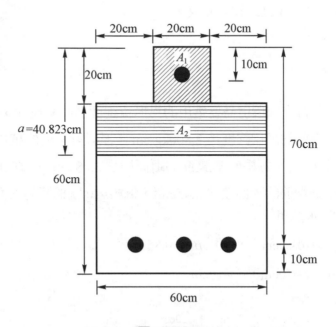

圖 3-30-10

混凝土壓力 $C_1 = 0.85 \times 210 \times 20 \times 20 = 71400 \text{kg}$

混凝土壓力 $C_2 = 0.85 \times 210 \times 60 \times (40.823 - 20) = 223014 \text{kg}$

混凝土總壓力 $C_c = C_1 + C_2 = 71400 + 223014 = 294414 \text{kg}$

平衡鋼筋量 $A_{sb} = \dfrac{C_c}{f_y} = \dfrac{294414}{2800} = 105.15 \text{cm}^2$

規範允許最大鋼筋量 $A_{s,\max} = \dfrac{0.75C_c}{f_y} = \dfrac{0.75 \times 294414}{2800} = 78.86 \text{cm}^2$

規範允許最小鋼筋量取下列兩值之較大者

$\dfrac{14}{f_y} bd = \dfrac{14}{2800} \times 60 \times 70 = 21 \text{cm}^2$

$\dfrac{0.8\sqrt{f_c'}}{f_y} bd = \dfrac{0.8 \times \sqrt{210}}{2800} \times 60 \times 70 = 17.39 \text{cm}^2$

所以規範允許最小鋼筋量 $A_{s,\min} = 21.0 \text{cm}^2$。

2. 設定抗拉鋼筋量 $A_{s1} = 0.98 A_{s,\max} = 0.98 \times 78.86 = 77.30 \text{cm}^2$。

3. 計算抗拉鋼筋量為 A_{s1} 的設計彎矩 M_{u1}

假設抗拉鋼筋已達降伏，則抗拉鋼筋的拉力為

$T = A_{s1} f_y = 77.30 \times 2800 = 216440 \text{kg}$

設平衡抗拉鋼筋拉力所需混凝土壓力塊的深度為 a，則

混凝土壓力 $C_1 = 0.85 \times 210 \times 20 \times 20 = 71400 \text{kg}$

混凝土壓力 $C_2 = 0.85 \times 210 \times 60 \times (a - 20) = 10710(a - 20) \text{kg}$

由靜力平衡條件 $T = C_1 + C_2$，得 $216440 = 71400 + 10710 \times (a - 20)$

解得 $a = 33.542 \text{cm}$

所以混凝土壓力 $C_2 = 0.85 \times 210 \times 60 \times (a - 20) = 145035 \text{kg}$

$$M_{u1} = C_1(d - 10) + C_2(d - 20 - (a - 20)/2)$$
$$= 71400 \times (70 - 10) + 145035 \times (70 - 20 - (33.542 - 20)/2)$$
$$= 10553718 \text{kg-cm} = 105.54 \text{t-m}$$

因為設計彎矩 $M_{u1}(=105.54\text{t-m})$大於需要彎矩 $M_d (=80\text{t-m})$，所以不需抗壓鋼筋。

4. 計算抵抗需要彎矩 M_d 的抗拉鋼筋量 A_s

　　假設抵抗需要彎矩所需的混凝土等值壓力塊深度為 a

混凝土壓力 $C_1 = 0.85 \times 210 \times 20 \times 20 = 71400 \text{kg}$

混凝土壓力 $C_2 = 0.85 \times 210 \times 60 \times (a - 20) = 10710(a - 20) \text{kg}$

令 $M_d = C_1(d - 10) + C_2(d - 20 - (a - 20)/2)$

$8000000 = 71400 \times (70 - 10) + 10710 \times (a - 20) \times (70 - 20 - (a - 20)/2)$

解得 $a = 27.502 \text{cm}$，所以

混凝土壓力 $C_2 = 0.85 \times 210 \times 60 \times (a - 20) = 80346 \text{k}g$

混凝土總壓力 $C_c = C_1 + C_2 = 71400 + 80346 = 151746 \text{kg}$

抗拉鋼筋拉力 $T = C_c = 151746 \text{kg}$

抗拉鋼筋量 $A_s = \dfrac{T}{f_y} = \dfrac{151746}{2800} = 54.195 \text{cm}^2$

選用 7 根#10 號鋼筋，則 $A_s = 8.17 \times 7 = 57.19 \text{cm}^2$

5. 檢核抗拉鋼筋量 A_s 是否符合規範值

　　抗拉鋼筋量 $A_s (= 57.19\text{cm}^2) <$ 平衡鋼筋量 $A_{sb}(= 105.15\text{cm}^2)$，屬拉力破壞(延展性破壞)；且最小鋼筋量 $(A_{s,\min} = 21\text{cm}^2) <$ 抗拉鋼筋量 $A_s (= 57.19\text{cm}^2) <$ 最大鋼筋量 $(A_{s,\max} = 78.86\text{cm}^2)$，故合乎規範。

習作 3-30-7

圖 3-30-12 為一配合空間環境需要選用的異形梁斷面形狀與尺寸,已知混凝土的抗壓強度為 210 kg/cm^2,鋼筋的降伏強度為 2,800kg/cm^2,試設計必要的抗拉(及)抗壓鋼筋量以抵抗 120t-m 的需要彎矩 M_d。每根#7 號鋼筋的斷面積為 3.88cm^2,每根#8 號鋼筋的斷面積為 5.07cm^2,每根#9 號鋼筋的斷面積為 6.45cm^2,每根#10 號鋼筋的斷面積為 8.17cm^2。

詳解請參閱鋼筋混凝土分析與設計資料夾內之第三章\習作 3-30-7.doc

Chapter **4**

剪力設計

📱 4-1　導　論

　　剪力在結構系統的構件上幾乎無所不在；樓版承受載重後其四周均有剪力，載重再傳遞到梁上，梁亦有剪力；風力及地震力發生時，梁及柱均受到剪力的負擔；這些剪力均屬構件內力，必與彎矩、扭矩及軸力伴隨發生。在第三章「梁的撓曲分析設計」中，研討如何配置抗拉(及)抗壓鋼筋使一承受撓曲彎矩的梁能在拉力破壞模式之下，達成其原來設計的目的。拉力破壞模式即延展性破壞模式；亦即梁在斷裂破壞以前會有明顯的裂縫與撓度以警示使用者維修或避險。一般淺梁所承受的撓曲應力均大於其剪應力，故淺梁均以承受的撓曲彎矩設計其斷面，再檢核其剪力是否滿足規範的規定後再考慮補強；對於承受較大載重且跨度較短的梁(屬深梁)，其剪力才可能大到由剪力控制斷面的設計。剪力雖不主控淺梁的設計，但是剪力的破壞通常沿著梁縱軸約 45° 向中央傾斜的斜面上突然發生不易察覺且無預警性的，不會如撓曲設計有拉力破壞前的裂縫與撓度訊息；因此規範上剪力設計的安全因數均較撓曲設計為大。

📱 4-2　剪力與斜拉力

　　圖 4-2-1(a)為一承受均佈載重的簡支均質彈性梁。A_1 及 A_2 為梁上兩個微小的自由體元素。圖 4-2-1(b)則為沿斷面的撓曲應力與剪應力的分布圖。設距中性軸距離為 y 的斷面 a_1-a_1 上的微小自由體元素 A_1 所承受的撓曲應力為 f_t、剪應力為 v 則由材料力學知其公式如下：

$$f_t = \frac{My}{I} \tag{4-2-1}$$

$$v = \frac{VQ}{Ib} \tag{4-2-2}$$

其中　　M、$V =$ 斷面 a_1-a_1 處所承受的撓曲彎矩與剪力。

　　　　$Q =$ 斷面底緣到 a_1-a_1 處間面積與該面積形心與中性軸距離的乘積。

　　　　$y =$ 斷面 a_1-a_1 到中性軸的距離。

　　　　$I =$ 全部斷面對中性軸之慣性矩。

　　　　$b =$ 剪力平面的寬度。

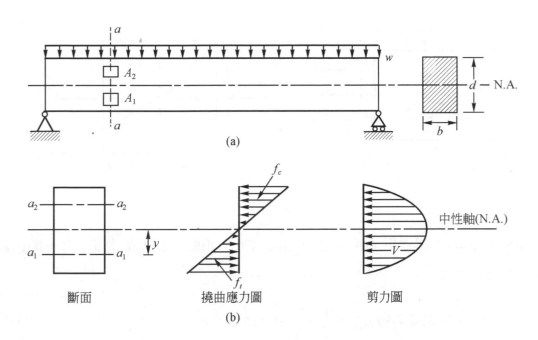

(a)

(b)

圖 4-2-1

斷面上除了斷面頂緣與斷面底緣因為 $Q=0$ 而沒有剪應力；斷面中性軸上因為 $y=0$ 而沒有撓曲應力外，均有撓曲應力與剪應力同時存在，此兩應力的合力稱為主應力(principal stress)。主應力有一對為主拉應力，另一對為主壓應力。在中性軸以下的主拉應力(斜拉力)大於主壓應力(斜壓力)；而在中性軸以上則主拉應力(斜拉力)小於主壓應力(斜壓力)。

圖 4-2-2 為作用在中性軸以下 a_1-a_1 處微小自由體元素 A_1 的內部應力。其主拉應力與主壓應力分別為：

$$\text{主拉應力(斜拉力) } f_{t(\max)} = \frac{f_t}{2} + \sqrt{\frac{f_t^2}{4} + v^2} \tag{4-2-3}$$

$$\text{主壓應力(斜壓力) } f_{C(\max)} = \frac{f_t}{2} - \sqrt{\frac{f_t^2}{4} + v^2} \tag{4-2-4}$$

斜拉力與梁軸線的夾角 θ 為

$$\theta = \frac{1}{2}\tan^{-1}\left(\frac{2v}{f_t}\right) \tag{4-2-5}$$

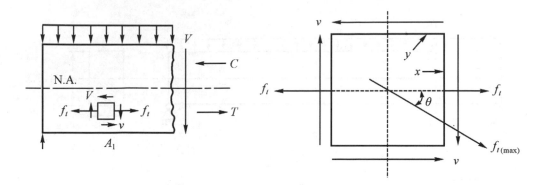

圖 4-2-2

同理，圖 4-2-3 為作用在中性軸以上 a_2-a_2 微小自由體元素 A_2 的內部應力、其主拉應力與主壓應力分別為：

$$主拉應力(斜拉力) f_{t(\max)} = \frac{f_c}{2} - \sqrt{\frac{f_c^2}{4} + v^2} \tag{4-2-6}$$

$$主壓應力(斜壓力) f_{C(\max)} = \frac{f_c}{2} + \sqrt{\frac{f_c^2}{4} + v^2} \tag{4-2-7}$$

斜拉力與梁軸線的夾角 θ 為

$$\theta = \frac{1}{2}\tan^{-1}\left(\frac{2v}{f_c}\right) \tag{4-2-8}$$

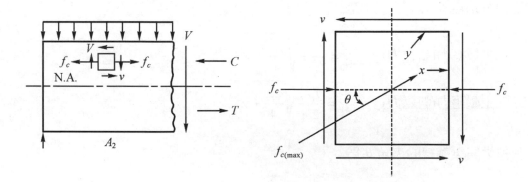

圖 4-2-3

由前述公式，在梁斷面中性軸位置因為撓曲應力為零，故其與水平縱軸的傾斜角度為 45°；在梁斷面頂緣或底緣位置因為剪應力為零，故其與水平縱軸的傾斜角度為 0°。很明顯的梁斷面從頂緣到底緣各點的剪應力與撓曲應力的相對大小均是改變的；因此斜拉力與斜壓力等合力的方向也是改變的，如圖 4-2-4 所示。

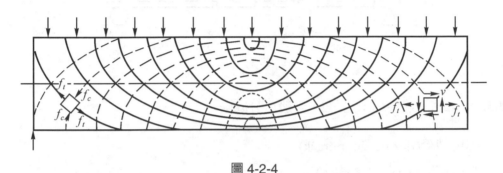

圖 4-2-4

鋼筋混凝土為非均質而且不具彈性的建材，因此前面推導的公式並不能完全適用，但其學理與觀念則有效導引剪力破壞試驗應該觀察的物理量及分析與設計經驗公式的推導。因為混凝土的抗拉力相對較弱，故梁斷面上的這些斜拉力才是造成剪力破壞的元兇應加以處理，若其值超過規範允許值時，需設法補強之。鋼筋混凝土梁雖然有抗拉鋼筋的設置，但其對斜拉力的抵抗助益不大，因此多以設置肋筋或腹筋補強之。

🔲 4-3 斜裂縫的破壞行為

當純混凝土梁承受荷重而使跨度中央的撓曲彎矩大於混凝土的開裂彎矩 M_{cr} 時，混凝土梁底緣開始開裂，並即刻破壞。因此，剪力對純混凝土梁的強度影響非常小。

當鋼筋混凝土梁承受荷重而使跨度中央的撓曲彎矩大於混凝土的開裂彎矩 M_{cr} 時，此時梁底緣雖有拉裂縫產生，但因其中設有抗拉鋼筋使它能承受更大的荷重。而當荷重增加，剪力也隨著加大，結果使剪力大的區域內，其斜拉力也大為增加。因為撓曲抗拉鋼筋對斜拉力並無抵抗作用，因此，斜拉力使混凝土在垂直於斜拉力的方向產生斜裂縫；這些斜裂縫會因荷重的持續增加而擴張斜裂縫的開口，如圖 4-3-1 所示。產生於梁內的斜裂縫，若沒有適當的防範，將導致無警告性的斜拉破壞(diagonal tension failure)，而引起梁的完全坍塌。斜拉破壞因與剪力有直接關係，所以又稱剪力破壞。

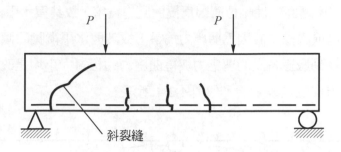

圖 4-3-1

如圖 4-3-2 所示斜裂縫的型態，一般可分成兩類：

撓剪裂縫(flexure shear crack)

腹剪裂縫(web shear crack)

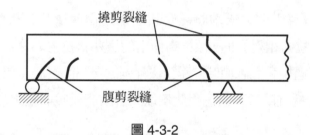

圖 4-3-2

撓剪裂縫(flexure shear crack)係於撓曲彎矩產生的撓曲裂縫尖端，因為剪力的存在而產生的主應力(斜拉力或斜壓力)使裂縫由尖端向中性軸斜向延伸而成。形成這種裂縫，斷面的彎矩必定大於開裂彎矩，並且有一顯著的剪力存在；換句話說，它通常形成於高剪力與高彎矩的區域中。

當撓剪裂縫形成後，若載重持續增加而致破壞，則可能有如圖 4-3-3 所示三種破壞模式：

1. 撓曲破壞(flexure failure)：當鋼筋混凝土梁屬拉力破壞設計時，將因拉力鋼筋先行降伏而破壞如圖 4-3-3(a)，這種破壞是有預警的。

2. 剪拉破壞(shear tension failure)：當鋼筋混凝土梁產生撓剪裂縫而使抗拉鋼筋的錨定破壞(bond destruction)時，撓剪裂縫擴大而破壞，如圖 4-3-3 (b)。

3. 剪壓破壞(shear compression failure)：當鋼筋混凝土梁產生撓剪裂縫而使抗拉鋼筋的錨定破壞(bond destruction)時，撓剪裂縫擴大使斜壓力大增而致中性軸以上壓力面的混凝土因壓碎而破壞，如圖 4-3-3(c)。

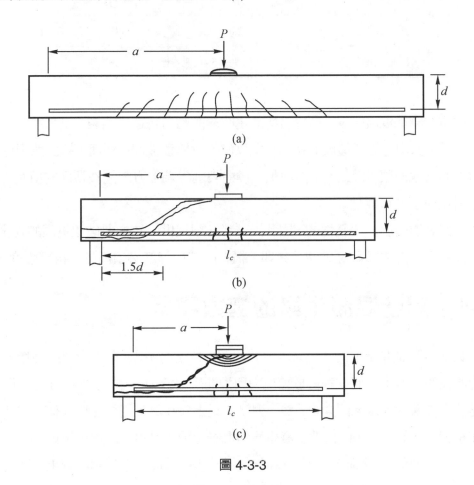

圖 4-3-3

破壞模式與梁的跨深比(slenderness of beam)有關；跨深比為剪力跨度與梁深的比值。集中載重的剪力跨度(shear span)為集中載重作用點與支承面的距離；均佈載重的剪力跨度為梁的徑跨距。破壞模式與跨深比的關係如下表：

腹剪破壞(web shear crack)係當剪力所造成的斜拉應力超過混凝土的抗拉強度時，於中性軸附近所生的裂縫。通常它是形成於高剪力與低彎矩的區域中，如連續梁簡支側或反曲點附近。

破壞模式	梁別	跨深比	
		集中載重	均佈載重
撓曲破壞	淺梁	>5.5	>16
剪拉破壞	中梁	2.5~5.5	11~16
剪壓破壞	深梁	1~2.5	1~5

承受載重的鋼筋混凝土梁，由彎矩所產生的撓曲應力將造成開裂；但因為有撓曲鋼筋的設計，足以承擔由彎矩所造成的拉力，所以尚不會導致破壞。然而，撓曲開裂會減少用以負擔剪力的有效面積；因此，不但增加了撓曲裂縫尖端上方未開裂斷面的剪應力，同時也提高了斜拉破壞的可能性。

由於斜拉破壞是屬於突發性的，因此設計者必須提供一較撓曲破壞更高的安全係數，以確保撓曲破壞總是先於斜拉破壞。亦即，構材的抗剪強度必須高於其抗彎強度。

■ 4-4　鋼筋混凝土梁的剪力設計

承受載重的鋼筋混凝土梁必定有內剪力才能維持梁的平衡。剪力對梁的破壞並非發生於剪應力所在的平面上，而在垂直於剪應力與撓曲應力合力(主拉應力)的面上，因此主拉應力才是剪力破壞的元凶。圖 4-4-1 為一鋼筋混凝土梁在斜裂縫發生處左側的自由體，V_u為外力在垂直方向的合力，V_c為裂縫發生後的混凝土剪力強度，V_d為抗拉鋼筋作用於其周圍混凝土所造成的剪力(又稱接合力 dowel force)，V_a為裂縫間不規則混凝土面間的互鎖摩擦力(interlock force)。為維持自由體的平衡，V_u應等於 V_c、V_d 與 V_a 的垂直分量的和。其中抗拉鋼筋的接合力 V_d 及混凝土面間的互鎖力 V_a 將隨抗拉鋼筋錨錠的破壞及斜裂縫的加大而大幅減少，因此裂縫發生後的混凝土剪力強度 V_c 被視為平衡外力的主要力量。

由於鋼筋混凝土是一種非均質且非彈性的材料；因此，斷面上剪應力與主拉應力的計算存在著太多的變數與不確定性。鋼筋混凝土設計規範對於剪力的設計從兩方面加以規範：

1. 混凝土的剪力強度 V_c：經由無數的試驗歸納出斜裂縫形成後混凝土的剪力強度與混凝土的抗拉強度(與抗壓強度的平方根有關)與斷面特性的關係公式。

2.　腹筋的配置：如果承受的剪力大於混凝土的剪力強度，規範輔助鋼筋(腹筋)的鋼筋量計算及配置細節。

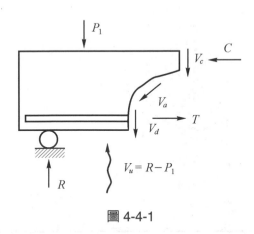

圖 4-4-1

4-5　混凝土的剪力強度

　　圖 4-5-1 為以各種不同抗壓強度 f_c' 的鋼筋混凝土梁承受不同集中載重以致破壞時的理論剪力強度的對比圖。斷面的理論剪力強度 v_c 係以剪力除以斷面的有效面積 $b_w d$ 來表示。

　　由圖中實驗結果的雜亂性，可看出使用相同混凝土做成的梁，其剪力強度的變化也很大，間接證實了混凝土的剪力強度並不與其抗壓強度 f_c' 有關。由於實際上的剪力破壞就是斜拉破壞，因此剪力強度應與混凝土的抗拉強度($\sqrt{f_c'}$ 的函數)相關聯。依此方向，在彎矩值很小處，因斷面未開裂或輕微開裂，可用以抵抗剪力的面積較多，故其剪力容量相當高。由實驗求得破壞發生前，斷面上的混凝土剪力強度 V_c 接近 $0.93\sqrt{f_c'}\ \text{kg/cm}^2$。在彎矩很大處，由彎矩所造成較大的撓曲開裂，將會減少斷面抵抗剪力的面積。此折減的斷面面積與由彎矩生成的高撓曲應力，會降低理論剪力強度 V_c 至 $0.50\sqrt{f_c'}\ \text{kg/cm}^2$。

　　抗拉鋼筋量的增加將分擔較多的拉力而減少斜裂縫的長度與寬度。裂縫長度的縮短，可以提供較多的未開裂混凝土面積來抵抗剪力。裂縫寬度的減少，可導致開裂面間的緊密接觸，以增加由裂縫摩擦的互鎖剪力。縱向抗拉鋼筋量多時，也會增加接合力的容量。高鋼筋比 ρ，可在多方面提高其剪力強度。換言之，抗拉鋼筋量(即鋼筋比 ρ)的增加可在多方面提高混凝土的剪力強度。

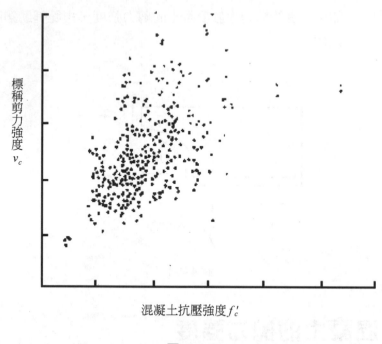

圖 4-5-1

最後，構材的深度 d 與產生撓曲裂縫的設計彎矩均可影響斷面混凝土的剪力強度。

混凝土工程設計規範規定，混凝土的剪力強度 V_c 的計算公式為：

1. 簡單計算式

    $$V_c = 0.53\sqrt{f_c^{'}}\,b_w d \tag{4-5-1}$$

2. 詳細計算式

    $$V_c = \left(0.50\sqrt{f_c^{'}} + 175\rho_w\,\frac{V_u d}{M_u}\right)b_w d \le 0.93\sqrt{f_c^{'}}\,b_w d \tag{4-5-2}$$

    式中 $\dfrac{V_u d}{M_u}$ 值不得大於 1.0。

    其中，

    V_c 為混凝土的剪力強度 kg。

    b_w 為梁腹寬度 cm。

    d 為梁的有效深度 cm。

M_u 為斷面的設計彎矩 kg-cm。

V_u 為斷面的設計剪力 kg。

$f_c^{'}$ 為混凝土的抗壓強度 kg/cm^2。

$$\rho_w = \frac{A_s}{b_w d}$$

公式(4-5-2)中的 M_u 若很大時，第二項變得很小而使 V_c 值接近 $0.50\sqrt{f_c^{'}}b_w d$；若 M_u 很小而接近於零時，第二項會變得非常大，此時該經驗公式便不再適用，因此其上限仍受 $0.93\sqrt{f_c^{'}}b_w d$ 所控制。

圖 4-5-2 亦為以各種不同抗壓強度 $f_c^{'}$ 的鋼筋混凝土梁承受不同集中載重以致破壞時的理論剪力強度的對比圖，但以 $\sqrt{f_c^{'}}$ 及標稱剪力與標稱彎矩整理成無因次的座標所繪成。其中圖點的分佈仍有散亂的情況存在，但因與 $\sqrt{f_c^{'}}$ (與混凝土拉力有關)相比而較接近事實。經驗公式(4-5-2)即是依據其實驗結果歸納而得。

由公式(4-2-3)~(4-2-8)知，均質梁或鋼筋混凝土梁的主拉應力或主壓應力均與撓曲應力有關，而撓曲應力會因承受軸向壓力或軸向拉力而變化。造成鋼筋混凝土梁承受軸向力的因素有很多種，其中包括預力、溫度變化、直接作用的外力以及桿件不能自由收縮所致者等等。當軸向載重、撓曲彎矩與剪力同時存在於斷面時，若軸向力若為壓力，則因降低撓曲拉應力而使斜拉力變小，間接地提高了混凝土的剪力強度；若軸向力若為拉力，則因增加撓曲拉應力而使斜拉力變大，間接地降低了混凝土的剪力強度。準此，鋼筋混凝土梁承受軸向載重對於混凝土的剪力強度也有間接的影響。

對於受軸向壓力 N_u 的斷面，其混凝土的剪力強度 V_c 的簡單計算式為

$$V_c = 0.53\left(1 + \frac{N_u}{140 A_g}\right)\sqrt{f_c^{'}}b_w d \qquad (4\text{-}5\text{-}3)$$

詳細計算式則將公式(4-5-2)中的 M_u 被取代為

$$M_m = M_u - N_u \frac{4h - d}{8} \qquad (4\text{-}5\text{-}4)$$

式中 h 為構件的總深度 cm，N_u 為軸向壓力 kg。因此，得

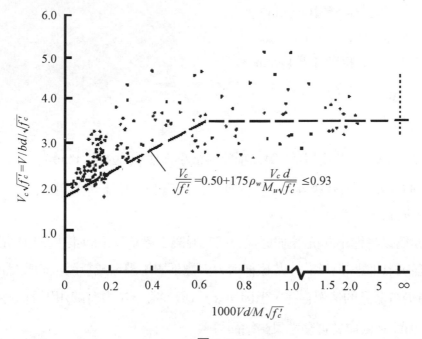

圖 4-5-2

$$V_c = \left(0.50\sqrt{f_c^{'}} + 175\rho_w \frac{V_u d}{M_m} \right) b_w d \tag{4-5-5}$$

式中的 $V_u d / M_m$ 可大於 1，但 V_c 值應受公式(4-5-6)的限制

$$V_c \le 0.93\sqrt{f_c^{'}} b_w d \sqrt{1 + \frac{N_u}{35A_g}} \tag{4-5-6}$$

其中 A_g 為總斷面積，且 N_u/A_g 的單位為 kg/cm^2。

若 M_m 為負值，V_c 值應按公式(4-5-6)計算。

軸向拉力將減低混凝土的剪力強度 V_c，若 N_u 為拉力，則規範規定 V_c 可依下式求得；

$$V_c = 0.53\left(1 + \frac{N_u}{35A_g} \right)\sqrt{f_c^{'}} b_w d \tag{4-5-7}$$

其中 N_u 取負值，但混凝土的剪力強度 V_c 不得小於零。

欲計算輕質混凝土的剪力強度時，若輕質混凝土的平均開裂抗拉強度 f_{ct} 已知，則公式中的 $\sqrt{f_c'}$ 必須以 $f_{ct}\big/1.8$ 取代，但是 $f_{ct}\big/1.8$ 不得超過 $\sqrt{f_c'}$。

若輕質混凝土的平均開裂抗拉強度 f_{ct} 未知，全輕質混凝土，$\sqrt{f_c'}$ 必須乘以 0.75；常重砂輕質混凝土，$\sqrt{f_c'}$ 必須乘以 0.85，才能用來計算 V_c 值。

由高強度混凝土(抗壓強度 f_c' 約大於 560kg/cm²)製作有限個數之鋼筋混凝土梁試驗結果，梁斜拉開裂載重之增加速率不如公式(4-5-1)或(4-5-2)所建議者，故剪力設計中的 $\sqrt{f_c'}$ 值不得超過 26.5kg/cm²。

範例 4-5-1

試決定圖 4-5-3 所示梁斷面在下列各種情況下的斷面混凝土剪力強度 V_c。混凝土抗壓強度為 280 kg/cm²，鋼筋降伏強度為 2,800 kg/cm²。若抗拉鋼筋形心距梁斷面底線的距離為 10 cm。

1. 混凝土為常重混凝土
2. 混凝土為全輕質混凝土，且混凝土的平均開裂抗拉強度 f_{ct}=24 kg/cm²
3. 混凝土為全輕質混凝土，且混凝土的平均開裂抗拉強度 f_{ct}=34 kg/cm²
4. 混凝土為全輕質混凝土，但混凝土的平均開裂抗拉強度未知
5. 混凝土為常重砂輕質混凝土，但混凝土的平均開裂抗拉強度未知

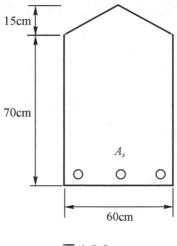

圖 4-5-3

已知條件：

$$f_c^{'} = 280\text{kg/cm}^2 \text{，所以} \sqrt{f_c^{'}} = \sqrt{280} = 16.733\text{kg/cm}^2$$

簡單式混凝土的剪力強度為 $V_c = 0.53\sqrt{f_c^{'}}b_w d$ 中的 $b_w d$ 代表矩形梁的有效面積；若非為矩形梁，則依梁斷面形狀計算之，故圖 4-5-3 的有效面積為

$$A_e = (70 - 10) \times 60 + \frac{60 \times 15}{2} = 4050\text{cm}^2$$

1. 混凝土為常重混凝土
   $$V_c = 0.53\sqrt{f_c^{'}}b_w d = 0.53 \times 16.733 \times 4050 = 35917\text{kg}$$

2. 混凝土為全輕質混凝土，且混凝土的平均開裂抗拉強度 $f_{ct} = 24 \text{ kg/cm}^2$
   $$\frac{f_{ct}}{1.8} = \frac{24}{1.8} = 13.333\text{kg/cm}^2 < \sqrt{f_c^{'}} = 16.733\text{kg/cm}^2 \text{，故}$$
   $$V_c = 0.53\left(\frac{f_{ct}}{1.8}\right)b_w d = 0.53 \times 13.333 \times 4050 = 28619\text{kg}$$

3. 混凝土為全輕質混凝土，且混凝土的平均開裂抗拉強度 $f_{ct} = 34 \text{ kg/cm}^2$
   $$\frac{f_{ct}}{1.8} = \frac{34}{1.8} = 18.889\text{kg/cm}^2 > \sqrt{f_c^{'}} = 16.733\text{kg/cm}^2$$
   $$V_c = 0.53\left(\frac{f_{ct}}{1.8}\right)b_w d = 0.53 \times 16.733 \times 4050 = 35917\text{kg}$$

4. 混凝土為全輕質混凝土，但混凝土的平均開裂抗拉強度未知
   因為混凝土的平均開裂抗拉強度 f_{ct} 未知，且混凝土為全輕質混凝土，故 $\sqrt{f_c^{'}}$ 需乘以 0.75，所以
   $$V_c = 0.53\left(0.75\sqrt{f_c^{'}}\right)b_w d = 0.53 \times 0.75 \times 16.733 \times 4050 = 26938\text{kg}$$

5. 混凝土為常重砂輕質混凝土，但混凝土的平均開裂抗拉強度未知
   因為混凝土的平均開裂抗拉強度 f_{ct} 未知，且混凝土為常重砂輕質混凝土，故 $\sqrt{f_c^{'}}$ 需乘以 0.85，所以
   $$V_c = 0.53\left(0.85\sqrt{f_c^{'}}\right)b_w d = 0.53 \times 0.85 \times 16.733 \times 4050 = 30530\text{kg}$$

Chapter 4

範例 4-5-2

　　試決定圖 4-5-4 所示梁斷面在下列各種載重情況下的斷面混凝土剪力強度 V_c。混凝土抗壓強度為 280 kg/cm²，鋼筋降伏強度為 4,200 kg/cm²，抗拉鋼筋為 4 根#8 號鋼筋，每根#8 號鋼筋的斷面積為 5.07 cm²。

1.　以簡單計算公式計算

2.　設計剪力 V_u=23 t，設計彎矩 M_u=10 t-m

3.　設計剪力 V_u=23 t，設計彎矩 M_u=6 t-m

4.　設計剪力 V_u=23 t，設計彎矩 M_u=6 t-m，軸向拉力 N_u=5 t

5.　設計剪力 V_u=23 t，設計彎矩 M_u=6 t-m，軸向壓力 N_u=5 t

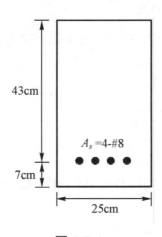

43cm

A_s =4-#8

7cm

25cm

圖 4-5-4

　　已知條件：$f_c' = 280 \text{kg/cm}^2$，$f_y = 4200 \text{kg/cm}^2$，

$$A_s = 5.07 \times 4 = 20.28 \text{cm}^2 \text{，} A_g = (43 + 7) \times 25 = 1250 \text{cm}^2$$

$$\rho_w = \frac{A_s}{b_w d} = \frac{20.28}{43 \times 25} = 0.01887$$

1.　以簡單計算公式計算

$$V_c = 0.53\sqrt{f_c'} b_w d = 0.53 \times \sqrt{280} \times 25 \times 43 = 655.145 \text{kg}$$

2.　設計剪力 V_u=23t，設計彎矩 M_u=10 t-m

$$\frac{V_u d}{M_u} = \frac{23 \times 43}{10 \times 100} = 0.989 < 1.0 \text{ O.K.}$$

$$0.93\sqrt{f_c'}\,b_w d = 0.93 \times \sqrt{280} \times 25 \times 43 = 16729\text{kg}$$

$$V_c = \left(0.50\sqrt{f_c'} + 175\rho_w \frac{V_u d}{M_u}\right) b_w d$$

$$= \left(0.50 \times \sqrt{280} + 175 \times 0.01887 \times 0.989\right) \times 25 \times 43$$

$$= 12505\text{kg} < 16729\text{kg}\quad \text{O.K.}$$

3. 設計剪力 V_u=23 t，設計彎矩 M_u=6 t-m

$$\frac{V_u d}{M_u} = \frac{23 \times 43}{6 \times 100} = 1.648 > 1.0 \text{，取} \frac{V_u d}{M_u} = 1.0$$

$$V_c = \left(0.50\sqrt{f_c'} + 175\rho_w \frac{V_u d}{M_u}\right) b_w d$$

$$= \left(0.50 \times \sqrt{280} + 175 \times 0.01887 \times 1.0\right) \times 25 \times 43$$

$$= 12544\text{kg} < 16729\text{kg}\quad \text{O.K.}$$

4. 設計剪力 V_u=23 t，設計彎矩 M_u=6 t-m，軸向拉力 N_u=5 t

$$V_c = 0.53\left(1 + \frac{N_u}{35A_g}\right)\sqrt{f_c'}\,b_w d$$

$$= 0.53 \times \left(1 + \frac{-5 \times 1000}{35 \times 1250}\right) \times \sqrt{280} \times 25 \times 43$$

$$= 8444.2\text{kg} > 0\quad \text{O.K.}$$

5. 設計剪力 V_u=23 t，設計彎矩 M_u=6 t-m，軸向壓力 N_u=5 t

(1) 以簡單式計算

$$V_c = 0.53\left(1 + \frac{N_u}{140A_g}\right)\sqrt{f_c'}\,b_w d$$

$$= 0.53 \times \left(1 + \frac{5 \times 1000}{140 \times 1250}\right) \times \sqrt{280} \times 25 \times 43$$

$$= 9806\text{kg}$$

(2) 以詳細式計算

$$M_m = M_u - N_u \frac{4h - d}{8} = 6 - 5 \times \frac{4 \times (0.43 + 0.07) - 0.43}{8} = 5.01875\text{t-m}$$

$$0.93\sqrt{f_c'}\,b_w d\sqrt{1 + \frac{N_u}{35A_g}}$$

$$= 0.93 \times \sqrt{280} \times 25 \times 43 \times \sqrt{1 + \frac{5 \times 1000}{35 \times 1250}} = 17659\text{kg}$$

$$\frac{V_u d}{M_m} = \frac{23 \times 43}{5.01875 \times 100} = 1.971$$

$$V_c = \left(0.50\sqrt{f_c^{'}} + 175\rho_w \frac{V_u d}{M_m}\right)b_w d$$

$$= \left(0.50 \times \sqrt{280} + 175 \times 0.01887 \times 1.971\right) \times 25 \times 43$$

$$= 15991\text{kg} < 17659\text{kg} \quad \text{O.K.}$$

4-6　設計剪力強度

4-4 節敍述混凝土工程設計規範處理剪力的方法是先依據梁的受載情形估算混凝土的剪力強度 V_c；如果混凝土剪力強度未能抵抗載重所產生的剪力，則需配置腹筋以補強之。4-5 節已就梁的各種承載情況推算混凝土的剪力強度 V_c。梁承受因數化載重(factored load)後，斷面上所產生的剪力 V_u 稱為需要剪力；有腹筋的梁之總標稱剪力 V_n 是由混凝土的剪力強度 V_c 和剪力鋼筋(腹筋)所提供的剪力強度 V_s 所組成。即

$$V_n = V_c + V_s \tag{4-6-1}$$

依據強度設計法，需要剪力 V_u 應小於或等於有腹筋的梁之總標稱剪力 V_n 乘以強度折減因數($\phi = 0.85$)。即

$$V_u \leq \phi V_n \leq \phi\left(V_c + V_s\right) \tag{4-6-2}$$

為推導腹筋量及間距配置，將式(4-6-2)取等號關係，移項後得腹筋剪力強度 V_s 為

$$V_s = \frac{V_u - \phi V_c}{\phi} \tag{4-6-3}$$

折減係數 $\phi = 0.85$ 較撓曲設計的 $\phi = 0.90$ 保守，顯示斜拉力破壞的突發性本質，與現行規範對剪力強度估算準確性的不足，如圖 4-5-2 所顯示的不整齊性。

📘 4-7 腹筋的配置

4-7-1 腹 筋

鋼筋混凝土梁由剪力與撓曲應力所誘導的主斜拉應力,很容易超過混凝土的抗拉強度而產生使梁劈裂的斜裂縫。此種斜裂縫所造成的斜拉破壞是沒有預警的,經常會引起梁的完全坍塌。因此,需設置腹筋(web reinforcement)以承擔超額的斜拉力。

常用的腹筋種類如圖 4-7-1 有:

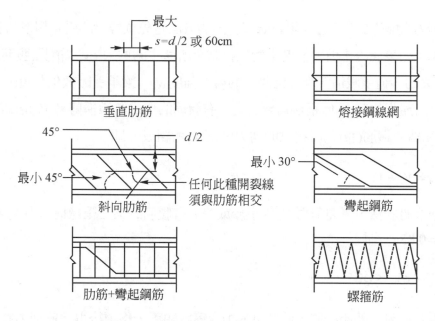

圖 4-7-1

1. 垂直肋筋:與縱向鋼筋成垂直排列之肋筋(stirrups)。通常是由 3 號到 5 號鋼筋所構成,依使用需要而有不同之型式,最常見的是如圖 4-7-2(a),(b)的 U 型形式。有時亦可用圖 4-7-2(d),(e)所示的多支肋筋(multiple stirrups)。肋筋通常固定在縱向抗拉鋼筋上,而且肋筋的頂部,通常都利用小號數的縱向鋼筋支持著。

2. 斜向肋筋:與縱向鋼筋相交一斜角,通常為 45°,並焊接在主鋼筋上。

3. 彎起鋼筋:將不再需要的剩餘縱向鋼筋向上彎起 30°∼60°,通常使用 45° 作為剪力鋼筋以負擔超額的斜拉力。在連續梁中,這些向上彎折的鋼筋,除了可作為剪力

鋼筋(傾斜部份)外，也可作爲承受負彎矩所需的鋼筋。因工地現場不易施工，甚少採用。

4. 組合肋筋：同時用垂直肋筋或斜向肋筋與彎曲鋼筋的組合。

5. 熔接鋼線網：熔接鋼線網之鋼線與構材軸向垂直者。

6. 螺旋筋：斜向肋筋應是抵抗主斜拉應力的最有效肋筋配置形式，但因施工成本稍高，一般多以垂直肋筋配置之。

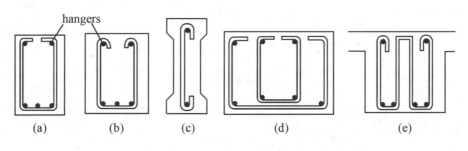

圖 4-7-2

4-7-2　腹筋之間距 s

如圖 4-7-3 所示，抵抗剪力的斜向腹筋與縱向抗拉鋼筋的交角爲 α。若裂縫中通過 n 根腹筋，則腹筋之剪力強度 V_s 等於腹筋所發展之張力的垂直分量總和。即

$$V_s = n A_v f_y \sin\alpha \tag{4-7-1}$$

其中　　A_v 爲間距 s 間之腹筋面積

$\quad\quad\quad f_y$ 爲腹筋的降伏強度

由圖 4-7-3 的幾何關係，得距離 ns 爲

$$ns = d\left(\cot 45° + \cot\alpha\right) = d\left(1 + \cot\alpha\right) \tag{4-7-2}$$

其中 s 爲腹筋之間距。

將(4-7-2)式所得 $n = \dfrac{d\left(1 + \cot\alpha\right)}{s}$ 代入(4-7-1)式得

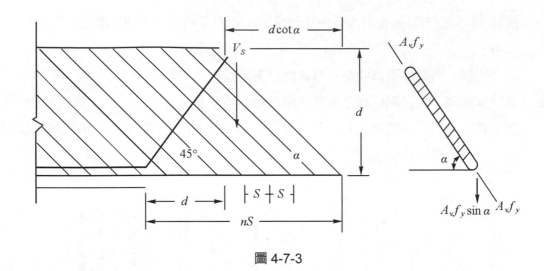

圖 4-7-3

$$V_s = \frac{d(1+\cot\alpha)}{s} A_v f_y \sin\alpha \tag{4-7-3}$$

或 $$V_s = \frac{A_v f_y d}{s}(\sin\alpha + \cos\alpha) \tag{4-7-4}$$

若為垂直腹筋，則因 $\alpha = 90°$，則

$$V_s = \frac{A_v f_y d}{s} \tag{4-7-5}$$

　　分析一經過妥善抗剪設計後的鋼筋混凝土梁，因為間距間的腹筋鋼筋量 A_v 及間距 s 均為已知，故可用公式(4-7-4)或(4-7-5)來計算腹筋的剪力強度 V_s，進而計算混凝土剪力強度 V_c 及梁的標稱剪力強度 V_n，與需要的剪力強度 V_u 來研判抗剪設計的妥適性。將公式(4-7-4)和公式(4-7-5)移項整理可得公式(4-7-6)和公式(4-7-7)。

斜向腹筋 α 　$$s = \frac{A_v f_y d}{V_s}(\sin\alpha + \cos\alpha) \tag{4-7-6}$$

直角腹筋($\alpha = 90°$) $$s = \frac{A_v f_y d}{V_s} = \frac{A_v f_y d}{\dfrac{V_u}{\phi} - V_c} = \frac{\phi A_v f_y d}{V_u - \phi V_c} \tag{4-7-7}$$

　　若進行梁的抗剪設計，則可先選定間距間的腹筋鋼筋量 A_v，再由公式(4-7-6)和公式(4-7-7)分別算出斜向與垂直腹筋之間距 s。

因為斜拉力破壞是沒有任何警告性的，只要斜拉裂縫產生，梁很容易坍塌而造成完全的破壞。因此，為了確保梁的延展性破壞，規範要求經過撓曲設計的鋼筋混凝土梁，其破壞時的極限載重，必須低於造成剪力破壞時的極限載重。由於腹筋可以抑制斜裂縫的成長及降低其完全斷裂的可能性，所以，規範規定所有需要剪力 V_u 超過 $\phi V_c/2$ (混凝土可用剪力強度的一半)的梁斷面必須排置腹筋以提供破壞的延展性。

由於梁斷面的需要剪力強度 V_u 是沿著梁的縱向長度而變化，且因整梁採用同一編號的腹筋，所以腹筋的間距必須能隨處不同，以調整其所提供的鋼筋量。腹筋間距隨處調整的設計將會增加施工成本，因此，實務上乃是計算出最大需要剪力 V_u 斷面所需的腹筋間距，然後以該間距配置腹筋，直到判斷出另一位置的斷面需要剪力值 V_u，顯著降低而可允許較大的間距為止。於該位置，設計者便計算下一區間所需的腹筋間距，如圖 4-7-4。

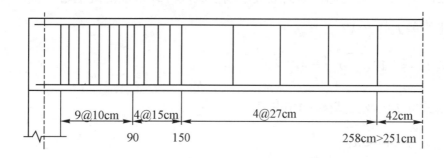

圖 4-7-4

4-7-3　腹筋配置規定

混凝土工程設計規範除規定混凝土抗壓強度的平方根值不得大於 26.5 kg/cm² 外，對於腹筋的鋼筋量及間距亦有各種規定，綜述如下：

1.　最低腹筋量

　　如果腹筋量過低，可能在斜裂縫形成時，腹筋即告降伏或折斷，因此，規範規定最低腹筋量為

$$A_{v,\min} = \frac{3.5 b_w s}{f_y} \tag{4-7-8}$$

$$V_{s,\min} = A_{v,\min} \frac{d}{s} f_y = 3.5 b_w d \tag{4-7-9}$$

規範雖然規定需要剪力大於 $\phi V_c / 2$ 時才需配置腹筋，但實務經驗顯示，全梁配置最低腹筋量以上的腹筋梁，有不錯的防震效果。但規範亦規定樓版、基腳或淺梁(梁之總深不超過 25cm，翼緣厚之 2.5 倍或梁腹寬之半，以值大者為準)可不設剪力鋼筋。

2. 最高腹筋量

如果腹筋量沒有上限的限制，似乎可藉由腹筋量的增加來提高梁的剪力強度；但腹筋剪力強度的提昇可能使壓力區尚未發生裂縫的混凝土突然間產生剪壓破壞，使梁完全坍塌。為防止剪壓破壞，規範規定腹筋剪力強度 V_s 不得超過 $2.12\sqrt{f_c'} b_w d$。若超過，則需放大梁斷面的尺寸或增加混凝土之抗壓強度俾增加混凝土的剪力強度 V_c。

$$V_{s,\max} = 2.12\sqrt{f_c'} b_w d = 4V_c \tag{4-7-10}$$

由公式(4-7-9)及公式(4-7-10)得

$$3.5 b_w d \le V_s \le 4V_c$$

因為 $V_n = V_c + V_s$，所以 $(V_c + 3.5 b_w d) \le V_n \le 5V_c$

3. 最大腹筋間距

為使每一可能發生之斜拉裂縫至少與一組腹筋相交，規範有如下的最大間距的規定：

若 $V_s \le 1.06\sqrt{f_c'} b_w d$ 時，最大間距為下列三者中之最小值

$$s_{\max} = \frac{A_v f_y}{3.5 b_w}$$

$$s_{\max} = \frac{d}{2} \, (d \text{ 為梁的有效深度})$$

$$s_{\max} = 60\text{cm}$$

若 $V_s > 1.06\sqrt{f_c'} b_w d$ 時，最大間距為下列三者中之最小值

$$s_{\max} = \frac{A_v f_y}{3.5 b_w}$$

$$s_{\max} = \frac{d}{4}\,(d\,\text{為梁的有效深度})$$

$$s_{\max} = 30\text{cm}$$

4. 最小腹筋間距

　　規範尚無最小腹筋間距的規定，唯為使鋼筋間的混凝土澆置順暢，腹筋間距以不少於 7.5cm 為宜。如經由分析顯示，原先所選用的腹筋尺寸，需要較小的間距時，則設計者可藉著增加其腹筋直徑，或使用雙 U 形腹筋來增加腹筋量，因而增加間距。

5. 臨界斷面與最大設計剪力 V_u

　　臨界斷面為計算最大設計剪力 V_u 的斷面。如圖 4-7-5 所示，最接近梁支承之斜拉開裂將由支承面向上延伸直至壓力區(約距支承面 d)。若載重由此梁上面加載，則圖 4-7-5(b)自由體之載重將由橫過此開裂面之肋筋所承載。作用於柱面及距柱面 d 間之梁載重由開裂上面腹筋之壓力直接傳遞至支承。規範對臨界斷面位置的規定如下：

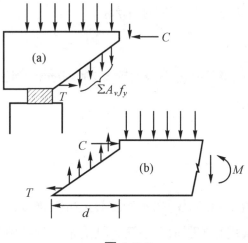

圖 4-7-5

(1) 構材由構材底面之墊板支承者(如圖 4-7-6a)或構材與其他構材澆鑄成一體者(如圖 4-7-6b)，如支承面與臨界斷面間無集中載重者，臨界斷面位於距支承面 d 處，支承面與臨界斷面間各斷面均應按臨界斷面處的剪力為最大設計剪力 V_u 設計之。

(2) 構材連結於受拉構材(如圖 4-7-6c)或構材之承載狀況，使支承面與距支承面 d 間之剪力極端的不同(如圖 4-7-6d)，則支承面即為臨界斷面。圖 4-7-6d 的情形常發生在托架或集中載重逼近支承面之梁。

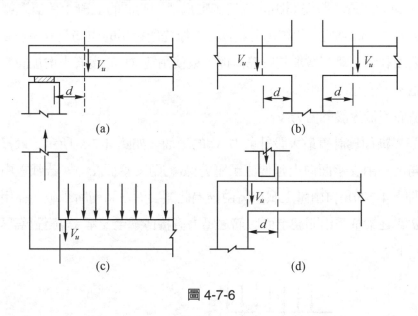

圖 4-7-6

6. 材料強度的限制

規範規定腹筋的降伏強度不得大於 4,200kg/cm^2；混凝土抗壓強度的平方根值不得大於 26.5kg/cm^2。

範例 4-7-1

圖 4-7-7 所示鋼筋混凝土矩形梁斷面。若混凝土抗壓強度為 280 kg/cm^2，鋼筋降伏強度為 2,800 kg/cm^2，且依據規範配置剪力鋼筋。試決定下列各值？

1. 混凝土的剪力強度 V_c。

2. 剪力鋼筋至少應提供多少剪力強度 $V_{s,\min}$。

3. 剪力鋼筋至多能提供多少剪力強度 $V_{s,\max}$。

4. 該斷面至少能承受多少剪力 $V_{u,\min}$。

5. 該斷面至多能承受多少剪力 $V_{u,\max}$。

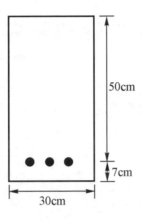

圖 4-7-7

已知條件：$f_c^{'} = 280\text{kg/cm}^2$，$b_w = 30\,\text{cm}$，

$\quad\quad\quad\quad d = 50\text{cm}$，$h = 57\text{cm}$

1. 混凝土的剪力強度 V_c

$$V_c = 0.53\sqrt{f_c^{'}}\,b_w d = 0.53 \times \sqrt{280} \times 30 \times 50 = 13303\text{kg}$$

2. 剪力鋼筋至少應提供多少剪力強度 $V_{s,\min}$

$$V_{s,\min} = 3.5 b_w d = 3.5 \times 30 \times 50 = 5250\text{kg}$$

3. 剪力鋼筋至多能提供多少剪力強度 $V_{s,\max}$

$$V_{s,\max} = 2.12\sqrt{f_c^{'}}\,b_w d = 2.12 \times \sqrt{280} \times 30 \times 50 = 53212\text{kg}$$

4. 該斷面至少能承受多少剪力 $V_{u,\min}$

$$V_{u,\min} = \phi V_{n,\min} = \phi\left(V_c + V_{s,\min}\right) = 0.85 \times \left(13303 + 5250\right) = 15770\text{kg}$$

5. 該斷面至多能承受多少剪力 $V_{u,\max}$

$$V_{u,\max} = \phi V_{n,\max} = \phi\left(V_c + V_{s,\max}\right) = 0.85 \times \left(13303 + 53212\right) = 56538\text{kg}$$

■ 4-8　鋼筋混凝土梁的剪力分析

已知斷面尺寸、抗拉鋼筋、抗剪力筋及其間距，欲求此斷面之最大剪力承載能力，即為分析類型。

斷面剪力分析的步驟為：

1.　依據載重情況，計算斷面混凝土之剪力強度 V_c(參考 4-5 節)

(1)　無軸力之簡單計算式

$$V_c = 0.53\sqrt{f_c'}\,b_w d \tag{4-5-1}$$

(2)　無軸力之詳細計算式

$$V_c = \left(0.50\sqrt{f_c'} + 175\rho_w \frac{V_u d}{M_u}\right)b_w d \leq 0.93\sqrt{f_c'}\,b_w d \tag{4-5-2}$$

(3)　有軸壓力之簡單計算式

$$V_c = 0.53\left(1 + \frac{N_u}{140A_g}\right)\sqrt{f_c'}\,b_w d \tag{4-5-3}$$

(4)　有軸壓力之詳細計算式

$$V_c = \left(0.50\sqrt{f_c'} + 175\rho_w \frac{V_u d}{M_m}\right)b_w d \leq 0.93\sqrt{f_c'}\,b_w d\sqrt{1 + \frac{N_u}{35A_g}} \tag{4-5-6}$$

其中 $M_m = M_u - \dfrac{4h-d}{8}N_u$ (N_u 壓力為正，拉力為負)

(5)　有軸拉力的計算公式

$$V_c = 0.53\left(1 + \frac{N_u}{35A_g}\right)\sqrt{f_c'}\,b_w d \tag{4-5-7}$$

但 V_c 不小於零，式中 N_u 為軸拉力以負值計。

2. 計算剪力鋼筋之剪力強度 V_s

垂直箍筋　$V_s = \dfrac{A_v f_y d}{s}$ (A_v 為 2 倍箍筋截面積)　　　　　　(4-7-5)

斜角 α 之剪力筋　$V_s = \dfrac{A_v f_y d}{s}(\sin\alpha + \cos\alpha)$　　　　　　(4-7-4)

3. 計算 V_n 或 V_u

標稱剪力強度 V_n 為

$$V_n = V_c + V_s \tag{4-6-1}$$

設計剪力強度 V_u 為

$$V_n = \phi V_n = \phi(V_c + V_s) \quad \text{其中} \quad (\phi = 0.85) \tag{4-6-2}$$

範例 4-8-1

圖 4-8-1 所示為簡支鋼筋常重混凝土梁斷面及抗拉、抗壓鋼筋量，混凝土抗壓強度為 210 kg/cm²，鋼筋降伏強度為 2,800 kg/cm²。若距支承點 1.20m 處的承受剪力 V_u 為 19.66t，承受彎矩 M_u 為 31.40t-m，使用#3 號 U 形垂直剪力鋼筋。試分析該處剪力鋼筋間距為 20cm 及 25cm 的妥適性？(每根#3 號鋼筋的面積為 0.71cm²，每根#8 號鋼筋的面積為 5.07cm²)。

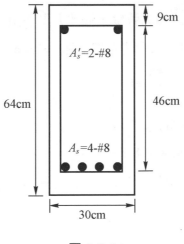

圖 4-8-1

1. 已知條件：$f_c' = 210\text{kg/cm}^2$，$f_y = 2800\text{kg/cm}^2$，$b_w = 30\,\text{cm}$，

   $d = 46 + 9 = 55\text{cm}$，$h = 64cm$，$A_s = 4 \times 5.07 = 20.28\text{cm}^2$，

   $\rho_w = \dfrac{20.28}{30 \times 55} = 0.0123$，$A_s' = 2 \times 5.07 = 10.14\text{cm}^2$，

   $A_v = 2 \times 0.71 = 1.42\text{cm}^2$，$V_u = 19.66t$，$M_u = 31.40\text{t-m}$

2. 計算混凝土剪力強度 V_c

   $$\frac{V_u d}{M_u} = \frac{19.66 \times 55}{31.40 \times 100} = 0.3444 < 1.0 \quad \text{O.K.}$$

   $$0.93\sqrt{f_c'}\,b_w d = 0.93 \times \sqrt{210} \times 30 \times 55 = 22237\text{kg}$$

   $$\begin{aligned}
   V_c &= \left(0.53\sqrt{f_c'} + 175\rho_w \frac{V_u d}{M_u} \right) b_w d \\
   &= \left(0.53 \times \sqrt{210} + 175 \times 0.0123 \times 0.3444 \right) \times 30 \times 55 \\
   &= 13896\text{kg} < 22237\text{kg}
   \end{aligned}$$

3. 計算剪力鋼筋的剪力強度 V_s(剪力鋼筋間距 s=20cm)

   $$V_s = \frac{A_v f_y d}{s} = \frac{1.42 \times 2800 \times 55}{20} = 10934\text{kg}$$

4. 計算梁斷面的設計剪力強度 V_u

   $$V_u = 0.85 \times (V_c + V_s) = 0.85 \times (13896 + 10934) = 21106\text{kg} > 19660\text{kg}$$

   因為承受剪力小於斷面的剪力強度，故剪力鋼筋使用#3@20cm 是妥適的設計。

5. 計算剪力鋼筋的剪力強度 V_s(剪力鋼筋間距 s=25cm)

   $$V_s = \frac{A_v f_y d}{s} = \frac{1.42 \times 2800 \times 55}{25} = 8747\text{kg}$$

6. 計算梁斷面的設計剪力強度 V_u

   $$V_u = 0.85 \times (V_c + V_s) = 0.85 \times (13896 + 8747) = 19247\text{kg} < 19660\text{kg}$$

   因為承受剪力大於斷面的剪力強度，故剪力鋼筋使用#3@25cm 是不妥適的設計。

範例 4-8-2

圖 4-8-2 所示為簡支鋼筋常重混凝土梁斷面及抗拉、抗壓鋼筋量，混凝土抗壓強度為 280 kg/cm²，鋼筋降伏強度為 2,800 kg/cm²，使用間距為 15cm 的#3 號 U 形垂直剪力鋼筋。若含自重的均佈靜載重為 0.6t/m，試求該簡支梁所能承受的最大均佈活載重？(每根#3 號鋼筋的面積為 0.71cm²，每根#8 號鋼筋的面積為 5.07cm²)。

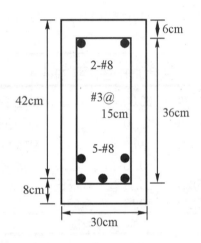

圖 4-8-2

1. 已知條件：$f_c' = 280\text{kg/cm}^2$，$f_y = 2800\text{kg/cm}^2$，$b_w = 30\,\text{cm}$，$d = 42\text{cm}$，$h = 50\text{cm}$，

    $A_s = 5 \times 5.07 = 25.35\text{cm}^2$，$\rho_w = \dfrac{25.35}{30 \times 42} = 0.02012$，$A_s' = 2 \times 5.07 = 10.14\text{cm}^2$，

    $A_v = 2 \times 0.71 = 1.42\text{cm}^2$，

    設均佈活載重為 W_L t/m，則因數化設計載重為

    $W_u = 1.4 \times 0.6 + 1.7W_L = 0.84 + 1.7W_L$

2. 解析

    由已知的斷面設計，可計算該梁所能承擔的設計彎矩 M_u 及設計剪力 V_u；簡支梁承受均佈載重 W_u 後，於跨度中央產生最大彎矩不得大於設計彎矩 M_u，亦不可使於距支點 d 距離處(臨界斷面)的剪力大於設計剪力 V_u。

3. 計算設計彎矩 M_u

    利用雙筋梁分析程式可得該梁設計彎矩為 24.07 t-m 如圖 4-8-3。

由圖 4-8-3 可知本斷面的平衡鋼筋量 A_{sb} 為 68.68cm^2；使抗壓鋼筋降伏的最低抗拉鋼筋量 A_{sy} 為 33.25 cm^2。因為抗拉鋼筋量(A_s=25.35cm^2)小於平衡鋼筋量(A_{sb}=68.68cm^2)，故屬拉力破壞；又因抗拉鋼筋量(A_s=25.35cm^2)小於使抗壓鋼筋降伏的最低抗拉鋼筋量(A_{sy}=33.25 cm^2)，故抗壓鋼筋尚未降伏，由抗壓鋼筋應變量可算得抗壓鋼筋的應力為 1956.38 kg/cm^2。

使跨度中央最大彎矩不大於設計彎矩的均佈活載重 W_L 為

$$\frac{W_u l^2}{8} = \frac{(0.84 + 1.7W_L) \times 6.5^2}{8} \leq 24.07 \; 解得 \; W_L \leq 2.187 t/m$$

雙筋梁斷面分析				
雙筋梁梁寬 b cm	30.00		混凝土抗壓強度 f$_c'$ kg/cm^2	280
雙筋梁拉力筋有效深度 d cm	42.00		鋼筋降伏強度 f$_y$ kg/cm^2	2800
雙筋梁壓力筋有效深度 d' cm	6.00		鋼筋彈性模數 E$_s$ Kg/cm^2	2040000
雙筋梁實際深度 h cm	50.00		混凝土梁單位重 Kg/m	360.00
拉力鋼筋 As	#8(D25)X5	25.34	鋼筋比 0.0201	鋼筋應變量 0.00137
壓力鋼筋 As'	#8(D25)X2	10.13	鋼筋比 0.0080	Beta 0.85
平 衡 破 壞				
中性軸位置 X$_b$ cm	28.82		等值矩形應力方塊深度 a cm	24.49
平衡鋼筋比 ρ$_b$	0.0545		平衡鋼筋量 A$_{sb}$ cm^2	68.68
最少抗拉鋼筋比	0.0050		抗壓鋼筋降伏的最低抗拉鋼筋量 cm^2	33.25
最大抗拉鋼筋比	0.0421		抗拉鋼筋用量 未 超過規範規定最大量	
本 斷 面				
====> 拉力破壞, 壓力鋼筋尚未降伏 <=====				
中性軸位置 X cm	8.82		等值壓力塊深度 a cm	7.50
壓力筋應變量	0.000294		壓力鋼筋應力 f$_s'$ kg/cm^2	1956.38
拉力筋應變量	0.003454		拉力鋼筋應力 f$_s$ Kg/cm^2	2800.00
混凝土壓力 C$_c$ Kg	53523.97		壓力鋼筋壓力 C$_s$ Kg/cm^2	17414.03
合 壓力 C Kg	70938.00	力矩臂距 37.70 cm	拉力鋼筋拉力 T Kg	70938.00
標稱彎矩 M$_n$ t-m	26.74		設計彎矩 M$_u$ t-m	24.07
一元二次方程式為 6069.00 X2 + -11329.81 X + -372120.48 = 0				

圖 4-8-3

4. 計算混凝土剪力強度 V_c

$$V_c = 0.53\sqrt{f_c'}\, b_w d = 0.53 \times \sqrt{280} \times 30 \times 42 = 11174 kg$$

5. 計算剪力鋼筋的剪力強度 V_s(剪力鋼筋間距 s=15cm)

$$V_s = \frac{A_v f_y d}{s} = \frac{1.42 \times 2800 \times 42}{15} = 11133\text{kg}$$

6. 計算梁斷面的設計剪力強度 V_u

$$V_u = 0.85 \times (V_c + V_s) = 0.85 \times (11174 + 111133) = 18961\text{kg}$$

使臨界斷面處剪力不大於設計剪力 V_u 的最大均佈活載重 W_L 為

$$W_u(l/2 - d) \leq 18961$$

$$(0.84 + 1.7W_L) \times (6.5/2 - 0.42) \leq 18961/1000 \text{ 解得 } W_L \leq 3.447\text{t/m}$$

因此，均佈活載重持續增加到 2.187t/m 時，已達撓曲拉力破壞，而無法讓均佈活載重再增加到 3.447t/m 而達剪力破壞，故該簡支梁所能承受的最大均佈活載重為 2.187t/m。

4-9　矩形梁的剪力分析程式使用說明

在鋼筋混凝土分析與設計軟體畫面的功能表上，選擇☞RC/剪力/矩形梁斷面剪力分析☜後出現如圖 4-9-1 的輸入畫面。圖 4-9-1 的畫面是以範例 4-8-1 為例，按序輸入混凝土抗壓強度 f_c' (210 kg/cm²)、鋼筋降伏強度 f_y (2,800 kg/cm²)、實際深度 h (64cm)、有效深度 d(55cm)、梁寬 b(30cm)、剪力鋼筋間距 S (20cm)、剪力筋夾角 α (0-90 度)、承受彎距 M_u (31.40t-m)、承受剪力 V_u(19.66t)、拉力鋼筋用量 4 根#8 鋼筋 A_s(cm²)、剪力鋼筋用量 2 根#3 號鋼筋 A_v(cm²)，選擇常重混凝土，因為並無軸向壓力或軸向拉力，故軸向拉力 N_{ut} 或軸向壓力 N_{uc} 等欄位可空白。基本資料後，單擊「確定」鈕即進行矩形梁的剪力分析；分析內容包括(1)計算混凝土的剪力強度 V_c；(2)依據腹筋用量及間距計算腹筋的剪力強度 V_s；(3)計算矩形梁的標稱剪力強度 V_n 與設計剪力強度 V_u 並與需要的剪力強度比較以判定設計是否妥當。最後將分析結果顯示於列示方塊中，如圖 4-9-1 及圖 4-9-2，並使「列印」鈕生效。單擊「取消」鈕即取消矩形梁剪力分析工作並結束程式。單擊「列印」鈕即將分析結果的資訊有組織地排列並印出如圖 4-9-11。

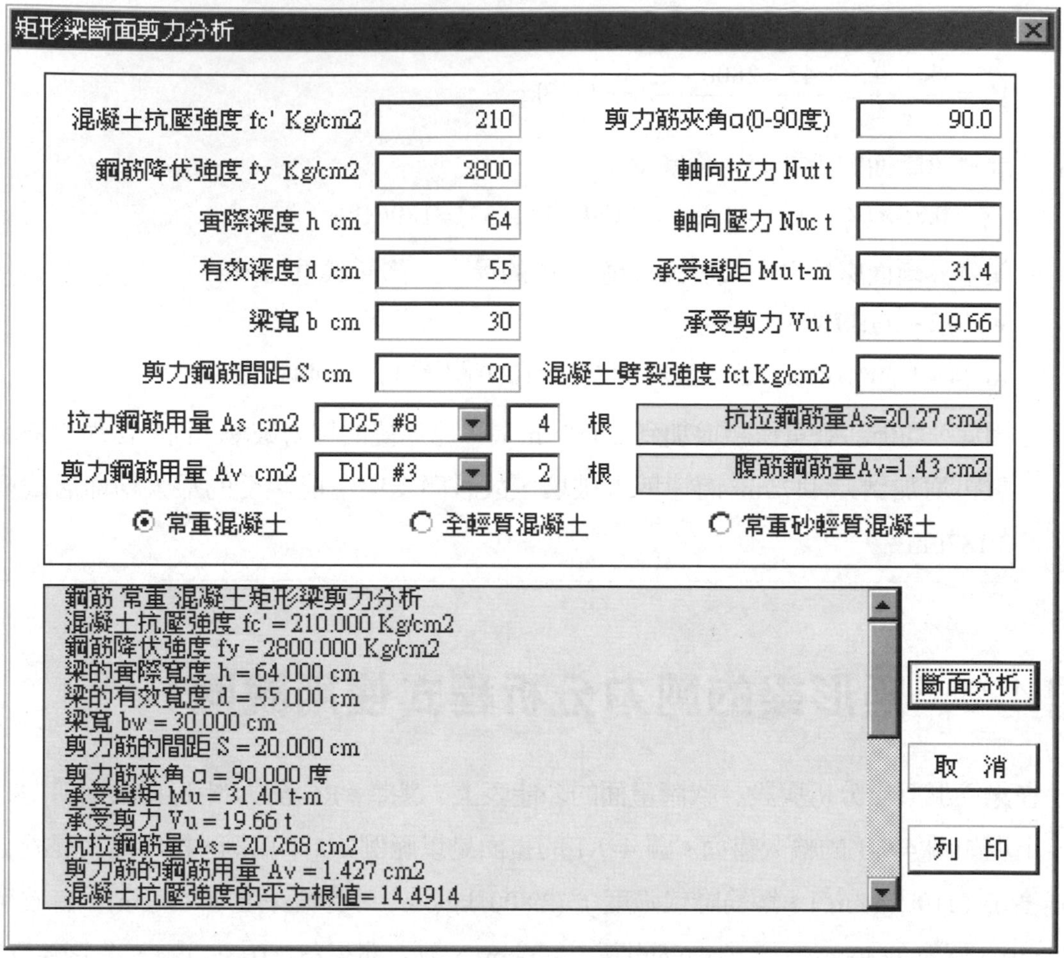

圖 4-9-1

　　混凝土剪力強度 V_c 的計算本有簡單與詳細計算式，其選用則是依據輸入載重資料的多寡(如軸向壓力、軸向拉力、拉力鋼筋量)與材料性質(如常重混凝土、全輕質混凝土或常重砂輕質混凝土)而定；如同時指定軸向壓力與軸向拉力，則有圖 4-9-3 忽略軸向拉力，僅用軸向壓力的警示訊息。如果未指定承受彎矩 M_u，則有圖 4-9-4 的「因缺少承受彎矩，混凝土剪力強度以簡單公式計算」的訊息。因為承受軸向拉力將減低混凝土的剪力強度，如果因承受軸向拉力而致混凝土的剪力強度為負值，則有如圖 4-9-5 的警示訊息。

　　鋼筋剪力強度依據矩形斷面的形狀、腹筋間距、混凝土抗壓強度及鋼筋降伏強度有其最小剪力強度($V_{s,\min}$)與最大剪力強度($V_{s,\max}$)的限制；如鋼筋剪力強度低於最小剪力強度，

則有如圖 4-9-6 提昇腹筋量的警示訊息；如鋼筋剪力強度高於最大剪力強度，則有如圖 4-9-7 的增大斷面或提升混凝土抗壓強度的警示訊息。

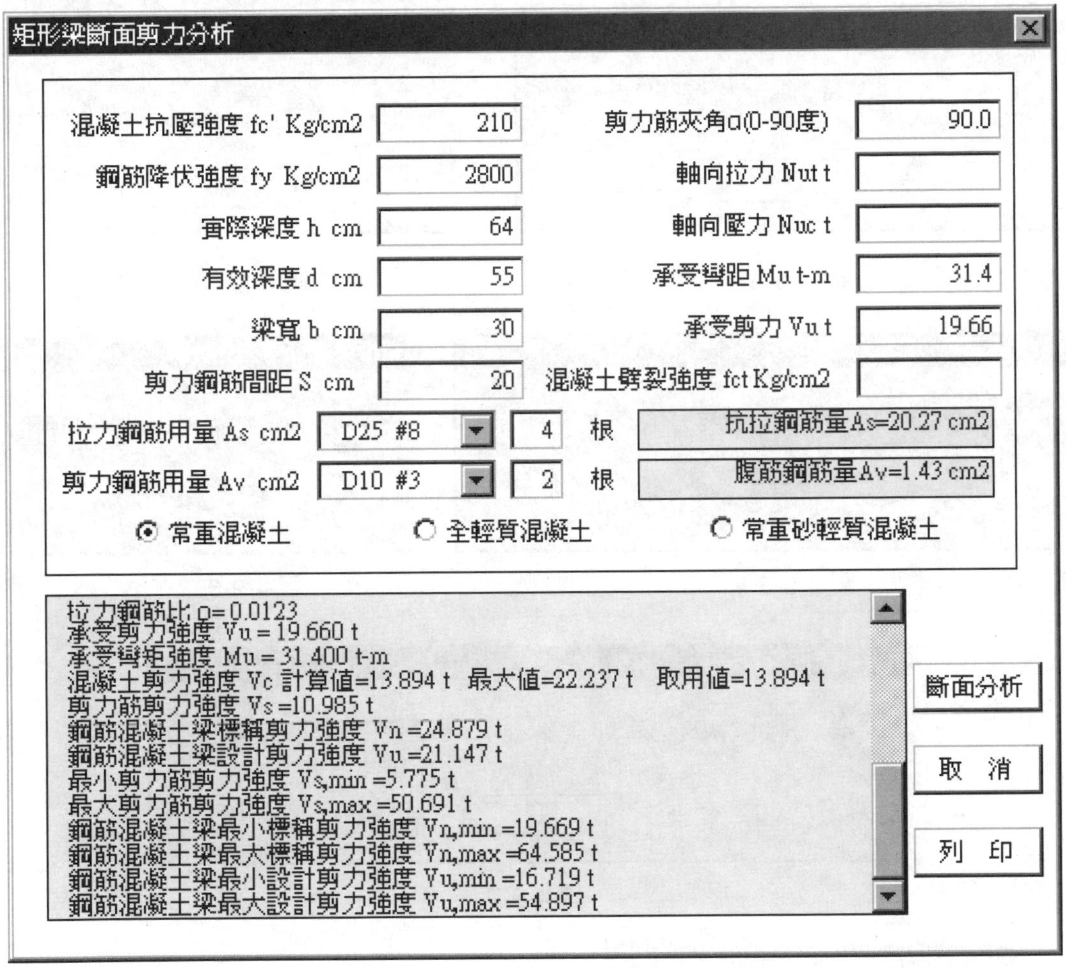

圖 4-9-2

　　輸入畫面中的混凝土抗壓強度 f_c'，鋼筋降伏強度 f_y、實際深度 h、有效深度 d、梁寬 b，剪力鋼筋間距 S、剪力筋夾角 α、承受剪力 V_u 及剪力鋼筋用量等欄位屬於必須輸入欄位；否則將因欠缺必要資料項而無法進行剪力分析，如圖 4-9-8。拉力鋼筋用量與承受彎距 M_u，均指定時，混凝土剪力強度將按詳細試計算之。軸向拉力與軸向壓力同時指定時，以軸向壓力為準。如果混凝土屬全輕質或常重砂輕質混凝土，則可指定混凝土的劈裂強度(f_{ct})以便精確計算混凝土剪力強度；如未知混凝土的劈裂強度，亦可根據規範計算混凝土剪力強

度。如果輸入的資料不合理，亦有如圖 4-9-9 的警示訊息。腹筋鋼筋根數必須是 2 或 4 根，否則有如圖 4-9-10 的警示訊息。

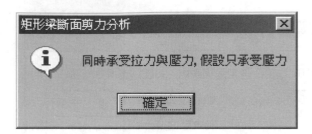

圖 4-9-3

圖 4-9-4

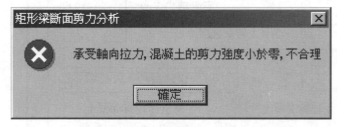

圖 4-9-5

圖 4-9-6

圖 4-9-7

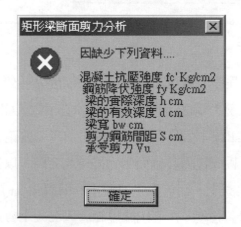

圖 4-9-8

圖 4-9-9

圖 4-9-10

圖 4-9-11 的輸出報表中，除列印基本資料外，尚列印混凝土剪力強度的計算值、最大值與採用值；鋼筋剪力強度、最小鋼筋剪力強度及最大鋼筋剪力強度；矩形梁的標稱剪力強度、最小標稱剪力強度及最大標稱剪力強度；矩形梁的設計剪力強度、最小設計剪力強度及最大設計剪力強度。

本例的報表中設計剪力強度為 21147kg(21.147t)大於支承剪力 19.66t，故於最後一行顯示「設計 OK」。圖 4-9-12 則為當腹筋間距 S 改為 25cm 時所產生的報表，報表中設計剪力強度為 19280kg(19.28t)小於支承剪力 19.66t，故於最後一行顯示「承受剪力大於設計剪力」的不安全標示。

鋼筋 常重 混凝土矩形梁剪力分析					
混凝土抗壓強度 f_c' Kg/cm^2	210.00	剪力筋夾角 α (0-90度)			90.00
鋼筋降伏強度 f_y Kg/cm^2	2800.00	軸向拉力 N_{uT} t			
實際深度 h cm	64.00	軸向壓力 N_{uP} t			
有效深度 d cm	55.00	承受彎距 M_u t-m			31.40
樑寬 b cm	30.00	承受剪力 V_u t			19.66
剪力鋼筋間距 S cm	20.00	混凝土劈裂強度 f_{ct} Kg/cm^2			20.00
拉力鋼筋 A_s	4 -#8(D25)	拉力鋼筋用量 A_s cm^2			20.268
剪力鋼筋 A_v	2 -#3(D10)	剪力鋼筋用量 A_v cm^2			1.427
混凝土剪力強度 V_c kg	13894	計算值 V_c kg	13894	最大值 V_c kg	22237
腹筋剪力強度 V_s kg	10985	$V_{s,min}$ kg	5775	$V_{s,max}$ kg	50691
標稱剪力強度 V_n kg	24879	$V_{n,min}$ kg	19669	$V_{n,max}$ kg	64585
設計剪力強度 V_u kg	21147	$V_{u,min}$ kg	16719	$V_{u,max}$ kg	54897
設計 OK					

圖 4-9-11

鋼筋 常重 混凝土矩形梁剪力分析					
混凝土抗壓強度 f_c' Kg/cm^2	210.00		剪力筋夾角 α (0-90度)		90.00
鋼筋降伏強度 f_y Kg/cm^2	2800.00		軸向拉力 N_{uT} t		
實際深度 h cm	64.00		軸向壓力 N_{uP} t		
有效深度 d cm	55.00		承受彎距 M_u t-m		31.40
樑寬 b cm	30.00		承受剪力 V_u t		19.66
剪力鋼筋間距 S cm	25.00		混凝土劈裂強度 f_{ct} Kg/cm^2		25.00
拉力鋼筋 A_s	4 -#8(D25)		拉力鋼筋用量 A_s cm^2		20.268
剪力鋼筋 A_v	2 -#3(D10)		剪力鋼筋用量 A_v cm^2		1.427
混凝土剪力強度 V_c kg	13894	計算值 V_c kg	13894	最大值 V_c kg	22237
腹筋剪力強度 V_s kg	8788	$V_{s,min}$ kg	5775	$V_{s,max}$ kg	50691
標稱剪力強度 V_n kg	22682	$V_{n,min}$ kg	19669	$V_{n,max}$ kg	64585
設計剪力強度 V_u kg	19280	$V_{u,min}$ kg	16719	$V_{u,max}$ kg	54897
承受剪力 大於 設計剪力					

圖 4-9-12

4-10　鋼筋混凝土梁的剪力設計

　　因為剪力破壞是無預警而突發式的破壞，只有拉力破壞模式設計之鋼筋混凝土梁才有裂縫及延展式逐漸破壞的預警訊息，因此，鋼筋混凝土梁的設計均先以撓曲彎矩按拉力破壞模式設計之，再依據規範檢核是否需要配置剪力鋼筋。剪力鋼筋量的配置，除有最低量的限制，亦有最高量的規範，以免造成另一種突發性的破壞。

4-10-1　規範對剪力鋼筋之配置規定

　　剪力鋼筋(肋筋、腹筋)可遏止斜拉開裂之伸長，增加韌性且提供失敗之預警；亦可避免構材中受非預期之拉力或超載時的失敗。因此，規範規定當構材中設計剪力 $V_u > \dfrac{1}{2}\phi V_c$ 之斷面均應配置不少於最小量剪力鋼筋，使每一斜拉裂縫均至少有一支箍筋通過，以確保腹筋有足夠強度以抵抗混凝土上的斜拉力；規範要求所有腹筋的最小剪力鋼筋面積 $A_{v,min}$ 為

$$A_{v,\min} = \frac{3.5 b_w s}{f_y}$$

　　為防止斜裂縫尖端區域因為高剪力鋼筋量致剪力鋼筋未降伏前先因形成混凝土先行壓碎的剪壓破壞，規範規定剪力鋼筋之最大剪力強度 V_s 為

$$V_s \le 2.12\sqrt{f_c'}\,b_w d$$

當 $V_s > 2.12\sqrt{f_c'}\,b_w d$ (為 $4V_c$，$V_c = 0.53\sqrt{f_c'}\,b_w d$)時，則需放大斷面或提高混凝土的抗壓強度以增加混凝土的剪力強度，相對地減少腹筋剪力強度而滿足 V_s 上限值之規定。

　　垂直箍筋的剪力強度為 $V_s = \dfrac{A_v f_y d}{s}$ (A_v 為 2 倍箍筋截面積)　　　　　　　　　(4-7-5)

　　垂直於構材軸向之剪力鋼筋配置，若剪力鋼筋強度 $V_s \le 1.06\sqrt{f_c'}\,b_w d$ 者，其間距不得超過有效深度之一半($d/2$)，且亦不得大於 60cm；若剪力鋼筋強度 $V_s > 1.06\sqrt{f_c'}\,b_w d$ 者，其間距不得超過有效深度之四分之一($d/4$)，且亦不得大於 30cm；若剪力鋼筋強度 $V_s > 2.12\sqrt{f_c'}\,b_w d$ 者，則需擴大斷面或提升混凝土抗壓強度。準此，歸納剪力鋼筋配置規則如下：

矩形梁垂直剪力鋼筋配置	
斷面載重情況	剪力鋼筋配置
$V_u \le \dfrac{1}{2}\phi V_c$	不需要剪力筋
$\dfrac{1}{2}\phi V_c < V_u < \phi V_c$	(V_s=0)，使用最小量剪力筋。剪力筋間距 s 為 $s = \min\left(\dfrac{A_v f_y}{3.5 b_w}, \dfrac{d}{2}, 60\text{cm}\right)$
$V_s \le 1.06\sqrt{f_c'}\,b_w d$	剪力筋間距 s 為 $s = \min\left(\dfrac{A_v f_y d}{V_s}, \dfrac{d}{2}, 60\text{cm}\right)$
$V_s > 1.06\sqrt{f_c'}\,b_w d$	剪力筋間距 s 為 $s = \min\left(\dfrac{A_v f_y d}{V_s}, \dfrac{d}{4}, 30\text{cm}\right)$

(續前表)

矩形梁垂直剪力鋼筋配置	
斷面載重情況	剪力鋼筋配置
$V_s > 2.12\sqrt{f_c'}\,b_w d$	修改斷面或提升混凝土抗壓強度

V_u：因數化載重下，斷面的需要剪力強度
V_c：混凝土的剪力強度
V_s：需要的剪力鋼筋強度，$V_s = V_u/\phi - V_c$，$\phi = 0.85$
b_w：矩形梁的梁寬，cm
d：矩形梁的有效深度，cm
A_v：選用的剪力鋼筋面積，cm^2

4-10-2　臨界斷面

　　需檢查最大剪力的斷面稱為臨界斷面。若支承面與臨界斷面間無集中載重，且與 V_u 之方向平行之支承反力使構件端部受壓時，距支承面有效深度(d)的距離處為臨界斷面，支承至臨界面斷面間之剪力 V_u 可按臨界斷面的 V_u 設計之。壓力支承與拉力支承之梁的臨界斷面距支承面的距離不同，請詳 4-7-3 節「腹筋配置規定」。

4-10-3　剪力圖與剪力鋼筋設計

　　剪力設計時，主要是依據規範決定剪力鋼筋配置範圍、選定剪力鋼筋並決定其配置間距。

1.　剪力鋼筋配筋範圍

　　　圖 4-10-1 所示為均佈載重梁之剪力圖，梁中剪力係由支承面逐減到梁中央為零，理論上，剪力鋼筋應從支承面往梁中央配置到剪力強度為 ϕV_c 處，如圖中的點 3，距支承面的距離為 x_3；但是規範上規定剪力鋼筋應配置至剪力強度為 $\frac{1}{2}\phi V_c$ 點處，如圖中的點 4，距支承面的距離為 x_4。依據相似三角形的幾何關係，x_3，x_4 的計算公式如下：

$$x_3 = \frac{L}{2} \frac{R - \phi V_c}{R}$$ (4-10-1)

$$x_4 = \frac{L}{2} \frac{R - \frac{1}{2}\phi V_c}{R}$$ (4-10-2)

式中

　　R：為支承面的剪力

　　V_c：為混凝土的剪力強度

　　ϕ：為強度折減因數，0.85

　　L：梁跨度長

2.　剪力鋼筋配筋間距

　　　由公式(4-7-5)知，垂直剪力鋼筋的配置間距與鋼筋剪力強度成反比，因此接近支承面的剪力鋼筋間距較小，往跨度中央則間距漸增，而且隨處變化。由圖 4-10-1 可得距支承面 x 處的剪力為

$$V_u = R - W_u x$$ (4-10-3)

則該處的鋼筋剪力強度為

$$V_s = \frac{V_u}{\phi} - V_c$$ (4-10-4)

將 V_u 代入公式(4-10-4)，V_s 代入公式(4-7-5)得

$$\frac{R - W_u x}{\phi} - V_c = \frac{A_v f_y d}{s}$$

，整理後得

$$x = \frac{1}{W_u}\left(R - \phi V_c - \frac{\phi A_v f_y d}{s} \right)$$ (4-10-5)

　　公式(4-10-5)的關係式表示間距為 s 的剪力鋼筋不可排置於 x 處以前(靠近支承面)；易言之，x 處為排置間距為 s 的剪力鋼筋的起點。雖然剪力鋼筋間距隨處變化，但為施工方便計，通常選擇某些等間距(如 10cm、20cm、30cm 等等)排置之；準此，可將選定的間距，

代入公式(4-10-5)求得各指定間距的起點以為排置剪力鋼筋的依據。規範規定，如臨界斷面不在支承面上，則臨界斷面與支承面間的剪力鋼筋間距與臨界斷面處相同。圖 4-10-1 中點 1、2、3 及 4 分別表示支承面，臨界面，剪力等於混凝土之抵抗剪力 ϕV_c (即 V_s=0)及剪力等於混凝土之抵抗剪力之半 $\frac{1}{2}\phi V_c$ 諸點，點 4 為規範規定不需配置剪力筋之開始點。

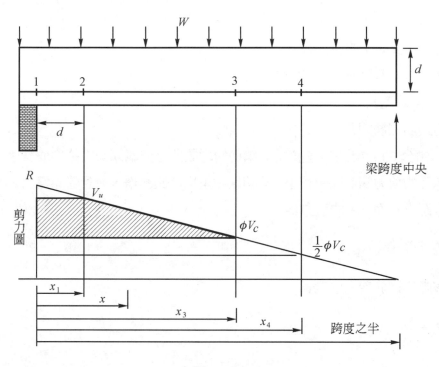

圖 4-10-1

依據前述剪力鋼筋配置範圍與間距的規定，可歸納剪力鋼筋設計步驟如下：

垂直剪力鋼筋設計：

1. 判定臨界斷面位置並計算其設計剪力 V_u

2. 計算混凝土之剪力強度 V_c

3. 計算剪力鋼筋需承擔的剪力強度 V_s

   因 $V_u = \phi V_n = \phi(V_c + V_s)$，$\phi = 0.85$

   $$V_s = \frac{V_u}{\phi} - V_c$$

4. 檢核 $V_s \le 2.12\sqrt{f_c'}\,b_w d$，若不成立則應加大梁斷面

5. 計算垂直肋筋之最大間距

$$S_{\max} = \min\left(\frac{A_v f_y}{3.5 b_w}, \frac{d}{2}, 60\text{cm}\right), \text{當} \quad V_s \le 1.06\sqrt{f_c'} b_w d$$

$$S_{\max} = \min\left(\frac{A_v f_y}{3.5 b_w}, \frac{d}{4}, 30\text{cm}\right), \text{當} \quad V_s > 1.06\sqrt{f_c'} b_w d$$

6. 計算肋筋配置範圍

　　依據公式(4-10-2)計算肋筋配置範圍 x_4。

7. 計算臨界斷面處的肋筋間距

8. 選定肋筋的標稱編號及其面積 A_v

　　U 形肋筋，$A_v = 2 \times A_b$，A_b 為肋筋單肢之標稱面積。

9. 計算不同間距的起點距離 x (距支承面)

　　在最大間距範圍內選取適當間距，並依公式(4-10-5)計算列表各個不同間距的起點距離(距支承面)。

10. 配置肋筋

　　因此，排置剪力鋼筋時，應先計算臨界斷面處的剪力鋼筋需要承擔的剪力強度 V_s，再依公式(4-7-5)計算所需間距 S_c。從支承面起，以臨界斷面處的間距 S_c 配置肋筋到比 S_c 稍大的間距的起點距離；再從該處起，以比 S_c 稍大的間距配置到次一稍大的間矩的起點距離；餘此類推，直到以選用的最大間距配置至規範規定的配置範圍為止。

範例 4-10-1

　　圖 4-10-2 為一獨立矩形梁的斷面，承受均佈靜載重為 3.1t/m，混凝土抗壓強度為 210kg/cm²，鋼筋降伏強度為 2,800Kg/cm²，使用#3(D10)號鋼筋抵抗剪力，試設計下列各種條件下的剪力鋼筋間距？

1. 承受均佈活載重 6.0t/m，肋筋間距為 5cm 的倍數。
2. 承受均佈活載重 6.0t/m，肋筋間距為 8cm 的倍數。
3. 承受均佈活載重 6.0t/m，肋筋間距為 10cm 的倍數。

4. 能否承受均佈活載重 14t/m？

5. 如果不能承受均佈活載重 14t/m，請修改斷面使能承受，並設計肋筋(間距為 10cm 的倍數)。

6. 如果不能承受均佈活載重 14t/m，將混凝土抗壓強度提昇為 280kg/cm² 後能否承擔？如能則請設計肋筋(間距為 10cm 的倍數)。

7. 承受均佈活載重 6.0t/m，軸向壓力 10t，肋筋間距為 10cm 的倍數。

8. 承受均佈活載重 6.0t/m，軸向拉力 10t，肋筋間距為 15cm 的倍數。

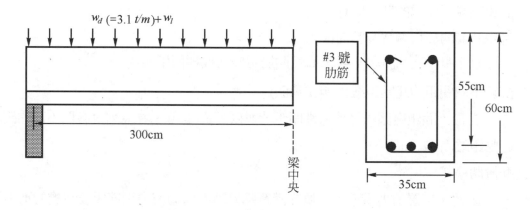

圖 4-10-2

已知：梁寬 $b=35$cm，梁的實際深度 $h=60$cm，梁的有效深度 $d=55$cm，跨度長 $L=600$cm，均佈靜載重 $w_d=3.1$t/m，混凝土抗壓強度 $f_c'=210$kg/cm²，鋼筋降伏強度 $f_y=2,800$kg/cm²。

1. 承受均佈活載重 6.0t/m，肋筋間距為 5cm 的倍數。

(1) 計算臨界斷面的設計剪力強度 V_u

均佈活載重 $w_l = 6.0$t/m

設計均佈載重 $w_u = 1.4w_d + 1.7w_l = 1.4 \times 3.1 + 1.7 \times 6 = 14.54$t/m

支承面剪力 $R = 0.5w_u l = 0.5 \times 14.54 \times 6 = 43.62t = 43620$kg

臨界斷面距支承面的距離 = 梁的有效深度 = 55cm

臨界斷面處的設計剪力強度 V_u 為

$V_u = R - w_u d = 43.62 - 14.54 \times 55/100 = 35.623t = 35623$kg

臨界斷面的標稱剪力強度 V_n 為

$V_n = V_u / \phi = 35623 / 0.85 = 41909.41$kg

(2) 計算混凝土剪力強度 V_c 及肋筋配置範圍

混凝土剪力強度 V_c 為

$$V_c = 0.53\sqrt{f_c'}\,b_w d = 0.53 \times \sqrt{210} \times 35 \times 55 = 14784.83\,\text{kg}$$

理論上，肋筋應排置至 $\phi V_c = 0.85 \times 14784.83 = 12567.11\,\text{kg}$

亦即排置至距支承面 x_3 的距離

$$x_3 = \frac{l}{2}\frac{R - \phi V_c}{R} = \frac{600}{2} \times \frac{43620 - 12567.11}{43620} = 213.57\,\text{cm}$$

規範上規定，肋筋應排置至 $\frac{1}{2}\phi V_c = 0.5 \times 0.85 \times 14784.83 = 6283.56\,\text{kg}$

亦即排置至距支承面 x_4 的距離

$$x_4 = \frac{l}{2}\frac{R - \frac{1}{2}\phi V_c}{R} = \frac{600}{2} \times \frac{43620 - 6283.56}{43620} = 256.78\,\text{cm}$$

(3) 計算剪力鋼筋應負擔剪力強度 V_s 並判斷斷面的妥適性

剪力鋼筋應負擔剪力強度 V_s 為

$$V_s = V_n - V_c = 41909.41 - 14784.83 = 27124.58\,\text{kg}$$

規範規定，剪力鋼筋承擔剪力的上限值 $V_{s,\max}$ 為

$$V_{s,\max} = 2.12\sqrt{f_c'}\,b_w d = 2.12 \times \sqrt{210} \times 35 \times 55 = 59139.31\,\text{kg}$$

因為 $V_s\,(=2724.54\,\text{kg}) < V_{s,\max}\,(=59139.3\,\text{kg})$，故斷面無須增大

(4) 計算最大剪力鋼筋間距

因為 $V_s\,(=27124.58\,\text{kg}) < 1.06\sqrt{210} \times 35 \times 55 = 29569.65\,\text{kg}$

所以最大剪力鋼筋的間距 $S_{\max}$ 為

$$S_{\max} = \min\left(\frac{A_v f_y}{3.52 b_w},\ \frac{d}{2},\ 60\text{cm}\right)$$

$$= \min\left(\frac{1.427 \times 2800}{3.52 \times 35},\ \frac{55}{2},\ 60\right) = 27.50\,\text{cm}$$

因為使用#3(D10)號鋼筋抵抗剪力，所以 $A_v = 0.7133 \times 2 = 1.427\,\text{cm}^2$

(5) 計算臨界斷面的肋筋間距

$$S_c = \frac{A_v f_y d}{V_s} = \frac{1.427 \times 2800 \times 55}{27124.58} = 8.10\,\text{cm}$$

(6) 整理不同間距距支承面的起點距離

因為指定肋筋間距為 5cm 的倍數,故可依公式(4-10-5)決定間距 S 為 5cm、10cm、15cm、20cm、25cm 時,距支承面的起點距離 x 如下表。間距 5cm 因小於臨界斷面處的間距,故不予採用。

$$x = \frac{1}{w_u}\left(\phi V_c - \frac{\phi A_v f_y d}{S}\right)$$

$$= \left(43620 - 0.85 \times 14784.83 - \frac{0.85 \times 1.427 \times 2800 \times 55}{S}\right)/(14.54 \times 10)$$

$$= 213.569 - \frac{1284.69}{S}$$

間距 S	距支承面的起點距離 x
10cm	85.10cm
15cm	127.92cm
20cm	149.33cm
25cm	162.18cm

因為該梁的肋筋最大間距為 27.50cm,故 5cm 倍數的最大間距為 25cm。間距 25cm 的肋筋應排置至規範上規定應配置肋筋的終點(256.78 cm),將各種間距排置範圍整理如下:

間距 S	距支承面的距離 x
8cm	85.10cm
10cm	127.92cm
15cm	149.33cm
20cm	162.18cm
25cm	256.78cm

依據此表，肋筋配置如下：

不同間距的起點(距支承面)	間距 cm	理論終點 cm	根數	累積根數
第一根肋筋排在距支承面 2.00 cm 處起	8.00	85.10	12	12
從距支承面 90.00 cm 處起	10.00	127.92	4	16
從距支承面 130.00 cm 處起	15.00	149.33	2	18
從距支承面 160.00 cm 處起	20.00	162.18	1	19
從距支承面 180.00 cm 處起	25.00	256.78	4	23

2.　承受均佈活載重 6.0t/m，肋筋間距為 8cm 的倍數。

　　承受載重與前 1.部份完全相同，僅肋筋間距定為 8cm 的倍數，故可依公式 (4-10-5)決定間距 S 為 8cm、16cm、24cm 時，距支承面的起點距離 x 如下表。

間距 S	距支承面的起點距離 x
8cm	52.98cm
16cm	133.28cm
24cm	160.04cm

　　因為該梁的肋筋最大間距為 27.50cm，故 8cm 倍數的最大間距為 24cm。間距 24cm 的肋筋應排置至規範上規定應配置肋筋的終點(256.78cm)，將各種間距排置範圍整理如下：

間距 S	距支承面的距離 x
8cm	133.28cm
16cm	160.04cm
24cm	256.78cm

依據此表，肋筋配置如下：

不同間距的起點(距支承面)	間距 cm	理論終點 cm	根數	累積根數
從支承面起	8.00	133.28	17	17
從距支承面 136.00 cm 處起	16.00	160.04	2	19
從距支承面 168.00 cm 處起	24.00	256.78	4	23

3. 承受均佈活載重 6.0t/m，肋筋間距為 10cm 的倍數。

   承受載重與前 1.部份完全相同，僅肋筋間距定為 10cm 的倍數，故可依公式(4-10-5)決定間距 S 為 10cm、20cm 時，距支承面的起點距離 x 如下表。

間距 S	距支承面的起點距離 x
10cm	85.10cm
20cm	149.33cm

   因為臨界斷面以內的肋筋間距僅能 8.10cm，故臨界斷面內的肋筋間距仍應調整為 8cm。

   因為該梁的肋筋最大間距為 27.50cm，故 10cm 倍數的最大間距為 20cm。間距 20cm 的肋筋應排置至規範上規定應配置肋筋的終點(256.78cm)，將各種間距排置範圍整理如下：

間距 S	距支承面的距離 x
8cm	85.10cm
10cm	149.33cm
20cm	256.78cm

   依據此表，肋筋配置如下：

不同間距的起點(距支承面)	間距 cm	理論終點 cm	根數	累積根數
第一根肋筋排在距支承面 2.00 cm 處起	8.00	85.10	12	12
從距支承面 90.00 cm 處起	10.00	149.33	6	18
從距支承面 150.00 cm 處起	20.00	256.78	6	24

4. 能否承受均佈活載重 14t/m？

(1) 計算臨界斷面的設計剪力強度 V_u

均佈活載重 $w_l = 14.0$t/m

設計均佈活載重 $w_u = 1.4w_d + 1.7w_l = 1.4 \times 3.1 + 1.7 \times 14 = 28.14$t/m

支承面剪力 $R = 0.5w_u l = 0.5 \times 28.14 \times 6 = 84.42t = 84420$kg

臨界斷面距支承面的距離=梁的有效深度=55cm

臨界斷面處的設計剪力強度 V_u 為

$V_u = R - w_u d = 84.42 - 28.14 \times 55/100 = 68.943t = 68943$kg

臨界斷面的標稱剪力強度 V_n 為

$V_n = V_u / \phi = 68943/0.85 = 81109.41$kg

(2) 計算混凝土剪力強度 V_c 及肋筋配置範圍

混凝土剪力強度 V_c 為

$V_c = 0.53\sqrt{f_c'}\, b_w d = 0.53 \times \sqrt{210} \times 35 \times 55 = 14784.83$kg

理論上，肋筋應排置至 $\phi V_c = 0.85 \times 14784.83 = 12567.11$kg

亦即排置至距支承面 x_3 的距離

$x_3 = \dfrac{l}{2}\dfrac{R - \phi V_c}{R} = \dfrac{600}{2} \times \dfrac{84420 - 12567.11}{84420} = 255.34$cm

規範上規定，肋筋應排置至 $\frac{1}{2}\phi V_c = 0.5 \times 0.85 \times 14784.83 = 6283.56$kg

亦即排置至距支承面 x_4 的距離

$x_4 = \dfrac{l}{2}\dfrac{R - \frac{1}{2}\phi V_c}{R} = \dfrac{600}{2} \times \dfrac{84420 - 6283.56}{84420} = 277.67$cm

(3) 計算剪力鋼筋應負擔剪力強度 V_s 並判斷斷面的妥適性

剪力鋼筋應負擔剪力強度 V_s 為

$V_s = V_n - V_c = 81109.41 - 14784.83 = 66324.58$kg

規範規定，剪力鋼筋承擔剪力的上限值 $V_{s,\max}$ 為

$V_{s,\max} = 2.12\sqrt{f_c'}\, b_w d = 2.12 \times \sqrt{210} \times 35 \times 55 = 59139.31$kg

因為 V_s (=66324.58kg)> $V_{s,\max}$ (=59139.31kg)，故斷面須增大或提昇混凝土的抗壓

強度。

5. 如果不能承受均佈活載重 14t/m，請修改斷面使能承受，並設計肋筋(間距為 10cm 的倍數)。

前 4.部份因剪力鋼筋所需承擔的剪力強度 V_s(66324.58kg)大於規範上規定鋼筋所能承擔剪力強度的上限值 $V_{s,max}$(59139.31kg)。觀察 $V_{s,max} = 2.12\sqrt{f_c'}b_w d$，增加上限值 $V_{s,max}$ 有二個途徑，即提昇混凝土抗壓強度或擴大梁斷面(梁寬 b_w 或有效梁深 d)。

欲使 $V_{s,max} = 2.12\sqrt{f_c'}b_w d > V_s$，則

$$b_w d > \frac{V_s}{2.12\sqrt{f_c'}} = \frac{66324.58}{2.12\sqrt{210}} = 2158.88\text{cm}^2$$

若將梁寬增大為 40cm，則 $b_w d = 40 \times 55 = 2200\text{cm}^2 > 2158.88\text{cm}^2$。斷面擴增後，重新計算如下：

(1) 計算臨界斷面的設計剪力強度 V_u

均佈活載重 $w_l = 14.0\text{t/m}$

設計均佈載重 $w_u = 1.4w_d + 1.7w_l = 1.4 \times 3.1 + 1.7 \times 14 = 28.14\text{t/m}$

支承面剪力 $R = 0.5w_u l = 0.5 \times 28.14 \times 6 = 84.42t = 84420\text{kg}$

臨界斷面距支承面的距離=梁的有效深度=55cm

臨界斷面處的設計剪力強度 V_u 為

$$V_u = R - w_u d = 84.42 - 28.14 \times 55/100 = 68.943t = 68943\text{kg}$$

臨界斷面的標稱剪力強度 V_n 為

$$V_n = V_u / \phi = 68943/0.85 = 81109.41\text{kg}$$

(2) 計算混凝土剪力強度 V_c 及肋筋配置範圍

混凝土剪力強度 V_c 為

$$V_c = 0.53\sqrt{f_c'}b_w d = 0.53 \times \sqrt{210} \times 40 \times 55 = 16896.95\text{kg}$$

理論上，肋筋應排置至 $\phi V_c = 0.85 \times 16896.95 = 14362.41\text{kg}$

亦即排置至距支承面 x_3 的距離

$$x_3 = \frac{l}{2}\frac{R - \phi V_c}{R} = \frac{600}{2} \times \frac{84420 - 14362.41}{84420} = 248.96\text{cm}$$

規範上規定，肋筋應排置至 $\frac{1}{2}\phi V_c = 0.5 \times 0.85 \times 14784.83 = 6283.56\text{kg}$

亦即排置至距支承面 x_4 的距離

$$x_4 = \frac{l}{2}\frac{R - \frac{1}{2}\phi V_c}{R} = \frac{600}{2} \times \frac{84420 - 7181.21}{84420} = 274.48\text{cm}$$

(3) 計算剪力鋼筋應負擔剪力強度 V_s 並判斷斷面的妥適性

剪力鋼筋應負擔剪力強度 V_s 為

$$V_s = V_n - V_c = 81109.41 - 16896.95 = 64212.46\text{kg}$$

規範規定，剪力鋼筋承擔剪力的上限值 $V_{s,\max}$ 為

$$V_{s,\max} = 2.12\sqrt{f_c'}\,b_w d = 2.12 \times \sqrt{210} \times 40 \times 55 = 67587.78\text{kg}$$

因為 V_s (=64212.46kg)< $V_{s,\max}$ (=67587.78kg)，O.K.。

(4) 計算最大剪力鋼筋間距

因為 V_s (= 64212.46kg) > $1.06\sqrt{210} \times 40 \times 55 = 33793.89\text{kg}$，所以最大剪力鋼筋

的間距 $S_{\max}$ 為

$$S_{\max} = \min\left(\frac{A_v f_y}{3.52 b_w}, \frac{d}{4}, 30\text{cm} \right)$$

$$= \min\left(\frac{1.427 \times 2800}{3.52 \times 35}, \frac{55}{4}, 30 \right) = 13.75\text{cm}$$

因為使用#3(D10)號鋼筋抵抗剪力，所以 $A_v = 0.7133 \times 2 = 1.427\text{cm}^2$

(5) 計算臨界斷面的肋筋間距

$$S_c = \frac{A_v f_y d}{V_s} = \frac{1.427 \times 2800 \times 55}{64212.46} = 3.42\text{cm}$$

(6) 整理不同間距距支承面的起點距離

因為指定肋筋間距為 10cm 的倍數，故可依公式(4-10-5)決定間距 S 為 10cm

時，距支承面的起點距離 x 如下表。

$$x = \frac{1}{w_u}\left(\phi V_c - \frac{\phi A_v f_y d}{S} \right)$$

$$= \left(84420 - 0.85 \times 16896.95 - \frac{0.85 \times 1.427 \times 2800 \times 55}{S} \right)/(28.14 \times 10)$$

$$= 248.961 - \frac{663.803}{S}$$

間距 S	距支承面的起點距離 x
10cm	182.58cm

因為臨界斷面以內的肋筋間距僅能 3.42cm，故臨界斷面內的肋筋間距仍應調整為 3cm。

因為該梁的肋筋最大間距為 13.75cm，故 10cm 倍數的最大間距為 10cm。間距 10cm 的肋筋應排置至規範上規定應配置肋筋的終點(274.48 cm)，將各種間距排置範圍整理如下：

間距 S	距支承面的距離 x
3cm	182.58cm
10cm	274.48cm

依據此表，肋筋配置如下：

不同間距的起點(距支承面)	間距 cm	理論終點 cm	根數	累積根數
第一根肋筋排在距支承面 1.00 cm 處起	3.00	182.58	64	64
從距支承面 190.00 cm 處起	10.00	274.48	9	73

6. 如果不能承受均佈活載重 14t/m，將混凝土抗壓強度提昇為 280kg/cm² 後能否承擔？如能則請設計肋筋(間距為 10cm 的倍數)。

由前面 4.知原斷面及材料強度無法承擔 14t/m 的均佈活載重，前面 5.部份以修改斷面尺寸使能承擔；現欲以提昇混凝土抗壓強度的途徑使 $V_{s,\max} = 2.12\sqrt{f_c'}\,b_w d > V_s$，則

$$f_c' > \left(\frac{V_s}{2.12b_w d}\right)^2 = \left(\frac{64212.46}{2.12 \times 35 \times 55}\right)^2 = 247.57\text{kg/cm}^2$$

可採用抗壓強度為 280kg/cm² 的混凝土，然後重新計算。

(1) 計算臨界斷面的設計剪力強度 V_u

均佈活載重 $w_l = 14.0\text{t/m}$

設計均佈載重 $w_u = 1.4w_d + 1.7w_l = 1.4 \times 3.1 + 1.7 \times 14 = 28.14\text{t/m}$

支承面剪力 $R = 0.5w_u l = 0.5 \times 28.14 \times 6 = 84.42t = 84420\text{kg}$

臨界斷面距支承面的距離=梁的有效深度=55cm

臨界斷面處的設計剪力強度 V_u 為

$V_u = R - w_u d = 84.42 - 28.14 \times 55/100 = 68.943t = 68943\text{kg}$

臨界斷面的標稱剪力強度 V_n 為

$V_n = V_u / \phi = 68943/0.85 = 81109.41\text{kg}$

(2) 計算混凝土剪力強度 V_c 及肋筋配置範圍

混凝土剪力強度 V_c 為

$V_c = 0.53\sqrt{f_c'}\,b_w d = 0.53 \times \sqrt{280} \times 35 \times 55 = 17072.05\text{kg}$

理論上，肋筋應排置至 $\phi V_c = 0.85 \times 17072.05 = 14511.24\ \text{kg}$

亦即排置至距支承面 x_3 的距離

$x_3 = \dfrac{l}{2}\dfrac{R - \phi V_c}{R} = \dfrac{600}{2} \times \dfrac{84420 - 14511.24}{84420} = 248.43\text{cm}$

規範上規定，肋筋應排置至 $\dfrac{1}{2}\phi V_c = 0.5 \times 0.85 \times 17072.05 = 7255.62\text{kg}$

亦即排置至距支承面 x_4 的距離

$x_4 = \dfrac{l}{2}\dfrac{R - \frac{1}{2}\phi V_c}{R} = \dfrac{600}{2} \times \dfrac{84420 - 7255.62}{84420} = 274.22\text{cm}$

(3) 計算剪力鋼筋應負擔剪力強度 V_s 並判斷斷面的妥適性

剪力鋼筋應負擔剪力強度 V_s 為

$V_s = V_n = V_c = 81109.41 - 17072.05 = 64037.36\text{kg}$

規範規定，剪力鋼筋承擔剪力的上限值 $V_{s,\max}$ 為

$V_{s,\max} = 2.12\sqrt{f_c'}\,b_w d = 2.12 \times \sqrt{280} \times 35 \times 55 = 68288.19\text{kg}$

因為 $V_s (=64037.36\text{kg}) < V_{s,\max} (=68288.19\text{kg})$，O.K.。

(4) 計算最大剪力鋼筋間距

因為 $V_s (= 64037.36\text{kg}) > 1.06\sqrt{280} \times 35 \times 55 = 34144.10\text{kg}$，所以最大剪力鋼筋的間距 $S_{\max}$ 為

$$S_{max} = \left(\frac{A_v f_y}{3.52 b_w}, \frac{d}{4}, 30cm \right)$$

$$= \left(\frac{1.427 \times 2800}{3.52 \times 35}, \frac{55}{4}, 30 \right) = 13.75cm$$

因為使用#3(D10)號鋼筋抵抗剪力，所以 $A_v = 0.7133 \times 2 = 1.427 cm^2$

(5) 計算臨界斷面的肋筋間距

$$S_c = \frac{A_v f_y d}{V_s} = \frac{1.427 \times 2800 \times 55}{64037.36} = 3.43cm$$

(6) 整理不同間距距支承面的起點距離

因為指定肋筋間距為 10cm 的倍數，故可依公式(4-10-5)決定間距 S 為 10cm 時，距支承面的起點距離 x 如下表。

$$x = \frac{1}{w_u} \left(\phi V_c - \frac{\phi A_v f_y d}{S} \right)$$

$$= \left(84420 - 0.85 \times 17072.05 - \frac{0.85 \times 1.427 \times 2800 \times 55}{S} \right) / (28.14 \times 10)$$

$$= 248.961 - \frac{663.803}{S}$$

間距 S	距支承面的起點距離 x
10cm	182.05cm

因為臨界斷面以內的肋筋間距僅能 3.43cm，故臨界斷面內的肋筋間距仍應調整為 3cm。

因為該梁的肋筋最大間距為 13.75cm，故 10cm 倍數的最大間距為 10cm。間距 10cm 的肋筋應排置至規範上規定應配置肋筋的終點(274.22 cm)，將各種間距排置範圍整理如下：

間距 S	距支承面的距離 x
3cm	182.05cm
10cm	274.22cm

依據此表，肋筋配置如下：

不同間距的起點(距支承面)	間距 cm	理論終點 cm	根數	累積根數
第一根肋筋排在距支承面 1.00 cm 處起	3.00	182.05	64	64
從距支承面 190.00 cm 處起	10.00	274.22	9	73

7. 承受均佈活載重 6.0t/m，軸向壓力 10t，肋筋間距為 10cm 的倍數。

(1) 計算臨界斷面的設計剪力強度 V_u

均佈活載重 $w_l = 6.0$t/m

設計均佈載重 $w_u = 1.4w_d + 1.7w_l = 1.4 \times 3.1 + 1.7 \times 6 = 14.54$t/m

支承面剪力 $R = 0.5w_u l = 0.5 \times 14.54 \times 6 = 43.62t = 43620$kg

臨界斷面距支承面的距離=梁的有效深度=55cm

臨界斷面處的設計剪力強度 V_u 為

$V_u = R - w_u d = 43.62 - 14.54 \times 55/100 = 35.623t = 35623$kg

臨界斷面的標稱剪力強度 V_n 為

$V_n = V_u / \phi = 35623 / 0.85 = 41909.41$kg

(2) 計算混凝土剪力強度 V_c 及肋筋配置範圍

因為承受軸向壓力 10t，故混凝土剪力強度 V_c 為

$$V_c = 0.53\left(1 + \frac{N_u}{140A_g}\right)\sqrt{f_c'}b_w d$$

$$= 0.53 \times \left(1 + \frac{10 \times 1000}{140 \times 60 \times 35}\right) \times \sqrt{210} \times 35 \times 55 = 15287.71\text{kg}$$

理論上，肋筋應排置至 $\phi V_c = 0.85 \times 15287.71 = 12994.55$kg

亦即排置至距支承面 x_3 的距離

$$x_3 = \frac{l}{2}\frac{R - \phi V_c}{R} = \frac{600}{2} \times \frac{84420 - 12994.55}{43620} = 210.63\text{cm}$$

規範上規定，肋筋應排置至 $\frac{1}{2}\phi V_c = 0.5 \times 0.85 \times 15287.71 = 6497.28$kg

亦即排置至距支承面 x_4 的距離

$$x_4 = \frac{l}{2}\frac{R - \frac{1}{2}\phi V_c}{R} = \frac{600}{2} \times \frac{43620 - 6497.28}{43620} = 255.31\text{cm}$$

(3) 計算剪力鋼筋應負擔剪力強度 V_s 並判斷斷面的妥適性

剪力鋼筋應負擔剪力強度 V_s 為

$$V_s = V_n - V_c = 41909.41 - 15287.71 = 26621.70 \text{kg}$$

規範規定，剪力鋼筋承擔剪力的上限值 $V_{s,\max}$ 為

$$V_{s,\max} = 2.12\sqrt{f_c'}\,b_w d = 2.12 \times \sqrt{210} \times 40 \times 55 = 59139.31 \text{kg}$$

因為 V_s (=26612.70kg)$<V_{s,\max}$ (=59139.31kg)，故斷面無須增大

(4) 計算最大剪力鋼筋間距

因為 V_s (= 26612.70kg) $< 1.06\sqrt{210} \times 35 \times 55 = 29569.65 \text{kg}$，所以最大剪力鋼筋

的間距 $S_{\max}$ 為

$$S_{\max} = \min\left(\frac{A_v f_y}{3.52 b_w}, \frac{d}{4}, 60\text{cm}\right)$$

$$= \min\left(\frac{1.427 \times 2800}{3.52 \times 35}, \frac{55}{2}, 60\right) = 27.50 \text{cm}$$

因為使用#3(D10)號鋼筋抵抗剪力，所以 $A_v = 0.7133 \times 2 = 1.427 \text{cm}^2$

(5) 計算臨界斷面的肋筋間距

$$S_c = \frac{A_v f_y d}{V_s} = \frac{1.427 \times 2800 \times 55}{26621.70} = 8.25 \text{cm}$$

(6) 整理不同間距距支承面的起點距離

因為指定肋筋間距為 10cm 的倍數，故可依公式(4-10-5)決定間距 S 為 10cm、20cm 時，距支承面的起點距離 x 如下表。

$$x = \frac{1}{w_u}\left(\phi V_c - \frac{\phi A_v f_y d}{S}\right)$$

$$= \left(43620 - 0.85 \times 15287.71 - \frac{0.85 \times 1.427 \times 2800 \times 55}{S}\right)/(14.54 \times 10)$$

$$= 210.629 - \frac{1284.69}{S}$$

間距 S	距支承面的起點距離 x
10cm	82.16cm
20cm	146.39cm

　　　　因為臨界斷面以內的肋筋間距僅能 8.25cm，故臨界斷面內的肋筋間距仍應調整為 8cm。

　　　　因為該梁的肋筋最大間距為 27.50cm，故 10cm 倍數的最大間距為 20cm。間距 20cm 的肋筋應排置至規範上規定應配置肋筋的終點(255.31 cm)，將各種間距排置範圍整理如下：

間距 S	距支承面的距離 x
8cm	82.16cm
10cm	146.39cm
20cm	255.31cm

　　　　依據此表，肋筋配置如下：

不同間距的起點(距支承面)	間距 cm	理論終點 cm	根數	累積根數
第一根肋筋排在距支承面 2.00 cm 處起	8.00	82.16	12	12
從距支承面 90.00 cm 處起	10.00	146.39	6	18
從距支承面 150.00 cm 處起	20.00	255.31	6	24

8. 承受均佈活載重 6.0t/m，軸向拉力 10t，肋筋間距為 15cm 的倍數。

(1) 計算臨界斷面的設計剪力強度 V_u

均佈活載重 $w_l = 6.0\text{t/m}$

設計均佈載重 $w_u = 1.4w_d + 1.7w_l = 1.4 \times 3.1 + 1.7 \times 6 = 14.54\text{t/m}$

支承面剪力 $R = 0.5w_u l = 0.5 \times 14.54 \times 6 = 43.62t = 43620\text{kg}$

臨界斷面距支承面的距離=梁的有效深度=55cm

臨界斷面處的設計剪力強度 V_u 為

$V_u = R - w_u d = 43.62 - 14.54 \times 55/100 = 35.623t = 35623\text{kg}$

臨界斷面的標稱剪力強度 V_n 為

$V_n = V_u / \phi = 35623 / 0.85 = 41909.41\text{kg}$

(2) 計算混凝土剪力強度 V_c 及肋筋配置範圍

因為承受軸向拉力 10t，故混凝土剪力強度 V_c 為

$$V_c = 0.53\left(1 + \frac{N_u}{35A_g}\right)\sqrt{f_c'}\,b_w d$$

$$= 0.53 \times \left(1 + \frac{-10 \times 1000}{35 \times 60 \times 35}\right) \times \sqrt{210} \times 35 \times 55$$

$$= 12773.29\text{kg}$$

理論上，肋筋應排置至 $\phi V_c = 0.85 \times 12773.29 = 10857.30\text{kg}$

亦即排置至距支承面 x_3 的距離

$$x_3 = \frac{l}{2}\frac{R - \phi V_c}{R} = \frac{600}{2} \times \frac{43620 - 10857.29}{43620} = 225.33\text{cm}$$

規範上規定，肋筋應排置至 $\frac{1}{2}\phi V_c = 0.5 \times 0.85 \times 12773.29 = 5428.65\text{kg}$

亦即排置至距支承面 x_4 的距離

$$x_4 = \frac{l}{2}\frac{R - \frac{1}{2}\phi V_c}{R} = \frac{600}{2} \times \frac{43620 - 5428.65}{43620} = 262.66\text{cm}$$

(3) 計算剪力鋼筋應負擔剪力強度 V_s 並判斷斷面的妥適性

剪力鋼筋應負擔剪力強度 V_s 為

$$V_s = V_n - V_c = 41909.41 - 12773.29 = 29136.12\text{kg}$$

規範規定，剪力鋼筋承擔剪力的上限值 $V_{s,\max}$ 為

$$V_{s,\max} = 2.12\sqrt{f_c'}\,b_w d = 2.12 \times \sqrt{210} \times 35 \times 55 = 59139.31\text{kg}$$

因為 $V_s\,(=29136.13\text{kg}) < V_{s,\max}\,(=59139.31\text{kg})$，故斷面無須增大。

(4) 計算最大剪力鋼筋間距

因為 $V_s\,(=29136.13\text{kg}) < 1.06\sqrt{210} \times 35 \times 55 = 29569.65\text{kg}$，所以最大剪力鋼筋

的間距 $S_{\max}$ 為

$$S_{\max} = \min\left(\frac{A_v f_y}{3.52 b_w}, \frac{d}{4}, 60\text{cm}\right)$$

$$= \min\left(\frac{1.427 \times 2800}{3.52 \times 35}, \frac{55}{2}, 60\right) = 27.50\text{cm}$$

因為使用#3(D10)號鋼筋抵抗剪力，所以 $A_v = 0.7133 \times 2 = 1.427\text{cm}^2$

(5) 計算臨界斷面的肋筋間距

$$S_c = \frac{A_v f_y d}{V_s} = \frac{1.427 \times 2800 \times 55}{29136.13} = 7.54 \text{cm}$$

(6) 整理不同間距距支承面的起點距離

　　因為指定肋筋間距為 15cm 的倍數，故可依公式(4-10-5)決定間距 S 為 15cm 時，距支承面的起點距離 x 如下表。

$$x = \frac{1}{w_u} \left(\phi V_c - \frac{\phi A_v f_y d}{S} \right)$$

$$= \left(43620 - 0.85 \times 12773.29 - \frac{0.85 \times 1.427 \times 2800 \times 55}{S} \right) / (14.54 \times 10)$$

$$= 225.328 - \frac{1284.69}{S}$$

間距 S	距支承面的起點距離 x
15cm	139.68cm

　　因為臨界斷面以內的肋筋間距僅能 7.54cm，故臨界斷面內的肋筋間距仍應調整為 7cm。

　　因為該梁的肋筋最大間距為 27.50cm，故 15cm 倍數的最大間距為 15cm。間距 15cm 的肋筋應排置至規範上規定應配置肋筋的終點(262.66 cm)，將各種間距排置範圍整理如下：

間距 S	距支承面的距離 x
7cm	139.68cm
15cm	262.66cm

　　依據此表，肋筋配置如下：

不同間距的起點(距支承面)	間距 cm	理論終點 cm	根數	累積根數
第一根肋筋排在距支承面 3.00 cm 處起	7.00	139.68	22	22
從距支承面 150.00 cm 處起	15.00	262.66	8	30

4-11 矩形梁的剪力設計程式使用說明

在鋼筋混凝土分析與設計軟體畫面的功能表上,選擇☞RC/剪力/矩形梁斷面剪力設計☞後出現如圖 4-11-1 的輸入畫面。圖 4-11-1 為範例 4-10-1 1.的輸入畫面,按序輸入混凝土抗壓強度 f_c' (210 Kg/cm²)、鋼筋降伏強度 f_y (2,800 Kg/cm²)、實際深度 h(60cm)、有效深度 d(55cm)、梁寬 b(35cm)、淨梁跨距 L(600cm)、均佈靜載重 W_d(3.1 t/m)、均佈活載重 W_l(6 t/m)、肋筋間距增量 Si (5cm)及選用#3(D10)號鋼筋為剪力鋼筋等基本資料後,單擊「斷面設計」鈕即進行梁剪力鋼筋配置設計。設計內容包括(1)計算因數化載重下臨界斷面的設

均佈載重樑剪力鋼筋設計

混凝土抗壓強度 fc' Kg/cm2	210	軸向拉力 Nu t	
鋼筋降伏應力 fy Kg/cm2	2800	軸向壓力 Nu t	
實際深度 h cm	60	淨梁跨距 L cm	600
有效深度 d cm	55	均佈靜載重 Wd t/m	3.1
梁寬 b cm	35	均佈活載重 Wl t/m	6
選用剪力鋼筋 D10 #3		肋筋間距增量 Si cm	5

斷面設計　　取消　　列印

```
混凝土抗壓強度 fc' = 210.000 Kg/cm2
鋼筋降伏應力 fy = 2800.000 Kg/cm2
梁的實際寬度 h = 60.00 cm
梁的有效寬度 d = 55.00 cm
梁寬 bw = 35.000 cm
斷面面積 Ag = 2100.000 cm2
梁的淨跨距 L = 600.0 cm
選用剪力筋 #3(D10) 2 肢的面積 = 1.427 cm2
均佈靜載重 Wd= 3.100 t/m
均佈活載重 Wl= 6.000 t/m
因數化均佈載重 Wu = 14.540 t/m
支承面之剪力 =43620.00 kg
臨界斷面距支承面的距離 = 55.00 cm
```

圖 4-11-1

計剪力強度 V_u 及標稱剪力強度 V_n，(2)計算混凝土的標稱剪力強度 V_c，(3)計算剪力鋼筋應承擔的剪力強度 V_s，如果超過剪力鋼筋規範的上限值，則應修改增斷面或提升混凝土的抗壓強度，(4)如果剪力鋼筋所承擔的剪力強度 V_s 未超過上限值，則計算臨界斷面處的肋筋間距及最大肋筋間距，(5)依據指定間距增量，計算各種可能間距距支承面的起點距離，並據以配置肋筋。設計完成後，將基本資料、計算過程資料及設計結果顯示於列示方塊中並使「列印」鈕生效，如圖 4-11-1 及圖 4-11-2；單擊「列印」鈕則將設計結果有組織地整理成報表格式列印之，如圖 4-11-3；單擊「取消」鈕則結束剪力設計程式的執行。

圖 4-11-3 的報表中，為便於說明在每行右側賦予順序編號。第 1~12 行為基本資料及初步計算結果，因數化設計載重為 14.54t/m，臨界斷面處(距支承面 55 公分)的設計剪力 V_u 為 35623.00 kg，標稱剪力強度 V_n 為 41909.41kg，混凝土標稱剪力強度 V_c 為 14784.83 kg，剪力鋼筋需承擔的剪力強度 V_s 為 27124.58kg，且小於剪力鋼筋的極限標稱剪力強度 $V_{s,max}$(59139.31kg)。理論上肋筋配置範圍為距支承面 213.57cm，規範上肋筋配置範圍為距支承面 256.78cm。規範規定最大間距為 27.50cm，臨界斷面處的間距為 8.10cm。指定肋

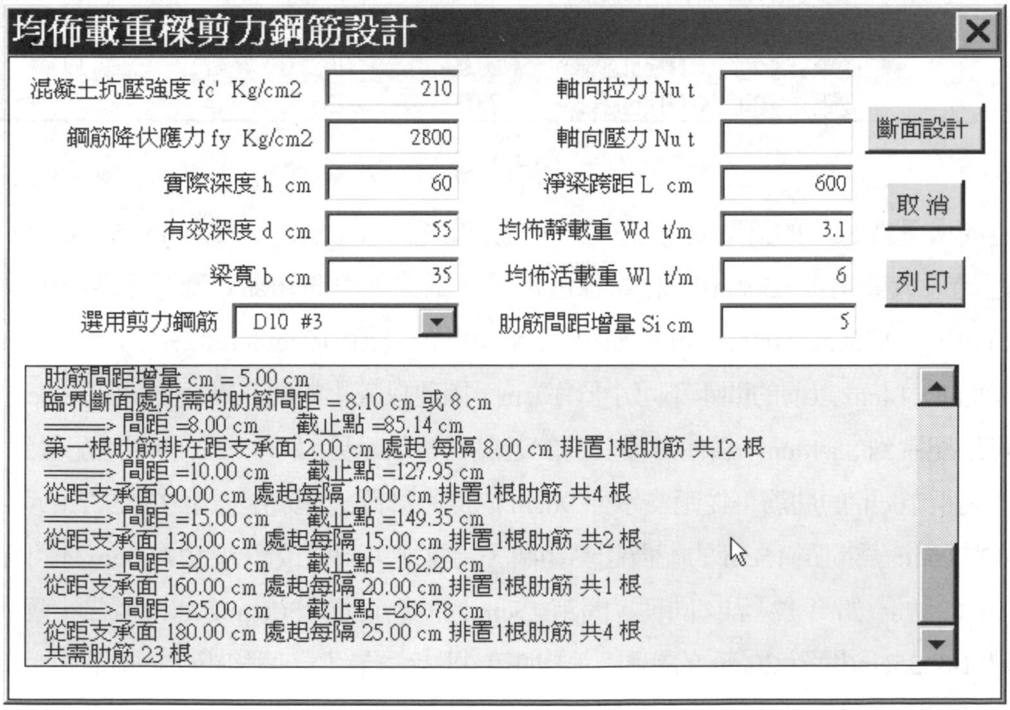

圖 4-11-2

矩形梁剪力設計					1
梁寬 b cm	35.00	梁的實際深度 h cm		60.00	2
梁的有效深度 d cm	55.00	斷面面積 A_g cm²		2100.00	3
梁的淨跨距 L cm	600.00	剪力筋 #3(D10) cm2		1.427	4
均佈靜載重 W_d t/m	3.10	混凝土抗壓強度 f_c K_g/cm²		210.00	5
均佈活載重 W_l t/m	6.00	鋼筋降伏應力 f_y K_g/cm²		2800.00	6
因數化均佈載重 W_u t/m	14.54	支承面之剪力 Kg		43620.00	7
臨界斷面距支承面的距離 cm	55.00	承受軸向拉力 N_{ut} Kg			8
臨界斷面處設計剪力強度 V_u Kg	35623.00	承受軸向壓力 N_{up} Kg			9
臨界斷面處標稱剪力強度 V_n Kg	41909.41	混凝土標稱剪力強度 V_c Kg		14784.83	10
剪力鋼筋需承擔的標稱剪力強度 Vs Kg	27124.58	理論上配置肋筋的範圍 cm		213.57	11
剪力鋼筋的極限標稱剪力強度 V_{smax} Kg	59139.31	規範上配置肋筋的範圍 cm		256.78	12
規範規定肋筋最大間距 cm	27.50				13
臨界斷面處肋筋間矩 cm	8.10	肋筋間距增量 cm		5	14
不同間距的起點(距支承面)	間距 cm	理論終點 cm	根數	累積根數	15
第一根肋筋排在距支承面 2.00 cm 處起	8.00	85.14	12	12	16
從距支承面 90.00 cm 處起	10.00	127.95	4	16	17
從距支承面 130.00 cm 處起	15.00	149.35	2	18	18
從距支承面 160.00 cm 處起	20.00	162.20	1	19	19
從距支承面 180.00 cm 處起	25.00	256.78	4	23	20

圖 4-11-3

筋間距的增量為 5cm 的倍數,因此選定的肋筋間距為 10cm、15cm、20cm、25cm(不可 30cm 因為超過最大間距 27.50cm);計算各選定間距距支承面的起點距離分別為 85.14cm、127.95cm、149.35cm、162.20cm 等如第 16 至 19 行。間距 10cm 的起點距離 85.14cm 表示距支承面 85.14cm 以前的間距不可小於 10cm;因此以較小的臨界斷面處間距(8.0cm)配置肋筋可以配置到 85.14cm;為使以後肋筋的起點為整數起見,將 8.0cm 的間距配置到 90cm 處,則間距 10cm 的肋筋可從距支承面 90cm 處開始排置,且須配置至 127.95cm 或超過,因為 127.95cm 為間距 15cm 的配置起點距離,易言之,到達或超過 127.95cm 才可配置間距 15cm 的肋筋(如第 17 行);同理,間距 15cm 的肋筋可從 130cm 處起配置之,直到到達或超過 149.35cm(間距 20cm 的起點距離)如第 18 行;最大一個間距(25cm)則從距支承面 180cm 處配置到規範上肋筋配置範圍距支承面 256.78cm 處,如第 20 行。為使間距 8.0cm 的肋筋配置到一整數的距離(本例為 90cm,因為 90cm 剛好超過 10cm 間距的起點距離),

Chapter 4

則需配置 12 根肋筋 (有 11 個間距)，故第一根肋間應距支承面 2.0cm，亦即 $90 - 8 \times 11 = 2cm$。總配筋數爲 23 根，如第 20 行。

　　圖 4-11-1 輸入畫面中混凝土抗壓強度、鋼筋降伏強度、實際深度、有效深度、梁寬、淨梁跨距、均佈靜載重、均佈活載重等欄位均爲必要資料項，如果有所欠缺，則顯示圖 4-11-4 的警示訊息。任一欄位的資料均會有其合理性的檢查，如果不合理，則顯示如圖 4-11-5 的警示訊息。如果同時指定梁承受軸向壓力與軸向拉力，則僅取軸向壓力並顯示圖 4-11-6 的警示訊息。

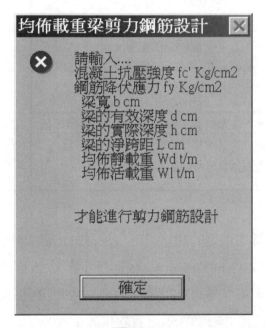

圖 4-11-4

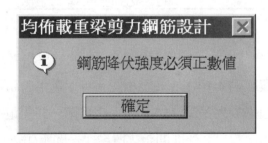

圖 4-11-5

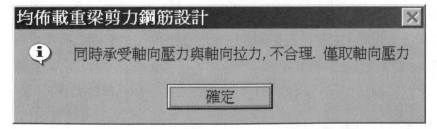

圖 4-11-6

矩形梁剪力設計					,1
梁寬 b cm	35.00	梁的實際深度 h cm		60.00	2
梁的有效深度 d cm	55.00	斷面面積 A_g cm^2		2100.00	3
梁的淨跨距 L cm	600.00	剪力筋 #3(D10) cm2		1.427	4
均佈靜載重 W_d t/m	3.10	混凝土抗壓強度 f_c' K_g/cm^2		210.00	5
均佈活載重 W_l t/m	6.00	鋼筋降伏應力 f_y K_g/cm^2		2800.00	6
因數化均佈載重 W_u t/m	14.54	支承面之剪力 Kg		43620.00	7
臨界斷面距支承面的距離 cm	55.00	承受軸向拉力 N_{ut} Kg			8
臨界斷面處設計剪力強度 V_u Kg	35623.00	承受軸向壓力 N_{up} Kg			9
臨界斷面處標稱剪力強度 V_n Kg	41909.41	混凝土標稱剪力強度 V_c Kg		14784.83	10
剪力鋼筋需承擔的標稱剪力強度 Vs Kg	27124.58	理論上配置肋筋的範圍 cm		213.57	11
剪力鋼筋的極限標稱剪力強度 V_{smax} Kg	59139.31	規範上配置肋筋的範圍 cm		256.78	12
規範規定肋筋最大間距 cm	27.50				13
臨界斷面處肋筋間矩 cm	8.10	肋筋間距增量 cm		8	14
不同間距的起點(距支承面)		間距 cm	理論終點 cm	根數	累積根數	15
從支承面起		8.00	133.30	17	17	16
從距支承面 136.00 cm 處起		16.00	160.05	2	19	17
從距支承面 168.00 cm 處起		24.00	256.78	4	23	18

圖 4-11-7

圖 4-11-7 為範例 4-10-1 2.的輸出報表，本例除了指定的肋筋間距為 8cm 的倍數以外，與範例 4-10-1 1.完全相同。可以選用的肋筋間距為 8cm、16cm、24cm(不可是 32cm 因為超過最大間距 27.50cm)。因為第一個間距 8cm 與臨界斷面處的間距相同，故肋筋應從支承面起以 8.0cm 間距排置至次一間距(16cm)的起點距離(133.30cm，實際排置 136.0cm 處)，如第 16 行；間距 16cm 的肋筋將從距支承面 136cm 處起排置至次一間距(24cm)的起點距離(160.05cm，實際排置 168.0cm 處)，如第 17 行；最後一個間距 24cm 則是從距離支承面 168cm 處起排置至規範上肋筋配置範圍距支承面 256.78cm 處，如第 18 行。總配筋數為 23 根，如第 18 行。

圖 4-11-8 為範例 4-10-1 3.的輸出報表，本例除了指定的肋筋間距為 10cm 的倍數以外，與範例 4-10-1 1.完全相同。可以選用的肋筋間距為 10cm、20cm(不可是 30cm 因為超過最大間距 27.50cm)。因為第一個間距 10cm 大於臨界斷面處的間距 8.0cm，故肋筋應從支承面起以 8.0cm 間距排置至次一間距(10cm)的起點距離(85.14cm，實際排置 90.0cm 處)，如第 16 行；間距 10cm 的肋筋將從距支承面 90cm 處起排置至次一間距 (20cm) 的起點距離

矩形梁剪力設計					1
梁寬 b cm	35.00	梁的實際深度 h cm		60.00	2
梁的有效深度 d cm	55.00	斷面面積 A_g cm²		2100.00	3
梁的淨跨距 L cm	600.00	剪力筋 #3(D10) cm2		1.427	4
均佈靜載重 W_d t/m	3.10	混凝土抗壓強度 f_c K_g/cm²		210.00	5
均佈活載重 W_l t/m	6.00	鋼筋降伏應力 f_y K_g/cm²		2800.00	6
因數化均佈載重 W_u t/m	14.54	支承面之剪力 Kg		43620.00	7
臨界斷面距支承面的距離 cm	55.00	承受軸向拉力 N_{ut} Kg			8
臨界斷面處設計剪力強度 V_u Kg	35623.00	承受軸向壓力 N_{up} Kg			9
臨界斷面處標稱剪力強度 V_n Kg	41909.41	混凝土標稱剪力強度 V_c Kg		14784.83	10
剪力鋼筋需承擔的標稱剪力強度 Vs Kg	27124.58	理論上配置肋筋的範圍 cm		213.57	11
剪力鋼筋的極限標稱剪力強度 V_{smax} Kg	59139.31	規範上配置肋筋的範圍 cm		256.78	12
規範規定肋筋最大間距 cm	27.50				13
臨界斷面處肋筋間矩 cm	8.10	肋筋間距增量 cm		10	14
不同間距的起點(距支承面)	間距 cm	理論終點 cm	根數	累積根數	15
第一根肋筋排在距支承面 2.00 cm 處起	8.00	85.14	12	12	16
從距支承面 90.00 cm 處起	10.00	149.35	6	18	17
從距支承面 150.00 cm 處起	20.00	256.78	6	24	18

圖 4-11-8

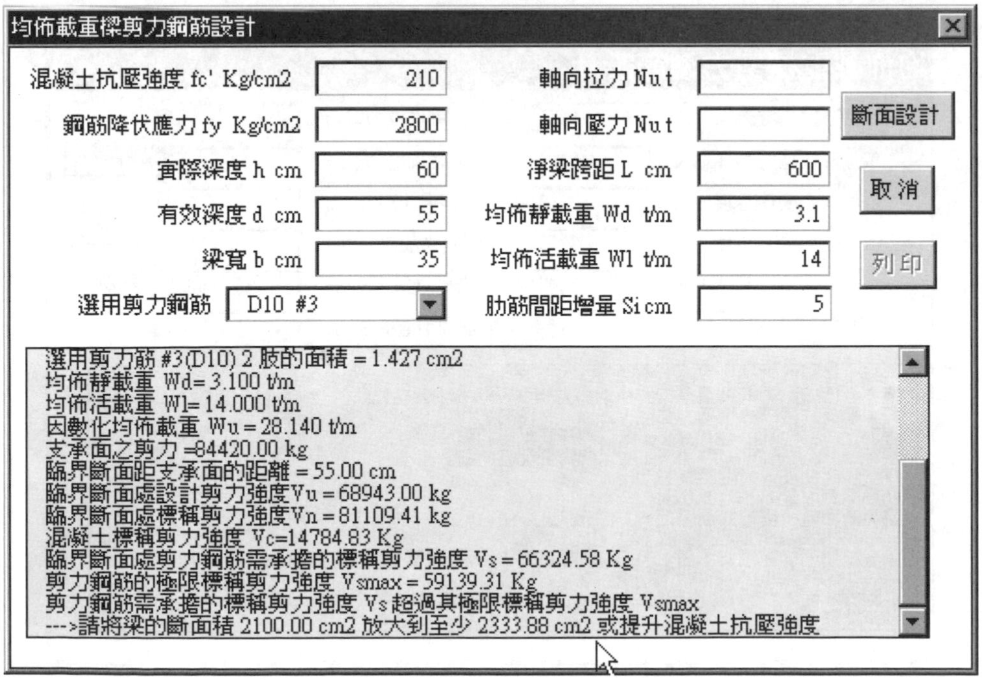

圖 4-11-9

(149.35cm，實際排置 150.0cm 處)，如第 17 行；最後一個間距 20cm 則從距支承面 150cm 處起排置至規範上肋筋配置範圍距支承面 256.78cm 處，如第 18 行。總配筋數為 24 根，如第 20 行。

圖 4-11-9 為範例 4-10-1 4.的輸入畫面及執行結果，本例與範例 4-10-1 3.除了均佈活載重增為 14t/m 外，其餘均相同。單擊「斷面設計」鈕後雖然在列示方塊中顯示輸入資料及部分計算結果，但因剪力鋼筋需要承擔的剪力強度 V_s(66324.58kg)大於剪力鋼筋的極限標稱強度 $V_{s,max}$(59139.31kg)，故在列示方塊的最後一行游標所指處顯示「--->請將梁的斷面積 2100.00 cm^2 放大到至少 2333.88 cm^2 或提升混凝土抗壓強度」之訊息。因為不符規範規定而未進行肋筋配置工作，故「列印」鈕並未生效。

圖 4-11-10 及圖 4-11-11 為範例 4-10-1 5.的輸入畫面及輸出報表，本例係依據範例 4-10-1 4.執行結果的建議，採用斷面放大的方式處理之。圖 4-11-10 係將梁斷面的梁寬由 35cm 增為 40cm 所得結果。因為臨界斷面處的肋筋間距為 3.42cm(取 3cm)，最大間距為 13.75cm，故可用間距僅有 3cm 及 10cm 兩種。第一根肋筋置於距支承面 1cm 處，再以每隔 3.0cm 排置一根直到或超過間距 10cm 的起點距離 182.6 cm(實際配置到 190cm)共 64 根；間距 10cm 的肋筋再從距支承面 190.0cm 處，排置到規範上肋筋配置範圍距支承面 274.48cm 處共 9 根。肋筋配置後使「列印」鈕生效。

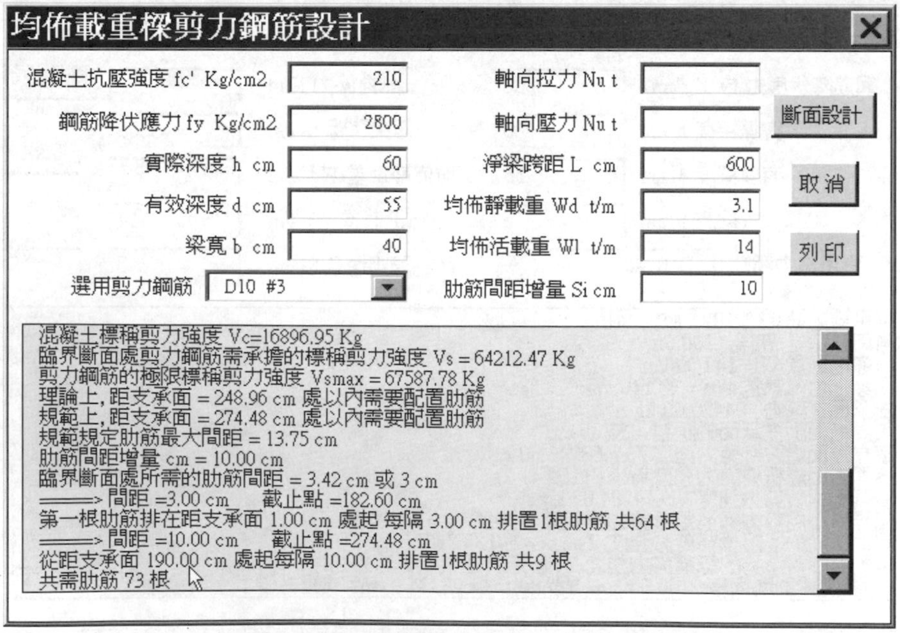

圖 4-11-10

矩形梁剪力設計				1
梁寬 b cm	40.00	梁的實際深度 h cm	60.00	2
梁的有效深度 d cm	55.00	斷面面積 $A_g cm^2$	2400.00	3
梁的淨跨距 L cm	600.00	剪力筋 #3(D10) cm2	1.427	4
均佈靜載重 W_d t/m	3.10	混凝土抗壓強度 f_c Kg/cm^2	210.00	5
均佈活載重 W_1 t/m	14.00	鋼筋降伏應力 f_y Kg/cm^2	2800.00	6
因數化均佈載重 W_u t/m	28.14	支承面之剪力 Kg	84420.00	7
臨界斷面距支承面的距離 cm	55.00	承受軸向拉力 N_{ut} Kg		8
臨界斷面處設計剪力強度 V_u Kg	68943.00	承受軸向壓力 N_{up} Kg		9
臨界斷面處標稱剪力強度 V_n Kg	81109.41	混凝土標稱剪力強度 V_c Kg	16896.95	10
剪力鋼筋需承擔的標稱剪力強度 Vs Kg	64212.47	理論上配置肋筋的範圍 cm	248.96	11
剪力鋼筋的極限標稱剪力強度 V_{smax} Kg	67587.78	規範上配置肋筋的範圍 cm	274.48	12
規範規定肋筋最大間距 cm	13.75			13
臨界斷面處肋筋間矩 cm	3.42	肋筋間距增量 cm	10	14
不同間距的起點(距支承面)	間距 cm	理論終點 cm	根數	累積根數	15
第一根肋筋排在距支承面 1.00 cm 處起	3.00	182.60	64	64	16
從距支承面 190.00 cm 處起	10.00	274.48	9	73	17

圖 4-11-11

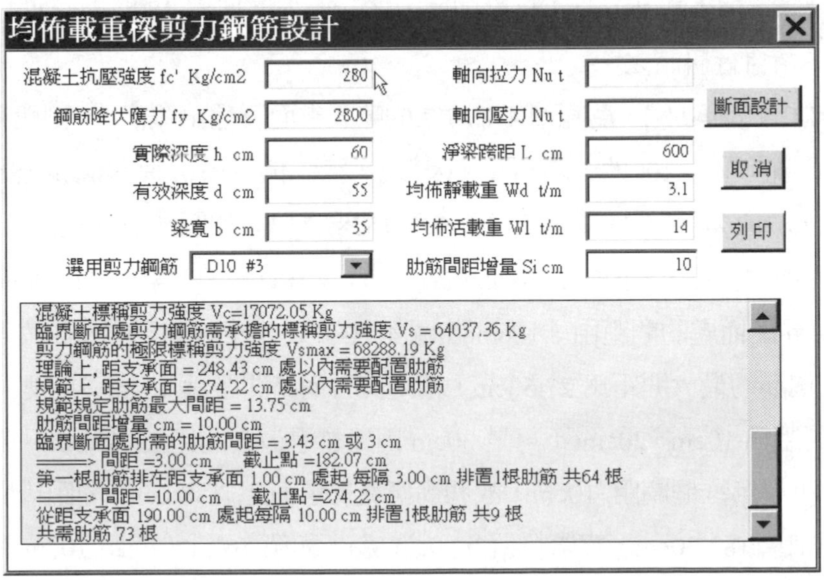

圖 4-11-12

矩形梁剪力設計					1
梁寬 b cm	35.00	梁的實際深度 h cm		60.00	2
梁的有效深度 d cm	55.00	斷面面積 A_g cm^2		2100.00	3
梁的淨跨距 L cm	600.00	剪力筋 #3(D10) cm2		1.427	4
均佈靜載重 W_d t/m	3.10	混凝土抗壓強度 f_c' Kg/cm^2		280.00	5
均佈活載重 W_l t/m	14.00	鋼筋降伏應力 f_y Kg/cm^2		2800.00	6
因數化均佈載重 W_u t/m	28.14	支承面之剪力 Kg		84420.00	7
臨界斷面距支承面的距離 cm	55.00	承受軸向拉力 N_{ut} Kg			8
臨界斷面處設計剪力強度 V_u Kg	68943.00	承受軸向壓力 N_{up} Kg			9
臨界斷面處標稱剪力強度 V_n Kg	81109.41	混凝土標稱剪力強度 V_c Kg		17072.05	10
剪力鋼筋需承擔的標稱剪力強度 Vs Kg	64037.36	理論上配置肋筋的範圍 cm		248.43	11
剪力鋼筋的極限標稱剪力強度 V_{smax} Kg	68288.19	規範上配置肋筋的範圍 cm		274.22	12
規範規定肋筋最大間距 cm	13.75				13
臨界斷面處肋筋間矩 cm	3.43	肋筋間距增量 cm		10	14
不同間距的起點(距支承面)		間距 cm	理論終點 cm	根數	累積根數	15
第一根肋筋排在距支承面 1.00 cm 處起		3.00	182.07	64	64	16
從距支承面 190.00 cm 處起		10.00	274.22	9	73	17

圖 4-11-13

　　圖 4-11-12 及圖 4-11-13 為範例 4-10-1 6.的輸入畫面及輸出報表，依據範例 4-10-1 4.
執行結果的建議，採用提升混凝土抗壓強度(由 210kg/cm^2 增爲 280kg/cm^2)的方式處理之。
其配筋結果，請自行研讀之。

　　圖 4-11-14 及圖 4-11-15 爲範例 4-10-1 7.的輸入畫面及輸出報表，本例與範例 4-10-1 3.
除了增加承受軸向壓力 10t 外，均相同。因爲承受軸向壓力 10t 使其混凝土的標稱剪力強
度 V_c 由 14784.83kg(如圖 4-11-3 第 10 行)增爲 15287.71 kg(如圖 4-11-15 第 10 行)；剪力鋼
筋需要承擔的剪力強度 V_s 由 27124.58 kg(如圖 4-11-3 第 11 行)減爲 26621.70kg(如圖 4-11-15
第 11 行)；臨界斷面處的間距由 8.10cm(如圖 4-11-3 第 14 行)增爲 8.25cm(如圖 4-11-15 第
14 行)。剪力鋼筋的最大間距爲 27.50cm，指定剪力鋼筋間距爲 10cm 的倍數，因此，可以
選用的肋筋間距爲 10cm、20cm(不可是 30cm 因爲超過最大間距 27.50 cm)。臨界斷面處的
間距 8.0cm 小於第一個間距 10cm，故肋筋應從支承面起以 8.0cm 間距排置至次一間距
(10cm)的起點距離(82.20cm，實際排置 90.0cm 處)，如第 16 行；間距 10cm 的肋筋將從距
支承面 90cm 處起排置至次一間距(20cm)的起點距離(146.41cm，實際排置 150.0cm 處) ，

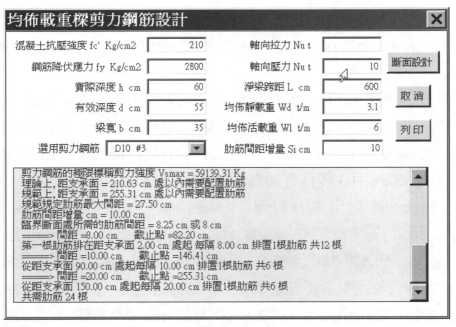

圖 4-11-14

矩形梁剪力設計					1
梁寬 b cm	35.00	梁的實際深度 h cm		60.00	2
梁的有效深度 d cm	55.00	斷面面積 $A_g cm^2$		2100.00	3
梁的淨跨距 L cm	600.00	剪力筋 #3(D10) cm2		1.427	4
均佈靜載重 W_d t/m	3.10	混凝土抗壓強度 $f_c' Kg/cm^2$		210.00	5
均佈活載重 W_l t/m	6.00	鋼筋降伏應力 $f_y Kg/cm^2$		2800.00	6
因數化均佈載重 W_u t/m	14.54	支承面之剪力 Kg		43620.00	7
臨界斷面距支承面的距離 cm	55.00	承受軸向拉力 N_{ut} Kg			8
臨界斷面處設計剪力強度 V_u Kg	35623.00	承受軸向壓力 N_{up} Kg		10000.00	9
臨界斷面處標稱剪力強度 V_n Kg	41909.41	混凝土標稱剪力強度 V_c Kg		15287.71	10
剪力鋼筋需承擔的標稱剪力強度 V_s Kg	26621.70	理論上配置肋筋的範圍 cm		210.63	11
剪力鋼筋的極限標稱剪力強度 V_{smax} Kg	59139.31	規範上配置肋筋的範圍 cm		255.31	12
規範規定肋筋最大間距 cm	27.50				13
臨界斷面處肋筋間矩 cm	8.25	肋筋間距增量 cm		10	14
不同間距的起點(距支承面)		間距 cm	理論終點 cm	根數	累積根數	15
第一根肋筋排在距支承面 2.00 cm 處起		8.00	82.20	12	12	16
從距支承面 90.00 cm 處起		10.00	146.41	6	18	17
從距支承面 150.00 cm 處起		20.00	255.31	6	24	18

圖 4-11-15

如第 17 行；最後一個間距 20cm 則從距支承面 150cm 處起排置至規範上肋筋配置範圍距支承面 255.31cm 處，如第 18 行。總配筋數爲 24 根，如第 18 行。肋筋配置後使「列印」鈕生效。

圖 4-11-16 爲範例 4-10-1 8.的輸出報表，本例與範例 4-10-1 3.除了增加承受軸向拉力 10t 外，均相同。因爲承受軸向拉力 10t 使其混凝土的標稱剪力強度 V_c 由 14784.83kg(如圖 4-11-3 第 10 行)減爲 12273.29 kg(如圖 4-11-16 第 10 行)；剪力鋼筋需要承擔的剪力強度 V_s 由 27124.58 kg(如圖 4-11-3 第 11 行)增爲 29136.13kg(如圖 4-11-16 第 11 行)；臨界斷面處的間距由 8.10cm(如圖 4-11-3 第 14 行)減爲 7.54cm(如圖 4-11-16 第 14 行)。剪力鋼筋的最大間距爲 27.50cm，指定剪力鋼筋間距爲 15cm 的倍數，因此，可以選用的肋筋間距爲 15cm(不可是 30cm 因爲超過最大間距 27.50cm)。臨界斷面處的間距 7.54cm 小於第一個間距 15cm，故肋筋應從支承面起以 7.0cm 間距排置至次一間距(15cm)的起點距離 (139.71cm，實際排置 150.0cm 處)，如第 16 行；間距 15cm 的肋筋將從距支承面 150cm 處起排置至規範上肋筋配置範圍距支承面 262.62cm 處，如第 17 行。總配筋數爲 30 根，如第 17 行。肋筋配置後使「列印」鈕生效。

矩形梁剪力設計					1
梁寬 b cm	35.00		梁的實際深度 h cm	60.00	2
梁的有效深度 d cm	55.00		斷面面積 A_g cm^2	2100.00	3
梁的淨跨距 L cm	600.00		剪力筋 #3(D10) cm2	1.427	4
均佈靜載重 W_d t/m	3.10		混凝土抗壓強度 f_c' Kg/cm^2	210.00	5
均佈活載重 W_l t/m	6.00		鋼筋降伏應力 f_y Kg/cm^2	2800.00	6
因數化均佈載重 W_u t/m	14.54		支承面之剪力 Kg	43620.00	7
臨界斷面距支承面的距離 cm	55.00		承受軸向拉力 N_{ut} Kg	10000.00	8
臨界斷面處設計剪力強度 V_u Kg	35623.00		承受軸向壓力 N_{up} Kg		9
臨界斷面處標稱剪力強度 V_n Kg	41909.41		混凝土標稱剪力強度 V_c Kg	12773.29	10
剪力鋼筋需承擔的標稱剪力強度 Vs Kg	29136.13		理論上配置肋筋的範圍 cm	225.33	11
剪力鋼筋的極限標稱剪力強度 V_{smax} Kg	59139.31		規範上配置肋筋的範圍 cm	262.66	12
規範規定肋筋最大間距 cm	27.50				13
臨界斷面處肋筋間矩 cm	7.54		肋筋間距增量 cm	15	14
不同間距的起點(距支承面)		間距 cm	理論終點 cm	根數	累積根數	15
第一根肋筋排在距支承面 3.00 cm 處起		7.00	139.71	22	22	16
從距支承面 150.00 cm 處起		15.00	262.66	8	30	17

圖 4-11-16

Chapter **5**

鋼筋之握裹與錨定

5-1 導 論

　　鋼筋混凝土構件設計的一個基本假設是鋼筋與混凝土間絕無相對滑動；換言之，鋼筋與混凝土是緊密接合或握裹在一起(有相同的變形)來發揮整體的力量。如果鋼筋與混凝土間沒有充分裹握或鋼筋兩端沒有適當的錨定，則構件承受載重後，鋼筋有被拔出的可能；其結果是鋼筋與混凝土之間的整體結合作用完全消失，而變成似乎沒有鋼筋的構件，只要承受的彎矩超過混凝土的開裂彎矩，該構件便立刻發生突發性的坍塌，如圖 5-1-1。

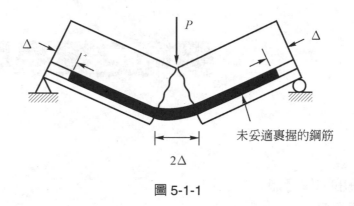

未妥適裹握的鋼筋

圖 5-1-1

　　任何承受撓曲彎矩的鋼筋混凝土梁，除了鋼筋與混凝土承受縱向的拉應力與壓應力外，鋼筋與混凝土接觸面間也有一種握裹應力(bond stress)存在，如圖 5-1-2。圖 5-1-2(b)為圖 5-1-2(a)受力彎曲變形後鋼筋拉長ΔL，圖 5-1-2(c)則是受鋼筋拉長效應，鋼筋與混凝土接觸面所產生的握裹應力。試驗證實，受撓梁產生的裂縫也會發生局部裹握應力的變化，這種由於彎矩變化而在鋼筋與混凝土間所產生的局部握裹力稱為撓曲握裹應力(flexural bond stress)。

　　圖 5-1-3(a)為一懸臂梁，其最大撓曲彎矩及拉力鋼筋的最大拉應力均在支承面上；理論上，支承面後的撓曲彎矩為零，故無須拉力鋼筋的設置，但是如果鋼筋只配置到支承面，懸臂梁將會斷落無疑。很明顯的在支承面的鋼筋應該往支承面內延伸如圖 5-1-3(b)，以便運用鋼筋與混凝土間的裹握應力來平衡或傳遞拉應力到混凝土，這種為了錨定鋼筋使其能發揮撓曲設計時的強度，在鋼筋某段範圍內所滋生的握裹應力稱為錨定握裹應力(anchorage bond stress)。

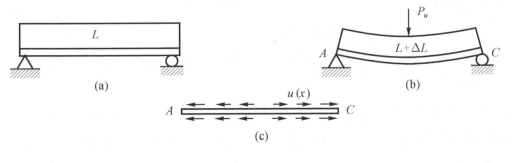

圖 5-1-2

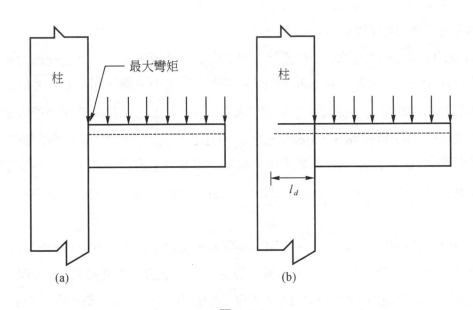

圖 5-1-3

5-2　握裹的力學行為

　　鋼筋與混凝土間的握裹力來源有三種，(1)鋼筋與混凝土間，由於化學作用所造成的黏附力(adhesion force)如圖 5-2-1(a)；(2)鋼筋與混凝土間的摩擦力(friction)如圖 5-2-1(a)；(3)竹節鋼筋突出物(ribs)與混凝間的相互作用力如圖 5-2-1(b)。這些影響裹握力的因素，在構件受力的不同階段扮演不同角色；當構材僅承受很低應力時，主要由黏附力來提供握裹力；黏附力提供的握裹強度約在 $14.07 \sim 21.11$ kg/cm^2(200～300 psi)，且當鋼筋稍微滑動時，這些黏附力即告消失，所以黏附力並不被視為提供握裹力的主要因素。如果黏附力消

失守而致鋼筋稍微滑動，則由鋼筋與混凝土間的摩擦力及竹節鋼筋突出物(rib)與混凝土間的相互作用力來提供握裹力。如果因負載再增加而致鋼筋進一步滑動，則摩擦力失效，而由竹節鋼筋突出物(rib)與混凝土間的相互作用力提供握裹力。尤其塗佈環氧樹脂的鋼筋，其摩擦力的消失更快。

在圖 5-2-1(b)中混凝土對竹節鋼筋突出物(rib)的作用力為 R，由試驗得知，該作用力方向與鋼筋縱軸約成 45°～80°角，故該作用力在鋼筋直徑方向的分量(稱徑向分量)約等於或大於該作用力在鋼筋軸向的分量(稱軸向分量)。圖 5-2-1(c)表示竹節鋼筋突出物(rib)對混凝土的作用力為 R 及斷面 A-A 的剖面圖；其中徑向分量對鋼筋周圍的混凝土產生壓力；而軸向分量則是握裹力的來源。圖 5-2-1(d)則是圖 5-2-1(c)斷面 A-A 中 1-1 以下的自由體(相當梁的底部)。自由體承受竹節鋼筋突出物(Rib)向下的壓力 R；這種壓力可能造成兩種破壞，(1)邊劈破壞(side-split failure)：如果鋼筋間距太小致鋼筋間的混凝土抗張力 f_t 無法抵抗鋼筋突出物的壓力而劈裂；(2)V 痕破壞(V-notch failure)：為鋼筋保護層太薄致裂紋擴大而破壞。5-2-1(e)則是圖 5-2-1(c)斷面 A-A 中 2-2 左側的自由體(相當梁的側邊)。自由體承受竹節鋼筋突出物(rib)向左的壓力 R；如果左側混凝土的抗張力 f_t 小於向左壓力 R，則產生垂直裂紋而劈裂。由圖 5-2-1(d)及圖 5-2-1(e)可以觀察到破壞的劈裂面均沿鋼筋的中心線發生的。

在撓曲彎矩持續增加的情況下，如果鋼筋間距或保護層厚度不足，則沿鋼筋中心線的水平面邊劈破壞或沿梁側的劈裂均會與斜拉裂縫結合而沿鋼筋縱向擴大，終致保護層或梁側剝落，鋼筋暴露而破壞，如圖 5-2-2。如果鋼筋間距夠大(大於鋼筋直徑的 5 倍)及保護層較厚(大於鋼筋直徑的 2.5 倍)，雖不致發生劈裂破壞，但可能因竹節鋼筋突出物間的混凝土被剪斷或擠碎導致鋼筋被拔出而破壞。換言之，鋼筋混凝土的握裹破壞模式有兩種，即(1)拉出破壞：當鋼筋與其周圍的混凝土間因黏附力的不足而產生滑動的破壞模式；(2)扯裂破壞：當圍繞鋼筋的混凝土被鋼筋表面突出物推擠而產生扯裂的破壞模式。

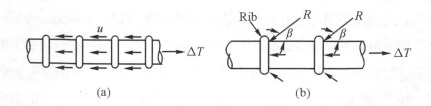

(a)　　　　　　　　　(b)

圖 5-2-1

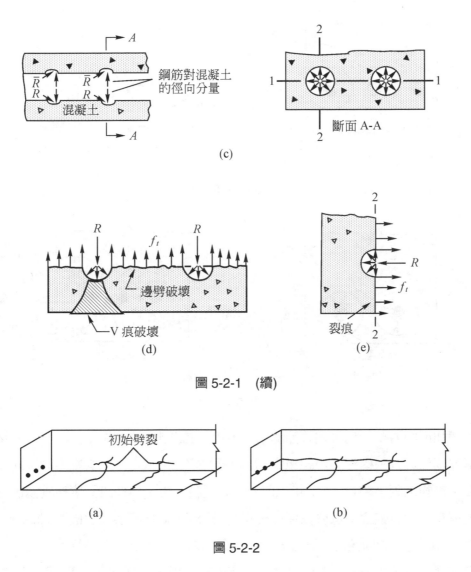

鋼筋對混凝土的徑向分量

混凝土

斷面 A-A

(c)

邊劈破壞

V 痕破壞

(d)

裂痕

(e)

圖 5-2-1　(續)

初始劈裂

(a)

(b)

圖 5-2-2

　　竹節鋼筋突出物對混凝土之徑向分量是由鋼筋中心沿鋼筋直徑 360° 全方向的，因此這種徑向壓力可以將之想像成以鋼筋為中心，以鋼筋間距之半或保護層厚度(取值小者)為管厚的圓管，圓管內承受極大的液體壓力而造成管壁的張力，如圖 5-2-3 所示。圖 5-2-4(a) 因為底部保護層厚度小於側面保護層厚度及鋼筋間距之半，故由鋼筋中心向下的垂直方向產生裂逢，甚至劈裂；圖 5-2-4(b) 則因鋼筋間距之半小於保護層厚度，故沿鋼筋中心的水平面產生邊劈破壞(side split failure)。

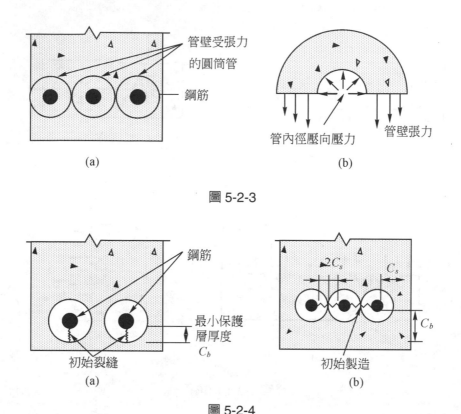

圖 5-2-3

圖 5-2-4

　　由握裹強度的力學行為可知竹節鋼筋突出物對混凝土壓力的徑向分量，只要鋼筋間距及保護層厚度依據各種構件的規範規定，應可獲得安全的設計；但其壓力的軸向分量則為握裹強度。美國混凝土學會 1971 年以前的設計規範，規定構件設計應檢查極值點的撓曲握裹強度與端錨握裹強度均低於標稱握裹強度。標稱握裹強度為經由破壞試驗所得的平均握裹強度。由於構件的極值握裹強度變化極大且估算不易，再加上標稱握裹強度為一種平均的握裹強度，故美國混凝土學會 1971 年起的設計規範改採伸展長度(或稱握裹長度)的概念來處理鋼筋握裹的問題。

■ 5-3　伸展長度

　　所謂伸展長度(握裹長度)為埋置於混凝土中鋼筋的應力由端部的零逐漸增加到發揮全部降伏強度的點之間的長度。在鋼筋混凝土中可用這個長度來研判鋼筋是否妥適錨定，而無拉出或扯裂之虞。撓曲構件依據混凝土工程規範的合理設計而得臨界斷面的安全抗拉

或抗壓鋼筋量,這些鋼筋唯有能確實埋入混凝土中才能發揮其抗拉或抗壓的能力,若鋼筋於混凝土中的握裏長度不足時,鋼筋將會自混凝土中拔出或扯裂周圍混凝土,即使有足夠的鋼筋斷面積,也會因鋼筋與混凝土整體結合作用的瓦解,而使構件受到破壞。

　　規範規定為產生鋼筋所需承受之拉力或壓力,鋼筋在構材任一斷面之每側須有足夠之埋置長度、彎鉤、機械式錨定或其組合。鋼筋受拉時可用彎鉤產生其部分拉力,受壓時則不計彎鉤之伸展效應。規範中的埋置長度即為伸展長度或握裏長度。

　　規範對於受拉鋼筋、受壓鋼筋及標準彎鉤伸展長度的計算均先計算基本伸展長度 l_{db},然後依據鋼筋位置、鋼筋束制情況、鋼筋表面塗佈、混凝土性質、超量鋼筋等因素乘以各種修正因數,以得鋼筋及標準彎鉤的伸展長度 l_d。

　　由於伸展長度係為防止拉出破壞或扯裂破壞,故與混凝土的抗張強度有關,因此與 $\sqrt{f_c'}$ 有關。由於鋼筋在高強度混凝土中握裏強度之實驗數據不夠充分,故規範規定計算伸展長度的 $\sqrt{f_c'}$ 值不得超過 26.5 kg/cm²,亦即相當 f_c' 值應小於 702 kg/cm²。又因伸展長度是為將埋置於混凝土中鋼筋的應力由端部的零逐漸增加到發揮全部降伏強度,故伸展長度與鋼筋的降伏強度 f_y 有關。

5-4　受拉竹節鋼筋之伸展

　　受拉竹節鋼筋與麻面鋼線之伸展長度 l_d、基本伸展長度 l_{db}、各種鋼筋情況的修正因數、鋼筋束制情況及超量鋼筋折減因數的估算詳述如下。經過修正與折減的伸展長度不得小於 30 cm。

5-4-1　受拉竹節鋼筋之基本伸展長度

受拉竹節鋼筋與麻面鋼線之基本伸展長度 l_{db} 規定如下:

1. #6(D19)號鋼筋或較小之鋼筋及麻面鋼線

$$l_{db} = \frac{0.23 d_b f_y}{\sqrt{f_c'}} \tag{5-4-1}$$

2. #7(D22)號或較大之鋼筋

$$l_{db} = \frac{0.28d_b f_y}{\sqrt{f_c'}}$$ 　　　　　　　　　　　　　　　　　　　　　　(5-4-2)

　　由於小號鋼筋之握裹行為較佳，對#6(D19)或較小之鋼筋及麻面鋼線之基本伸展長度約為大號鋼筋基本伸展長度的 80%。由公式(5-4-1)及(5-4-2)知，當混凝土抗壓強度 f_c' 提高時其伸展長度可予降低。但 $\sqrt{f_c'}$ 上限值為 26.5kg/cm^2 之規定是指當高強度混凝土之抗壓強度超過 700kg/cm^2 時，其 f_c' 超過 700kg/cm^2 之部份將予以不計。

5-4-2　受拉竹節鋼筋之修正因數

　　基本伸展長度應按下表之規定分別考量鋼筋之情況乘以相關修正因數。

鋼筋情況	修 正 因 數
鋼筋位置修正因數(α) 　水平鋼筋其下混凝土一次澆置厚度大於 30cm 者 　其他	1.3 1.0
鋼筋塗佈修正因數(β) 　環氧樹脂塗佈鋼筋之保護層小於 $3d_b$ 或其淨間距小於 $6d_b$ 者 　其它之環氧樹脂塗佈鋼筋 　未塗佈環氧樹脂之鋼筋	1.5 1.2 1.0
輕質混凝土修正因數(λ) 　輕質混凝土內之鋼筋(平均開裂抗拉強度 f_{ct} 未知) 　輕質混凝土內之鋼筋(平均開裂抗拉強度 f_{ct} 已知) 　常重混凝土內之鋼筋	1.3 $\dfrac{1.8\sqrt{f_c'}}{f_{ct}} \geq 1.0$ 1.0

　　環氧樹脂塗佈為頂層鋼筋時，該兩項修正因數之乘積($\alpha\beta$)不需超過 1.7。

　　實驗顯示，水平鋼筋下方混凝土一次澆置厚度大於 30cm(12 inches)的頂層鋼筋，其握裹強度較底層鋼筋為低。握裹強度減少的原因是混凝土澆置時，粗骨材因重力而往下沉使得氣泡與水份從新拌混凝土中浮升，導致頂層鋼筋下有氣泡及水份之累積所致。握裹強度減低大約 30%。

鋼筋塗佈環氧樹脂的目的是爲防鋼筋的腐蝕，但也會降低鋼筋和混凝土間之黏附力，因此造成鋼筋握裹強度的降低。若鋼筋週遭束制有限(鋼筋之保護層小於 $3d_b$ 或其淨間距小於 $6d_b$ 者)而爲劈裂式破壞時，則握裹強度會大量損失，所以基本伸展長度的修正係數爲 1.5；若鋼筋週遭束制良好(鋼筋之保護層大於 $3d_b$ 且其淨間距大於 $6d_b$ 者)而爲拉拔式破壞時，則握裹強度降低之幅度較小，所以基本伸展長度的修正係數爲 1.2。規範同時規定塗佈環氧樹脂的頂層鋼筋，其兩項修正因數的乘積不需超過 1.7。

任何輕質混凝土對鋼筋的握裹強度有降底的現象，因此基本伸展長度必須乘以 1.3 的修正因數；如果輕質混凝土的平均開裂抗拉強度 f_{ct} 已知，則可據以計算修正因數。

5-4-3　伸展長度之詳細計算

受拉鋼筋的伸展長度之詳細計算應在基本伸展長度修正後，再視鋼筋周圍混凝土保護層暨鋼筋間距之厚度(c)，以及箍筋之使用量(K_{tr})等鋼筋束制情況之效應修正之。若鋼筋受到較高之束制，則其握裹強度會提高($\dfrac{d_b}{c+K_{tr}}$ 值低)，反之降低($\dfrac{d_b}{c+K_{tr}}$ 值高)。詳細計算所得伸展長度較短，可增加施工性與經濟性。

鋼筋束制情況之修正因數可爲 $\dfrac{d_b}{c+K_{tr}}$ ，惟其數值不得小於 0.4。

式中：

d_b = 待伸展鋼筋或鋼線之標稱直徑；cm。

c = 混凝土束制指標，其值爲下列兩項之較小值；

　　(1)鋼筋中心至混凝土外緣之最小值；cm，或

　　(2)待伸展鋼筋層面上鋼筋心到心間距之半；cm。

$K_{tr} = \dfrac{A_{tr} f_{yt}}{105sn}$ 橫向鋼筋束制指標；cm。

A_{tr} = 在 s 距離內且垂直於待伸展或續接鋼筋之握裹劈裂面的橫向鋼筋總面積；cm^2。

f_{yt} = 橫向鋼筋之規定降伏強度；kg/cm^2。

s = 在伸展或搭接長度內橫向鋼筋之最大間距(心到心)；cm。

n = 在握裹劈裂面上待伸展或續接之鋼筋根數。

為了簡化設計，對已配置橫向鋼筋之情況，亦可使用 $K_{tr} = 0$ 計算。

鋼筋束制修正因數中，橫向鋼筋總截面積 A_{tr} 和待伸展鋼筋根數 n 之選擇，是根據握裹劈裂破壞之模式來做判定。如果同一層面之待伸展鋼筋呈緊密排置時，則該層面會出現水平式劈裂裂縫如圖 5-4-1(a)所示。如果待伸展鋼筋太貼近混凝土表面時，則保護層常遭垂直式裂縫劈裂圖 5-4-1(b)所示。

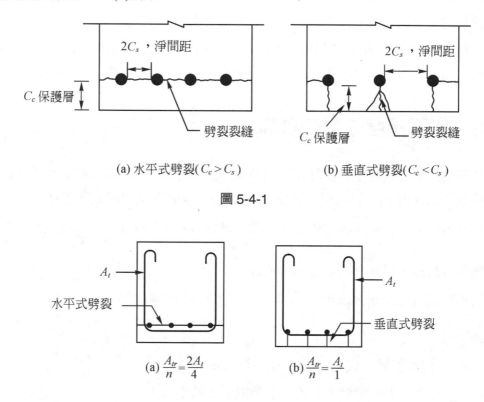

(a) 水平式劈裂($C_c > C_s$)　　　　　　(b) 垂直式劈裂($C_c < C_s$)

圖 5-4-1

圖 5-4-2

針對此劈裂破壞模式之辨別，則修正因數中 A_{tr}/n 的決定方式如圖 5-4-2 所示。圖 5-4-2(a)為水平式劈裂破壞，在水平劈裂面上有 4 根待伸展主筋，而垂直穿過該水平劈裂面之箍筋有 2 根，故 $A_{tr}/n = 2A_t/4$。圖 5-4-2(b)為垂直式劈裂破壞，在每一個垂直劈裂面上均有 1 根待伸展主筋，而在該主筋下方均有 1 根箍筋穿過垂直劈裂面，故 $A_{tr}/n = A_t/1$。

在詳細計算法中，鋼筋基本伸展長度 l_{db} 經過鋼筋位置、鋼筋塗佈、混凝土特質及鋼筋束制度修正後的伸展長度為

1. #6(D19)號鋼筋或較小之鋼筋及麻面鋼線

$$l_{db} = \frac{0.23 d_b f_y}{\sqrt{f_c^{'}}} \alpha\beta\lambda \frac{d_b}{c + K_{tr}} \tag{5-4-3}$$

2. #7(D22)或較大之鋼筋

$$l_{db} = \frac{0.28 d_b f_y}{\sqrt{f_c^{'}}} \alpha\beta\lambda \frac{d_b}{c + K_{tr}} \tag{5-4-4}$$

若鋼筋周遭束制度太好時($\frac{d_b}{c + K_{tr}}$ 值低)，握裹破壞會由劈裂式轉為拉拔式，故修正因數應有一個下限值，以防止拉拔式破壞。因此，修正後的伸展長度應大於拉拔握裹破壞的伸展長度($l_d = \frac{0.11 d_b f_y}{\sqrt{f_c^{'}}}$)，亦即

$$\frac{0.28 d_b f_y}{\sqrt{f_c^{'}}} \frac{d_b}{c + K_{tr}} \geq \frac{0.11 d_b f_y}{\sqrt{f_c^{'}}}$$

，簡化後得

$$\frac{d_b}{c + K_{tr}} \geq 0.4$$

至於修正因數的上限值是定義在最低之鋼筋束制情況。所謂最低之鋼筋束制情況為假設未排置箍筋來束制待伸展主筋($K_{tr} = 0$)，且混凝土束制指標至少有一個伸展主筋直徑 d_b 以上，亦即 $c \geq 1.0 d_b$，所以 $\frac{d_b}{c + K_{tr}} = \frac{d_b}{c + 0} \leq 1.0$。故 $\frac{d_b}{c + K_{tr}}$ 之修正範圍為

$$0.4 \leq \frac{d_b}{c + K_{tr}} \leq 1.0$$

因為鋼筋束制度的修正因數均小於或等於 1.0，故亦可稱為鋼筋束制情況的折減因數。

5-4-4 伸展長度之簡易估算

受拉鋼筋的伸展長度除依詳細計算法計算鋼筋束制度折減因數外，亦可按下表的規定折減之。

鋼筋束制情況	折減因數
鋼筋最小淨保護層厚不小於 d_b，且 1. 鋼筋最小淨間距不小於 $2d_b$ 者。 2. 鋼筋最小淨間距不小於 d_b 且配置於伸展長度範圍內之 $f_{yt} = 4{,}200\text{kg/cm}^2$ 橫向鋼筋符合受壓構材橫箍筋之規定或符合肋筋間距及最少肋筋量之規定。 3. 鋼筋最小淨間距不小於 d_b 且配置於伸展長度範圍內之 $f_{yt} = 2{,}800\text{kg/cm}^2$ 橫向鋼筋符合受壓構材橫箍筋之規定或符合肋筋間距及最少肋筋量之規定。	0.67 0.67 0.75
其它	1.0

受拉鋼筋伸展長度簡易估算法為對鋼筋之握裹束制效應 $\dfrac{d_b}{c + K_{tr}}$ 做 0.67，0.75 及 1.0 的簡易三級分類。已知 $\dfrac{d_b}{c + K_{tr}}$ 之範圍介於 0.4 至 1.0 之間，規範選擇了 $\dfrac{d_b}{c + K_{tr}} = 0.67$ 來表達常見之鋼筋基本束制狀況。此一基本束制狀況可純粹由混凝土($K_{tr} = 0$)提供，則鋼筋之淨保護層不得小於 d_b 且其淨間距不得小於 $2d_b$ ，故可達到 0.67 之標準；即 $\dfrac{d_b}{c + K_{tr}} = \dfrac{d_b}{1.5d_b + 0} = 0.67$ 。上述基本束制狀況也可由混凝土和箍筋聯合達成，如 $c \geq d_b$ 及 $K_{tr} \geq 0.5d_b$ ，則可達到($c + K_{tr} \geq 1.5d_b$)；即 $\dfrac{d_b}{c + K_{tr}} = \dfrac{d_b}{1.5d_b + 0} = 0.67$ 。

當 $K_{tr} \geq 0.5d_b$ 時，即 $K_{tr} = \dfrac{A_{tr} f_{yt}}{105sn} \geq 0.5d_b$ ，移項成

$$\frac{A_{tr}}{n} \geq \frac{(0.5d_b)105s}{f_{yt}} \tag{5-4-5}$$

若使用 $f_{yt} = 4200\,\text{kg/cm}^2$ 之箍筋，則依據公式(5-4-5)粗估下表中兩例的箍筋用量為：

待伸展主筋尺寸	箍筋之用量	A_{tr}/n
D25($d_b = 2.54$cm)	$D10 @ 22$cm, $A_b = 0.71$cm^2	0.6985 cm^2
D36($d_b = 3.58$cm)	$D13 @ 28$cm, $A_b = 1.27$cm^2	1.253 cm^2

通常規範中最低箍筋量之要求，可以輕易達到上表之標準。但若使用降伏強度 $f_{yt} = 2800$kg/cm^2 之箍筋時，則 K_{tr} 可取 $0.5d_b \times \dfrac{2800}{4200} = \dfrac{d_b}{3}$ ，故 $\dfrac{d_b}{d_b + \dfrac{d_b}{3}} = 0.75$ 。

若鋼筋之束制情況未達上述標準時，則取 $\dfrac{d_b}{c + K_{tr}} = 1.0$ ，一律視為未束制級。

若使用簡易法對 $\alpha = \beta = \lambda = 1.0$ ， $f_c' = 280\,$kg/cm^2 ， $f_y = 4200\,$kg/cm^2 的情形設計時，則伸展長度可為

$$l_d = \frac{0.28(4200)}{\sqrt{280}} d_b (1.0)(1.0)(1.0)(0.67) = 47 d_b$$

或

$$l_d = \frac{0.28(4200)}{\sqrt{280}} d_b (1.0)(1.0)(1.0)(1.0) = 70 d_b$$

之間，因此可知簡單之束制情況亦可造成相當大之伸展長度折減，且其使用方法甚為簡易。

5-4-5 超量鋼筋之折減因數

規範規定若受撓構材之鋼筋量超過分析需要者，其伸展長度可乘以需要鋼筋量與使用鋼筋的比值折減之，惟此項折減並非強制性的，可由設計者來選用之。

範例 5-4-1

圖 5-4-3 所示為一由 3.0m 方形柱伸出的懸臂梁，承受載重後抵抗彎矩需要頂層的鋼筋量為 $A_s=45\text{cm}^2$，配置 12 根#7(D22)鋼筋，試計算頂層鋼筋應深入方柱內多少公分？每根#7(D22)鋼筋的直徑為 2.22cm，斷面積為 3.87cm^2；常重砂輕質混凝土的抗壓強度為 210kg/cm^2，鋼筋的降伏強度為 4,200kg/cm^2。

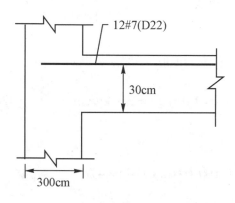

12#7(D22)

30cm

300cm

圖 5-4-3

懸臂梁頂層鋼筋(D22)承受拉力，故受拉鋼筋的基本伸展長度為

$$l_{db} = \frac{0.28 d_b f_y}{\sqrt{f_c^{'}}} = \frac{0.28 \times 2.22 \times 4200}{\sqrt{210}} = 180.16\text{cm}$$

因為頂層鋼筋下面有 30 公分的混凝土，故修正因數 $\alpha = 1.3$

鋼筋使用量 $A_s = 12 \times 3.87 = 46.44\text{cm}^2$

常重砂輕質混凝土(平均開裂抗拉強度 f_{ct} 未知)，所以 $\lambda = 1.3$

伸展長度 $l_d = l_{db}\alpha\lambda \dfrac{\text{需要的鋼筋量}}{\text{使用的鋼筋量}} = 180.16 \times 1.3 \times 1.3 \times \dfrac{45}{46.44} = 295\text{cm}$

$30\text{cm} \leq l_d \left(= 295\text{cm}\right) \leq$ 柱寬$\left(= 300\text{cm}\right)$ O.K.

範例 5-4-2

　　圖 5-4-4 所示為一經過撓曲設計鋼筋混凝土懸臂梁的斷面尺寸及配筋，為防鋼筋腐蝕，鋼筋表層均塗佈環氧樹脂，試依詳細計算法計算頂層受拉鋼筋的伸展長度？每根 #6(D19)鋼筋的直徑為 1.91cm，斷面積為 2.87cm^2；每根#3(D10)鋼筋的直徑為 0.95cm，斷面積為 0.71cm^2；常重混凝土的抗壓強度為 210kg/cm^2，鋼筋的降伏強度為 2,800kg/cm^2。

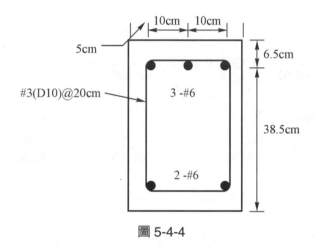

圖 5-4-4

懸臂梁頂層受拉鋼筋採用#6(D19)鋼筋，故受拉鋼筋的基本伸展長度為

$$l_{db} = \frac{0.23 d_b f_y}{\sqrt{f_c^{'}}} = \frac{0.23 \times 1.91 \times 2800}{\sqrt{210}} = 84.88 \text{ cm}$$

因為頂層鋼筋下面有 38.5cm 的混凝土(大於 30cm)，所以 $\alpha = 1.3$

$$3d_b = 3 \times 2.87 = 8.61 \text{ cm}^2 \quad , \quad 6d_b = 6 \times 2.87 = 17.22 \text{ cm}^2$$

因為保護層厚度 $C_c = 6.5$ cm $< 3d_b$，鋼筋間距 $C_s = 10$ cm $< 6d_b$，所以鋼筋環氧樹脂塗佈修正因數 $\beta = 1.5$。因為規範規定鋼筋位置修正因數與鋼筋塗佈修正因數的乘積不需超過 1.7，故 $\alpha\beta = 1.3 \times 1.5 = 1.95$，取 $\alpha\beta = 1.7$

　　常重混凝土，故輕質混凝土修正因數為 $\lambda = 1.0$

　　混凝土束制指標 c 取鋼筋中心至混凝土外緣之最小值或待伸展鋼筋層面鋼筋心到心間距之半，故混凝土束制指標 $c = \min(5, 6.5, 10/2) = 5.0$cm

因為鋼筋保護層厚度(6.5cm)大於鋼筋間距的一半(10/2=5cm)，故屬水平式劈裂；在劈裂平面上待伸展鋼筋數 $n=3$；而在箍筋間距內橫向鋼筋垂直於劈裂面的鋼筋量為 $A_{tr} = 2 \times 0.71 = 1.42 \text{ cm}^2$

橫向鋼筋的間距為 $s = 20 \text{ cm}$，故橫向鋼筋束制指標為

$$K_{tr} = \frac{A_{tr}f_{yt}}{105sn} = \frac{1.42 \times 2800}{105 \times 20 \times 3} = 0.63 \text{ cm}$$

鋼筋束制修正因數為

$$\frac{d_b}{c+K_{tr}} = \frac{1.91}{5+0.63} = 0.339 < 0.4 \text{ ，故取 } \frac{d_b}{c+K_{tr}} = 0.4$$

故頂層鋼筋之伸展長度為

$$l_d = l_{db}\alpha\beta\lambda\frac{d_b}{c+K_{tr}} = 84.88 \times 1.7 \times 1.0 \times 0.4 = 57.72 \text{ cm} \geq 30\text{cm O.K.}$$

5-5　成束鋼筋

當構材之配筋較多而無法使鋼筋各自分開保持應有之最小間距時，可將四根以內鋼筋接觸合成一束，如單根鋼筋作用；這種將二根、三根或四根平行鋼筋捆紮成束使用的鋼筋稱為成束鋼筋或束筋。成束鋼筋應避免發生束筋中任意三根鋼筋在同一平面上之情況。三根或四根之標準束筋型式為三角形、正方形或 L 型，其可能之安排方式如圖 5-5-1。規範亦規定束筋須以肋筋或箍筋圍束之；大於 D36 號之鋼筋不得成束於梁內；受撓構材跨度內之束筋，束內每根鋼筋應在不同點終斷，終斷點至少應錯開 $40d_b$ 之距離；若鋼筋之間距限制及最小保護層厚係由鋼筋直徑決定者，束筋所用之直徑 d_b 可用其等面積所相當單根鋼筋之直徑。

圖 5-5-1

成束鋼筋的鋼筋表面在靠束筋內緣的部份很難激發握裹力之傳遞，所以需要比其呈非束筋形式時的伸展長度長。規範規定成束鋼筋之伸展長度應各按其單一鋼筋在受拉或受壓之伸展長度增加之；三根成束者增加 20%；四根成束者增加 33%；但二根成束者則不需增加。雖然束筋內個別鋼筋之伸展長度是以單一鋼筋之直徑來計算後再增加 20% 或 33%，但在評估保護層及淨間距對劈裂抵抗之效果時，則其使用之直徑應放大為成束等面積所相當單根鋼筋之直徑。

範例 5-5-1

試證明三根成束的成束鋼筋伸展長度需增加 20%，四根成束的成束鋼筋伸展長度需增加 33%？

因為成束鋼筋的鋼筋表面在靠束筋內緣的部份很難激發握裹力之傳遞，所以需要比其呈非束筋形式時的伸展長度長。伸展長度增加的百分數應與其表面接觸面積減少有關。

如圖 5-5-2 三根束筋中每根鋼筋與混凝土接觸面積為原來單根鋼筋時的 300/360 = 5/6 倍，故其伸展長度應增加為原來單根筋的 6/5 = 1.2 倍，亦即增加 20%。

內角均為 60°

圖 5-5-2

如圖 5-5-3 四根束筋中每根鋼筋與混凝土接觸面積為原來單根鋼筋時的 270/360 = 3/4 倍，故其伸展長度應增加為原來單根筋的 4/3 = 1.33 倍，亦即增加 33%。

內角均為 90°

圖 5-5-3

範例 5-5-2

圖 5-5-4 所示為一經過撓曲設計鋼筋混凝土懸臂梁的斷面尺寸及配筋，試依詳細計算法計算頂層受拉鋼筋的伸展長度？每根#6(D19)鋼筋的直徑為 1.91cm，斷面積為 2.87cm^2；每根#3(D10)鋼筋的的直徑為 0.95cm，斷面積為 0.71cm^2。

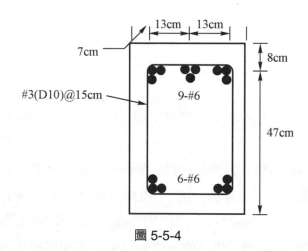

圖 5-5-4

三根成束鋼筋的伸展長度可依單根鋼筋計算後增長 20%，但計算鋼筋束制修正因數時，鋼筋直徑 d_b 應放大為成束等面積所相當單根鋼筋之直徑。

懸臂梁頂層受拉鋼筋採用 3 組三根#6(D19)成束鋼筋，故受拉鋼筋的基本伸展長度為

$$l_{db} = \frac{0.23 d_b f_y}{\sqrt{f_c'}} = \frac{0.23 \times 1.91 \times 2800}{\sqrt{210}} = 84.88 \text{ cm}$$

因為頂層鋼筋下面有 47cm 的混凝土(大於 30cm)，所以 α =1.3
鋼筋塗佈修正因數 β =1.0

常重混凝土，故輕質混凝土修正因數為 λ =1.0

混凝土束制指標 c 取鋼筋中心至混凝土外緣之最小值或待伸展鋼筋層面鋼筋心到心間距之半，故混凝土束制指標 $c = \min(7, 8, 13/2) = 6.5 \text{cm}$。

因為鋼筋保護層厚度(8cm)大於鋼筋間距的一半(13/2=6.5cm)，故屬水平式劈裂；在劈裂平面上待伸展成束鋼筋組數 n=3；而在箍筋間距內橫向鋼筋垂直於劈裂面的鋼筋量為 $A_{tr} = 2 \times 0.71 = 1.42 \text{ cm}^2$。

橫向鋼筋的間距為 $s = 15\,\text{cm}$ ，故橫向鋼筋束制指標為

$$K_{tr} = \frac{A_{tr}f_{yt}}{105sn} = \frac{1.42 \times 2800}{105 \times 15 \times 3} = 0.842\,\text{cm}$$

三根#6(D19)成束鋼筋的等值直徑 $D_b = \sqrt{\dfrac{3 \times 2.87}{\pi}} \times 2 = 3.311\,\text{cm}$

鋼筋束制修正因數為

$$\frac{d_b}{c + K_{tr}} = \frac{3.311}{6.5 + 0.842} = 0.451 \geq 0.4 \quad \text{O.K.}$$

故頂層鋼筋之伸展長度為

$$l_d = l_{db}\alpha\beta\lambda\frac{d_b}{c + K_{tr}} = 84.88 \times 1.3 \times 1.0 \times 0.451 \times 1.2 = 59.72\,\text{cm} \geq 30\text{cm}$$

式中乘以 1.2 乃因是三根一束的成束鋼筋。

5-6　受拉鋼筋標準彎鈎

　　如果構材無法容納受拉鋼筋錨定所需的伸展長度空間，通常依結構構材的個別型式，在鋼筋適當點作成 $90°$ 或 $180°$ 的彎鈎如圖 5-6-1(b)及圖 5-6-1(c)所示，以彌補不足的錨定空間；即所謂的彎鈎(hook)。

　　符合下列規定的彎鈎稱為標準彎鈎。

1.　主鋼筋 $180°$ 之彎轉，其自由端應作至少 $4d_b$ 且不小 6.5 cm 之直線延伸

2.　主鋼筋 $90°$ 之彎轉，其自由端應作至少 $12d_b$ 之直線延伸

3.　肋筋或箍筋之標準彎鈎為：

　(1)　D16 及較小之鋼筋作 $90°$ 之彎轉時，其自由端應作至少 $6d_b$ 之直線延伸

　(2)　D16、D22 及 D25 鋼筋作 $90°$ 之彎轉時，其自由端應作至少 $12d_b$ 之直線延伸

　(3)　D25 及較小之鋼筋作 $135°$ 之彎轉時，其自由端應作至少 $6d_b$ 之直線延伸

主鋼筋之標準彎鈎詳如圖 5-6-2(a)；肋筋或箍筋之標準彎鈎詳如圖 5-6-2(b)。

標準彎鉤彎曲內徑除 D10 至 D16 之肋筋與箍筋不得小於$4d_b$外，其它情況應按下表之規定：(肋筋與箍筋不論作 90°或 135°標準彎鉤，其鋼筋尺寸不大於 D16 的規定，乃是為了配合鋼筋加工設備)

鋼筋稱號	最小彎曲直徑
#3(D10)至 #8(D25)	$6d_b$
#9(D29)至 #11(D36)	$8d_b$
#12*(D39)以上	$10d_b$

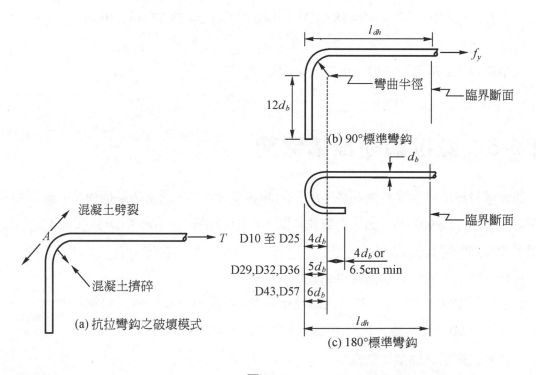

(a) 抗拉彎鉤之破壞模式

(b) 90°標準彎鉤

(c) 180°標準彎鉤

圖 5-6-1

如果作用於彎鉤的力量超過其理論強度，通常會在彎鉤彎轉段(如圖5-6-1(a)中的A點)兩側混凝土發生劈裂破壞；或是在彎鉤彎轉段內緣混凝土發生擠碎破壞。為避免此類破壞，就需降低彎鉤在彎轉段內之拉應力。因此，規定了標準彎鉤的伸展長度 l_{dh} 為由臨界

斷面起算至彎鉤之外側端之距離，如圖 5-6-1(b)(c)所示。透過握裹應力在標準彎鉤伸展長度範圍內之作用，將臨界斷面中鋼筋之最大應力(即鋼筋之降伏強度)逐漸降低，以致於彎轉段內已降低之拉應力不足爲害。易言之，標準彎鉤伸展長度 l_{dh} 就是臨界拉應力所需之折減伸展長度。

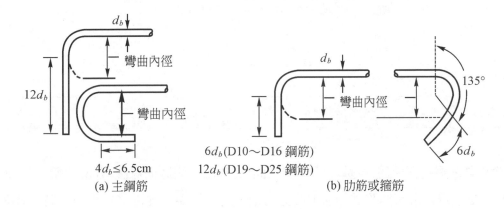

(a) 主鋼筋　　　　　　　　　　(b) 肋筋或箍筋

圖 5-6-2

標準彎鉤的伸展長度 l_{dh} 仍由基本伸展長度 l_{hb} 乘以修正因數所得，但不得小於 $8d_b$ 或 15 cm。

具標準彎鉤受拉鋼筋之基本伸展長度爲

$$l_{hd} = \frac{0.075d_b f_y}{\sqrt{f_c'}} \tag{5-6-1}$$

標準彎鉤伸展長度之修正因數包括混凝土保護層、超量鋼量、輕質混凝土、環氧樹脂塗佈鋼筋及源自混凝土或箍筋以抵抗劈裂之束制效應。和直線鋼筋之伸展不同之處是彎鉤之伸展長度無所謂頂層鋼筋之效應。彎鉤部份在抗壓時無效，故在鋼筋受壓時不計彎鉤之伸展效應。各項修正因數如下表：

考慮因素	修正之條件	修正因數
保護層	D36 或較小鋼筋，其側面保護層(垂直彎鉤平面) $\geq$ 6.5cm，且若 90° 彎鉤直線延長段之保護層 $\geq$ 5cm。	0.7

(續前表)

考慮因素	修正之條件	修正因數
箍筋或肋筋	D36 或較小鋼筋，其彎鉤之全部伸展長度 l_{dh} 為間距 $\leq 3d_b$ 之箍筋或肋筋所圍封者；d_b 為彎鉤鋼筋之直徑。	0.8
超量鋼筋	鋼筋實際之使用量超過分析之需要量： 1. 鋼筋錨定或伸展經特別要求須能發展至 f_y 2. 其他	1.0 $\dfrac{需要之A_s}{使用之A_s}$
輕質混凝土	輕質骨材混凝土	1.3
環氧樹脂塗佈	經環氧樹脂塗佈之彎鉤	1.2

　　若彎鉤之兩側面保護層(垂直於彎鉤平面)及其頂面與底面保護層(位於彎鉤平面)均較薄時，則受拉彎鉤常有劈裂其周邊混凝土之虞。故在混凝土提供之束制較小時，就必須使用箍筋來改善彎鉤之束制條件。對於簡支梁兩端或懸臂梁自由端，或構材不在接頭另一面延伸之端部內之彎鉤作約束等情形，規範規定應在構材不連續端內之鋼筋標準彎鉤，其兩側面及頂面或底面保護層小於 6.5 cm 時，其彎鉤之全部伸展長度 l_{dh} 需被間距小於或等於 $3d_b$ (彎鉤鋼筋之直徑)之箍筋或肋筋所圍封，如圖 5-6-3 所示。

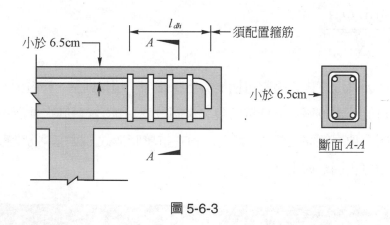

圖 5-6-3

範例 5-6-1

　　圖 5-6-4 所示為一由 60cm×39cm 柱的梁柱接頭及梁斷面的尺寸、鋼筋量圖，試計算頂層鋼筋應伸入柱內多少公分？每根#4(D13)鋼筋的直徑為 1.27cm，斷面積為 1.27cm²；每根#8(D25)鋼筋的直徑為 2.54cm，斷面積為 5.07cm²；常重混凝土的抗壓強度為 210kg/cm²，鋼筋的降伏強度為 4,200kg/cm²。

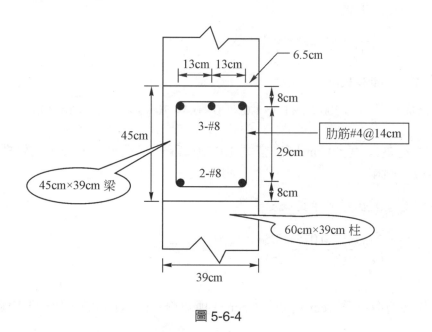

圖 5-6-4

#8(D22)號頂層鋼筋承受拉力，故受拉鋼筋的基本伸展長度為

$$l_{db} = \frac{0.28 d_b f_y}{\sqrt{f_c'}} = \frac{0.28 \times 2.54 \times 4200}{\sqrt{210}} = 206.13 \text{cm}$$

因為頂層鋼筋下面有 30 公分以上的混凝土，故修正因數 α =1.3

鋼筋塗佈修正因數 β =1.0，$\alpha\beta$ =1.3<1.7O.K.

常重混凝土，所以 λ =1.0

混凝土束制指標 c 取鋼筋中心至混凝土外緣之最小值或待伸展鋼筋層面鋼筋心到心間距之半，故混凝土束制指標 $c = \min(6.5,\ 8,\ 13/2) = 6.5$cm

因為鋼筋保護層厚度(8cm)大於鋼筋間距的一半(13/2=6.5cm)，故屬水平式劈裂；在劈裂平面上待伸展鋼筋數 $n=3$；而在箍筋間距內橫向鋼筋垂直於劈裂面的鋼筋量為

$$A_{tr} = 2 \times 1.27 = 2.54 \text{ cm}^2$$

橫向鋼筋的間距為 $s = 14 \text{ cm}$，故橫向鋼筋束制指標為

$$K_{tr} = \frac{A_{tr} f_{yt}}{105sn} = \frac{2.54 \times 4200}{105 \times 14 \times 3} = 2.419 \text{ cm}$$

鋼筋束制修正因數為

$$\frac{d_b}{c + K_{tr}} = \frac{2.54}{6.5 + 2.419} = 0.285 < 0.4 \text{，故取} \frac{d_b}{c + K_{tr}} = 0.4$$

故頂層鋼筋之伸展長度為

$$l_d = l_{db} \alpha\beta\lambda \frac{d_b}{c + K_{tr}} = 206.13 \times 1.3 \times 1.0 \times 1.0 \times 0.4 = 107.19 \text{ cm} \geq 30\text{cm} \quad \text{O.K.}$$

但因支撐柱的寬度 60 cm 無法容納 107.19 cm 的鋼筋伸展長度，故可採用 90° 或 180° 標準彎鉤克服之。

標準彎鉤受拉鋼筋基本伸展長度為

$$l_{hb} = \frac{0.075d_b f_y}{\sqrt{f_c'}} = \frac{0.075 \times 2.54 \times 4200}{\sqrt{210}} = 55.2 \text{ cm}$$

因側面保護層厚度為 7cm，大於 6.5cm，所以修正因數為 0.7，故標準彎鉤受拉鋼筋伸展長度為

$$l_{dh} = l_{hb} \times 0.7 = 55.2 \times 0.7 = 38.64\text{cm} > \left(8d_b \text{ 或 } 15\text{cm}\right)\text{O.K.}$$

柱寬 60cm 足夠容納標準彎鉤受拉鋼筋伸展長度 l_{dh}，且尚留有 $60 - 38.64 = 21.36$ cm 的彎鉤保護層空間。

因此，標準彎鉤的伸展長度為 39cm。

彎鉤直徑為 $6d_b = 6 \times 2.54 = 15.24\text{cm}$，彎鉤保護層厚度為

$$60 - 38.64 - 15.24/2 = 13.74\text{cm} \geq 6.5\text{cm O.K.}$$

如採用 90° 標準彎鉤，彎鉤自由端之長度為

$$12d_b = 12 \times 2.54 = 30.48\text{cm}$$

採用 180° 標準彎鉤，彎鉤自由端之長度為

$$4d_b = 4 \times 2.54 = 10.16\text{cm} \geq 6.5\text{cm} \quad \text{O.K.}$$

5-7　受壓竹節鋼筋的伸展長度

　　由於在構材之壓力區沒有撓曲拉力裂縫來干擾握裹力之傳遞，而且混凝土對鋼筋端部又有直接承壓之效果，所以鋼筋之受壓伸展長度要比受拉伸展長度為短。受壓竹節鋼筋的伸展長度 l_d 仍是由基本伸展長度 l_{db} 乘以一適用修正因數，但不得小於 20cm。

　　受壓竹節鋼筋的基本伸展長度為：

$$l_{db} = 0.075 f_y d_b / \sqrt{f_c^{'}} \geq 0.0043 d_b f_y \tag{5-7-1}$$

　　受壓竹節鋼筋的伸展長度修正因數如下表規定：

考慮因數	鋼筋情況	修正因數
超量鋼筋	鋼筋實際之使用量超過分析之需要量。	$A_{s,需要} / A_{s,實際}$
螺箍筋	鋼筋被直徑不小於 6 mm 之螺箍筋所圍封，且其螺距小於 10 cm 者。	0.75
橫箍筋	鋼筋被 D13 橫箍筋所圍封，且其中心間距小於 10 cm 者。	0.75

範例 5-7-1

　　圖 5-7-1 為一鋼筋混凝土柱經由接合鋼筋(dowels)將承載重量傳達於基腳上，若鋼筋的降伏強度為 4,200 kg/cm²，柱部份的混凝土抗壓強度為 350kg/cm²，基腳部份的混凝土抗壓強度為 210kg/cm²，若不考慮伸展長度的修正因數，試決定該接合鋼筋在柱部份及基腳部份的伸展長度？#9(D29)號鋼筋的標稱直徑為 2.87cm。

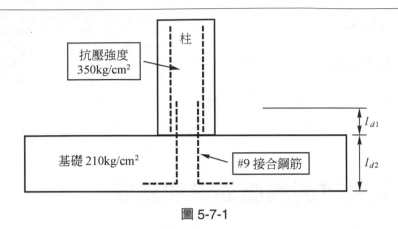

圖 5-7-1

　　接合鋼筋為受壓鋼筋，故依受壓構材伸展長度公式(5-7-1)計算其伸展長度，但因鋼筋混凝土柱及基腳採用不同抗壓強度的混凝土，故應分開計算。接合鋼筋底端的彎曲僅是提供捆接於基腳的錨定作用，對於壓力的傳遞並無直接貢獻。

　　柱部份的伸展長度 l_{d1}

$$l_{d1} = \frac{0.075d_b f_y}{\sqrt{f_c'}} = \frac{0.075 \times 2.87 \times 4200}{\sqrt{350}} = 48.32\text{cm}$$

$$0.0043d_b f_y = 0.0043 \times 2.87 \times 4200 = 51.83\text{cm}$$

若取 $l_{d1} = 52\text{cm}$，則並不違反「不小於 $0.0043d_b f_y = 51.83\text{cm}$」的規範規定。

　　基腳部份的伸展長度 l_{d2}

$$l_{d2} = \frac{0.075d_b f_y}{\sqrt{f_c'}} = \frac{0.075 \times 2.87 \times 4200}{\sqrt{210}} = 62.39\text{cm}$$

$$0.0043d_b f_y = 0.0043 \times 2.87 \times 4200 = 51.83\text{cm}$$

若取 $l_{d1} = 63\text{cm}$，則並不違反「不小於 $0.0043d_b f_y = 51.83\text{cm}$」的規範規定。

Chapter 5

範例 5-7-2

　　圖 5-7-2 為一鋼筋混凝土橫箍柱經由#8(D25)接合鋼筋(dowels)將承載重量傳達於基腳上，#4(D13)號箍筋的間距為 20cm，鋼筋的降伏強度為 4,200 kg/cm²，混凝土抗壓強度為 280kg/cm²，試決定該接合鋼筋在基腳部份的伸展長度？

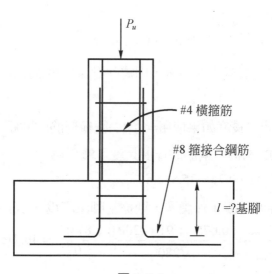

圖 5-7-2

　　已知#4(D13)號鋼筋的標稱直徑為 1.27cm，標稱面積為 1.27cm²；#8(D25)號鋼筋的標稱直徑為 2.54cm，標稱面積為 5.07cm²。接合鋼筋為受壓鋼筋，故依受壓構材伸展長度公式(5-7-1)計算其伸展長度，所以

$$l_{db} = \frac{0.075 d_b f_y}{\sqrt{f_c'}} = \frac{0.075 \times 2.54 \times 4200}{\sqrt{280}} = 47.82\text{cm}$$

但不小於 20cm，且不小於

$$0.0043 d_b f_y = 0.0043 \times 2.54 \times 4200 = 45.87\text{cm}$$

　　#8(D25)號接合鋼筋在基腳部份的伸展長度為 47.82cm(取 48cm)，如取 10cm 的基腳底混凝土保護層，則需基腳深度為 58cm。

　　如果受環境的限制而必須縮短基腳的深度，則可以採用兩種方式達成之：

1. 選用小號接合鋼筋

如改選用以兩根#6(D19)鋼筋替換一根#8(D25)接合鋼筋,則因#6(D19)號鋼筋的標稱直徑為 1.91cm,標稱面積為 2.87cm²,則#6 (D19)接合鋼筋的伸展長度為

$$l_{db} = \frac{0.075 d_b f_y}{\sqrt{f_c^{'}}} \frac{A_{s,req}}{A_{s,use}} = \frac{0.075 \times 1.91 \times 4200}{\sqrt{280}} \times \frac{2.87 \times 2}{5.07} = 40.71\text{cm}$$

但不小於 20cm,且不小於

$$0.0043 d_b f_y = 0.0043 \times 1.91 \times 4200 = 34.49\text{cm}$$

如取 10cm 的基腳底混凝土保護層,則需基腳深度為 51cm。

2. 減小橫箍筋間距

受壓構材的伸展長度如果使用#4(D13)號橫箍筋的間距小於 10cm 者其修正因為 0.75,因此#8(D25)接合鋼筋的伸展長度可修正為

$$l_d = l_{db} \times 0.75 = 47.82 \times 0.75 = 35.87\text{cm}$$

如取 10cm 的基腳底混凝土保護層,則需基腳深度為 46cm。

$$l_{db} = \frac{0.075 d_b f_y}{\sqrt{f_c^{'}}} \frac{A_{s,req}}{A_{s,use}} = \frac{0.075 \times 1.91 \times 4200}{\sqrt{280}} \times \frac{2.87 \times 2}{5.07} = 40.71\text{cm}$$

🔲 5-8　鋼筋伸展長度計算程式使用說明

在鋼筋混凝土分析與設計軟體畫面的功能表上,選擇☞RC/握裹(鋼筋伸展長度)☜後出現如圖 5-8-1 的輸入畫面。圖 5-8-1 的畫面以範例 5-4-1 為例,按序輸入主鋼筋使用束數(12)、鋼筋編號(#7(D22))、選擇每束的鋼筋根數(每束 1 根主鋼筋)、鋼筋降伏強度 f_y (4200kg/cm²)、混凝土抗壓強度 $f_c^{'}$ (210kg/ cm²)、鋼筋位置修正因數(頂層鋼筋) $\alpha = 1.3$、主鋼筋需要量 $A_{s,req}$ (45.0cm²)、鋼筋塗佈修正因數(未塗佈環氧樹脂) $\beta = 1.0$、常重砂輕質混凝土但未知平均開裂抗拉強度 f_{ct} 故 $\lambda = 1.3$ 等資料後,單擊「確定」鈕即進行鋼筋伸展長度計算,程式先依據主鋼筋直徑(d_b)、鋼筋降伏強度 f_y、混凝土抗壓強度 $f_c^{'}$ 計算受拉鋼筋基本伸展長度(180.16cm)、受壓鋼筋基本伸展長度(48.58cm)、受壓鋼筋最小伸展長度(40.09cm)、受拉標準彎鉤基本伸展長度(48.26cm)、標準彎鉤部份修正伸展長度(79.00cm)、標準彎鉤最少伸展長度(17.76cm)、受拉標準彎鉤半徑(8.88cm)、90 度彎鉤自由端長度(26.64cm)及 180

度彎鉤自由端長度(8.88cm)等。然後再依據鋼筋情況修正因數(如頂層鋼筋、環氧樹脂塗佈及混凝土特質等修正因數)及鋼筋束制修正因數(如主鋼筋頂面保護層厚度、主鋼筋側面保護層厚度、主鋼筋間距、使用的肋(箍)筋及間距、水平劈裂面上待伸展鋼筋根數或垂直劈裂面上待伸展鋼筋根數等修正因數) 計算混凝土束制指標及鋼筋束制指

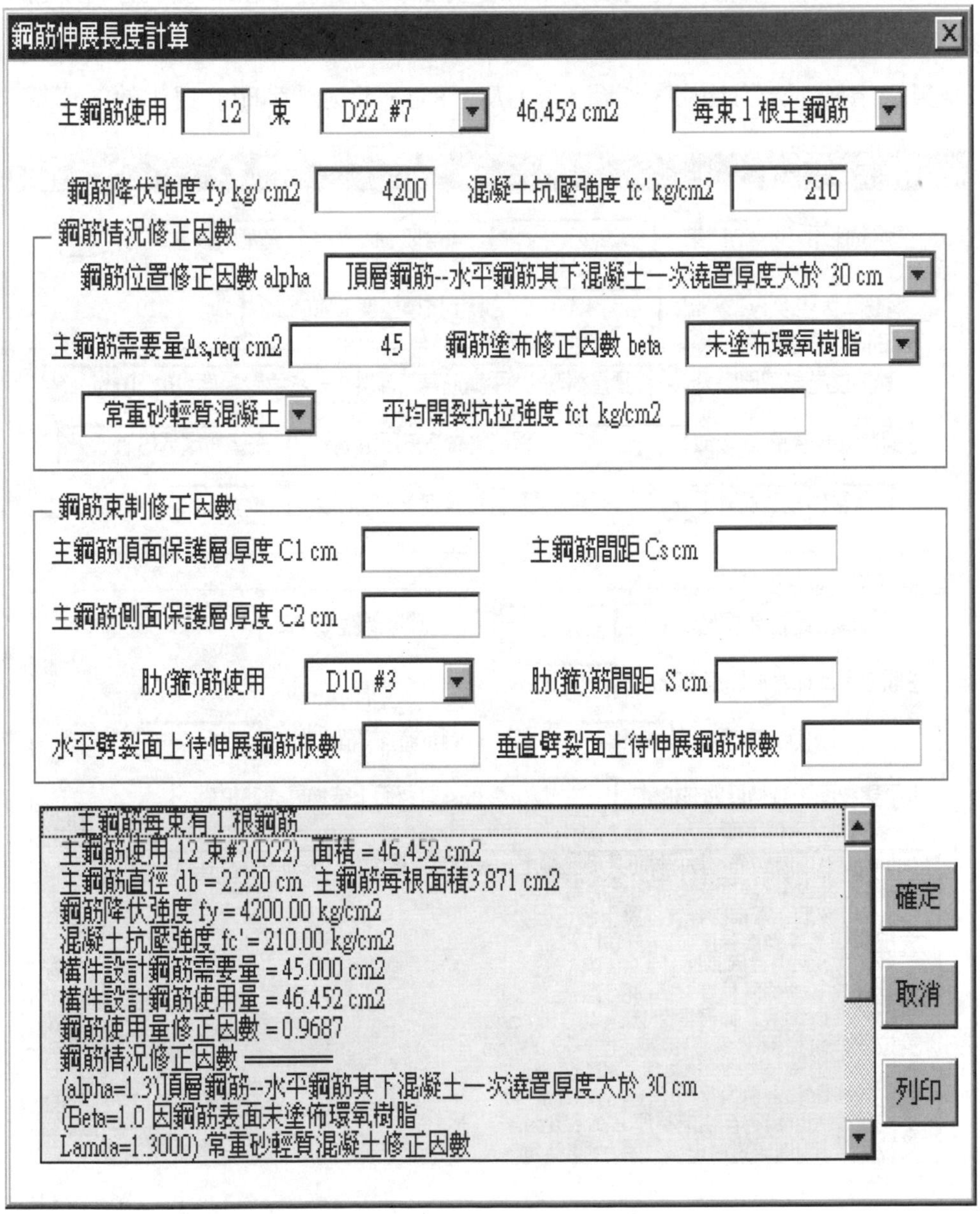

鋼筋伸展長度計算　　　　　　　　　　　　　　　　　　　　　　　　　　　 ☒

主鋼筋使用 [12] 束 [D22 #7 ▼] 46.452 cm2 [每束1根主鋼筋 ▼]

鋼筋降伏強度 fy kg/cm2 [4200]　混凝土抗壓強度 fc'kg/cm2 [210]

─ 鋼筋情況修正因數 ─

鋼筋位置修正因數 alpha [頂層鋼筋--水平鋼筋其下混凝土一次澆置厚度大於 30 cm ▼]

主鋼筋需要量 As,req cm2 [45]　鋼筋塗佈修正因數 beta [未塗布環氧樹脂 ▼]

[常重砂輕質混凝土 ▼]　平均開裂抗拉強度 fct kg/cm2 [ ]

─ 鋼筋束制修正因數 ─

主鋼筋頂面保護層厚度 C1 cm [ ]　　　主鋼筋間距 Cs cm [ ]

主鋼筋側面保護層厚度 C2 cm [ ]

肋(箍)筋使用 [D10 #3 ▼]　肋(箍)筋間距 S cm [ ]

水平劈裂面上待伸展鋼筋根數 [ ]　　垂直劈裂面上待伸展鋼筋根數 [ ]

主鋼筋每束有 1 根鋼筋
主鋼筋使用 12 束#7(D22) 面積 = 46.452 cm2
主鋼筋直徑 db = 2.220 cm 主鋼筋每根面積 3.871 cm2
鋼筋降伏強度 fy = 4200.00 kg/cm2
混凝土抗壓強度 fc' = 210.00 kg/cm2
構件設計鋼筋需要量 = 45.000 cm2
構件設計鋼筋使用量 = 46.452 cm2
鋼筋使用量修正因數 = 0.9687
鋼筋情況修正因數 ════
(alpha=1.3)頂層鋼筋--水平鋼筋其下混凝土一次澆置厚度大於 30 cm
(Beta=1.0 因鋼筋表面未塗佈環氧樹脂
Lamda=1.3000) 常重砂輕質混凝土修正因數

[確定]

[取消]

[列印]

圖 5-8-1

標，進而計算鋼筋情況總修正因數及鋼筋束制總修正因數($\frac{d_b}{c+K_{tr}}$)。受拉鋼筋的基本伸展長度(180.16cm)乘以鋼筋情況總修正因數(1.6372)及鋼筋束制總修正因數(1，因未指定)可得受拉鋼筋的伸展長度(294.95cm)；受壓鋼筋則由使用者自行修正，但提供最少伸展長度；受拉標準彎鉤僅作超量鋼筋、輕質混凝土特質及環氧樹脂塗佈等部分修正；但提供彎鉤半徑及 90 度彎鉤自由端的伸展長度、180 度彎鉤自由端的伸展長度備選。最後將基本資料及計算結果顯示於列示方塊中，如圖 5-8-1 及 5-8-2，並使「列印」鈕生效。單擊「取消」

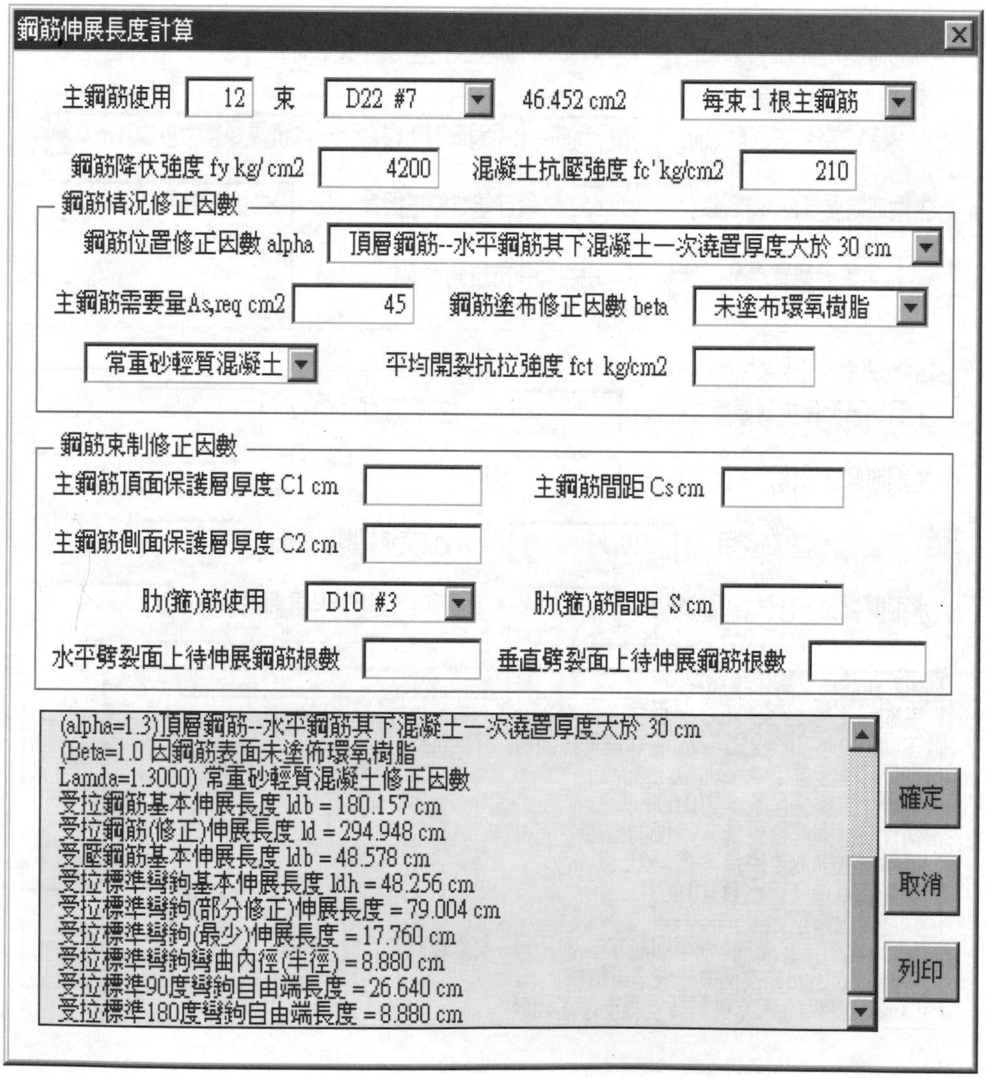

圖 5-8-2

鈕即取消鋼筋伸展長度計算工作並結束程式。單擊「列印」鈕即將計算結果的資訊有組織地排列並印出如圖 5-8-3。本例因未輸入如主鋼筋頂面保護層厚度、主鋼筋側面保護層厚度、主鋼筋間距、使用的肋(箍)筋及間距、水平劈裂面上待伸展鋼筋根數或垂直劈裂面上待伸展鋼筋根數等鋼筋束制修正因數,故僅以鋼筋情況修正因數修正基本伸展長度;混凝土束制指標、鋼筋束制指標及鋼筋束制總修正因數等欄為則空白如圖 5-8-3。

鋼筋伸展長度計算			
主鋼筋使用量 $A_{s,used}$ cm^2	46.452	主鋼筋需要量 $A_{s,required}$ cm^2	45.000
成束鋼筋等值直徑 cm	2.220	主鋼筋為 == 12 束 X 1 (根/束) X #7(D22)	
單根主鋼筋直徑 d_b cm	2.220	單根主鋼筋面積 cm^2	3.871
鋼筋降伏強度 f_y kg/cm^2	4200.00	成束鋼筋修正因數	1.000
混凝土抗壓強度 f_c' kg/cm^2	210.00	混凝土開裂抗拉強度 f_{ct} kg/cm^2	26.00
鋼筋位置修正因數	1.300	1.300 頂層鋼筋	
鋼筋塗布修正因數	1.000	1.300 鋼筋表面未塗佈環氧樹脂	
輕質混凝土修正因數	1.300	常重砂輕質混凝土	
鋼筋置用量修正因數	0.969	45.000 cm2 / 46.452 cm2	
主鋼筋頂面保護層厚度 cm		主鋼筋側面保護層厚度 cm	
主鋼筋心到心間距 cm		橫向鋼筋間距 S cm	
		橫向鋼筋間距內,垂直於劈裂面橫向鋼筋總面積 A_{tr}	
		在握裹劈裂面上待伸展鋼筋根數 n	
混凝土束制指標 c cm		鋼筋束制指標 K_{tr} cm	
鋼筋情況總修正因數	1.6372	鋼筋束制總修正因數	
受拉鋼筋基本伸展長度 cm	180.16	受拉鋼筋伸展長度 cm	294.95
受壓鋼筋基本伸展長度 cm	48.58	受壓鋼筋最小伸展長度 cm	40.09
受拉標準彎鈎基本伸展長度 cm	48.26	受拉標準彎鈎半徑 cm	8.88
標準彎鈎部份修正伸展長度 cm	79.00	標準彎鈎最少伸展長度 cm	17.76
90度彎鈎自由端長度 cm	26.64	180度彎鈎自由端長度 cm	8.88

圖 5-8-3

圖 5-8-1 的畫面中,主鋼筋使用束數、鋼筋編號、選擇每束的鋼筋根數、鋼筋降伏強度及混凝土抗壓強度 f_c' 等輸入欄位均必須輸入;否則會有如圖 5-8-4 的欠缺項目警示訊息。所有輸入欄位均會檢查其合理性,如果輸入不合理或不合規範數值,亦會有如圖 5-8-5

及圖 5-8-6 的警示訊息。如果指定的主鋼筋量小於主鋼筋需要量,則有如圖 5-8-7 的警示訊息而停止作業。

　　圖 5-8-3 報表中,除列印輸入的基本資料外,尚列印鋼筋位置修正因數 α、鋼筋塗佈修正因數 β、混凝土特質修正因數 λ 及鋼筋超量修正因數。報表中以虛線所框的上下兩個數值,上一個數值為 $\alpha\beta$ 的乘積,因為 $\alpha\beta$ 乘積不須超過 1.7,故下一個數值為取用的 $\alpha\beta$ 乘積值。如果輸入主鋼筋頂面保護層厚度 C_1、主鋼筋側面保護層厚度 C_2、主鋼筋間距 Cs、使用的肋(箍)筋及間距 S、水平劈裂面上待伸展鋼筋根數 n_h 或垂直劈裂面上待伸展鋼筋根數 n_v 等鋼筋束制修正因數,則另列印橫向鋼筋間距內,垂直於劈裂面橫向鋼筋總面積 A_{tr}、混凝土束制指標、鋼筋束制指標、鋼束制總修正因數及劈裂模式。

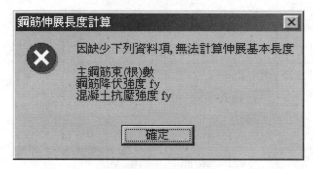

圖 5-8-4

圖 5-8-5

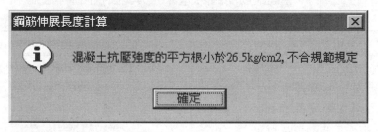

圖 5-8-6

圖 5-8-7

　　圖 5-8-8 的畫面為範例 5-4-2 按序輸入主鋼筋使用束數(3)、鋼筋編號(#6(D19))、選擇每束的鋼筋根數(每束 1 根主鋼筋)、鋼筋降伏強度 f_y (2,800　kg/cm^2)、混凝土抗壓強度 $f_c^{'}$(210kg/cm^2)、鋼筋位置修正因數(頂層鋼筋)α =1.3、鋼筋塗佈修正因數(鋼筋表面塗佈環氧樹脂) β =1.5 及常重混凝土 λ =1.0 等資料，雖未輸入鋼筋需要量，但因超鋼筋量並非必要修正因數之一，故程式仍可繼續執行。畫面中亦輸入主鋼筋頂面保護層厚度 C_1(6.5cm)、主鋼筋側面保護層厚度 C_2(5cm)、主鋼筋間距 Cs(10cm)、使用#3(D10)號肋筋及間距 S(20cm) 及水平劈裂面上待伸展鋼筋根數 n_h(3)或垂直劈裂面上待伸展鋼筋根數 n_v(1)等鋼筋束制修正因數。單擊「確定」鈕即進行鋼筋伸展長度計算，程式先依據主鋼筋直徑(d_b)、鋼筋降伏強度 f_y 及混凝土抗壓強度 $f_c^{'}$ 計算受拉鋼筋基本伸展長度(84.88cm)、受壓鋼筋基本伸展長度(27.86cm)、受壓鋼筋最小伸展長度(23cm)、受拉標準彎鉤基本伸展長度(27.68cm)、標準彎鉤部份修正伸展長度(39.86cm)、標準彎鉤最少伸展長度(15.28cm)、受拉標準彎鉤半徑(7.64cm)、90 度彎鉤自由端長度(22.92cm)及 180 度彎鉤自由端長度(7.64cm)等。然後依據鋼筋情況修正因數及鋼筋束制修正因數計算混凝土束制指標(5.0cm)及鋼筋束制指標(0.63404cm)，進而計算鋼筋情況總修正因數(1.7)及鋼筋束制總修正因數(0.4)。受拉鋼筋的基本伸展長度(84.88cm)乘以鋼筋情況總修正因數(1.7)及鋼筋束制總修正因數(0.4)可得受拉鋼筋的伸展長度(57.72cm)；受壓鋼筋則由使用者自行修正，但提供最少伸展長度；受拉標準彎鉤僅作超量鋼筋、輕質混凝土特質及環氧樹脂塗佈等部分修正；但提供彎鉤半徑及 90 度彎鉤自由端的伸展長度及 180 度彎鉤自由端的伸展長度備選。最後將基本資料及計算結果顯示於列示方塊中，如圖 5-8-8 及圖 5-8-9，並使「列印」鈕生效。單擊「取消」鈕即取消鋼筋伸展長度計算工作並結束程式。單擊「列印」鈕即將計算結果的資訊有組織地排列並印出如圖 5-8-10。

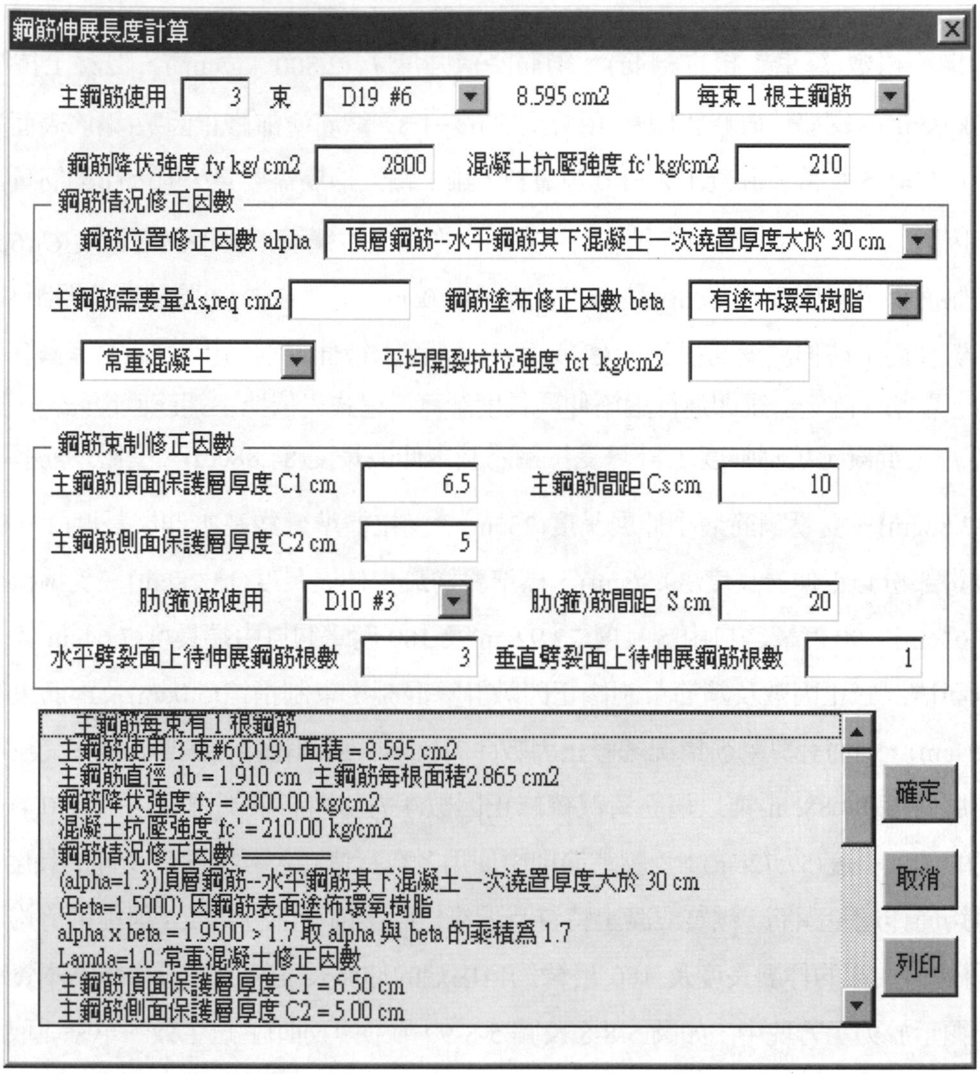

圖 5-8-8

鋼筋伸展長度計算　　　　　　　　　　　　　　　　　　　　　　　　　　☒

主鋼筋使用　　3　束　　D19 #6 ▼　　8.595 cm2　　每束 1 根主鋼筋 ▼

鋼筋降伏強度 fy kg/cm2　　　2800　　混凝土抗壓強度 fc' kg/cm2　　　210

鋼筋情況修正因數

鋼筋位置修正因數 alpha　頂層鋼筋--水平鋼筋其下混凝土一次澆置厚度大於 30 cm ▼

主鋼筋需要量 As,req cm2 ☐　　　　鋼筋塗布修正因數 beta　有塗布環氧樹脂 ▼

常重混凝土 ▼　　平均開裂抗拉強度 fct kg/cm2 ☐

鋼筋束制修正因數

主鋼筋頂面保護層厚度 C1 cm　　6.5　　主鋼筋間距 Cs cm　　　10

主鋼筋側面保護層厚度 C2 cm　　5

肋(箍)筋使用　D10 #3 ▼　　肋(箍)筋間距 S cm　　20

水平劈裂面上待伸展鋼筋根數　　3　　垂直劈裂面上待伸展鋼筋根數　　1

```
水平式劈裂破壞, 鋼筋束制指標 Ktr = 0.634 cm
── 鋼筋束制修正因數0.339 小於0.4 取 0.4
鋼筋束制修正因數 = 0.400
受拉鋼筋基本伸展長度 ldb = 84.881 cm
受拉鋼筋(修正)伸展長度 ld = 57.719 cm
受壓鋼筋基本伸展長度 ldb = 27.863 cm
受拉標準彎鉤基本伸展長度 ldh = 27.679 cm
受拉標準彎鉤(部分修正)伸展長度 = 39.857 cm
受拉標準彎鉤(最少)伸展長度 = 15.280 cm
受拉標準彎鉤彎曲內徑(半徑) = 7.640 cm
受拉標準90度彎鉤自由端長度 = 22.920 cm
受拉標準180度彎鉤自由端長度 = 7.640 cm
```

確定

取消

列印

圖 5-8-9

　　圖 5-8-10 報表中列印輸入的基本資料外，尚列印鋼筋位置修正因數 α、鋼筋塗佈修正因數 β、混凝土特質修正因數 λ、鋼筋超量修正因數、主鋼筋頂面保護層厚度(6.5 cm)、主鋼筋側面保護層厚度(5 cm)、主鋼筋間距(10 cm)、使用#3(D10)肋箍筋及間距(20 cm)、水平劈裂面上待伸展鋼筋根數(3)或垂直劈裂面上待伸展鋼筋根數(1)等鋼筋束制修正因數，故得混凝土束制指標(5 cm)、鋼筋束制指標(0.63404 cm)及鋼筋束制總修正因數(0.4)等。報表中以虛線所框的上下兩個數值，上一個數值為 $\alpha\beta$ 的乘積($=1.3\times$ $1.5=1.95>1.7$)，因為 $\alpha\beta$ 乘積不須超過 1.7(取 $\alpha\beta=1.7$)，故下一個數值為取用的 $\alpha\beta$ 乘

積(1.7)。另依據鋼筋束制修正因數計得混凝土束制指標(5cm)、鋼筋束制指標 K_{tr}(0.63404 cm)及待伸展直徑(1.91cm)，計算鋼筋束制總修正因數為 $\dfrac{d_b}{c+K_{tr}}=\dfrac{1.91}{5+0.63404}=$ 0.339<0.4，取 0.4，因此受拉鋼筋的伸展長度為 $l_d=l_{db}\times1.7\times0.4=84.88\times1.7\times0.4=57.72$ cm。

鋼筋伸展長度計算			
主鋼筋使用量 $A_{s,used}$ cm^2	8.595	主鋼筋需要量 $A_{s,required}$ cm^2	
成束鋼筋等值直徑 cm	1.910	主鋼筋為 == 3 束 X 1 (根/束) X #6(D19)	
單根主鋼筋直徑 d_b cm	1.910	單根主鋼筋面積 cm^2	2.865
鋼筋降伏強度 f_y kg/cm^2	2800.00	成束鋼筋修正因數	1.000
混凝土抗壓強度 f_c' kg/cm^2	210.00	混凝土開裂抗拉強度 f_{ct} kg/cm^2	26.00
鋼筋位置修正因數	1.300	1.950	頂層鋼筋
鋼筋塗布修正因數	1.500	1.700	鋼筋表面塗佈環氧樹脂
輕質混凝土修正因數	1.000	常重混凝土	
鋼筋實用量修正因數			
主鋼筋頂面保護層厚度 cm	6.50	主鋼筋側面保護層厚度 cm	5.00
主鋼筋心到心間距 cm	10.00	橫向鋼筋間距 S cm	20.00
水平劈裂破壞	橫向鋼筋間距內,垂直於劈裂面橫向鋼筋總面積 A_{tr}		1.427
	在握裹劈裂面上待伸展鋼筋根數 n		3
混凝土束制指標 c cm	5.00	鋼筋束制指標 Ktr cm	0.63404
鋼筋情況總修正因數	1.7000	鋼筋束制總修正因數	0.4000
受拉鋼筋基本伸展長度 cm	84.88	受拉鋼筋伸展長度 cm	57.72
受壓鋼筋基本伸展長度 cm	27.86	受壓鋼筋最小伸展長度 cm	23.00
受拉標準彎鉤基本伸展長度 cm	27.68	受拉標準彎鉤半徑 cm	7.64
標準彎鉤部份修正伸展長度 cm	39.86	標準彎鉤最少伸展長度 cm	15.28
90度彎鉤自由端長度 cm	22.92	180度彎鉤自由端長度 cm	7.64

圖 5-8-10

圖 5-8-11 的畫面為範例 5-5-2 按序輸入主鋼筋使用束數(3)、鋼筋編號(#6 (D19))、選擇每束的鋼筋根數(每束 3 根主鋼筋)、鋼筋降伏強度 f_y (2,800 kg/cm^2)、混凝土抗壓強度 f_c'(210kg/cm^2)、鋼筋位置修正因數(頂層鋼筋)α =1.3、鋼筋塗佈修正因數(鋼筋表面未塗佈環氧樹脂)β =1.0 及常重混凝土 λ =1.0 等資料，但未輸入主鋼筋需要量。畫面中亦輸入主鋼筋頂面保護層厚度 C_1(8.0cm)、主鋼筋側面保護層厚度 C_2(7.0cm)、主鋼筋間距 Cs(13cm)、

Chapter 5

使用#3(D10)號肋筋及間距 S(15cm)及水平劈裂面上待伸展鋼筋根數 $n_h(3)$或垂直劈裂面上待伸展鋼筋根數 $n_v(1)$等鋼筋束制修正因數。單擊「確定」鈕即進行鋼筋伸展長度計算，程式先依據主鋼筋直徑d_b、鋼筋降伏強度 f_y 及混凝土抗壓強度 f_c' 計算受拉鋼筋基本伸展

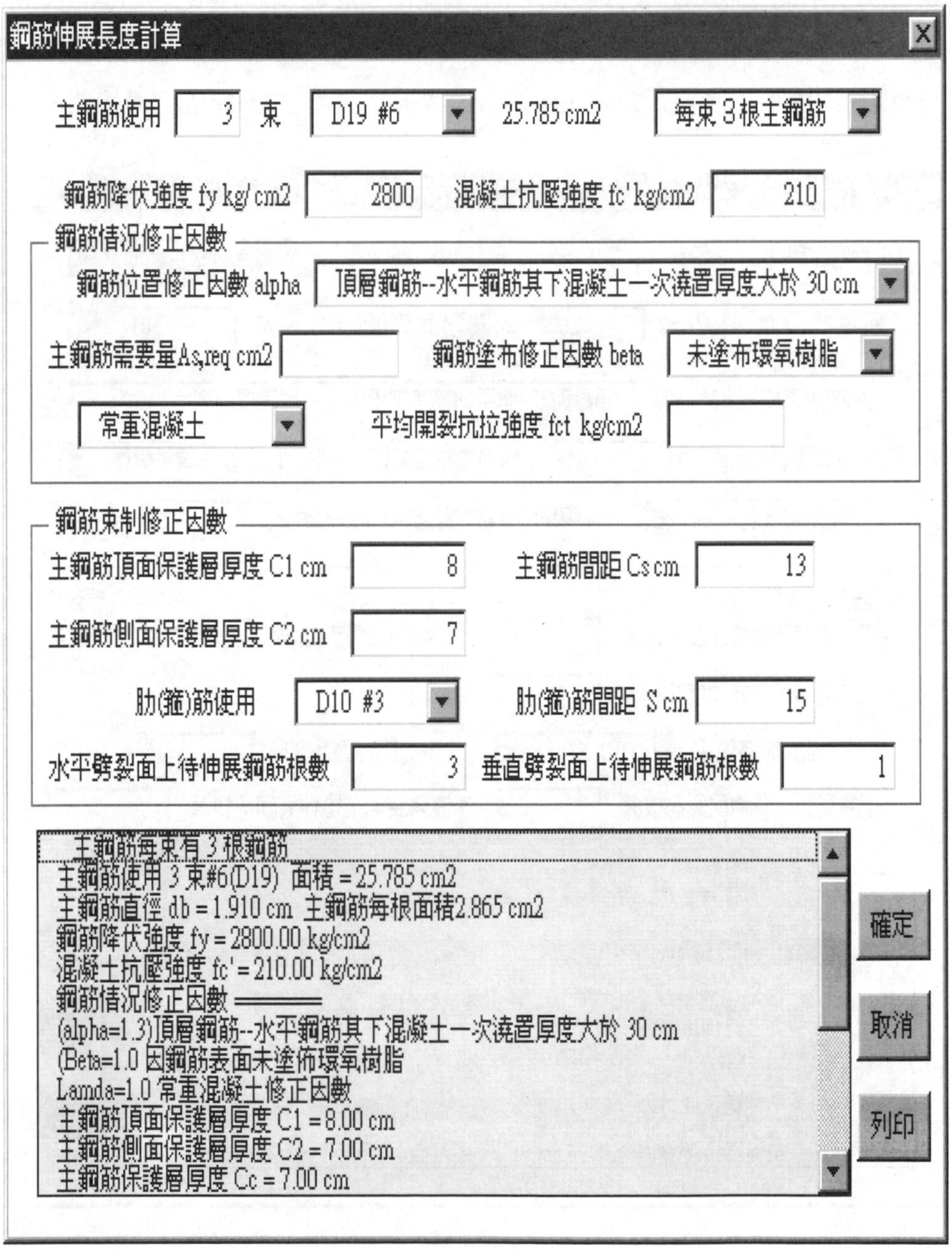

圖 5-8-11

長度(84.88cm)、受壓鋼筋基本伸展長度(33.44cm)、受壓鋼筋最小伸展長度 (27.60 cm)、因為成束鋼筋未採用標準彎鉤，故相關資料則缺。然後依據鋼筋情況修正因數及鋼筋束制修正因數計算混凝土束制指標(6.5 cm)及鋼筋束制指標(0.84539cm)，進而計算鋼筋情況總修正因數(1.3)及鋼筋束制總修正因數(0.4504)。受拉鋼筋的基本伸展長度(84.88cm)乘以鋼筋情況總修正因數(1.3)及鋼筋束制總修正因數(0.4504)可得受拉鋼筋的伸展長度(59.63 cm)；受壓鋼筋則由使用者自行修正，但提供最少伸展長度(27.60 cm)。最後將基本資料及

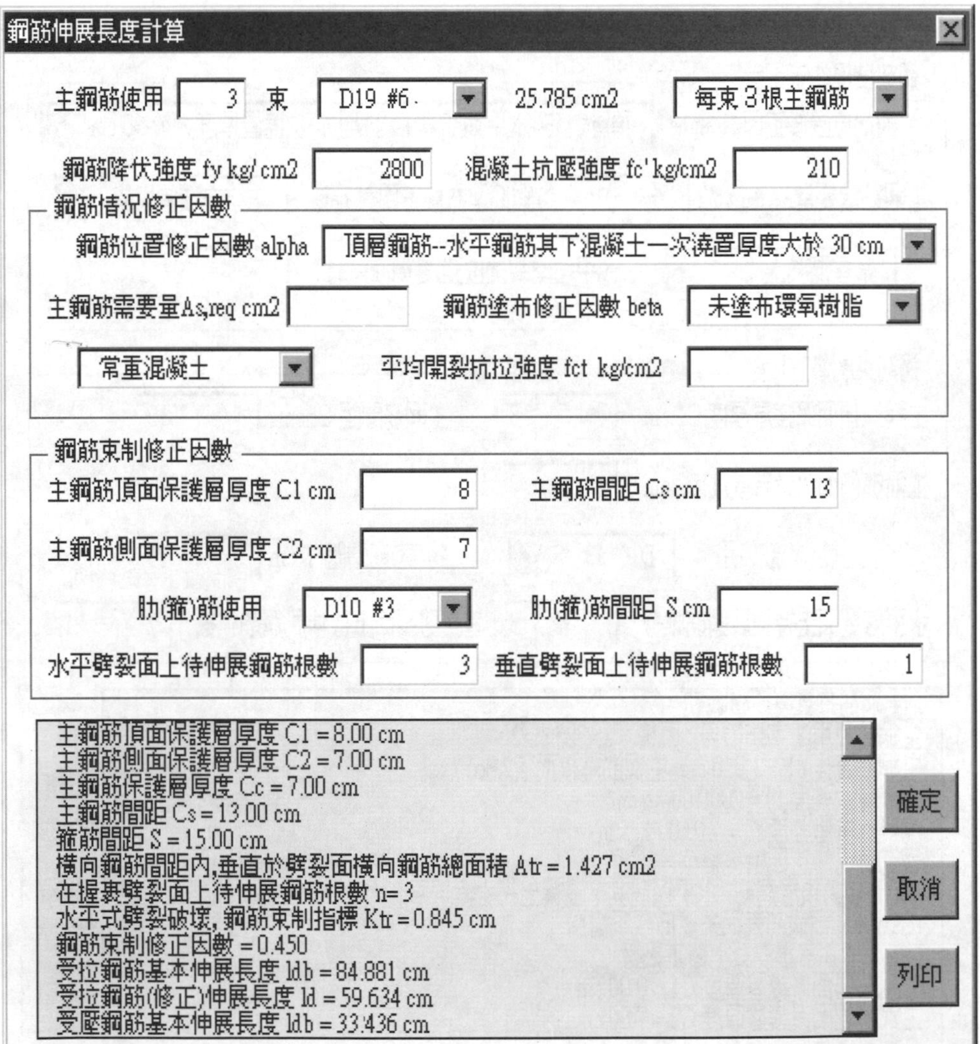

鋼筋伸展長度計算

主鋼筋使用　3　束　D19 #6　25.785 cm2　每束3根主鋼筋

鋼筋降伏強度 fy kg/cm2　2800　混凝土抗壓強度 fc'kg/cm2　210

鋼筋情況修正因數

鋼筋位置修正因數 alpha　頂層鋼筋--水平鋼筋其下混凝土一次澆置厚度大於 30 cm

主鋼筋需要量 As,req cm2　　鋼筋塗布修正因數 beta　未塗布環氧樹脂

常重混凝土　平均開裂抗拉強度 fct kg/cm2

鋼筋束制修正因數

主鋼筋頂面保護層厚度 C1 cm　8　主鋼筋間距 Cs cm　13

主鋼筋側面保護層厚度 C2 cm　7

肋(箍)筋使用　D10 #3　肋(箍)筋間距 S cm　15

水平劈裂面上待伸展鋼筋根數　3　垂直劈裂面上待伸展鋼筋根數　1

```
主鋼筋頂面保護層厚度 C1 = 8.00 cm
主鋼筋側面保護層厚度 C2 = 7.00 cm
主鋼筋保護層厚度 Cc = 7.00 cm
主鋼筋間距 Cs = 13.00 cm
箍筋間距 S = 15.00 cm
橫向鋼筋間距內,垂直於劈裂面橫向鋼筋總面積 Atr = 1.427 cm2
在握裹劈裂面上待伸展鋼筋根數 n = 3
水平式劈裂破壞,鋼筋束制指標 Ktr = 0.845 cm
鋼筋束制修正因數 = 0.450
受拉鋼筋基本伸展長度 ldb = 84.881 cm
受拉鋼筋(修正)伸展長度 ld = 59.634 cm
受壓鋼筋基本伸展長度 ldb = 33.436 cm
```

確定　取消　列印

圖 5-8-12

計算結果顯示於列示方塊中，如圖 5-8-11 及圖 5-8-12，並使「列印」鈕生效。單擊「取消」鈕即取消鋼筋伸展長度計算工作並結束程式。單擊「列印」鈕即將計算結果的資訊有組織地排列並印出如圖 5-8-13。報表中列印輸入的基本資料外，尚列印鋼筋位置修正因數α、鋼筋塗佈修正因數β、混凝土特質修正因數λ、鋼筋超量修正因數及主鋼筋頂面保護層厚度(8 cm)、主鋼筋側面保護層厚度(7 cm)、主鋼筋間距(13 cm)、使用#3(D10)肋箍筋與間距(15 cm)及水平劈裂面上待伸展鋼筋根數(3)或垂直劈裂面上待伸展鋼筋根數(1)等鋼筋束制修正因數，故得混凝土束制指標(6.5 cm)、鋼筋束制指標(0.84539 cm)及鋼筋束制總修正因數(0.4504)等。

鋼筋伸展長度計算			
主鋼筋使用量 $A_{s,used}$ cm^2	25.785	主鋼筋需要量 $A_{s,required}$ cm^2	
成束鋼筋等值直徑 cm	3.308	主鋼筋為 == 3 束 X 3 (根/束) X #6(D19)	
單根主鋼筋直徑 d_b cm	1.910	單根主鋼筋面積 cm^2	2.865
鋼筋降伏強度 f_y kg/cm^2	2800.00	成束鋼筋修正因數	1.200
混凝土抗壓強度 f_c' kg/cm^2	210.00	混凝土開裂抗拉強度 f_{ct} kg/cm^2	26.00
鋼筋位置修正因數	1.300	1.300	頂層鋼筋
鋼筋塗布修正因數	1.000	1.300	鋼筋表面未塗佈環氧樹脂
輕質混凝土修正因數	1.000	常重混凝土	
鋼筋實用量修正因數			
主鋼筋頂面保護層厚度 cm	8.00	主鋼筋側面保護層厚度 cm	7.00
主鋼筋心到心間距 cm	13.00	橫向鋼筋間距 S cm	15.00
水平劈裂破壞	橫向鋼筋間距內,垂直於劈裂面橫向鋼筋總面積 A_{tr}		1.427
	在握裹劈裂面上待伸展鋼筋根數 n		3
混凝土束制指標 c cm	6.50	鋼筋束制指標 K_{tr} cm	0.84539
鋼筋情況總修正因數	1.3000	鋼筋束制總修正因數	0.4504
受拉鋼筋基本伸展長度 cm	84.88	受拉鋼筋伸展長度 cm	59.63
受壓鋼筋基本伸展長度 cm	33.44	受壓鋼筋最小伸展長度 cm	27.60
受拉標準彎鈎基本伸展長度 cm		受拉標準彎鈎半徑 cm	
標準彎鈎部份修正伸展長度 cm		標準彎鈎最少伸展長度 cm	
90度彎鈎自由端長度 cm		180度彎鈎自由端長度 cm	

圖 5-8-13

圖 5-8-13 報表中以虛線所框的上下兩個數值，上一個數值為$\alpha\beta$的乘積($=1.3\times1.5=1.95>1.7$)，因為$\alpha\beta$乘積不須超過 1.7(取$\alpha\beta=1.3$)，故下一個數值為取用

的 $\alpha\beta$ 乘積(1.3)。另依據鋼筋束制修正因數計得混凝土束制指標(6.5 cm)、鋼筋束制指標 K_{tr}(0.84539cm)、待伸展直徑(3.308cm)，計算鋼筋束制總修正因數為 $\dfrac{d_b}{c+K_{tr}}=$

$\dfrac{3.308}{5+0.84539}=0.4504>0.4$，取 0.4504，因此受拉鋼筋的伸展長度為 $l_d=l_{db}\times1.7\times0.4504$

$=84.88\times1.7\times0.4=59.63$cm。因屬成束鋼筋，故計算鋼筋束制總修正因數時的待伸展鋼筋直徑為面積相當於一束鋼筋面積($3\times2.87=8.61\text{cm}^2$)的等值直徑($d_b=3.308$cm)。在計算受拉鋼筋的伸展長度時，也因成束鋼筋而多乘以 1.2。因為成束鋼筋未採用標準彎鉤，故報表中相關資料則缺。

■ 5-9　受撓鋼筋之伸展通則

　　受撓構材內計算鋼筋伸展之臨界斷面係在最大彎矩處及相鄰鋼筋終止或彎起處。構材設計時最大彎矩之位置會隨著載重變化及支承沉陷或側力作用等原因而作改變。

　　剪力裂縫的產生也會增加撓曲鋼筋之拉應力，例如剪力裂縫會將無肋筋梁之鋼筋撓曲拉應力值朝彎矩為零處平移一個有效深度 d 之距離。當然對有肋筋梁而言，前述剪力裂縫效應會降低，但仍有一定程度之影響。因此，規範規定除在簡支梁支承處及懸臂梁自由端外，鋼筋之截斷或彎起須超過該筋理論切斷點(即不須承受撓曲應力之處)向外繼續延伸至少一個有效深度 d 且不小於 $12d_b$。

　　在鋼筋受拉區之截斷或彎起處，其相鄰的連續鋼筋之最大應力可能會高達 f_y，因此規範規定，與截斷或彎起鋼筋平行的連續鋼筋應於理論切斷點(即不須承受撓曲應力之處)延伸一個不小於 l_d 之埋置長度。

　　研究顯示鋼筋在拉力區中截斷時，截斷處極易有彎曲裂縫之產生，若切斷點旁邊連續鋼筋之應力及斷面上作用之剪力值均較高，則剪力斜張裂縫就會從彎曲裂縫上直接衍生而降低構材之抗剪強度及韌性。故撓曲鋼筋在拉力區之截斷，應以避免或控制斜張裂縫為考慮。因此受拉鋼筋在受拉區終止者，須符合下列條件之一：

1. 切斷鋼筋處之剪力未超過構材(包括腹筋在內)抗剪強度之2/3，使不易發生斜張裂縫。若斷面上極限荷重作用之剪力 V_u 超過該斷面抗剪強度之 2/3 而欲切斷鋼筋時，則需減小腹筋間距 S 以提昇抗剪強度。

2. 除配置因剪力及扭力需要之肋筋外，沿受拉鋼筋或鋼線在切斷端之 $3d/4$ 內需設置額外肋筋。額外肋筋面積 A_v 不得小於 $4.2b_w s/f_y$，肋筋間距 s 不得超過 $d/8\beta_b$，β_b 為切斷之受拉鋼筋面積與該斷面內全部受拉鋼筋面積之比，因此以緊密排置之肋筋來約束斜張裂縫。

3. 鋼筋為#11(D36)或較小者，在切斷鋼筋處之連續鋼筋面積不小於受撓所需面積之二倍，且剪力未超過該處構材抗剪強度之 3/4；如此可減小撓曲鋼筋之應力而降低斜張裂縫產生之機會。

■ 5-10　正彎矩鋼筋之伸展

規範對於正彎矩鋼筋之伸展定有下列規定：

1. 簡支構材正彎矩鋼筋至少需有 1/3，連續構材正彎矩鋼筋至少需有 1/4，沿同一構材面伸入支承內 15cm 以上，以因應彎矩會隨著載重變化、支承沉陷、側力作用或其他原因而移動之現象。

2. 若撓曲構材為側力抵抗系統之一部份時，由於未可預期之反覆荷重可能會侵襲構材支承處，故限量之正彎矩鋼筋須作合適之端部錨定。因為這些錨定需在地震等劇烈超載作用下尚能對構材提供韌性之行為，所以應具有發展鋼筋應力 f_y 之能力。

3. 在簡支承及反曲點，正彎矩鋼筋直徑之選用，須使該筋計算之伸展長度 l_d 符合公式 5-10-1 或公式 5-10-2 之限制。但若鋼筋在超過簡支承中心線外之端錨定為標準彎鉤或相當標準彎鉤之機械式錨定者，可不受公式 5-10-1 或公式 5-10-2 之限制。

$$l_d \le \frac{M_n}{V_u} + l_a \,(\text{反曲點處}) \tag{5-10-1}$$

$$l_d \le \frac{1.3M_n}{V_u} + l_a \,(\text{簡支承處}) \tag{5-10-2}$$

其中，

　　V_u=簡支承或反曲點處所承受的設計剪力

　　M_n=假定伸入支承或反曲點處之正鋼筋均達 f_y 時之彎矩計算強度。

　　l_a=為超過簡支承中心線外的埋置長度；或超過反曲點外的埋置長度；於反曲點 l_a 不可超過構材有效深度 d 或 $12d_b$ 之較大值者；其超過之長度視為無效。

若鋼筋終端在受壓反力區內，M_u/V_u 得增加 30%。

在撓曲構材的撓曲握裹應力 u_f (公式 5-10-3)中，jd 為彎矩力臂而 $\sum_0$ 為鋼筋標稱周長之總和。觀察公式 5-10-3 可知在梁中若剪力大(V 值大)、鋼筋量少或鋼筋尺寸較大($\sum_0$ 值變小)時，均會使撓曲裹應力 u_f 增加。在簡支承處和反曲點之作用彎矩為零(鋼筋應力很低，鋼筋量可能很少)，但是其握裹應力(為彎矩變化率的函數，而非彎矩絕對值的函數)則可能很大。又彎矩的變化率與剪力有關，故在簡支承處剪力為最大值；在反曲點處的剪力通常也很高，而造成局部撓曲應力甚高之不利現象。

$$u_f = {V}\Big/{jd \sum_0} \quad \text{(撓曲握裹應力)} \tag{5-10-3}$$

$$u_a = {A_s f_y}\Big/{l_d \sum_0} \quad \text{(端錨握裹應力)} \tag{5-10-4}$$

控制這些不利的局部超高撓曲握裹應力之方法就是加強鋼筋的錨定，使其端錨握裹應力大於撓曲握裹應力(亦即 $u_a \geq u_f$)。因此，

$$\frac{A f_y}{l_d \sum_0} \geq \frac{V_u}{jd \sum_0}$$

，化簡得

$$l_d \leq \frac{A_s f_y jd}{V_u} = \frac{M_n}{V_u}$$

其中 M_n 為待檢驗斷面之計算彎矩強度，V_u 為待檢驗斷面之因數化剪力。規範認為在簡支承處或反曲點處之鋼筋繼續延伸一長度 l_a 將有助於避免撓曲握裹破壞，故允許以公式 (5-10-1)來檢查允許之撓曲握裹應力。規範除對反曲點處之伸長長度有所限制外，對於支承反力可以束制鋼筋端部之情況，其 M_u/V_u 值可增加30%，故簡支承梁可使用公式(5-10-2)來檢查允許之撓曲握裹應力。撓曲握裹應力之檢查詳如圖 5-10-1。換言之，公式(5-10-1)或(5-10-2)主要在限制簡支承或反曲點的正鋼筋直徑，以防止發生局部握裹破壞。因為若伸入簡支承或反曲點的正彎矩鋼筋之端部，一但無法適當錨定而滑動時，也會造成梁之突然全面坍塌。

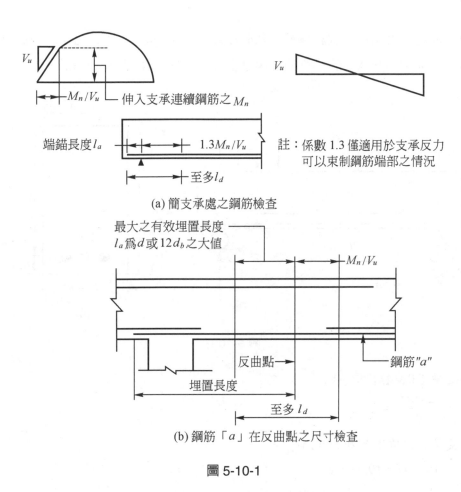

(a) 簡支承處之鋼筋檢查

(b) 鋼筋「a」在反曲點之尺寸檢查

圖 5-10-1

設計工程師可由下列三方式來處理高局部撓曲握裹應力的問題：

1.　選用數量較多但尺寸較小之鋼筋，以降低伸展長度 l_d。

2.　允許較多之連續鋼筋穿過簡支承處或反曲點，以增加設計彎矩強度 M_u。

3.　於簡支承處增加延伸長度 l_a 或作標準彎鉤錨定。

範例 5-10-1

　　圖 5-10-2 所示為跨徑 6m 的簡支梁，承受均佈設計載重 12.0 t/m。經撓曲設計後，需要 5-#9(D29)的拉力鋼筋；其中有 3 根#9(D29)鋼筋延伸到支承處並超過支承中心 10 cm 如圖中(a)。支承處的梁斷面如圖(b)，若鋼筋伸展長度採用簡易估算法計算且鋼筋之最小保護層厚度不小於 d_b；鋼筋最小淨間距亦不小於 $2d_b$(伸展長度折減因數為 0.67)，試查驗支

承處的鋼筋錨定是否適當？假設鋼筋降伏強度爲 4,200 kg/cm²，常重混凝土的抗壓強度爲 210 kg/cm²。#9(D29)號鋼筋的標稱直徑爲 2.87cm，標稱面積爲 6.47 cm²。

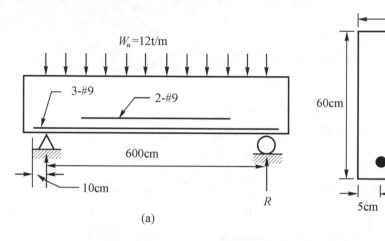

圖 5-10-2

1. 求支承處的設計剪力 V_u

$$V_u = \frac{12.0 \times 6}{2} = 36t$$

2. 求支承處斷面的標稱彎矩 M_n

$$A_s = 3 \times 6.47 = 19.41 \, \text{cm}^2$$

$$a = \frac{A_s f_y}{0.85 f_c' b} = \frac{19.41 \times 4200}{0.85 \times 210 \times 40} = 11.418 \, \text{cm}$$

$$M_n = A_s f_y \left(d - \frac{a}{2} \right) = 19.41 \times 4200 \times \left(54 - \frac{11.418}{2} \right) = 3936.8 \, \text{t-cm}$$

3. 計算伸展長度 l_d

拉筋基本伸展長度 $l_{db} = \dfrac{0.28 d_b f_y}{\sqrt{f_c'}} = \dfrac{0.28 \times 2.87 \times 4200}{\sqrt{210}} = 232.9 \, \text{cm}$

以簡易估算法且因鋼筋之最小保護層厚度不小於 d_b；鋼筋最小淨間距亦不小於 $2 d_b$，故伸展長度折減因數爲 0.67。所以，

拉筋伸展長度 $l_d = 232.9 \times 0.67 = 156 \, \text{cm} > 30 \, \text{cm}$

4. 研判錨定妥適性

因為簡支承，故必須符合 $l_d > \dfrac{1.3M_n}{V_u} + l_a$ 的關係式才屬妥適錨定。

$\dfrac{1.3M_n}{V_u} + l_a = \dfrac{1.3 \times 3936.8}{36} + 10 = 152.2\,\text{cm} < 156\,\text{cm}$，故符合規定。

5-11　鋼筋截斷和彎起

　　鋼筋混凝土梁的設計是依據承受的最大撓曲彎矩來設計鋼筋量的；這些最大撓曲彎矩通常發生於梁跨度的中央(簡支梁)或支承面上(懸臂梁)，梁上的其他位置則彎矩變小。理論上是可逐漸縮小梁的深度來承擔較小的彎矩，但實務上因為施工方便及鋼筋價格的關係，通常採用相同深度的矩形梁，而鋼筋量則隨彎矩的減少而以截斷或向上或向下彎曲到另一面的方式來減少，並改善鋼筋在構材中過份擁塞的現象，還可以使混凝土於模板內充分流動，進而增進其搗實作用。

　　觀察單筋矩形鋼筋混凝土梁的設計彎矩計算公式 $M_u = \phi A_s f_y \left(d - \dfrac{a}{2} \right)$，設計彎矩 M_u 似乎與鋼筋量 A_s 成正比線性關係，但事實上，公式中的 a 值(單筋矩形斷面壓力區混凝土等值方塊的深度)會因鋼筋量 A_s 的增減而改變；因此，鋼筋量與設計彎矩並非正比的線性關係。在處理撓曲鋼筋截斷或彎起的問題時，因為尚需考量鋼筋的握裹伸展長度，故可將設計彎矩與鋼筋量視為正比的線性關係來決定鋼筋的截斷或彎矩點。這種依據彎矩與鋼筋量成正比線性關係所計得的截斷點稱為理論切斷點。規範規定鋼筋之截斷或彎起須超過該筋理論切斷點(即不須承受撓曲應力之處)向外繼續延伸至少一個有效深度 d 且不小於 $12\,d_b$。

範例 5-11-1

　　圖 5-11-1(a)所示為一跨度 5m，承受均佈設計載重 8.07 t/m 的簡支梁。經過撓曲設計後，斷面尺寸如圖 5-11-1(b)，鋼筋需要量為 28.49 cm²，採用 3-#9(D29)及 2-#8(D25)號的拉力鋼筋(兩種鋼筋應在同一水平面，分開畫只為表達容易)，提供的鋼筋量為 29.53 cm²。

假設鋼筋的降伏強度為 2,800 kg/cm²；混凝土的抗壓強度為 210 kg/cm²；鋼筋伸展長度採用簡易估算法估算。如果讓 3 根#9(D29)號鋼筋延伸入支承處，而 2 根#8(D25)號鋼筋則在適當處截斷，試求

1. 決定 2 根#8(D25)號鋼筋的理論切斷點？
2. 計算 2 根#8(D25)號鋼筋在跨度中央兩邊延伸之最小長度？
3. 研判#8(D25)號鋼筋是否妥適錨定？

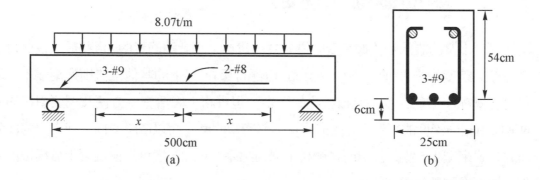

圖 5-11-1

已知#8(D25)號鋼筋的標稱直徑為 2.54cm，標稱面積為 5.07cm²；#9(D29)號鋼筋的標稱直徑為 2.87cm，標稱面積為 6.47cm²。

1. 決定 2 根#8(D25)號鋼筋的理論切斷點？

    #8(D25)號鋼筋的理論切斷點即為 3-#9(D29)號鋼筋發揮最大彎矩容量之處。

    3-#9(D29)號鋼筋的最大彎矩容量 M_u 為

    $$a = \frac{A_s f_y}{0.85 f_c' b} = \frac{3 \times 6.47 \times 2800}{0.85 \times 210 \times 25} = 12.18 \text{ cm}$$

    $$M_n = A_s f_y \left(d - \frac{a}{2} \right) = 3 \times 6.47 \times 2800 \times \left(54 - \frac{12.18}{2} \right) = 2603813 \text{kg-cm}$$

    $$M_u = \phi M_n = 0.9 \times 2603813 = 2343432 \text{ kg-cm} = 23.43432 \text{t-m}$$

    支承點的反力為　$R = \frac{8.07 \times 5}{2} = 20.175 t$

    假設#8(D25)號鋼筋的理論切斷點距跨度中央的距離為 x，則在均佈設計載重 8.07t/m 作用下，該點的彎矩應等於 M_u，則

$$20.175 \times (2.5 - x) - \frac{8.07}{2}(2.5 - x)^2 = 23.43432$$

解得 $x = 0.665\text{m} = 66.5\text{cm}$

2. 計算 2 根#8(D25)號鋼筋在跨度中央兩邊延伸之最小長度？

　　依據鋼筋之截斷或彎起須超過該筋理論切斷點(即不須承受撓曲應力之處)向外繼續延伸至少一個有效深度 d 且不小於 $12\,d_b$ 的規定，

$d = 54\text{cm}$

$12\,d_b = 12 \times 2.54 = 30.48\text{cm}$

故 2 根#8(D25)號鋼筋在跨度中央兩邊延伸之最小長度為

$x + 54 = 66.5 + 54 = 120.5\text{cm}$

換言之，2 根#8(D25)號鋼筋可在距跨度中央 120.5cm 處截斷之。

3. 研判#8(D25)號鋼筋是否妥適錨定？

#8(D25)號鋼筋的基本伸展長度為

$$l_{db} = \frac{0.28\,d_b f_y}{\sqrt{f_c^{'}}} = \frac{0.28 \times 2.54 \times 2800}{\sqrt{210}} = 137.42\text{cm}$$

以簡易估算法且因鋼筋之最小保護層厚度不小於 d_b；鋼筋最小淨間距亦不小於 $2\,d_b$，故伸展長度折減因數為 0.67。所以，拉筋伸展長度為

$l_d = 137.42 \times 0.67 = 92.1\text{cm} > 30\text{cm}$

因為 237.5cm 大於 92.1cm，故#8(D25)號鋼筋的錨定妥適。

5-12　負彎矩鋼筋之伸展

　　在連續、束制或懸臂構材或剛構之各構材中的負彎矩鋼筋，應以適當之埋置長度、彎鈎或其他機械方式於支承內或伸過支承作錨定。支承內如空間有限，則採用標準彎鈎或機械式錨定而連續支承則可採伸展長度伸過支承錨定方式。

　　負彎矩鋼筋在跨度內之埋置長度，需超過該鋼筋不需承受撓曲應力處向外延伸至少一個有效深度 d 且不小於 $12\,d_b$。

支承處之負彎矩受拉鋼筋最少需有 1/3 延伸至反曲點以外相當於構材有效深度 d 之距離，惟不少於 $12\,d_b$ 或淨跨度之 1/16。如圖 5-12-1。

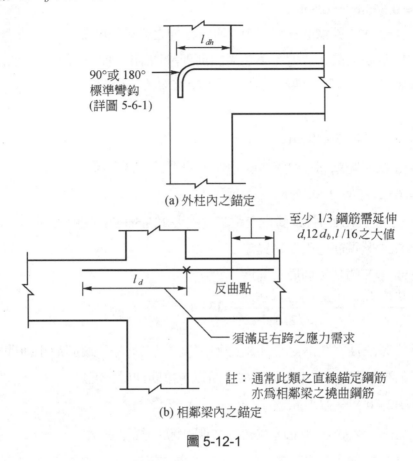

(a) 外柱內之錨定

(b) 相鄰梁內之錨定

圖 5-12-1

5-13　腹筋之伸展

腹筋為抵抗撓剪合力所產生的斜張裂縫的受拉鋼筋，因此腹筋伸展(development of web reinforcement)應在保護層及鄰近鋼筋排列許可下盡可能伸入受壓面和受拉面；亦即腹筋應延伸在構材的全深範圍扣除上下之保護層厚度，以求控制可能發生的斜張剪力裂縫。腹筋承受拉力，需要妥適的錨定。規範規定腹筋端部需要彎鉤錨定，且彎鉤及腹筋的每一彎角內緣至少需有一根縱向鋼筋(稱為錨定筋)錨定之。抗拉彎鉤之破壞模式有在彎轉段兩側混凝土的劈裂，或是在彎轉段內緣混凝土的擠碎兩種，如圖 5-6-1(a)所示。錨定筋的使用對上述兩種破壞有抑制作用；因為錨定筋垂直通過彎鉤平面故可以抑止彎鉤平面遭劈

裂；又因錨定筋直接緊靠彎鉤內緣，故可避免其旁混凝土之遭擠碎。因此，彎鉤必需緊繞於縱向鋼筋(即錨定筋)上，方能衍生其能力。腹筋或箍筋之標準彎鉤(如圖 5-13-1)僅限使用#8(D25)及較小之鋼筋，以 90°或 135°標準彎鉤繞於縱向鋼筋(錨定筋)上。腹筋及箍筋標準彎鉤的彎曲內徑及伸展長度規定如下表：

鋼筋稱號	90°標準彎鉤		135°標準彎鉤	
	最小彎曲內徑	伸展長度	最小彎曲內徑	伸展長度
#3(D10)~#5(D16)	不小於 $4d_b$	$6\,d_b$	不小於 $4d_b$	$6\,d_b$
#6(D19)~#8(D25)	$6\,d_b$	$12\,d_b$	$6\,d_b$	$6\,d_b$

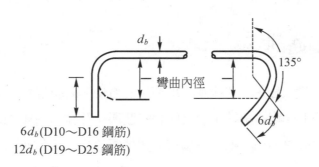

$6d_b$(D10～D16 鋼筋)
$12d_b$(D19～D25 鋼筋)

圖 5-13-1

　　單肢、單 U 型或複 U 型腹筋之端部須則用下列方法之一錨定：

1.　鋼筋為 D16 及麻面鋼線直徑為 16mm，或較小者，以及鋼筋為 D19、D22 及 D25 且其規定降伏應力不大於 2,800kg/cm² 者，應以標準彎鉤緊繞於縱向鋼筋上，如圖 5-13-2。

2.　鋼筋為 D19、D22 及 D25 且其規定降伏應力大於 2,800kg/cm² 者，應以標準彎鉤緊繞於縱向鋼筋上，且自構材深度中線至彎鉤外緣間之埋置長度不得小於 $\dfrac{0.053d_b f_y}{\sqrt{f_c^{'}}}$，如圖 5-13-2。

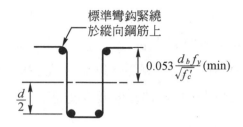

適用於 ⎡ D10、D13、D16 腹筋，
⎣ D19、D22、D25 且其降伏應力不大
於 2,800 kgf/cm² 者

適用於 D19、D22、D25 腹筋，
且其降伏應力大於 2,800 kgf/cm² 者

圖 5-13-2

5-14 鋼筋之續接

5-14-1 續接通則

由於鋼筋出廠長度之限制、運輸及工地施工之方便，鋼筋常常需要在工地續接才能達到設計長度或設計形狀。鋼筋續接主要目的是鋼筋所承受拉力或壓力之傳遞，因此鋼筋續接長度與鋼筋之伸展長度有關。續接應盡可能遠離鋼筋之最大拉應力處。規範規定鋼筋之續接可採用搭接、(lap splices)銲接(welded splices)或機械式續接器(mechanical connector)等三種方式。各種續接方式相關規定如下：

一、搭接的相關規定

1.　由於缺乏實驗之佐證，故禁止大於 #11(D36)號之鋼筋作受壓或受拉搭接。但如牆、柱中受壓鋼筋之續接則允許#13(D43)或#15(D57)號鋼筋與#11(D36)或較小之鋼筋作受壓搭接。

2.　成束鋼筋僅可做單一鋼筋個別搭接，不得作整束之搭接。束筋中個別鋼筋之搭接長度，應以其單一鋼筋所需搭接長度為基本，再依束筋伸展長度之規定予以修正，束中各根鋼筋之搭接位置不得相互重疊。

3. 受撓構材中搭接的兩根鋼筋可以接觸搭接並綑綁或銲接在一起以利鋼筋位置的固定或不接觸搭接。不接觸搭接時，其側向間距不得大於搭接長度之1/5或 15 cm，如圖 5-14-1 所示。作不接觸搭接之鋼筋若相距太遠時，其可能會造成無鋼筋之混凝土弱面；而側向間距不得大於搭接長度之1/5，即為強迫可能之裂縫須遵循一較曲折之路徑(5 比 1 之斜率)；至於另加側向最大間距 15 cm 之限制，是源自絕大多數之搭接實驗的鋼筋間距均不大於 15 cm 之故。

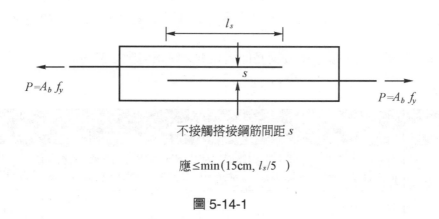

不接觸搭接鋼筋間距 s

應 $\leq \min(15\text{cm}, l_s/5 \ )$

圖 5-14-1

二、銲接或機械式續接器的相關規定

1. 鋼筋在未查驗其可銲性並挑選適當之銲接程序前，不得銲接。規範要求鋼筋之銲接須按美國銲接學會之規定辦理。

2. 對於#6(D19)或較大鋼筋之全銲續接或機械式續接器續接，其續接後接頭處須有 1.25 f_y 以上的抗拉或抗壓強度，以保證鋼筋之確實銲接並避免使構材在發展降伏前遭受續接處之脆性破壞。

3. 對於#5(D16)或較小鋼筋之全銲續接或機械式續接器續接則可不受續接後其接頭處須 1.25 f_y 以上的抗拉或抗壓強度的約束，但其續接處之鋼筋面積須至少等於分析所需鋼筋面積之兩倍，且其銲接或機械式續接器之續接應符合下列規定：

(1) 續接位置應錯開 60cm 以上，續接處任一斷面之鋼筋至少應能承受兩倍之計算拉力，且其平均應力不得小於 1,400kg/cm²。

(2) 計算每一斷面鋼筋可承受之拉力時，續接鋼筋可依規定之續接強度計算，未續接鋼筋則應以 f_y 乘以較短之實際伸展長度與所需 l_d 之比值計算其強度。

(3) 相鄰鋼筋之續接至少需錯開 75cm。

5-14-2 受拉竹節鋼筋及麻面鋼線之續接

受拉竹節鋼筋及麻面鋼線之受拉搭接長度區分為甲、乙級，並規定搭接長度為伸展長度 l_d 之倍數，且不得小於 30cm；該修正倍數應依下表搭接等級之規定決定之：亦即

$$續接鋼筋搭接長度 = 續接鋼筋伸展長度 \times 修正倍數 \geq 30 \text{ cm}$$

搭接等級	鋼筋情況	修正倍數
甲級	符合：(1)在規定搭接長度內鋼筋之使用量至少為分析需要量之兩倍；且(2)在搭接長度內之搭接鋼筋面積百分比不大於 50%者。	1.0
乙級	其它。	1.3

受拉竹節鋼筋及麻面鋼線之伸展長度 l_d 等於 l_{db} 乘以適用修正因數。由於搭接分級規定已對搭接處反應超量鋼筋之狀況，故對 l_d 之計算不可重覆使用超量鋼筋修正因數，至於其他關於間距及保護層、箍筋用量、頂層鋼筋、輕質混凝土及環氧樹脂塗佈等修正因數均須考慮。

5-14-3 受壓竹節鋼筋之續接

抗壓鋼筋之握裹行為不會受到橫向拉裂縫之影響，所以受壓搭接之規定就不若受拉搭接嚴格。受壓竹節鋼筋之搭接長度如下表規定，且不得小於 30cm；但是當混凝土之抗壓強度小於 210kg/cm^2 時，搭接長度須增加1/3。

Chapter 5

鋼筋情況	搭接長度(不得小於 30cm)
$f_y \leq 4,200\text{kg/cm}^2$	$0.0071 d_b f_y$
$f_y > 4,200\text{kg/cm}^2$	$(0.013 f_y - 24) d_b$

　　實驗結果顯示鋼筋抗壓搭接強度主要是靠鋼筋端部之支承壓力而得，因此在搭接長度加倍但端部支承不變時，其抗壓搭接長度不會呈等比例增加。因此，鋼筋降伏強度超過 $4,200\text{kg/cm}^2$ 時，其抗壓搭接長度遠比鋼筋 f_y 低於 $4,200\text{kg/cm}^2$ 者為長。

　　不同直徑之受壓鋼筋搭接時，其搭接長度應為大號鋼筋之伸展長度或小號鋼筋之搭接長度兩者之大值。#13(D43)或#15(D57)鋼筋可與 D36 或較小之鋼筋搭接。

　　對不同直徑之受壓鋼筋作搭接時，其搭接長度為(1)小號鋼筋之受壓搭接長度；(2)大號鋼筋之受壓伸展長度，兩者取大值。而此項要求之理由如下：對相同根數但不同直徑之鋼筋作抗壓搭接時，其鋼筋應負擔之壓力是以小號鋼筋為準，故小號鋼筋之搭接長度應為設計對象。但大號鋼筋會因混凝土乾縮和潛變的影響，而負擔額外的壓力，故這些大號鋼筋的壓力應在其伸展長度內釋放出來，以供小號鋼筋和周遭之混凝土共同承接。因此，大號鋼筋之伸展長度亦應作設計之考慮。

　　銲接或機械式續接器之受壓續接應按前述銲接或機械式續接器續接強度及續接位置錯開方式處理之。

5-14-4　端承續接

　　絕大部分之端承續接均使用於承壓柱之垂直主筋。端承續接僅能用於含有閉合箍筋、閉合肋筋或螺箍筋之構材內，其目的是要求含端承續接之斷面仍保有若干的抗剪強度。僅受壓力之主筋，在端承續接處鋼筋兩端應平正切割並以適當配件保持其在同一軸心承接以傳遞壓力。

　　端承續接鋼筋之端面應平整且與軸心垂直，其偏差不得大於 1.5°；以適當配件結固後，接觸面之偏差不得大於 3°。

5-14-5　柱筋續接之特別規定

　　柱之鋼筋量係由垂直力之載重組合所控制，但柱鋼筋仍須抵抗含風力或地震力之載重組合所引發的拉力，如圖 5-14-2 所示。柱之側面一旦出現拉力，柱筋就需作抗拉續接；即使分析顯示柱僅承受壓力，但規範仍要求於每側均至少提供該側主筋面積乘以 $0.25 f_y$ 之拉力強度。柱筋的續接應滿足所有載重組合之要求。例如柱之鋼筋量係由垂直力之載重組合所控制，但柱鋼筋仍需抵抗含風力或地震力之載重組合所引發的拉力，故該柱之主筋仍須使用抗拉續接。

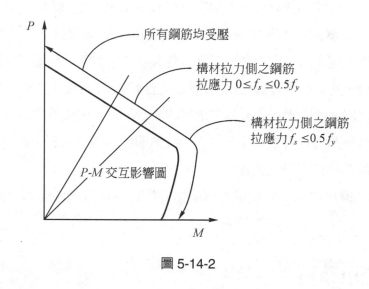

圖 5-14-2

一、柱筋之搭接

　　在設計載重作用下柱筋只承受壓力時，則按受壓竹節鋼筋之搭接長度，且按其適用狀況須符合下列要求：

1.　橫箍柱在壓力作用下，若其柱筋在搭接長度內被有效面積不小於 $0.0015hs$ 之橫箍筋所圍封，則其受壓搭接長度可乘 0.83 予以折減，惟不得小於 30cm。其中有效面積是指垂直於斷面尺寸 h 方向之箍筋面積和。圍封箍筋量之計算應對方形柱之兩個主軸方向均作查驗。以圖 5-14-3 為例，若柱之彎曲軸為水平軸時，則有效箍筋面積係以垂直於彎曲軸之 4 肢鋼筋計算，而 h_1 則為平行於彎曲軸之柱寬度；同理，若

柱之彎曲軸為垂直軸時，則有效箍筋面積係以垂直於彎曲軸之 2 肢鋼筋計算，而 h_2 則為平行於彎曲軸之柱寬度。s 為箍筋之間距。

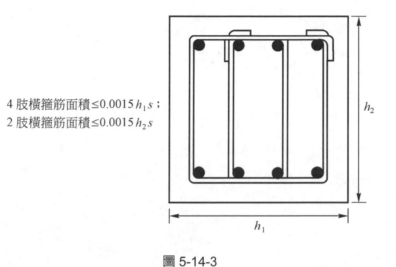

4 肢橫箍筋面積 $\leq 0.0015 h_1 s$；
2 肢橫箍筋面積 $\leq 0.0015 h_2 s$

圖 5-14-3

2. 螺旋柱在壓力作用下，若其柱筋在搭接長度內被螺旋筋所圍封，則其受壓搭接長度可乘 0.75 予以折減，惟不得小於 30 cm。

在設計載重作用下柱筋承受拉力時，符合下列三條件者其搭接長度可按受拉竹節鋼筋搭接情況之甲級搭接，否則則為乙級搭接。

1. 柱筋拉應力不超過 $0.5 f_y$。
2. 柱任一斷面之搭接鋼筋面積百分比不大於 50%。
3. 柱筋搭接位置至少錯開 l_d。

二、柱筋之銲接或機械式續接器

柱筋續接可使用銲接或機械式續接器，但因混凝土之乾縮及潛變會造成柱筋負擔額外壓力，故採用此兩種方式續接後的接頭處均須可發展 $1.25 f_y$ 之抗拉或抗壓強度。

三、柱筋之端承續接

柱筋僅承受壓力時，可使用前述之端承續接，惟每側至少需保有該側主筋面積乘以 $0.25 f_y$ 之拉力強度。這些拉力強度可藉續接位置之交錯或在續接處另加連續鋼筋而得。

Chapter **6**

扭矩設計

❏ 6-1　導　論

　　早期鋼筋混凝土結構設計工程師均注意結構所受軸力、剪力及撓曲彎矩的設計，對扭矩的瞭解甚少而忽略扭矩的存在與設計。這些鋼筋混凝土結構物因採用較高的安全係數(safety factors)，使依據軸力、剪力及撓曲彎矩所設計的構件尚可承擔事實上存在的扭矩。鋼筋混凝土強度設計法盛行後，因採用較小的安全係數，致扭矩的設計變成一項應該特予注意的構件設計要項。

　　扭矩(torsional moment 或 torque)是一項作用在垂直於構材縱軸之橫截面上的力偶，扭矩能使橫截面繞構件縱軸扭轉翹曲並產生扭轉剪應力(torsional shear stress)。扭矩常存在於非對稱性構件中，如橋樑之大梁、樓版之邊梁或開口、懸臂版固定端之端梁、螺旋式樓梯、曲線連續梁等等。

　　由材料力學可知，扭矩作用會產生扭轉剪應力，更與撓曲應力合成斜拉力而導致斜裂縫的發生。這種現象可由扭轉粉筆的兩端，直到斷裂時可以觀察到其斷裂面是與粉筆的縱軸成 45°角得到驗證。混凝土係一種抵抗拉力與剪力相對較弱的建築材料，如沒有排置適當抗扭鋼筋，則可能發生突發性的脆裂，而違反了設計延展性鋼筋混凝土構件的大原則。因此，一般鋼筋混凝土構件亦應考量扭矩的作用而配置適量抗扭鋼筋，以提高構件的抗扭強度，增強構件的韌性。

　　鋼筋混凝土是一種非均質、非彈性的建築材料，受力後其剪力、扭矩及彎矩的相互作用，使其應力狀態非常複雜，因此，這些內力的的正確分析與設計幾乎不可得。由於近年來學界與業界的不斷試驗與研究，美國鋼筋混凝土學會在 1971 年的鋼筋混凝土設計(ACI)規範開始依據薄管與立體桁架之類比理論釐訂扭矩設計規範。隨著對扭矩認識的增加，ACI 規範亦逐次修正而達實用階段。現行扭矩設計規範與步驟是依據下列的簡化假設所發展而成的：

1. 構件中的剪力、扭矩與彎矩間互不交相作用，因此剪力、扭矩與彎矩的鋼筋可以分別設計後再相結合。

2. 當剪力與扭矩同時存在，假設混凝土的扭矩強度為零，且不影響混凝土的剪力強度 V_c。

3. 抵抗剪力與扭矩所需的橫向箍筋可分開設計再相結合。

4.　扭矩應力的計算是依據中空薄管與立體桁架之類比理論。

6-2　受扭斷面的應力分布

　　圖 6-2-1 所示爲一圓形斷面承受扭矩的扭轉剪力分布情形。由材料力學知，受扭圓形斷面在彈性範圍內，其扭轉應力爲扭轉應變(shear strain)與剪力模數(shear modulus)的乘積；如彈性撓曲，扭轉應力與其距中性軸的距離成正比，且在構件最外緣的扭轉應力最大。公式 6-2-1 是圓形斷面承受扭矩且在彈性範圍內時，斷面上各點的扭轉應力的公式，其中 r 是斷面上某點的半徑，$J = \dfrac{\pi r^4}{2}$ 爲斷面的極慣性矩(polar moment of inertia)，T_e 爲彈性範圍內的扭矩，v_{te} 爲扭轉應力。

$$v_{te} = \frac{T_e r}{J} \tag{6-2-1}$$

　　圓形斷面受扭而變形時，斷面的縱軸仍保持直線，斷面保持平面，斷面上的半徑亦保持直線，亦即扭轉角度相同；當扭矩增加到塑性範圍，圓形斷面的外緣扭轉應力持續增加到一常數值，而內緣的扭轉應力則保持線形變化，如圖 6-2-1；當扭矩增加到全面塑化時，因斷面開始翹曲(wrapping)而呈現非線性的扭轉應力分布。設破壞時的扭矩爲 T_p，則其扭剪應力爲

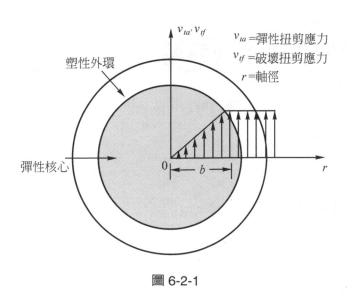

圖 6-2-1

$$v_{tf} = \frac{3}{4} \frac{T_p r}{J}$$

(6-2-2)

　　矩形斷面爲鋼筋混凝土構件的常態斷面，其受扭矩後因扭轉翹曲使其扭轉應力分布更趨複雜，如圖 6-2-2 所示爲斷面形心處及斷面端角扭轉應力爲零，最大扭轉應力則發生於長邊的中點 A、B 處，應力的分布均爲非線形。構件中處處均有撓曲應力與扭轉剪應力，而合力成斜拉力與斜壓力；當這些斜拉力大於混凝土的抗拉強度時，即會產生約 45° 沿斷面周邊的斜裂縫，又因混凝土並無抗拉的延展性，終致突發性的脆裂而產生危險。因此必須依據鋼筋混凝土設計規範加設抗扭鋼筋補強之。

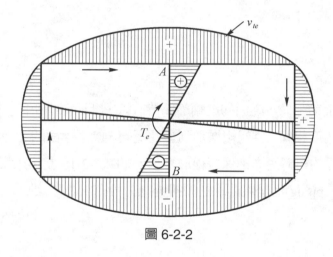

圖 6-2-2

6-3　剪力流與中空薄管

　　理論上，矩形斷面長邊中點的扭轉剪力可依公式 6-3-1 估算之。

$$v_t = \frac{kT}{x^2 y}$$

(6-3-1)

其中　　$v_t =$ 矩形斷面長邊中點的扭剪應力。

　　　　$x =$ 矩形斷面短邊的長度。

　　　　$y =$ 矩形斷面長邊的長度。

Chapter 6

$T =$ 扭矩

$k =$ 與 y/x 比相關的常數

　　圖 6-3-1 所示為尺寸大小及鋼筋量相同的兩個(一為中空，一為實心)鋼筋混凝土梁，施加扭矩到達脆裂時的開裂扭矩的比較圖，圖中縱軸為讓梁產生開裂時的標稱扭矩，橫軸為梁中鋼筋量佔斷面積的百分數。當兩梁承受逐漸增加的扭矩時，圖中顯示使中空鋼筋混凝土梁產生初始裂縫的扭矩比實心梁小，故中空鋼筋混凝土梁先產生龜裂；然因兩梁均有抗扭鋼筋，故未脆裂。當扭矩持續增加到脆裂時，兩梁所表現的抗扭強度是非常接近的。此乃因為斷面中央的剪應力與周邊的剪應力相對甚小，因此對抗扭的助益不大。基於此項試驗的觀察，一旦鋼筋混凝土梁受扭力而開裂，其扭力主要由靠近構材表面之閉合肋筋及縱向鋼筋承受。剪力梁薄管之類比理論即根據此事實，假設接近外層閉合肋筋為中心之剪力流薄管承受此扭力。1995 年的 ACI 規範以此結論導出斷面內部應力與外加扭矩的簡單關係式，方便鋼筋混凝土梁的扭矩設計。

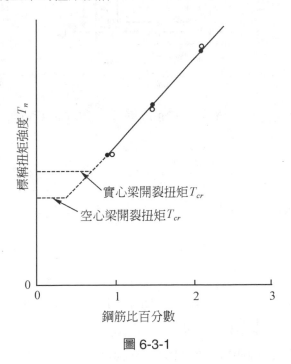

圖 6-3-1

　　由材料力學知，任意形狀的中空薄管斷面承受扭矩時，沿薄管中心線均有一等值的剪力流(shear flow)q 如圖 6-3-2 及公式 6-3-2 所示，

$$q = \frac{T}{2A_0}$$ (6-3-2)

其中　　$T =$ 作用於斷面的扭矩。

　　　　$A_0 =$ 剪力流徑(shear flow path，即薄管中線)的總面積。

　　　　$q =$ 單位長度的剪力(如 T 為 t-cm，A_0 為 cm^2，則 q 的單位為 t/cm)。

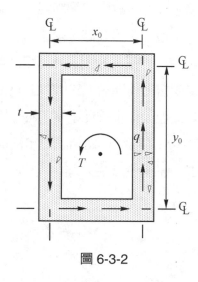

圖 6-3-2

薄管上任意一點的剪應力均佈於薄管的管厚 t，如圖 6-3-3 中的 A、B 點所示，故

$$v = \frac{q}{t}$$ (6-3-3)

將公式(6-3-3)帶入公式(6-3-2)可得

$$v = \frac{T}{2A_0 t}$$ (6-3-4)

一旦中空矩形梁沿剪力流徑的剪力流均相等的假設成立，則作用於管壁的剪力便可以斷面的幾何形狀表示之。圖 6-3-3 中的 x 為梁腰管兩側壁剪力流徑的水平間距；y 為梁頂梁底剪力流徑的垂直間距，則作用於梁頂及梁腰的剪力分別為 V_f 及 V_w：

$$V_f = qx$$ (6-3-5)

$$V_w = qy$$ (6-3-6)

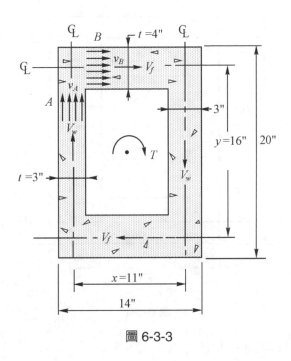

圖 6-3-3

　　作用於梁頂與梁底的剪力 V_f 大小相等、方向相反；同理，作用於兩側梁腰的剪力 V_w 亦大小相等、方向相反；斷面上所有剪力的方向與外加扭矩的方向相同，其所形成的力偶和應等於外加扭矩。故

$$T = V_w x + V_f y = qyx + qxy = 2qxy \quad 得$$

$$q = \frac{T}{2xy} = \frac{T}{2A_0} \tag{6-3-7}$$

範例 6-3-1

　　圖 6-3-4 為一斷面中空矩形梁，梁寬為 40 公分，梁高為 60 公分，梁頂、梁底壁厚為 12 公分，梁腰壁厚為 8 公分，該梁承受一外加扭矩 6t-m，試計算管壁剪力流 q、梁頂及梁腰的剪應力及剪力？

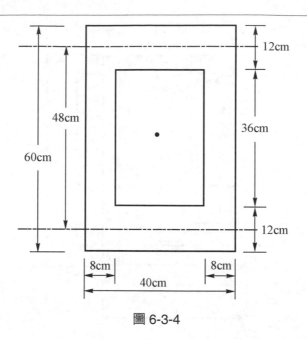

圖 6-3-4

沿管壁中心線的剪力流 q 均相同，依公式(6-3-2)

$$A_0 = (60-12) \times (40-8) = 48 \times 32 = 1536\,\text{cm}^2$$

$$q = \frac{T}{2A_0} = \frac{6 \times 100000}{2 \times 1536} = 195.3125\,\text{kg/cm}$$

梁頂的剪應力 v_f 及剪力 V_f 分別為：

$$v_f = \frac{q}{t} = \frac{195.3125}{12} = 16.276\,\text{kg/cm}^2$$

$$V_f = q \times (40-8) = 195.3125 \times 32 = 6250\,\text{kg}$$

梁腰的剪應力 v_w 及剪力 V_w 分別為：

$$v_w = \frac{q}{t} = \frac{195.3125}{8} = 24.414\,\text{kg/cm}^2 \quad 0 \text{ 列}$$

$$V_w = q \times (60-12) = 195.3125 \times 48 = 9375\,\text{kg}$$

兩對力偶的和應等於外加扭矩

力偶之和 $= 6250 \times 48 + 9375 \times 32 = 600000\,\text{kg-cm} = 6\text{t-m}$

■ 6-4　鋼筋混凝土梁的開裂扭矩 T_{cr}

開裂扭矩 T_{cr} 為鋼筋混凝土梁承受漸增的純扭矩後,即將產生裂縫時的最大扭矩;ACI
規範以一中空矩形梁來推導開裂扭矩,若將其扭剪應力設定為混凝土的最小拉力強度
$1.06\sqrt{f_c'}$,則依據公式(6-3-4)可得:

$$1.06\sqrt{f_c'} = \frac{T_{cr}}{2A_0 t}$$

所以

$$T_{cr} = 2 \times 1.06\sqrt{f_c'} A_0 t \tag{6-4-1}$$

A_0 為中空矩形斷面剪力流徑(亦即管壁中心線)所包圍的面積,但 ACI 規範規定,將
A_0 及管壁厚度 t 以斷面外形(包含中空面積)的總面積 A_{CP} 及總周長 P_{CP} 表示之,則

$$A_0 = \frac{2A_{CP}}{3}$$

$$t = \frac{3A_{CP}}{4P_{CP}}$$

將 A_0 及 t 帶入公式(6-4-1)得

$$T_{cr} = 2 \times 1.06\sqrt{f_c'}\,\frac{2A_{CP}}{3}\frac{3A_{CP}}{4P_{CP}} = 1.06\sqrt{f_c'}\,\frac{A_{CP}^2}{P_{CP}} \tag{6-4-2}$$

如為梁翼部分配置有閉合肋筋的版梁,則斷面外形的總面積 A_{CP} 及總周長 P_{CP} 應依圖
6-4-1 及圖 6-4-2 計入梁翼部份。梁翼有效寬度應取版厚的四倍($4h_f$)或梁腰突出部分長度
(h_w)的值小者。如梁翼部分並未配置閉合肋筋,則梁翼部分可不予計入總面積 A_{CP} 及總周
長 P_{CP}。

我國設計規範規定若設計扭矩 T_u 未超過開裂扭矩 T_{cr} 的四分之一,則不致造成結構撓
曲或剪力強度顯著的降低,因此可以不計設計扭矩的影響;亦即設計扭矩的下限值為:

$$T_{u,\lim it} = \phi \frac{1.06\sqrt{f_c'}\left(\dfrac{A_{CP}^2}{P_{CP}}\right)}{4} = 0.265\phi\sqrt{f_c'}\left(\frac{A_{CP}^2}{P_{CP}}\right) \qquad (6\text{-}4\text{-}3)$$

其中　　$\phi = 0.85$

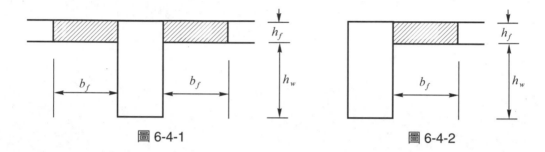

圖 6-4-1　　　　　　　　　　　　　　　圖 6-4-2

範例 6-4-1

　　圖 6-4-3(a)，(b)，(c)分別為矩形、L 形及 T 型梁斷面，使用混凝土抗壓強度為 280kg/cm²，鋼筋的降伏強度為 4,200kg/cm²。閉合箍筋為#4 鋼筋，保護層的厚度為 4cm。試計算每一斷面的的開裂扭矩 T_{cr} 及不加抗扭鋼筋時所能抵抗的最大扭矩；T 形及 L 型梁斷面應分別考慮梁翼部份加設及不加設閉合箍筋的情形。

　　開裂扭矩的計算公式為 $T_{cr} = 1.06\sqrt{f_c'}\left(\dfrac{A_{CP}^2}{P_{CP}}\right)$

　　不需加抗扭鋼筋時所能抵抗的最大扭矩 $T_u = 0.265\phi\sqrt{f_c'}\left(\dfrac{A_{CP}^2}{P_{CP}}\right)$

　　其中，A_{CP} 為混凝土斷面的總面積，P_{CP} 則為混凝土斷面的周長；T 形及 L 型梁斷面因梁翼部份加設閉合箍筋時，必須加計梁翼部分，以增加混凝土斷面的總面積 A_{CP} 及周長 P_{CP}，因而增加抗扭強度。

1. 矩形梁斷面
   混凝土斷面的總面積 $A_{CP} = 53 \times 40 = 2120\text{cm}^2$
   混凝土斷面的周長 $P_{CP} = 2 \times (53 + 40) = 186\text{cm}$

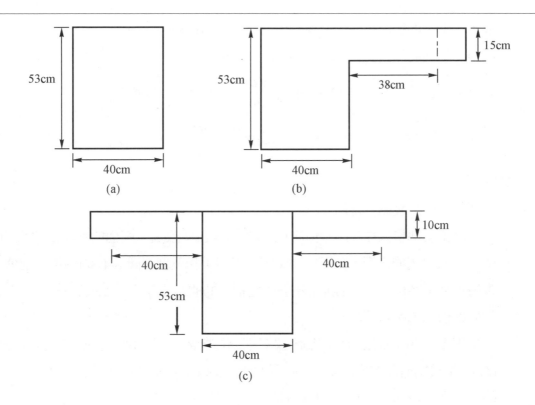

圖 6-4-3

$$T_{cr} = 1.06\sqrt{f_c'}\left(\frac{A_{CP}^2}{P_{CP}}\right) = 1.06 \times \sqrt{280} \times \left(\frac{2120^2}{186}\right)/10^5 = 4.286\text{t-m}$$

$$T_u = 0.265\phi\sqrt{f_c'}\left(\frac{A_{CP}^2}{P_{CP}}\right) = 0.265 \times 0.85 \times \sqrt{280} \times \left(\frac{2120^2}{186}\right)/10^5 = 0.911\text{t-m}$$

2. L 型梁斷面

 (1) 梁翼部份不加設閉合箍筋

    因梁翼部份未加設閉合箍筋，梁翼部分不計入混凝土斷面的面積(A_{CP})與周長(P_{CP})，故可視同爲矩形斷面梁。又因梁高與梁腰寬度與圖 6-4-3(a)相同，故其開裂扭矩爲 4.286t-m，不加抗扭鋼筋所能抵抗的的最大扭矩爲 0.911t-m。

 (2) 梁翼部份加設閉合箍筋

    因梁翼部份加設閉合箍筋，梁翼部分需計入混凝土斷面的面積(A_{CP})與周長(P_{CP})；梁翼的有效寬度取 4 倍翼版厚度(15cm×4 = 60cm)或梁腰高度(53−15=38cm)的較小者，取 38cm 如圖 6-4-3(b)。

混凝土斷面的總面積 $A_{CP} = 53 \times 40 + 38 \times 15 = 2690 \text{cm}^2$

混凝土斷面的周長 $P_{CP} = 2 \times (53 + 40) + 2 \times 38 = 262 \text{cm}$

$$T_{cr} = 1.06\sqrt{f_c'}\left(\frac{A_{CP}^2}{P_{CP}}\right) = 1.06 \times \sqrt{280} \times \left(\frac{2690^2}{262}\right)/10^5 = 4.899\text{t-m}$$

$$T_u = 0.265\phi\sqrt{f_c'}\left(\frac{A_{CP}^2}{P_{CP}}\right) = 0.265 \times 0.85 \times \sqrt{280} \times \left(\frac{2690^2}{262}\right)/10^5 = 1.041\text{t-m}$$

3. T 形梁斷面

   (1) 梁翼部份不加設閉合箍筋

       因梁翼部份未加設閉合箍筋，梁翼部分不計入混凝土斷面的面積(A_{CP})與周長(P_{CP})，故可視同為矩形斷面梁。又因梁高與梁腰寬度與圖 6-4-3(a) 相同，故其開裂扭矩為 4.286t-m，不加抗扭鋼筋所能抵抗的的最大扭矩為 0.911t-m。

   (2) 梁翼部份加設閉合箍筋

       因梁翼部份加設閉合箍筋，梁翼部分需計入混凝土斷面的面積(A_{CP})與周長(P_{CP})；梁翼的有效寬度取 4 倍翼版厚度(10cm×4 = 40cm)或梁腰高度(53−10=43cm) 的較小者，取 40cm 如圖 6-4-3(c)。

混凝土斷面的總面積 $A_{CP} = 53 \times 40 + 2 \times 40 \times 10 = 2920 \text{cm}^2$

混凝土斷面的周長 $P_{CP} = 2 \times (53 + 40) + 4 \times 40 = 346 \text{cm}$

$$T_{cr} = 1.06\sqrt{f_c'}\left(\frac{A_{CP}^2}{P_{CP}}\right) = 1.06 \times \sqrt{280} \times \left(\frac{2920^2}{346}\right)/10^5 = 4.371\text{t-m}$$

$$T_u = 0.265\phi\sqrt{f_c'}\left(\frac{A_{CP}^2}{P_{CP}}\right) = 0.265 \times 0.85 \times \sqrt{280} \times \left(\frac{2920^2}{346}\right)/10^5 = 0.929\text{t-m}$$

範例 6-4-2

    圖 6-4-4(a)為一 10 公尺長的 T 型梁，其斷面如圖 6-4-4(b)，假設支承點 A 對扭轉完全束制，而支承點 B 可自由扭轉。對垂直載重而言，該梁可視同簡支承梁；除本身靜載重外，尚有 12t/m 的偏心均佈載重。若 T 形梁的有效深度為 54 公分，混凝土抗壓強度為 210kg/cm²，試求梁設計時可忽略偏心活載重所產生扭矩的最大偏心距。

一個斷面的剪力中心(shear center)為在無扭力作用下，該斷面剪力合力所通過的點，通常該中心均位於該斷面的對稱軸上。靜載重的合力對梁產生撓曲彎矩及剪力，但因為經過剪力中心而無扭矩發生；偏心活載重的合力未經過剪力中心而必有扭矩發生，其扭矩圖如圖 6-4-4(c)。

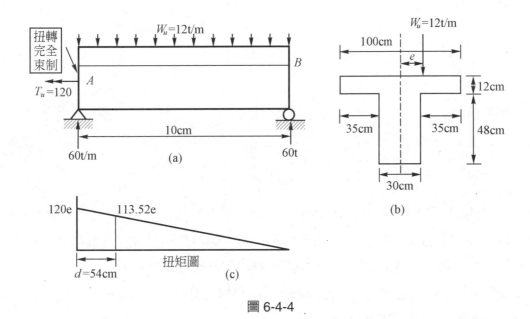

圖 6-4-4

扭矩的臨界斷面位於距支承點 A 的 54 公分(梁的有效深度)處，故其設計扭矩 T_u 為：

$$T_u = 12 \times (10 - 0.54)e = 113.52e \text{ t-m}$$

斷面相關性質計算如下：

斷面總面積 $A_{CP} = 30 \times 60 + 2 \times 35 \times 12 = 2640 \text{cm}^2$

斷面總周長 $P_{CP} = 100 + 35 + 35 + 30 + 12 + 12 + 48 + 48 = 320 \text{cm}$

計算斷面未加抗扭鋼筋所能抵抗的極限扭矩 $T_{u,\text{limit}}$

$$T_{u,\text{limit}} = 0.265\phi\sqrt{f_c'}\left(\frac{A_{CP}^2}{P_{CP}}\right) = 0.265 \times 0.85 \times \sqrt{210} \times \frac{2640^2}{320} = 71093.9 \text{kg-cm}$$

令 $113.52e = 71093.9/10$ 得 e=62.63cm

當活載重的偏心未超過 62.63 公分時，因偏心所產生的扭矩可不予考慮。

6-5 抗扭斷面控制

承受剪力與扭矩的斷面為減少不雅觀的裂紋及避免由剪力與扭矩造成之斜壓應力所引起的混凝土表面壓碎，規範規定斷面尺寸應使：

1. 實心斷面

$$\sqrt{\left(\frac{V_u}{b_w d}\right)^2 + \left(\frac{T_u P_h}{1.7 A_{0h}^2}\right)^2} \le \phi\left(\frac{V_c}{b_w d} + 2.12\sqrt{f_c'}\right) \tag{6-5-1}$$

2. 空心斷面

$$\left(\frac{V_u}{b_w d}\right) + \left(\frac{T_u P_h}{1.7 A_{0h}^2}\right) \le \phi\left(\frac{V_c}{b_w d} + 2.12\sqrt{f_c'}\right) \tag{6-5-2}$$

公式中 A_{0h} 為由最外緣閉合橫向扭矩鋼筋中心線所包圍的面積(cm^2)，P_h 則為最外緣閉合橫向扭矩鋼筋中心線周長(cm)。圖 6-5-1 所示的斜影面積為各種配筋斷面的面積 A_{0h}，工形、T 形或 L 形斷面之 A_{0h} 係取組合肋筋最外緣所包圍的面積。

承受設計剪力 V_u 及設計扭矩 T_u 的斷面，如果無法滿足公式(6-5-1)及公式(6-5-2)的規定，則須修改斷面尺寸以滿足之。

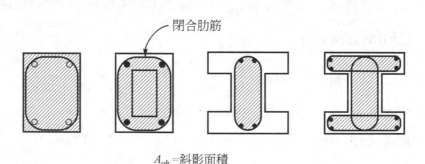

閉合肋筋

A_{oh}=斜影面積

圖 6-5-1

公式(6-5-1)及公式(6-5-2)中不等號左側代表斷面承受的外加剪力及扭矩所造成的剪應力和；右側則代表構件材料的剪力開裂應力加 $2.12\sqrt{f_c'}$；茲分述如下：

$\dfrac{V_u}{b_w d}$ 代表外加設計剪力 V_u 所產生的剪應力

$\dfrac{T_u P_h}{1.7 A_{0h}^2}$ 代表外加設計扭矩 T_u 所產生的剪應力，推導如下：

規範規定，由剪力流徑所包圍的總面積 A_0 可取為由最外閉合橫向扭力鋼筋中心線所包圍面積 A_{0h} 的 0.85 倍計之。因此，將 $A_0 = 0.85 A_{0h}$ 及 $t = \dfrac{A_{0h}}{P_h}$ 帶入公式(6-3-4)得

$$v = \frac{T_u}{2 A_0 t} = \frac{T_u}{2 \times (0.85 A_{0h}) \times \dfrac{A_{0h}}{P_h}} = \frac{T_u P_h}{1.7 A_{0h}^2}$$

$\dfrac{V_c}{b_w d}$ 代表混凝土所能抵抗的最大剪應力

$2.12 \sqrt{f_c^{'}}$ 代表橫向箍筋所能抵抗的最大剪應力

ϕ 為強度折減因數，取 0.85

若空心斷面的壁厚 t 小於 $\dfrac{A_{0h}}{P_h}$，則公式(6-5-2)的第二項 $\dfrac{T_u P_h}{1.7 A_{0h}^2}$ 應取為 $\dfrac{T_u}{1.7 A_{0h} t}$ 如公式

(6-5-3)，式中 t 為核算應力處的空心斷面壁厚。為控制斜向裂紋之寬度，限制非預力扭矩鋼筋之設計降伏強度不得超過 4,200kg/cm^2。

$$\left(\frac{V_u}{b_w d} \right) + \left(\frac{T_u}{1.7 A_{0h} t} \right) \leq \phi \left(\frac{V_c}{b_w d} + 2.12 \sqrt{f_c^{'}} \right) \tag{6-5-3}$$

空心斷面時，由剪力 V_u 及扭矩 T_u 造成的剪應力，皆發生於箱形壁中如圖 6-5-2，因此於 A 點處剪應力可直接相加如公式(6-5-2)；實心斷面時，由扭矩 T_u 造成剪應力作用於管形外斷面，而由剪力 V_u 造成之剪應力則分布於斷面全寬如圖 6-5-3，因此其應力之結合採用平方和之二次方根而不採用直接相加如公式(6-5-1)。

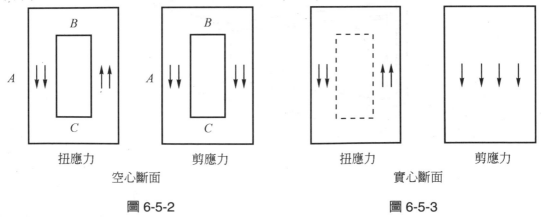

扭應力	剪應力	扭應力	剪應力
空心斷面		實心斷面	

圖 6-5-2　　　　　　　　　　　圖 6-5-3

6-6 設計扭矩 T_u

扭矩由其承受構材的結構系統可分成兩類；一為為維持結構體之平衡所須之扭矩，一般稱為平衡扭矩(equilibrium torsion)或靜定扭矩(statically determinate torsion)；如圖 6-6-1。這種扭矩為結構平衡所需，並不會因其內力再分配而減少，扭矩鋼筋設計時，須能承受全部扭矩。另一類是為維持結構體變位一致性而扭轉之扭矩稱為「變位一致扭矩」(compatibility torsion)或超靜定扭矩(statically indeterminate torsion)如圖 6-6-2。此種結構承受扭矩到開裂扭矩且開裂成形，在扭矩不變下，會發生可觀的扭轉，造成結構很大的內力再分配。合併剪力、撓曲及扭矩作用下之開裂扭矩所對應之主拉應力較推導開裂扭矩所依據的混凝土抗拉強度 $1.06\sqrt{f_c'}$ 為低。設計承受「變位一致扭矩」構件時，若設計扭矩超過開裂扭矩，可假設最大設計扭矩等於開裂扭矩發生於靠近支承面之臨界斷面。

距構材支承面 d(有效深度)距離內之各斷面，均可按距支承面 d 處之臨界斷面設計扭矩 T_u 設計之。惟若在此距離內有集中扭矩載重作用時，則設計的臨界斷面應為支承面。

總言之，構件承受平衡扭矩 T_u，若其值超過未加抗扭鋼筋所能抵抗的極限扭矩 $T_{u,\text{limit}}$，則以平衡扭距 T_u 設計之；構件承受變位一致扭矩 T_u，因開裂後其內力再分配使構材之扭矩減少，最大設計扭矩可取 T_u 或 T_{u2} 的值小者

$$T_{u2} = \phi\left(1.06\sqrt{f_c'}\left(\frac{A_{CP}^2}{P_{CP}}\right)\right) \text{，其中} \phi = 0.85 \tag{6-6-1}$$

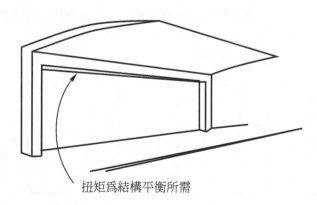

扭矩為結構平衡所需

圖 6-6-1

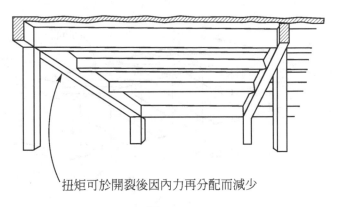

扭矩可於開裂後因內力再分配而減少

圖 6-6-2

6-7　抗扭鋼筋量

　　扭矩設計強度 ϕT_n 必須大於或等於由因數化載重產生之設計扭矩 T_u。計算 T_n 時，所有扭矩假設由橫向肋筋及縱向鋼筋承擔，而混凝土則不承擔扭矩。同時，由混凝土承擔之剪力 V_c 假設不因扭力存在而改變。

　　試驗顯示，實心斷面梁承受扭矩達開裂狀態時，位於構材中心部位之混凝土對斷面扭矩強度之效益甚小，實務上將之視同為管狀構材。因此 1995 年的 ACI 規範係依據薄壁管之空間桁架模式修訂，開裂後之管狀構材被理想化成一空間桁架，由閉合肋筋、縱向鋼筋及裂縫間受壓混凝土斜柱所組成如圖 6-7-1。在此類桁架中，桁架受拉力的部分由鋼筋組成；受壓力的部分則由混凝土構成，形成桁架中的壓力斜桿。圖中斜壓力桿之斜角為 θ；全部管壁斜壓力桿之斜角均相同，但不一定是 45°。假設混凝土不承受扭矩，且鋼筋降伏，則在扭矩開裂發生後，抵抗扭矩主要由閉合肋筋、縱向鋼筋及斜壓力桿承受。肋筋外之混凝土相對上無效，因此由管周界剪力流徑所包圍的面積 A_0，定義為在開裂後由最外閉合肋筋中心線所包圍的面積 A_{0h}。管壁剪力流 q 可分解為 V_1、V_2、V_3 及 V_4，分別作用於管或立體桁架之各邊。

　　圖 6-7-2 所示為相當管之一側假設承受扭力。扭力開裂成一列混凝土斜壓力桿與肋筋相交。承受扭力並作用於管一側之剪力流分量 V_i，可分解為平行於混凝土斜桿之壓力 D_i 及軸拉力 N_i。D_i 力造成管壁之斜壓應力，作用於全部管壁上之軸拉力 N_i 之和 $\sum N_i$ 則需配置具有 $A_l f_{yl}$ 強度之縱向鋼筋以承受之；管壁的剪力流分量則需配置 $A_t f_{yv}$ 強度之橫向鋼筋承受之。

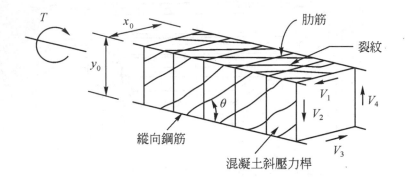

圖 6-7-1

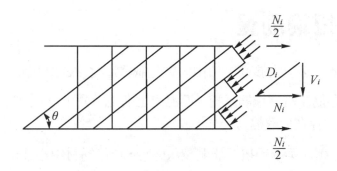

圖 6-7-2

就垂直力平衡而言(如圖 6-7-3)，管壁斜壓力桿的水平投影長度爲 $y_0 \cot\theta$，若橫向抗扭鋼筋的間距爲 s，則每一管壁斜壓力桿的水平投影長度內有 $y_0 \cot\theta / s$ 根橫向鋼筋通過；每根鋼筋的拉力強度爲 $A_t f_{yv}$ (面積爲 A_t，降伏強度爲 f_{yv})，則由垂直力的平衡，得

$$V_2 = A_t f_{yv} \frac{y_0 \cot\theta}{s} = \frac{T}{2A_0} y_0$$

，化簡移項得

$$T = \frac{2A_0 A_t f_{yv}}{s} \cot\theta \qquad\qquad (6\text{-}7\text{-}1)$$

公式(6-7-1)爲橫向抗扭鋼筋 A_t，間距 s 所能抵抗的扭矩 T；若將 T 改爲 T_n (或 T_u/ϕ)，則可反求抵抗設計扭矩 T_u 所需的橫向抗扭鋼筋量，如公式(6-7-2)及公式(6-7-3)。

$$T_n = \frac{2A_0 A_t f_{yv}}{s} \cot\theta \tag{6-7-2}$$

$$\frac{A_t}{s} = \frac{T_n}{2A_0 A_t f_{yv} \cot\theta} \tag{6-7-3}$$

其中　　A_0 剪力流徑所包圍之總面積(cm^2)。

　　　　A_t 為抵抗扭矩之閉合橫向肋筋於 s 距離內之單肢面積(cm^2)。

　　　　f_{yv} 閉合橫向扭矩鋼筋之降伏強度(kg/cm^2)。

　　　　s 閉合肋筋之間距(cm)。

　　　　θ 類比桁架中受壓斜桿之角度。

　　剪力流徑所包圍之總面積 A_0 需由分析決定或等於 $0.85A_{0h}$。θ 不可小於 $30°$ 亦不得大於 $60°$。一般非預力構材可取 $45°$。

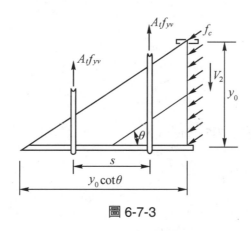

圖 6-7-3

　　扭力鋼筋應與扭矩一起作用之剪力、撓曲及軸力鋼筋併合配置。並符合最嚴格之鋼筋間距設置要求。扭力及剪力所需的肋筋相加，而配置的肋筋至少為所需剪力及扭力肋筋的總和。因剪力所需之肋筋面積 A_v 定為肋筋各肢之和，而扭力所需肋筋面積 A_t 僅為單肢面積，故肋筋相加如下：

$$總和\left(\frac{A_{v+t}}{s}\right) = \frac{A_v}{s} + \frac{2A_t}{s}$$

　　若剪力所需之肋筋組有四肢，則僅有靠近梁側之二肢可包含於上述加法中，因裏面二肢對扭力無效。

如需抗扭橫向鋼筋 A_t，則規範規定抗剪、抗扭橫向閉合肋筋之最少量需符合下式的規定，

$$\frac{A_v}{s} + \frac{2A_t}{s} = \frac{3.5b_w}{f_{yv}} \tag{6-7-4}$$

就水平力平衡而言，全部管壁上之軸拉力 N_i 之和 $\sum N_i$ 則需配置具有 $A_l f_{yl}$ 強度之縱向鋼筋以承受之，故

$$A_l f_{yl} = \sum N_i = \sum V_i \cot\theta$$

$$\sum V_i = 2q(x_0 + y_0) = \frac{T_n}{2A_0} P_h = \frac{T_n P_h}{2A_0}$$

$$A_l f_{yl} = \frac{T_n P_h}{2A_0} \cot\theta$$

，化簡移項得

$$T_n = \frac{2A_0 A_l f_{yl}}{P_h \cot\theta} \tag{6-7-5}$$

將公式(6-7-2)代入公式(6-7-5)整理得，

$$A_l = \frac{A_t}{s} P_h \left(\frac{f_{yv}}{f_{yl}}\right) \cot^2\theta \tag{6-7-6}$$

規範規定縱向扭力鋼筋總和之最少量為

$$A_{l,\min} = \frac{1.33\sqrt{f_c'} A_{cp}}{f_{yl}} - \left(\frac{A_t}{s}\right) P_h \left(\frac{f_{yv}}{f_{yl}}\right) \tag{6-7-7}$$

式中，A_t/s 為公式(6-7-3)的計算值，而未經公式(6-7-4)的修正，其值不可小於 $1.75b_w/f_{yv}$。

由扭力產生之縱向拉力，部分被受撓壓力區之壓力所抵消，因此容許受撓壓力區之縱向扭力鋼筋面積可減少 $M_u/(0.9df_{yl})$，式中 M_u 為斷面上與 T_u 同時作用之設計彎矩，但仍受縱向扭力鋼筋最少量 $A_{l,\min}$ 的限制。

各斷面所需之縱向鋼筋與同時作用之彎矩鋼筋相加。所選用之縱向鋼筋為其面積和，但若最大彎矩超過與扭矩同時作用之彎矩時，仍不得小於該斷面最大扭矩所需之面積。鋼筋併合配置需滿足撓曲、剪力、扭力鋼筋在間矩，截斷點設置上最嚴格之要求。

6-8　抗扭鋼筋配置規範

規範規定抗扭構件必須配置縱向鋼筋及橫向閉合肋筋才能有效抵抗外加的扭矩，以免在構件周圍產生裂痕。因由拉力產生的斜向開裂發生於構材之全部表面，因此橫向肋筋必須閉合。若高扭矩作用於梁端附近，縱向扭力鋼筋須有足夠的錨定。在支承內面之外，須有足夠的伸展長度來發揮鋼筋所需的拉力。一般可採用彎鈎或水平 U 形鋼筋與縱向扭力鋼筋搭接。縱向及橫向鋼筋量如前節所述。

抗扭縱向鋼筋的直徑不得小於橫向閉合肋筋間距的1/24，亦不得小於#3(D10)鋼筋。縱向鋼筋乃承受因扭力在薄管壁中產生的縱向拉力之和；而此合力作用於斷面的中心軸，故因扭力所增設的縱向鋼筋必須大略與斷面中心一致；因此規範規定縱向鋼筋必須分佈於閉合肋筋四周，間距不得大於 30 公分；閉合肋筋的各角必須至少一根縱向鋼筋，俾提供肋筋之錨定，有效發揮角鋼筋的抗扭強度。

抗扭橫向肋筋必須是閉合肋筋；為確保梁極限扭力強度的發揮，防止開裂扭力勁度之過份損失，且控制開裂寬度，限制其最大間距為 $P_h/8$ 或 30 公分，以值小者為準。梁承受扭矩失敗時，其梁角可能因混凝土的斜壓力而剝落，經試驗得到肋筋與頂部鋼筋應以 135° 標準彎鈎緊繞於縱向鋼筋上錨定之(如圖 6-8-1a)，除非梁角的剝落被有效束制(如梁邊有相接之翼版阻止剝落)，才可使用 90°彎鈎錨定(如圖 6-8-1b)。

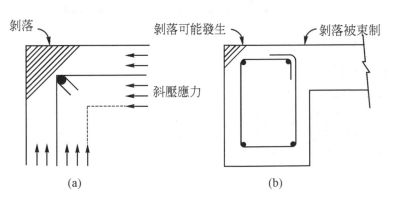

(a)　　　　　　　　　　(b)

圖 6-8-1

空心斷面之扭力閉合肋筋需置於對扭力有效之壁厚外面一半，而此壁厚可取為 A_{0h}/P_h，故規範規定空心斷面承受扭力時，其橫向扭力鋼筋中心線至空心斷面壁內面之距離不得小於 $0.5A_{0h}/P_h$。

扭力鋼筋配置時，至少需延伸至理論需要點外 $(b_t + d)$ 距離。其中 d 為構材最外受壓纖維至受拉鋼筋斷面重心之距離，b_t 則為斷面中含抵抗扭矩閉合箍筋所在部分之斷面寬度。

▣ 6-9　剪力與扭矩鋼筋設計步驟

1. 計算臨界斷面之設計扭矩 T_u 和剪力 V_u；臨界斷面位於距支承面距離 d(梁的有效深度)處。

2. 因數化扭矩 T_u 如果是平衡扭矩(equilibrium torsion)，則以 T_u 檢核設計；如果是「變位一致扭矩」(compatibility torsion)，則 T_u 可減為

$$T_u = 1.06\,\phi\,\sqrt{f_c'}\left(\frac{A_{CP}^2}{P_{CP}}\right)$$

3. 檢核是否需要抗剪力筋或抗扭矩筋
    (1) 剪力部份：若 $V_u \ge \phi V_c/2$，$V_c = 0.53\sqrt{f_c'}\,b_w d$，則須配置剪力筋
    (2) 扭矩部份：若 $T_u \ge 0.265\phi\sqrt{f_c'}\left(\dfrac{A_{CP}^2}{P_{CP}}\right)$，則須配置扭矩筋

4. 檢核斷面能否抵抗剪力或扭矩
    (1) 剪力部份：若 $V_s = (V_u - V_c) > 2.12\sqrt{f_c'}\,b_w d$，則須放大斷面尺寸
    (2) 扭矩部份：
    實心斷面，若

$$\sqrt{\left(\frac{V_u}{b_w d}\right)^2 + \left(\frac{T_u P_h}{1.7 A_{0h}^2}\right)^2} > \phi\left(\frac{V_c}{b_w d} + 2.12\sqrt{f_c'}\right)$$

則須放大斷面尺寸

空心斷面，且空心斷面的壁厚 t 不小於 $\dfrac{A_{0h}}{P_h}$，若

$$\left(\frac{V_u}{b_w d}\right) + \left(\frac{T_u P_h}{1.7 A_{0h}^2}\right) > \phi\left(\frac{V_c}{b_w d} + 2.12\sqrt{f_c'}\right)$$

則須放大斷面尺寸；

但如果空心斷面的壁厚 t 小於 $\dfrac{A_{0h}}{P_h}$，若

$$\left(\frac{V_u}{b_w d}\right) + \left(\frac{T_u}{1.7 A_{0h} t}\right) > \phi\left(\frac{V_c}{b_w d} + 2.12\sqrt{f_c'}\right)$$

則須放大斷面尺寸

5. 計算抗剪及扭矩單位長度橫向鋼筋量及間距

(1) 單位長度橫向抗扭鋼筋量

$$\frac{A_t}{s} = \frac{T_n}{2 A_0 f_{yv} \cot\theta}\ (\text{cm}^2/\text{cm}/\text{支})$$

但 $\dfrac{A_t}{s}$ 不可小於 $1.75 b_w / f_{yv}$

(2) 橫向抗扭鋼筋間距

間距取 $P_h / 8$ 或 30 公分的較小者

(3) 單位長度橫向抗剪鋼筋量

$$\frac{A_v}{s} = \frac{V_s}{f_{yv} d}\quad (\text{cm}^2/\text{cm}/2\ \text{支})$$

(4) 橫向抗剪鋼筋間距

若 $V_s \le 1.06\sqrt{f_c'}\, b_w d$　間距取 $d/2$ 或 60 公分之較小者

若 $V_s > 1.06\sqrt{f_c'}\, b_w d$　間距取 $d/4$ 或 30 公分之較小者

(5) 橫向抗剪、抗扭合併鋼筋量

$$\frac{A_{vt}}{s} = \frac{A_t}{s} + \frac{A_v}{2s}\quad (\text{cm}^2/\text{cm}/\text{支})$$

(6)　檢查抗剪抗扭的最低鋼筋量

若　$\dfrac{A_{vt}}{s} < \dfrac{3.5 b_w}{f_{yv}}$ ，則 $\dfrac{A_{vt}}{s} = \dfrac{3.5 b_w}{f_{yv}}$

(7)　橫向抗剪、抗扭合併鋼筋間距

間距 $= \dfrac{A_{bar}}{\dfrac{A_{vt}}{s}}$ ，其中 A_{bar} 為單支閉合肋筋的面積

與抗剪鋼筋及抗扭鋼筋間距比較，取其中最小的間距

6.　計算抗扭縱向鋼筋量

$$A_{l,req} = \frac{A_t}{s} P_h \left(\frac{f_{yv}}{f_{yt}} \right) \cot^2 \theta \quad (\text{cm}^2) \quad \theta \text{ 取 } 45°$$

但最少需要

$$A_{l,\min} = \frac{1.33 \sqrt{f_c'} \, A_{CP}}{f_{yl}} - \left(\frac{A_t}{s} \right) P_h \frac{f_{yv}}{f_{yl}}$$

範例 6-9-1

圖 6-9-1 所示為一實心矩形斷面梁，梁寬為 40 公分，梁高為 60 公分，梁頂及梁底的混凝土保護層厚度均為 6 公分，梁腰混凝土保護層厚度為 4 公分，拉力鋼筋採用#10 鋼筋 (直徑為 3.22 公分，面積為 8.143cm²)，橫向閉合肋筋採用#4 筋(直徑為 1.27 公分，面積為 1.267cm²)，設採用混凝土的抗壓強度為 280kg/cm²，鋼筋的降伏強度為 4,200kg/cm²。若斷面承受(甲)設計剪力 V_u=25t，平衡扭矩 T_u=4.5t-m；(乙)設計剪力 V_u=25t，變位一致扭矩 T_u=4.5t-m；(丙)如果改為空心梁斷面，管壁厚度為 7 公分，承受平衡扭矩，其餘條件不變；(丁)如果改為空心梁斷面，管壁厚度為 12 公分，承受平衡扭矩，其餘條件不變；試分別設計其抗剪扭所需鋼筋？

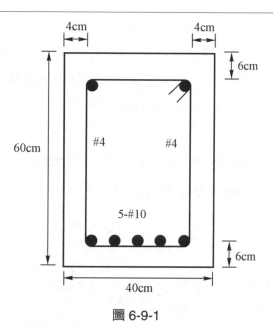

圖 6-9-1

甲部分：設計剪力 V_u=25t，平衡扭矩 T_u=4.5t-m

1. 臨界斷面處設計剪力 V_u=25t，設計扭矩 T_u=4.5t-m

2. 檢核是否需要抗剪力筋或抗扭矩筋

   (1) 梁的有效深度　$d = 60 - 6 - 1.27 - 3.22 / 2 = 51.12 \text{cm}$

   (2) $V_c = 0.53\sqrt{f_c'}\,b_w d = 0.53 \times \sqrt{280} \times 40 \times 51.12/1000 = 18.135 \text{ t}$

   $V_u = 25 \text{ t} > \phi V_c / 2 = 0.85 \times 18.135 / 2 = 7.707\text{t}$

   故斷面需要配置剪力鋼筋

   (3) 混凝土斷面面積 A_{CP}=$40 \times 60 = 2400 \text{ cm}^2$

   混凝土斷面周長 P_{CP}=2(40+60)=200 cm

   未加抗扭鋼筋的斷面抗扭上限強度 T_a

   $$T_a = 0.265\,\phi\,\sqrt{f_c'}\left(\frac{A_{cp}^2}{P_{cp}}\right) = 0.265 \times 0.85 \times \sqrt{280} \times \frac{2400^2}{200}/10^5 = 1.086\text{t-m}$$

   $T_u = 4.5\text{t-m} > T_a$，故斷面亦須配置抗扭鋼筋。

3. 檢核斷面能否抵抗剪力或扭矩

   (1) 斷面性質計算

   最外圍閉合肋筋的寬度 $x_0 = 40 - 2 \times (4 + 1.27/2) = 30.73 \text{ cm}$

最外圍閉合肋筋的高度 $y_0 = 60 - 2 \times (6 + 1.27/2) = 46.73\,\text{cm}$

最外圍閉合肋筋的總面積 $A_{0h} = x_0 y_0 = 30.73 \times 46.73 = 1436.01\,\text{cm}^2$

最外圍閉合肋筋的周長 $P_h = 2(x_0 + y_0) = 2(30.73 + 46.73) = 154.92\,\text{cm}$

$A_0 = 0.85 A_{0h} = 0.85 \times 1436.01 = 1220.61\,\text{cm}^2$

(2) 剪力部份

$2.12\sqrt{f_c'}\,b_w d = 2.12 \times \sqrt{280} \times 40 \times 51.12/1000 = 72.539\,\text{t}$

$V_s = \dfrac{V_u}{\phi} - V_c = 25/0.85 - 18.135 = 11.277\,\text{t} < 72.539\,\text{t}$ OK

(3) 扭矩部份

矩形梁為實心，故若

$$\sqrt{\left(\frac{V_u}{b_w d}\right)^2 + \left(\frac{T_u P_h}{1.7 A_{0h}^2}\right)^2} > \phi\left(\frac{V_c}{b_w d} + 2.12\sqrt{f_c'}\right)$$

則斷面需要放大。

$$\sqrt{\left(\frac{V_u}{b_w d}\right)^2 + \left(\frac{T_u P_h}{1.7 A_{0h}^2}\right)^2} = \sqrt{\left(\frac{25 \times 1000}{40 \times 51.12}\right)^2 + \left(\frac{4.5 \times 10^5 \times 154.92}{1.7 \times 1436.01^2}\right)^2}$$

$$= \sqrt{544.9472} = 23.344\,\text{kg/cm}^2$$

$$\phi\left(\frac{V_c}{b_w d} + 2.12\sqrt{f_c'}\right) = 0.85 \times \left(\frac{18.135 \times 1000}{40 \times 51.12} + 2.12 \times \sqrt{280}\right) = 37.692\,\text{kg/cm}^2$$

因 $23.344\,\text{kg/cm}^2 < 37.692\,\text{kg/cm}^2$，故斷面亦不須放大。

4. 計算抗剪及扭矩單位長度橫向鋼筋量及間距

(1) 單位長度橫向抗扭鋼筋量

$\dfrac{A_t}{s} = \dfrac{T_n}{2 A_0 f_{yv} \cot\theta} = \dfrac{4.5 \times 10^5/0.85}{2 \times 1220.61 \times 4200 \times \cot 45°} = 0.0516\,\text{cm}^2/\text{cm}/$支

$1.75 b_w/f_{yv} = 1.75 \times 40/4200 = 0.0167\,\text{cm}^2/\text{cm}/$支

$\dfrac{A_t}{s} > 1.75 b_w/f_{yv}$，OK

(2) 橫向抗扭鋼筋間距

$P_h/8 = 154.92/8 = 19.37\,\text{cm} < 30$ 公分，故間距取 $s=19$ 公分

(3) 單位長度橫向抗剪鋼筋量

$$\frac{A_v}{s} = \frac{V_s}{f_{yv}d} = \frac{11.277 \times 1000}{4200 \times 51.12} = 0.0525 \text{cm}^2/\text{cm} / 2 支$$

(4) 橫向抗剪鋼筋間距

$$1.06\sqrt{f_c'}b_w d = 1.06 \times \sqrt{280} \times 40 \times 51.12 / 1000 = 36.269t$$

$$V_s \le 1.06\sqrt{f_c'}b_w d \quad 且 \ d/2 = 51.12/2 = 25.56 \text{ cm} < 60 \text{ 公分}$$

故間距取 $s = 25$ 公分

(5) 橫向抗剪、抗扭合併鋼筋量

$$\frac{A_{vt}}{s} = \frac{A_t}{s} + \frac{A_v}{2s} = 0.0516 + 0.0525 / 2 = 0.07785 \ (\text{cm}^2/\text{cm}/支)$$

(6) 檢查抗剪抗扭的最低鋼筋量

$$\frac{3.5b_w}{f_{yv}} = \frac{3.5 \times 40}{4200} = 0.0333 \ (\text{cm}^2/\text{cm}/支)$$

$$\frac{A_{vt}}{s} > \frac{3.5b_w}{f_{yv}} \quad \text{OK}$$

(7) 橫向抗剪、抗扭合併鋼筋間距

$$間距 = \frac{A_{bar}}{\dfrac{A_{vt}}{s}} = \frac{1.267}{0.07785} = 16.27 \text{ cm} \quad 取間距 16 \ 公分$$

取抗剪鋼筋間距(25 公分)、抗扭鋼筋間距(19 公分)及抗剪扭鋼筋間距(16 公分)的最小間距為 16 公分。

橫向閉合肋筋每 16 公分提供的鋼筋量=1.267×2=2.534cm²

5. 計算抗扭縱向鋼筋量

$$A_{l,req} = \frac{A_t}{s} P_h \left(\frac{f_{yv}}{f_{yt}} \right) \cot^2 \theta = 0.0516 \times 154.92 \times \frac{4200}{4200} \times \cot 45° = 7.994 \text{cm}^2 °$$

但最少需要

$$A_{l,min} = \frac{1.33\sqrt{f_c'} A_{CP}}{f_{yl}} - \left(\frac{A_t}{s} \right) P_h \frac{f_{yv}}{f_{yl}}$$

$$= \frac{1.33 \times \sqrt{280} \times 2400}{4200} - 0.0516 \times 154.92 \times \frac{4200}{4200} = 4.723 \text{cm}^2$$

故抗扭縱向鋼筋的鋼筋量為 7.994cm²

抗扭縱向鋼筋必須配置於橫向閉合肋筋內側的四周且至少四支，鋼筋間距亦不得大於 30 公分。

橫向閉合肋筋內側的間距$= 60 - 2 \times (6 + 1.27) = 45.46 \text{cm}$

45.46cm/30cm=1.5，故縱向抗扭鋼筋必須分 3 層配置，至少 6 支。

每根鋼筋面積至少$=7.994 \text{cm}^2/6 = 1.332 \text{cm}^2$，故須採用#5 鋼筋(單肢面積為 1.986cm^2)。

抗扭縱向鋼筋亦可與抗拉或抗壓鋼筋配合選擇適當鋼筋配置之。

乙部分：設計剪力 V_u=25t，變位一致扭矩 T_u=4.5t-m

1. 臨界斷面處設計剪力 V_u=25t，設計扭矩 T_u=4.5t-m

2. 檢核是否需要抗剪力筋或抗扭矩筋

   梁的有效深度 $d = 60 - 6 - 1.27 - 3.22/2 = 51.12 \text{cm}$

   (1) $V_c = 0.53 \sqrt{f_c'} b_w d = 0.53 \times \sqrt{280} \times 40 \times 51.12 / 1000 = 18.135 \text{ t}$

   $V_u = 25 \text{ t} > \phi V_c / 2 = 0.85 \times 18.135 / 2 = 7.707 \text{t}$

   故斷面需要配置剪力鋼筋

   (2) 混凝土斷面面積 A_{CP}=40×60 = 2400 cm^2

   混凝土斷面周長 P_{CP}=2(40+60)=200 cm

   因為設計扭矩 T_u 為變位一致扭矩，故設計扭矩可以減為

   $$T_{u2} = 1.06 \phi \sqrt{f_c'} \left(\frac{A_{CP}^2}{P_{CP}} \right) = 1.06 \times 0.85 \times \sqrt{280} \times \frac{2400^2}{200} / 10^5 = 4.342 \text{t-m}$$

   因為 T_{u2} 小於原承受之扭矩(4.5t-m)，故取 T_u=4.342t-m。

   未加抗扭鋼筋的斷面抗扭上限強度 T_a

   $$T_a = 0.265 \phi \sqrt{f_c'} \left(\frac{A_{cp}^2}{P_{cp}} \right) = 0.265 \times 0.85 \times \sqrt{280} \times \frac{2400^2}{200} / 10^5 = 1.086 \text{t-m}$$

   $T_u = 4.342 \text{t-m} > T_a$，故斷面亦須配置抗扭鋼筋。

3. 檢核斷面能否抵抗剪力或扭矩

   (1) 斷面性質計算

   最外圍閉合肋筋的寬度 $x_0 = 40 - 2 \times (4 + 1.27/2) = 30.73 \text{cm}$

   最外圍閉合肋筋的高度 $y_0 = 60 - 2 \times (6 + 1.27/2) = 46.73 \text{cm}$

   最外圍閉合肋筋的總面積 $A_{0h} = x_0 y_0 = 30.73 \times 46.73 = 1436.01 \text{cm}^2$

最外圍閉合肋筋的周長 $P_h = 2(x_0 + y_0) = 2(30.73 + 46.73) = 154.92\text{cm}$

$A_0 = 0.85 A_{0h} = 0.85 \times 1436.01 = 1220.61\text{cm}^2$

(2)　剪力部份

$2.12\sqrt{f_c'}\,b_w d = 2.12 \times \sqrt{280} \times 40 \times 51.12 / 1000 = 72.539\text{t}$

$V_s = \dfrac{V_u}{\phi} - V_c = 25/0.85 - 18.135 = 11.277\text{t} < 72.539\text{t}\quad \text{OK}$

(3)　扭矩部份

矩形梁為實心，故若

$$\sqrt{\left(\frac{V_u}{b_w d}\right)^2 + \left(\frac{T_u P_h}{1.7 A_{0h}^2}\right)^2} > \phi\left(\frac{V_c}{b_w d} + 2.12\sqrt{f_c'}\right)$$

則斷面需要放大。

$$\sqrt{\left(\frac{V_u}{b_w d}\right)^2 + \left(\frac{T_u P_h}{1.7 A_{0h}^2}\right)^2} = \sqrt{\left(\frac{25 \times 1000}{40 \times 51.12}\right)^2 + \left(\frac{4.342 \times 10^5 \times 154.92}{1.7 \times 1436.01^2}\right)^2}$$

$$= \sqrt{517.6641} = 22.752\text{kg/cm}^2$$

$$\phi\left(\frac{V_c}{b_w d} + 2.12\sqrt{f_c'}\right) = 0.85 \times \left(\frac{18.135 \times 1000}{40 \times 51.12} + 2.12 \times \sqrt{280}\right) = 37.692\text{kg/cm}^2$$

因 22.752 kg/cm^2 < 37.692 kg/cm^2，故斷面亦不須放大。

4.　計算抗剪及扭矩單位長度橫向鋼筋量及間距

(1)　單位長度橫向抗扭鋼筋量

$\dfrac{A_t}{s} = \dfrac{T_n}{2 A_0 f_{yv} \cot\theta} = \dfrac{4.342 \times 10^5 / 0.85}{2 \times 1220.61 \times 4200 \times \cot 45°} = 0.0498\text{cm}^2/\text{cm}/\text{支}$

$1.75 b_w / f_{yv} = 1.75 \times 40 / 4200 = 0.0167\text{cm}^2/\text{cm}/\text{支}$

$\dfrac{A_t}{s} > 1.75 b_w / f_{yv}$，OK

(2)　橫向抗扭鋼筋間距

$P_h / 8 = 154.92 / 8 = 19.37\text{cm} < 30$ 公分，故間距取 s=19 公分

(3)　單位長度橫向抗剪鋼筋量

$\dfrac{A_v}{s} = \dfrac{V_s}{f_{yv} d} = \dfrac{11.277 \times 1000}{4200 \times 51.12} = 0.0525\text{cm}^2/\text{cm}/2\text{支}$

(4) 橫向抗剪鋼筋間距

$$1.06\sqrt{f_c'}b_w d = 1.06 \times \sqrt{280} \times 40 \times 51.12/1000 = 36.269t$$

$$V_s \leq 1.06\sqrt{f_c'}b_w d \quad \text{且 } d/2=51.12/2=25.56 \text{ cm}<60 \text{ 公分}$$

故間距取 $s = 25$ 公分

(5) 橫向抗剪、抗扭合併鋼筋量

$$\frac{A_{vt}}{s} = \frac{A_t}{s} + \frac{A_v}{2s} = 0.0498 + 0.0525/2 = 0.0761 (\text{cm}^2/\text{cm/支})$$

(6) 檢查抗剪抗扭的最低鋼筋量

$$\frac{3.5b_w}{f_{yv}} = \frac{3.5 \times 40}{4200} = 0.0333 \quad (\text{cm}^2/\text{cm/支})$$

$$\frac{A_{vt}}{s} > \frac{3.5b_w}{f_{yv}} \quad \text{OK}$$

(7) 橫向抗剪、抗扭合併鋼筋間距

$$\text{間距} = \frac{1.267}{0.0761} = 16.65 \text{cm} \quad \text{取間距 16 公分}$$

取抗剪鋼筋間距(25 公分)、抗扭鋼筋間距(19 公分)及抗剪扭鋼筋間距(16 公分)的最小間距為 16 公分。

橫向閉合肋筋每 16 公分提供的鋼筋量$=1.267 \times 2 = 2.534 \text{cm}^2$

5. 計算抗扭縱向鋼筋量

$$A_{l,req} = \frac{A_t}{s} P_h \left(\frac{f_{yv}}{f_{yt}}\right) \cot^2 \theta = 0.0498 \times 154.92 \times \frac{4200}{4200} \times \cot 45° = 7.715 \text{cm}^2 \text{。}$$

但最少需要

$$A_{l,min} = \frac{1.33\sqrt{f_c'}A_{CP}}{f_{yl}} - \left(\frac{A_t}{s}\right)P_h \frac{f_{yv}}{f_{yl}}$$

$$= \frac{1.33 \times \sqrt{280} \times 2400}{4200} - 0.0498 \times 154.92 \times \frac{4200}{4200} = 5.002 \text{cm}^2$$

故抗扭縱向鋼筋的鋼筋量為 7.715cm^2

抗扭縱向鋼筋必須配置於橫向閉合肋筋內側的四周且至少四支，鋼筋間距亦不得大於 30 公分。

橫向閉合肋筋內側的間距$= 60 - 2 \times (6 + 1.27) = 45.46 \text{cm}$

45.46cm/30cm=1.5，故縱向抗扭鋼筋必須分 3 層配置，至少 6 支。

每根鋼筋面積至少=7.715cm²/6=1.286cm²，故須採用#5 鋼筋(單肢面積為 1.986cm²)。

抗扭縱向鋼筋亦可與抗拉或抗壓鋼筋配合選擇適當鋼筋配置之。

丙部份：如果改為空心梁斷面，管壁厚度為 7 公分，承受平衡扭矩

1. 臨界斷面處設計剪力 V_u=25t，設計扭矩 T_u=4.5t-m

2. 檢核是否需要抗剪力筋或抗扭矩筋

   梁的有效深度 $d = 60 - 6 - 1.27 - 3.22 / 2 = 51.12\,\text{cm}$

   (1) $V_c = 0.53\sqrt{f_c'}\,b_w d = 0.53 \times \sqrt{280} \times 40 \times 51.12/1000 = 18.135\,\text{t}$

   $V_u = 25\,\text{t} > \phi\,V_c / 2 = 0.85 \times 18.135 / 2 = 7.707\,\text{t}$

   故斷面需要配置剪力鋼筋

   (2) 混凝土斷面面積 A_{CP}=40×60 = 2400 cm²

   混凝土斷面周長 P_{CP}=2(40+60)=200 cm

   未加抗扭鋼筋的斷面抗扭上限強度 T_a

   $T_a = 0.265\,\phi\,\sqrt{f_c'}\left(\dfrac{A_{cp}^2}{P_{cp}}\right) = 0.265 \times 0.85 \times \sqrt{280} \times \dfrac{2400^2}{200}/10^5 = 1.086\,\text{t-m}$

   $T_u = 4.5t - m > T_a$，故斷面亦須配置抗扭鋼筋。

3. 檢核斷面能否抵抗剪力或扭矩

   (1) 斷面性質計算

   最外圍閉合肋筋的寬度 $x_0 = 40 - 2 \times (4 + 1.27/2) = 30.73\,\text{cm}$

   最外圍閉合肋筋的高度 $y_0 = 60 - 2 \times (6 + 1.27/2) = 46.73\,\text{cm}$

   最外圍閉合肋筋的總面積 $A_{0h} = x_0 y_0 = 30.73 \times 46.73 = 1436.01\,\text{cm}^2$

   最外圍閉合肋筋的周長 $P_h = 2(x_0 + y_0) = 2(30.73 + 46.73) = 154.92\,\text{cm}$

   $A_0 = 0.85 A_{0h} = 0.85 \times 1436.01 = 1220.61\,\text{cm}^2$

   (2) 剪力部份

   $2.12\sqrt{f_c'}\,b_w d = 2.12 \times \sqrt{280} \times 40 \times 51.12/1000 = 72.539\,\text{t}$

   $V_s = \dfrac{V_u}{\phi} - V_c = 25/0.85 - 18.135 = 11.277\,\text{t} < 72.539\,\text{t}\quad\text{OK}$

   (3) 扭矩部份

   矩形梁為空心，$A_{0h} / P_h = 1436.01/154.92 = 9.27\,\text{cm}$，t=7cm

因斷面的壁厚 t 小於 $\dfrac{A_{0h}}{P_h}$ ，若

$$\left(\dfrac{V_u}{b_w d}\right) + \left(\dfrac{T_u}{1.7 A_{0h} t}\right) > \phi\left(\dfrac{V_c}{b_w d} + 2.12\sqrt{f_c'}\right)$$

則斷面需要放大。

$$\dfrac{V_u}{b_w d} + \dfrac{T_u}{1.7 A_{0h} t} = \dfrac{25 \times 1000}{40 \times 51.12} + \dfrac{4.5 \times 10^5}{1.7 \times 1436.01 \times 7} = 38.560 \text{kg/cm}^2$$

$$\phi\left(\dfrac{V_c}{b_w d} + 2.12\sqrt{f_c'}\right) = 0.85 \times \left(\dfrac{18.135 \times 1000}{40 \times 51.12} + 2.12 \times \sqrt{280}\right) = 37.692 \text{kg/cm}^2$$

因 38.560 kg/cm^2 .> 37.692 kg/cm^2，故斷面必須放大。

丁部份：如果改為空心梁斷面，管壁厚度為 12 公分，承受平衡扭矩

1. 臨界斷面處設計剪力 V_u=25t，設計扭矩 T_u=4.5t-m

2. 檢核是否需要抗剪力筋或抗扭矩筋

   梁的有效深度 $d = 60 - 6 - 1.27 - 3.22 / 2 = 51.12 \text{cm}$

   (1) $V_c = 0.53\sqrt{f_c'} b_w d = 0.53 \times \sqrt{280} \times 40 \times 51.12 / 1000 = 18.135 \text{ t}$

   $V_u = 25 \text{ t} > \phi V_c / 2 = 0.85 \times 18.135 / 2 = 7.707 \text{t}$

   故斷面需要配置剪力鋼筋

   (2) 混凝土斷面面積 A_{CP}=40×60 = 2400 cm^2

   混凝土斷面周長 P_{CP}=2(40+60)=200 cm

   未加抗扭鋼筋的斷面抗扭上限強度 T_a

   $$T_a = 0.265 \phi \sqrt{f_c'} \left(\dfrac{A_{cp}^2}{P_{cp}}\right) = 0.265 \times 0.85 \times \sqrt{280} \times \dfrac{2400^2}{200} / 10^5 = 1.086 \text{t-m}$$

   $T_u = 4.5 \text{t-m} > T_a$，故斷面亦須配置抗扭鋼筋。

3. 檢核斷面能否抵抗剪力或扭矩

   (1) 斷面性質計算

   最外圍閉合肋筋的寬度 $x_0 = 40 - 2 \times (4 + 1.27 / 2) = 30.73 \text{ cm}$

   最外圍閉合肋筋的高度 $y_0 = 60 - 2 \times (6 + 1.27 / 2) = 46.73 \text{ cm}$

   最外圍閉合肋筋的總面積 $A_{0h} = x_0 y_0 = 30.73 \times 46.73 = 1436.01 \text{cm}^2$

   最外圍閉合肋筋的周長 $P_h = 2(x_0 + y_0) = 2(30.73 + 46.73) = 154.92 \text{cm}$

$$A_0 = 0.85A_{0h} = 0.85 \times 1436.01 = 1220.61\text{cm}^2$$

(2) 剪力部份

$$2.12\sqrt{f_c'}b_wd = 2.12 \times \sqrt{280} \times 40 \times 51.12/1000 = 72.539\text{t}$$

$$V_s = \frac{V_u}{\phi} - V_c = 25/0.85 - 18.135 = 11.277\text{t} < 72.539\text{t} \quad \text{OK}$$

(3) 扭矩部份

矩形梁為空心，$A_{0h}/P_h = 1436.01/154.92 = 9.27$ cm，$t = 12$cm

因斷面的壁厚 t 大於 $\dfrac{A_{0h}}{P_h}$，若

$$\left(\frac{V_u}{b_wd}\right) + \left(\frac{T_uP_h}{1.7A_{0h}^2}\right) \leq \phi\left(\frac{V_c}{b_wd} + 2.12\sqrt{f_c'}\right)$$

則斷面需要放大。

$$\frac{V_u}{b_wd} + \frac{T_uP_h}{1.7A_{0h}^2} = \frac{25 \times 1000}{40 \times 51.12} + \frac{4.5 \times 10^6 \times 154.92}{1.7 \times 1436.01^2} = 32.113\text{kg/cm}^2$$

$$\phi\left(\frac{V_c}{b_wd} + 2.12\sqrt{f_c'}\right) = 0.85 \times \left(\frac{18.135 \times 1000}{40 \times 51.12} + 2.12 \times \sqrt{280}\right) = 37.692\text{kg/cm}^2$$

因 32.113 kg/cm^2 < 37.692 kg/cm^2，故斷面不須放大。

4. 計算抗剪及扭矩單位長度橫向鋼筋量及間距

(1) 單位長度橫向抗扭鋼筋量

$$\frac{A_t}{s} = \frac{T_n}{2A_0f_{yv}\cot\theta} = \frac{4.5 \times 10^5/0.85}{2 \times 1220.61 \times 4200 \times \cot 45°} = 0.0516\text{cm}^2/\text{cm}/\text{支}$$

$$1.75b_w/f_{yv} = 1.75 \times 40/4200 = 0.0167\text{cm}^2/\text{cm}/\text{支}$$

$$\frac{A_t}{s} > 1.75b_w/f_{yv}，\text{OK}$$

(2) 橫向抗扭鋼筋間距

$P_h/8 = 154.92/8 = 19.37$cm < 30 公分，故間距取 $s = 19$ 公分

(3) 單位長度橫向抗剪鋼筋量

$$\frac{A_v}{s} = \frac{V_s}{f_{yv}d} = \frac{11.277 \times 1000}{4200 \times 51.12} = 0.0525\text{cm}^2/\text{cm}/2\text{支}$$

(4) 橫向抗剪鋼筋間距

$$1.06\sqrt{f_c'}b_wd = 1.06 \times \sqrt{280} \times 40 \times 51.12/1000 = 36.269t$$

$V_s \leq 1.06\sqrt{f_c'}\,b_w d$　且 $d/2$=51.12/2=25.56 cm<60 公分

故間距取　s = 25 公分

(5)　橫向抗剪、抗扭合併鋼筋量

$$\frac{A_{vt}}{s} = \frac{A_t}{s} + \frac{A_v}{2s} = 0.0516 + 0.0525/2 = 0.07785\ (\text{cm}^2/\text{cm}/\text{支})$$

(6)　檢查抗剪抗扭的最低鋼筋量

$$\frac{3.5 b_w}{f_{yv}} = \frac{3.5 \times 40}{4200} = 0.0333\ \ (\text{cm}^2/\text{cm}/\text{支})$$

$$\frac{A_{vt}}{s} > \frac{3.5 b_w}{f_{yv}}\ \ \text{OK}$$

(7)　橫向抗剪、抗扭合併鋼筋間距

間距 $= \dfrac{1.267}{0.07785} = 16.28\text{cm}$　取間距 16 公分

取抗剪鋼筋間距(25 公分)、抗扭鋼筋間距(19 公分)及抗剪扭鋼筋間距(16 公分)的最小間距為 16 公分。

橫向閉合肋筋每 16 公分提供的鋼筋量=1.267×2=2.534cm^2

5.　計算抗扭縱向鋼筋量

$$A_{l,req} = \frac{A_t}{s} P_h \left(\frac{f_{yv}}{f_{yt}} \right) \cot^2 \theta = 0.0516 \times 154.92 \times \frac{4200}{4200} \times \cot 45° = 7.994\text{cm}^2$$

但最少需要

$$A_{l,\min} = \frac{1.33\sqrt{f_c'}\,A_{CP}}{f_{yl}} - \left(\frac{A_t}{s} \right) P_h \frac{f_{yv}}{f_{yl}}$$

$$= \frac{1.33 \times \sqrt{280} \times 2400}{4200} - 0.0516 \times 154.92 \times \frac{4200}{4200} = 4.723\text{cm}^2$$

故抗扭縱向鋼筋的鋼筋量為 7.994cm^2

抗扭縱向鋼筋必須配置於橫向閉合肋筋內側的四周且至少四支，鋼筋間距亦不得大於 30 公分。

橫向閉合肋筋內側的間距=$60 - 2 \times (6 + 1.27) = 45.46$cm

45.46cm/30cm=1.5，故縱向抗扭鋼筋必須分 3 層配置，至少 6 支。

每根鋼筋面積至少=7.994cm^2/6=1.332cm^2，故須採用#5 鋼筋(單肢面積為 1.986cm^2)。

抗扭縱向鋼筋亦可與抗拉或抗壓鋼筋配合選擇適當鋼筋配置之。

範例 6-9-2

　　有一樓版邊梁如圖 6-9-2 所示。梁腰寬為 35 公分，梁高為 53 公分，梁頂及梁底的混凝土保護層厚度均為 7 公分，梁腰混凝土保護層厚度為 4 公分，拉力鋼筋採用#9 鋼筋(直徑為 2.87 公分，面積為 6.469cm²)，橫向閉合肋筋採用#4 鋼筋(直徑為 1.27 公分，面積為 1.267cm²)，梁的翼版有閉合鋼筋，設採用混凝土的抗壓強度為 280kg/cm²，鋼筋的降伏強度為 4,200kg/cm²。若斷面承受(甲)設計剪力 V_u=27t，平衡扭矩 T_u=3t-m；(乙)設計剪力 V_u=27t，變位一致扭矩 T_u=3t-m；試分別設計其抗剪扭所需鋼筋？

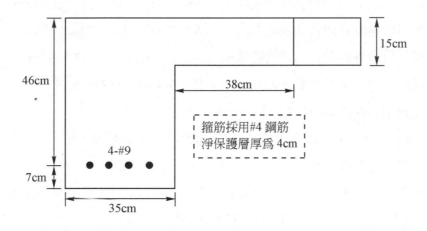

圖 6-9-2

甲部分：設計剪力 V_u=27t，平衡扭矩 T_u=3.0t-m

1.　臨界斷面處設計剪力 V_u=27t，設計扭矩 T_u=3t-m

2.　檢核是否需要抗剪力筋或抗扭矩筋

　(1)　梁的有效深度 $d = 53 - 7 - 1.27 - 2.87/2 = 43.295 \text{cm}$

　(2)　$V_c = 0.53\sqrt{f_c'}\,b_w d = 0.53 \times \sqrt{280} \times 35 \times 43.295/1000 = 13.439 \text{ t}$

　　　$V_u = 27 \text{ t} > \phi V_c/2 = 0.85 \times 13.439/2 = 5.712\text{t}$

　　　故斷面需要配置剪力鋼筋

　(3)　梁腰高度=53-15=38 cm

　　　4 倍翼版厚度=4×15=60 cm

　　　故梁翼突出部份寬度取 38cm 與 60cm 的較小者，為 38cm

　　　混凝土斷面面積 A_{CP}=35×53+38×15 = 2425 cm²

混凝土斷面周長 $P_{CP}=2(35+53)+2\times38=252$ cm

未加抗扭鋼筋的斷面抗扭上限強度 T_a

$$T_a = 0.265\phi\sqrt{f_c'}\left(\frac{A_{cp}^2}{P_{cp}}\right) = 0.265\times0.85\times\sqrt{280}\times\frac{2425^2}{252}/10^5 = 0.880\text{t - m}$$

$T_u = 3.0t - m > T_a$，故斷面亦須配置抗扭鋼筋。

3. 檢核斷面能否抵抗剪力或扭矩

   (1) 斷面性質計算

   梁腰部份最外圍閉合肋筋的寬度 $x_0 = 35 - 2\times(4+1.27/2) = 25.73$ cm

   梁腰部份最外圍閉合肋筋的高度 $y_0 = 53 - 2\times(7+1.27/2) = 37.73$ cm

   梁翼部份最外圍閉合肋筋的寬度 $x_1 = 38 - (4+1.27/2) = 33.365$ cm

   梁翼部份最外圍閉合肋筋的高度 $y_1 = 15 - 2(4+1.27/2) = 5.73$

   最外圍閉合肋筋的總面積

   $$A_{0h} = x_0 y_0 + x_1 y_1 = 25.73\times37.73 + 33.365\times5.73 = 1161.97\text{cm}^2$$

   最外圍閉合肋筋的周長

   $$P_h = 2(x_0 + y_0) + 2x_1 + y_1 = 2(25.73+37.73)+2\times33.365+5.73 = 199.38\text{cm}$$

   $$A_0 = 0.85A_{0h} = 0.85\times1161.97 = 987.675\text{cm}^2$$

   (2) 剪力部份

   $$2.12\sqrt{f_c'}b_w d = 2.12\times\sqrt{280}\times35\times43.295/1000 = 53.755\text{t}$$

   $$V_s = \frac{V_u}{\phi} - V_c = 27/0.85 - 13.439 = 18.326\text{t} < 53.755\text{t}\quad\text{OK}$$

   (3) 扭矩部份

   L 形梁為實心，故若

   $$\sqrt{\left(\frac{V_u}{b_w d}\right)^2 + \left(\frac{T_u P_h}{1.7 A_{0h}^2}\right)^2} > \phi\left(\frac{V_c}{b_w d} + 2.12\sqrt{f_c'}\right)$$

   則斷面需要放大。

   $$\sqrt{\left(\frac{V_u}{b_w d}\right)^2 + \left(\frac{T_u P_h}{1.7 A_{0h}^2}\right)^2} = \sqrt{\left(\frac{27\times1000}{35\times43.295}\right)^2 + \left(\frac{3\times10^5\times199.38}{1.7\times1161.97^2}\right)^2}$$

   $$= \sqrt{996.571} = 31.569\text{kg/cm}^2$$

$$\phi\left(\frac{V_c}{b_w d}+2.12\sqrt{f_c^{'}}\right)=0.85\times\left(\frac{13.439\times1000}{35\times43.295}+2.12\times\sqrt{280}\right)=37.692\text{kg/cm}^2$$

因 31.569 kg/cm^2 < 37.692 kg/cm^2，故斷面不須放大。

4.　計算抗剪及扭矩單位長度橫向鋼筋量及間距

　(1)　單位長度橫向抗扭鋼筋量

$$\frac{A_t}{s}=\frac{T_n}{2A_0 f_{yv}\cot\theta}=\frac{3\times10^5/0.85}{2\times987.675\times4200\times\cot45^\circ}=0.0425\text{cm}^2/\text{cm}/\text{支}$$

$$1.75 b_w/f_{yv}=1.75\times40/4200=0.0167\text{cm}^2/\text{cm}/\text{支}$$

$$\frac{A_t}{s}>1.75 b_w/f_{yv}\text{，OK}$$

　(2)　橫向抗扭鋼筋間距

$$P_h/8=199.38/8=24.92\text{cm}<30\text{ 公分，故間距取 }s=24\text{ 公分}$$

　(3)　單位長度橫向抗剪鋼筋量

$$\frac{A_v}{s}=\frac{V_s}{f_{yv}d}=\frac{18.326\times1000}{4200\times43.295}=0.1008\text{cm}^2/\text{cm}/2\text{支}$$

　(4)　橫向抗剪鋼筋間距

$$1.06\sqrt{f_c^{'}}b_w d=1.06\times\sqrt{280}\times40\times51.12/1000=36.269\text{t}$$

$$V_s\le1.06\sqrt{f_c^{'}}b_w d\quad\text{且 }d/2=43.295/2=21.65\text{ cm}<60\text{ 公分}$$

故間距取 $s=21$ 公分

　(5)　橫向抗剪、抗扭合併鋼筋量

$$\frac{A_{vt}}{s}=\frac{A_t}{s}+\frac{A_v}{2s}=0.0425+0.1008/2=0.0929\ (\text{cm}^2/\text{cm}/\text{支})$$

　(6)　檢查抗剪抗扭的最低鋼筋量

$$\frac{3.5 b_w}{f_{yv}}=\frac{3.5\times35}{4200}=0.0292\ \ (\text{cm}^2/\text{cm}/\text{支})$$

$$\frac{A_{vt}}{s}>\frac{3.5 b_w}{f_{yv}}\ \ \text{OK}$$

　(7)　橫向抗剪、抗扭合併鋼筋間距

$$\text{間距}=\frac{1.267}{0.0929}=13.64\text{cm}\ \ \text{取間距 13 公分}$$

取抗剪鋼筋間距(24 公分)、抗扭鋼筋間距(21 公分)及抗剪扭鋼筋間距(13 公分)的最小間距為 13 公分。

横向閉合肋筋每 13 公分提供的鋼筋量=1.267×2=2.534cm²

5. 計算抗扭縱向鋼筋量

$$A_{l,req} = \frac{A_t}{s} P_h \left(\frac{f_{yv}}{f_{yt}} \right) \cot^2 \theta = 0.0425 \times 199.38 \times \frac{4200}{4200} \times \cot 45^\circ = 8.474 \text{cm}^2$$

但最少需要

$$A_{l,\min} = \frac{1.33 \sqrt{f_c'} A_{CP}}{f_{yl}} - \left(\frac{A_t}{s} \right) P_h \frac{f_{yv}}{f_{yl}}$$

$$= \frac{1.33 \times \sqrt{280} \times 2425}{4200} - 0.0425 \times 199.38 \times \frac{4200}{4200} = 4.3761 \text{cm}^2$$

故抗扭縱向鋼筋的鋼筋量為 8.474cm²

抗扭縱向鋼筋必須配置於橫向閉合肋筋內側的四周且至少四支，鋼筋間距亦不得大於 30 公分。

横向閉合肋筋內側的間距= 53 − 2×(7 + 1.27)=36.46cm

36.46cm/30cm=1.22，故縱向抗扭鋼筋必須分 3 層配置，至少 6 支。

每根鋼筋面積至少=8.474cm²/6=1.412cm²，故須採用#5 鋼筋(單肢面積為 1.986cm²)。

抗扭縱向鋼筋亦可與抗拉或抗壓鋼筋配合選擇適當鋼筋配置之。

乙部分：設計剪力 V_u=27t，變位一致扭矩 T_u=3t-m

1. 臨界斷面處設計剪力 V_u=27t，設計扭矩 T_u=3t-m

2. 檢核是否需要抗剪力筋或抗扭矩筋

   (1) 梁的有效深度 $d = 53 - 7 - 1.27 - 2.87 / 2 = 43.295$cm

   (2) $V_c = 0.53 \sqrt{f_c'} b_w d = 0.53 \times \sqrt{280} \times 35 \times 43.295 / 1000 = 13.439$t

   $V_u = 27 \text{ t} > \phi V_c / 2 = 0.85 \times 13.439 / 2 = 5.712$t

   故斷面需要配置剪力鋼筋

   (3) 梁腰高度=53−15=38 cm

   4 倍翼版厚度=4×15=60 cm

   故梁翼突出部份寬度取 38cm 與 60cm 的較小者，為 38cm

   混凝土斷面面積 A_{CP}=35×53+38×15 = 2425 cm²

   混凝土斷面周長 P_{CP}=2(35+53)+2×38=252 cm

   因為設計扭矩 T_u 為變位一致扭矩，故設計扭矩可以減為

$$T_{u2} = 1.06 \phi \sqrt{f_c'} \left(\frac{A_{CP}^2}{P_{CP}} \right) = 1.06 \times 0.85 \times \sqrt{280} \times \frac{2425^2}{252} / 10^5 = 3.518 \text{t-m}$$

因 T_{u2} 大於原承受的扭矩 3.0t-m，取 T_u=3.0t-m 設計之。

未加抗扭鋼筋的斷面抗扭上限強度 T_a

$$T_a = 0.265 \phi \sqrt{f_c'} \left(\frac{A_{cp}^2}{P_{cp}} \right) = 0.265 \times 0.85 \times \sqrt{280} \times \frac{2425^2}{252} / 10^5 = 0.880 \text{t-m}$$

$T_u = 3.0 \text{t-m} > T_a$，故斷面亦須配置抗扭鋼筋。

3. 檢核斷面能否抵抗剪力或扭矩

  (1) 斷面性質計算

　　梁腰部份最外圍閉合肋筋的寬度 $x_0 = 35 - 2 \times (4 + 1.27/2) = 25.73 \text{ cm}$

　　梁腰部份最外圍閉合肋筋的高度 $y_0 = 53 - 2 \times (7 + 1.27/2) = 37.73 \text{ cm}$

　　梁翼部份最外圍閉合肋筋的寬度 $x_1 = 38 - (4 + 1.27/2) = 33.365 \text{ cm}$

　　梁翼部份最外圍閉合肋筋的高度 $y_1 = 15 - 2(4 + 1.27/2) = 5.73$

　　最外圍閉合肋筋的總面積

　　$A_{0h} = x_0 y_0 + x_1 y_1 = 25.73 \times 37.73 + 33.365 \times 5.73 = 1161.97 \text{cm}^2$

　　最外圍閉合肋筋的周長

　　$P_h = 2(x_0 + y_0) + 2x_1 + y_1 = 2(25.73 + 37.73) + 2 \times 33.365 + 5.73 = 199.38 \text{cm}$

　　$A_0 = 0.85 A_{0h} = 0.85 \times 1161.97 = 987.675 \text{cm}^2$

  (2) 剪力部份

　　$2.12 \sqrt{f_c'} b_w d = 2.12 \times \sqrt{280} \times 35 \times 43.295 / 1000 = 53.755 \text{t}$

　　$V_s = \dfrac{V_u}{\phi} - V_c = 27 / 0.85 - 13.439 = 18.326 \text{t} < 53.755 \text{t} \quad \text{OK}$

  (3) 扭矩部份

　　L 形梁為實心，故若

$$\sqrt{ \left(\frac{V_u}{b_w d} \right)^2 + \left(\frac{T_u P_h}{1.7 A_{0h}^2} \right)^2 } \le \phi \left(\frac{V_c}{b_w d} + 2.12 \sqrt{f_c'} \right)$$

　　則斷面需要放大。

$$\sqrt{\left(\frac{V_u}{b_w d}\right)^2 + \left(\frac{T_u P_h}{1.7 A_{0h}^2}\right)^2} = \sqrt{\left(\frac{27 \times 1000}{35 \times 43.295}\right)^2 + \left(\frac{3 \times 10^5 \times 199.38}{1.7 \times 1161.97^2}\right)^2}$$

$$= \sqrt{996.571} = 31.569 \text{kg/cm}^2$$

$$\phi\left(\frac{V_c}{b_w d} + 2.12\sqrt{f_c'}\right) = 0.85 \times \left(\frac{13.439 \times 1000}{35 \times 43.295} + 2.12 \times \sqrt{280}\right) = 37.692 \text{kg/cm}^2$$

因 31.569 kg/cm^2 < 37.692 kg/cm^2，故斷面亦不須放大。

4. 計算抗剪及扭矩單位長度橫向鋼筋量及間距

(1) 單位長度橫向抗扭鋼筋量

$$\frac{A_t}{s} = \frac{T_n}{2 A_0 f_{yv} \cot \theta} = \frac{3 \times 10^5 / 0.85}{2 \times 987.675 \times 4200 \times \cot 45^\circ} = 0.0425 \text{cm}^2/\text{cm} / 支$$

$$1.75 b_w / f_{yv} = 1.75 \times 40 / 4200 = 0.0167 \text{cm}^2/\text{cm} / 支$$

$$\frac{A_t}{s} > 1.75 b_w / f_{yv} \text{，OK}$$

(2) 橫向抗扭鋼筋間距

$$P_h / 8 = 199.38 / 8 = 24.92 \text{cm} < 30 \text{ 公分，故間距取 } s=24 \text{ 公分}$$

(3) 單位長度橫向抗剪鋼筋量

$$\frac{A_v}{s} = \frac{V_s}{f_{yv} d} = \frac{18.326 \times 1000}{4200 \times 43.295} = 0.1008 \text{cm}^2/\text{cm} / 2支$$

(4) 橫向抗剪鋼筋間距

$$1.06\sqrt{f_c'} b_w d = 1.06 \times \sqrt{280} \times 40 \times 51.12 / 1000 = 36.269 \text{t}$$

$$V_s \le 1.06\sqrt{f_c'} b_w d \text{ 且 } d/2 = 43.295/2 = 21.65 \text{ cm} < 60 \text{ 公分}$$

故間距取 s = 21 公分

(5) 橫向抗剪、抗扭合併鋼筋量

$$\frac{A_{vt}}{s} = \frac{A_t}{s} + \frac{A_v}{2s} = 0.0425 + 0.1008 / 2 = 0.0929 \, (\text{cm}^2/\text{cm}/支)$$

(6) 檢查抗剪抗扭的最低鋼筋量

$$\frac{3.5 b_w}{f_{yv}} = \frac{3.5 \times 35}{4200} = 0.0292 \, (\text{cm}^2/\text{cm}/支)$$

$$\frac{A_{vt}}{s} > \frac{3.5 b_w}{f_{yv}} \quad \text{OK}$$

(7) 橫向抗剪、抗扭合併鋼筋間距

$$間距 = \frac{1.267}{0.0929} = 13.64\text{cm} \quad 取間距 13\text{cm}$$

取抗剪鋼筋間距(24cm)、抗扭鋼筋間距(21cm)及抗剪扭鋼筋間距(13cm)的最小間距為 13cm。

橫向閉合肋筋每 13cm 提供的鋼筋量=1.267×2=2.534cm^2

5. 計算抗扭縱向鋼筋量

$$A_{l,req} = \frac{A_t}{s} P_h \left(\frac{f_{yv}}{f_{yt}} \right) \cot^2 \theta = 0.0425 \times 199.38 \times \frac{4200}{4200} \times \cot 45° = 8.474\text{cm}^2$$

但最少需要

$$A_{l,\min} = \frac{1.33 \sqrt{f_c'} A_{CP}}{f_{yl}} - \left(\frac{A_t}{s} \right) P_h \frac{f_{yv}}{f_{yl}}$$

$$= \frac{1.33 \times \sqrt{280} \times 2425}{4200} - 0.0425 \times 199.38 \times \frac{4200}{4200} = 4.3761\text{cm}^2$$

故抗扭縱向鋼筋的鋼筋量為 8.474cm^2

抗扭縱向鋼筋必須配置於橫向閉合肋筋內側的四周且至少四支,鋼筋間距亦不得大於 30cm。

橫向閉合肋筋內側的間距$= 53 - 2 \times (7 + 1.27) = 36.46\text{cm}$

36.46cm/30cm=1.22,故縱向抗扭鋼筋必須分 3 層配置,至少 6 支。

每根鋼筋面積至少=8.474cm^2/6=1.412cm^2,故須採用#5 鋼筋(單肢面積為 1.986cm^2)。

抗扭縱向鋼筋亦可與抗拉或抗壓鋼筋配合選擇適當鋼筋配置之。

6-10 梁之扭矩設計程式使用說明

在鋼筋混凝土分析與設計軟體畫面的功能表上,選擇☞RC/梁之扭力設計☜後出現如圖 6-10-1 的輸入畫面。在圖 6-10-1 的畫面中,梁之扭矩設計均須先研判選擇梁之斷面為矩形實心斷面、矩形空心斷面、T 形斷面或 L 形斷面後輸入斷面及扭矩基本性質;如為矩形空心斷面,則「矩形空心梁壁厚」欄位生效;如為 T 形斷面或 L 形斷面,則「梁的翼版有閉合肋筋」的核選欄位及「T 或 L 型梁的版厚」欄位均生效。再研判指定斷面承受的

扭矩為平衡扭矩或變位一致扭矩。圖 6-10-1 為範例 6-9-1(甲)部分的輸入畫面；選取矩形實心梁、承受平衡扭矩後，將已知的臨界斷面的設計扭矩 T_u(4.5t-m)、臨界斷面的設計剪力 V_u(25t)、梁的寬度 b(40cm)、梁的深度 h(60cm)、箍筋淨保護層厚度(4.0cm)、拉筋淨保護層厚度(6.0cm)、混凝土抗壓強度 f_c'(280kg/cm^2)、鋼筋降伏強度 f_y(4200kg /cm^2)、T 或 L 型梁的版厚(非 T 或 L 型梁，故從缺)、矩形空心梁壁厚(非空心梁，故從缺)、抗剪扭箍筋(選用#4 號鋼筋)及抗撓曲箍筋(選用#10 號鋼筋)等資料輸入，此時「列印」紐尚未生效。單擊「確定」鈕進行梁之扭矩設計計算工作，如資料完整且合理，則顯示計算結果如圖 6-10-2 及圖 6-10-3 所示，並使「列印」鈕生效；單擊「取消」鈕可結束作業；單擊「列印」鈕則可印出如圖 6-10-4 所示的報表，圖 6-10-4 右側是為便於說明而加上的行號。在圖 6-10-2 及圖 6-10-3 中的列示方塊中尚可瀏覽其他計算結果。

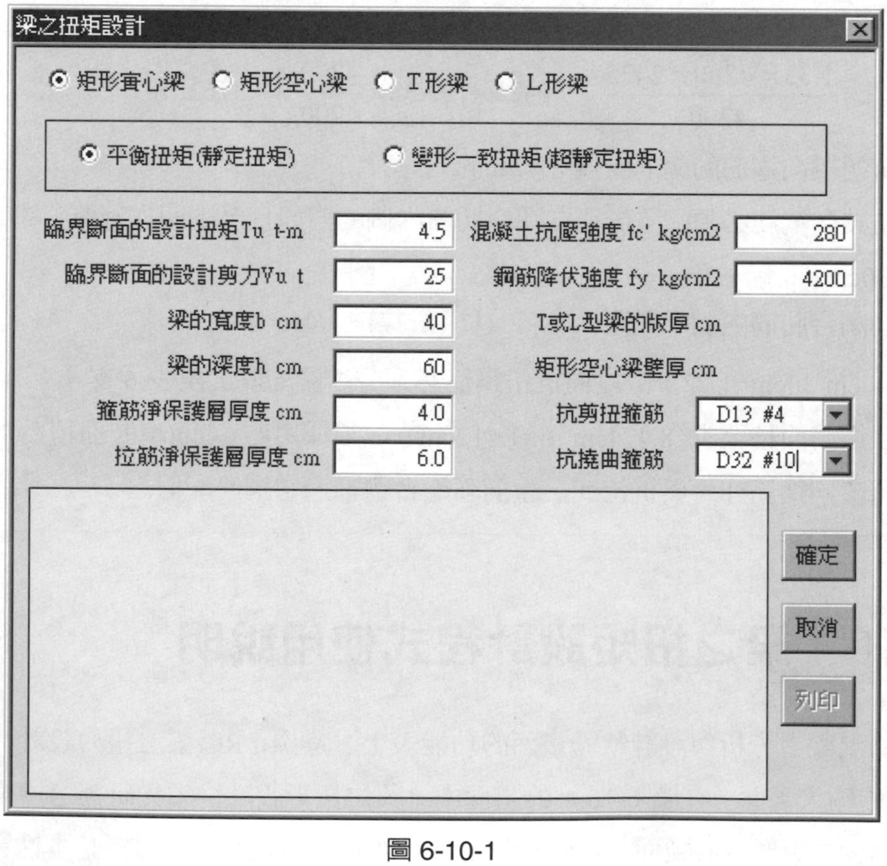

圖 6-10-1

　　圖 6-10-1 畫面中各顯示的欄位均屬必須輸入，如有欠缺或資料不合理或不合規範則有警示訊息。圖 6-10-6 顯示圖 6-10-5 中因缺少梁的寬度及鋼筋的降伏強度而無法進行梁的抗扭抗剪設計。圖 6-10-7 顯示如果輸入的鋼筋降伏強度超過 4,200kg/cm²，因不符規範的上限值而出現的警示訊息。圖 6-10-8 顯示如果輸入的混凝土抗壓強度非為正值而出現的警示訊息。

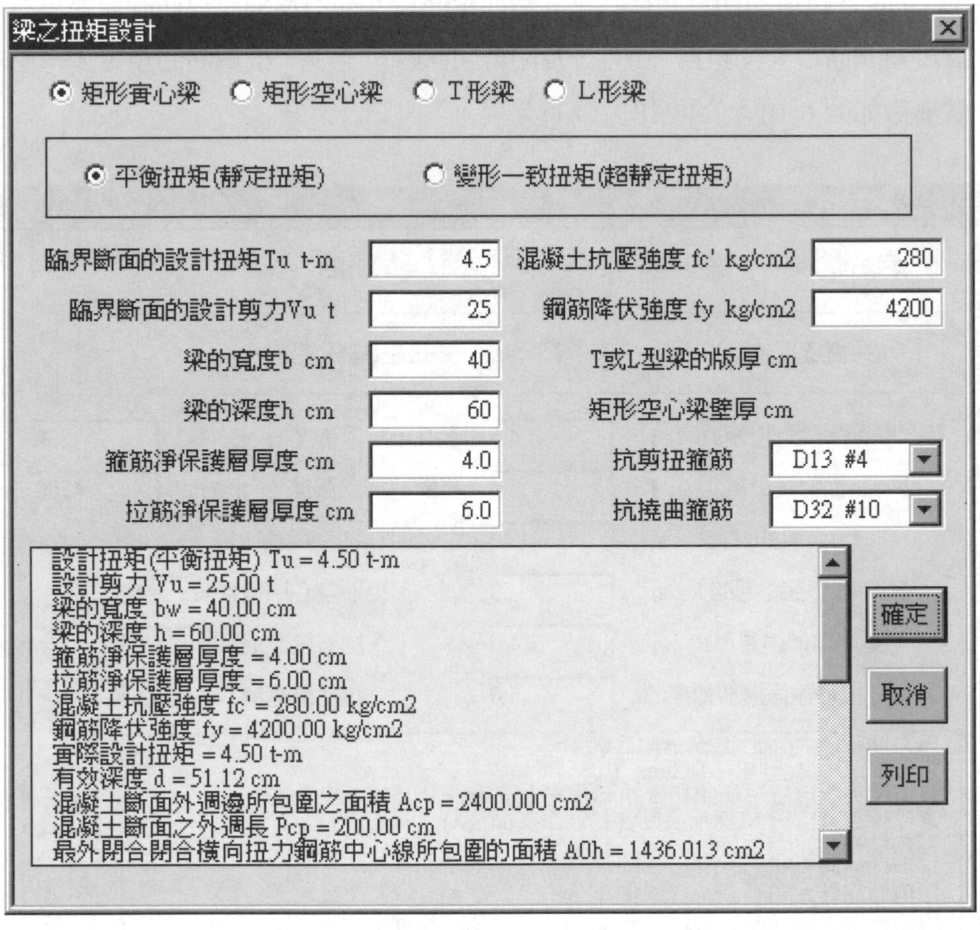

圖 6-10-2

　　設計計算結果以螢幕顯示及報表列印兩種方式表示。螢幕除顯示原始基本資料(如圖 6-10-2)外，顯示梁的有效深度 d(51.12cm)、混凝土斷面的總面積 A_{CP}(2400cm²)及周長 P_{CP}(200cm)、最外緣閉合橫向扭力鋼筋中心線所包圍的面積 A_{0h}(1436.01cm)及周長 P_h(154.92cm)、剪力流徑所包圍的總面積 A_0(1220.61cm²)、混凝土之剪力計算強度 V_c(18.135t)、剪力鋼筋之剪力計算強度 V_s(11.277t)、單位梁長所須剪力鋼筋面積

A_{vs}(0.0525cm^2/cm/2 支)及剪力肋筋最大間距(25 cm)，並研判是否需要抗剪箍筋、抗扭箍筋及斷面是否需要放大才能抵抗剪力及扭矩等，如圖 6-10-4 報表的第 8 行、第 9 行；如果斷面能抵抗剪力及扭矩，則計算並顯示單位梁長抵抗扭矩所須閉合肋筋單支面積 A_{ts}(0.0516cm^2/cm/支)、扭矩橫向肋筋最大間距(19cm)、單位梁長抵抗扭、抗剪所須閉合肋筋單支面積 A_{tvs}(0.0779cm^2/cm/支)、抗剪肋筋最大間距(16cm)、抗扭剪閉合肋筋需要的鋼筋量(0.5333cm^2)、抗扭剪閉合肋筋提供的鋼筋量(2.5340cm^2)及縱向鋼筋的需要量與最少量等。依據縱向鋼筋最大間距為 30 公分及閉合肋筋四角至少一根鋼筋的規定，選用縱向鋼筋的配置層數如圖 6-10-4 的第 18、19 行。

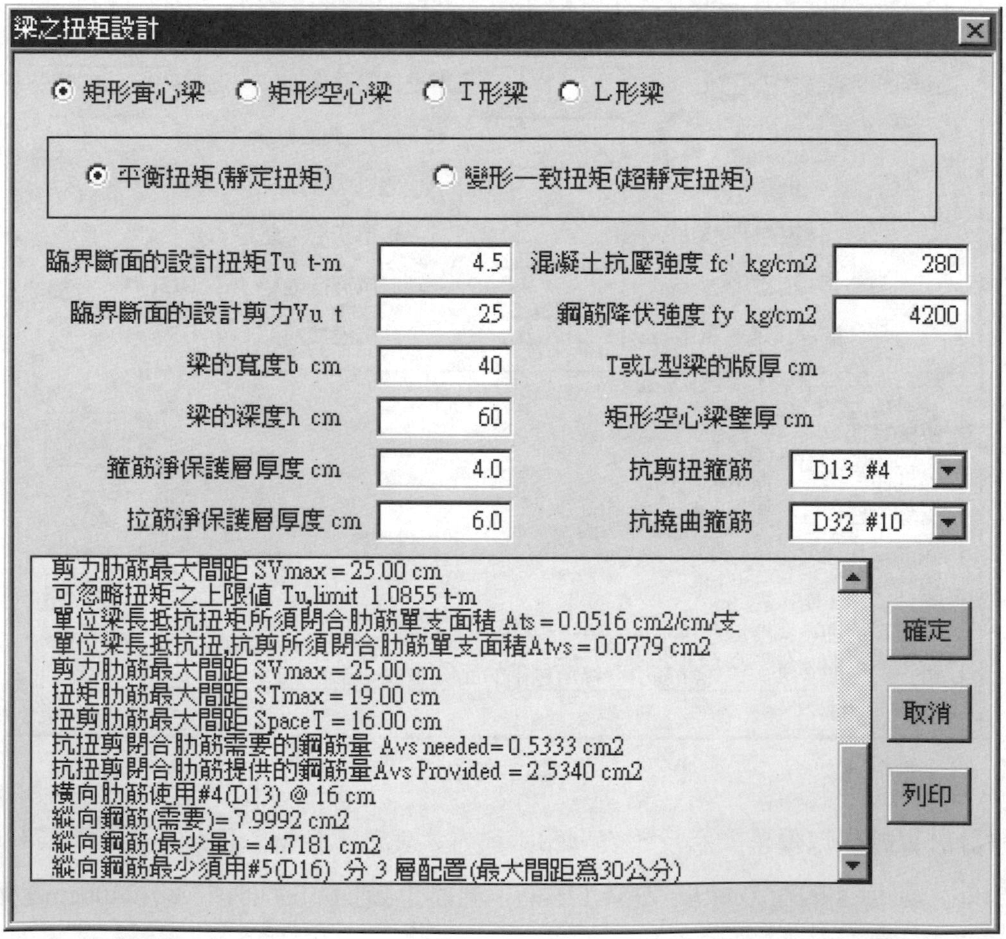

圖 6-10-3

矩形實心梁 平衡扭矩設計						1
梁高cm	60.00	梁腰寬cm	40.00	梁翼寬cm 40.00	空梁壁厚cm 0.00	2
有效深度d cm	51.12	肋筋保護層厚度 cm	4.00	拉壓筋保護層厚度cm	6.00	3
混凝土抗壓強度 kg/cm²	280.00			鋼筋降伏強度 kg/cm²	4200.00	4
混凝土斷面面積A_{CP} cm²	2400.00			混凝土斷面周長 P_{cp} cm	200.00	5
最外閉合橫向肋筋中心線包圍面積A_{0h} cm²		1436.01		剪力流徑包圍面積A_0 cm²	1220.61	6
最外閉合橫向肋筋中心線包圍周長P_h cm		154.92				7
斷面尺寸檢核(扭矩)	判斷項1	23.344	判斷項2	37.692	<= 斷面尺寸OK	8
斷面尺寸檢核(剪力)	判斷項1	11.277	判斷項2	72.538	<= 斷面尺寸OK	9
設計剪力V_u t	25.00	採用==>		設計扭矩T_u t-m	4.50	10
標稱剪力V_n t	29.41			標稱扭矩 T_n t-m	5.29	11
混凝土剪力強度 V_c t	18.135			開裂扭距 T_{cr} t-m	4.342	12
剪力鋼筋強度 V_s t	11.277			可忽略扭矩之上限強度 t-m	1.086	13
剪力肋筋量cm²/cm/2支	0.0525			扭矩橫向肋筋量cm²/cm/支	0.0516	14
剪力肋筋最大間距 cm	25			扭矩橫向肋筋最大間距 cm	19	15
抗扭抗剪肋筋量 cm²/cm/支	0.0779	間距 cm	16	鋼筋號	#4(D13)	16
抗扭剪閉合肋筋需要的鋼筋量 cm²	0.5333	抗扭剪閉合肋筋提供的鋼筋量 cm²			2.5340	17
抗扭縱向鋼筋最少量 cm²	4.7181	抗扭鋼筋最少須用鋼筋號			#5(D16)	18
抗扭縱向鋼筋需要量 cm²	7.9992	<==採用		排置層數	3	19

圖 6-10-4

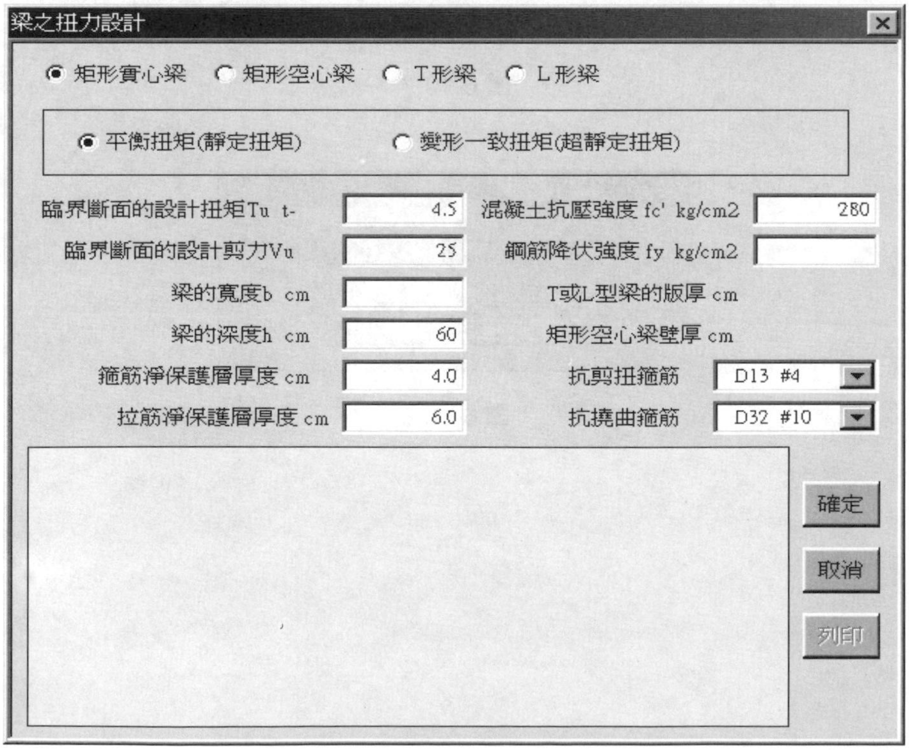

圖 6-10-5

報表(如圖 6-10-4)則將螢幕顯示資料，精簡安排後列印，為主要的設計成果文件。

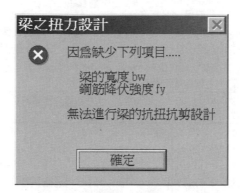

圖 6-10-6

圖 6-10-7

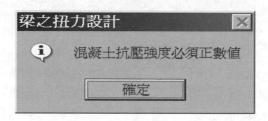

圖 6-10-8

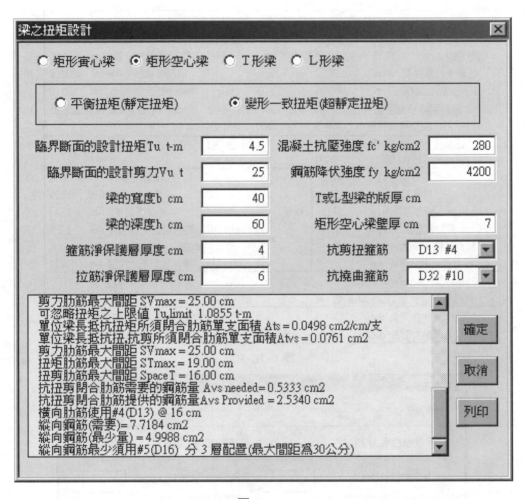

圖 6-10-9

　　圖 6-10-9 為範例 6-9-1(乙)部分的輸入畫面，與(甲)部分相異處為將平衡扭矩改為變位一致扭矩的輸入畫面。構件承受變位一致扭矩 T_u，因開裂後其內力再分配使構材之扭矩減少，最大設計扭矩可減為 T_{u2}(計算公式 6-6-1)。本例計算所得之 T_{u2} 為 4.342t-m，因為 T_{u2}較指定的 4.5t-m 設計扭矩小，故採用 4.342 t-m 設計之，如圖 6-10-10 之第 12 行。

　　圖 6-10-11 為範例 6-9-1(丙)部分的輸入畫面，與(甲)部分相異處為將矩形實心梁改為矩形空心梁，並指定壁厚為 7 公分；因管壁太薄無法抵抗施加的扭矩，故出現圖 6-10-12的警示訊息。如將空心梁壁厚改為 12 公分如圖 6-10-13，則可順利完成扭矩設計工作。其設計結果如圖 6-10-14 的報表。

矩形空心梁 變位一致扭矩設計						1
梁高cm	60.00	梁腰寬cm	40.00	梁翼寬cm	40.00	空梁壁厚cm	7.00	2
有效深度d cm	51.12	肋筋保護層厚度 cm	4.00	拉壓筋保護層厚度cm	6.00	3
混凝土抗壓強度 kg/cm²	280.00			鋼筋降伏強度 kg/cm²	4200.00	4
混凝土斷面面積A_{CP} cm²	2400.00			混凝土斷面周長 P_{cp} cm	200.00	5
最外閉合橫向肋筋中心線包圍面積A_{0h} cm²		1436.01	剪力流徑包圍面積A_0 cm²	1220.61	6
最外閉合橫向肋筋中心線包圍周長P_h cm		154.92			7
斷面尺寸檢核(扭矩)	判斷項1	37.635	判斷項2	37.692	<= 斷面尺寸OK	8
斷面尺寸檢核(剪力)	判斷項1	11.277	判斷項2	72.538	<= 斷面尺寸OK	9
設計剪力V_u t	25.00			設計扭矩T_u t-m	4.50	10
標稱剪力V_n t	29.41			標稱扭矩T_n t-m	5.29	11
混凝土剪力強度V_c t	18.135	採用==>	開裂扭距T_{cr} t-m	4.342	12
剪力鋼筋強度V_s t	11.277		可忽略扭矩之上限強度t-m	1.086	13
剪力肋筋量cm²/cm/2支	0.0525		扭矩橫向肋筋量cm²/cm/支	0.0498	14
剪力肋筋最大間距 cm	25		扭矩橫向肋筋最大間距 cm	19	15
抗扭抗剪肋筋量 cm²/cm/支	0.0761	間距 cm	16	鋼筋號	#4(D13)	16
抗扭剪閉合肋筋需要的鋼筋量 cm²	0.5333	抗扭剪閉合肋筋提供的鋼筋量 cm²	2.5340	17
抗扭縱向鋼筋最少量 cm²	4.9988		抗扭鋼筋最少須用鋼筋號	#5(D16)	18
抗扭縱向鋼筋需要量 cm²	7.7184	<==採用	排置層數	3	19

圖 6-10-10

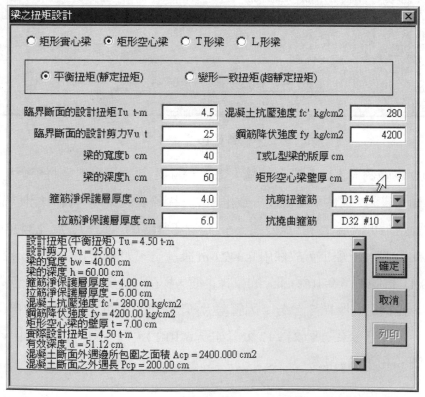

圖 6-10-11

Chapter 6

圖 6-10-12

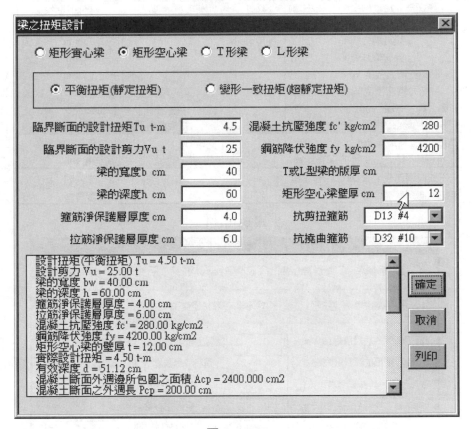

圖 6-10-13

　　圖 6-10-15 為範例 6-9-2(甲)部分的輸入畫面，圖 6-10-16 則為其輸出報表。圖 6-10-17 為範例 6-9-2(乙)部分的輸入畫面，圖 6-10-18 則為其輸出報表。範例 6-9-2(甲)部分與(乙)部分除了扭矩性質差異外，斷面性質及載重量均相同。構件承受 3.0t-m 的平衡扭矩，當然以 3.0t-m 設計之；但如構件承受變位一致扭矩 T_u，則因開裂後其內力再分配使構材之扭矩減少，最大設計扭矩可減為 T_{u2}(計算公式 6-6-1)。本例計算所得之 T_{u2} 為 3.518t-m，因為 T_{u2} 較指定的 3.0t-m 設計扭矩大，故仍採用 3.0t-m 設計之，如圖 6-10-18 之第 12 行。

矩形空心梁 平衡扭矩設計							1
梁高cm	60.00	梁腰寬cm	40.00	梁翼寬cm	40.00	空梁壁厚cm 12.00	2
有效深度d cm	51.12	肋筋保護層厚度 cm		4.00	拉壓筋保護層厚度cm	6.00	3
混凝土抗壓強度 kg/cm²	280.00				鋼筋降伏強度 kg/cm²	4200.00	4
混凝土斷面面積A$_{CP}$ cm²	2400.00				混凝土斷面周長 P$_{cp}$ cm	200.00	5
最外閉合橫向肋筋中心線包圍面積A$_{0h}$ cm²			1436.01	剪力流徑包圍面積A$_0$ cm²	1220.61		6
最外閉合橫向肋筋中心線包圍周長P$_h$ cm			154.92				7
斷面尺寸檢核(扭矩)	判斷項1	32.112	判斷項2	37.692	<= 斷面尺寸OK		8
斷面尺寸檢核(剪力)	判斷項1	11.277	判斷項2	72.538	<= 斷面尺寸OK		9
設計剪力V$_u$ t	25.00	採用==>			設計扭矩T$_u$ t-m	4.50	10
標稱剪力V$_n$ t	29.41				標稱扭矩 T$_n$ t-m	5.29	11
混凝土剪力強度V$_c$ t	18.135				開裂扭距 T$_{cr}$ t-m	4.342	12
剪力鋼筋強度 V$_s$ t	11.277				可忽略扭矩之上限強度 t-m	1.086	13
剪力肋筋量 cm²/cm/2支	0.0525				扭矩橫向肋筋量cm²/支	0.0516	14
剪力肋筋最大間距 cm	25				扭矩橫向肋筋最大間距 cm	19	15
抗扭抗剪肋筋量 cm²/cm/支	0.0779		間距 cm	16	鋼筋號	#4(D13)	16
抗扭剪閉合肋筋需要的鋼筋量 cm²		0.5333	抗扭剪閉合肋筋提供的鋼筋量 cm²			2.5340	17
抗扭縱向鋼筋最少量 cm²	4.7181				抗扭鋼筋最少須用鋼筋號	#5(D16)	18
抗扭縱向鋼筋需要量 cm²	7.9992	<==採用			排置層數	3	19

圖 6-10-14

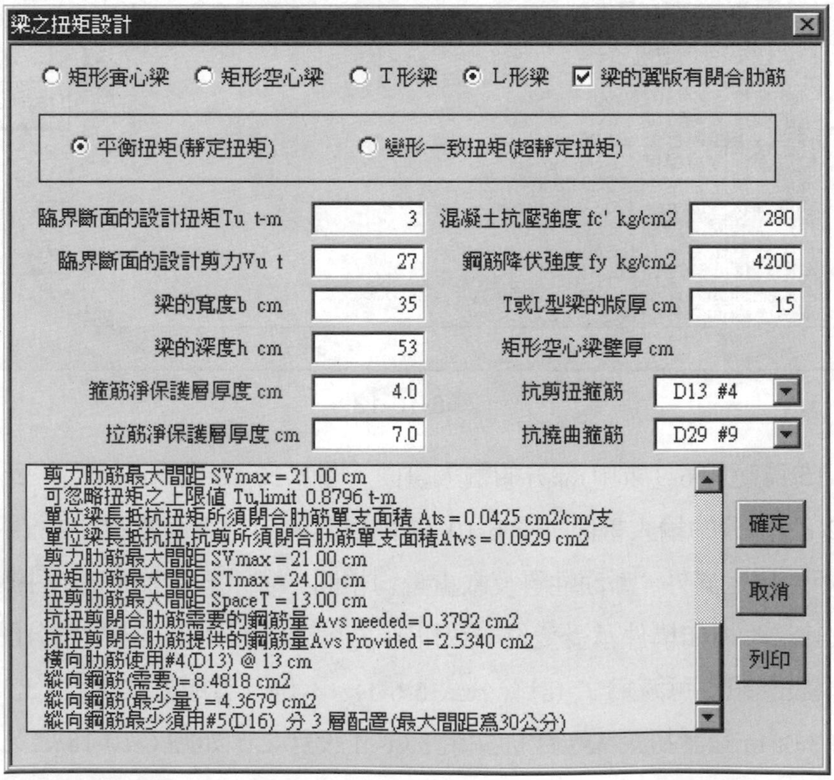

圖 6-10-15

Chapter 6

L型梁 (翼版有閉合肋筋) 平衡扭矩設計							1
梁高cm	53.00	梁腰寬cm	35.00	梁翼寬cm	73.00	梁版厚度cm	15.00	2
有效深度d cm	43.30	肋筋保護層厚度 cm	4.00	拉壓筋保護層厚度cm		7.00	3
混凝土抗壓強度 kg/cm²	280.00			鋼筋降伏強度 kg/cm²		4200.00	4
混凝土斷面面積A$_{CP}$ cm²	2425.00			混凝土斷面周長 P$_{cp}$ cm		252.00	5
最外閉合橫向肋筋中心線包圍面積A$_{0h}$ cm²		1161.97	剪力流徑包圍面積A$_0$ cm²		987.68		6
最外閉合橫向肋筋中心線包圍周長P$_h$ cm		199.38					7
斷面尺寸檢核(扭矩)	判斷項1	31.568	判斷項2	37.692	<= 斷面尺寸OK		8
斷面尺寸檢核(剪力)	判斷項1	18.326	判斷項2	53.755	<= 斷面尺寸OK		9
設計剪力V$_u$ t	27.00	採用==>		設計扭矩T$_u$ t-m		3.00	10
標稱剪力V$_n$ t	31.76			標稱扭矩 T$_n$ t-m		3.53	11
混凝土剪力強度 V$_c$ t	13.439			開裂扭矩 T$_{cr}$ t-m		3.518	12
剪力鋼筋強度 V$_s$ t	18.326			可忽略扭矩之上限強度 t-m		0.880	13
剪力肋筋量cm²/cm/2支	0.1008			扭矩橫向肋筋量cm²/cm/支		0.0425	14
剪力肋筋最大間距 cm	21			扭矩橫向肋筋最大間距 cm		24	15
抗扭抗剪肋筋量 cm²/cm/支	0.0929	間距 cm	13	鋼筋號	#4(D13)		16
抗扭剪閉合肋筋需要的鋼筋量 cm²	0.3792	抗扭剪閉合肋筋提供的鋼筋量 cm²		2.5340			17
抗扭縱向鋼筋最少量 cm²	4.3679			抗扭鋼筋最少須用鋼筋號		#5(D16)	18
抗扭縱向鋼筋需要量 cm²	8.4818	<==採用		排置層數		3	19

圖 6-10-16

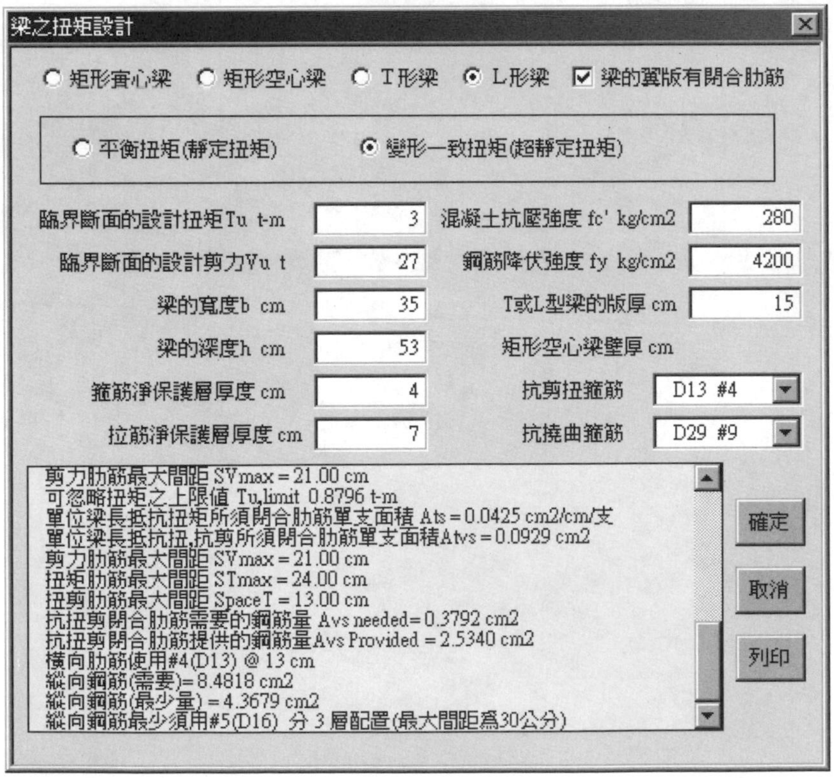

圖 6-10-17

L型梁 (翼版有閉合肋筋) 變位一致扭矩設計							1
梁高cm	53.00	梁腰寬cm	35.00	梁翼寬cm	73.00	梁版厚度cm 15.00	2
有效深度d cm	43.30	肋筋保護層厚度 cm		4.00		拉壓筋保護層厚度cm 7.00	3
混凝土抗壓強度 kg/cm^2	280.00					鋼筋降伏強度 kg/cm^2 4200.00	4
混凝土斷面面積A$_{CP}$ cm^2	2425.00					混凝土斷面周長 P$_{cp}$ cm 252.00	5
最外閉合橫向肋筋中心線包圍面積A$_{0h}$ cm^2			1161.97	剪力流徑包圍面積A$_0$ cm^2		987.68	6
最外閉合橫向肋筋中心線包圍周長P$_h$ cm			199.38				7
斷面尺寸檢核(扭矩)	判斷項1	31.568	判斷項2	37.692	<= 斷面尺寸OK		8
斷面尺寸檢核(剪力)	判斷項1	18.326	判斷項2	53.755	<= 斷面尺寸OK		9
設計剪力V$_u$ t	27.00	採用==>		設計扭矩T$_u$ t-m		3.00	10
標稱剪力V$_n$ t	31.76			標稱扭矩 T$_n$ t-m		3.53	11
混凝土剪力強度 V$_c$ t	13.439			開裂扭距 T$_{cr}$ t-m		3.518	12
剪力鋼筋強度 V$_s$ t	18.326			可忽略扭矩之上限強度 t-m		0.880	13
剪力肋筋量cm^2/cm/2支	0.1008			扭矩橫向肋筋量cm^2/cm/支		0.0425	14
剪力肋筋最大間距 cm	21			扭矩橫向肋筋最大間距 cm		24	15
抗扭抗剪肋筋量 cm^2/cm/支	0.0929		間距 cm	13	鋼筋號	#4(D13)	16
抗扭剪閉合肋筋需要的鋼筋量 cm^2	0.3792		抗扭剪閉合肋筋提供的鋼筋量 cm^2			2.5340	17
抗扭縱向鋼筋最少量 cm^2	4.3679		抗扭鋼筋最少須用鋼筋號			#5(D16)	18
抗扭縱向鋼筋需要量 cm^2	8.4818	<==採用	排置層數			3	19

圖 6-10-18

Chapter **7**

構材之適用性

■ 7-1 導 論

建築結構物主要目的是提供一個安全、舒適的居住或辦公環境。極限狀態(limit state)是一種描述結構物適用性的觀念；當結構物的全部或部份構件無法於使用時滿足其原先設計時的使用目的，稱此結構物已達極限狀態。極限狀態可分為強度極限狀態(strength limit state)與使用性極限狀態(serviceability limit state)。強度極限狀態係描述當結構物承受到其極限強度容量而瀕臨破壞時的載重狀態；使用性極限狀態係指在正常載重作用下，所產生影響住戶使用及安全感的裂紋(cracks)、撓度(deflections)、震動(vibrations)、混凝土變質或鋼筋腐蝕等的極限狀態。現行的鋼筋混凝土設計規範對於強度極限狀態有非常詳細明確的設計規定供設計者遵循；設計者依據建築物使用目的推估載重資料，再根據設計規範設計之，因此結構物均可在強度極限狀態內使用之，即使有混凝土的潛變(creep)與乾縮(shrinkage)，結構物雖有裂紋或撓度，但尚不至於倒塌。但由於近年來鋼筋混凝土強度設計法的盛行及高強度的鋼筋與混凝土的使用，使結構構件的尺寸變為纖細，亦使結構構件的撓度問題受到學界與業界的重視。設計規範也隨著各項試驗與研究的成果，而逐步採用融入。

結構物構件的撓度(deflections)對於結構物的使用影響甚大；梁或樓版的過度撓度，將使樓版微陷而積水、門框、窗框變形而無法使用、磁磚脫落、甚至損傷結構物的外觀而使住戶心生恐懼。構件的裂紋(cracks)也會產生不安全感，實質上也可能使鋼筋暴露而腐蝕。這些裂紋或撓度雖然在外觀上或使用上造成不便，但都尚在強度極限狀態以內工作中。這些無傷的撓度及裂紋若能依據規範對於撓度及裂紋加以計算與控制，則可使設計工作更臻完美。

■ 7-2 撓度控制

規範規定「鋼筋混凝土之受撓構材，應有足夠之勁度以防止在使用載重下產生足以影響結構強度或使用性能之撓度或變形」。減少受撓構材撓度的最好辦法是增加構材的厚度(即樓版的厚度或梁的深度)以提昇構材的勁度，但結構工程師常受經濟上或外觀上的考量而設計出纖細的構材。規範對於撓度控制的方法有如下的二種：

1. 控制受撓構材的最小厚度。
2. 控制最大容許的計算撓度。

7-2-1　受撓構材的最小厚度

規範規定受撓構材之最小厚度如下表，以保證撓度對結構物的使用無不良影響。

	最小厚度或深度　cm			
	簡支	一端連續	兩端連續	懸臂
單向版	$l/20$	$l/24$	$l/28$	$l/10$
梁或單向肋版	$l/16$	$l/18.5$	$l/21$	$l/8$

使用說明：

1. 本表適用於單向構造不支承或不連繫於因其較大撓度而易受破壞之隔間或其他構造物者。但由撓度計算證明用更小厚度無不良影響時，則不在此限。
2. 表中跨度及最小厚度或深度均以公分 cm 計。l 指梁式單向版之跨度。
3. 本表適用於常重混凝土($w_c = 2.3\text{t/m}^3$)及($f_y = 4{,}200\text{kg/cm}^2$)非預力構材。

輕質混凝土之單位重量 w_c 在 $1.4\text{t/m}^3 \sim 1.9\text{t/m}^3$ 之間者，表值則須乘以$(1.65 - 0.315w_c)$，但不得小於 1.09。

鋼筋之規定降伏強度 f_y 不等於 $4{,}200\text{kg/cm}^2$ 時，最小厚度或深度的表值須乘以 $(0.4 + f_y/7{,}000)$。

7-2-2　最大容許計算撓度

設計者如未依規定的最小厚度或深度設計受撓構材，則須依照彈性力學之方法與公式計算撓度，所得撓度不得大於下表的容許計算撓度值，以保證撓度對結構物的使用無不良影響。

　　表中所謂「非結構體」係指非為結構安全所必備之構件，如門、窗、櫃、天花板、管路、磁磚及其他為生活或工作上方便等易因變形而致失去其原有功能之構材。這些非結構體如不與梁或單向構材連繫或支承，則梁或單向構材的撓度並不會影響非結構體的使用，其最大容許撓度可以稍大；反之，則梁或單向構材的撓度必須受更嚴格的限制。

構材形式	考慮之撓度	撓度值限制
平屋頂，不支承或不連繫於因其較大撓度而易遭破壞之非結構體者	因活載重所產生之即時撓度	$l/180$ ①
樓版，不支承或不連繫於因其較大撓度而易遭破壞之非結構體者	因活載重所產生之即時撓度	$l/360$
屋頂或樓版，支承或連繫於因其較大撓度而易遭破壞之非結構體者	與非結構體連繫後所增之撓度(持續載重之長期撓度與任何增加活載重之即時撓度之和④)	$l/480$ ②
屋頂或樓版，支承或連繫於不因其較大撓度而易遭破壞之非結構體者		$l/240$ ③

①本限制並未計及屋頂積水，積水之情況必須經過適宜之撓度計算，同時必須考慮持續載重、拱度、施工誤差，以及排水設施之可靠性所產生之長期影響。
②支承或連繫之構體，若已有適宜之措施預防破壞時，可超過本值。
③本值不得大於非結構體之容許限度，如設有拱度時，可超過本值。但總撓度扣除拱度後，不得超過本值。
④與非結構體連繫前之撓度可予扣減，扣減值可按類似構材之時間—撓度特性曲線估算之。

　　拱度(cambering)也是撓度控制的方法之一；在構件設計時，就預期載重作用下可能產生的撓度，設計構件的形狀使與載重方向相反的方向上有一拱起的拱度，以便實際承受載重後的實際撓度抵消之，達到構件平直的目的與效果。圖 7-2-1(a)為一設有拱度的鋼筋混凝土梁，承受載重後的撓度抵消原設的拱度，使梁成為一平直的梁，如圖 7-2-1(b)。

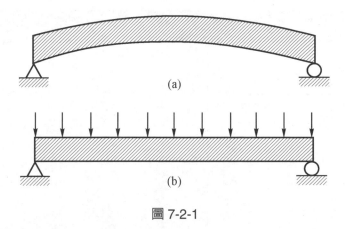

圖 7-2-1

7-3　撓度計算

　　因載重作用而產生之即時撓度，應以彈性力學之方法與公式計算之，並應考慮裂紋及鋼筋對勁度之影響。圖 7-3-1 所示為梁在各種端點束制情況下，其跨度中央或自由端點的撓度計算公式。

梁的各種端點束制情況	撓度計算公式	撓度位置
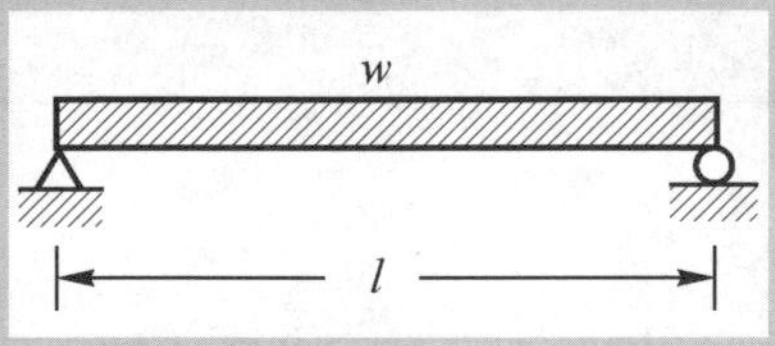 w l	$\dfrac{5wl^4}{384EI}$	中央
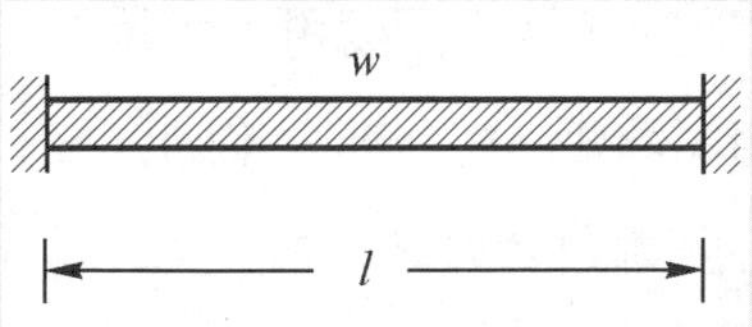 w l	$\dfrac{wl^4}{384EI}$	中央
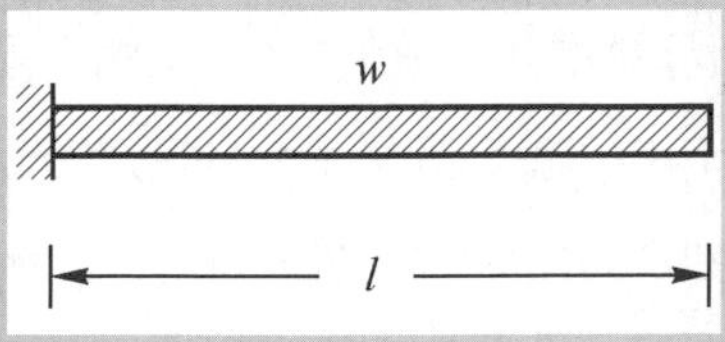 w l	$\dfrac{wl^4}{8EI}$	自由端

圖 7-3-1

梁的各種端點束制情況	撓度計算公式	撓度位置
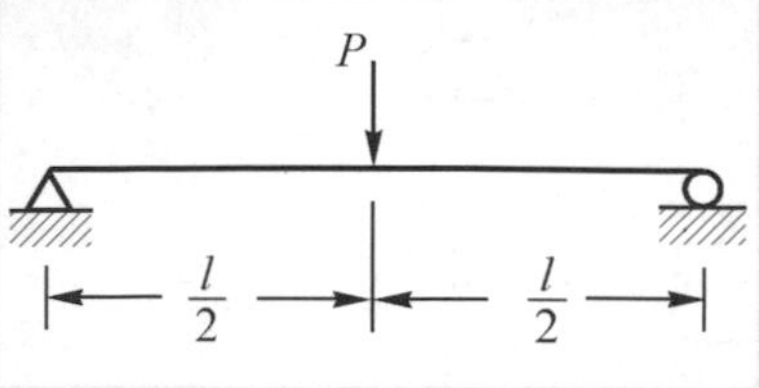	$\dfrac{Pl^3}{48EI}$	中央
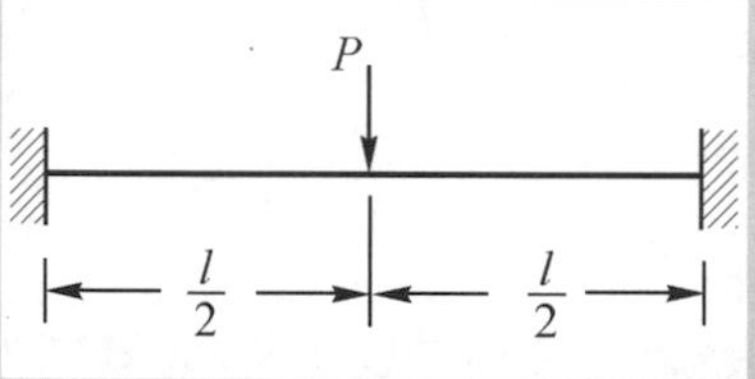	$\dfrac{Pl^3}{192EI}$	中央
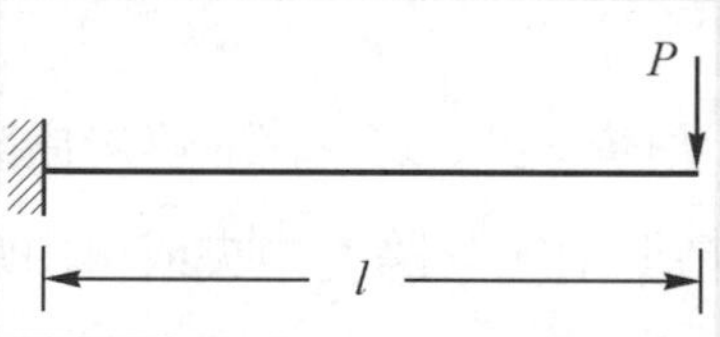	$\dfrac{Pl^3}{3EI}$	自由端
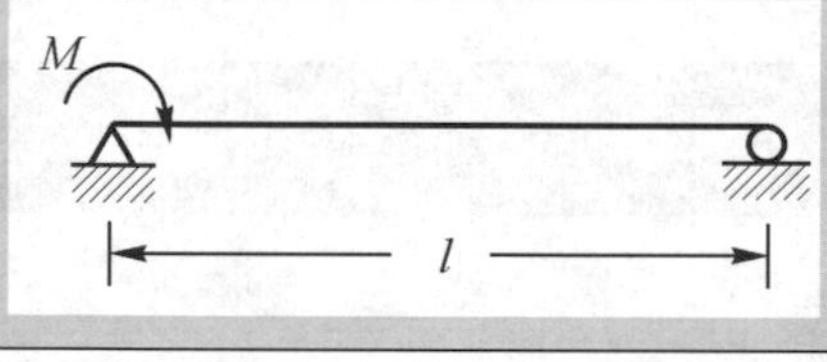	$\dfrac{Ml^2}{16EI}$	中央

圖 7-3-1　(續)

　　由撓度計算公式可知,撓度與載重及跨度的三次方成正比,與梁的勁度(EI)成反比。慣性矩 I 又與受撓構材的深度三次方成正比,因此增加受撓構材的深度可大大地提昇梁的勁度,因而減少撓度。如果梁承受的彎矩小於該梁的開裂彎矩 M_{cr},則因梁斷面受拉區的混凝土尙未開裂而能承受拉力,故其慣性矩可以該梁的全斷面計算之,稱爲 I_g。當梁承受到開裂彎矩大小的彎矩時,則梁斷面因受拉區的混凝土開裂而使中性軸往壓力區移動,減小梁的有效斷面,其慣性矩(稱爲 I_{cr})亦因而降低,撓度因而增加。圖 7-3-2(a)所示爲一全跨斷面相同的簡支梁承受均佈載重;圖 7-3-2(b)爲其彎矩分布圖;圖 7-3-2(c)爲承受大於或等於開裂彎矩處所產生的裂紋;圖 7-3-2(d)爲因部份開裂而使梁的有效斷面減小的情形。這些斷面的減小尙受諸如剪力、扭矩的影響,因此有效斷面的判定或其有效慣性矩(I_e)的計算均相當複雜與不確定。

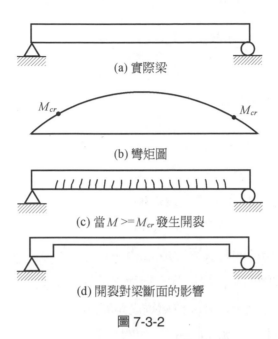

(a) 實際梁

(b) 彎矩圖

(c) 當 $M >= M_{cr}$ 發生開裂

(d) 開裂對梁斷面的影響

圖 7-3-2

　　規範對於受撓構材撓度計算分為即時撓度(instantaneous or immediate deflections)及長期撓度(long-term deflections)；即時撓度乃依彈性力學之方法與公式以有效勁度計算所得的撓度；長期撓度乃混凝土經由潛變及乾縮所引起的撓度增值。根據許多的試驗與研究，有效勁度($E_c I_e$)的計算規定如下：

7-3-1　混凝土彈性模數 E_c

　　混凝土之彈性模數 E_c 定為

$$E_c = w_c^{1.5} \, 4{,}270\sqrt{f_c^{'}} \tag{7-3-1}$$

　　式中 w_c 為混凝土之單位重，適用範圍為 1.5 至 2.5t/m³；常重混凝土 w_c 以 2.3t/m³ 計時，$E_c = 15{,}000\sqrt{f_c^{'}}$ kg/cm² 。

7-3-2　有效慣性矩 I_e

　　有效慣性矩 I_e 應依下式計算，但不得大於全斷面的慣性矩 I_g 。

$$I_e = \left(\frac{M_{cr}}{M_a}\right)^3 I_g + \left[1 - \left(\frac{M_{cr}}{M_a}\right)^3\right] I_{cr} \tag{7-3-2}$$

式中　　M_{cr} 為開裂彎矩

$$M_{cr} = f_r \frac{I_g}{y_t} \tag{7-3-3}$$

M_a 為計算撓度時所用的最大彎矩(kg-cm)。

I_g 為總斷面對其中心軸之慣性矩(cm^4)。

I_e 為用以計算撓度的有效慣性矩(cm^4)。

I_{cr} 為構材開裂斷面轉換成混凝土斷面之慣性矩；(cm^4)。

y_t 為總斷面中心軸至最外受拉纖維之距離(cm)。

f_r 為混凝土的開裂模數(kg/cm^2)，相關公式如下表：

混凝土種類	說明		f_r 之公式
常重混凝土			$f_r = 2.0\sqrt{f_c'}$
輕質混凝土	f_{ct} 已予規定		$f_r = \dfrac{2.0 f_{ct}}{1.8} \le 2.0\sqrt{f_c'}$
	f_{ct} 未予規定	全輕質混凝土	$f_r = 0.75 \times 2.0\sqrt{f_c'}$
		常重砂輕質混凝土	$f_r = 0.85 \times 2.0\sqrt{f_c'}$
		介於以上兩者間之含有部份輕質骨材之混凝土	可以內插法定之

　　連續跨度構材之有效慣性矩，先依公式(7-3-2)計算正負臨界彎矩斷面處之有效慣性矩 I_e 後取其平均值。若為均勻斷面構件、連續或簡支時可取跨度中央之 I_e 為其有效慣性矩；懸臂時則取支承處之 I_e 為其有效慣性矩。

構材承受最大彎矩 M_a 後，如果 M_a 未超過 M_{cr}，則因斷面並未開裂而使有效慣性矩 I_e 等於總斷面的慣性矩 I_g；如果 M_a 超過 M_{cr}，則因斷面已經開裂而使有效慣性矩 I_e 小於總斷面的慣性矩 I_g。因為混凝土斷面一旦開裂，即無法復合，因此其有效慣性矩 I_e 不可能因為減低載重(M_a 亦隨之減低)而再回復到 I_g。

觀察圖 7-3-3 知，如果 $M_a/M_{cr} < 1$，可取 $I_e = I_g$；如果 $M_a/M_{cr} > 3$，可取 $I_e = I_{cr}$；如果 $1 \leq M_a/M_{cr} \leq 3$，才依公式(7-3-2)計算有效慣性矩 I_e 應不致有誤。

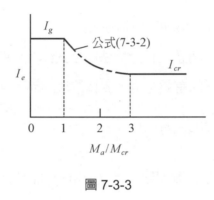

圖 7-3-3

7-3-3　開裂慣性矩 I_{cr}

開裂慣性矩 I_{cr} 為構材開裂斷面轉成混凝土斷面之慣性矩(cm^4)。易言之，開裂慣性矩 I_{cr} 為當受撓構材承受大於開裂彎矩 M_{cr} 後，因受拉區混凝土產生裂縫而失去承拉能力時，斷面中性軸以上為承壓的有效區域，而拉力鋼筋的等值混凝土斷面(nA_s)則為承拉的有效區域；這些有效區域對於中性軸的慣性矩稱為開裂慣性矩 I_{cr}。

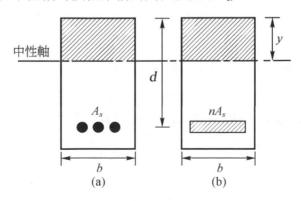

圖 7-3-4

圖 7-3-4(a)為一梁寬為 b，有效深度 d，抗拉鋼筋面積為 A_s 的矩形梁；承受載重而開裂後的中性軸距梁頂的距離為 y，抗拉鋼筋轉換成等值混凝土的面積為 nA_s，如圖 7-3-4(b)。依據受壓混凝土面積(by)對中性軸的面積矩等於鋼筋轉換斷面(nA_s)對中性軸的面積矩相等的原理，可得：

$$(by)\frac{y}{2} = nA_s(d-y) \tag{7-3-4}$$

解一元二次方程式可得中性軸距梁頂的距離 y。

中性軸距梁頂的位置 y 亦可依工作應力法如公式(7-3-5)推算之。其中 n 為鋼筋與混凝土的彈性模數比，d 為矩形梁的有效深度，ρ 為抗拉鋼筋比。

$$y = kd = \left(\sqrt{(n\rho)^2 + 2n\rho} - n\rho\right)d \tag{7-3-5}$$

中性軸位置確定後，又依據開裂慣性矩 I_{cr} 為構材開裂斷面轉成混凝土斷面對中性軸之慣性矩，得

$$開裂慣性矩 I_{cr} = \frac{by^3}{3} + nA_s(d-y)^2 \tag{7-3-6}$$

公式(7-3-4)、(7-3-5)、(7-3-6)均僅適用於矩形梁，其它形狀的梁則須依據中性軸及開裂慣性矩的定義求算之，如範例 7-3-2。

範例 7-3-1

圖 7-3-5 為一全輕質鋼筋混凝土梁斷面，梁寬為 25cm，梁深為 50cm，有效深度為 44cm，排置三根#8 號拉力鋼筋(A_s=15.16cm²)，設混凝土的抗壓強度 f_c' 為 280kg/cm²，鋼筋的降伏強度 f_y 為 4,200kg/cm²，彈性模數比 n 為 8，試求該斷面的開裂彎矩 M_{cr} 及開裂慣性矩 I_{cr}。

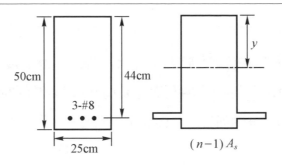

圖 7-3-5

求全斷面的慣性矩 I_g 為

$$I_g = \frac{bh^3}{12} = \frac{25 \times 50^3}{12} = 260416.667 \text{cm}^4$$

全輕質混凝土的開裂模數 $f_r = 0.75 \times 2.0 \times \sqrt{280} = 25.10 \text{kg/cm}^2$

開裂彎矩 $M_{cr} = f_r \frac{I_g}{y_t} = 25.10 \times \frac{260416.667}{25} = 261458.33 \text{kg-cm}$

拉力鋼筋比 $\rho = \frac{15.16}{25 \times 44} = 0.01378$

$$n\rho = 8 \times 0.01378 = 0.11024$$

中性軸位置 $y = kd = \left(\sqrt{(n\rho)^2 + 2n\rho} - n\rho \right) d$　(僅適用於單筋矩形梁)

$$y = \left(\sqrt{(0.11024)^2 + 2 \times 0.11024} - 0.11024 \right) \times 44 = 16.371 \text{cm}$$

開裂慣性矩 $I_{cr} = \frac{by^3}{3} + nA_s(d-y)^2$

$$\therefore I_{cr} = \frac{25 \times 16.371^3}{3} + 8 \times 15.16 \times (44 - 16.371)^2 = 129143.715 \text{cm}^4$$

範例 7-3-2

圖 7-3-6 為一常重鋼筋混凝土 T 形斷面梁，設鋼筋的降伏強度 f_y 為 4,200 kg/cm^2，混凝土的抗壓強度 f_c' 為 210kg/cm^2，彈性模數比 n 為 9，試求該斷面的開裂彎矩 M_{cr} 及開裂慣性矩 I_{cr}。(每根#10 號鋼筋的面積為 8.14cm^2)？

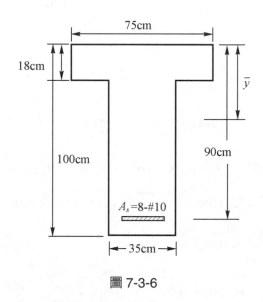

圖 7-3-6

設 T 形斷面形心距 T 形頂面的距離為 $\bar{y}$，則

$$\bar{y} = \frac{75 \times 18 \times 9 + (100 - 18) \times 35 \times (18 + (100 - 18)/2)}{75 \times 18 + (100 - 18) \times 35} = 43\text{cm}$$

求全斷面的慣性矩 I_g 為

$$I_g = \frac{75 \times 18^3}{12} + 75 \times 18 \times (43 - 18/2)^2 + \frac{35 \times (100 - 43)^3}{3} + \frac{35 \times (43 - 18)^3}{3}$$
$$= 36450 + 1560600 + 2160585 + 182292$$
$$= 3939927\,\text{cm}^4$$

常重混凝土的開裂模數 $f_r = 2.0 \times \sqrt{210} = 28.983\text{kg/cm}^2$

開裂彎矩 $M_{cr} = f_r \dfrac{I_g}{y_t} = 28.983 \times \dfrac{3939927}{(100 - 43)} = 2003332\,\text{kg-cm}$

設開裂後 T 形梁斷面中性軸距 T 形頂面的距離為 y，則運用受壓混凝土面積(by)對中性軸的面積矩等於鋼筋轉換斷面(nA_s)對中性軸的面積矩相等的原理，可得：

$$75 \times 18 \times (y - 18/2) + 35 \times (y - 18)\frac{(y-18)}{2} = 9 \times 8 \times 8.14 \times (90 - y)$$

$$17.5y^2 + 1306.08y - 59227.2 = 0 \text{，解得 } y = 31.8\text{cm}$$

開裂慣性矩 I_{cr} 為，

$$I_{cr} = \frac{75 \times 18^3}{12} + 75 \times 18 \times (y - 18/2)^2 + \frac{35 \times (y - 18)^3}{3} + 9 \times 8 \times 8.14 \times (90 - y)^2$$

$$= 36450 + 1350 \times (31.8 - 9)^2 + \frac{35 \times (31.8 - 18)^3}{3} + 586.08 \times 31.8^2$$

$$= 36450 + 701784 + 30660.84 + 1985193.62 = 2754089 \text{cm}^4$$

7-3-4　即時撓度

如果計算撓度時所用的最大彎矩 M_a(kg-cm)小於該斷面的開裂彎矩，則以總斷面的慣性矩 I_g 帶入撓度計算公式即得該構材的即時撓度；如果計算撓度時所用的最大彎矩 M_a(kg-cm)大於或等於該斷面的開裂彎矩，則以依公式(7-3-2)計算的有效慣性矩 I_e 帶入撓度計算公式即得該構材的即時撓度。

7-3-5　長期撓度

結構物承受長期載重會因混凝土的潛變及乾縮引起即時撓度的增量，即為長期撓度。影響長期撓度的因素很多；諸如濕度、溫度、養護、壓力鋼筋量、應力應變比及建物啟用時間等。實驗數據顯示，當混凝土澆灌後 7 至 10 天即以工作載重使用時，其五年後的應變約為啟用時應變的 4 到 5 倍；假使於混凝土澆灌後 3 到 4 個月才啟用，則這些比例減到 2 或 3 倍。因為影響長期撓度增量的因數很多，若無合理之分析方法計算長期撓度時，規範規定由潛變及乾縮所引起長期撓度之增值，可由持續載重計得的即時撓度乘以下列因數 λ 得之

$$\lambda = \frac{\xi}{1 + 50\rho'} \qquad\qquad (7\text{-}3\text{-}7)$$

公式(7-3-7)適用於常重及輕質混凝土。式中之 ρ' 是考量受壓鋼筋比($\rho' = A_s'/bd$)對長期撓度影響的因素； 於簡支或連續梁時取跨度中央之 ρ' 值，懸臂梁時取支承處之 ρ' 值。時間效應因數 ξ 之值如下：非表列的時間因數，可依時間進行內插法定之。

時間	時間效應因數 ξ
1 個月	0
2 個月	0.8
3 個月	1
6 個月	1.2
12 個月	1.4
18 個月	1.6
24 個月	1.7
30 個月	1.75
36 個月	1.8
48 個月	1.9
5 年或以上	2

7-3-6　撓度計算步驟

構材承載後撓度的計算係根據構材的材質(如混凝土單位重、混凝土彈性模數、鋼筋彈性模數、混凝土開裂模數、混凝土抗壓強度及鋼筋降伏強度)、構材斷面及載重等要素。其計算步驟如下：

1. 依據構材斷面計得總斷面對其中心軸之慣性矩 I_g ，構材開裂斷面轉換成混凝土斷面之開裂慣性距 I_{cr} 。

2. 計算斷面開裂彎矩 M_{cr}。

3. 由構材承受載重推算撓度計算時所用之最大彎矩 M_a。

4. 推算計算時之有效慣性矩 I_e；如果 M_a 小於或等於 M_{cr} 則取 $I_e=I_g$；如果 M_a 大於 M_{cr}，則依公式(7-3-2)計算 I_e。

5. 依據有效慣性矩 I_e 及該構材的彈性撓度公式(詳圖 7-3-1，如承受均佈載重 w 之簡支梁的梁中央撓度為 $\dfrac{5wl^4}{384EI_e}$)計算撓度。

　　構材服役中可能承受各種不同的載重；如必然的靜載重，不同程度的活載重及服役一段時間後再增加的載重等。計算不同載重或額外增加載重所造成撓度的變化計算，應依據下列原則與步驟計算之。

原則

1. 活載重或額外載重無法單獨存在；因為只有當靜載重存在才有實體構材可以承擔活載重或額外載重。

2. 計算活載重或額外載重所造成的撓度，須先計算包括靜載重所造成的總撓度再減去靜載重的撓度。

3. 均佈載重或集中載重僅影響計算撓度的彈性公式，而不影響計算步驟。

　　今假設有一承受持續均佈載重 w 的簡支梁，若 3 年後該簡支梁的跨度中央再承受一集中載重 P，則集中載重加載時的撓度計算步驟如下：

步驟

1. 計算由均佈靜載重 w 所引起的即時撓度 Δ_{iw}。

2. 計算由均佈靜載重 w 所引起的長期撓度增加量 Δ_{tw}。

$$\Delta_{tw} = \lambda\Delta_{iw}$$

3. 計算由均佈靜載重 w 所引起的總撓度 Δ_w。

$$\Delta_w = \Delta_{iw} + \Delta_{tw}$$

4. 計算由均佈靜載重 w 與集中載重 P 所引起的即時撓度 $\Delta_{i(w+P)}$。因爲載重增加而增加計算撓度時所用的最大彎矩 M_a，可能減小斷面的有效慣性矩 I_e，而致撓度增加。

5. 計算因集中載重 P 所引起的即時撓度 Δ_{ip}

$$\Delta_{ip} = \Delta_{i(w+P)} - \Delta_{iw}$$

6. 計算持續載重及增加集中載重 P 時的總撓度

$$\Delta = \Delta_w + \Delta_{ip}$$

範例 7-3-3

圖 7-3-7 爲一常重簡支鋼筋混凝土梁斷面，梁長度爲 7m，梁寬爲 30cm，梁深爲 60cm，有效深度爲 52cm，排置三根#10 號拉力鋼筋，每根#10 號鋼筋斷面積爲 8.14cm²；設混凝土的抗壓強度 f_c' 爲 280kg/cm²，混凝土單位重爲 2.3 t/m³，鋼筋的降伏強度 f_y 爲 2,800kg/cm²，彈性模數比 n 爲 9，試求該梁 1.承受含自重 0.8 t/m 均佈載重及 2.承受含自重 1.5 t/m 均佈載重的跨度中央即時撓度及 5 年後的總撓度。

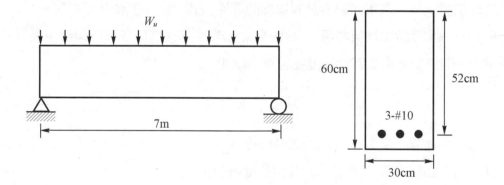

圖 7-3-7

1. 承受含自重 0.8 t/m 均佈載重部份

   (1) 計算總斷面相關常數

   混凝土彈性模數 $E_c = 4270 w_c^{1.5} \sqrt{f_c'}$

   $E_c = 4270 w_c^{1.5} \times \sqrt{f_c'} = 4270 \times 2.3^{1.5} \times \sqrt{280} = 249229 \text{kg/cm}^2$

總斷面慣性矩　$I_g = \dfrac{bh^3}{12} = \dfrac{30 \times 60^3}{12} = 540000\,cm^4$

設斷面中性軸距受壓面緣的距離為 y，則

$(by)\dfrac{y}{2} = nA_s(d-y)$ 即 $(30 \times y)\dfrac{y}{2} = 9 \times 3 \times 8.14 \times (52-y)$

解　$15y^2 + 219.78y - 11428.56 = 0$　得　$y=21.23\,cm$

開裂慣性矩 $I_{cr} = \dfrac{by^3}{3} + nA_s(d-y)^2$ 所以

$I_{cr} = \dfrac{30 \times 21.23^3}{3} + 9 \times 3 \times 8.14 \times (52-21.23)^2 = 303772.49 cm^4$

混凝土開裂模數 $f_r = 2.0\sqrt{f_c^{'}} = 2.0 \times \sqrt{280} = 33.466 kg/cm^2$

開裂彎矩 $M_{cr} = \dfrac{f_r I_g}{y_t} = \dfrac{33.466 \times 540000}{30} = 602388 kg\text{-}cm = 6.02388 t\text{-}m$

(2) 計算載重導致的撓度

撓度計算時所用的最大彎矩 $M_a = \dfrac{wl^2}{8} = \dfrac{0.8 \times 7^2}{8} = 4.9 t\text{-}m$

因 $M_a(=4.9\text{t-m}) < M_{cr}(=6.02388\text{t-m})$，故斷面並未開裂，所以

有效慣性矩 $I_e = I_g = 540000 cm^4$

簡支梁跨中央的即時撓度

$\Delta_{iw} = \dfrac{5wl^4}{384 E_c I_e} = \dfrac{5 \times 0.8 \times 1000/100 \times 700^4}{384 \times 249229 \times 540000} = 0.1858 cm$

因未設置抗壓鋼筋，以 $\rho^{'} = 0$ 求

承載五年時撓度增加量修正因數 $\lambda = \dfrac{2.0}{1 + 50 \times 0} = 2.0$

承載 0.8 t/m 均佈載重五年的撓度增加量為

$\Delta_{tw} = \lambda \Delta_{iw} = 2 \times 0.1858 = 0.3716 cm$

故承載五年的總撓度為

$\Delta_w = \Delta_{iw} + \Delta_{tw} = 0.1858 + .03716 = 0.5574 cm$

2. 承受含自重 1.5 t/m 均佈載重部份

(1) 計算總斷面相關常數

混凝土彈性模數 $E_c = 4270 w_c^{1.5} \sqrt{f_c^{'}}$

$E_c = 4270 w_c^{1.5} \times \sqrt{f_c^{'}} = 4270 \times 2.3^{1.5} \times \sqrt{280} = 249229 kg/cm^2$

總斷面慣性矩 $I_g = \dfrac{bh^3}{12} = \dfrac{30 \times 60^3}{12} = 540000 \, cm^4$

設斷面中性軸距受壓面緣的距離為 y，則

$(by)\dfrac{y}{2} = nA_s(d-y)$ 即 $(30 \times y)\dfrac{y}{2} = 9 \times 3 \times 8.14 \times (52-y)$

解 $15y^2 + 219.78y - 11428.56 = 0$ 得 $y=21.23 \, cm$

開裂慣性矩 $I_{cr} = \dfrac{by^3}{3} + nA_s(d-y)^2$ 所以

$I_{cr} = \dfrac{30 \times 21.23^3}{3} + 9 \times 3 \times 8.14 \times (52-21.23)^2 = 303772.49 cm^4$

混凝土開裂模數 $f_r = 2.0\sqrt{f_c'} = 2.0 \times \sqrt{280} = 33.466 kg/cm^2$

開裂彎矩 $M_{cr} = \dfrac{f_r I_g}{y_t} = \dfrac{33.466 \times 540000}{30} = 602388 kg\text{-}cm = 6.02388 t\text{-}m$

(2) 計算載重導致的撓度

撓度計算時所用的最大彎矩 $M_a = \dfrac{wl^2}{8} = \dfrac{1.5 \times 7^2}{8} = 9.1875 t\text{-}m$

因 $M_a(=9.1875t-m) > M_{cr}(=6.02388t-m)$，故斷面已經開裂，所以

有效慣性矩 I_e 為

$$I_e = \left(\dfrac{M_{cr}}{M_a}\right)^3 I_g + \left[1-\left(\dfrac{M_{cr}}{M_a}\right)^3\right]I_{cr}$$

$$= \left(\dfrac{6.02388}{9.1875}\right)^3 \times 540000 + \left[1-\left(\dfrac{6.02388}{9.1875}\right)^3\right] \times 303772.49 = 370356 cm^4$$

簡支梁跨中央的即時撓度

$$\Delta_{iw} = \dfrac{5wl^4}{384 E_c I_e} = \dfrac{5 \times 1.5 \times 1000/100 \times 700^4}{384 \times 249229 \times 370356} = 0.508 cm$$

因未設置抗壓鋼筋，以 $\rho' = 0$ 求得

承載五年時撓度增加量修正因數 $\lambda = \dfrac{2.0}{1+50 \times 0} = 2.0$

承載 1.5 t/m 均佈載重五年的撓度增加量為

$\Delta_{tw} = \lambda \Delta_{iw} = 2 \times 0.508 = 1.016 cm$

故承載五年的總撓度為

$\Delta_w = \Delta_{iw} + \Delta_{tw} = 0.508 + 1.016 = 1.524 cm$

範例 7-3-4

　　圖 7-3-8 為一常重簡支鋼筋混凝土梁斷面，梁長度為 7m，梁寬為 30cm，梁深為 60cm，有效深度為 52cm，排置四根#10 號拉力鋼筋，每根#10 號鋼筋斷面積為 8.14cm²；設混凝土的抗壓強度 f_c' 為 280kg/cm²，混凝土單位重為 2.3 t/m³，鋼筋的降伏強度 f_y 為 2,800kg/cm²，彈性模數比 n 為 9，梁承受含自重的靜載重 w_d=1.0 t/m 及活載重 w_l=1.5 t/m，試求

1. 該梁承受靜載重時跨度中央的即時撓度？

2. 該梁承受靜載重及 40%活載重時，因活載重所引起跨度中央的撓度及跨度中央的即時撓度？

3. 該梁服役一年時於跨度中央施加一個 1.2 t 的集中載重時跨度中央的即時撓度及總撓度？

4. 該梁服役二年時於跨度中央施加的集中載重改為 1t 時跨度中央的即時撓度及總撓度？

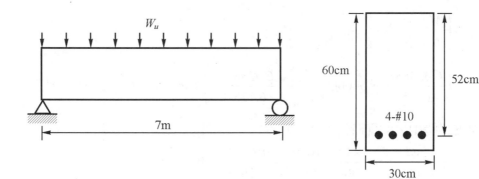

圖 7-3-8

1. 該梁承受靜載重時跨度中央的即時撓度？

   (1) 計算總斷面相關常數

   混凝土彈性模數 $E_c = 4270 w_c^{1.5} \sqrt{f_c'}$

   $E_c = 4270 w_c^{1.5} \times \sqrt{f_c'} = 4270 \times 2.3^{1.5} \times \sqrt{280} = 249229 \text{kg/cm}^2$

   總斷面慣性矩 $I_g = \dfrac{bh^3}{12} = \dfrac{30 \times 60^3}{12} = 540000 \text{ cm}^4$

設斷面中性軸距受壓面緣的距離為 y，則

$$(by)\frac{y}{2} = nA_s(d-y) \text{ 即 } (30 \times y)\frac{y}{2} = 9 \times 4 \times 8.14 \times (52-y)$$

解　$15y^2 + 293.04y - 15238.08 = 0$　得　$y = 23.568$ cm

開裂慣性矩 $I_{cr} = \frac{by^3}{3} + nA_s(d-y)^2$ 所以

$$I_{cr} = \frac{30 \times 23.568^3}{3} + 9 \times 4 \times 8.14 \times (52-23.568)^2 = 367795.86 \text{cm}^4$$

混凝土開裂模數 $f_r = 2.0\sqrt{f_c'} = 2.0 \times \sqrt{280} = 33.466 \text{kg/cm}^2$

開裂彎矩 $M_{cr} = \frac{f_r I_g}{y_t} = \frac{33.466 \times 540000}{30} = 602388 \text{kg-cm} = 6.02388\text{t-m}$

(2) 計算載重導致的撓度

撓度計算時所用的最大彎矩 $M_a = \frac{wl^2}{8} = \frac{1.0 \times 7^2}{8} = 6.125\text{t-m}$

因 $M_a(=6.125\text{t-m}) > M_{cr}(=6.02388\text{t-m})$，故斷面已經開裂，所以

有效慣性矩 I_e 為

$$I_e = \left(\frac{M_{cr}}{M_a}\right)^3 I_g + \left(1 - \left(\frac{M_{cr}}{M_a}\right)^3\right) I_{cr}$$

$$= \left(\frac{6.02388}{6.125}\right)^3 \times 540000 + \left(1 - \left(\frac{6.02388}{6.125}\right)^3\right) \times 367795.86 = 531611\text{cm}^4$$

簡支梁跨中央的即時撓度

$$\Delta_{iwd} = \frac{5wl^4}{384E_c I_e} = \frac{5 \times 1.0 \times 1000/100 \times 700^4}{384 \times 249229 \times 531611} = 0.236\text{cm}$$

2. 該梁承受靜載重及 40%活載重時，因活載重所引起跨度中央的撓度及跨度中央的即時撓度？

(1) 計算總斷面相關常數

混凝土彈性模數 $E_c = 4270w_c^{1.5}\sqrt{f_c'}$

$E_c = 4270w_c^{1.5} \times \sqrt{f_c'} = 4270 \times 2.3^{1.5} \times \sqrt{280} = 249229 \text{kg/cm}^2$

總斷面慣性矩 $I_g = \frac{bh^3}{12} = \frac{30 \times 60^3}{12} = 540000 \text{cm}^4$

設斷面中性軸距受壓面緣的距離為 y，則

$$(by)\frac{y}{2} = nA_s(d-y) \text{ 即 } (30 \times y)\frac{y}{2} = 9 \times 4 \times 8.14 \times (52-y)$$

解　$15y^2 + 293.04y - 15238.08 = 0$　得　$y=23.568$ cm

開裂慣性矩 $I_{cr} = \dfrac{by^3}{3} + nA_s(d-y)^2$ 所以

$$I_{cr} = \frac{30 \times 23.568^3}{3} + 9 \times 4 \times 8.14 \times (52-23.568)^2 = 367795.86\text{cm}^4$$

混凝土開裂模數 $f_r = 2.0\sqrt{f_c'} = 2.0 \times \sqrt{280} = 33.466\text{kg/cm}^2$

開裂彎矩 $M_{cr} = \dfrac{f_r I_g}{y_t} = \dfrac{33.466 \times 540000}{30} = 602388\text{kg-cm} = 6.02388\text{t-m}$

(2) 計算載重導致的撓度

活載重的存在必須因為靜載重存在才能發生，故

$$w = w_d + 0.4 \times w_l = 1.0 + 0.4 \times 1.5 = 1.6\text{t/m}$$

撓度計算時所用的最大彎矩 $M_a = \dfrac{wl^2}{8} = \dfrac{1.6 \times 7^2}{8} = 9.8\text{t-m}$

因 $M_a (= 9.8\text{t-m}) > M_{cr} (= 6.02388\text{t-m})$，故斷面已經開裂，所以

有效慣性矩 I_e 為

$$I_e = \left(\frac{M_{cr}}{M_a}\right)^3 I_g + \left(1 - \left(\frac{M_{cr}}{M_a}\right)^3\right) I_{cr}$$

$$= \left(\frac{6.02388}{9.8}\right)^3 \times 540000 + \left(1 - \left(\frac{6.02388}{9.8}\right)^3\right) \times 367795.86 = 407790\text{cm}^4$$

簡支梁跨中央的即時撓度

$$\Delta_{iwdl} = \frac{5wl^4}{384 E_c I_e} = \frac{5 \times 1.6 \times 1000/100 \times 700^4}{384 \times 249229 \times 407790} = 0.492\text{cm}$$

因活載重所引起的跨度中央即時撓度

$$\Delta_{iwl} = \Delta_{iwdl} - \Delta_{iwd} = 0.492 - 0.236 = 0.193\text{cm}$$

3. 該梁服役一年時於跨度中央施加一個 1.2 t 的集中載重時跨度中央的即時撓度及總撓度？

(1) 計算總斷面相關常數

混凝土彈性模數 $E_c = 4270 w_c^{1.5}\sqrt{f_c'}$

$$E_c = 4270 w_c^{1.5} \times \sqrt{f_c'} = 4270 \times 2.3^{1.5} \times \sqrt{280} = 249229\text{kg/cm}^2$$

總斷面慣性矩 $I_g = \dfrac{bh^3}{12} = \dfrac{30 \times 60^3}{12} = 540000\,\text{cm}^4$

設斷面中性軸距受壓面緣的距離為 y，則

$(by)\dfrac{y}{2} = nA_s(d-y)$ 即 $(30 \times y)\dfrac{y}{2} = 9 \times 4 \times 8.14 \times (52-y)$

解 $15y^2 + 293.04y - 15238.08 = 0$ 得 $y = 23.568$ cm

開裂慣性矩 $I_{cr} = \dfrac{by^3}{3} + nA_s(d-y)^2$ 所以

$I_{cr} = \dfrac{30 \times 23.568^3}{3} + 9 \times 4 \times 8.14 \times (52-23.568)^2 = 367795.86\,\text{cm}^4$

混凝土開裂模數 $f_r = 2.0\sqrt{f_c'} = 2.0 \times \sqrt{280} = 33.466\,\text{kg/cm}^2$

開裂彎矩 $M_{cr} = \dfrac{f_r I_g}{y_t} = \dfrac{33.466 \times 540000}{30} = 602388\,\text{kg-cm} = 6.02388\,\text{t-m}$

(2) 計算載重導致的撓度

此時簡支梁承受的均佈載重為 $w = w_d + 0.4 \times w_l = 1.0 + 0.4 \times 1.5 = 1.6\,\text{t/m}$

承受集中載重為 1.2 t ，故

撓度計算時所用的最大彎矩

$M_a = \dfrac{wl^2}{8} + \dfrac{Pl}{4} = \dfrac{1.6 \times 7^2}{8} + \dfrac{1.2 \times 7}{4} = 11.9\,\text{t-m}$

因 $M_a(=11.9\,\text{t-m}) > M_{cr}(=6.02388\,\text{t-m})$，故斷面已經開裂，所以

有效慣性矩 I_e 為

$I_e = \left(\dfrac{M_{cr}}{M_a}\right)^3 I_g + \left(1 - \left(\dfrac{M_{cr}}{M_a}\right)^3\right) I_{cr}$

$= \left(\dfrac{6.02388}{11.9}\right)^3 \times 540000 + \left(1 - \left(\dfrac{6.02388}{11.9}\right)^3\right) \times 367795.86 = 390133\,\text{cm}^4$

簡支梁跨中央因均佈載重引起的即時撓度

$\Delta_{iwdl} = \dfrac{5wl^4}{384 E_c I_e} = \dfrac{5 \times 1.6 \times 1000/100 \times 700^4}{384 \times 249229 \times 390133} = 0.514\,\text{cm}$

簡支梁跨中央因集中載重引起的即時撓度

$\Delta_{iP} = \dfrac{Pl^3}{48 E_c I_e} = \dfrac{1.2 \times 1000 \times 700^3}{48 \times 249229 \times 390133} = 0.088\,\text{cm}$

因未設置抗壓鋼筋，以 $\rho' = 0$ 求得

承載一年時撓度增加量修正因數 $\lambda = \dfrac{1.4}{1 + 50 \times 0} = 1.4$

簡支梁跨中央因均佈載重承載一年時的撓度增加量

$\Delta_{twdl} = 1.4 \times 0.514 = 0.7196 \text{cm}$

簡支梁跨中央因集中載重承載一年時的撓度增加量

$\Delta_{tp} = 1.4 \times 0.088 = 0.1232 \text{cm}$

總撓度 $\Delta = \Delta_{twdl} + \Delta_{tp} = 0.7196 + 0.1232 = 0.8428 \text{cm}$

4. 該梁服役二年時於跨度中央施加的集中載重改為 1t 時跨度中央的即時撓度及總撓度？

 (1) 計算總斷面相關常數

  混凝土彈性模數 $E_c = 4270 w_c^{1.5} \sqrt{f_c'}$

  $E_c = 4270 w_c^{1.5} \times \sqrt{f_c'} = 4270 \times 2.3^{1.5} \times \sqrt{280} = 249229 \text{kg/cm}^2$

  總斷面慣性矩 $I_g = \dfrac{bh^3}{12} = \dfrac{30 \times 60^3}{12} = 540000 \text{cm}^4$

  設斷面中性軸距受壓面緣的距離為 y，則

  $(by)\dfrac{y}{2} = nA_s(d - y)$ 即 $(30 \times y)\dfrac{y}{2} = 9 \times 4 \times 8.14 \times (52 - y)$

  解 $15y^2 + 293.04y - 15238.08 = 0$ 得 $y = 23.568$ cm

  開裂慣性矩 $I_{cr} = \dfrac{by^3}{3} + nA_s(d - y)^2$ 所以

  $I_{cr} = \dfrac{30 \times 23.568^3}{3} + 9 \times 4 \times 8.14 \times (52 - 23.568)^2 = 367795.86 \text{cm}^4$

  混凝土開裂模數 $f_r = 2.0\sqrt{f_c'} = 2.0 \times \sqrt{280} = 33.466 \text{kg/cm}^2$

  開裂彎矩 $M_{cr} = \dfrac{f_r I_g}{y_t} = \dfrac{33.466 \times 540000}{30} = 602388 \text{kg-cm} = 6.02388 \text{t-m}$

 (2) 計算載重導致的撓度

  此時簡支梁承受的均佈載重為 $w = w_d + 0.4 \times w_l = 1.0 + 0.4 \times 1.5 = 1.6 \text{t/m}$

  承受集中載重為 1.0 t，故

  撓度計算時所用的最大彎矩

$$M_a = \frac{wl^2}{8} + \frac{Pl}{4} = \frac{1.6 \times 7^2}{8} + \frac{1.0 \times 7}{4} = 11.55\text{t-m}$$

因 $M_a (= 11.55\text{t-m}) > M_{cr} (= 6.02388\text{t-m})$，故斷面已經開裂，所以

有效慣性矩 I_e 為

$$I_e = \left(\frac{M_{cr}}{M_a}\right)^3 I_g + \left(1 - \left(\frac{M_{cr}}{M_a}\right)^3\right) I_{cr}$$

$$= \left(\frac{6.02388}{11.55}\right)^3 \times 540000 + \left(1 - \left(\frac{6.02388}{11.55}\right)^3\right) \times 367795.86$$

$$= 392226\text{cm}^4$$

因為當均佈載重 1.6t/m 及集中載重 1.2t 作用時，斷面有效慣性矩 I_e 已因斷面開
裂而減為 390133cm^4，若集中載重改為 1.0t 時，雖然計算所得有效慣性矩增為
392226cm^4，但因混凝土斷面開裂後已無法復合，故有效慣性矩仍須採用較低的
值，即 $I_e = 390133$cm^4。

簡支梁跨中央因均佈載重引起的即時撓度

$$\Delta_{iwdl} = \frac{5wl^4}{384E_cI_e} = \frac{5 \times 1.6 \times 1000/100 \times 700^4}{384 \times 249229 \times 390133} = 0.514\text{cm}$$

簡支梁跨中央因集中載重引起的即時撓度

$$\Delta_{iP} = \frac{Pl^3}{48E_cI_e} = \frac{1.0 \times 1000 \times 700^3}{48 \times 249229 \times 390133} = 0.0735\text{cm}$$

因未設置抗壓鋼筋，以 $\rho' = 0$ 求得

承載二年時撓度增加量修正因數 $\lambda = \dfrac{1.7}{1 + 50 \times 0} = 1.7$

簡支梁跨中央因均佈載重承載一年時的撓度增加量

$$\Delta_{twdl} = 1.7 \times 0.514 = 0.8738\text{cm}$$

簡支梁跨中央因集中載重承載二年時的撓度增加量

$$\Delta_{tp} = 1.7 \times 0.0735 = 0.1250\text{cm}$$

總撓度 $\Delta = \Delta_{twdl} + \Delta_{tp} = 0.8738 + 0.1250 = 0.9988\text{cm}$

　　圖 7-3-9 為一常重懸臂梁鋼筋混凝土梁斷面，梁長度為 2m，梁寬為 30cm，梁深為 55cm，有效深度為 50cm，排置四根#8 號拉力鋼筋，二根#8 號拉力鋼筋，每根#8 號鋼筋斷面積為 5.067cm^2；設混凝土的抗壓強度 f_c' 為 280kg/cm^2，鋼筋的降伏強度 f_y 為 2,800kg/cm^2，彈性模數比 n 為 9，試求該梁 1.承受含自重 2.0t/m 均佈載重及 2.承受含自重 3.0t/m 均佈載重的即時撓度及 5 年後的總撓度。

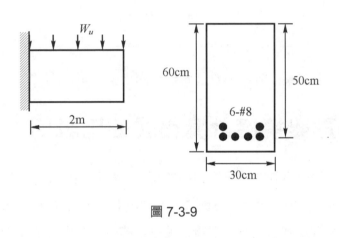

圖 7-3-9

　　⬜詳解請參閱鋼筋混凝土分析與設計資料夾內之第七章\習作 7-3-5.doc

　　圖 7-3-10 為一常重固定端鋼筋混凝土梁斷面，梁長度為 7m，梁寬為 30cm，梁深為 60cm，有效深度為 52cm，排置三根#10 號拉力鋼筋，每根#10 號鋼筋斷面積為 8.14cm^2；設混凝土的抗壓強度 f_c' 為 280kg/cm^2，混凝土單位重為 2.3 t/m^3，鋼筋的降伏強度 f_y 為 2,800kg/cm^2，彈性模數比 n 為 9，梁承受含自重的靜載重 w_d=1.0 t/m 及活載重 w_l=1.5 t/m，試求該梁承受靜重及 40%活載重時跨度中央的即時撓度及五年後的總撓度？

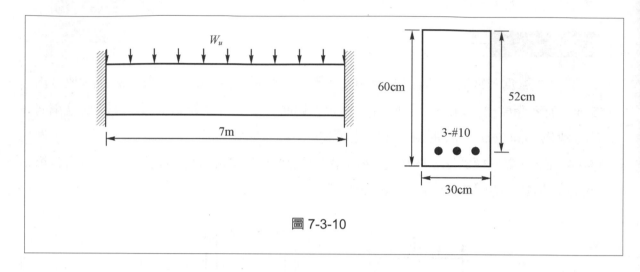

圖 7-3-10

🗐詳解請參閱鋼筋混凝土分析與設計資料夾內之第七章\習作 7-3-6.doc

7-4　矩形梁撓度計算程式使用說明

在鋼筋混凝土分析與設計軟體畫面的功能表上，選擇☞RC/撓度與裂縫/矩形梁撓度計算☜後出現如圖 7-4-1 的輸入畫面。在圖 7-4-1 的畫面中，首先在第一個下拉式選擇方塊中選取適當的梁的束制及載重情況，然後依據選擇的載重情況輸入載重：

如果選擇	應輸入
簡支梁均佈載重	簡支梁均佈載重(t/m)
簡支梁中央集中載重	簡支梁跨中央集中載重(t)
簡支梁端點彎矩載重	簡支梁一端點彎矩載重(t-m)
懸臂梁均佈載重	懸臂梁均佈載重(t/m)
懸臂梁端點集中載重	懸臂梁端點集中載重(t)

梁的束制情形及載重量確定後，應輸入梁的寬度、梁的深度、梁的有效深度、梁的跨度(單位為公尺)、計算撓度之最大彎矩(M_a)、指定混凝土為常重混凝土、全輕質混凝土或常重砂輕質混凝土、鋼筋降伏強度、混凝土抗壓強度、混凝土彈性模數(E_c)、混凝土單位

重(t/m³)、彈性模數比(n)、施載期間、混凝土開裂模數(f_r)、抗拉鋼筋、抗壓鋼筋(可以直接指定鋼筋量或指定鋼筋編號與根數，如果兩個鋼筋量不相同，以直接指定的鋼筋量為準)等。如為雙筋矩形梁，則必須指定抗壓鋼筋。

如為全輕質或常重砂輕質混凝土梁，則可以指定輕質混凝土平均開裂抗拉強度(f_{ct})以便計算混凝土的開裂模數(f_r)；如未指定輕質混凝土平均開裂抗拉強度(f_{ct})亦可根據混凝土的抗壓強度來計算；如果輸入資料中已指定混凝土的開裂模數(f_r)，則程式以指定值為準，不另行計算。

混凝土彈性模數(E_c)及混凝土單位重(t/m³)兩者必須擇一輸入，以輸入的混凝土彈性模數(E_c)為準，如僅輸入混凝土單位重(t/m³)，亦可據以計算混凝土彈性模數(E_c)。

若未指定施載期間，則不計算長期載重的撓度增加量。

計算撓度之最大彎矩(M_a)使用時機容後再論外(先暫不輸入)，前述選用欄位以外的欄位均必須輸入。

圖 7-4-1 為範例 7-3-3 的輸入畫面，選擇簡支梁均佈載重 0.8t/m、梁寬 30cm、梁深 60cm、有效深度為 52cm、梁之跨度為 7m、鋼筋的降伏強度為 2,800kg/cm²、混凝土的抗壓強度為 280 kg/cm²、常重混凝土單位重為 2.3t/m³，僅有抗拉鋼筋三根#10 鋼筋。混凝土彈性模數(E_c)並未輸入，故可以混凝土的單位重計得。混凝土的開裂模數(f_r)亦未輸入，故可以混凝土抗壓強數計算之。此時畫面上的「列印」扭並未生效，必須等正確計算結果出現後才會生效。單擊「確定」鈕進行矩形梁撓度計算工作，如資料完整且合理，則顯示計算結果如圖 7-4-1 及圖 7-4-2 所示，並使「列印」鈕生效；單擊「取消」鈕可結束作業；單擊「列印」鈕則可印出如圖 7-4-3 所示的報表。

撓度計算結果以螢幕顯示及報表列印兩種方式表示。螢幕除顯示原始基本資料(如圖 7-4-1)外，顯示計算撓度時的最大彎矩 M_a=9.8t-m、混凝土的彈性模數 E_c 為 249,229.04kg/cm²，混凝土開裂模數為 f_r=33.47kg/cm²，總斷面對其中性軸之慣性矩 I_g=540000cm⁴、開裂彎矩 M_{cr}=602395.22kg-cm =6.0239522t-m，構材開裂斷面轉換成混凝土斷面之慣性距 I_{cr}= 303846.16 cm⁴，有效慣性矩 I_e=540000 cm⁴，簡支梁承受均佈載重跨度中央的即時撓度=0.1858cm，60 個月後撓度增加 0.3717cm，總撓度為 0.5575cm。報表(如圖 7-4-3)則將螢幕顯示資料，精簡安排後列印，為主要的設計成果文件。報表中的撓度與範例中的計算結果，除有位數差異外應可認為相同的。

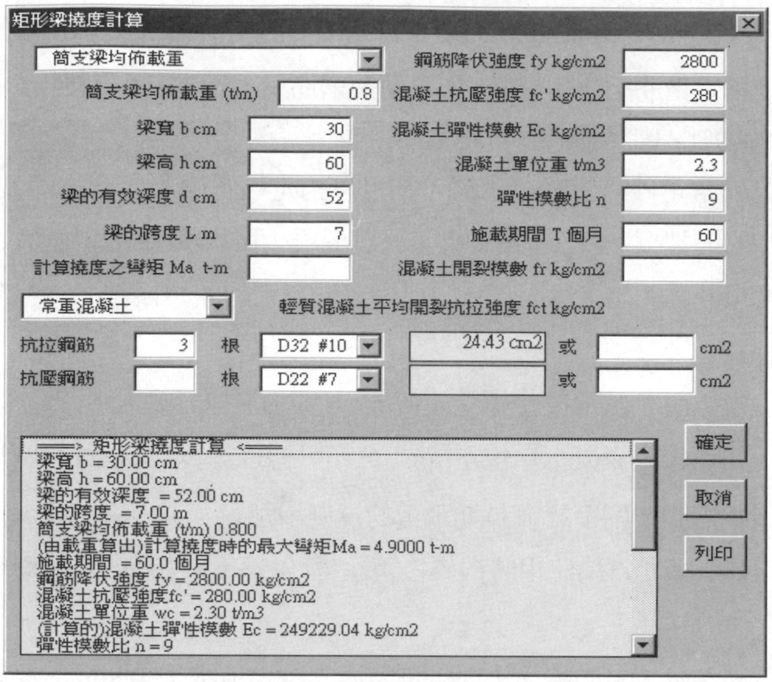

矩形梁撓度計算

簡支梁均佈載重 ▼	鋼筋降伏強度 fy kg/cm2	2800
簡支梁均佈載重 (t/m)	0.8	混凝土抗壓強度 fc' kg/cm2	280

簡支梁均佈載重 (t/m)　0.8　　混凝土抗壓強度 fc' kg/cm2　280
梁寬 b cm　30　　混凝土彈性模數 Ec kg/cm2
梁高 h cm　60　　混凝土單位重 t/m3　2.3
梁的有效深度 d cm　52　　彈性模數比 n　9
梁的跨度 L m　7　　施載期間 T 個月　60
計算撓度之彎矩 Ma t-m　　　混凝土開裂模數 fr kg/cm2

常重混凝土 ▼　　輕質混凝土平均開裂抗拉強度 fct kg/cm2

抗拉鋼筋　3　根　D32 #10 ▼　24.43 cm2　或　　cm2
抗壓鋼筋　　根　D22 #7 ▼　　　　或　　cm2

```
========> 矩形梁撓度計算 <========
梁寬　b = 30.00 cm
梁高　h = 60.00 cm
梁的有效深度　= 52.00 cm
梁的跨度　= 7.00 m
簡支梁均佈載重　(t/m) 0.800
(由載重算出)計算撓度時的最大彎矩Ma = 4.9000 t-m
施載期間　= 60.0 個月
鋼筋降伏強度 fy = 2800.00 kg/cm2
混凝土抗壓強度fc' = 280.00 kg/cm2
混凝土單位重　wc = 2.30 t/m3
(計算的)混凝土彈性模數 Ec = 249229.04 kg/cm2
彈性模數比 n = 9
```

確定　取消　列印

圖 7-4-1

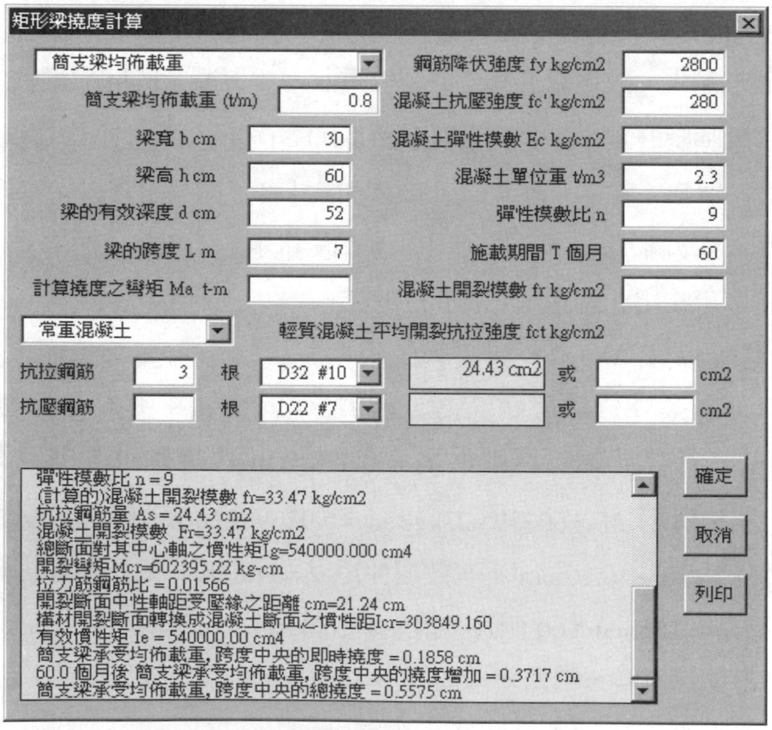

矩形梁撓度計算

簡支梁均佈載重 ▼	鋼筋降伏強度 fy kg/cm2	2800

簡支梁均佈載重 (t/m)　0.8　　混凝土抗壓強度 fc' kg/cm2　280
梁寬 b cm　30　　混凝土彈性模數 Ec kg/cm2
梁高 h cm　60　　混凝土單位重 t/m3　2.3
梁的有效深度 d cm　52　　彈性模數比 n　9
梁的跨度 L m　7　　施載期間 T 個月　60
計算撓度之彎矩 Ma t-m　　　混凝土開裂模數 fr kg/cm2

常重混凝土 ▼　　輕質混凝土平均開裂抗拉強度 fct kg/cm2

抗拉鋼筋　3　根　D32 #10 ▼　24.43 cm2　或　　cm2
抗壓鋼筋　　根　D22 #7 ▼　　　　或　　cm2

```
彈性模數比 n = 9
(計算的)混凝土開裂模數 fr=33.47 kg/cm2
抗拉鋼筋量 As = 24.43 cm2
混凝土開裂模數 Fr=33.47 kg/cm2
總斷面對其中心軸之慣性矩Ig=540000.000 cm4
開裂彎矩Mcr=602395.22 kg-cm
拉力筋鋼筋比 = 0.01566
開裂斷面中性軸距受壓緣之距離 cm=21.24 cm
槓材開裂斷面轉換成混凝土斷面之慣性距Icr=303849.160
有效慣性矩 Ie = 540000.00 cm4
簡支梁承受均佈載重,跨度中央的即時撓度 = 0.1858 cm
60.0 月後 簡支梁承受均佈載重,跨度中央的撓度增加 = 0.3717 cm
簡支梁承受均佈載重,跨度中央的總撓度 = 0.5575 cm
```

確定　取消　列印

圖 7-4-2

Chapter 7

簡支梁跨度中央撓度計算				
梁的跨度 m	7.00	常重混凝土	施載期間(月)	60.00
梁寬 cm	30.00		簡支梁均佈載重 (t/m)	0.80
梁高 cm	30.00		受壓鋼筋到受壓面緣的距離 d' cm	
有效深度 cm	52.00		(由載重算出的)計算撓度時的最大彎矩 Ma	4.900
混凝土單位重 w_c	2.30		鋼筋降伏強度 f_y kg/cm^2	2800.00
混凝土的彈性模數 E_c	249229.04		混凝土抗壓強度 f_c' kg/cm^2	280.00
混凝土開裂模數 f_r	33.47		彈性模數比 n	9.00
輕質混凝土平均開裂抗拉強度 f_{ct}	0.00		開裂斷面中性軸距受壓緣之距離 cm	21.24
抗拉鋼筋 A_s	3X#10(D32)	鋼筋量 cm^2　24.429	抗拉鋼筋比 ρ	0.01566
抗壓鋼筋 A_s'		鋼筋量 cm^2	抗壓鋼筋比 ρ'	
開裂斷面轉換成混凝土斷面之慣性距 I_{cr} cm^4	303849		開裂彎矩 M_{cr} t-m	6.024
總斷面對其中心軸之慣性矩 I_g cm^4	540000		計算時之有效慣性矩 I_e cm^4	540000
簡支梁承受均佈載重, 跨度中央的即時撓度 cm	0.185		長期載重的撓度修正因數 λ	2.000
長期載重的撓度增加量 cm	0.371		承受載重的總撓度 cm	0.556

圖 7-4-3

　　單擊「確定」鈕後，如有欠缺資料亦有警示訊息如圖 7-4-4。圖 7-4-5 顯示當指定梁的有效深度大於或等於梁高時所顯示的不合理警示訊息。同時輸入抗拉鋼筋的根數(3)、鋼筋號碼(#10)及鋼筋量(25cm^2)，因為指定鋼筋根數與編號所算出的鋼筋量(24.43 cm^2)與指定的鋼筋量(25cm^2)不符而顯示圖 7-4-6 的警示訊息以指定鋼筋量為主。

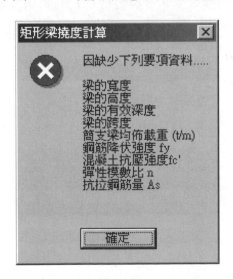

圖 7-4-4

圖 7-4-5

圖 7-4-6

計算撓度之最大彎矩(M_a)使用時機的說明：

本程式每次僅能計算一種載重的撓度，但事實上，梁可能同時承受各種不同載重組合。例如，活載重不能單獨存在而必須與靜載重共存；梁必須根據載重組合所產生的裂紋計算其強度(即有效慣性矩 I_e)，「計算撓度之最大彎矩(M_a)」用以指定載重組合的最大彎矩。

在前面範例 7-3-4 中，一簡支梁承受靜載重及 40%的活載重，服役一年時於跨度中央加施一集中載重 1.2t，又在服役二年時，將該集中載重減輕爲 1.0t。

當簡支梁承受集中載重爲 1.2t 時，亦同時承受均佈載重 1.6t/m，故撓度計算時所用的最大彎矩爲

$$M_a = \frac{wl^2}{8} + \frac{Pl}{4} = \frac{1.6 \times 7^2}{8} + \frac{1.2 \times 7}{4} = 11.9\text{t-m}$$

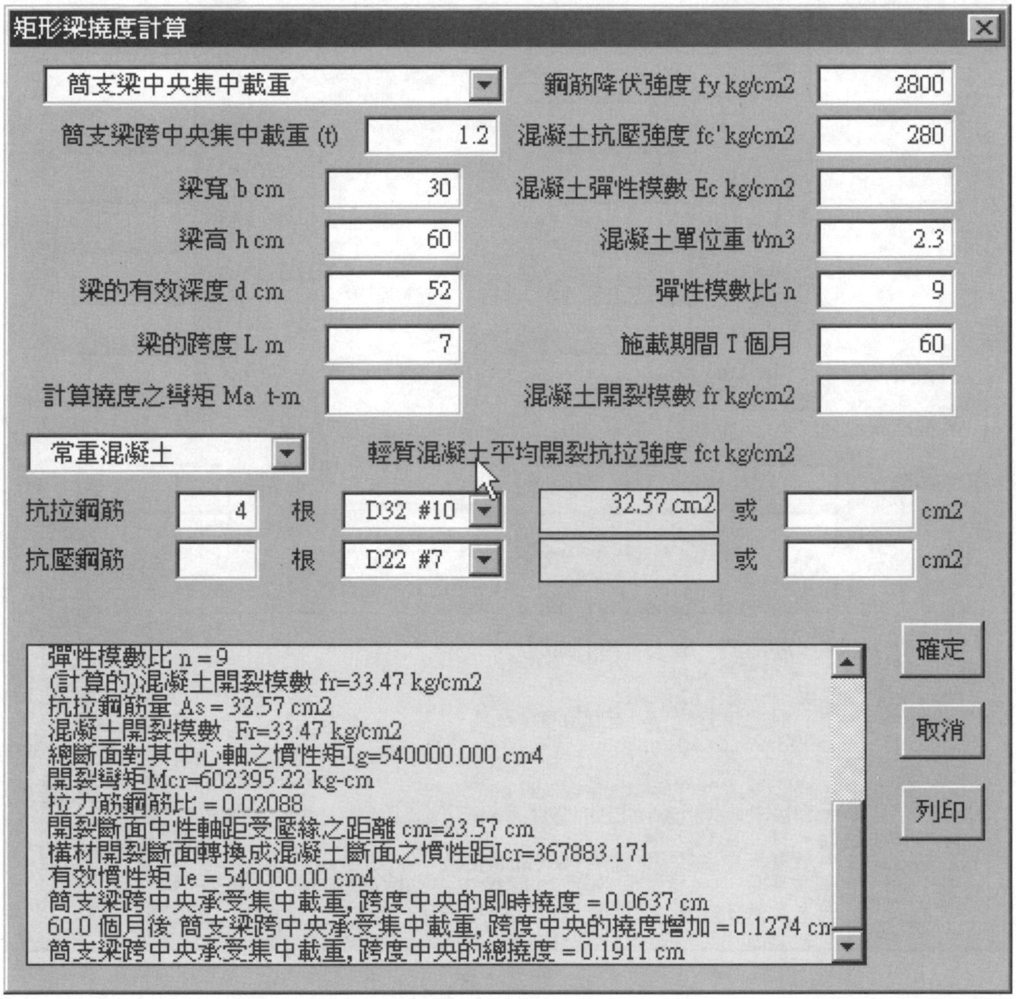

圖 7-4-7

　　圖 7-4-7 所示為梁承受集中載重 1.2t 的撓度計算，因未指定「計算撓度之最大彎矩(M_a)」欄位，則以集中載重 1.2t 所產生的 $M_a(=1.2\times7/4=2.1\text{t-m})$ 來計算有效慣性矩 I_e，因 M_a 小於梁的開裂彎矩(M_{cr}=602395.22kg-cm)，梁未產生裂紋，故有效慣性矩 I_e 等於全斷面慣性矩 I_g(=540000cm^4)；相當於該梁僅承受集中載重，此與事實不符，因此必須將連同均佈載重所產生的彎矩 M_a(=11.9t-m)輸入以符實際，如圖 7-4-8。

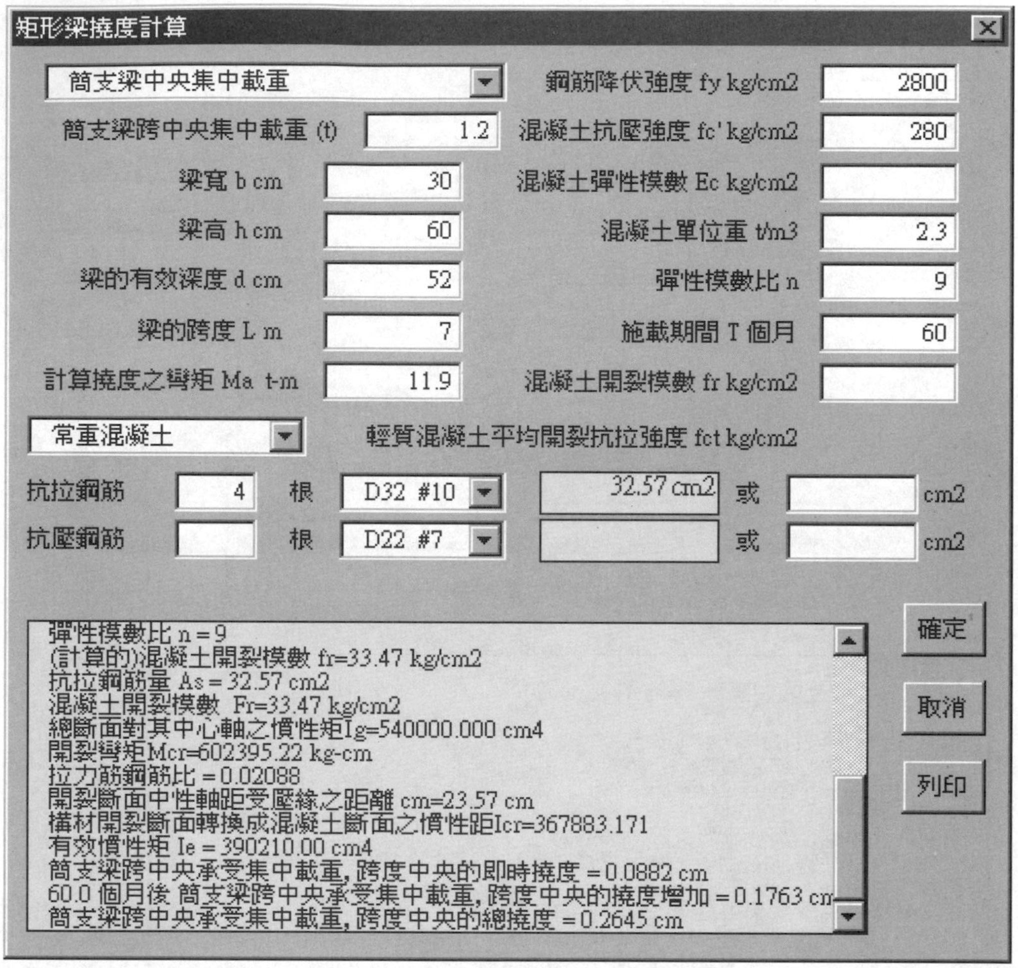

圖 7-4-8

當施載 1.2t 集中載重時，計算撓度的最大彎矩 M_a=11.9t-m，有效慣性矩 I_e 為 390210.00cm[4] 如圖 7-4-8；當施載 1.0t 集中載重時，計算撓度的最大彎矩 M_a=11.55t-m，有效慣性矩 I_e 為 392301.84cm[4] 如圖 7-4-9。施載 1.2t 集中載重時所造成的混凝土裂紋不會因為集中載重減為 1.0t 而復合，故其有效慣性矩 I_e 亦不可能由 390210.00cm[4] 回復為 392301.84cm[4]。因此畫面中特設「計算撓度之最大彎矩(M_a)」以供輸入梁在負載過程中曾經承載的最大彎矩，以考量混凝土無法復合的現實。程式中只要輸入計算撓度之最大彎矩 (M_a)即以該輸入值來計算有效慣性矩 I_e，否則根據載重計算的 M_a 來計算有效慣性矩 I_e。因此「計算撓度之最大彎矩(M_a)」的使用時機有二：(1)輸入配合其他載重所產生的最大彎矩，

以計算實際的有效慣性矩；(2)是當梁的承載歷程中，因載重減輕而計算撓度時，用以輸入曾經承受的最大彎矩，以確實表示混凝土的裂紋狀況及有效慣性矩。因此，當集中載重由 1.2t 減為 1.0t 時，應如圖 7-4-10 指定計算撓度之最大彎矩(M_a)為 11.9t-m，以示受載歷程中承受過的最大彎矩，符合斷面裂紋之實際情況。

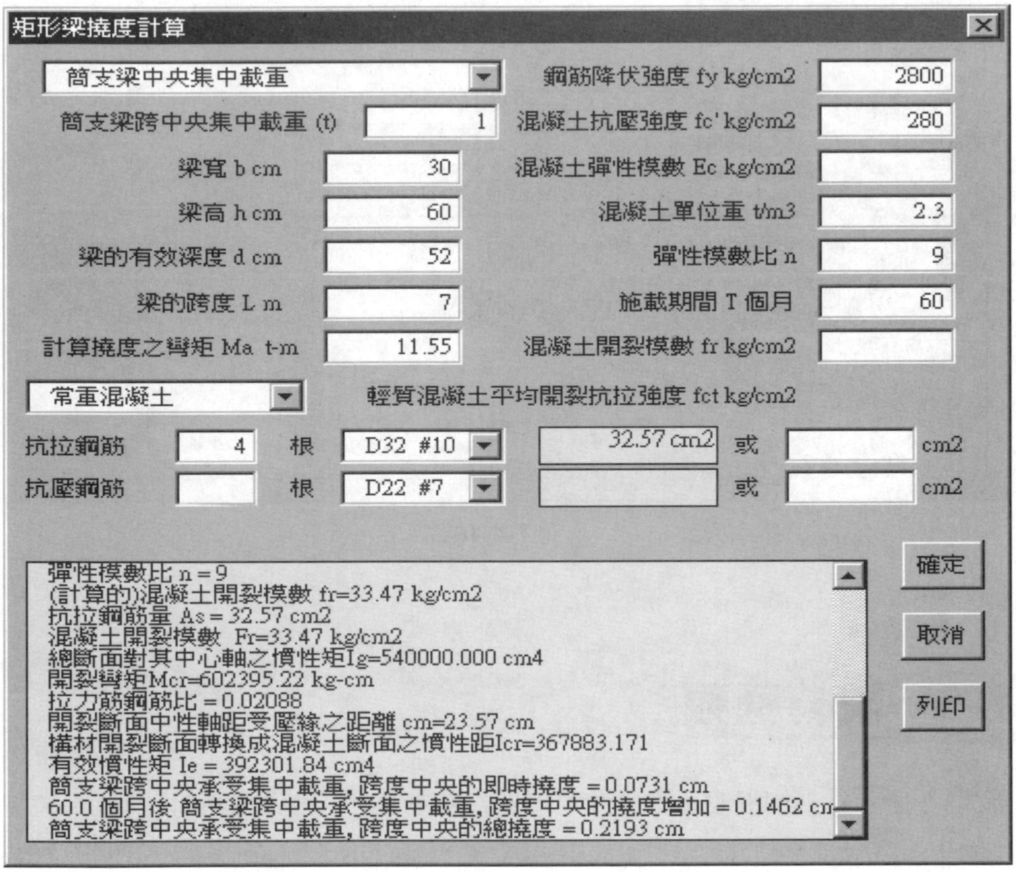

矩形梁撓度計算

簡支梁中央集中載重			鋼筋降伏強度 fy kg/cm2	2800
簡支梁跨中央集中載重 (t)	1		混凝土抗壓強度 fc' kg/cm2	280
梁寬 b cm	30		混凝土彈性模數 Ec kg/cm2	
梁高 h cm	60		混凝土單位重 t/m3	2.3
梁的有效深度 d cm	52		彈性模數比 n	9
梁的跨度 L m	7		施載期間 T 個月	60
計算撓度之彎矩 Ma t-m	11.55		混凝土開裂模數 fr kg/cm2	

常重混凝土　　　　輕質混凝土平均開裂抗拉強度 fct kg/cm2

抗拉鋼筋	4	根	D32 #10	32.57 cm2	或		cm2
抗壓鋼筋		根	D22 #7		或		cm2

彈性模數比 n=9
(計算的)混凝土開裂模數 fr=33.47 kg/cm2
抗拉鋼筋量 As = 32.57 cm2
混凝土開裂模數　Fr=33.47 kg/cm2
總斷面對其中心軸之慣性矩 Ig=540000.000 cm4
開裂彎矩 Mcr=602395.22 kg-cm
拉力筋鋼筋比 = 0.02088
開裂斷面中性軸距受壓緣之距離 cm=23.57 cm
構材開裂斷面轉換成混凝土斷面之慣性距 Icr=367883.171
有效慣性矩 Ie = 392301.84 cm4
簡支梁跨中央承受集中載重, 跨度中央的即時撓度 = 0.0731 cm
60.0 個月後 簡支梁跨中央承受集中載重, 跨度中央的撓度增加 = 0.1462 cm
簡支梁跨中央承受集中載重, 跨度中央的總撓度 = 0.2193 cm

確定　取消　列印

圖 7-4-9

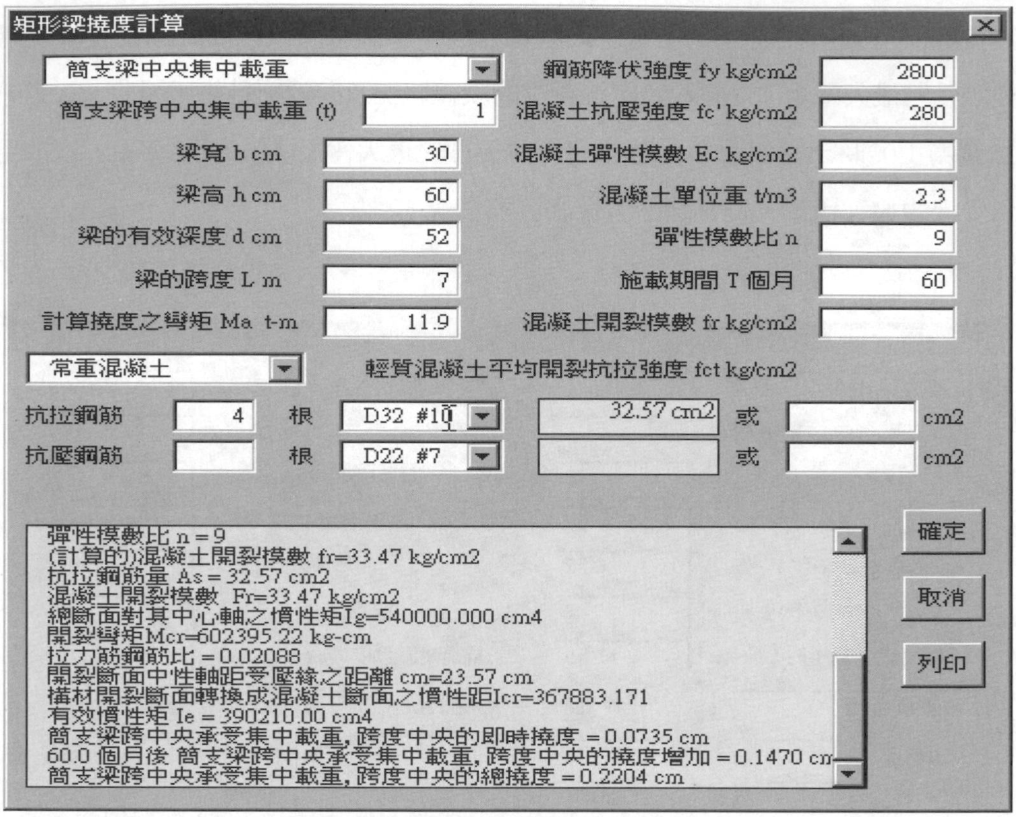

矩形梁撓度計算

| 簡支梁中央集中載重 | ▼ | 鋼筋降伏強度 fy kg/cm2 | 2800 |

簡支梁跨中央集中載重 (t) : 1　　混凝土抗壓強度 fc' kg/cm2 : 280

梁寬 b cm : 30　　混凝土彈性模數 Ec kg/cm2 :

梁高 h cm : 60　　混凝土單位重 t/m3 : 2.3

梁的有效深度 d cm : 52　　彈性模數比 n : 9

梁的跨度 L m : 7　　施載期間 T 個月 : 60

計算撓度之彎矩 Ma t-m : 11.9　　混凝土開裂模數 fr kg/cm2 :

常重混凝土 ▼　　輕質混凝土平均開裂抗拉強度 fct kg/cm2

抗拉鋼筋 : 4　根　D32 #10 ▼　32.57 cm2　或 : cm2

抗壓鋼筋 : 　根　D22 #7 ▼　或 : cm2

```
彈性模數比 n = 9
(計算的)混凝土開裂模數 fr=33.47 kg/cm2
抗拉鋼筋量 As = 32.57 cm2
混凝土開裂模數 Fr=33.47 kg/cm2
總斷面對其中心軸之慣性矩Ig=540000.000 cm4
開裂彎矩Mcr=602395.22 kg-cm
拉力筋鋼筋比 = 0.02088
開裂斷面中性軸距受壓緣之距離 cm=23.57 cm
構材開裂斷面轉換成混凝土斷面之慣性矩Icr=367883.171
有效慣性矩 Ie = 390210.00 cm4
簡支梁跨中央承受集中載重,跨度中央的即時撓度 =0.0735 cm
60.0 個月後 簡支梁跨中央承受集中載重,跨度中央的撓度增加 =0.1470 cm
簡支梁跨中央承受集中載重,跨度中央的總撓度 =0.2204 cm
```

確定　取消　列印

圖 7-4-10

7-5 裂縫種類

圖 7-5-1 所示為鋼筋混凝土梁構件中常見的幾種裂縫,大致說明如下:

1. 撓曲裂縫(flexural cracks):撓曲裂縫發生於梁斷面中性軸以下的受拉區,因為承受彎矩大於混凝土的開裂彎矩而產生,裂紋垂直於梁底面,而往中性軸延伸(如圖 7-5-1a);趨近中性軸處可能與腹剪裂紋會合而加大裂縫寬度。

2. 腹剪裂縫(web-shear cracks):主要發生於梁腰中央處,係因梁剪力與撓曲應力的合力所產生的 45 度傾斜張力所引起,故裂紋亦呈 45 度傾斜(如圖 7-5-1b)。即使沒有撓曲裂縫發生,也可能產生腰剪裂縫;如與撓曲裂縫結合,可能引致更大的裂縫。

3. 撓剪裂縫(flexural-shear cracks)：撓剪裂縫乃由撓曲裂縫與腹剪裂縫一起發生所引起的裂縫(如圖 7-5-1c)。

4. 扭轉裂縫(torsion cracks)：因承受扭矩而引致的裂紋，與剪力裂紋相似，呈 45 度傾斜；惟裂紋卻發生於梁的四周表面而非梁腰(如圖 7-5-1d)。

5. 裹握裂縫(bond cracks)：受拉鋼筋與混凝土間因裹握應力才能使鋼筋發揮其承擔拉力的任務；混凝土亦可能因裹握應力而產生裹握裂縫(如圖 7-5-1e)。

鋼筋混凝土構件除了因為應力而引致裂紋外，亦可能因為乾縮、溫度變化、基礎沉陷或位移等等因素而產生。裂縫發生時，建築物或許尚在強度極限狀態內，但為期住戶的安全與安心，規範亦有一些控制措施。

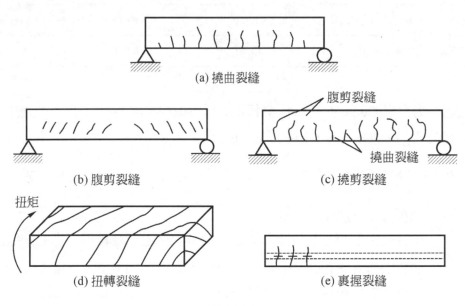

圖 7-5-1

7-6　裂縫控制

鋼筋混凝土撓性構件因受混凝土的低抗張性、鋼筋配置、混凝土澆灌、保養、溫度變化及乾縮等繁多因素的影響而發生裂縫。裂縫與撓度的作用可能影響構材的外觀，甚至危及建物的安全；混凝土保護層之開裂若過大，則會引起鋼筋腐蝕，因此必須加以控制。雖經無數的試驗，撓性構材的裂縫寬度，尚難有準確的規律可循。目前設計規範僅能針對構材所暴露的環境，規定其最大允許開裂寬度如下表。

結構物暴露的環境	Z kg/cm	容許裂縫寬度	
		公分	英吋
乾空氣或有保護膜	31.358	0.041	0.016
潮濕、潮濕空氣或土壤	25,478	0.033	0.013
一般衛工環境	19,599	0.025	0.010
高侵蝕性環境	17,639	0.023	0.009
嚴重侵蝕性環境	15,679	0.020	0.008
防冰化學環境	13,719	0.018	0.007
海水、海浪、多雨或乾濕交替環境	11,759	0.015	0.006
儲儲液體等高水密性需求環境	7,840	0.010	0.004

美國康奈爾大學 Gergely 與 Lutz 教授研究所得並經美國混凝土學會 ACI 所接受的裂縫寬度計算公式(亦稱 Gergely-Lutz equation)為：

$$\omega = 1.08 \times 10^{-6} \, \beta \, f_s \sqrt[3]{d_c A} \tag{7-6-1}$$

其中　　ω　　撓曲裂縫寬度(cm)。

β　　中性軸至混凝土最外受拉纖維距離與中性軸至受拉鋼筋形心距離之比值。於實際設計簡化時，梁可使用約略值 1.2，單向版可使用約略值 1.35。

f_s　　為在「使用載重下」算得之鋼筋應力，但亦可使用 $0.6f_y$ 替代之

d_c　　為最外受拉纖維至最近鋼筋形心間之混凝土厚度(cm)。

A　　為每支受拉鋼筋之有效拉力區(cm^2)。圍繞受拉主鋼筋且與受拉主鋼筋同一形心之混凝土有效受拉面積再除以鋼筋根數。若受拉主鋼筋包含數種不同尺寸時，鋼筋根數設為受拉主鋼筋總斷面積除以其中最大鋼筋之標稱面積。上述有效受拉面積之計算應以構材邊緣及與中性軸平行之直線為界。如圖 7-6-1 例。

β 及 f_s 的精確計算請參閱「7-6-2 彈性彎矩的中性軸」；d_c 及 A 的計算請參閱「7-6-3 拉筋有效面積計算」。

將式(7-6-1)改寫為

$$\omega = 1.08 \times 10^{-6} \beta Z \qquad (7\text{-}6\text{-}2)$$

則

$$Z = f_s \sqrt[3]{d_c A} \qquad (7\text{-}6\text{-}3)$$

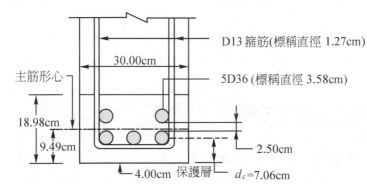

$d_c = 4.00 + 1.27 + 3.58/2 = 7.06\text{cm}$
A = 2×(最外受拉纖維至所有主鋼筋形心距離)×b/鋼筋根數
　 = 2×[7.06+(3.58+2.50)×2/5]×30.00/5
　 = 113.9cm²

圖 7-6-1

ACI 規範即以 Z 值作為撓曲裂縫控制的檢核值；若受拉鋼筋之規定降伏強度 f_y 超過 2,800kg/cm² 時，最大正、負彎矩處之斷面須使 Z 值於不受風雨侵襲且不與土壤接觸之構材不大於 31,000kg/cm(以 β =1.2 及 Z=31,000kg/cm 帶入公式(7-6-2)，得 ω =0.040cm)；潮濕環境的構材不大於 26,000kg/cm(以 β =1.2 及 Z=26,000kg/cm 帶入公式(7-6-2)，得 ω = 0.034cm)。上表提供更多種環境下容許的裂縫寬度及其相當的容許 Z 值。

由公式(7-6-2)知混凝土在使用載重下，撓曲裂縫之寬度與梁的 Z 值成正比。由公式(7-6-3)可推知，撓曲裂縫之寬度與鋼筋之應力成正比，亦與最外受拉纖維至最近鋼筋形心間之混凝土厚度(d_c)及每支受拉鋼筋之有效混凝土面積(A)的乘積三次方根成正比。因此於鋼筋細部設計時，最重要影響裂縫之變數為：鋼筋之保護層厚度(d_c)和最大拉力區內圍繞每支鋼筋之有效混凝土面積(A)。為達到控制裂縫寬度(或降低 Z 值)，在受拉鋼筋總面積不變的原則下，使用較多根小號鋼筋比使用較少根大號鋼筋更能減底最大拉力區內圍繞每支鋼筋之有效混凝土面積(A)而達到控制的目的。

因為梁的 β 值可用約略值 1.2，經試驗證實公式(7-6-3)亦可適用於單向版，惟 β 的平均值為 1.35，故依據公式(7-6-3)計算單向版最大允許的撓曲裂縫控制值 Z 應為梁的 1.2/1.35 倍。

T 形梁翼緣受拉而佈置負彎矩鋼筋時，為控制裂紋必須考慮：(1)鋼筋以較寬之間距佈置於全部有效翼緣內，將於樓版接近梁腹處產生一些較寬之裂紋。(2)鋼筋以較密之間距佈置於梁腹附近，翼緣外緣將欠缺保護。因此規範規定「當 T 形梁翼緣受拉時，須將部份受拉主筋分布於有效翼緣寬度或梁跨度之 1/10 寬度內，以值小者為準。若有效翼緣寬度超過梁跨度之 1/10 時，須酌加適量縱向鋼筋配置於翼緣外側部份」。

7-6-1 表層鋼筋的設置

深度較大之受撓構材，一些鋼筋應置於梁腹兩側之垂直面拉力區內以控制梁腹處之裂縫，此種鋼筋稱為表層鋼筋(Skin Reinforcement)。因若無此之輔助鋼筋，則梁腹內之裂縫寬度可能大幅(2 至 3 倍)超過受拉鋼筋處之撓曲裂縫。規範規定「如梁與欄柵版之有效深度超過 90cm，在距受拉鋼筋 $d/2$ 範圍內之梁腹兩側應加置縱向表層鋼筋(如圖 7-6-2)，梁腹每側每公分高須配置表層鋼筋面積 A_{sk} 必須大於 $0.001(d-75)$，此表層鋼筋之間距不得大於 $d/6$ 或 30cm，表層鋼筋之總面積不須超過需求受拉鋼筋之半。此等鋼筋應可併入強度計算，惟鋼筋之應力須按應變一致性之分析求得。」雖然表層鋼筋設置的主要目的是預

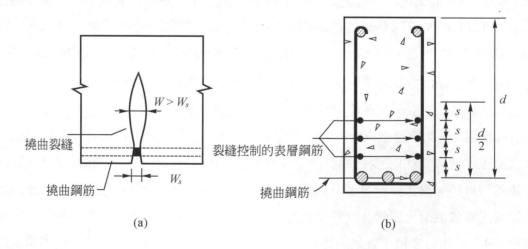

(a)   (b)

圖 7-6-2

防深梁梁腰中間過大的裂縫發生，但其鋼筋量亦可併入抗撓鋼筋計算，其應變量與應力與距中性軸的距離成正比的線性分布。

7-6-2　彈性彎矩之中性軸

裂縫寬度計算與控制中的 β 為中性軸至混凝土最外受拉纖維距離與中性軸至受拉鋼筋形心距離之比值；f_s 則為「在使用載重下」算得之鋼筋應力。在使用載重(非極限設計載重)下的中性軸稱為彈性中性軸；中性軸處的應力與應變均為零，亦即中性軸上方的受壓混凝土及下方的受拉鋼筋均呈彈性狀態(非極限狀態)。當已知梁斷面的寬度 b、有效深度 d 及鋼筋量 A_s 時，彈性中性軸的位置可用內力平衡法或轉換斷面法求算之。

1.　內力平衡法

如圖 7-6-3(c)，作用於混凝土的壓力 C 與鋼筋之拉力 T 分別為

$$C = \frac{f_c b x}{2} \text{ 及 } T = A_s f_s$$

且由水平力平衡之要件，得

$$\frac{f_c b x}{2} = A_s f_s$$

移項後得

$$\frac{f_s}{f_c} = \frac{bx}{2A_s} \tag{7-6-4}$$

如圖 7-6-3(b)應變比例關係得

$$\frac{\varepsilon_c}{x} = \frac{\varepsilon_s}{d-x}$$

因為 $\varepsilon_c = \dfrac{f_c}{E_c}$ 及 $\varepsilon_s = \dfrac{f_s}{E_d}$，所以

$$\frac{f_s}{f_c} = \frac{d-x}{x}\frac{E_s}{E_c} = \frac{n(d-x)}{x} \tag{7-6-5}$$

將公式(7-6-4)代入公式(7-6-5)，且令 $x = kd$ 及 $\rho = A_s / bd$ 得

$$\frac{b(kd)}{2A_s} = \frac{n(d-kd)}{kd}$$

所以

$$k^2 + 2n\rho k - 2n\rho = 0$$

解得

$$k = \sqrt{(n\rho)^2 + 2n\rho} - n\rho$$

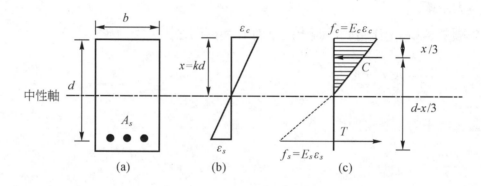

圖 7-6-3

2. 轉換斷面法

設 x 為中性軸距受壓面緣的距離。已知鋼筋與混凝土的彈性模數比 $n = E_s / E_c$，如將圖 7-6-4(a)的鋼筋面積 A_s 轉換為等值的混凝土面積 nA_s 如圖 7-6-4(b)，則可將原鋼筋混凝土斷面視同為圖 7-6-4(b)中斜線部分的純混凝土斷面。純混凝土的均質斷面的中性軸位置即為其幾何形心，因此，可由下列關係直接求解 x。

$$(bx)\frac{x}{2} = nA_s(d-x) \tag{7-6-6}$$

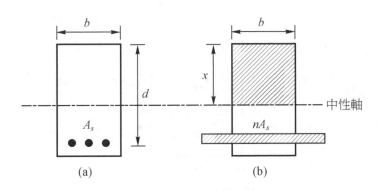

圖 7-6-4

7-6-3　拉筋有效面積計算

　　裂縫寬度計算中的每支受拉鋼筋的有效混凝土面積 A 的計算，須先求得受拉鋼筋的形心位置，再以受拉鋼筋形心與混凝土受拉面外緣的距離(d。)的兩倍為高，梁寬為寬的混凝土面積除以受拉鋼筋的總根數或相當根數即得。

　　受拉鋼筋的形心位置應以鋼筋面積對混凝土受拉面緣的面積矩總和除以受拉鋼筋的總面積。如果受拉鋼筋均使用相同大小的鋼筋，則其總根數等於相當根數；若使用不同大小的鋼筋，則其相當根數為受拉鋼積總面積除以最大號受拉鋼筋的單根標稱面積。如果受拉鋼筋成束設置，則因其裏握應力的減少而將其相當根數按圖 7-6-5 的因數作一折減。

0.815×2=1.63 根　　0.650×3=1.95 根　　0.570×4=2.28 根

圖 7-6-5

範例 7-6-1

　　有一寬度為 30cm，深度為 60cm，鋼筋保護層為 7cm，使用 3 根#8 鋼筋的鋼筋混凝土室內梁矩形斷面如圖 7-6-6 所示。設鋼筋的降伏強度為 2,800kg/cm²，彈性模數比 $n=8$。試求該梁的裂縫寬度及 Z 值？

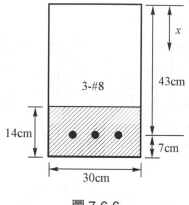

圖 7-6-6

因係單層受拉鋼筋,故形心位置為 7cm,亦即 d_c=7cm。

混凝土的有效面積= $2 \times 7 \times 30 = 420 cm^2$

每支受拉鋼筋的有效混凝土面積 $A = 420 / 3 = 140 cm^2$

設中性軸距受壓面緣的距離為 x,則依

$$(bx) \times \frac{x}{2} = nA_s \times (d-x) \blacktriangleright (30x)\frac{x}{2} = 8 \times 3 \times 5.07 \times (43-x) 得$$

$15x^2 + 121.68x - 5232.24 = 0$ 解得 $x = 15.06cm$

$$\beta = \frac{50 - 15.06}{50 - 15.06 - 7} = 1.2505$$

取 $f_s = 0.6 f_y = 0.6 \times 2800 = 1680 kg/cm^2$

若 $\beta = 1.2$ 則

$$\omega = 1.08 \times 10^{-6} \beta f_s \sqrt[3]{d_c A} = 1.08 \times 10^{-6} \times 1.2 \times 1680 \times \sqrt[3]{7 \times 140} = 0.0216 cm$$
$$Z = f_s \sqrt[3]{d_c A} = 1680 \times \sqrt[3]{7 \times 140} = 16687 kg/cm$$

若 $\beta = 1.2505$ 則

$$\omega = 1.08 \times 10^{-6} \times 1.2505 \times 1680 \times \sqrt[3]{7 \times 140} = 0.0225 cm$$
$$Z = f_s \sqrt[3]{d_c A} = 1680 \times \sqrt[3]{7 \times 140} = 16687 kg/cm$$

不論 $\beta = 1.2$ 或 $\beta = 1.2505$ 計算所得裂縫寬度 $\omega = 0.0216cm$ 或 $\omega = 0.0225cm$ 及 Z 值均小於規範所定暴露於乾燥空氣的允許裂縫寬度(0.041cm)及 Z(31,358kg/cm)值。

範例 7-6-2

　　圖 7-6-7 所示爲一寬度爲 30cm，深度爲 70cm 的鋼筋混凝土梁矩形斷面；配置有二層受拉鋼筋，最外層爲 3 根#9 鋼筋，形心距受拉面緣距離爲 8cm；第二層爲 2 根#8 鋼筋，形心距受拉面緣距離爲 14cm。設鋼筋的降伏強度爲 2,800 kg/cm²，彈性模數比 n=8，使用載重下承受彎矩 M=25t-m。試求該斷面的裂縫寬度及 Z 值？#8 鋼筋的斷面積爲 5.07cm²，#9 鋼筋的斷面積爲 6.47cm²。

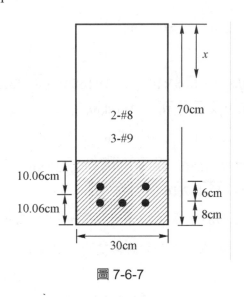

圖 7-6-7

受拉鋼筋形心 d_c

$$d_c = \frac{3 \times 6.47 \times 8 + 2 \times 5.07 \times 14}{3 \times 6.47 + 2 \times 5.07} = \frac{155.28 + 141.96}{19.41 + 10.14} = \frac{297.24}{29.55} = 10.06 \text{cm}$$

梁的有效深度=70-10.06=59.94cm

有效混凝土的高度爲 $2 \times 10.06 = 20.12$cm

有效混凝土的面積爲 $20.12 \times 30 = 603.6$cm²

因爲大小不同的受拉鋼筋，取最大鋼筋的斷面積爲 6.47cm²

故鋼筋的相當根數爲 $\dfrac{3 \times 6.47 + 2 \times 5.07}{6.47} = \dfrac{29.55}{6.47} = 4.567$根

每支受拉鋼筋的有效混凝土面積 $A = 603.6 / 4.567 = 132.16$cm²

設中性軸距受壓面緣的距離爲 x，則依

$$(bx) \times \frac{x}{2} = \sum \left(nA_s \times (d - x) \right)$$

$$(30x)\frac{x}{2} = 8 \times 3 \times 6.47 \times (70 - 8 - x) + 8 \times 2 \times 5.07 \times (70 - 14 - x) 得$$

$$15x^2 + 236.4x - 14170.08 = 0 \ 解得 \quad x = 23.85\text{cm}$$

$$\beta = \frac{70 - 23.85}{70 - 23.85 - 10.06} = 1.2787$$

1. 取 $f_s = 0.6 f_y = 0.6 \times 2800 = 1680\text{kg/cm}^2$

    若 $\beta = 1.2$ 則

    $\omega = 1.08 \times 10^{-6} \beta f_s \sqrt[3]{d_c A} = 1.08 \times 10^{-6} \times 1.2 \times 1680 \times \sqrt[3]{8 \times 132.16} = 0.0222\text{cm}$

    $Z = f_s \sqrt[3]{d_c A} = 1680 \times \sqrt[3]{8 \times 132.16} = 17115\text{kg/cm}$

    若 $\beta = 1.2787$ 則

    $\omega = 1.08 \times 10^{-6} \times 1.2787 \times 1680 \times \sqrt[3]{8 \times 132.16} = 0.0236\text{cm}$

    $Z = f_s \sqrt[3]{d_c A} = 1680 \times \sqrt[3]{8 \times 132.16} = 17115\text{kg/cm}$

    不論 $\beta = 1.2$ 或 $\beta = 1.2787$ 計算所得裂縫寬度 $\omega = 0.0222\text{cm}$ 或 $\omega = 0.0236\text{cm}$ 及 Z 值均小於規範所定暴露於乾燥空氣的允許裂縫寬度(0.041cm)及 Z(31,358kg/cm)值。

2. 取

    $$f_s = \frac{M}{A_s\left(d - \dfrac{x}{3}\right)} = \frac{25 \times 10^5}{(3 \times 6.47 + 2 \times 5.07) \times (59.94 - 23.85/3)} = 1627.28\text{kg/cm}^2$$

    若 $\beta = 1.2$ 則

    $\omega = 1.08 \times 10^{-6} \beta f_s \sqrt[3]{d_c A} = 1.08 \times 10^{-6} \times 1.2 \times 1627.28 \times \sqrt[3]{8 \times 132.16} = 0.0215\text{cm}$

    $Z = f_s \sqrt[3]{d_c A} = 1627.28 \times \sqrt[3]{8 \times 132.16} = 16578\text{kg/cm}$

    若 $\beta = 1.2787$ 則

    $\omega = 1.08 \times 10^{-6} \times 1.2787 \times 1627.28 \times \sqrt[3]{8 \times 132.16} = 0.0229\text{cm}$

    $Z = f_s \sqrt[3]{d_c A} = 1627.28 \times \sqrt[3]{8 \times 132.16} = 16578\text{kg/cm}$

    不論 $\beta = 1.2$ 或 $\beta = 1.2787$ 計算所得裂縫寬度 $\omega = 0.0215\text{cm}$ 或 $\omega = 0.0229\text{cm}$ 及 Z 值均小於規範所定暴露於乾燥空氣的允許裂縫寬度(0.041cm)及 Z(31,358 kg/cm)值。

範例 7-6-3

　　圖 7-6-8 所示為一寬度為 30cm，深度為 60cm 的鋼筋混凝土梁(暴露於潮濕空氣)矩形斷面；配置有一層 3 根一束的#8 受拉鋼筋三束，下面兩根鋼筋的形心距受拉面緣距離為 10cm。設鋼筋強度為 2,800kg/cm^2，彈性模數比 $n=8$，使用載重下承受彎矩 $M=30$t-m。試求該斷面的受拉鋼筋形心位置及每支鋼筋的有效混凝土面積 A？#8 鋼筋的斷面積為 5.07cm^2，直徑為 2.54cm。

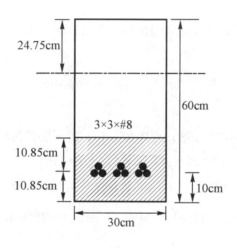

圖 7-6-8

三根一束的受拉鋼筋形心 d_c 為下面二根形心加 1/3 鋼筋直徑

四根一束的受拉鋼筋形心 d_c 為下面二根形心加 1/2 鋼筋直徑

所以，受拉鋼筋形心位置　$y = 10 + 2.54 \times 1/3 = 10.85$cm

梁的有效深度=60−10.85=49.15cm

有效混凝土的高度為 $2 \times 10.85 = 21.7$cm

有效混凝土的面積為 $21.7 \times 30 = 651$cm^2

故鋼筋的相當根數為 $3 \times 3 \times 0.65 = 5.85$根　　(根據圖 7-6-5)

每支受拉鋼筋的有效混凝土面積 $A = 651/5.85 = 111.28$cm^2

設中性軸距受壓面緣的距離為 x，則依

$$(bx) \times \frac{x}{2} = \sum \left(nA_s \times (d-x) \right)$$

$$(30x)\frac{x}{2} = 8 \times 3 \times 3 \times 5.07 \times (60 - 10.85 - x) \, 得$$

$$15x^2 + 365.04x - 18222.8 = 0 \, 解得 \quad x = 24.75\text{cm}$$

$$\beta = \frac{60 - 24.75}{60 - 24.75 - 10.85} = 1.4447$$

1. 取 $f_s = 0.6 f_y = 0.6 \times 2800 = 1680\text{kg/cm}^2$

   若 $\beta = 1.2$ 則

   $$\omega = 1.08 \times 10^{-6} \beta f_s \sqrt[3]{d_c A} = 1.08 \times 10^{-6} \times 1.2 \times 1680 \times \sqrt[3]{10.85 \times 111.28}$$
   $$= 0.0232\text{cm}$$

   $$Z = f_s \sqrt[3]{d_c A} = 1680 \times \sqrt[3]{10.85 \times 111.28} = 17889\text{kg/cm}$$

   若 $\beta = 1.4447$ 則

   $$\omega = 1.08 \times 10^{-6} \times 1..4447 \times 1680 \times \sqrt[3]{10.85 \times 111.28} = 0.0279\text{cm}$$

   $$Z = f_s \sqrt[3]{d_c A} = 1680 \times \sqrt[3]{10.85 \times 111.28} = 17889\text{kg/cm}$$

   不論 $\beta = 1.2$ 或 $\beta = 1.4447$ 計算所得裂縫寬度 $\omega = 0.0232$cm或$\omega = 0.0279$cm 及 Z 值均小於規範所定暴露於潮濕、潮濕空氣或土壤的允許裂縫寬度 (0.033cm) 及 Z(25,478kg/cm)值。

2. 取

   $$f_s = \frac{M}{A_s\left(d - \dfrac{x}{3}\right)} = \frac{30 \times 10^5}{(3 \times 3 \times 5.07) \times (49.15 - 24.75/3)} = 1607.48\text{kg/cm}^2$$

   若 $\beta = 1.2$ 則

   $$\omega = 1.08 \times 10^{-6} \times 1.2 \times 1607.48 \times \sqrt[3]{10.85 \times 111.28} = 0.0222\text{cm}$$

   $$Z = f_s \sqrt[3]{d_c A} = 1607.48 \times \sqrt[3]{10.85 \times 111.28} = 17117\text{kg/cm}$$

   若 $\beta = 1.4447$ 則

   $$\omega = 1.08 \times 10^{-6} \times 1..4447 \times 1607.48 \times \sqrt[3]{10.85 \times 111.28} = 0.0267\text{cm}$$

   $$Z = f_s \sqrt[3]{d_c A} = 1607.48 \times \sqrt[3]{10.85 \times 111.28} = 17117\text{kg/cm}$$

   不論 $\beta = 1.2$ 或 $\beta = 1.4447$ 計算所得裂縫寬度 $\omega = 0.0222$cm或$\omega = 0.0267$cm 及 Z 值均小於規範所定暴露於潮濕、潮濕空氣或土壤的允許裂縫寬度 (0.033cm) 及 Z(25,478kg/cm)值。

範例 7-6-4

　　圖 7-6-9 所示爲一寬度爲 35cm，深度爲 120cm 的鋼筋混凝土梁矩形斷面；配置有二層受拉鋼筋，最外層及第二層均爲 4 根#9 鋼筋，其形心距受拉面緣距離分別爲 7cm 及 13cm；#9 鋼筋的斷面積爲 6.47cm²。設鋼筋的降伏強度爲 4,200 kg/cm2，彈性模數比 $n=8$，使用載重下承受彎矩 $M=35$t-m。試求該斷面的裂縫寬度及 Z 值及必要的表層鋼筋？

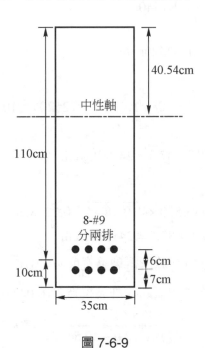

圖 7-6-9

受拉鋼筋形心 d_c

$$d_c = \frac{4 \times 6.47 \times 7 + 4 \times 6.47 \times 13}{8 \times 6.47} = \frac{181.16 + 336.44}{51.76} = \frac{517.60}{51.76} = 10.0\text{cm}$$

梁的有效深度＝120−10.0＝110.0cm

有效混凝土的高度爲 $2 \times 10.0 = 20.0$cm

有效混凝土的面積爲 $20.0 \times 35 = 700.0\text{cm}^2$

因爲上下層使用相同的受拉鋼筋，故鋼筋的相當根數爲 8 根。

每支受拉鋼筋的有效混凝土面積 $A = 700.0 / 8 = 87.50\text{cm}^2$

設中性軸距受壓面緣的距離爲 x，則依

$$(bx) \times \frac{x}{2} = \sum (nA_s \times (d-x))$$

$$(35x)\frac{x}{2} = 8 \times 4 \times 6.47 \times (120-7-x) + 8 \times 4 \times 6.47 \times (120-13-x) 得$$

$$17.5x^2 + 414.08x - 45548.8 = 0 \; 解得 \quad x = 40.54\text{cm}$$

$$\beta = \frac{120-40.54}{120-40.54-10.0} = 1.1440$$

1. 取 $f_s = 0.6f_y = 0.6 \times 4200 = 2520\text{kg/cm}^2$

   若 $\beta = 1.2$ 則

   $\omega = 1.08 \times 10^{-6} \beta \, f_s \sqrt[3]{d_c A} = 1.08 \times 10^{-6} \times 1.2 \times 2520 \times \sqrt[3]{10 \times 87.5}$

   $\quad = 0.0312\text{cm}$

   $Z = f_s \sqrt[3]{d_c A} = 2520 \times \sqrt[3]{10 \times 87.5} = 24103\text{kg/cm}$

   若 $\beta = 1.1440$ 則

   $\omega = 1.08 \times 10^{-6} \times 1.1440 \times 2520 \times \sqrt[3]{10 \times 87.5} = 0.0298\text{cm}$

   $Z = f_s \sqrt[3]{d_c A} = 2520 \times \sqrt[3]{10 \times 87.5} = 24103\text{kg/cm}$

   不論 $\beta = 1.2$ 或 $\beta = 1.1440$ 計算所得裂縫寬度 $\omega = 0.0312\text{cm}$ 或 $\omega = 0.0298\text{cm}$ 及 Z 值均

   小於規範所定暴露於乾燥空氣的允許裂縫寬度(0.041cm)及 Z(31,358 kg/cm)值。

2. 取 $f_s = \dfrac{M}{A_s \left(d - \dfrac{x}{3}\right)} = \dfrac{35 \times 10^5}{(8 \times 6.47) \times (110.0 - 40.54/3)} = 700.82\text{kg/cm}^2$

   若 $\beta = 1.2$ 則

   $\omega = 1.08 \times 10^{-6} \beta \, f_s \sqrt[3]{d_c A} = 1.08 \times 10^{-6} \times 1.2 \times 700.82 \times \sqrt[3]{10 \times 187.5}$

   $\quad = 0.0087\text{cm}$

   $Z = f_s \sqrt[3]{d_c A} = 700.82 \times \sqrt[3]{10 \times 87.5} = 6703\text{kg/cm}$

   若 $\beta = 1.1440$ 則

   $\omega = 1.08 \times 10^{-6} \times 1.1440 \times 700.82 \times \sqrt[3]{10 \times 87.5} = 0.0083\text{cm}$

   $Z = f_s \sqrt[3]{d_c A} = 700.82 \times \sqrt[3]{10 \times 87.5} = 6703\text{kg/cm}$

   不論 $\beta = 1.2$ 或 $\beta = 1.1440$ 計算所得裂縫寬度 $\omega = 0.0087\text{cm}$ 或 $\omega = 0.0083\text{cm}$ 及 Z 值均

   小於規範所定暴露於乾燥空氣的允許裂縫寬度(0.041cm)及 Z(31,358 kg/cm)值。

3. 因爲有效深度(110.0cm)大於 90cm，故於梁腰兩側受拉鋼筋以上有效深度一半的範圍內均須配置表層鋼筋。

表層鋼筋量爲　$A_{SK} = 0.001(d - 75) = 0.001 \times (110 - 75) = 0.0350\text{cm}^2/\text{cm}$

表層鋼筋最大間距不得大於 $d/6$ 或 30cm，

因 $d/6$=110.0/6=18.33 公分<30 公分

55/18.33=3.00055 故每側配置三層表層鋼筋，間距 18 公分

每側所需鋼筋量 $= 0.035 \times 18 = 0.63\text{cm}^2$ ，採用 #3(D10) 鋼筋 (每根鋼筋面積爲 0.7133cm^2。

提供鋼筋量= $0.7133 / 18 = 0.0396\text{cm}^2/\text{cm} > 0.0350\text{cm}^2/\text{cm}$

故表層鋼筋每側配置 #3(D10)@18cm。

7-7　矩形梁裂紋計算程式使用說明

在鋼筋混凝土分析與設計軟體畫面的功能表上，選擇☞RC/撓度與裂縫/矩形梁裂紋計算☜後出現如圖 7-7-1 的輸入畫面。在圖 7-7-1 的畫面中，首先應輸入梁斷面的寬度(b)、深度(h)、鋼筋降伏強度(f_y)、彈性模數比(n)、梁斷面承受之最大彎矩(M_a)、以下拉式選單指定抗拉鋼筋是否成束及每束根數、以下拉式選單指定梁所暴露的環境(如下表)、然後指定最外層鋼筋的根數、鋼筋的編號及鋼筋形心距受拉面的距離，如有二層鋼筋，則同樣指定第二層鋼筋的根數、號碼及距離。必須輸入的欄位有梁斷面的寬度(b)、深度(h)、彈性模數比(n)、最外層鋼筋、及鋼筋降伏強度(f_y)或梁斷面承受之最大彎矩(M_a)擇一輸入。

結構物暴露的環境
乾空氣或有保護膜
潮濕、潮濕空氣或土壤
一般衛工環境
高侵蝕性環境
嚴重侵蝕環境
防冰化學環境
海水、海浪、多雨或乾濕交替環境
儲液體等高水密性需求環境

圖 7-7-1 的畫面爲範例 7-6-1 的輸入資料，梁斷面的寬度(30cm)、深度(50cm)、鋼筋降伏強度 f_y (2,800kg/cm²)、彈性模數比 n(8)、抗拉鋼筋爲不成束、且梁暴露於乾燥空氣或有保護膜的狀態；最外層抗拉鋼筋爲#8(D25)號鋼筋 3 根、鋼筋形心距受拉面的距離爲 7cm，並無第二層鋼筋。

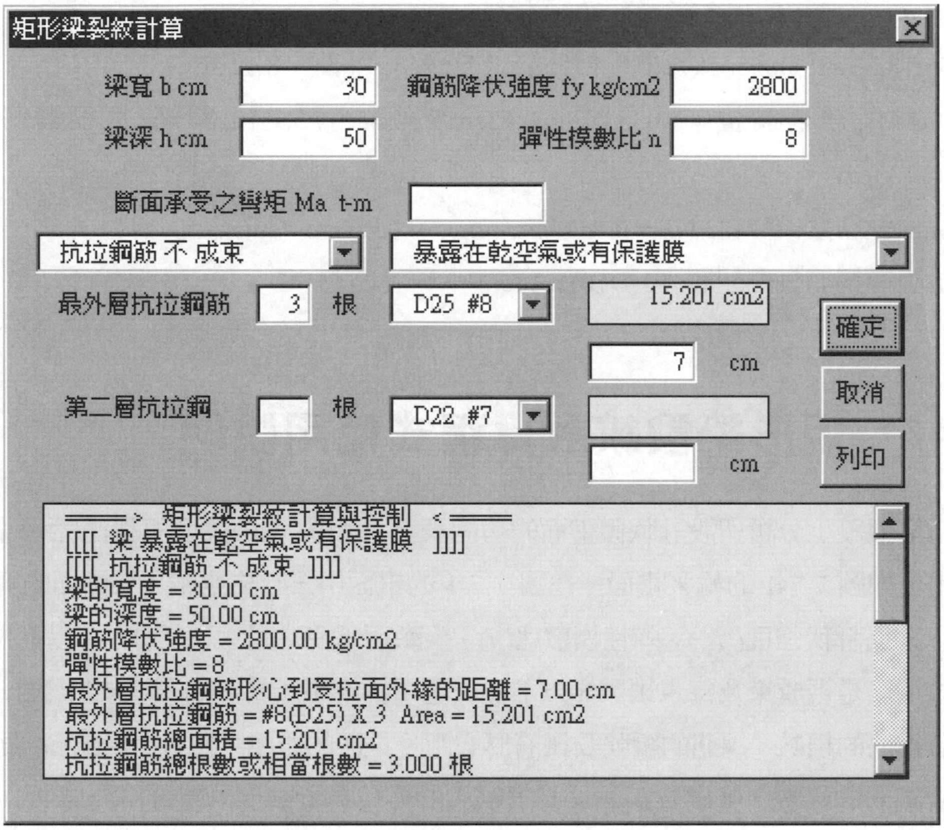

圖 7-7-1

此時畫面上的「列印」扭並未生效，必須等正確計算結果出現後才會生效。單擊「確定」鈕進行矩形梁裂縫計算工作，如資料完整且合理，則顯示計算結果如圖 7-7-1 及圖 7-7-2 所示，並使「列印」鈕生效；單擊「取消」鈕可結束作業；單擊「列印」鈕則可印出如圖 7-7-3 所示的報表。

裂縫計算結果以螢幕顯示及報表列印兩種方式表示。螢幕除顯示原始基本資料外，顯示最外層抗拉鋼筋形心到受拉面外緣的距離(7cm)、斷面中性軸距受壓面的距離(15.05cm)、抗拉鋼筋形心距受拉面緣的距離(7cm)、梁的有效深度(43.0cm)、每根抗拉鋼

筋的混凝土的有效面積 A(140.0cm^2)、中性軸至混凝土最外受拉纖維距離與中性軸至受拉鋼筋形心距離之比值 β (1.2505)、規範的使用載重下之鋼筋應力 f_s (1,680kg/cm^2)、裂縫寬度為 0.02163cm、Z 值為 16,687.2 kg/cm；依據梁所暴露的環境，容許的最大裂縫寬度為 0.041cm、Z 值為 31,358 kg/cm。報表(如圖 7-7-3)則將螢幕顯示資料，精簡安排後列印，為主要的設計成果文件。報表中的撓度與範例中的計算結果，除有位數差異外應可認為相同的。

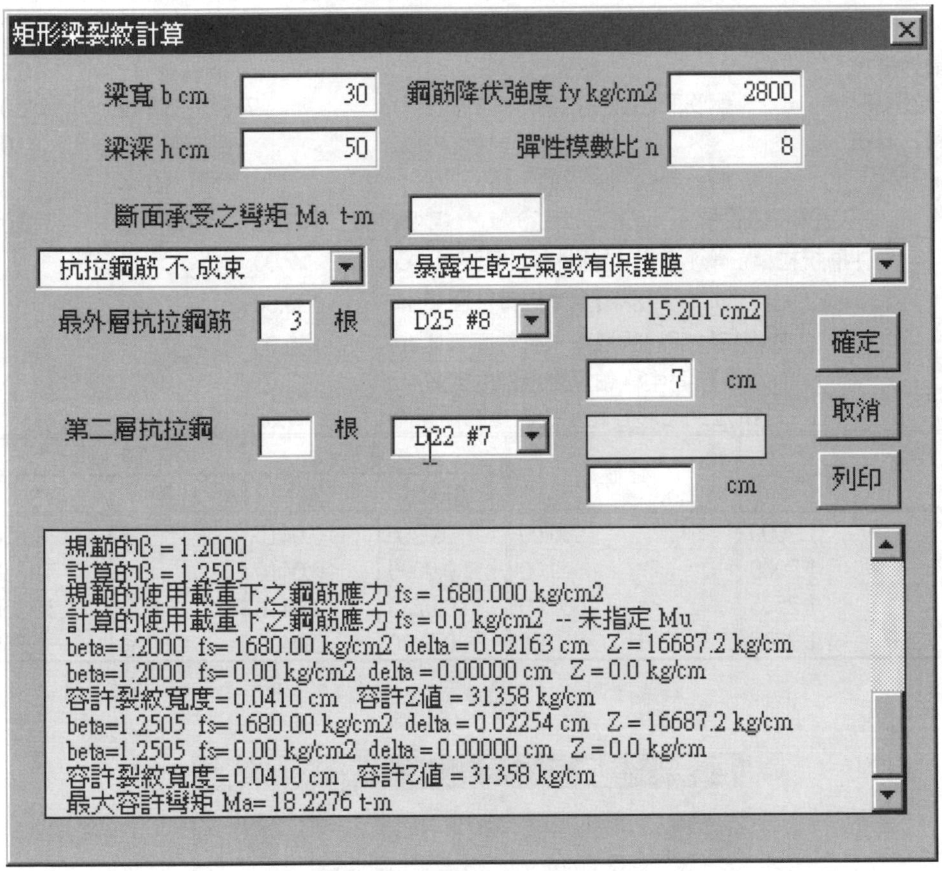

圖 7-7-2

規範規定中性軸至混凝土最外受拉纖維距離與中性軸至受拉鋼筋形心距離之比值 β 可設定為 1.2 及鋼筋應力 f_s 可設定為 $0.6f_y$；但是只要斷面的中性軸位置確定後，符合定義的 β 比值亦可正確算出；同時，只要梁所承受的彎矩已知，其鋼筋應力 f_s 亦可計得。因此本程式可依據 β =1.2 及實算 β 值，$f_s = 0.6f_y$ 及實算 f_s 值，組合計算四組裂縫寬度及 Z 值。

　　因為本實例並未指定梁斷面承受的最大彎矩，故程式可依據該梁所處環境的最大容許裂縫寬度及 Z 值，反算最大容許彎矩值，如圖 7-7-2 及圖 7-7-3。

矩形斷面梁裂紋計算與控制					
梁 暴露在乾空氣或有保護膜			抗拉鋼筋 不 成束		
寬度 cm	30.00		深度 cm		50.00
彈性模數比 n	8		有效深度 cm		43.00
鋼筋降伏強度 f_y kg/cm^2	2800.00		斷面承受之彎矩 M t-m		18.23
最外層抗拉鋼筋	#8(D25) X 3		鋼筋量 cm^2		15.20
	鋼筋形心到受拉面外緣的距離 cm	7	修正值 cm		7.00
第二層抗拉鋼筋			鋼筋量 cm2		0.00
	鋼筋形心到受拉面外緣的距離 cm		修正值 cm		0.00
抗拉鋼筋總面積 A_s cm^2	15.20	總根數	3.00	相當根數	3.00
最外層抗拉鋼筋形心到受拉面外緣的距離(dc) cm		7.00			
混凝土受拉有效面積 cm^2		420.00			
每根抗拉鋼筋的混凝土有效面積 A cm^2		140.00			
斷面中性軸矩受壓面的距離 cm		15.05			
抗拉鋼筋形心距受拉面緣的距離 cm		7.00			

β 值	f_s 值	裂紋寬度cm		Z 值 kg/cm	
		計算	容許	計算	容許
1.2000	1680.00	0.0216	0.0410	16,687	31,358
1.2000	0.00	0.0000	0.0410	0	31,358
1.2505	1680.00	0.0225	0.0410	16,687	31,358
1.2505	0.00	0.0000	0.0410	0	31,358

圖 7-7-3

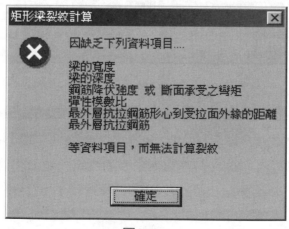

圖 7-7-4

執行本程式後，如果未輸入任何資料即單擊「確定」鈕，則顯示圖 7-7-4 的警示訊息。由該訊息可獲知本程式的最基本必須輸入的資料欄位。

「梁斷面承受的彎矩」欄位並非必要輸入項目，如果未輸入，則由程式依據該梁所處環境的最大容許裂縫寬度及 Z 值，反算最大容許彎矩值，如圖 7-7-2 及圖 7-7-3。如果輸入梁斷面承受的彎矩 M_a，則程式將據以計算鋼筋的工作應力 f_s。如果工作應力 f_s 超過鋼筋的降伏強度，則出現圖 7-7-5 的警示訊息，並停止程式的執行；如果工作應力 f_s 超過規範值(鋼筋的降伏強度的 0.6 倍)，則出現圖 7-7-6 的警示訊息。

圖 7-7-5

圖 7-7-6

圖 7-7-7 為範例 7-6-2 的實際資料，本例使用二層拉力鋼筋，且已知梁斷面承受的最大彎矩(M_a=25t-m)，故可以計算 β =1.2(規範值)、β =1.2787(實算值)及 f_s =1680kg/cm^2(規範值=0.6 f_y)、f_s =1627.69kg/cm^2(依據指定彎矩值實算所得)等四種組合的裂縫寬度及 Z 值如圖 7-7-7 及圖 7-7-8。

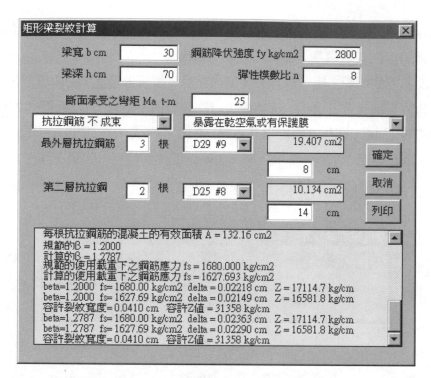

圖 7-7-7

矩形斷面梁裂紋計算與控制					
梁 暴露在乾空氣或有保護膜			抗拉鋼筋 不 成束		
寬度 cm	30.00		深度 cm		70.00
彈性模數比 n	8		有效深度 cm		59.94
鋼筋降伏強度 f_y kg/cm²	2800.00		斷面承受之彎矩 M t-m		25.00
最外層抗拉鋼筋	#9(D29) X 3		鋼筋量 cm²		19.41
	鋼筋形心到受拉面外緣的距離 cm	8	修正值 cm		8.00
第二層抗拉鋼筋	#8(D25) X 2		鋼筋量 cm2		10.13
	鋼筋形心到受拉面外緣的距離 cm	14	修正值 cm		14.00
抗拉鋼筋總面積 A_s cm²	29.54	總根數	5.00	相當根數	4.57
最外層抗拉鋼筋形心到受拉面外緣的距離(dc) cm		8.00			
混凝土受拉有效面積 cm²		603.50			
每根抗拉鋼筋的混凝土有效面積 A cm²		132.16			
斷面中性軸矩受壓面的距離 cm		23.85			
抗拉鋼筋形心距受拉面緣的距離 cm		10.06			

β 值	f_s 值	裂紋寬度 cm		Z 值 kg/cm	
		計算	容許	計算	容許
1.2000	1680.00	0.0222	0.0410	17,115	31,358
1.2000	1627.69	0.0215	0.0410	16,582	31,358
1.2787	1680.00	0.0236	0.0410	17,115	31,358
1.2787	1627.69	0.0229	0.0410	16,582	31,358

圖 7-7-8

　　圖 7-7-9 為範例 7-6-3 的實際資料，本例雖只使用最外層拉力鋼筋，但鋼筋是 3 根一束，鋼筋編號為#8(D25)，且梁暴露於潮濕空氣中。已知梁斷面承受的最大彎矩 (M_a=30t-m)，故可以計算 β =1.2(規範值)、β =1.4449(實算值)及 f_s =1680kg/cm^2(規範值=0.6f_y)、f_s =1608.58kg/cm^2(依據指定彎矩值實算所得)等四種組合的裂縫寬度及 Z 值如圖 7-7-9 及圖 7-7-10。

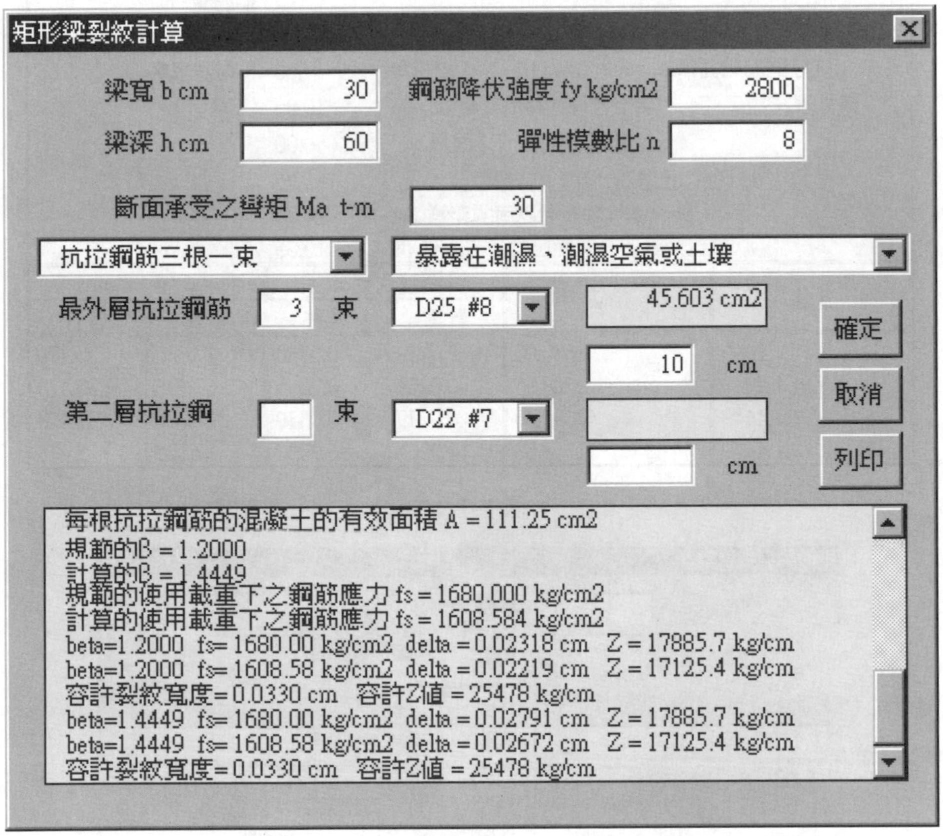

圖 7-7-9

矩形斷面梁裂紋計算與控制				
梁 暴露在潮濕、潮濕空氣或土壤			抗拉鋼筋三根一束	
寬度 cm	30.00		深度 cm	60.00
彈性模數比 n	8		有效深度 cm	49.15
鋼筋降伏強度 f_y kg/cm²	2800.00		斷面承受之彎矩 M t-m	30.00
最外層抗拉鋼筋	#8(D25) X 9 每束有 3 根		鋼筋量 cm²	45.60
	鋼筋形心到受拉面外緣的距離 cm	10	修正值 cm	10.85
第二層抗拉鋼筋			鋼筋量 cm2	0.00
	鋼筋形心到受拉面外緣的距離 cm		修正值 cm	0.00
抗拉鋼筋總面積 A_s cm²	45.60	總根數	9.00	相當根數 5.85
最外層抗拉鋼筋形心到受拉面外緣的距離(dc) cm		10.85		
混凝土受拉有效面積 cm²		650.80		
每根抗拉鋼筋的混凝土有效面積 A cm²		111.25		
斷面中性軸距受壓面的距離 cm		24.77		
抗拉鋼筋形心距受拉面緣的距離 cm		10.85		

β 值	f_s 值	裂紋寬度cm 計算	容許	Z 值 kg/cm 計算	容許
1.2000	1680.00	0.0232	0.0330	17,886	25,478
1.2000	1608.58	0.0222	0.0330	17,125	25,478
1.4449	1680.00	0.0279	0.0330	17,886	25,478
1.4449	1608.58	0.0267	0.0330	17,125	25,478

圖 7-7-10

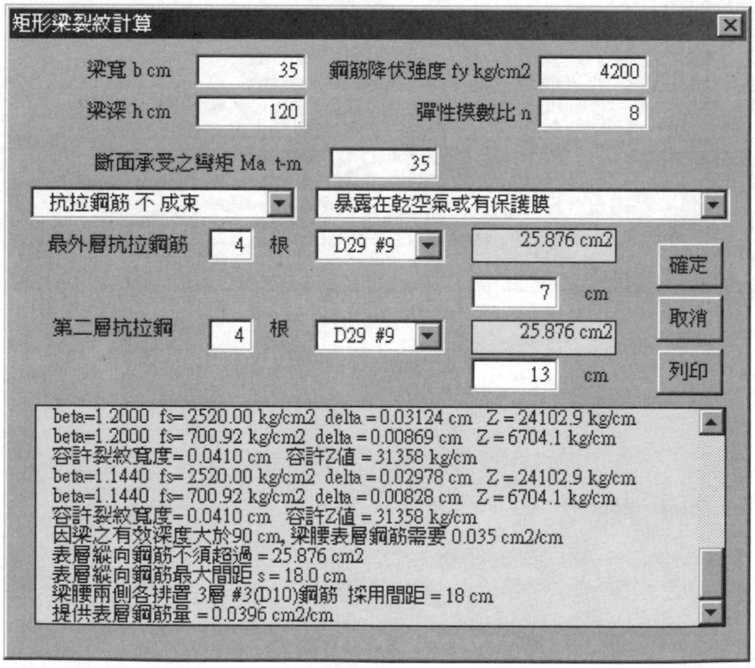

圖 7-7-11

圖 7-7-11 為範例 7-6-4 的實際資料，本例使用二層拉力鋼筋，且已知梁斷面承受的最大彎矩(M_a=35t-m)，故可以計算 β =1.2(規範值)、 β =1.1440(實算值)及 f_s =2520kg/cm²(規範值=$0.6f_y$)、 f_s =700.92kg/cm²(依據指定彎矩值實算所得)等四種組合的裂縫寬度及 Z 值如圖 7-7-11 及圖 7-7-12。

本例因為有效深度 110cm 超過 90cm，規範規定必須於梁兩側拉力筋形心以上有效深度一半的拉力區設置表層鋼筋。表層鋼筋需要量為 0.035cm²/cm，選用#3(D10)鋼筋間距 18cm 配置，可提供鋼筋量為 0.0396cm²/cm。

矩形斷面梁裂紋計算與控制					
梁 暴露在乾空氣或有保護膜			抗拉鋼筋 不 成束		
寬度 cm	35.00		深度 cm		120.00
彈性模數比 n	8		有效深度 cm		110.00
鋼筋降伏強度 f_y kg/cm²	4200.00		斷面承受之彎矩 M t-m		35.00
最外層抗拉鋼筋	#9(D29) X 4			鋼筋量 cm²	25.88
	鋼筋形心到受拉面外緣的距離 cm		7	修正值 cm	7.00
第二層抗拉鋼筋	#9(D29) X 4			鋼筋量 cm2	25.88
	鋼筋形心到受拉面外緣的距離 cm		13	修正值 cm	13.00
抗拉鋼筋總面積 A_s cm²	51.75	總根數	8.00	相當根數	8.00
最外層抗拉鋼筋形心到受拉面外緣的距離(dc) cm			10.00		
混凝土受拉有效面積 cm²			700.00		
每根抗拉鋼筋的混凝土有效面積 A cm²			87.50		
斷面中性軸距受壓面的距離 cm			40.54		
抗拉鋼筋形心距受拉面緣的距離 cm			10.00		
β 值	f_s 值	裂紋寬度cm		Z 值 kg/cm	
		計算	容許	計算	容許
1.2000	2520.00	0.0312	0.0410	24,103	31,358
1.2000	700.92	0.0087	0.0410	6,704	31,358
1.1440	2520.00	0.0298	0.0410	24,103	31,358
1.1440	700.92	0.0083	0.0410	6,704	31,358
有效深度大於90公分, 梁腰兩側表層縱向鋼筋需要量 cm²/cm				0.0350	
表層鋼筋	3層 #3(D10)鋼筋 採用間距 = 18 cm			提供量cm²/cm	0.0396

圖 7-7-12

8

短柱分析與設計

■ 8-1 導 論

　　柱為承受軸向壓縮載重之主要構材，實際上，柱除承受軸向載重外，難免同時承受撓曲彎矩，因此也稱為梁柱構材(beam column member)。根據承受彎矩與軸向載重大小的不同，梁柱的受力行為可從純梁(pure beam)，一直變化到純柱(pure column)的作用。梁柱這個名詞雖較嚴密，但是通常被實務工程師簡稱為柱，換句話說，表示這兩個名詞可以相互地使用。

　　柱可從設計觀念分為三種：

1. 柱腳(pedestal)：無支撐長度與其斷面最小尺寸比小於 3 者，稱為柱腳，其柱腳可用純混凝土鑄造。混凝土抗壓強度可取 $0.85\phi f_c'$，$\phi = 0.7$，如純混凝土無法承擔載重，則可放大柱腳斷面或配置適量鋼筋。

2. 短柱(short column)：無支撐長度與其斷面最小尺寸比大於 3 小於 15 者，稱為短柱。短柱的極限強度受柱之材料強度及斷面大小所控制，柱的撓曲並不致於產生二次彎矩。

3. 細長柱(long column)：無支撐長度與其斷面最小尺寸比大於 15 者，稱為細長柱。細長柱承載後會發生彈性縮短及如圖 8-1-1 的挫曲或橫向移位等，因此產生額外之撓曲彎矩，所以細長柱之極限強度需根據長細比(slenderness ratio)及柱上下兩端之結構束制額外考慮二次彎矩引起之影響。

　　短柱與細長柱並不是以柱子本身的絕對長度來區分的；而是以代表勁度的長細比及柱端束制情形所決定。短柱的破壞純由承受的載重致鋼筋與混凝土達到極限強度而坍塌；細長柱則因長細比大而致勁度較弱，除承受原來載重外，尚需承受因柱子撓曲所額外增加的二次彎矩，如圖 8-1-1 所示；因此相同斷面的細長柱負載能力就比短柱為低。柱子的破壞會產生相當嚴重的後果；因為原由柱子支撐的構件均會墜落於地，損害墜落路徑上的人與物；因此柱必須以較高的安全係數來設計。另一個採用高安全係數的理由是混凝土澆置的困難度。將混凝土均勻澆置於長而窄的柱形模板與縱向、橫向鋼筋間的困難度遠比澆置於淺寬的梁高。因此，鋼筋混凝土柱的強度折減因數為 0.7(橫箍柱)或 0.75(螺旋柱)。

圖 8-1-1

　　純混凝土柱僅能承受有限的垂直載重及甚小的撓曲彎矩,如於柱的縱軸方向配置鋼筋補強,則鋼筋混凝土柱的承載能力可增強不少。鋼筋混凝土柱承受載重後,除了軸向的縮短外,尚有側向的膨脹;如果於縱向鋼筋的外圍配置緊密的橫向鋼筋,更可大幅提昇其承載能力。柱中配置於柱軸心方向之鋼筋稱為縱向鋼筋(longitudinal bar)或主筋,配置於與主筋成垂直方向者稱為橫向鋼筋(transverse bar)。橫向鋼筋中以 L 型、U 型、圓型或矩形等鋼筋組成圈環(loop),以設計之間距一層一層圍繞縱向鋼筋外側者稱為橫箍或環箍(lateral tie)。以螺旋狀連續纏繞主筋外側者稱為螺筋(spiral)。因此,鋼筋混凝土柱按斷面形狀、縱向鋼筋及橫向鋼筋形式可分為:

1. 橫箍柱(tied column)由主筋及橫箍筋組成之鋼筋混凝土柱如圖 8-1-3(a)所示。橫箍筋有助於施工時縱向鋼筋(主筋)位置的固定,亦可阻止橫箍柱在承受極限載重後橫箍筋外圍混凝土的剝離,引起橫箍筋的錨定減弱,致橫箍間距間之主筋發生挫屈(buckling)引起柱之承載能力遽降如圖 8-1-2(a),發生突發性之脆性破壞如圖 8-1-4。橫箍筋一般是方形或矩形,)但亦可有八角形,圓形或其他形狀。為了模板施工的簡易與再用,方形或矩形橫箍筋最為常用。

2. 螺旋柱(spiral column)由主筋及連續的螺旋箍筋組成之鋼筋混凝土柱如圖 8-1-3(b)所示。螺旋箍筋仍有固定縱向鋼筋位置及阻止側潰致螺旋筋外圍混凝土剝落的功能;即使外圍混凝土剝落剝離後,因螺箍鋼筋是連續的,所以螺箍筋及主筋一起圍束柱核心之混凝土繼續承擔軸向載重如圖 8-1-2(b),並逐漸變形直到螺旋箍筋降伏後破壞,因此螺箍柱自承受載重直到最後之完全破壞,其間發生之變形量比橫箍柱大且

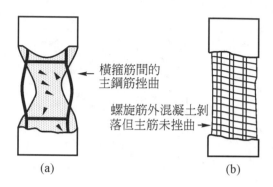

圖 8-1-2

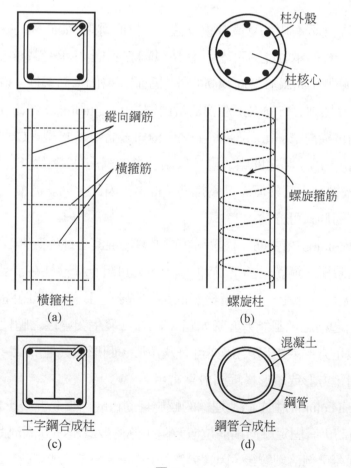

圖 8-1-3

具有延展性，如圖 8-1-4。螺旋筋為圓形，但亦可配置於外型為方形、矩形或其他形狀的柱子。螺旋柱的勁度及延展性均較橫箍柱為佳，尤其適用於高載重或抗震的需求。

3.　合成柱(composite column)由結構用工字鋼、鋼管、槽鋼，埋設於混凝土中組成混凝土柱，有時同時配置主筋，橫箍筋或螺旋筋，如圖 8-1-3(c)及圖 8-1-3(d)所示。

　　本章主要探討同時承載壓力與彎矩的柱腳(pedestal)及短柱(short column)構材的設計；而細長柱(Slender Column)構材的設計方法將於第九章詳細說明。

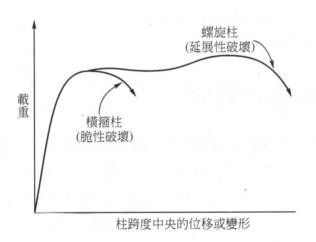

圖 8-1-4

8-2　柱的極限載重

　　實務上雖然沒有承受無偏心軸向壓力載重之柱子存在,但瞭解無偏心載重柱的極限強度(Axial load capacity)有助於解釋偏心載重柱的設計方法及驗證柱的理論極限載重。長期以來估算鋼筋混凝土柱中鋼筋與混凝土應力是相當不易且不準確的；因為混凝土的彈性模數會隨著混凝土的乾縮與潛變而變化；但是經過長期試驗，柱的極限載重則可精準計算。柱的極限載重並不會因為載重的性質或時間長短而影響，甚至不受鋼筋或混凝土何者先達屈服而改變。柱的鋼筋與混凝土中，一種材料降伏的變形會使另一種材料應力急劇增加而迅速屈服。當鋼筋與混凝土降伏時，柱的極限載重 P_n 為

$$P_n = 0.85 f_c' \left(A_g - A_{st} \right) + f_y A_{st} \tag{8-2-1}$$

或

$$P_n = 0.85 f_c' A_g + \left(f_y - 0.85 f_c' \right) A_{st} \tag{8-2-2}$$

式中　　A_g 為柱子總斷面積(cm^2)。

　　　　A_{st} 為縱向鋼筋之總斷面積(cm^2)。

　　　　f_y 為鋼筋的降伏強度(kg/cm^2)。

　　　　f_c' 為混凝土的抗壓強度(kg/cm^2)。

　　　　P_n 為柱的極限載重(kg)。

■ 8-3　螺旋筋之設計

　　橫箍柱或螺旋柱承受載重而破壞時，橫向鋼筋外圍之混凝土均會剝離，雖然螺旋筋有助於圍束核心混凝土使能繼續承擔載重，但設計實務上或從住戶觀點，只要橫向鋼筋外圍之混凝土剝離即認定為不堪使用。現行規範對於螺旋筋用量的設計觀念，即期望「螺旋筋所提供的強度，正好可以抵消或略超過螺旋筋外圍混凝土剝落所損失的強度」，因此規範規定螺旋筋之體積比 ρ_s 不得小於下式之值：

$$\rho_s = 0.45 \left(\frac{A_g}{A_c} - 1 \right) \frac{f_c'}{f_y} \tag{8-3-1}$$

式中 f_y 為螺旋筋設計所用之規定降伏強度，但不得大於 4,200 kg/cm^2。

　　一旦求得 ρ_s，螺旋箍筋可依下式選用之。

$$\rho_s = \frac{\text{單環螺旋筋的體積} V_{spiral}}{\text{螺旋筋間距間核心混凝土體積} V_{core}}$$
$$= \frac{a_s \pi \left(D_c - d_b \right)}{\left(\pi D_c^2 / 4 \right) s} = \frac{4 a_s \left(D_c - d_b \right)}{s D_c^2} \tag{8-3-2}$$

式中　　D_c 為螺旋筋外環之直徑(cm)。

　　　　d_b 螺旋筋的直徑(cm)。

a_s 螺旋筋的斷面積(cm²)。

s 螺旋筋的間距(cm)(如圖 8-3-1)。

設計者可先選擇螺旋筋，然後計算所需螺旋筋間距，直到間距符合規範之規定。標準螺旋筋為採用直徑為 10mm、13mm 及 16mm 之熱軋或冷拉之光面或竹節鋼筋。若是保護層為 4cm 以上，混凝土強度為 210kg/cm² 以上之柱，根據現場澆置之施工經驗，可用 10mm 之最小螺旋筋。

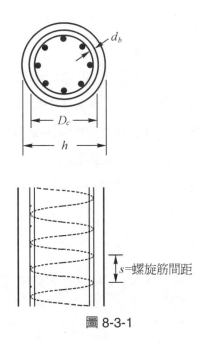

圖 8-3-1

規範對螺旋筋規定如下：

1. 螺旋筋之大小及製作應能適於操作及排置而不致因扭損而影響各構材設計尺寸。

2. 螺旋筋的體積比不得小於式(8-3-1)之 ρ_s 值。

3. 現場澆置受壓構材之螺旋筋直徑不得小#3(D10)號鋼筋。

4. 螺旋筋之淨間距不得大於 7.5cm，亦不得小於 2.5cm 或粗骨材標稱最大粒徑之 1.33 倍，以確保足夠的淨距，使得混凝土可暢通於螺旋筋每圈之間。

5. 螺旋筋應於兩端再加一圈半，可作為錨定。

6. 螺旋筋可用搭接或銲接續接之，搭接長度至少為螺筋直徑的 48 倍，且不得小於 30 公分。

7. 螺旋筋之配置應自基腳面或各層樓版面起至其上所支承構材之最底層水平鋼筋止。

8. 柱之任一邊未有梁或托架構入時，橫箍筋須自螺箍筋終止處向上延伸配置至版底或柱頭版底。

9. 柱頂有柱冠者，螺箍筋須延伸入柱冠內至柱冠寬度(或直徑)等於二倍柱寬(或直徑)之處。

10. 螺箍筋須定位成線並牢固之。

　　規範規定，梁、柱等主要構材之接頭處，連續鋼筋之續接及終斷鋼筋之錨定均須加以圍封，以確保構材在反復載重作用下，能發揮其撓曲強度，不致發生接頭破壞。接頭之圍封應為外接構材混凝土與接頭內之閉合橫箍筋、螺箍筋或肋筋。

　　若柱之一面或更多面未受梁或拖架之圍封，則須於螺箍筋終止高程至樓版或柱頭版底面間設置橫箍筋。若柱之各面均受梁或拖架之圍封，但梁或拖架之深度不同，則橫箍筋須由螺旋筋延伸至構入柱之梁或拖架之最淺者之底層水平鋼筋處。這些額外增加之橫箍筋係用以圍封縱向柱筋與部分由梁彎入柱以錨定之鋼筋。

　　為使螺箍筋確保定位、間距及走向，以防止混凝土澆置時移位，可使用間隔物(Spacer)，也可使用其他有效之方法。間隔物之材質及設置方式應以不得妨礙混凝土對鋼筋之保護作用為要。間隔物的數目，可參考下表：

螺旋筋或鋼線之直徑	小於 16mm			16mm 或較大	
螺箍之直徑	<50cm	50-75cm	>75cm	<=60cm	>60cm
間隔物之最小數目	2	3	4	3	4

範例 8-3-1

　　圖 8-3-2 所示為一螺旋柱的斷面，其直徑為 50cm，螺旋筋外環直徑為 40cm，試按設計規範選用螺旋筋的尺寸及間距。設鋼筋的降伏強度為 4,200 kg/cm²，混凝土抗壓強度為 280 kg/cm²。

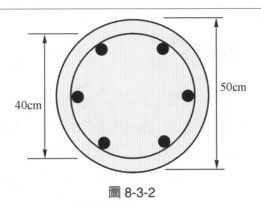

圖 8-3-2

依據(8-3-1)式，得最小螺旋筋體積比 ρ_s

$$\rho_s = 0.45\left(\frac{A_g}{A_c} - 1\right)\frac{f_c^{'}}{f_y} = 0.45\left(\frac{\pi \times 25^2}{\pi \times 20^2} - 1\right) \times \frac{280}{4200} = 0.016875$$

已知 $D_c = 40\text{cm}$ ，若選#4(D13)號鋼筋，則 $a_s = 1.27\,\text{cm}^2$ ， $d_b = 1.27\text{cm}$ ，代入(8-3-2)式得

$$\rho_s = \frac{4a_s(D_c - d_b)}{sD_c^2} = \frac{4 \times 1.27 \times (40 - 1.27)}{s \times 40^2} = 0.016875$$

解得 $s = 7.29\text{cm}$ ，故採取 7.0 cm 的螺旋筋間距，符合「螺旋筋之淨間距不得大於 7.5cm，亦不得小於 2.5cm 或粗骨材標稱最大粒徑之 1.33 倍，以確保足夠的淨距，使得混凝土可暢通於螺旋筋每圈之間」之技術規則規定。

公式(8-3-2)基本上有螺旋筋直徑 a_s 及螺旋筋間距 s 兩個變數，因此任一變數均可由設計者選定，再依公式(8-3-2)計算另一變數，只要兩個變數值合乎規範規定，均無不可。若選#3(D10)號鋼筋，則 $a_s = 0.7133\,\text{cm}^2$ ， $d_b = 0.953\text{cm}$ ，代入公式(8-3-2)得

$$s = \frac{4 \times 0.7133 \times (40 - 0.953)}{40^2 \times 0.016875} = 4.13\text{cm}\ (\text{大於 2.5cm，小於 7.5cm，OK})$$

因此選擇間距 4cm 的#3(D10)號鋼筋為螺旋筋也合乎規範。

8-4 橫箍筋的設計

　　螺旋筋由於其連續性與圓形的關係,當螺旋筋外圍混凝土剝落後,仍能對核心混凝土發生較佳的圍束作用;而橫箍筋則僅在其四個角落及斷面中心區域,才會對混凝土產生圍束的作用。因此橫箍柱提供額外載重的能力,遠低於螺旋柱。

　　由大量試驗顯示,橫箍筋的間距大小對於橫箍柱的極限載重助益不大;但當橫箍柱超載而瀕臨破壞時,小間距的橫箍筋較能阻止縱向主筋的側潰。因此規範規定:

1. 橫箍柱中的所有縱向鋼筋必須受橫向箍筋所圍箍之。

2. 主鋼筋直徑不大於#10(D32)號鋼筋時,需用#3(D10)號以上箍鋼筋;主筋直徑大於#10(D32)號鋼筋或為束筋時,需用#4(D13)號以上之箍鋼筋。箍筋亦可使用相等面積之麻面鋼線或熔接鋼線網。

3. 橫箍筋間距不得大於主鋼筋直徑之 16 倍、箍筋直徑之 48 倍,或柱的最小邊寬。

4. 橫箍筋之配置須使在各柱角處的主鋼筋及每隔一根主鋼筋均與有轉角之橫箍筋做橫向支承;該內轉角不得大於 135°;主鋼筋無橫向支承者至有橫向支承者之淨距不得大於 15 公分。主鋼筋排列成圓形時,可用全圓橫箍筋。

5. 橫箍至基腳或樓版頂面之距離,或至柱頭版或樓版底層鋼筋之距離均不得大於橫箍筋間距之一半。

6. 柱之四周均有梁或拖架時,橫箍之終止配置至最淺之梁或拖架之底層鋼筋之距離不得大於 7.5cm。

　　主鋼筋無橫向支承者至有橫向支承者之淨距(如圖 8-4-1 中的 x)大於 15 公分時,則主鋼筋間須如圖 8-4-1 中的虛線配置橫箍筋圍束之。

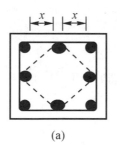
(a)

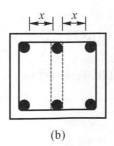
(b)

圖 8-4-1

橫箍筋配置之規定如圖 8-4-2。

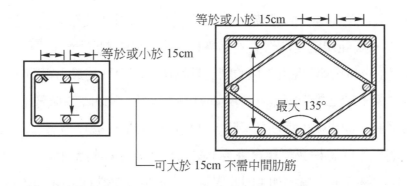

圖 8-4-2

8-5　柱的保護層

　為保護鋼筋抵抗天候及其他侵蝕，構件外側均有混凝土保護層的設置，鋼筋混凝土柱保護層厚度為自混凝土表面至橫箍筋或螺旋筋之外緣。規範規定現場澆灌混凝土柱的保護層厚度如下：

狀況	保護層厚度(公厘 mm)
不受風雨侵襲且不與土壤接觸者	40
受風雨侵襲或與土壤接觸者：	
鋼線或 $d_b \leq 16mm$ 鋼筋	40
$16mm < d_b$ 鋼筋	50
澆置於土壤或岩石上或經常與水及土壤接觸者	75
與海水或腐蝕性環境接觸者	100

8-6　柱設計之細節規定

　規範對鋼筋混凝土柱的設計除有 8-3 節螺旋筋的設計、8-4 節橫箍筋的設計及 8-5 節柱的保護層等規定外，尚有下列相關規定：

一、縱向鋼筋量之限制

縱向主鋼筋設置的主要目的是減少柱的斷面積、增強柱承受壓力的強度及強化側向彎曲之強度與韌性。規範規定「非合成受壓構材之縱向鋼筋斷面積 A_{st} 應符合 $0.01A_g \leq A_{st} \leq 0.08A_g$ 之規定」。如果鋼筋混凝土柱的鋼筋量超過規範允許的最大鋼筋量 $0.08A_g$，則將造成實際澆置混凝土時之施工困難，需考慮改用較大柱斷面以降低鋼筋比，或使用較高強度之混凝土或鋼筋。如果使用鋼筋搭接時，其鋼筋使用量一般以不超過 $0.04A_g$ 為原則。

試驗顯示混凝土的乾縮與潛變會將若干載重自混凝土移轉至鋼筋，此增加之鋼筋應力，將因鋼筋比的減少而大幅增加；因此規範規定最低鋼筋比($0.01A_g$)使鋼筋能在長期載重下分擔應力之再分配。

二、縱向鋼筋根數之限制

規範規定受壓構材之縱向鋼筋最少根數如下：

箍筋種類	縱向鋼筋最少根數
矩形或圓形橫箍筋	4
三角形橫箍筋	3
符合最小體積比規定的螺旋筋	6

矩形或圓形橫箍筋受壓構材最少需四根縱向鋼筋；符合最小體積比的螺旋筋受壓構材最少需六根縱向鋼筋；其它形狀之受壓構材每一頂點或角落最少需一根縱向鋼筋，並需配以適當之橫向鋼筋，如三角形柱需配置至少三根縱向鋼筋，每一縱向鋼筋置於三角形橫箍筋之一個頂點。

三、柱斷面之限制

由於尺寸較小的柱可輕易隱藏於牆中，而佔據較少的空間，因而使得樓地版面積增加，所以設計者通常在此壓力下，會使柱斷面儘可能地減少。雖然規範並沒有限制柱的最小斷面積，但是施工間距則要求柱最小寬度或直徑，不得低於 200 到 250 公厘。在一建築物中，不同柱斷面尺寸愈少愈好，以免增加施工成本或錯誤。理論上，每層樓因負載不同，

所需柱斷面當然不相同；實務上，為了施工容易與降低成本，可由頂樓的載重選一最少鋼筋量的柱斷面，然後由上而下逐層採用相同柱斷面尺寸，但以增加鋼筋量來承擔逐層增加的載重，直到鋼筋比接近規範最大值後，再擴大柱斷面尺寸，選用小鋼筋比；如此循環應用則可減少不同的柱斷面數。

四、縱向主鋼筋的偏折

如前所述，維持不同樓層相同柱斷面的尺寸，有助於降低施工成本與錯誤機會；但是柱斷面的變化仍是不可避免的。柱斷面的變化將產生縱向主鋼筋偏折銜接的問題。規範對於縱向主鋼筋偏折銜接的規定如下(如圖 8-6-1)：

1.　偏折鋼筋對柱軸偏斜部份之斜度不得大於 $1:6$。

2.　除需偏斜部份外，柱主鋼筋須與柱軸平行。

3.　鋼筋偏折處須用橫箍筋、螺旋筋或部份樓版構造做橫向支撐。橫向支撐須能承受鋼筋偏折部份橫向分力 1.5 倍之推力，若用橫箍或螺箍時須配置於偏折點 15cm 以內。

4.　偏折鋼筋須預先彎妥後放置於樓版內。

5.　柱面偏距 7.5cm 以上時主筋不得偏折，該主筋須用插接筋續接之。

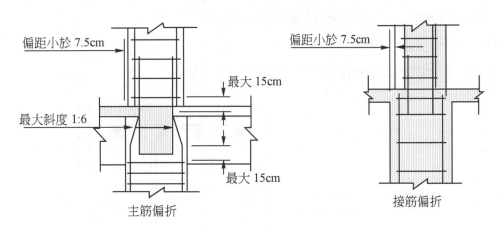

圖 8-6-1

五、柱筋續接之特別規定

若柱同時承受軸力及彎矩作用,則柱之一側就會出現拉應力;一旦柱出現拉力,則需作柱筋抗拉續接。就算分析顯示柱僅承受壓力,但規範規定柱於每側均至少提供該側主筋面積乘以 $0.25f_y$ 之拉力強度。柱筋的續接應滿足所有載重組合之要求。如柱之鋼筋量僅受垂直力之載重所控制,但柱鋼筋仍需抵抗含風力或地震力之載重組合所引發的拉力,故該柱之主筋仍需使用抗拉續接。

1. 在設計載重作用下柱筋只承受壓力時,柱筋之搭接需按竹節鋼筋搭接的相關規定,且按其適用狀況需符合下列要求:

   (1) 橫箍柱在壓力作用下,若其柱筋在搭接長度內被有效面積不小於 $0.0015hs$ 之橫箍筋所圍封,則其受壓搭接長度可乘以 0.83 予以折減,惟不小於 30cm。其中有效面積是指垂直於斷面尺寸 h 方向之箍筋面積和;如圖 8-6-2 所示。

   (2) 螺旋柱在壓力作用下,若其柱筋在搭接長度內被螺旋筋所圍封,則其受壓搭接長度可乘以 0.75 予以折減,惟不小於 30cm。

2. 在設計載重作用下柱筋承受拉力時,符合下列三條件者其搭接長度可用受拉竹節鋼筋甲級搭接長度,否則須為乙級搭接長度。

   (1) 柱筋拉應力不超過 $0.5f_y$。

   (2) 柱任一斷面之搭接鋼筋面積百分比不大於 50%。

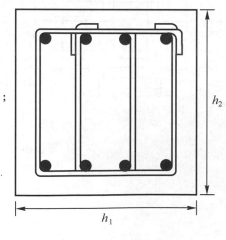

4 肢橫箍筋面積 $\geq 0.0015h_1s$;
2 肢橫箍筋面積 $\geq 0.0015h_2s$

圖 8-6-2

Chapter 8

(3) 柱筋搭接位置至少錯開 l_d (鋼筋伸展長度)。

3. 柱筋之續接可使用銲接或機械式續接器，惟其需可發展 $1.25f_y$ 之抗拉或抗壓強度。

4. 柱筋僅承受壓力時可使用端承續接，惟每側至少須保有該側主筋面積乘以 $0.25f_y$ 之拉力強度。

六、採用高安全係數

如 8-1 節導論所述，由於鋼筋混凝土柱破壞後果的嚴重性及施工品質掌握的困難度，規範規定鋼筋混凝土柱的強度折減因數為 0.7(橫箍柱)或 0.75(螺旋柱)。

鋼筋在價格上比混凝土相對較貴，因此減少鋼筋的用量可相對地降低成本。鋼筋混凝土柱中理想的鋼筋量比約在 1.5%至 3.0%之間，才可使混凝土的澆置較為容易。

鋼筋混凝土梁斷面大約僅有 30%至 40%的混凝土斷面承受壓力。換言之，約有 60%至 70%的混凝土斷面在拉力區而被認定因產生裂縫不能承受拉力，而有浪費之嫌。對柱子而言，柱中的混凝土一般均在受壓狀態，因此高強度混凝土在柱子可以得到充分的發揮。

8-7　軸心載重柱的設計

載重偏心距 e (eccentricity of load)在鋼筋混凝土柱的設計是一個重要的觀念與名詞。在結構系統構架應力分析中，所得的結果為構件承受的軸力或彎矩，而無偏心距。在鋼筋混凝土柱設計中，偏心距 e 被定義為一承受軸力 P_u 與彎矩 M_u 的構件，由其軸力 P_u 產生彎矩 M_u 應偏離構件斷面塑性中心的距離。亦即

$$P_u e = M_u$$

或

$$e = \frac{M_u}{P_u}$$

由於實務上承受純粹軸力的情形相當稀少，因此，早期規範規定鋼筋混凝土柱必須考量最少偏心距 e 設計之。亦即，即使不承受彎矩的受壓構材仍需考量一最少彎矩設計之。早期規範規定，橫箍柱的最小偏心距為 2.54cm 或 $0.10h$ 的值小者，螺旋柱的最小偏心距

為 2.54cm 或 0.05h 的值小者；h 為圓形柱的外徑或矩形柱的深度。現在的規範則以折減柱的極限載重來考量載重偏心的實質存在。規範規定的折減因數 α 為 0.8(橫箍柱)或 0.85(螺旋柱)。故公式(8-2-1)可修改為公式(8-7-1)及(8-7-2)

橫箍柱的軸力極限載重($\phi = 0.70$)

$$\phi P_{n(\max)} = 0.80\phi\left[0.85f_c'\left(A_g - A_{st}\right) + f_y A_{st}\right] \tag{8-7-1}$$

螺旋柱的軸力極限載重($\phi = 0.75$)

$$\phi P_{n(\max)} = 0.85\phi\left[0.85f_c'\left(A_g - A_{st}\right) + f_y A_{st}\right] \tag{8-7-2}$$

以上公式為當柱承受很小彎矩或僅承受軸心載重時的極限載重；所謂承受很小彎矩係指當承受的彎矩小於或等於軸心載重與規範規定最小偏心距的乘積。屬於此類的鋼筋混凝土柱可依公式(8-7-1)或(8-7-2)設計之。公式(8-7-1)或(8-7-2)中的設計載重、材料強度及強度折減因數均為已知，假設柱斷面後亦可計得總斷面積 A_g，因此可以推算需要鋼筋量 A_{st} 介於總斷面積的 1%～8%之間均合乎的設計規範。

公式(8-7-1)及(8-7-2)中的 α 值(橫箍柱為 0.80，螺旋柱為 0.85)為考慮不可避免偏心載重對標稱載重的折減；而 ϕ 值(橫箍柱為 0.70，螺旋柱為 0.75)則是由標稱強度推算設計強度的強度折減因數。

範例 8-7-1

試設計一承受集中靜載重 100t，集中活載重 80t 的矩形鋼筋混凝土橫箍柱，假設鋼筋保護層厚度為 4cm，縱向鋼筋量為柱斷面的 2%。已知混凝土抗壓強度為 210kg/cm^2，鋼筋降伏強度為 4,200 kg/cm^2。

設計載重 $P_u = 1.4 \times 100 + 1.7 \times 80 = 276$t

設 $A_{st} = 0.02A_g$

依據公式(8-7-1)決定柱斷面面積 A_g

$$\begin{aligned}276 \times 1000 &= 0.80\phi\left[0.85f_c'\left(A_g - A_{st}\right) + f_y A_{st}\right] \\ &= 0.80 \times 0.7 \times \left[0.85 \times 210 \times \left(A_g - 0.02A_g\right) + 4200 \times \left(0.02A_g\right)\right] \\ &= 0.80 \times 0.70 \times \left(174.93A_g + 84A_g\right) = 145A_g\end{aligned}$$

解得 $A_g = 1903.45\text{cm}^2$

採用 $45\text{cm} \times 45\text{cm}$ 方形橫箍柱，得

$$A_g = 45 \times 45 = 2025\text{cm}^2 > 1903.45\text{cm}^2$$
$$A_{st} = 0.02A_g = 0.02 \times 2025 = 40.5\text{cm}^2$$

選用 #9(D29)號鋼筋 6 根，面積 $6.47 \times 6 = 38.82\text{cm}^2$，雖然小於計算所得的 A_{st}，但其鋼筋量比為 $38.82 / 2025 = 1.92\%$，仍在允許範圍內。

主筋間距 $= (45 - 4 \times 2 - 0.95 \times 2) / 2 - 2.87 = 14.68\text{cm}$，介於 2.5cm 與 15cm 間，符合規範。

因為主筋選用#9(D29)號鋼筋小於#10(D32)號鋼筋，故橫箍筋應用#3(D10)號鋼筋，橫箍筋間距取下列各值之較小者，

箍筋直徑的 48 倍 $0.95 \times 48 = 45.6\text{cm}$
主筋直徑的 16 倍 $2.87 \times 16 = 45.92\text{cm}$

柱的最小邊寬 45cm，橫箍筋間距取 45cm

設計結果如圖 8-7-1。

選用 #10(D32)號鋼筋 6 根，面積 $8.14 \times 6 = 48.84\text{cm}^2 > 40.5\text{cm}^2$，且鋼筋量比為 $38.82 / 2025 = 2.41\%$，仍在允許範圍內。

可選用#3 或#4 號箍筋，並檢查相關間距是否符合規範。

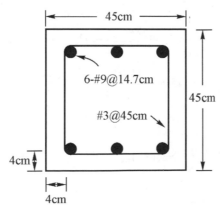

圖 8-7-1

範例 8-7-2

試設計一承受集中靜載重 100t，集中靜載重 80t 的圓形鋼筋混凝土螺旋柱，假設縱向鋼筋量爲柱斷面的 2%。已知混凝土抗壓強度爲 210 kg/cm²，鋼筋降伏強度爲 4,200 kg/cm²。

設計載重 $P_u = 1.4 \times 100 + 1.7 \times 80 = 276t$

設 $A_{st} = 0.02 A_g$

依據公式(8-7-2)決定柱斷面面積 A_g

$$
\begin{aligned}
276 \times 1000 &= 0.85\phi\left[0.85 f_c'\left(A_g - A_{st}\right) + f_y A_{st}\right] \\
&= 0.85 \times 0.75 \times \left[0.85 \times 210 \times \left(A_g - 0.02 A_g\right) + 4200 \times \left(0.02 A_g\right)\right] \\
&= 0.85 \times 0.75 \times \left(174.93 A_g + 84 A_g\right) \\
&= 165.07 A_g
\end{aligned}
$$

解得 $A_g = 1672.02 \text{cm}^2$

採用直徑 48cm 的圓形螺旋柱，得

$A_g = 3.1416 \times \left(48/2\right)^2 = 1810 \text{cm}^2 > 1672.02 \text{cm}^2$ O.K.

$A_{st} = 0.02 A_g = 0.02 \times 1810 = 36.20 \text{cm}^2$

選用#9(D29)號鋼筋 6 根，面積 $6.47 \times 6 = 38.82 \text{cm}^2 > 36.20 \text{cm}^2$，且鋼筋量比爲 $38.82/1810 = 2.15\%$，仍在允許範圍內。

因爲主筋選用#9(D29)號鋼筋小於#10(D32)號鋼筋，故螺旋筋應用#3(D10)號鋼筋。

若採 4cm 的混凝土保護層，則柱核心混凝土的直徑爲 $48 - 4 \times 2 = 40 \text{cm}$

核心混凝土面積 $A_c = \pi \left(40/2\right)^2 = 1256.64 \text{cm}$

依據公式(8-3-1)計算螺旋筋最小鋼筋體積比 ρ_s

$$
\begin{aligned}
\rho_s &= 0.45\left(\frac{A_g}{A_c} - 1\right)\frac{f_c'}{f_y} = 0.45 \times \left(\frac{1810}{1256.64} - 1\right) \times \frac{210}{4200} \\
&= 0.0099
\end{aligned}
$$

將最小螺旋筋體積比 ρ_s 代入公式(8-3-2)，得

$$
0.0099 = \frac{4 a_s \left(D_c - d_b\right)}{s D_c^2} = \frac{4 \times 0.71 \times \left(40 - 0.95\right)}{s \times 40^2} = \frac{110.902}{1600s}
$$

解得 $s=7.0\text{cm}$，介於 2.5cm 與 7.5cm 之間，符合規範。

設計結果如圖 8-7-2。

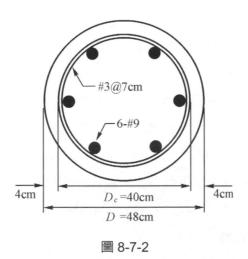

圖 8-7-2

8-8　軸心載重柱設計程式使用說明

在鋼筋混凝土分析與設計軟體畫面的功能表上，選擇 RC/短柱/軸心載重柱設計 後出現如圖 8-8-1 的輸入畫面。圖 8-8-1 的畫面為以範例 8-7-1 為例，先選擇橫箍矩形柱，再按序輸入承受的集中靜載重 P_d (100t)、承受的集中活載重 P_l(80t)、混凝土抗壓強度 f_c'(210kg/cm²)、鋼筋降伏強度 f_y(4200kg/cm²)、柱保護層厚度(4cm)、矩形柱斷面寬度 b(45cm)、矩形柱斷面深度 h(45cm)、鋼筋百分比(2%)及鋼筋根數(6 根)等資料後，單擊「確定」鈕即進行軸心載重柱設計，程式先依據軸心載重及指定的鋼筋百分比計算所需的柱斷面面積。如果指定矩形柱斷面寬度 b 及矩形柱斷面深度 h，且指定矩形柱斷面積小於需要的柱斷面積，則於報表上顯示「指定矩形柱斷面積太小」訊息。如果矩形柱斷面寬度 b 及矩形柱斷面深度 h 均未指定，則依方形柱計算邊長。如果矩形柱斷面寬度 b 或矩形柱斷面深度 h 僅指定一項，則依據所需柱斷面面積求算另一項。如果指定螺旋圓柱的直徑，則仍需檢查指定斷面積是否小於所需柱斷面積。柱斷面確定不小於所需斷面積後，依據指定鋼筋百分比計算所需鋼筋量，再依指定或假設的鋼筋數選擇鋼筋編號，然後依據主鋼筋尺寸選擇橫箍筋的鋼筋編號及間距。設計完成後將設計結果顯示於畫面的列示方塊中，如圖

8-8-1 及圖 8-8-2 所示，並使「列印」鈕生效。單擊「取消」鈕即取消軸心載重柱設計工作並結束程式。單擊「列印」鈕即將設計結果的資訊有組織地排列並印出如圖 8-8-7(為便於說明，每行右側賦予編號)。

選用橫箍矩形柱或螺旋圓柱時的輸入畫面中軸心靜載重、軸心活載重、混凝土抗壓強度及柱保護層厚度均為必需輸入的資料項目，否則會顯示圖 8-8-3 的警示訊息。其餘資料欄位則非必需輸入項目，設計過程中會有假設資料代替之。但是任何資料欄位輸入的資料都受合理性的檢查，如不合理則顯示如圖 8-8-4 的警示訊息。如未指定主鋼筋根數，則依橫箍柱至少 4 根，螺旋柱至少 6 根假設之，指定的鋼筋根數亦不得小於各形柱的最少根數，否則有如圖 8-8-5 的警示訊息。如果載重太大而找不到合適縱向鋼筋，則有如圖 8-8-6 的警示訊息。不論鋼筋比是否指定，程式均將計算 1%～8% 的面積檢核及鋼筋配置。但指定時，可指定非整數的百分比數。

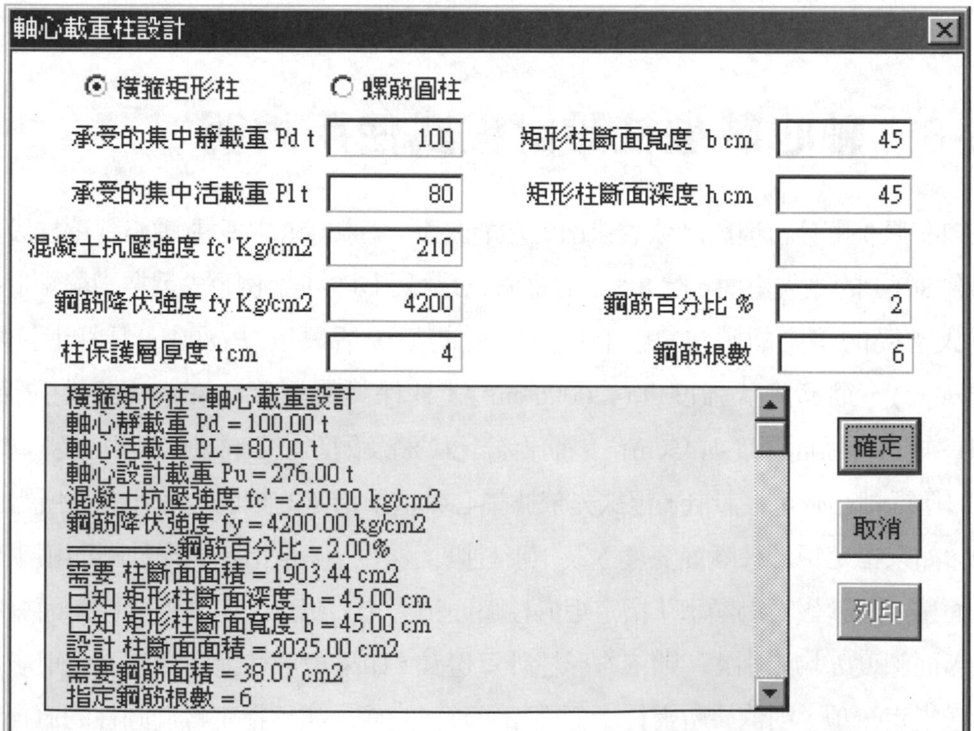

圖 8-8-1

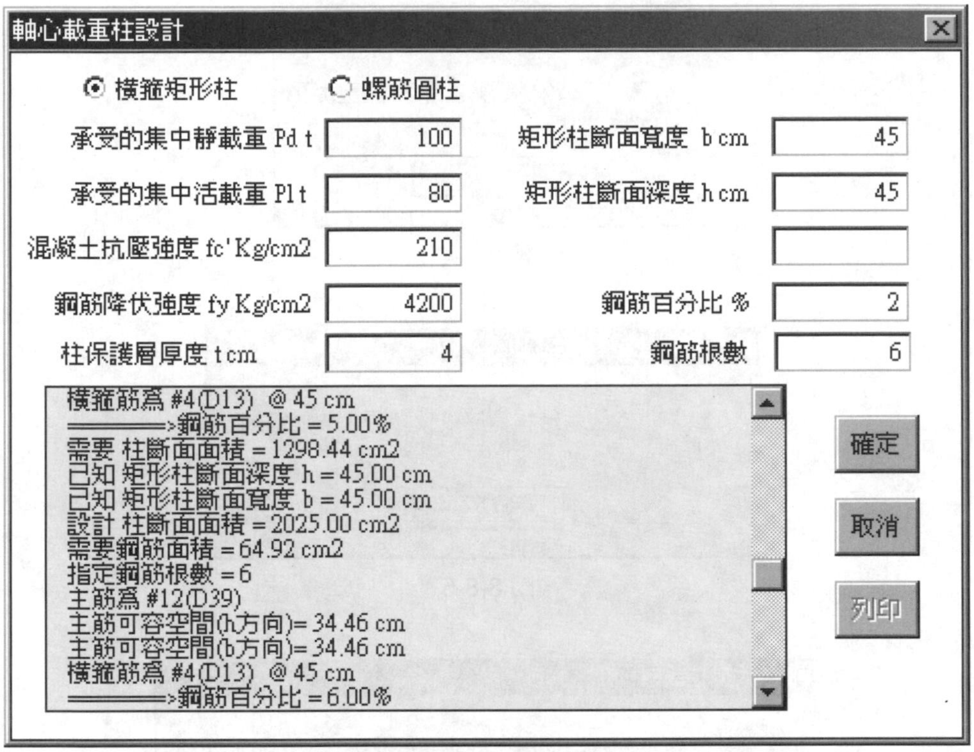

Chapter 8

軸心載重柱設計　　　　　　　　　　　　　　　　　　　　　　☒

◉ 橫箍矩形柱　　　　○ 螺筋圓柱

承受的集中靜載重 Pd t　[　100　]　　矩形柱斷面寬度 b cm　[　45　]

承受的集中活載重 Pl t　[　80　]　　矩形柱斷面深度 h cm　[　45　]

混凝土抗壓強度 fc'Kg/cm2　[　210　]　　　　　　　　　　　　[　　　]

鋼筋降伏強度 fy Kg/cm2　[　4200　]　　鋼筋百分比 %　[　2　]

柱保護層厚度 t cm　　[　4　]　　　鋼筋根數　[　6　]

横箍筋爲 #4(D13) @ 45 cm
======>鋼筋百分比 = 5.00%
需要 柱斷面面積 = 1298.44 cm2
已知 矩形柱斷面深度 h = 45.00 cm
已知 矩形柱斷面寬度 b = 45.00 cm
設計 柱斷面面積 = 2025.00 cm2
需要鋼筋面積 = 64.92 cm2
指定鋼筋根數 = 6
主筋爲 #12(D39)
主筋可容空間(h方向)= 34.46 cm
主筋可容空間(b方向)= 34.46 cm
横箍筋爲 #4(D13) @ 45 cm
======>鋼筋百分比 = 6.00%

[確定]

[取消]

[列印]

圖 8-8-2

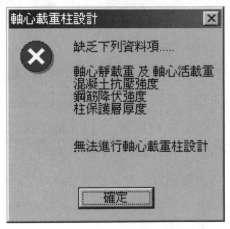

軸心載重柱設計　　　　　　☒

❌　　缺乏下列資料項......

　　軸心靜載重 及 軸心活載重
　　混凝土抗壓強度
　　鋼筋降伏強度
　　柱保護層厚度

　　無法進行軸心載重柱設計

[確定]

圖 8-8-3

圖 8-8-4

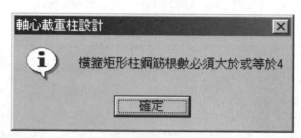

圖 8-8-5

圖 8-8-6

　　圖 8-8-7 為範例 8-7-1 的輸出報表，第 2 行至第 5 行為輸入基本資料；第 6 行至第 9 行為指定鋼筋百分比的柱斷面及主鋼筋、橫箍筋的配筋；第 10 行至第 13 行、第 14 行至第 17 行、第 18 行至第 21 行、第 22 行至第 25 行、第 26 行至第 29 行、第 30 行至第 33 行、第 34 行至第 37 行、第 38 行至第 41 行分別為鋼筋百分比 1%至 8%的柱斷面及主鋼筋、橫箍筋的配置。如果未指定鋼筋百分比，則僅從第 6 行至第 37 行分別為鋼筋百分比 1%至 8%的柱斷面及主鋼筋、橫箍筋的配置。第 10 行至第 13 行為鋼筋百分比為 1%時，所需柱斷面 2253.42cm^2 而指定的柱斷面面積僅為 2025.00cm^2，故第 13 行顯示「指定矩形柱斷面積太小」的訊息。

橫箍矩形柱--軸心載重設計				1
集中靜載重 P_d t	100.00	混凝土抗壓強度 f_c' Kg/cm^2	210.00	2
集中活載重 P_L t	80.00	鋼筋降伏強度 f_y Kg/cm^2	4200.00	3
設計載重 P_u t	276.00	鋼筋根數	6.00	4
柱保護層厚度 t cm	4.00	指定鋼筋百分比 %	2.00%	5
鋼筋百分比 %	2.00%	需要斷面積 A_g cm^2	1903.44	6
已知 矩形柱斷面寬度 b cm	45.00			7
已知 矩形柱斷面深度 h cm	45.00	指定 矩形柱斷面面積 cm2	2025.00	8
主鋼筋 #9(D29)		橫箍筋 #3(D10) @ 45 cm		9
鋼筋百分比 %	1.00%	需要斷面積 A_g cm^2	2253.42	10
已知 矩形柱斷面寬度 b cm	45.00			11
已知 矩形柱斷面深度 h cm	45.00	指定 矩形柱斷面面積 cm2	2025.00	12
主鋼筋		指定矩形柱斷面積太小		13
鋼筋百分比 %	2.00%	需要斷面積 A_g cm^2	1903.44	14
已知 矩形柱斷面寬度 b cm	45.00			15
已知 矩形柱斷面深度 h cm	45.00	指定 矩形柱斷面面積 cm2	2025.00	16
主鋼筋 #9(D29)		橫箍筋 #3(D10) @ 45 cm		17
鋼筋百分比 %	3.00%	需要斷面積 A_g cm^2	1647.55	18
已知 矩形柱斷面寬度 b cm	45.00			19
已知 矩形柱斷面深度 h cm	45.00	指定 矩形柱斷面面積 cm2	2025.00	20
主鋼筋 #11(D36)		橫箍筋 #4(D13) @ 45 cm		21
鋼筋百分比 %	4.00%	需要斷面積 A_g cm^2	1452.31	22
已知 矩形柱斷面寬度 b cm	45.00			23
已知 矩形柱斷面深度 h cm	45.00	指定 矩形柱斷面面積 cm2	2025.00	24
主鋼筋 #11(D36)		橫箍筋 #4(D13) @ 45 cm		25
鋼筋百分比 %	5.00%	需要斷面積 A_g cm^2	1298.44	26
已知 矩形柱斷面寬度 b cm	45.00			27
已知 矩形柱斷面深度 h cm	45.00	指定 矩形柱斷面面積 cm2	2025.00	28
主鋼筋 #12(D39)		橫箍筋 #4(D13) @ 45 cm		29
鋼筋百分比 %	6.00%	需要斷面積 A_g cm^2	1174.06	30
已知 矩形柱斷面寬度 b cm	45.00			31
已知 矩形柱斷面深度 h cm	45.00	指定 矩形柱斷面面積 cm2	2025.00	32
主鋼筋 #12(D39)		橫箍筋 #4(D13) @ 45 cm		33
鋼筋百分比 %	7.00%	需要斷面積 A_g cm^2	1071.42	34
已知 矩形柱斷面寬度 b cm	45.00			35
已知 矩形柱斷面深度 h cm	45.00	指定 矩形柱斷面面積 cm2	2025.00	36
主鋼筋 #14(D43)		橫箍筋 #4(D13) @ 45 cm		37
鋼筋百分比 %	8.00%	需要斷面積 A_g cm^2	985.28	38
已知 矩形柱斷面寬度 b cm	45.00			39
已知 矩形柱斷面深度 h cm	45.00	指定 矩形柱斷面面積 cm2	2025.00	40
主鋼筋 #14(D43)		橫箍筋 #4(D13) @ 45 cm		41

圖 8-8-7

圖 8-8-8 及圖 8-8-10 分別為範例 8-7-2 的輸入畫面與輸出報表。圖 8-8-8 中先選擇螺旋圓柱,再輸入承受的集中靜載重(100t)、承受的集中活載重 P_l(80t)、混凝土抗壓強度 f_c'(210kg/cm²)、鋼筋降伏強度 f_y(4200kg/cm²)、柱保護層厚度(4cm)、圓柱斷面直徑 D(48cm)、鋼筋百分比(2%)及鋼筋根數(6 根)等資料後,單擊「確定」鈕即進行軸心載重柱設計。如果所有鋼筋百分比均找不到合乎間距規範的螺旋筋,則有如圖 8-8-9 的警示訊息。

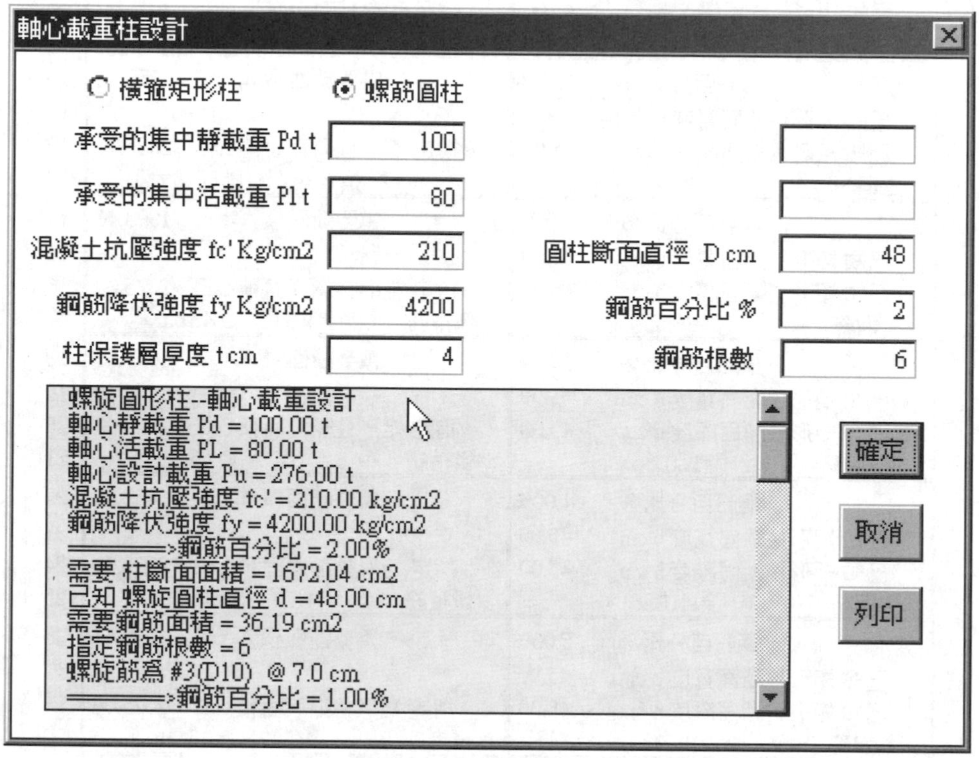

軸心載重柱設計

○ 橫箍矩形柱　　◉ 螺筋圓柱

承受的集中靜載重 Pd t 　　100

承受的集中活載重 Pl t 　　80

混凝土抗壓強度 fc' Kg/cm2 　　210　　　圓柱斷面直徑 D cm 　　48

鋼筋降伏強度 fy Kg/cm2 　　4200　　　鋼筋百分比 % 　　2

柱保護層厚度 t cm 　　4　　　鋼筋根數 　　6

```
螺旋圓形柱--軸心載重設計
軸心靜載重 Pd = 100.00 t
軸心活載重 PL = 80.00 t
軸心設計載重 Pu = 276.00 t
混凝土抗壓強度 fc' = 210.00 kg/cm2
鋼筋降伏強度 fy = 4200.00 kg/cm2
=====>鋼筋百分比 = 2.00%
需要 柱斷面面積 = 1672.04 cm2
已知 螺旋圓柱直徑 d = 48.00 cm
需要鋼筋面積 = 36.19 cm2
指定鋼筋根數 = 6
螺旋筋為 #3(D10) @ 7.0 cm
=====>鋼筋百分比 = 1.00%
```

確定　　取消　　列印

圖 8-8-8

圖 8-8-9

螺旋圓形柱--軸心載重設計			1
集中靜載重 P_d t	100.00	混凝土抗壓強度 f_c' Kg/cm^2	210.00	2
集中活載重 P_L t	80.00	鋼筋降伏強度 f_y Kg/cm^2	4200.00	3
設計載重 P_u t	276.00	鋼筋根數	6.00	4
柱保護層厚度 t cm	4.00	指定鋼筋百分比 %	2.00%	5
鋼筋百分比 %	2.00%	需要斷面積 A_g cm^2	1672.04	6
螺旋圓柱核心直徑 cm	40.00	指定圓柱斷面直徑 D cm	48.00	7
螺旋圓柱核心面積 cm2	1256.64	指定圓柱斷面面積 cm2	1809.56	8
主鋼筋	#9(D29)	螺旋筋 #3(D10)　@ 7.0 cm		9
鋼筋百分比 %	1.00%	需要斷面積 A_g cm^2	1979.48	10
螺旋圓柱核心直徑 cm	40.00	指定圓柱斷面直徑 D cm	48.00	11
螺旋圓柱核心面積 cm2	1256.64	指定圓柱斷面面積 cm2	1809.56	12
主鋼筋		指定圓柱斷面積太小		13
鋼筋百分比 %	2.00%	需要斷面積 A_g cm^2	1672.04	14
螺旋圓柱核心直徑 cm	40.00	指定圓柱斷面直徑 D cm	48.00	15
螺旋圓柱核心面積 cm2	1256.64	指定圓柱斷面面積 cm2	1809.56	16
主鋼筋	#9(D29)	螺旋筋 #3(D10)　@ 7.0 cm		17
鋼筋百分比 %	3.00%	需要斷面積 A_g cm^2	1447.26	18
螺旋圓柱核心直徑 cm	40.00	指定圓柱斷面直徑 D cm	48.00	19
螺旋圓柱核心面積 cm2	1256.64	指定圓柱斷面面積 cm2	1809.56	20
主鋼筋	#11(D36)	螺旋筋 無合規範的間距		21
鋼筋百分比 %	4.00%	需要斷面積 A_g cm^2	1275.76	22
螺旋圓柱核心直徑 cm	40.00	指定圓柱斷面直徑 D cm	48.00	23
螺旋圓柱核心面積 cm2	1256.64	指定圓柱斷面面積 cm2	1809.56	24
主鋼筋	#12(D39)	螺旋筋 無合規範的間距		25
鋼筋百分比 %	5.00%	需要斷面積 A_g cm^2	1140.59	26
螺旋圓柱核心直徑 cm	40.00	指定圓柱斷面直徑 D cm	48.00	27
螺旋圓柱核心面積 cm2	1256.64	指定圓柱斷面面積 cm2	1809.56	28
主鋼筋	#16(D50)	螺旋筋 無合規範的間距		29
鋼筋百分比 %	6.00%	需要斷面積 A_g cm^2	1031.33	30
螺旋圓柱核心直徑 cm	40.00	指定圓柱斷面直徑 D cm	48.00	31
螺旋圓柱核心面積 cm2	1256.64	指定圓柱斷面面積 cm2	1809.56	32
主鋼筋	#16(D50)	螺旋筋 無合規範的間距		33
鋼筋百分比 %	7.00%	需要斷面積 A_g cm^2	941.17	34
螺旋圓柱核心直徑 cm	40.00	指定圓柱斷面直徑 D cm	48.00	35
螺旋圓柱核心面積 cm2	1256.64	指定圓柱斷面面積 cm2	1809.56	36
主鋼筋	#18(D57)	螺旋筋 無合規範的間距		37
鋼筋百分比 %	8.00%	需要斷面積 A_g cm^2	865.50	38
螺旋圓柱核心直徑 cm	40.00	指定圓柱斷面直徑 D cm	48.00	39
螺旋圓柱核心面積 cm2	1256.64	指定圓柱斷面面積 cm2	1809.56	40
主鋼筋	#18(D57)	螺旋筋 無合規範的間距		41

圖 8-8-10

圖 8-8-10 的輸出報表中，除鋼筋百分比為 2% 以外均找不到合乎間距規範的螺旋筋。

■ 8-9 塑性中心

柱斷面的塑性中心(plastic centroid)為當柱承壓至破壞時，鋼筋與混凝土極限強度合力的作用點；易言之，若柱所承受載重通過塑性中心至破壞時，則鋼筋與混凝土必有等量應變(uniform strain)。塑性中心的定位係假設混凝土承壓到 $0.85f_c'$，鋼筋承壓到降伏強度的合力作用點；因此柱斷面塑性中心的定位與柱斷面的形狀及材料用量、強度有關，而與載重無關。對於形狀及鋼筋均相對稱的柱斷面，塑性中心與斷面形心相吻合；對於形狀或鋼筋不對稱的柱斷面，則塑性中心為假想柱承受向下壓力 P_u 與鋼筋、混凝土的向上反力平衡時，依據彎矩平衡的條件所算出的位置，詳如範例 8-9-1 及範例 8-9-2。

範例 8-9-1

圖 8-9-1 所示為矩形橫箍柱的斷面尺寸及縱向鋼筋用量，若鋼筋降伏強度為 3,500kg/cm²，混凝土的抗壓強度為 210kg/cm²，試決定該柱斷面的塑性中心位置？每根 #11(D36)號鋼筋的標稱面積為 10.07cm²，每根#7(D22)號鋼筋的標稱面積為 3.87cm²。

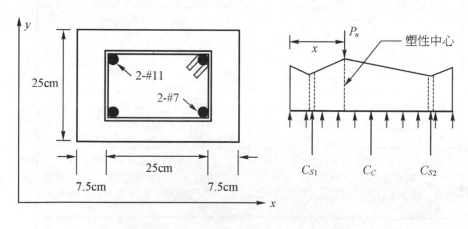

圖 8-9-1

圖 8-9-1 斷面的形狀及鋼筋量對於 x 軸而言是對稱的，所以塑性中心的 y 座標是距長邊 25/2=12.5cm。斷面的形狀及鋼筋量對於 y 軸而言是不對稱的，計算方法如下：

設 C_{s1}、C_{s2} 及 C_c 為鋼筋與混凝土受壓到極限強度時的反力，則

$$C_c = 0.85 f_c' b d = 0.85 \times 210 \times 40 \times 25 = 178500 \text{kg}$$

$$C_{s1} = 2 \times 10.07 \times (3500 - 0.85 \times 210) = 66895.01 \text{kg}$$

$$C_{s2} = 2 \times 3.87 \times (3500 - 0.85 \times 210) = 25708.41 \text{kg}$$

由垂直力的平衡，得

$$P_u = C_{s1} + C_{s2} + C_c = 66895 + 25708.41 + 178500 = 271103.41 \text{kg}$$

對柱斷面左側取力矩平衡，得

$$271103.41x = 178500 \times 20 + 66895 \times 7.5 + 25708.41 \times 32.5$$

解得 $x = 18.10 \text{cm}$

因此柱斷面的塑性中心為距長邊 12.5 公分，距左側短邊 18.10 公分。

範例 8-9-2

圖 8-9-2 所示為 T 形橫箍柱的斷面尺寸及縱向鋼筋用量，若鋼筋降伏強度為 4,200kg/cm²，混凝土的抗壓強度為 210kg/cm²，試決定該柱斷面的塑性中心位置？每根 #10(D32)號鋼筋的標稱面積為 8.14cm²。

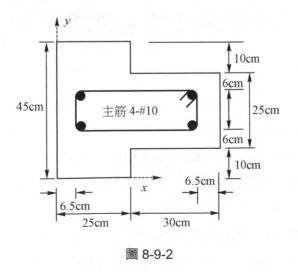

圖 8-9-2

圖 8-9-2 斷面的形狀及鋼筋量對於 x 軸而言是對稱的，所以塑性中心的 y 座標是
45/2=22.5cm。斷面的形狀及鋼筋量對於 y 軸而言是不對稱的，計算方法如下：

設 C_{s1}、C_{s2} 及 C_{c1}、C_{c2} 為鋼筋與混凝土受壓到極限強度時的反力，則

$$C_{c1} = 0.85 \times 210 \times 25 \times 45 = 200812.5 \, kg$$

$$C_{c2} = 0.85 \times 210 \times 30 \times 25 = 133875 \, kg$$

$$C_{s1} = 2 \times 8.14 \times (4200 - 0.85 \times 210) = 65470.021 kg$$

$$C_{s2} = 2 \times 8.14 \times (4200 - 0.85 \times 210) = 65470.021 kg$$

由垂直力的平衡，得

$$P_u = C_{s1} + C_{s2} + C_{c1} + C_{c2} = 65470.02 + 65470.02 + 200812.5 + 133875$$
$$= 465627.54 kg$$

對柱斷面左側取力矩平衡，得

$$465627.54x = 65470.02 \times 6.5 + 65470.02 \times (25 + 30 - 6.5)$$
$$+ 200812.5 \times 12.5 + 133875 \times (25 + 30 / 2)$$

解得 $x = 24.62$cm

因此柱斷面的塑性中心為 x 座標 24.62 公分，y 座標 22.50 公分。

8-10　塑性中心程式使用說明

在鋼筋混凝土分析與設計軟體畫面的功能表上，選擇☞RC/短柱/柱斷面塑性中心計算
☞後出現如圖 8-10-1 的輸入畫面。圖 8-10-1 的畫面係以範例 8-9-1 為例，先輸入混凝土抗
壓強度 f_c'(210kg/ cm^2)及鋼筋降伏強度 f_y(3,500kg/ cm^2)。此時畫面上的「確定」及「列印」
按鈕均處於失效狀態(disabled)。因為柱斷面的塑性中心僅與斷面形狀及材料強度有關，輸
入材料強度後，應輸入斷面形狀及材料用量。畫面上「短柱斷面要項」欄框內有「混凝土」
與「鋼筋」兩選項及一個「次一要項」按鈕。選擇「混凝土」，則欄框右側顯現「矩形混
凝土斷面」欄框，欄框內有「與壓力邊垂直的邊長」、「與壓力邊平行的邊長」及「形心與
壓力邊的距離」等欄位以便輸入一個矩形斷面的邊長及形心位置。依據圖 8-9-1，如果選

擇斷面左邊為壓力邊，則與壓力邊垂直的邊長為 40cm、與壓力邊平行的邊長為 25cm、形心與壓力邊的距離為 20cm，如圖 8-10-1。一個矩形混凝土斷面性質輸入後，按「次一要項」按鈕，使程式接受本項資料，顯示於列示方塊，並清除欄位準備接受次一項資料，如圖 8-10-2。非矩形的柱斷面可以將之劃分成多個矩形，逐一輸入之。第一次按「次一要項」按鈕後，使「確定」鈕生效。

　　矩形混凝土斷面要項資料輸入後，應於「短柱斷面要項」欄框中點選「鋼筋」選項以便輸入鋼筋相關資料。點選「鋼筋」選項後，在「短柱斷面要項」欄框右側變成「鋼筋性質資料」欄框，欄框中有鋼筋根數及鋼筋編號兩個下拉方塊供挑選所用鋼筋的編號(#11)與根數(2)，另可填入該群鋼筋形心到壓力邊的距離(7.5cm)，如圖 8-10-3。按「次一要項」按鈕，使程式接受本項資料，顯示於列示方塊，並清除欄位準備接受次一項資料，如圖 8-10-4。本斷面上有另一群鋼筋(2 根#7 號鋼筋，距壓力面的距離為 32.5cm)輸入如圖 8-10-5。至此，柱斷面形狀及鋼筋用量資料均已輸入完畢，可單擊「確定」鈕使程式開始

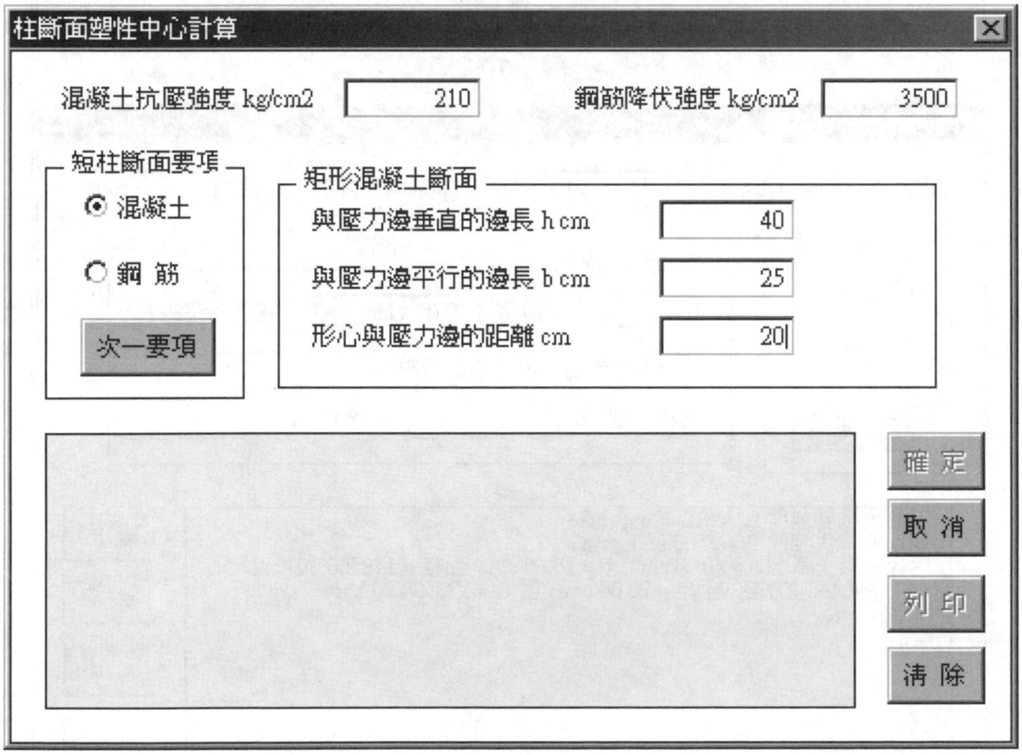

圖 8-10-1

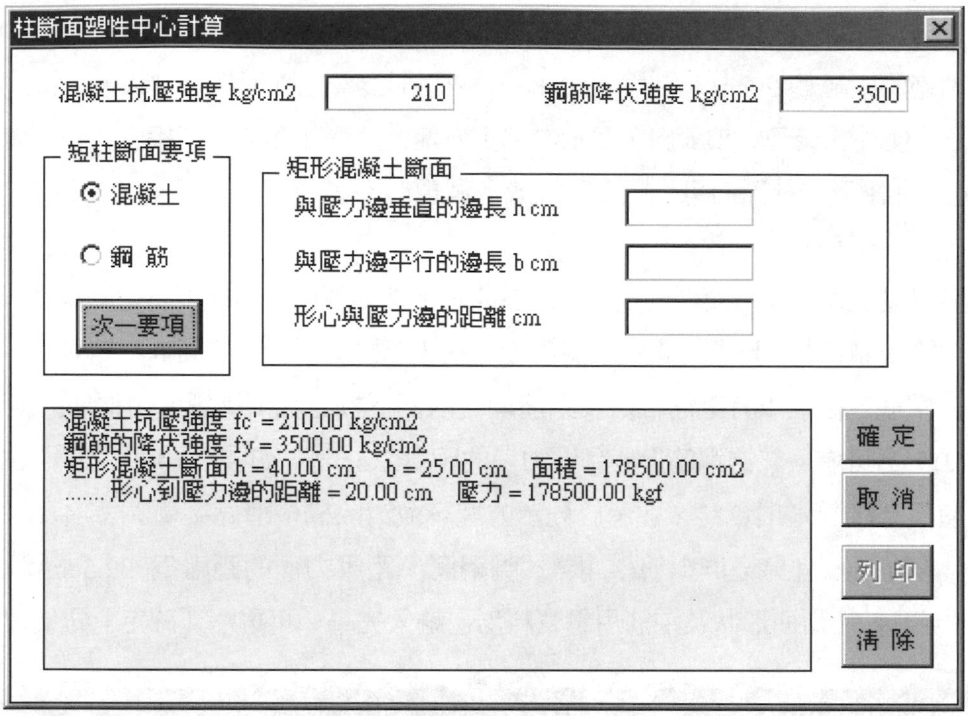
柱斷面塑性中心計算
混凝土抗壓強度 kg/cm2
210
鋼筋降伏強度 kg/cm2
3500
短柱斷面要項
混凝土
鋼 筋
次一要項
矩形混凝土斷面
與壓力邊垂直的邊長 h cm
與壓力邊平行的邊長 b cm
形心與壓力邊的距離 cm
混凝土抗壓強度 fc' = 210.00 kg/cm2
鋼筋的降伏強度 fy = 3500.00 kg/cm2
矩形混凝土斷面 h = 40.00 cm b = 25.00 cm 面積 = 178500.00 cm2
.... 形心到壓力邊的距離 = 20.00 cm 壓力 = 178500.00 kgf
確 定
取 消
列 印
清 除

圖 8-10-2

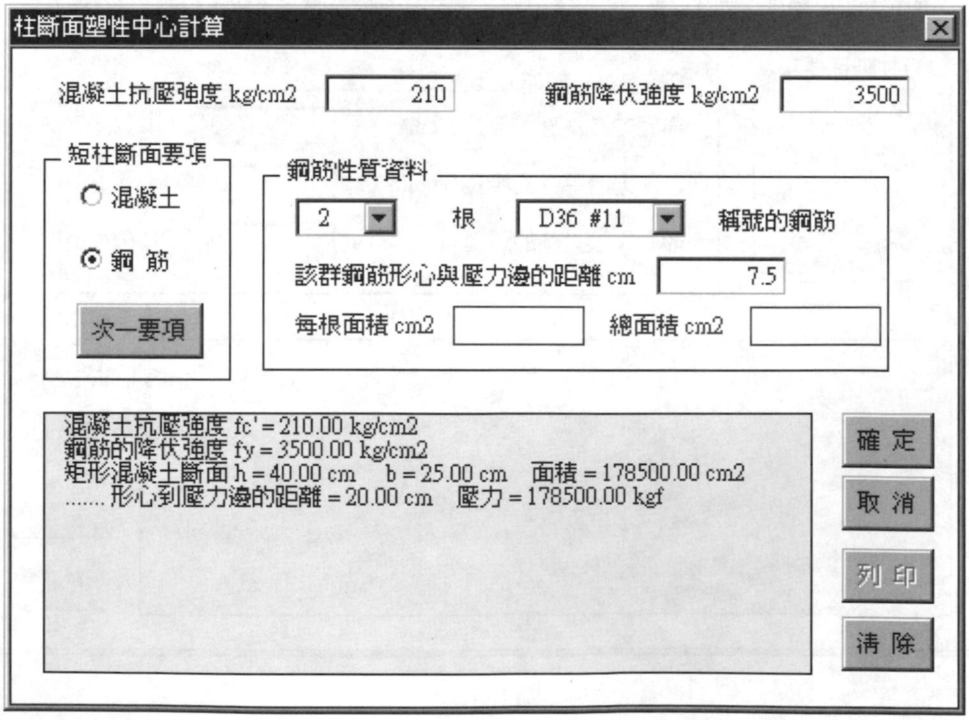
柱斷面塑性中心計算
混凝土抗壓強度 kg/cm2
210
鋼筋降伏強度 kg/cm2
3500
短柱斷面要項
混凝土
鋼 筋
次一要項
鋼筋性質資料
2
根
D36 #11
稱號的鋼筋
該群鋼筋形心與壓力邊的距離 cm
7.5
每根面積 cm2
總面積 cm2
混凝土抗壓強度 fc' = 210.00 kg/cm2
鋼筋的降伏強度 fy = 3500.00 kg/cm2
矩形混凝土斷面 h = 40.00 cm b = 25.00 cm 面積 = 178500.00 cm2
.... 形心到壓力邊的距離 = 20.00 cm 壓力 = 178500.00 kgf
確 定
取 消
列 印
清 除

圖 8-10-3

Chapter 8

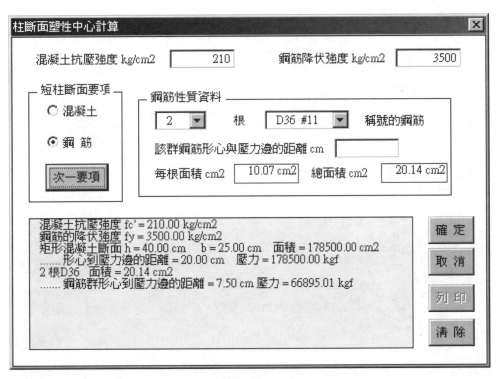

圖 8-10-4

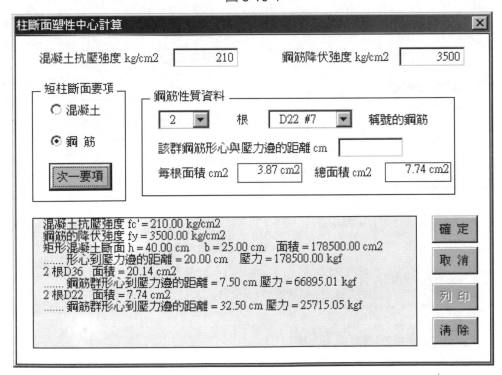

圖 8-10-5

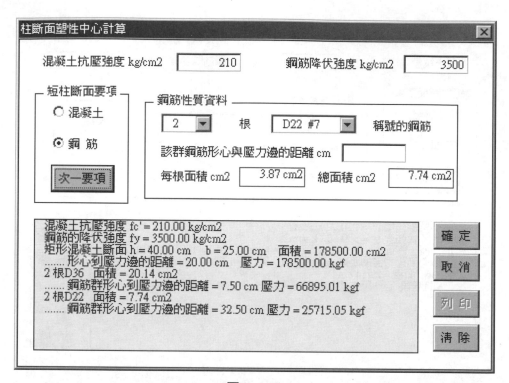

圖 8-10-6

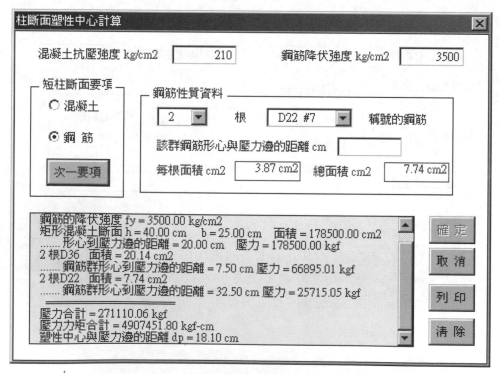

圖 8-10-7

計算塑性中心的位置，如圖 8-10-7，並使「列印」鈕生效。若單擊「列印」鈕則程式將基本資料，計算過程及結果資料有組織地列印成報表如圖 8-10-8。列印後又使「列印」鈕失效如圖 8-10-7。若單擊「清除」鈕則程式將清除畫面並準備接受另一個柱斷面塑性中心的計算。

　　如果未輸入混凝土抗壓強度或鋼筋降伏強度，則有圖 8-10-9 的警示訊息。如果未輸入混凝土斷面要項的資料有所欠缺，則有圖 8-10-10 的警示訊息。如果未輸入鋼筋性質資料有所欠缺，則有圖 8-10-11 的警示訊息。如果輸入的資料有不合理者，則有圖 8-10-12 的警示訊息。

矩形斷面柱塑性中心計算					
混凝土抗壓強度		210.00	鋼筋降伏強度		3500.00
類別	矩形混凝土邊長或鋼筋配筋	矩形混凝土邊長或鋼筋量	作用力	作用力距壓力面的距離	對壓力面之力矩
C1	25.000	40.000	178500.00	20.00	3570000.00
S1	2X #11(D36)	20.140	66895.01	7.50	501712.58
S2	2X #7(D22)	7.742	25715.05	32.50	835739.22
			271110.06		4907451.80
			塑性中心與壓力邊的距離 CM		18.10

圖 8-10-8

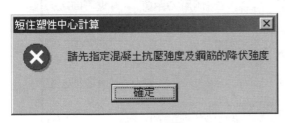

圖 8-10-9

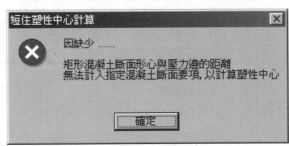

圖 8-10-10

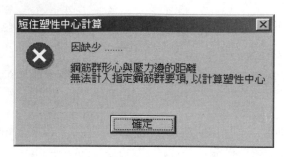
圖 8-10-11

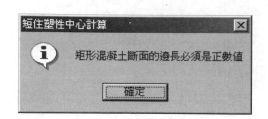
圖 8-10-12

　　本例的計算結果為「塑性中心與壓力邊的距離為 18.10cm」，柱斷面的塑性中心只有一個，選擇不同的斷面邊緣當壓力邊，只不過算出的距離不同，但塑性中心的位置則一。可選用斷面的其他合適邊當壓力邊，但在輸入混凝土及鋼筋資料並計得塑性中心位置前，則不可改選它邊為壓力邊。如果以圖 8-9-1 的右側邊為壓力邊，則矩形混凝土與壓力邊垂直的邊長為 40cm、與壓力邊平行的邊長為 25cm、形心與壓力邊的距離仍為 20cm；但是 2 根#11 號鋼筋形心距壓力邊的距離為 32.5cm，2 根#7 號鋼筋形心距壓力邊的距離為 7.5cm；輸入後計算結果如圖 8-10-13 的報表。選擇右側邊為壓力邊的計算結果為「塑性中心與壓力邊的距離為 21.90cm」。驗證塑性中心位置沒變，其距左邊的距離為 18.10cm，距右邊的距離為 21.90cm，因為 18.10+21.90=40cm(等於寬度)。

矩形斷面柱塑性中心計算					
混凝土抗壓強度		210.00		鋼筋降伏強度	3500.00
類別	矩形混凝土邊長或鋼筋配筋	矩形混凝土邊長或鋼筋量	作用力	作用力距壓力面的矩離	對壓力面之力矩
C1	25.000	40.000	178500.00	20.00	3570000.00
S1	2X #11(D36)	20.140	66895.01	32.50	2174087.83
S2	2X #7(D22)	7.742	25715.05	7.50	192862.90
			271110.06		5936950.72
			塑性中心與壓力邊的距離 CM		21.90

圖 8-10-13

　　圖 8-10-14 為將範例 8-9-2 中 T 形混凝土斷面分割成不同矩形斷面；圖 8-10-14(a)將 T 形混凝土斷面分成矩形 A、B 兩個矩形斷面；而圖 8-10-14(b)則將 T 形混凝土斷面分成矩形 A、B、C 三個矩形斷面。如果取圖 8-9-2 斷面左側邊為壓力邊並依圖 8-10-14(a)混凝土斷面劃化分方式，則混凝土斷面輸入資料如下表：

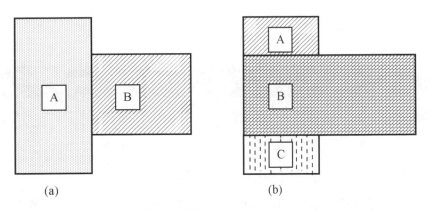

圖 8-10-14

矩形	與壓力邊垂直的邊長	與壓力邊平行的邊長	形心與壓力邊的距離
A	25cm	45cm	12.5cm
B	30cm	25cm	40cm

鋼筋性質資料如下表：

鋼筋群	鋼筋群形心距壓力邊的距離
2-#10	6.5cm
2-#10	48.5cm

依前面二表輸入程式，獲得圖 8-10-15 的輸出報表。

如果取圖 8-9-2 斷面左側邊為壓力邊並依圖 8-10-14(b)混凝土斷面劃分方式，則混凝土斷面輸入資料如下表：

矩形	與壓力邊垂直的邊長	與壓力邊平行的邊長	形心與壓力邊的距離
A	25cm	10cm	12.5cm
B	55cm	25cm	27.5cm
C	25cm	10cm	12.5cm

鋼筋性質資料如下表：

鋼筋群	鋼筋群形心距壓力邊的距離
2-#10	6.5cm
2-#10	48.5cm

依前面二表輸入程式，獲得圖 8-10-16 的輸出報表。

觀察圖 8-10-15 及圖 8-10-16，計得的結果均為「塑性中心與壓力邊的距離為 24.63cm」；因此整個柱斷面只要是矩形斷面或能夠分割成多個小矩形斷面，即可使用本程式來計算其塑性中心的位置。

矩形斷面柱塑性中心計算					
混凝土抗壓強度		210.00	鋼筋降伏強度		4200.00
類別	矩形混凝土邊長或鋼筋配筋	矩形混凝土邊長或鋼筋量	作用力	作用力距壓力面的矩離	對壓力面之力矩
C1	45.000	25.000	200812.50	12.50	2510156.25
C2	25.000	30.000	133875.00	40.00	5355000.00
S1	2X #10(D32)	16.286	65494.15	6.50	425711.97
S2	2X #10(D32)	16.286	65494.15	48.50	3176466.23
			465675.80		11467334.45
			塑性中心與壓力邊的距離 CM		24.63

圖 8-10-15

矩形斷面柱塑性中心計算					
混凝土抗壓強度		210.00	鋼筋降伏強度		4200.00
類別	矩形混凝土邊長或鋼筋配筋	矩形混凝土邊長或鋼筋量	作用力	作用力距壓力面的矩離	對壓力面之力矩
C1	10.000	25.000	44625.00	12.50	557812.50
C2	25.000	55.000	245437.50	27.50	6749531.25
C3	10.000	25.000	44625.00	12.50	557812.50
S1	2X #10(D32)	16.286	65494.15	6.50	425711.97
S2	2X #10(D32)	16.286	65494.15	48.50	3176466.23
			465675.80		11467334.45
			塑性中心與壓力邊的距離 CM		24.63

圖 8-10-16

Chapter 8

8-11　交互曲線的繪製

　　鋼筋混凝土柱在學理上為一種梁柱構材；當承受純軸力時(柱)，則柱斷面將有均勻的縮短應變，如圖 8-11-1(a)所示；當承受純彎矩時(梁)，則柱斷面將繞中性軸轉動且斷面上點的應變(部分伸長，部分縮短)與點到中性軸的距離成正比，如圖 8-11-1(b)所示；當同時承受軸力與彎矩時，則柱斷面的應變(伸長或縮短)為前述兩種情形的相加，仍呈線性關係，如圖 8-11-1(c)所示。基於平面斷面產生應變後仍維持平面的假設，只要斷面上任意二點的應變為已知，則斷面上其他點的應變，亦可基於線性關係以內插法計得。

　　材料均有其一定的極限應變量，例如規範規定混凝土的應變量達到 0.003 時，視同已經降伏。軸力與彎矩對短柱均會產生應變，因此，柱所能承受的軸力與彎矩之間是互動的；易言之，如果柱子承受較大軸力，則其所能承受的彎矩將變小；反之亦然。

　　前述只要斷面上任意二點的應變為已知，則斷面上其他點的應變，可基於線性關係以內插法計得，如果再應用靜力學原理，則可進一步求算在這種應變組合下，該柱所能承擔的標稱軸力載重 P_n 及標稱彎矩 M_n，計算步驟請參考範例 8-11-1。

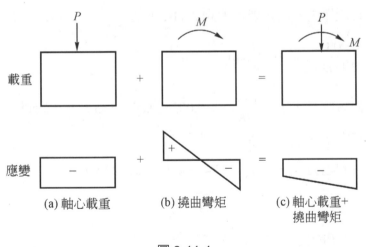

圖 8-11-1

範例 8-11-1

　　圖 8-11-2 為一柱斷面，如果承受載重後，其斷面的壓力邊(右邊)有 0.003 的縮短應變，

而張力邊(左邊)有 0.002 的伸長應變；試計算在該種應變的情況下，該柱的標稱軸力載重 P_n 及標稱彎矩 M_n？若混凝土抗壓強度為 210kg/cm²，鋼筋的降伏強度為 4,200 kg/cm²。鋼筋的彈性模數為 $E_s = 2.04 \times 10^6 \, kg/cm^2$，每根#9 號鋼筋的標稱面積為 6.47cm²。

已知：$A_s = A_s' = 6.47 \times 3 = 19.41 cm^2$，因為 $f_c' = 210 kg/cm^2 < 280 kg/cm^2$，所以 $\beta_1 = 0.85$。鋼筋降伏應變 $\varepsilon_y = \dfrac{f_y}{E_s} = \dfrac{4200}{2.04 \times 10^6} = 0.00205882$。

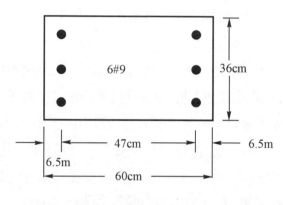

圖 8-11-2

設 x 為中性軸距壓力邊的距離，如圖 8-11-3，則

$$x = \frac{0.003}{0.003 + 0.002} \times 60 = 36 cm$$

抗壓鋼筋的縮短應變 $\varepsilon_s' = \dfrac{(36 - 6.5)}{36} \times 0.003 = 0.0024583 > \varepsilon_y$，所以

抗壓鋼筋的應力 $f_s' = f_y = 4200 kg/cm^2$

抗壓鋼筋產生的壓力 $C_s = A_s' f_s' = 19.41 \times 4200 = 81522 1kg$

壓力區混凝土的壓力 C_c 為

$$C_c = 0.85 f_c' \beta_1 x b = 0.85 \times 210 \times 0.85 \times 36 \times 36 = 196635.6 kg$$

抗拉鋼筋的應變 $\varepsilon_s = \dfrac{(24 - 6.5)}{24} \times 0.002 = 0.0014583 < \varepsilon_y$

所以抗拉鋼筋的應力為 f_s 為

$$f_s = E_s \varepsilon_s = 2.04 \times 10^6 \times 0.0014583 = 2974.93 kg/cm^2$$

抗拉鋼筋所產生的拉力 $T = A_s f_s = 19.41 \times 2974.93 = 57743.39$ kg

由圖 8-11-4，依垂直力平衡得

$$P_n = C_c + C_s - T = 196635.6 + 81522 - 57743.39 = 220414.21 \text{kg}$$

對拉力鋼筋取彎矩，如圖 8-11-4 得

$$M_n + 220414.21 \times 23.5 - 196635.6 \times 38.2 - 81522 \times 47 = 0$$

$$M_n = 6164689.985 \text{kg-cm}$$

$$e_n = \frac{M_n}{P_n} = \frac{6164689.985}{220414.2} = 27.969 \text{cm}$$

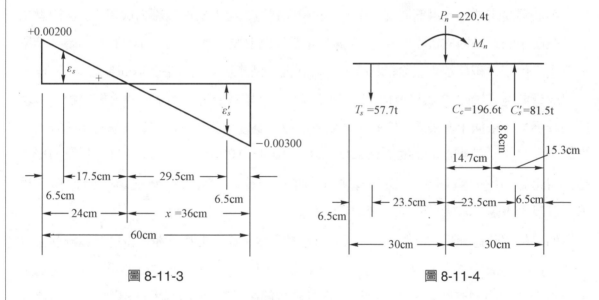

圖 8-11-3　　　　　　　　　　　　圖 8-11-4

　　如果仿照本範例的計算方式，將壓力邊的應變定為 0.003，而改變拉力邊之應變，則可計算各種組合的標稱軸力載重 P_n 及標稱彎矩 M_n。如果以標稱彎矩 $\mathrm{M_n}$ 為橫座標，以標稱載重 P_n 為縱座標，並以各種不同拉力邊之應變，計算各種組合的標稱載重 P_n 及標稱彎矩 M_n 繪製之，可得柱斷面的交互關係圖(interaction diagram)，如圖 8-11-5。觀察圖 8-11-5 的資料，標稱載重 P_n 由大逐漸變小，但在變化過程中，標稱彎矩的值則是由小逐漸增大到 6,692,667kg-cm 後，又逐漸變小。

在圖 8-11-5 的曲線上有三個特殊點需加以說明；

1. 縱軸上的頂點代表純軸向載重的柱，標稱彎矩為 0；標稱載重可依公式 8-2-1 計算如下：

$$P_n = 0.85 f_c' \left(A_g - A_s \right) + A_s f_y$$
$$= 0.85 \times 210 \times (36 \times 60 - 6.47 \times 6) + \times 6 \times 4200 = 541674.63 \text{Kg}$$

2. 橫軸上的點代表純撓曲彎矩的梁，其標稱載重為 0；標稱彎矩則可依雙筋梁計算的標稱彎矩。

3. 平衡破壞點為曲線上，標稱彎矩值由漸大轉為漸小的點。該點的標稱載重為 $P_{nb} = 173,333\text{kg}$，標稱彎矩為 $M_{nb} = 6,692,667\text{kg-cm}$。

鋼筋混凝土柱一如鋼筋混凝土梁，其破壞模式也有拉力破壞與壓力破壞之分，兩者之間仍有所謂的「平衡破壞模式」。其定義也是當受壓混凝土應變達到 0.003 的同時，受拉鋼筋也降伏了。鋼筋混凝土梁設計時，可限制抗拉鋼筋量不超過平衡鋼筋量的 0.75 倍，來達成延展性破壞(拉力破壞)的設計。鋼筋混凝土柱則只能透過加密的橫箍筋來提昇破壞時的延展性。依據平衡破壞的定義，當受壓混凝土應變達到 0.003，受拉鋼筋剛好降伏，則範例 8-11-1 受拉鋼筋的應變應為 $4200/\left(2.04 \times 10^6 \right) = 0.0020583$；如圖 8-11-6 以壓力邊應變為 0.003，拉力鋼筋應變為(近似)0.0020583 計算之，可得平衡破壞時的標稱載重 $P_{nb} = 173,333kg$，標稱彎矩 $M_{nb} = 6,692,667\text{kg-cm}$。

如果仿照前述範例的計算步驟，設定一些柱子承受拉力的應變量，也可計算鋼筋混凝土柱受拉時的標稱載重 P_n 及標稱彎矩 M_n，以延伸如圖 8-11-5 中的虛線部份。因為實務上很少有受拉力的鋼筋混凝土柱，因此各種設計規範的柱斷面交互關係圖均將此部份略去之。鋼筋混凝土柱所能承受的最大軸向拉力為當彎矩為零時；亦即混凝土均已產生裂縫，抗拉鋼筋承擔所有拉力，其值為

$$P_n = \left(A_3 + A_3' \right) f_y = (6.47 \times 6) \times 4200 = 163044\text{kg}$$

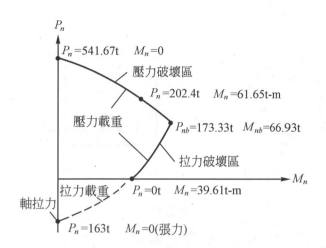

圖 8-11-5

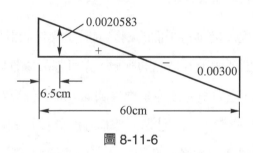

圖 8-11-6

　　對於非對稱的柱斷面形狀或配筋，計算任一應變組合的標稱載重與標稱彎矩的步驟是相同的，只不過其偏心距是相對於塑性中心而非斷面的幾何形心。如果柱斷面為圓形，則因鋼筋到中性軸位置的不同使計算工作趨於相當複雜；因此各種簡化算法相繼被發展出來，其中以 Whitney 教授所提的等值矩形柱法最為簡單且吻合試驗結果。

　　圖 8-11-7 的圓形柱外徑為 h，螺旋筋內徑為 D_s，如欲求算該斷面在某種應變組合下的標稱載重 P_n 與標稱彎矩 M_n，則可依 Whitney 教授所提等值矩形柱法轉成等值矩形柱計算之。等值矩形柱的斷面尺寸及鋼筋量配置如下：

1.　等值矩形柱斷面在撓曲方向的長度為 $0.8h$。
2.　基於面積相等，與撓曲方向垂直的柱斷面長度為 $A_g / (0.8h)$，A_g 為圓形柱的斷面積。
3.　圓形柱的鋼筋量二等分配置於撓曲方向的兩側。
4.　等值矩形柱兩側鋼筋的間距為 $\dfrac{2}{3}D_s$。

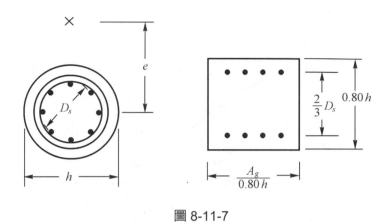

圖 8-11-7

📱 8-12 柱斷面標稱強度計算程式使用說明

基於平面斷面產生應變後仍維持平面的鋼筋混凝土構件設計的基本假設，只要斷面上任意二點的應變為已知，則斷面上其他點的應變，亦可基於線性關係以內插法計得。在鋼筋與混凝土的降伏應變前，應力與應變亦呈線性關係，進而推算鋼筋與混凝土的作用力及柱斷面的標稱軸力 P_n 及標稱彎矩 M_n。柱斷面標稱強度計算程式係依據柱斷面的尺寸、鋼筋用量及兩個應變量推算柱斷面標稱強度的程式。程式使用說明如下：

在鋼筋混凝土分析與設計軟體畫面的功能表上，選擇☞RC/短柱/柱斷面標稱強度計算☜後出現如圖 8-12-1 的輸入畫面。圖 8-12-1 的畫面係以範例 8-11-1 為例，先選擇「指定拉力側混凝土應變」，然後依序輸入柱斷面寬度(36cm)、柱斷面深度(60cm)、混凝土抗壓強度 f_c'(210 Kg/cm^2)、混凝土降伏應變量(0.003cm/cm)、鋼筋降伏強度 f_y(4,200Kg/cm^2)、鋼筋彈性模數 Es(2,040,000kg/cm^2)、壓力邊混凝土應變(0.003)、壓力筋距壓力邊的距離(6.5cm)、拉力側混凝土應變(0.002cm/cm)、拉力筋距拉力邊的距離(6.5cm)，指定抗拉鋼筋為 3 根#9(D29)號鋼筋、指定抗壓鋼筋為 3 根#9(D29)號鋼筋等資料後，單擊「確定」鈕進行柱斷面標稱強度計算，並將計算過程及結果顯示於畫面上的列示方塊中，如圖 8-12-1 及圖 8-12-2。單擊「取消」鈕停止程式作業。單擊「列印」鈕則將計算結果列印如圖 8-12-5。

本程式允許的兩個應變量為壓力側混凝土的應變量及拉力側混凝土或拉力鋼筋的應變量。拉力側混凝土或拉力鋼筋的應變量由使用者選擇並修改相關欄位的標籤(如畫面上

的紅色標籤)。畫面上所有欄位均必須輸入，否則會有如圖 8- 12-3 的警示訊息。任何欄位輸入資料如有不合理，則會有如圖 8-12-4 的警示訊息。

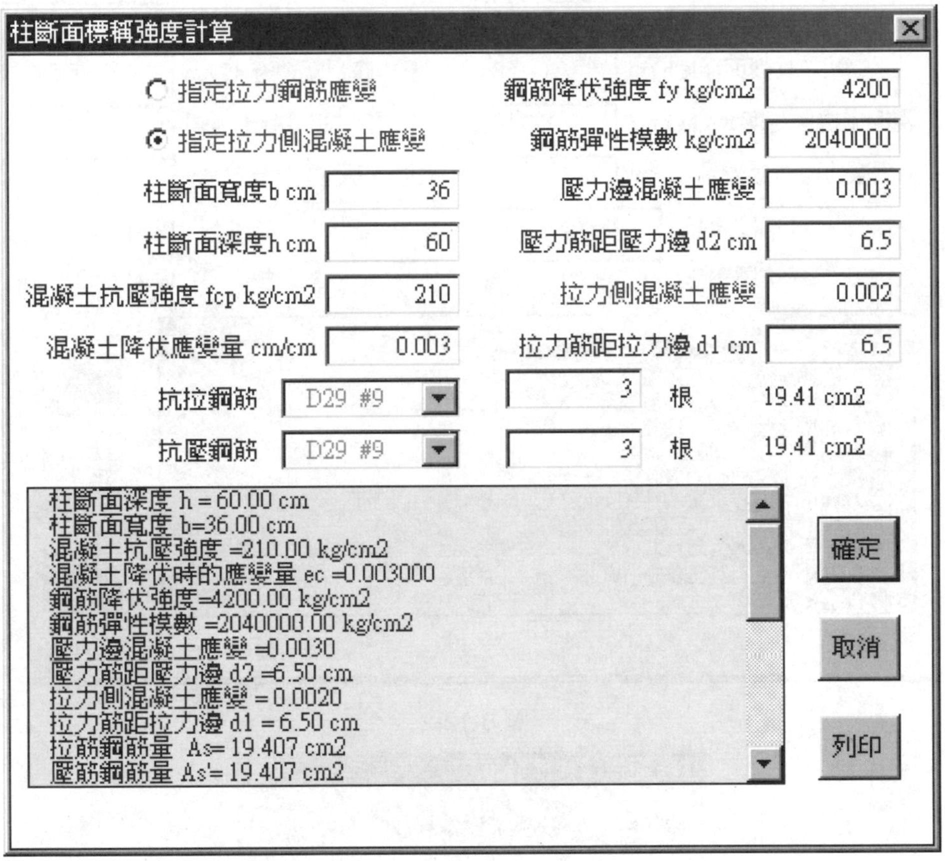

柱斷面標稱強度計算

○ 指定拉力鋼筋應變　　　　　　鋼筋降伏強度 fy kg/cm2　4200

◉ 指定拉力側混凝土應變　　　　鋼筋彈性模數 kg/cm2　2040000

柱斷面寬度 b cm　36　　　　　　壓力邊混凝土應變　0.003

柱斷面深度 h cm　60　　　　　　壓力筋距壓力邊 d2 cm　6.5

混凝土抗壓強度 fcp kg/cm2　210　　拉力側混凝土應變　0.002

混凝土降伏應變量 cm/cm　0.003　　拉力筋距拉力邊 d1 cm　6.5

抗拉鋼筋　D29 #9　　　　3　根　19.41 cm2

抗壓鋼筋　D29 #9　　　　3　根　19.41 cm2

```
柱斷面深度 h = 60.00 cm
柱斷面寬度 b = 36.00 cm
混凝土抗壓強度 = 210.00 kg/cm2
混凝土降伏時的應變量 ec = 0.003000
鋼筋降伏強度 = 4200.00 kg/cm2
鋼筋彈性模數 = 2040000.00 kg/cm2
壓力邊混凝土應變 = 0.0030
壓力筋距壓力邊 d2 = 6.50 cm
拉力側混凝土應變 = 0.0020
拉力筋距拉力邊 d1 = 6.50 cm
拉筋鋼筋量 As = 19.407 cm2
壓筋鋼筋量 As' = 19.407 cm2
```

確定　取消　列印

圖 8-12-1

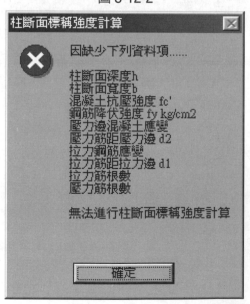

圖 8-12-2

圖 8-12-3

圖 8-12-4

　　圖 8-12-5 的輸出報表中列印計算過程及結果相關資料；第 9 行的鋼筋降伏時應變量係依據鋼筋的彈性模數及降伏強度計算所得。第 10 行為指定的兩個已知應變量；據此兩應變量，計算中性軸位置、壓力區等值混凝土壓力方塊的深度，拉力筋應變量、應力及拉力、壓力筋應變量、應力及壓力、混凝土總壓力(如第 11 行至第 14 行)。然後進一步計算柱斷面標稱軸力、標稱彎矩及偏心距。

柱斷面標稱強度計算				1
柱斷面寬度b cm	36.00	柱斷面深度h cm	60.00	2
拉力筋距拉力邊 d_1 cm	6.50	壓力筋距壓力邊 d_2 cm	6.50	3
鋼筋降伏強度 kg/cm^2	4200.00	鋼筋彈性模數 kg/cm^2	2,040,000	4
中性軸距壓力邊緣的距離 X cm	36.00	等值混凝土壓力方塊深度 a cm	30.60	5
拉力鋼筋　　　3X #9(D29)		壓力鋼筋　　　3X #9(D29)		6
拉力鋼筋量 A_s cm^2	19.41	壓力鋼筋量 A_s' cm^2	19.41	7
柱斷面有效深度 d cm	53.50	混凝土抗壓強度 kg/cm^2	210.00	8
鋼筋降伏時應變量	0.0020588	混凝土降伏時應變量	0.0030000	9
拉力側混凝土應變 cm/cm	0.0020000	壓力邊混凝土應變	0.0030000	10
拉力鋼筋應變 cm/cm	0.0014583	壓力鋼筋應變 cm/cm	0.0024583	11
拉力鋼筋應力 kg/cm^2	2,975.00	壓力鋼筋應力 kg/cm^2	4,200.00	12
拉力筋拉力 T kg	57,735.83	壓力筋壓力 C_s kg	81,509.40	13
混凝土壓力 C_c kg	196,635.60	偏心距 e cm	27.96	14
標稱軸力 P_n kg	220,409.18	標稱彎矩 M_n kg-cm	6,162,806.11	15

圖 8-12-5

8-13　交互曲線的探討

　　柱斷面交互曲線的繪製與柱斷面尺寸、鋼筋配置及材料強度有密切關係，且其形狀則甚為類似；因此掌握以下的觀察點將有助於柱強度的分析與設計。

1. 圖 8-13-1 為某一柱斷面的交互曲線圖,該柱承受的任何軸向載重 P 與彎矩 M,只要其落點在曲線或曲線內斜線部份者,均屬安全載重;只要落於曲線之外者,均屬危險載重,將導致柱的破壞。

2. 圖 8-13-1 中的 A 點,彎矩等於零,表示該柱承受純軸向載重;圖中的 C 點,軸向載重為零,表示該柱承受純彎矩(即為梁);在 A 點與 C 點之間,表示該柱承受軸向載重與撓曲彎矩;其中的 B 點表示平衡破壞點;易言之,如果該柱承受的軸向載重與撓曲彎矩落於 B 點表示該柱於混凝土應變達到 0.003 時,抗拉鋼筋剛好降伏。

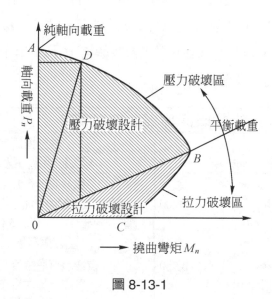

圖 8-13-1

3. 只要承受的軸向載重與撓曲彎矩落於 OB 連線以上非斜線區,將導致壓力破壞,亦即當混凝土應變達到 0.003 時,抗拉鋼筋尚未降伏;只要承受的軸向載重與撓曲彎矩落於 OB 連線以下非斜線區,將導致拉力破壞,亦即當混凝土應變達到 0.003 時,抗拉鋼筋早已降伏。

4. 當該柱承受的軸向載重自 A 點逐漸減小到達 B 點這一段,其能承受的撓曲彎矩則是漸漸增加的。其理由是軸向載重的減小,可減輕受壓鋼筋的壓應力,因而始能承擔更大的撓曲彎矩。

5. 當該柱承受的軸向載重自 B 點逐漸減小到達 C 點這一段,其能承受的撓曲彎矩則是反而漸漸減小的。其理由是軸向載重的減小,可減小受拉鋼筋拉應力的抵消作用(拉應力增加),因而減低撓曲彎矩的承擔能力。

6. 圖 8-13-1 中 D 點的橫座標與縱座標分別代表該柱在某一偏心距的標稱載重與標稱彎矩。連線 OD 的斜率為 D 點縱座標除以橫座標值；亦即 P_n/M_n；則連線 OD 斜率的倒數，M_n/P_n，即代表偏心距。圖中 A 點因為其橫座標值為零，故其偏心距為零，純軸向載重；圖中 C 點因為其縱座標值為零，故其偏心距為無限大，屬承受純撓曲彎矩的梁。易言之，圖中由 A 點到 C 點，其偏心距是由零逐漸增加達到無限大。連線 OB 的斜率倒數為該柱的平衡偏心距，因此，連線 OB 以上斜線部份的偏心距均小於平衡偏心距而歸屬壓力破壞設計；連線 OB 以下斜線部份的偏心距均大於平衡偏心距而歸屬拉力破壞設計。

7. 如果斷面形狀與尺寸未變，而將鋼筋量有 6-#9 增加為 8-#9、10-#9 的鋼筋量，則所繪製的柱斷面交互關係圖，除承擔能力增強外，其形狀則是相似，如圖 8-13-2。

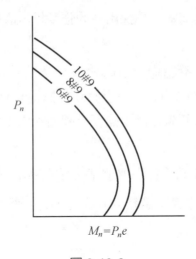

圖 8-13-2

8-14　交互曲線的修正

　　由是可知，某柱斷面的交互關係圖有助於設計師對於該柱的受力行為及承載能力的掌握。在運用柱斷面交互關係圖於鋼筋混凝土柱的分析與設計以前，規範規定交互關係圖應依實際情況作一些修正。

1. 規範規定橫箍柱的強度折減因數 ϕ 為 0.70，螺旋柱則為 0.75，斷面的交互關係圖中的標稱載重及標稱彎矩均應折算成設計載重與設計彎矩，如圖 8-14-1。

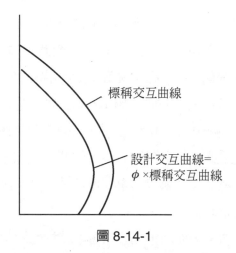

圖 8-14-1

2. 當某柱承載狀態趨近於 C 點時，構件的力學性質較像梁構件，而梁構件的強度折減因數為 0.9，因此與前述一律採用柱的強度折減因數並不甚合理。所以規定如下的修正。

(1) 若鋼筋的降伏強度不超過 $4,200\text{kg/cm}^2$，配筋對稱且撓曲方向兩排鋼筋間距 $(h-d'-d_s)$ 與邊長(h)的比亦不小於 0.7，如圖 8-14-2，則將按設計軸向載重(ϕP_n) 由 $0.1f_c'A_g$ 減至 0 作直線比例將強度折減因數由 0.7(橫箍柱)或 0.75(螺旋柱)增加到 0.9。

(2) 受較小軸向壓力或不符合(1)的要件者，可按設計軸向載重(ϕP_n)由 $0.1f_c'A_g$ 或平衡軸向壓力(ϕP_b)二者之較小值減至 0 作直線比例將強度折減因數由 0.7(橫箍柱)或 0.75(螺旋柱)增加到 0.9。

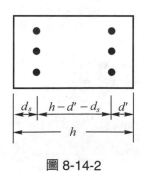

圖 8-14-2

3. 考量甚難有純軸向載重的鋼筋混凝土柱，因此規範早期規定橫箍柱至少需考量 $0.1h$ 的偏心距，螺旋柱須考量 $0.05h$ 的偏心距；現在規範則從折減純軸向載重標稱載重

Chapter 8

的觀點處理之。橫箍柱將純軸力標稱載重乘以 0.8 倍折減之；螺旋柱則將純軸力標稱載重乘以 0.85 倍折減之。

經過前述三種修正，柱斷面的交互關係曲線將成圖 8-14-3 的模樣。圖中(1)、(2)、(3) 的註記相當前述各點修正。

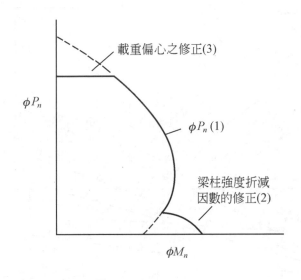

圖 8-14-3

8-15　交互曲線的應用

短柱的交互曲線圖確實有助於瞭解柱的受力行為，可以減少短柱分析與設計時繁雜的計算工作。如果交互曲線圖按照前述的方法繪製，則不同柱斷面、不同材料強度及不同配筋均有一交互曲線圖，所以需繪製的交互曲線圖數將相當龐大。如果將前述交互曲線圖的縱座標由標稱軸向載重 P_n 改為 $\phi P_n / A_g$；橫座標由標稱彎矩 M_n 改為 $\phi M_n / A_g h$；則可減少斷面尺寸對圖數的衝擊。修正後的交互曲線圖的縱、橫座標分別為設計軸向載重及設計撓曲彎矩，其單位均為 kg/cm²。

我國土木水利工程學會提供「柱之軸力與彎矩強度相關圖」設計圖表如圖 8-15-1 供工程界使用，完整設計圖表可參閱中國土木水利工程學會編著的「混凝土工程設計規範之應用(土木 404-90)」一書的附錄。

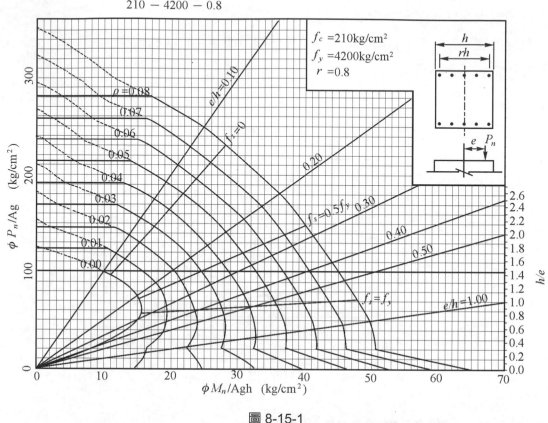

柱之軸力與彎矩強度相關圖 - 矩形柱，兩側等量鋼筋
210 － 4200 － 0.8

圖 8-15-1

　　圖 8-15-1 為兩側等量鋼筋的矩形柱設計圖表，圖表右上方為矩形柱斷面的尺寸及鋼筋配置，其中 P_n 為標稱軸向載重，e 為軸向載重的偏心距，h 為偏心方向或撓曲方向的柱斷面邊長，鋼筋配置方向與偏心方向或撓曲方向平行，rh 為配筋在偏心方向最遠兩根鋼筋的距離，圖中的 r 為 0.8。圖的右上方亦標示本設計圖表係針對混凝土抗壓強度為 210kg/cm² 及鋼筋降伏強度為 4,200kg/cm² 而繪製的。由圖 8-15-1 的標題也已清楚標示本設計圖表適用於兩側等量鋼筋的矩形柱，且以 210-4200-0.8 表示 $f_c' = 210\text{kg/cm}^2$，$f_y = 4200\text{kg/cm}^2$ 及 $r = 0.8$。因此，只要材料強度相同，任何形狀及配筋相似的矩形柱均可套用之。

　　我國土木水利工程學會提供「柱之軸力與彎矩強度相關圖」設計圖表有下表所示的五種柱斷面及鋼筋配置：

斷面及鋼筋配置	說　明
	四邊等量鋼筋矩形柱
	兩邊等量鋼筋矩形柱，鋼筋配置方向與撓曲方向或偏心方向平行
	兩邊等量鋼筋矩形柱，鋼筋配置方向與撓曲方向或偏心方向垂直
	螺箍圓柱

(續前表)

斷面及鋼筋配置	說　明
	螺箍方柱

　　每種斷面及鋼筋配置均有五種材料強度的組合，而每種材料強度組合又有五種 r 值與之匹配，如下表。

材料強度組合	r 值				
210-2800	0.5	0.6	0.7	0.8	0.9
280-2800	0.5	0.6	0.7	0.8	0.9
210-4200	0.5	0.6	0.7	0.8	0.9
280-4200	0.5	0.6	0.7	0.8	0.9
350-4200	0.5	0.6	0.7	0.8	0.9

8-15-1　短柱分析－利用交互曲線圖

　　短柱分析時，柱斷面尺寸、鋼筋量及配置、承載軸向載重及撓曲彎矩(可推算實際偏心距)均為已知，因此可依下列步驟研判短柱的安全性。

1.　計算實際偏心距 e 。
2.　計算 r 值。

3. 依據設計材料強度及 r 值選擇適用的設計圖表，如果 r 值(如 r =0.75)不剛好等於圖表的適用值，則可選用 r 值前後的兩個適用圖表(如如 r =0.7 及如 r =0.8)，再行內插法計算。

4. 計算鋼筋比 $\rho = A_{st} / A_g$ 。

5. 計算 e/h 值。

6. 依據 ρ 及 e/h 值可在設計圖表上找到一點，並找出該點所對應的橫座標及縱座標值。

7. 由橫座標值 $\phi M_n / A_g h$ 可以計得標稱或設計彎矩。

8. 由縱座標值 $\phi P_n / A_g$ 可以計得標稱或設計軸向載重。

9. 由設計軸向載重、設計彎矩與承載的軸向載重及彎矩可研判其安全性。

範例 8-15-1

圖 8-15-2 為一鋼筋混凝土柱的斷面、配筋及載重情形，如果使用混凝土抗壓強度為 210kg/cm^2，鋼筋的降伏強度為 4,200kg/cm^2，試利用「柱之軸力與彎矩強度相關圖」分析該短柱能否安全承載 8cm 偏心的 120t 軸向載重。每根#8 號鋼筋的標稱面積為 5.07cm^2。

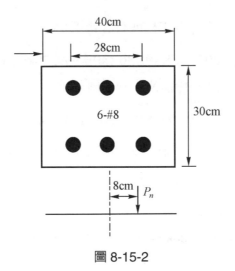

圖 8-15-2

由圖 8-15-2 知，h = 40cm ，b = 30cm ，rh = 28cm A_{st} = 5.07×6 = 30.42cm^2

實際偏心距 e =8cm

計算 r 值，h = 40cm，rh = 28cm，所以 r = 28/40 = 0.7

依據設計材料強度及 r 值選擇適用的設計圖表，如圖 8-15-3。

計算鋼筋比，$A_{st} = 5.07 \times 6 = 30.42 \text{cm}^2$ 所以 $\rho = \dfrac{A_{st}}{A_g} = 30.42/(40 \times 30) = 0.02535$

計算 e/h 值，e/h = 8/40 = 0.2

依據 ρ =0.02 及 e/h =0.2 值可在設計圖表上找到一點，其對應的橫座標及縱座標值分別為 19.7 及 97kg/cm²；另依據 ρ =0.03 及 e/h =0.2 值可在設計圖表上找到一點，其對應的橫座標及縱座標值分別為 21.8 及 110 kg/cm²；可用下表內插法求得 ρ =0.02535 的的橫座標及縱座標值分別為 20.8235 及 103.955 kg/cm²

ρ	$\phi M_n/A_g h$	$\phi P_n/A_g$
0.02	19.7	97
0.03	21.8	110
0.02535	20.8235	103.955

由橫座標值 $\phi M_n / A_g h$ 可以計得標稱或設計彎矩

設計彎矩為 $M_u = \phi M_n = 20.8235 \times 40 \times 30 \times 40 = 999528 \text{kg-cm}$

由縱座標值 $\phi P_n / A_g$ 可以計得標稱或設計軸向載重

設計軸向載重為 $P_u = \phi P_n = 103.955 \times 40 \times 30 = 124746 \text{kg}$

由設計軸向載重、設計彎矩與承載的軸向載重及彎矩可研判其安全性

承擔的軸向載重 120t=120,000kg <124,746kg 安全

承擔的撓曲彎矩為

$120t \times 8\text{cm} = 120000 \times 8 = 960,000\text{kg - cm} < 999,528\text{kg - cm}$ 故屬安全

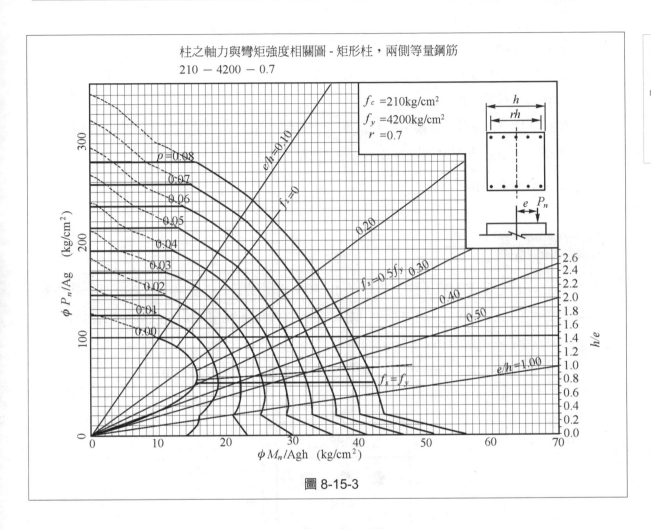

柱之軸力與彎矩強度相關圖 - 矩形柱，兩側等量鋼筋
210 － 4200 － 0.7

f_c =210kg/cm^2
f_y =4200kg/cm^2
r =0.7

圖 8-15-3

8-15-2　短柱設計－利用交互曲線圖

　　短柱設計時，應先設定柱斷面形狀及鋼筋配置，再選擇斷面尺寸，並依據承載軸向載重及撓曲彎矩(可推算實際偏心距)在設計圖上找出鋼筋比，因而推算鋼筋量；利用交互曲線圖的短柱設計步驟如下：

1. 計算設計軸向載重 P_u、設計彎矩 M_u 及實際偏心距 e。
2. 初估所需柱斷面面積，選擇斷面尺寸，並計算短柱斷面的 r 值。
3. 依據設計材料強度及 r 值選擇適用的設計圖表，如果 r 值(如 r =0.75)不剛好等於圖表的適用值，則可選用 r 值前後的兩個適用圖表(如如 r =0.7 及如 r =0.8)，再行內插法計算。

4. 計算 e/h 值。

5. 計算橫座標值 $\phi M_n / A_g h$。

6. 計算縱座標值 $\phi P_n / A_g$。

7. 依據 $\phi M_n / A_g h$ 及 e/h 值可在設計圖表上找到一點，並判讀該點所對應的 ρ 值。

8. 由鋼筋比 ρ 計得所需鋼筋量 $A_{st} = \rho \times A_g$。

9. 由鋼筋量選擇鋼筋。

範例 8-15-2

圖 8-15-4 為一鋼筋混凝土柱的斷面尺寸，如果使用混凝土抗壓強度為 280 kg/cm²，鋼筋的降伏強度為 4,200kg/cm²，試利用「柱之軸力與彎矩強度相關圖」設計該短柱使能安全承載 145t 的軸向載重及 14t-m 的撓曲彎矩。

由圖 8-15-4 知，$h = 40cm$，$b = 30cm$，$rh = 28cm$，所以 $r = 28/40 = 0.7$

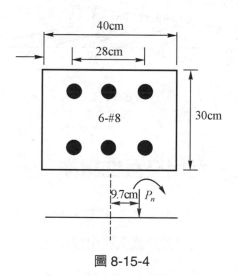

圖 8-15-4

1. 實際偏心距 $e = \dfrac{\phi M_n}{\phi P_n} = \dfrac{M_u}{P_u} = \dfrac{14 \times 100}{145} = 9.66cm$。

2. 選擇斷面尺寸為 $h = 40cm$，$b = 30cm$，因為 $rh = 28cm$，所以 $r = 28/40 = 0.7$。

3. 依據設計材料強度及 r 值選擇適用的設計圖表，如圖 8-15-5。

4. 計算 e/h 值，$e/h = 9.66/40 = 0.2415$。

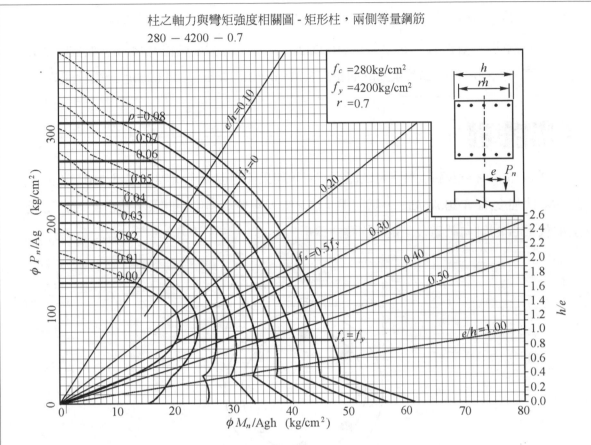

圖 8-15-5

5. 計算橫座標值 $\phi M_n / A_g h = \dfrac{14 \times 1000 \times 100}{40 \times 30 \times 40} = 29.17 \text{kg/cm}^2$

6. 計算縱座標值 $\phi P_n / A_g = \dfrac{145 \times 1000}{40 \times 30} = 120.83 \text{kg/cm}^2$

7. 依據 $\phi M_n / A_g h$ =29.17kg/cm² 及 e / h =0.2 值可在設計圖表上找到一點，並判讀該點所對應的 ρ 值=0.04；再依據 $\phi M_n / A_g h$ =29.17kg/cm² 及 e / h =0.3 值可在設計圖表上找到一點，並判讀該點所對應的 ρ 值=0.03；使用下表的內插法得，當 e / h =0.2415 時的 ρ 值=0.03585。

e/h	0.2	0.2415	0.3
ρ	0.04	0.03585	0.03

8. 由鋼筋比 ρ 計得所需鋼筋量 $A_{st} = \rho \times A_g = 0.03585 \times 40 \times 30 = 43.02\text{cm}^2$

9. 由鋼筋量選擇鋼筋。因為每根#10(D32)號鋼筋的標稱面積為 8.14cm^2，如按圖 8-15-4 選用六根#10(D32)號鋼筋的面積為 $8.14 \times 6 = 48.84\text{cm}^2 > 43.02cm^2$，設計完成。

範例 8-15-3

　　圖 8-15-6 為一鋼筋混凝土柱的斷面尺寸，如果使用混凝土抗壓強度為 $210\ \text{kg/cm}^2$，鋼筋的降伏強度為 $4,200\text{kg/cm}^2$，試利用「柱之軸力與彎矩強度相關圖」設計該短柱使能安全承載 150t 的軸向載重及 16t-m 的撓曲彎矩。

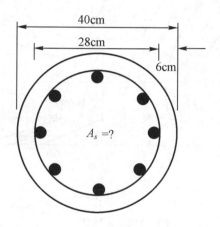

圖 8-15-6

1. 實際偏心距 $e = \dfrac{\phi M_n}{\phi P_n} = \dfrac{M_u}{P_u} = \dfrac{16 \times 100}{150} = 10.67\text{cm}$。

2. 選擇斷面尺寸為 $h = 40\text{cm}$，因為 $rh = 28\text{cm}$，所以 $r = 28/40 = 0.7$。

3. 依據設計材料強度及 r 值選擇適用的設計圖表，如圖 8-15-7。

4. 計算 e/h 值，$e/h = 10.67/40 = 0.26675$。

5. 計算橫座標值 $\phi M_n / A_g h = \dfrac{16 \times 1000 \times 100}{40 \times 30 \times 40} = 33.33\text{kg/cm}^2$。

6. 計算縱座標值 $\phi P_n / A_g = \dfrac{150 \times 1000}{40 \times 30} = 125\text{kg/cm}^2$

7. 依據 $\phi M_n / A_g h$ =33.33kg/cm² 及 e/h =0.2 值可在設計圖表上找到一點，並判讀該點所對應的 ρ 值=0.06；再依據 $\phi M_n / A_g h$ =33.33kg/cm² 及 e/h =0.3 值可在設計圖表上找到一點，並判讀該點所對應的 ρ 值=0.046；使用下表的內插法得，當 e/h =0.26675 時的 ρ 值=0.050655。

e/h	0.2	0.26675	0.3
ρ	0.06	0.050655	0.046

8. 由鋼筋比 ρ 計得所需鋼筋量 $A_{st} = \rho \times A_g = 0.050655 \times 40 \times 30 = 60.8$cm² 。

9. 由鋼筋量選擇鋼筋。因為每根#10(D32)號鋼筋的標稱面積為 8.14cm²，如按圖 8-15-6 選用八根#10(D32)號鋼筋的面積為 $8.14 \times 8 = 65.12$cm² $> 60.8 cm²$ ，設計完成。

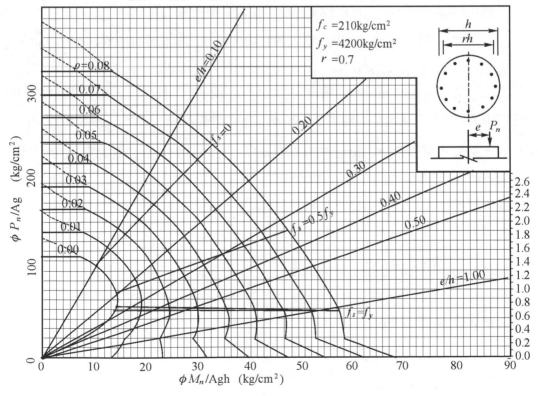

圖 8-15-7

8-16　強度折減因數的修正

在本章第 8-1 節導論及第 8-6 節柱設計之細節規定中所述，由於鋼筋混凝土柱破壞後果的嚴重性及施工品質掌握的困難度，規範規定鋼筋混凝土柱的強度折減因數為 0.7(橫箍柱)或 0.75(螺旋柱)。螺旋柱在極限破壞前較具延性，故獲得較低的折減。

因為柱為一種梁柱構材，受軸向壓力與偏心距的交互變化，其力學性質可能從純柱演變到純梁。規範規定純梁的強度折減因數為 0.9。當柱承受相對較小的軸向載重、較大的彎矩時，縱非屬純梁，但其力學性質亦甚接近；因此如仍採橫箍柱的 0.7 或螺旋柱的 0.75 強度折減因數顯然不甚合理。規範規定柱的強度折減因數按下列規則修正之：

1.　若鋼筋的降伏強度不超過 4,200kg/cm^2，配筋對稱且撓曲方向兩排鋼筋間距 $(h - d' - d_s)$ 與邊長(h)的比亦不小於 0.7，如圖 8-14-2，則將按設計軸載重(ϕP_n)由 $0.1 f'_c A_g$ 減至 0 作直線比例將強度折減因數由 0.7(橫箍柱)或 0.75(螺旋柱)增加到 0.9，如圖 8-16-1(c)。

2.　受較小軸壓力或不符合(1)的要件者，可按設計軸載重(ϕP_n)由 $0.1 f'_c A_g$ 或平衡軸壓力 (ϕP_b)二者之較小值減至 0 作直線比例將強度折減因數由 0.7(橫箍柱)或 0.75(螺旋柱)增加到 0.9。如圖 8-16-1(a)及(b)。

易言之，當柱承受的設計軸向載重大於 $0.1 f'_c A_g$ 或 ϕP_b 之較小者，適用橫箍柱的 0.7 或螺旋柱的 0.75 強度折減因數的規定；當柱承受的設計軸向載重小於或等於 $0.1 f'_c A_g$ 或 ϕP_b 之較小者，強度折減因數應由橫箍柱的 0.7 或螺旋柱的 0.75 線性增加到設計軸向載重的 0.9。茲按橫箍柱與螺旋柱的相關公式說明如下：

1.　橫箍柱的強度折減因數修正

(1)　由 P_b 值修正的公式

$$\phi = 0.9 - \frac{(0.9 - 0.7)P_n}{P_b} = 0.9 - \frac{0.2 P_n}{P_b} \tag{8-16-1}$$

由 $0.1 f'_c A_g$ 修正的公式

$$\phi = 0.7 + \frac{0.1 f'_c A_g - \phi P_n}{0.1 f'_c A_g} \times (0.9 - 0.7)$$

$$\phi = 0.7 + 0.2\left(1 - \frac{\phi P_n}{0.1 f_c' A_g}\right)$$

$$\phi = 0.9 - \frac{0.2 \phi P_n}{0.1 f_c' A_g}$$

$$\phi\left(1 + \frac{2 P_n}{f_c' A_g}\right) = 0.9$$

$$\phi = \frac{0.9}{\left(1 + \dfrac{2 P_n}{f_c' A_g}\right)} \qquad (8\text{-}16\text{-}2)$$

故橫箍柱的強度修正因數為

$$\phi = \min\left(0.9 - \frac{0.2 P_n}{P_b}, \frac{0.9}{1 + \dfrac{2 P_n}{f_c' A_g}}\right) \geq 0.7 \qquad (8\text{-}16\text{-}3)$$

2.　螺旋柱的強度折減因數修正

　(1)　由 P_b 值修正的公式

$$\phi = 0.9 - \frac{(0.9 - 0.75) P_n}{P_b} = 0.9 - \frac{0.15 P_n}{P_b} \qquad (8\text{-}16\text{-}4)$$

由 $0.1 f_c' A_g$ 修正的公式

$$\phi = 0.7 + \frac{0.1 f_c' A_g - \phi P_n}{0.1 f_c' A_g} \times (0.9 - 0.75)$$

$$\phi = 0.75 + 0.15\left(1 - \frac{\phi P_n}{0.1 f_c' A_g}\right)$$

$$\phi = 0.9 - \frac{0.15 \phi P_n}{0.1 f_c' A_g}$$

$$\phi\left(1 + \frac{1.5 P_n}{f_c' A_g}\right) = 0.9$$

$$\phi = \frac{0.9}{\left(1 + \dfrac{1.5P_n}{f_c^{'}A_g}\right)} \tag{8-16-5}$$

故螺旋柱的強度修正因數為

$$\phi = \min\left(0.9 - \frac{0.15P_n}{P_b}, \frac{0.9}{1 + \dfrac{1.5P_n}{f_c^{'}A_g}}\right) \geq 0.75 \tag{8-16-6}$$

短柱各種破壞模式分析所得的標稱載重或標稱彎矩，均須經修正後的強度折減因數的修正，再與設計載重比較以判定其安全與否。

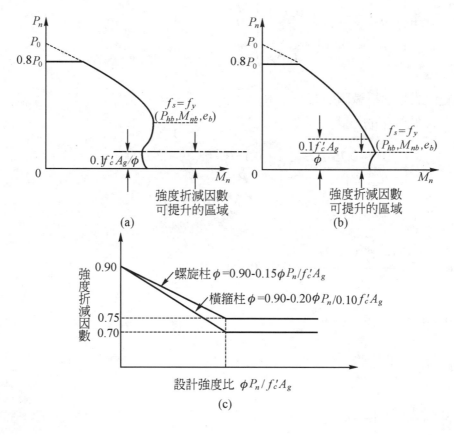

圖 8-16-1

Chapter 8

8-17　短柱分析

短柱的分析乃就一已知的柱斷面尺寸及配筋，分析某一承載設計軸向載重及設計彎矩是否安全；或分析某一偏心距的標稱(或設計)軸向載重或標稱(或設計)彎矩。分析的步驟如下：

1.　研判柱的破壞模式。
2.　假設中性軸的位置。
3.　研析抗壓鋼筋與抗拉鋼筋之應變。
4.　研析抗壓鋼筋與抗拉鋼筋之應力。
5.　計算受壓混凝土之壓力 C_c。
6.　計算抗壓鋼筋之壓力 C_s。
7.　計算抗拉鋼筋之拉力 T。
8.　計算軸向壓力 P_n。
9.　計算各力對塑性中心的合彎矩即得標稱彎矩 M_n。
10.　計算距塑性中心的偏心矩。

柱斷面的中性軸取決於抗壓鋼筋之壓力、抗拉鋼筋之拉力與混凝土的壓力；而鋼筋的壓力或拉力又取決於鋼筋的應力；鋼筋的應力又與中性軸的位置及柱的破壞模式有關，因此前述的計算並非直接的循序計算；而是相互影響的計算。

不論分析某一承載設計軸向載重及設計彎矩是否安全(可由其設計彎矩除以設計載重而得偏心距)或分析某一偏心距的標稱(或設計)軸向載重或標稱(或設計)彎矩，均以其偏心距來研判該柱的破壞模式。由於不同破壞模式的鋼筋應力研析方式稍異，因此後面的短柱分析將按破壞模式分別說明之。

為便於說明，柱斷面尺寸、應變圖、應力圖，內外力圖及相關符號示如圖 8-17-1。圖 8-17-1 中的中心線為柱的中性軸。圖 8-17-1(a)為柱斷面尺寸圖；圖中各符號說明如下表：

符號	說明
h	柱斷面平行於撓曲方向的邊長
b	柱斷面垂直於撓曲方向的邊長

(續前表)

符號	說明
d	抗拉鋼筋距受壓面的距離
d'	抗壓鋼筋距受壓面的距離
d''	抗拉鋼筋到塑性中心的距離
d_p	塑性中心距受壓面的距離
e_n	軸向載重距塑性中心的距離
P_n	軸向載重
+	塑性中心位置

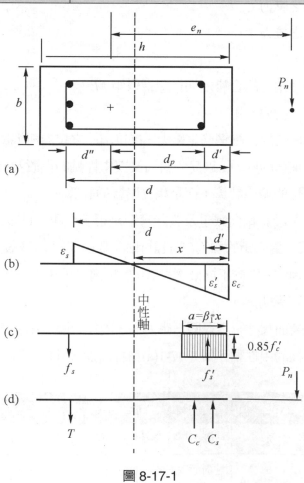

圖 8-17-1

　　圖 8-17-1(b)為柱斷面的應變圖，圖中 ε_s 為抗拉鋼筋的應變量，ε_s' 為抗壓鋼筋的應變量，ε_c 為受壓混凝土最外緣的應變量，x 為中性軸距受壓面的距離，中性軸的位置受鋼筋與混凝土應變量的相互影響，未必在柱的中央。

　　圖 8-17-1(c)為柱斷面的應力圖，a 為受壓混凝土的等值應力方塊的深度，而混凝土的應力強度為 $0.85f_c'$。f_s、f_s' 分別為抗拉、抗壓鋼筋的應力，其值未必達到降伏強度，視軸向載重偏心距的影響。

圖 8-17-1(d)為柱斷面的內外力圖，承受的軸向外載重 P_n 終由內力 T(抗拉鋼筋之拉力)、C_s(抗壓鋼筋之壓力)、C_c(受壓區混凝土的壓力)平衡之；因此 $P_n = C_c + C_s - T$。所有內外力對於塑性中心的力矩和即為該柱斷面在某一偏心距下所能承擔的撓曲彎矩 M_n。

■ 8-18　短柱的平衡破壞

　　短柱平衡破壞時其受壓混凝土的應變達到規範規定的最大壓縮應變 0.003 的同時，抗拉鋼筋也恰好達其降伏強度(應變 $\varepsilon_y = f_y / E_s$)，即為圖 8-17-1(b)中的 $\varepsilon_c = 0.003$，$\varepsilon_s = \varepsilon_y$。其分析的步驟如下：

1.　決定平衡破壞時的中性軸位置 x_b

　　　因為柱斷面上有兩個點(受壓混凝土的外緣及抗拉鋼筋)已知其應變，故利用圖 8-17-1(b)應變圖的相似三角形關係，得

$$\frac{0.003}{x_b} = \frac{\varepsilon_y}{d - x_b}$$

或 $x_b = \dfrac{0.003}{0.003 + \varepsilon_y} d$

2.　決定抗壓筋的合力 C_{sb}

　　　由應變圖的相似三角形關係求得抗壓筋的應變 ε_s' 為

$$\varepsilon_s' = \frac{0.003\left(x_b - d'\right)}{x_b}$$

　　若 $\varepsilon_s' \geqq \varepsilon_y$，則抗壓筋的壓應力 $f_s' = f_y$。

　　若 $\varepsilon_s' \leqq \varepsilon_y$，則抗壓筋的壓應力 $f_s' = E_s \varepsilon_s'$。

得抗壓筋的合壓力 C_{sb} 為

$$C_{sb} = A_s' \left(f_s' - 0.85 f_c' \right)$$

3. 決定抗拉筋的拉力 T

平衡破壞時，抗拉筋恰達降伏應變，故抗拉筋的拉力 T 為

$$T = A_s f_y$$

4. 決定受壓區混凝土的合壓力 C_{cb}

受壓區混凝土的合壓力 C_{cb} 為

$$C_{cb} = 0.85 f_c' \beta_1 x_b b$$

5. 計算平衡破壞標稱載重 P_b

利用圖 8-17-1(c)的垂直力平衡，得

$$P_b = C_{sb} + C_{cb} - T$$
$$\text{或 } P_b = A_s' \left(f_s' - 0.85 f_c' \right) + 0.85 f_c' \beta_1 x_b b - A_s f_y$$

6. 計算平衡破壞標稱彎矩 M_n

平衡破壞標稱彎矩 M_n 為作用於柱斷面上各力對塑性中心的力矩和。其計算公式如下：

$$M_b = P_b e_b = C_{sb}(d - d') + C_{cb}\left(d - \frac{\beta_1 x_b}{2} \right) - P_b d''$$

7. 計算平衡破壞偏心距 e_b

平衡破壞偏心距 e_b 為平衡破壞標稱載重 P_b 到塑性中心的距離。其計算公式為：

$$e_b = \frac{M_b}{P_b}$$

柱斷面平衡破壞的 P_b、M_b、e_b 與短柱承受的載重無關，而與柱斷面尺寸、配筋及材料強度有關；是一個柱子的基本特性。因此當該柱子承受軸力 P_u 與彎矩 M_u 時，以其偏心距 $e_u = M_u / P_u$ 與 e_b 相比，就可以研判該柱的破壞模式。破壞模式可依下表判定：

破壞模式	條件	構材應變狀況
平衡破壞	$e = e_b$	受壓混凝土應變達 0.003 時，抗拉鋼筋 剛好 降伏
拉力破壞	$e > e_b$	受壓混凝土應變達 0.003 時，抗拉鋼筋 早已 降伏
壓力破壞	$e < e_b$	受壓混凝土應變達 0.003 時，抗拉鋼筋 尚未 降伏

範例 8-18-1

橫箍柱斷面如圖 8-18-1 所示，若每根鋼筋的標稱面積為 6.47cm^2，鋼筋的降伏強度為 $4,200 \text{ kg/cm}^2$，混凝土的抗壓強度為 280 kg/cm^2，鋼筋的彈性模數為 $2.04 \times 10^6 \text{ kg/cm}^2$；試決定該柱斷面平衡破壞時的標稱載重 P_b，標稱彎矩 M_b 及偏心距 e_b。

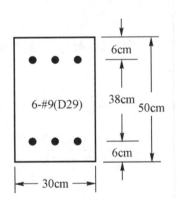

圖 8-18-1

已知：$h = 50\text{cm}$ 、 $b = 30\text{cm}$ 、 $d = 44\text{cm}$ 、 $d' = 6\text{cm}$ 、 $d_p = 25\text{cm}$ 、

$d'' = d - d_p = 44 - 25 = 19\text{cm}$ 、 $f_c' = 280\text{kg/cm}^2$ 、 $f_y = 4200\text{kg/cm}^2$ 、

$E_s = 2.04 \times 10^6 \text{ kg/cm}^2$ 、 $\varepsilon_y = \dfrac{f_y}{E_s} = \dfrac{4200}{2.04 \times 10^6} = 0.0020588 \cong 0.00206$ 、

$A_s = 6.47 \times 3 = 19.41\text{cm}^2$ 、 $A_s' = 6.47 \times 3 = 19.41\text{cm}^2$ ， $\beta = 0.85$

1. 決定平衡破壞時的中性軸位置 x_b

$$\varepsilon_y = \frac{f_y}{E_s} = \frac{4200}{2.04 \times 10^6} = 0.00206$$

$$x_b = \frac{0.003}{0.003 + \varepsilon_y} d = \frac{0.003}{0.003 + 0.00206} \times (50 - 6) = 26.087 \text{ cm}$$

2. 決定抗壓筋的合力 C_{sb}

$$\varepsilon_s' = \frac{0.003(x_b - d')}{x_b} = \frac{0.003(26.087 - 6)}{26.087} = 0.00231 > \varepsilon_y$$

因 $\varepsilon_s' \geqq \varepsilon_y$，則抗壓筋的壓應力 $f_s' = f_y = 4200\text{kg/cm}^2$。

得抗壓筋的合壓力 C_{sb} 為

$$C_{sb} = A_s'(f_s' - 0.85f_c') = 6.47 \times 3 \times (4200 - 0.85 \times 280) = 76902.42\text{kg}$$

3. 決定抗拉筋的拉力 T

平衡破壞時，抗拉筋恰達降伏應變，故抗拉筋的拉力 T 為

$$T = A_s f_y = 6.47 \times 3 \times 4200 = 81522\text{kg}$$

4. 決定受壓區混凝土的合壓力 C_{cb}

$$C_{cb} = 0.85 f_c' \beta_1 x_b b = 0.85 \times 280 \times 0.85 \times 26.087 \times 30 = 158322\text{kg}$$

5. 計算平衡破壞標稱載重 P_b

$$P_b = C_{sb} + C_{cb} - T = 78804.6 + 158322 - 8155 = 155604.6\text{kg}$$

6. 計算平衡破壞標稱載重 M_n

$$M_b = P_b e_b = C_{sb}(d - d') + C_{cb}\left(d - \frac{\beta_1 x_b}{2}\right) - P_b d''$$

$$= 78804.6 \times (44 - 6) + 158322 \times \left(44 - \frac{0.85 \times 26.087}{2}\right) - 155604.6 \times (25 - 6)$$

$$= 5248943\text{kg-cm}$$

以強度折減因數 0.7，計算設計載重及設計彎矩為

設計載重 $P_{ub} = 155604.6 \times 0.7 = 108923\text{kg-cm}$

設計彎矩 $M_{ub} = 5248943 \times 0.7 = 3674260\text{kg-cm}$

7. 計算平衡破壞偏心距 e_b

$$e_b = \frac{M_b}{P_b} = \frac{5248943}{155604.6} = 33.73\text{cm}$$

■ 8-19　抗壓鋼筋降伏的偏心距

當柱處於拉力破壞模式時，壓力區混凝土的應變達 0.003，且抗拉鋼筋也早已達降伏強度；但此時的抗壓鋼筋則可能達到降伏，亦可能未達降伏。抗壓鋼筋的降伏與否又影響其應力值的研判；因此必須設法研判拉力破壞時，抗壓鋼筋的降伏狀態。圖 8-19-1 為拉力破壞時，抗壓鋼筋剛好降伏的應變圖；由於壓力區混凝土應變 ε_c 為 0.003，抗壓鋼筋的應變 ε'_s 為 f_y / E_s，則因柱斷面上已有兩點應變已知，即可據以計算在此種應變組合下的標稱載重 P_c、標稱彎矩 M_c 及偏心距 e_c。

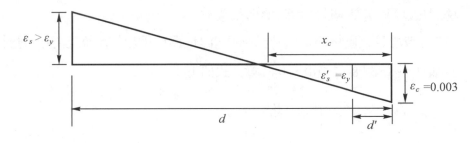

圖 8-19-1

1. 決定拉力破壞時抗壓鋼筋剛好降伏的中性軸位置 x_c

　　因為柱斷面上有兩個點(受壓混凝土的外緣及抗壓鋼筋)已知其應變，故利用圖 8-19-1 應變圖的相似三角形關係，得

$$x_c = \frac{0.003d'}{0.003 - \varepsilon_y}$$

2. 決定抗壓筋的合力 C_{sc}

　　因抗壓筋已經降伏，故抗壓筋的合力 C_{sc} 為

$$C_{sc} = A'_s(f_y - 0.85f'_c)$$

3. 決定抗拉筋的拉力 T

　　因為拉力破壞時，抗拉筋早已達降伏應變，故抗拉筋的拉力 T 為

$$T = A_s f_y$$

4. 決定受壓區混凝土的合壓力 C_{cc}

受壓區混凝土的合壓力 C_{cc} 為

$$C_{cc} = 0.85 f_c' \beta_1 x_c b$$

5. 計算拉力破壞且抗壓鋼筋降伏時的標稱載重 P_c

依垂直力平衡的條件，得

$$P_c = C_{sc} + C_{cc} - T \text{，或}$$
$$P_c = A_s'(f_y - 0.85 f_c') + 0.85 f_c' \beta_1 x_c b - A_s f_y$$

6. 計算拉力破壞且抗壓鋼筋降伏時標稱載重 M_c

拉力破壞且抗壓鋼筋降伏時標稱載重 M_c 為作用於柱斷面上各合力對塑性中心的力矩和。依圖 8-17-1(d)，其計算公式如下：

$$M_c = C_{sc}\left(d_p - d'\right) + C_{cc}\left(d_p - \frac{\beta_1 x_c}{2}\right) + Td''$$

7. 計算拉力破壞且抗壓鋼筋降伏時偏心距 e_c

拉力破壞且抗壓鋼筋降伏時偏心距 e_c 為拉力破壞且抗壓鋼筋降伏時標稱載重 P_c 到塑性中心的距離。其計算公式為：

$$e_c = \frac{M_c}{P_c}$$

柱斷面的 P_c、M_c、e_c 與短柱承受的載重無關，而與柱斷面尺寸、配筋及材料強度有關，是一個柱子的基本特性。觀察柱斷面交互關係圖，偏心距由零逐漸增到無限大，破壞模式則由壓力破壞演變到拉力破壞，抗壓鋼筋降伏的機會亦由大而小，其中必有一個偏心距來判定抗壓鋼筋是否降伏；此偏心距即為 e_c。因此當該柱子承受軸力 P 與彎矩 M 時，就可由其偏心距 e 與 e_c，然後依下表研判該柱在拉力破壞時，其抗壓筋是否已達降伏？

拉力破壞時	條件
抗壓筋已降伏	$e \le e_c$
抗壓筋未降伏	$e > e_c$

範例 8-19-1

　　橫箍柱斷面如圖 8-19-2 所示，若每根鋼筋的標稱面積為 6.47cm²，鋼筋的降伏強度為 4,200 kg/cm²，混凝土的抗壓強度為 280 kg/cm²，鋼筋的彈性模數為 2.04×10^6 kg/cm²；試決定該柱斷面拉力破壞時抗壓鋼筋剛好達到降伏的偏心距 e_c、標稱載重 P_c 及標稱彎矩 M_c。

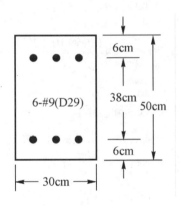

圖 8-19-2

　　已知：$h = 50$cm、$b = 30$cm、$d = 44$cm、$d' = 6$cm、$d_p = 25$cm

　　　　　、$d'' = d - d_p = 19$cm、$f_c' = 280$kg/cm²、$f_y = 4200$kg/cm²、

　　　　　$\varepsilon_y = f_y / E_s = 4200 / (2.04 \times 10^6) = 0.0020588 \cong 0.00206$

　　　　　$A_s = 6.47 \times 3 = 19.41$cm²、$A_s' = 6.47 \times 3 = 19.41$cm²，$\beta = 0.85$

1. 決定拉力破壞時抗壓鋼筋剛好降伏的中性軸位置 x_c

$$x_c = \frac{0.003d'}{0.003 - \varepsilon_y} = \frac{0.003 \times 6}{0.003 - 0.0020588} = 19.125\text{cm}$$

2. 決定抗壓筋的合力 C_{sc}

$$C_{sc} = A_s'(f_y - 0.85f_c') = 6.47 \times 3 \times (4200 - 0.85 \times 280) = 76902\text{kg}$$

3. 決定抗拉筋的拉力 T

$$T = A_s f_y = 6.47 \times 3 \times 4200 = 81522\text{kg}$$

4. 決定受壓區混凝土的合壓力 C_{cc}

$$C_{cc} = 0.85 f_c' \beta_1 x_c b = 0.85 \times 280 \times 0.85 \times 19.125 \times 30 = 116070\text{kg}$$

5. 計算拉力破壞且抗壓鋼筋降伏時的標稱載重 P_c

依垂直力平衡的條件，得

$$P_c = C_{sc} + C_{cc} - T = 76902 + 116070 - 81522 = 111450\text{kg}$$

6. 計算拉力破壞且抗壓鋼筋降伏時標稱彎矩 M_c

拉力破壞且抗壓鋼筋降伏時標稱彎矩 M_c 為作用於柱斷面上各合力對塑性中心的力矩和。依圖 8-17-1，得

$$M_c = C_{sc}\left(d_p - d'\right) + C_{cc}\left(d_p - \frac{\beta_1 x_c}{2}\right) + Td''$$

$$= 76902 \times (25 - 6) + 116070 \times \left(25 - \frac{0.85 \times 19.125}{2}\right) + 81522 \times 19$$

$$= 4968375\text{kg-cm}$$

7. 計算拉力破壞且抗壓鋼筋降伏時偏心距 e_c

拉力破壞且抗壓鋼筋降伏時偏心距 e_c 為拉力破壞且抗壓鋼筋降伏時標稱載重 P_c 到塑性中心的距離。其計算公式為：

$$e_c = \frac{M_c}{P_c} = \frac{4968375}{111450} = 44.579\text{cm}$$

8-20 短柱的拉力破壞分析(抗壓筋已降伏)

當柱承受載重的偏心距 e_n 大於該柱斷面的平衡破壞偏心距 e_b，但不大於該柱斷面的抗壓鋼筋降伏的偏心距 e_c 時，該柱處於拉力破壞模式且抗壓鋼筋亦已達降伏強度。因為拉力破壞，壓力區混凝土的應變達 0.003，且抗拉鋼筋也早已達降伏強度。在此情況下，其標稱載重 P_n、標稱彎矩 M_n 的分析步驟及相關公式說明如下：

1. 計算柱承載的偏心距 e_n，且應 $e_n > e_b$

假設拉力破壞時抗壓鋼筋已經降伏的中性軸位置為 x

Chapter 8

2.　決定抗壓筋的合力 C_s

因抗壓筋已經降伏，故抗壓筋的合力 C_s 為

$$C_s = A_s^{'}(f_y - 0.85 f_c^{'})$$

3.　決定抗拉筋的拉力 T

因為拉力破壞時，抗拉筋早已達降伏應變，故抗拉筋的拉力 T 為

$$T = A_s f_y$$

4.　決定受壓區混凝土的合壓力 C_c

受壓區混凝土的合壓力 C_c 為

$$C_c = 0.85 f_c^{'} \beta_1 x_b b$$

5.　計算拉力破壞且抗壓鋼筋降伏時的標稱載重 P_n

利用圖 8-17-1(d)的垂直力平衡，得

$$P_n = C_{sb} + C_{cb} - T \text{，或}$$
$$P_n = A_s^{'}\left(f_s^{'} - 0.85 f_c^{'}\right) + 0.85 f_c^{'} \beta_1 x_b b - A_s f_y$$

6.　計算拉力破壞且抗壓鋼筋降伏時標稱彎矩 M_n

拉力破壞且抗壓鋼筋降伏時標稱彎矩 M_n 為作用於柱斷面上各合力對塑性中心的力矩和。依依圖 8-17-1(d)，其計算公式如下：

$$M_n = P_n e_n = C_s (d_o - d^{'}) + C_c \left(d_o - \frac{\beta_1 x}{2}\right) - T d^{''}$$

7.　計算拉力破壞且抗壓鋼筋降伏時的中性軸位置 x

將 e_n、C_c、C_s、T 及 P_n 等代入上式可得 x 的一元二次方程式，解得 x 後即可計得 C_c、P_n、M_n 各值。

範例 8-20-1

　　橫箍柱斷面如圖 8-20-1 所示，若每根鋼筋的標稱面積爲 6.47cm^2，鋼筋的降伏強度爲 $4,200 \text{ kg/cm}^2$，混凝土的抗壓強度爲 280 kg/cm^2，鋼筋的彈性模數爲 $2.04\times10^6\,\text{kg/cm}^2$；試 1.研判該柱能否安全承受 92t 的軸向載重及 35t-m 的撓曲彎矩？2.決定偏心矩爲 40cm 時所能承擔的標稱載重 P_n、標稱彎矩 M_n？

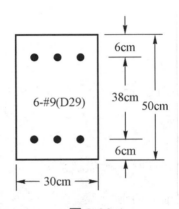

圖 8-20-1

已知：$h = 50\text{cm}$ 、 $b = 30\text{cm}$ 、 $d = 44\text{cm}$ 、 $d' = 6\text{cm}$ 、 $d_p = 25\text{cm}$ 、

　　　$d'' = d - d_p = 19\text{cm}$ 、 $f_c' = 280\text{kg/cm}^2$ 、 $f_y = 4200\text{kg/cm}^2$ 、

　　　$\varepsilon_y = f_y / E_s = 4200 / (2.04 \times 10^6) = 0.0020588 \cong 0.00206$

　　　$A_s = 6.47 \times 3 = 19.41\text{cm}^2$ 、 $A_s' = 6.47 \times 3 = 19.41\text{cm}^2$ ， $\beta = 0.85$

1.　研判該柱能否安全承受 92t 的軸向載重及 35t-m 的撓曲彎矩？

　(1)　計算柱承載的偏心距 e_n，且應 $e_n > e_b$

　　　$e_n = \dfrac{35 \times 100}{92} = 38.0435\text{cm}$

　(2)　由範例 8-18-1 知，本柱斷面的平衡破壞時的偏心距 $e_b = 33.73\text{cm}$；又由範例 8-19-1 知，本斷面拉力破壞時抗壓筋降伏的偏心距爲 $e_c = 44.579 \text{ cm}$；本例承擔軸向載重 92t 及撓曲彎矩 35t-m 後的偏心距爲 $e_n = 38.0435 \text{ cm}$，因 $e_n > e_b$，故屬拉力破壞，又因 $e_n < e_c$，故拉力破壞時，抗壓鋼筋已經降伏。

　(3)　假設拉力破壞時抗壓鋼筋已經降伏的中性軸位置爲 x

　(4)　決定抗壓筋的合力 C_s

$$C_s = A_s'\left(f_y - 0.85f_c'\right) = 19.41 \times (4200 - 0.85 \times 280) = 76902\text{kg}$$

(5) 決定抗拉筋的拉力 T

$$T = A_s f_y = 19.41 \times 4200 = 81522\text{kg}$$

(6) 決定受壓區混凝土的合壓力 C_c

$$C_c = 0.85 f_c' \beta_1 x b = 0.85 \times 280 \times 0.85 \times 30 x = 6069x$$

(7) 計算拉力破壞且抗壓鋼筋降伏時的標稱載重 P_n

利用圖 8-17-1(d)的垂直力平衡，得

$$P_n = C_s + C_c - T = 76902 + 6069x - 81522 = 6069x - 4620$$

(8) 計算拉力破壞且抗壓鋼筋降伏時標稱彎矩 M_n

拉力破壞且抗壓鋼筋降伏時標稱彎矩 M_n 為作用於柱斷面上各合力對塑性中心的力矩和。並將 e_n、C_c、C_s、T 及 P_n 等代入之：

$$M_n = P_n e_n = C_s\left(d_p - d'\right) + C_c\left(d_p - \frac{\beta_1 x}{2}\right) + Td''$$

$$(6069x - 4620)38.0435 = 76902(25 - 6)$$
$$+ (6069x)\left(25 - \frac{0.85x}{2}\right) + 81522 \times 19$$

得一元二次方程式 $2579.325x^2 + 79161x - 3185817 = 0$

解得 $x = 23.003\text{cm}$

(9) 計算 C_c、P_n、M_n 各值

$$C_c = 0.85 f_c' \beta_1 bx = 0.85 \times 280 \times 0.85 \times 30 \times 23.003 = 139605\text{kg}$$

標稱軸向載重 $P_n = C_c + C_s - T = 139605 + 76902 - 81522 = 134985\text{kg}$

標稱撓曲彎矩 $M_n = P_n e_n = 134985 \times 38.0435 = 5135302\text{kg-cm}$

$0.1 f_c' A_g = 0.1 \times 280 \times 50 \times 30 = 42000\text{kg}$

因為 $P_n > 0.1 f_c' A_g$，故強度折減因數為 0.7，則

設計軸向載重為 $134985 \times 0.7 = 94489.5\text{kg} > 92\text{t}$　O.K.

設計撓曲彎矩為 $5135302 \times 0.7 = 3594711.4\text{kg-cm} > 35\text{t-m}$ O.K.

故本柱能承受 92t 的軸向載重及 35t-m 的撓曲彎矩。

2. 決定偏心矩為 40cm 時所能承擔的標稱載重 P_n、標稱彎矩 M_n？

(1) 因為 $e_n(=40\text{cm}) > e_b(=33.73\text{cm})$ 且 $e_n < e_c(=44.579\text{cm})$，故屬拉力破壞時抗壓鋼筋已經降伏。

(2) 假設中性軸距受壓面的距離為 x，

由前面已知，

$C_s = 81522\text{kg}$

$C_c = 6069x$

$T = 76902\text{kg}$

$P_n = C_s + C_c - T = 76902 + 6069x - 81522 = 6069x - 4620$

將各內外力對塑性中心取力矩，得

$$M_n = P_n e_n = C_s\left(d_p - d'\right) + C_c\left(d_p - \frac{\beta_1 x}{2}\right) + Td''$$

$$(6069x - 4620)40 = 76902(25 - 6)$$

$$+ (6069x)\left(25 - \frac{0.85x}{2}\right) + 81522 \times 19$$

得一元二次方程式 $2579.325x^2 + 91035x - 3194856 = 0$

解得 $x = 21.724\text{cm}$

(3) 計算 C_c、P_n、M_n 各值

$C_c = 0.85 f_c' \beta_1 bx = 0.85 \times 280 \times 0.85 \times 30 \times 21.724 = 131843\text{kg}$

標稱軸向載重 $P_n = C_c + C_s - T = 131843 + 76902 - 81522 = 127223\text{kg}$

標稱撓曲彎矩 $M_n = P_n e_n = 127223 \times 40 = 5088920\text{kg-cm}$

8-21 短柱的拉力破壞分析(抗壓筋未降伏)

當柱承受載重的偏心距 e_n 大於該柱斷面的平衡破壞偏心距 e_b，且大於該柱斷面的抗壓鋼筋降伏的偏心距 e_c 時，該柱處於拉力破壞模式但抗壓鋼筋未達降伏強度。因為拉力破壞，壓力區混凝土的應變 ε_c 達 0.003，且抗拉鋼筋的應變 ε_s 也早已達降伏應變。在此情況下，其標稱載重 P_n、標稱彎矩 M_n 的分析步驟及相關公式說明如下：

1. 計算柱承載的偏心距 e_n，且應 $e_n > e_b$

2. 假設拉力破壞時但抗壓鋼筋未達降伏的中性軸位置為 x

3. 決定抗壓筋的合力 C_s

　　因抗壓筋未達降伏，抗壓筋的應力 f_s' 為

$$\because \varepsilon_s' = \frac{0.003(x-d')}{x}$$

$$\therefore f_s' = \frac{0.003E_s(x-d')}{x}$$

抗壓筋的合力 C_s 為

$$C_s = A_s'(f_s' - 0.85f_c') = A_s'\left(\frac{0.003E_s(x-d')}{x} - 0.85f_c'\right)$$

4. 決定抗拉筋的拉力 T

　　因為拉力破壞時，抗拉筋早已達降伏應變，故抗拉筋的拉力 T 為

$$T = A_s f_y$$

5. 決定受壓區混凝土的合壓力 C_c

　　受壓區混凝土的合壓力 C_c 為

$$C_c = 0.85f_c'\beta_1 xb$$

6. 計算拉力破壞但抗壓鋼筋未達降伏時的標稱載重 P_n

　　利用圖 8-17-1(c)的垂直力平衡，得

$$P_n = C_s + C_c - T$$

或　$$P_n = A_s'\left(\frac{0.003E_s(x-d)}{x} - 0.85f_c'\right) + 0.85f_c'\beta_1 xb - A_s f_y$$

7. 計算拉力破壞但抗壓鋼筋未達降伏時標稱彎矩 M_n

　　拉力破壞但抗壓鋼筋未達降伏時標稱彎矩 M_n 為作用於柱斷面上各合力對塑性中心的力矩和。其計算公式如下：

$$M_n = P_n e_n = C_s\left(d_p - d'\right) + C_c\left(d_p - \frac{\beta_1 x}{2}\right) + Td''$$

8. 計算拉力破壞但抗壓鋼筋未達降伏時的中性軸位置 x

　　將 e_n、C_c、C_s、T 及 P_n 等代入上式可得 x 的一元三次方程式，解得 x 後即可計得 C_c、P_n、M_n 各值。

範例 8-21-1

　　橫箍柱斷面如圖 8-21-1 所示，若每根鋼筋的標稱面積為 6.47cm²，鋼筋的降伏強度為 4,200 kg/cm²，混凝土的抗壓強度為 280 kg/cm²，鋼筋的彈性模數為 2.04×10^6 kg/cm²；試 1.研判該柱能否安全承受 54t 的軸向載重及 29.7t-m 的撓曲彎矩？2.研判該柱能否安全承受 60t 的軸向載重及 33t-m 的撓曲彎矩？3.決定當偏心距為 100cm 時所能承擔的標稱載重 P_n、標稱彎矩 M_n、強度折減因數 ϕ、設計載重 P_u、設計彎矩 M_u？

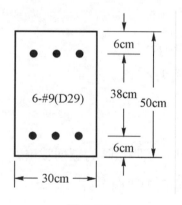

圖 8-21-1

已知：$h = 50$cm、$b = 30$cm、$d = 44$cm、$d' = 6$cm、$d_p = 25$cm、

$\quad\quad d'' = d - d_p = 19$cm、$f_c' = 280$kg/cm²、$f_y = 4200$kg/cm²、

$\quad\quad \varepsilon_y = f_y/E_s = 4200/\left(2.04 \times 10^6\right) = 0.0020588 \cong 0.00206$

$\quad\quad A_s = 6.47 \times 3 = 19.41$cm²、$A_s' = 6.47 \times 3 = 19.41$cm²，$\beta = 0.85$

1. 研判該柱能否安全承受 54t 的軸向載重及 29.7t-m 的撓曲彎矩？

　(1) 計算柱承載的偏心距 e_n，且應 $e_n > e_b$

$$e_n = \frac{29.7 \times 100}{54} = 55\text{cm}$$

(2) 由範例 8-18-1 知，本柱斷面的平衡破壞時的偏心距 $e_b = 33.73\text{cm}$；又由範例 8-19-1 知，本斷面拉力破壞時抗壓筋降伏的偏心距為 e_c=44.579cm；本例承擔軸向載重 54t 及撓曲彎矩 29.7t-m 後的偏心距為 $e_n = 55\text{cm}$，因 $e_n > e_b$，故屬拉力破壞，又因 $e_n > e_c$，故拉力破壞時，抗壓鋼筋尚未降伏。

(3) 假設拉力破壞時但抗壓鋼筋尚未降伏的中性軸位置為 x

(4) 決定抗壓筋的合力 C_s

$$\therefore f_s^{'} = \frac{0.003 E_s (x - d^{'})}{x}$$

抗壓筋的合力 C_s 為

$$
\begin{aligned}
C_s &= A_s^{'} \left(f_s^{'} - 0.85 f_c^{'} \right) = A_s^{'} \left(\frac{0.003 E_s \left(x - d^{'} \right)}{x} - 0.85 f_c^{'} \right) \\
&= 19.41 \left(\frac{0.003 \times 2.04 \times 10^6 \left(x - 6 \right)}{x} - 0.85 \times 280 \right) \\
&= \frac{118789.2 \left(x - 6 \right)}{x} - 4619.58
\end{aligned}
$$

(5) 決定抗拉筋的拉力 T

$$T = A_s f_y = 19.41 \times 4200 = 81522 kg$$

(6) 決定受壓區混凝土的合壓力 C_c

$$C_c = 0.85 f_c^{'} \beta_1 x b = 0.85 \times 280 \times 0.85 \times 30 x = 6069 x$$

(7) 計算拉力破壞但抗壓鋼筋未達降伏時的標稱載重 P_n

利用圖 8-17-1(d)的垂直力平衡，得

$$
\begin{aligned}
P_n &= C_s + C_c - T = \frac{118789.2 \left(x - 6 \right)}{x} - 4619.58 + 6069 x - 81522 \\
&= \frac{118789.2 \left(x - 6 \right)}{6} + 6069 x - 86141.58
\end{aligned}
$$

(8) 計算拉力破壞但抗壓鋼筋未達降伏時標稱彎矩 M_n

拉力破壞但抗壓鋼筋未達降伏時標稱彎矩 M_n 為作用於柱斷面上各合力對塑性中心的力矩和。並將 e_n、C_c、C_s、T 及 P_n 等代入之：

$$M_n = P_n e_n = C_s\left(d_p - d'\right) + C_c\left(d_p - \frac{\beta_1 x}{2}\right) + Td''$$

$$\left(\frac{118789.2(x-6)}{x} + 6069x - 4619.58 - 81522\right)55$$

$$= \left(\frac{118789.2(x-6)}{x} - 4619.58\right)(25-6) + (6069x)\left(25 - \frac{0.85x}{2}\right) + 81522 \times 19$$

得一元三次方程式 $2579.325x^3 + 182070x^2 - 1922521.68x - 25658467.2 = 0$

(9) 解得 $x = 15.871$cm

計算 C_c、P_n、M_n 各值

$C_c = 0.85f_c'\beta_1 bx = 0.85 \times 280 \times 0.85 \times 30 \times 15.871 = 96321$kg

$C_s = A_s'\left(f_s' - 0.85f_c'\right) = \dfrac{118789.2(x-6)}{x} - 4619.58$

$\qquad = \dfrac{118789.2(15.871-6)}{15.871} - 4619.58 = 69262$kg

標稱軸向載重 $P_n = C_c + C_s - T = 96321 + 69262 - 81522 = 84061$kg

標稱撓曲彎矩 $M_n = P_n e_n = 84061 \times 55 = 4623355$kg-cm

$0.1f_c'A_g = 0.1 \times 280 \times 50 \times 30 = 42000$kg

因為 $P_n > 0.1f_c'A_g$，故強度折減因數為 0.7，則

設計軸向載重為 $84061 \times 0.7 = 58843$kg > 54t　故屬安全.

設計撓曲彎矩為 $4623355 \times 0.7 = 3236349$kg-cm > 29.7t-m　故屬安全。

故本柱可安全承受 54t 的軸向載重及 29.7t-m 的撓曲彎矩。

2. 研判該柱能否安全承受 60t 的軸向載重及 33t-m 的撓曲彎矩？

  (1) 計算柱承載的偏心距 e_n，且應 $e_n > e_b$

$$e_n = \frac{33 \times 100}{60} = 55\text{cm}$$

因為偏心距與 1.部分完全相同，故其載重承擔能力亦相同，即

標稱軸向載重 $P_n = C_c + C_s - T = 96321 + 69262 - 81522 = 84061$kg

標稱撓曲彎矩 $M_n = P_n e_n = 84061 \times 55 = 4623355$kg-cm

設計軸向載重為 58843kg < 60t　故不安全

設計撓曲彎矩為 3236349kg-cm < 33t-m　故不安全.

故本柱無法承受 60t 的軸向載重及 33t-m 的撓曲彎矩。

3. 決定當偏心距為 100cm 時所能承擔的標稱載重 P_n、標稱彎矩 M_n、強度折減因數 ϕ、設計載重 P_u、設計彎矩 M_u？

(1) 破壞模式判別

偏心距 $e_n = 100$cm ；因 $e_n > e_b (= 33.73$cm$)$，故屬拉力破壞，又因 $e_n > e_c$ $(= 44.579$cm$)$，故拉力破壞時，抗壓鋼筋尚未降伏。

(2) 假設拉力破壞時但抗壓鋼筋尚未降伏的中性軸位置為 x

(3) 決定抗壓筋的合力 C_s

$$\therefore f_s' = \frac{0.003 E_s (x - d')}{x}$$

(4) 抗壓筋的合力 C_s 為

$$C_s = A_s' \left(f_s' - 0.85 f_c' \right) = A_s' \left(\frac{0.003 E_s \left(x - d' \right)}{x} - 0.85 f_c' \right)$$

$$= 19.41 \left(\frac{0.003 \times 2.04 \times 10^6 \left(x - 6 \right)}{x} - 0.85 \times 280 \right)$$

$$= \frac{118789.2 \left(x - 6 \right)}{x} - 4619.58$$

(5) 決定抗拉筋的拉力 T

$$T = A_s f_y = 19.41 \times 4200 = 81522 \text{kg}$$

(6) 決定受壓區混凝土的合壓力 C_c

$$C_c = 0.85 f_c' \beta_1 x b = 0.85 \times 280 \times 0.85 \times 30 x = 6069 x$$

(7) 計算拉力破壞且抗壓鋼筋降伏時的標稱載重 P_n：

利用圖 8-17-1(d)的垂直力平衡，得

$$P_n = C_s + C_c - T = \frac{118789.2 \left(x - 6 \right)}{x} - 4619.58 + 6069 x - 81522$$

$$= \frac{118789.2 \left(x - 6 \right)}{6} + 6069 x - 86141.58$$

(8) 計算拉力破壞且抗壓鋼筋降伏時標稱載重 M_n

拉力破壞且抗壓鋼筋降伏時標稱載重 M_n 為作用於柱斷面上各合力對塑性中心的力矩和。並將 e_n、C_c、C_s、T 及 P_n 等代入之：

$$M_n = P_n e_n = C_s \left(d_p - d' \right) + C_c \left(d_p - \frac{\beta_1 x}{2} \right) + T d''$$

$$\left(\frac{118789.2(x-6)}{x}+6069x-4619.58-81522\right)100$$

$$=\left(\frac{118789.2(x-6)}{x}-4619.58\right)(25-6)+(6069x)\left(25-\frac{0.85x}{2}\right)+81522\times19$$

得一元三次方程式 $2579.325x^3+455175x^2-453378.78x-57731551.2=0$

解得 $x=11.394$cm

(9) 計算 C_c、C_s、P_n、M_n、ϕ、P_u、M_u 各值

$$C_c=0.85f_c'\beta_1bx=0.85\times280\times0.85\times30\times11.394=69150\text{kg}$$

$$C_s=A_s'\left(f_s'-0.85f_c'\right)=\frac{118789.2(x-6)}{x}-4619.58$$

$$=\frac{118789.2(11.394-6)}{11.394}-4619.58=51616\text{kg}$$

標稱軸向載重 $P_n=C_c+C_s-T=69150+51616-81522=39244\text{kg}$

標稱撓曲彎矩 $M_n=P_ne_n=39244\times100=3924400\text{kg-cm}$

$0.1f_c'A_g=0.1\times280\times50\times30=42000\text{kg}$

因為 $P_n<0.1f_c'A_g$，故依公式(8-16-2)計算強度折減因數為

$$\phi=\frac{0.9}{1+\dfrac{2P_n}{f_c'A_g}}=\frac{0.9}{1+\dfrac{2\times39244}{280\times50\times30}}=0.7583$$

設計軸向載重為 $39244\times0.7583=29759\text{kg}$

設計撓曲彎矩為 $3924400\times0.7583=2975873\text{kg}=\text{cm}$

8-22 短柱的壓力破壞分析

當柱承受載重的偏心距 e_n 小於該柱斷面的平衡破壞偏心距 e_b，該柱處於壓力破壞模式。在壓力破壞時，壓力區混凝土的應變達 0.003，但抗拉及抗壓鋼筋均未達降伏強度。在此情況下，其標稱載重 P_n、標稱彎矩 M_n 的分析步驟及相關公式說明如下：

1. 計算柱承載的偏心距 e_n，且應 $e_n>e_b$

2. 假設壓力破壞且抗壓鋼筋已降伏時的中性軸位置為 x

3. 決定抗壓筋的合力 C_s

因抗壓筋已降伏(由 2 之假設)，抗壓筋的合力 C_s 為

$$C_s = A_s' \left(f_y - 0.85 f_c' \right)$$

4. 決定抗拉筋的拉力 T

因為抗拉筋未達降伏強度，抗拉筋的應力為 f_s

$$\varepsilon_s = \frac{0.003(d-x)}{x}$$

$$f_s = E_s \varepsilon_s = \frac{0.003 E_s (d-x)}{x}$$

抗拉筋的拉力 T 為

$$T = A_s f_s = A_s \left(\frac{0.003 E_s (d-x)}{x} \right)$$

5. 決定受壓區混凝土的合壓力 C_c

受壓區混凝土的合壓力 C_c 為

$$C_c = 0.85 f_c' \beta_1 x b$$

6. 計算壓力破壞且抗壓鋼筋降伏時的標稱載重 P_n

利用圖 8-17-1(c)的垂直力平衡，得

$$P_n = C_s + C_c - T$$

或 $$P_n = C_s + 0.85 f_c' \beta_1 b x - A_s \left(\frac{0.003 E_s (d-x)}{x} \right)$$

7. 計算壓力破壞且抗壓鋼筋降伏時的標稱彎矩 M_n

壓力破壞且抗壓鋼筋降伏時的標稱彎矩 M_n 為作用於柱斷面上各合力對塑性中心的力矩和。其計算公式如下：

$$M_n = P_n e_n = C_s \left(d_p - d' \right) + C_c \left(d_p - \frac{\beta_1 x}{2} \right) + T d''$$

8. 計算壓力破壞且抗壓鋼筋降伏時的中性軸位置 x

    將 e_n、C_c、C_s、T 及 P_n 等代入上式可得 x 的一元三次方程式，解得 x 依據中性軸的位置 x，計算抗壓鋼筋的應變為

    $$\varepsilon_s^{'} = \frac{0.003(x - d^{'})}{x}$$

    如果 $\varepsilon_s^{'} \geq \varepsilon_y$，則假設正確；如果 $\varepsilon_s^{'} < \varepsilon_y$，則假設不正確，繼續進行步驟 11。

9. 若 $\beta_1 x > h$，則因受壓區混凝土的壓力應調整為

    $$C_c = 0.85 f_c^{'} h b$$

    對塑性中心取力矩，得

    $$P_n e_n = C_c \left(d_p - \frac{\beta_1 x}{2} \right) + C_s \left(d_p - d^{'} \right) + T d^{"}$$

    $$\left[C_c + C_s - A_s \left(\frac{0.003 E_s (d - x)}{x} \right) \right] e_n$$

    $$= C_c \left(d_p - \frac{h}{2} \right) + C_s (d_p - d^{'}) + A_s \left(\frac{0.003 E_s (d - x)}{x} \right) d^{"}$$

    如令 $k = \dfrac{C_c \left(e_n - d_n + \dfrac{h}{2} \right) + C_s (e_n + d^{'} - d_p)}{0.003 E_s A_s (e_n + d^{"})}$ ，則

    $$x = \frac{d}{(1 + k)}$$

10. 依據中性軸位置 x，求算 T、P_n、M_n、e_n，分析完成

11. 抗壓筋未達已降伏，故

    抗壓筋的應力 $f_s^{'}$ 為

    $$\varepsilon_s^{'} = \frac{0.003(x - d^{'})}{x}$$

    $$f_s^{'} = \frac{0.003 E_s (x - d^{'})}{x}$$

抗壓筋的合力 C_s 為

$$C_s = A_s' \left(f_s' - 0.85 f_c' \right) = A_s' \left(\frac{0.003 E_s (x - d')}{x} - 0.85 f_c' \right)$$

12. 計算壓力破壞但抗壓鋼筋未達降伏時的標稱載重 P_n

利用圖 8-17-1(c)的垂直力平衡，得

$$P_n = C_s + C_c - T$$

或 $\quad P_n = A_s' \left(\frac{0.003 E_s (x - d')}{x} - 0.85 f_c' \right) + 0.85 f_c' \beta_1 x b - A_s \frac{0.003 E_s (d - x)}{x}$

13. 計算壓力破壞但抗壓鋼筋未達降伏時的標稱彎矩 M_n

壓力破壞但抗壓鋼筋未達降伏時的標稱彎矩 M_n 為作用於柱斷面上各合力對塑性中心的力矩和。其計算公式如下：

$$M_n = P_n e_n = C_s \left(d_p - d' \right) + C_c \left(d_p - \frac{\beta_1 x}{2} \right) + T d''$$

14. 計算壓力破壞但抗壓鋼筋未達降伏時的中性軸位置 x

將 e_n、C_c、C_s、T 及 P_n 等代入上式可得 x 的一元三次方程式，解得 x。

15. 若 $\beta_1 x > h$，則因受壓區混凝土的壓力應調整為

$$C_c = 0.85 f_c' \beta_1 x b$$

$$P_n = C_c + A_s' \left(\frac{0.003 E_s (x - d')}{x} - 0.85 f_c' \right) - A_s \left(\frac{0.003 E_s (d - x)}{x} \right)$$

對塑性中心取力矩，得

$$P_n e_n = C_c \left(d_p - \frac{\beta_1 x}{2} \right) + C_s \left(d_p - d' \right) + T d''$$

$$\left[C_c + A_s' \left(\frac{0.003 E_s (d-x)}{x} - 0.85 f_c' \right) - A_s \left(\frac{0.003 E_s (d-x)}{x} \right) \right] e_n$$

$$= C_c \left(d_p - \frac{h}{2} \right) + A_s' \left(\frac{0.003 E_s (x - d')}{x} - 0.85 f_c' \right)(d_p - d') + A_s \left(\frac{0.003 E_s (d-x)}{x} \right) d''$$

$$\left[\begin{array}{l} C_c \left(e_n - d_p + \frac{h}{2} \right) + 0.85 f_c' A_s' (d_p - d' - e_n) \\ + 0.003 E_s A_s' (e_n - d_p + d') + 0.003 E_s A_s (e_n + d'') \end{array} \right] x = \left[\begin{array}{l} 0.003 E_s A_s d (d'' + e_n) \\ + 0.003 E_s A_s' d' (e_n - d_p + d') \end{array} \right]$$

16. 依據中性軸位置 x，求算 T、C_c、P_n、M_n、e_n 各值，分析完成。

範例 8-22-1

　　橫箍柱斷面如圖 8-22-1 所示，若每根鋼筋的標稱面積為 6.47cm^2，鋼筋的降伏強度為 4,200 kg/cm^2，混凝土的抗壓強度為 280 kg/cm^2，鋼筋的彈性模數為 2.04×10^6 kg/cm^2；試 1.研判該柱能否安全承受 50t 的軸向載重及 15t-m 的撓曲彎矩？2.決定偏心矩為 25cm 時所能承擔的標稱載重 P_n、標稱彎矩 M_n？3.決定偏心矩為 3cm 時所能承擔的標稱載重 P_n、標稱彎矩 M_n？4.決定偏心矩為 0cm 時所能承擔的標稱載重 P_n、標稱彎矩 M_n？

　　已知：$h = 50\text{cm}$、$b = 30\text{cm}$、$d = 44\text{cm}$、$d' = 6\text{cm}$、$d_p = 25\text{cm}$、

　　　　　$d'' = d - d_p = 19\text{cm}$、$f_c' = 280\text{kg/cm}^2$、$f_y = 4200\text{kg/cm}^2$、$\beta = 0.85$

　　　　　$\varepsilon_y = f_y / E_s = 4200 / (2.04 \times 10^6) = 0.0020588 \cong 0.00206$

　　　　　$A_s = 6.47 \times 3 = 19.41\text{cm}^2$、$A_s' = 6.47 \times 3 = 19.41\text{cm}^2$、$\beta = 0.85$

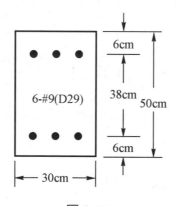

圖 8-22-1

Chapter 8

1.　研判該柱能否安全承受 50t 的軸向載重及 15t-m 的撓曲彎矩？

(1)　計算柱承載的偏心距 e_n，且應 $e_n > e_b$

$$e_n = \frac{15 \times 100}{30} = 30.0 \text{cm}$$

(2)　由範例 8-18-1 知，本柱斷面的平衡破壞時的偏心距 $e_b = 33.73$cm；因本例的偏心距 $e_n < e_b$，故屬壓力破壞

(3)　假設壓力破壞且抗壓鋼筋已達降伏時的中性軸位置為 x

(4)　決定抗壓筋的合力 C_s：

抗壓筋的合力 C_s 為

$$C_s = A_s^{'} \left(f_y - 0.85 f_c^{'} \right) = 19.41 \times (4200 - 0.85 \times 280) = 76902.42$$

(5)　決定抗拉筋的拉力 T

抗拉筋的拉力 T 為

$$T = A_s f_s = \frac{0.003 E_s A_s (d - x)}{x}$$

$$= \frac{0.003 \times 2.04 \times 10^6 \times 19.41(44 - x)}{x} = \frac{118789.2(44 - x)}{x}$$

(6)　決定受壓區混凝土的合壓力 C_c

$$C_c = 0.85 f_c^{'} \beta_1 x b = 0.85 \times 280 \times 0.85 \times 30 x = 6069x$$

(7)　計算壓力破壞且抗壓鋼筋已達降伏時的標稱載重 P_n

利用圖 8-17-1(d)的垂直力平衡，得

$$P_n = C_s + C_c - T$$

$$= 76902.42 + 6069x - \frac{118789.2(44 - x)}{x}$$

(8)　計算壓力破壞且抗壓鋼筋已達降伏時標稱彎矩 M_n

$$M_n = P_n e_n = C_s \left(d_p - d^{'} \right) + C_c \left(d_p - \frac{\beta_1 x}{2} \right) + T d^{''}$$

$$\left(76902.42 \times 6069x - \frac{118789.2(44 - x)}{x} \right) \times 30$$

$$= 76902.42 \times (25 - 6) + 6069x \left(25 - \frac{0.85x}{2} \right) + \left(\frac{118789.2(44 - x)}{x} \right) \times 19$$

得一元三次方程式 $2579.325 x^3 + 30345 x^2 + 6666597.42x - 256109515.2 = 0$

解得 $x = 27.230$ cm

(9) 檢驗抗壓鋼筋是否降伏？

$$\varepsilon_s^{'} = \frac{0.003(27.230-6)}{27.230} = 0.002339 > \varepsilon_y \text{，抗壓鋼筋降伏(與 2 之假設相符)}$$

(10) 計算 C_c、C_s、T、P_n、M_n 各值

$$C_c = 0.85 f_c^{'} \beta_1 bx = 0.85 \times 280 \times 0.85 \times 30 \times 27.230 = 165259\text{kg}$$

$$\varepsilon_s^{'} = \frac{0.003(27.230-6)}{27.230} = 0.00234 > \varepsilon_y \qquad \therefore f_s^{'} = 4200\text{kg/cm}^2$$

$$C_s = A_s^{'}\left(f_s^{'} - 0.85 f_c^{'}\right) = 19.41 \times (4200 - 0.85 \times 280) = 76902\text{kg}$$

$$\varepsilon_s = \frac{0.003(44-27.230)}{27.230} = 0.001847595 < \varepsilon_y$$

$$f_s = 0.00185 E_s = 0.001847595 \times 2.04 \times 10^6 = 3769.0938\text{kg/cm}^2$$

$$T = A_s f_s = 19.41 \times 3769.0938 = 73158\,\text{kg}$$

標稱軸向載重 $P_n = C_c + C_s - T = 165259 + 76902 - 73158 = 169003\text{kg}$

壓力破壞時，規範允許的最大軸向載重 $P_{n,\max}$ 為

$$P_{n,\max} = 0.8 P_{n0}$$
$$= 0.8 \times (0.85 f_c^{'}(A_g - A_{st}) + f_y A_{st}$$
$$= 0.8(0.85 \times 280 \times (53 \div 30 - 19.41 - 19.41) + 4200 \times (19.41 + 19.41))$$
$$= 0.8 \times 510879 = 408703.2\text{kg}$$

因為標稱載重 P_n 小於允許的最大軸向載重 $P_{n,\max}$，無須調整標稱載重 P_n。

標稱撓曲彎矩 M_n 為

$$M_n = C_c\left(d_p - \frac{\beta_1 x}{2}\right) + C_s(d_p - d^{'}) + Td^{''}$$
$$= 165259 \times \left(25 - \frac{0.85 \times 27.230}{2}\right) + 76902 \times (25 - 6) + 73158 \times 19$$
$$= 5070114\text{kg-cm}$$

因屬壓力破壞，故強度折減因數為 0.7，則

設計軸向載重為 $169003 \times 0.7 = 118302\text{kg} > 50\text{t}$

設計撓曲彎矩為 $5070114 \times 0.7 = 3549079.8\text{kg-cm} > 15\text{t-m}$

故本柱能安全承受 30t 的軸向載重及 15t-m 的撓曲彎矩。

2. 決定偏心矩為 25cm 時所能承擔的標稱載重 P_n、標稱彎矩 M_n？

(1) 因偏心距 $e_n < e_b(33.73\text{cm})$，故屬壓力破壞

(2) 假設壓力破壞且抗壓鋼筋已達降伏時的中性軸位置為 x

(3) 抗壓筋的合力 C_s、抗拉筋的拉力 T、受壓區混凝土的合壓力 C_c 計算式為

$$C_s = A_s' \left(f_y - 0.85 f_c' \right) = 19.41 \times \left(4200 - 0.85 \times 280 \right) = 76902.42$$

$$T = \frac{118789.2(44 - x)}{x}$$

$$C_c = 0.85 f_c' \beta_1 x b = 0.85 \times 280 \times 0.85 \times 30 x = 6069 x$$

(4) 計算壓力破壞且抗壓鋼筋已達降伏時的標稱載重 P_n

$$P_n = C_s + C_c - T = 76902.42 + 6069 x - \frac{118789.2(44 - x)}{x}$$

(5) 計算壓力破壞且抗壓鋼筋已達降伏時標稱彎矩 M_n

$$M_n = P_n e_n = C_s \left(d_p - d' \right) + C_c \left(d_p - \frac{\beta_1 x}{2} \right) + T d''$$

$$\left(76902.42 + 6069 x - \frac{118789.2(44 - x)}{x} \right) \times 25$$

$$= 76902.42 \times (25 - 6) + 6069 x \left(25 - \frac{0.85 x}{2} \right) + \left(\frac{118789.2(44 - x)}{x} \right) \times 19$$

得一元三次方程式 $2579.325 x^3 + 0 x^2 + 5688139.32 x - 229975891.2 = 0$

解得 $x = 29.173 \text{cm}$

(6) 檢驗抗壓鋼筋是否降伏？

$$\varepsilon_s' = \frac{0.003(29.173 - 6)}{29.173} = 0.00238299 > \varepsilon_y \text{，抗壓鋼筋已達降伏(與 2 之假設相符)}$$

(7) 計算 C_c、C_s、T、P_n、M_n 各值

$$C_c = 0.85 f_c' \beta_1 b x = 0.85 \times 280 \times 0.85 \times 30 \times 29.173 = 177051 \text{kg}$$

$$\varepsilon_s' = \frac{0.003(29.173 - 6)}{29.173} = 0.00238299 > \varepsilon_y \qquad \therefore f_s' = 4200 \text{kg/cm}^2$$

$$C_s = A_s' \left(f_s' - 0.85 f_c' \right) = 19.41 \times \left(4200 - 0.85 \times 280 \right) = 76902 \text{kg}$$

$$\varepsilon_s = \frac{0.003(44 - 29.173)}{29.173} = 0.001524732 < \varepsilon_y$$

$$f_s = 0.0015048 E_s = 0.001524732 \times 2.04 \times 10^6 = 3110.4533 \text{kg/cm}^2$$

$$T = A_s f_s = 19.41 \times 3110.4533 = 60374 \text{kg}$$

標稱軸向載重 $P_n = C_c + C_s - T = 177051 + 76902 - 60374 = 193579 \text{kg}$

壓力破壞時，規範允許的最大軸向載重 $P_{n,\max}$ 為

$$P_{n,\max} = 0.8P_{n0} = 0.8 \times \left(0.85f_c'\left(A_g - A_{st}\right) + f_y A_{st}\right)$$
$$= 0.8\left(0.85 \times 280 \times (53 \times 30 - 19.41 - 19.41) + 4200 \times (19.41 + 19.41)\right)$$
$$= 0.8 \times 510879 = 408703.2\text{kg}$$

因為標稱載重 P_n 小於允許的最大軸向載重 $P_{n,\max}$，無須調整標稱載重 P_n。

標稱撓曲彎矩 M_n 為

$$M_n = C_c\left(d_p - \frac{\beta_1 x}{2}\right) + C_s\left(d_p - d'\right) + Td''$$
$$= 177051 \times \left(25 - \frac{0.85 \times 29.173}{2}\right) + 76902 \times (25 - 6) + 60374 \times 19$$
$$= 4839348\text{kg-cm}$$

因屬壓力破壞，故強度折減因數為 0.7，則

設計軸向載重為 $193579 \times 0.7 = 135505\text{kg}$

設計撓曲彎矩為 $4839348 \times 0.7 = 3387544\text{kg-cm}$

3. 決定偏心矩為 3cm 時所能承擔的標稱載重 P_n、標稱彎矩 M_n？

(1) 因偏心距 $e_n(=3\text{cm}) < e_b(=33.73\text{cm})$，故屬壓力破壞

(2) 假設壓力破壞且抗壓鋼筋已達降伏時的中性軸位置為 x

(3) 抗壓筋的合力 C_s、抗拉筋的拉力 T、受壓區混凝土的合壓力 C_c 計算式為

$$C_s = A_s'\left(f_s' - 0.85f_c'\right) = 19.41 \times (4200 - 0.85 \times 280) = 76902\text{kg}$$

$$T = \frac{118789.2(44 - x)}{x}$$

$$C_c = 0.85f_c'\beta_1 xb = 0.85 \times 280 \times 0.85 \times 30x = 6069x$$

(4) 計算壓力破壞且抗壓鋼筋已達降伏時的標稱載重 P_n

$$P_n = C_s + C_c - T = 76902 + 6069x - \frac{118789.2(44 - x)}{x}$$

(5) 計算壓力破壞且抗壓鋼筋已達降伏時標稱彎矩 M_n

$$M_n = P_n e_n = C_s\left(d_p - d'\right) + C_c\left(d_p - \frac{\beta_1 x}{2}\right) + Td''$$

$$\left(76902+6069x-\frac{118789.2(44-x)}{x}\right)\times 3$$

$$=76902\times(25-6)+6069x\left(25-\frac{0.85x}{2}\right)+\left(\frac{118789.2(44-x)}{x}\right)\times 19$$

得一元三次方程式 $2579.325x^3-133518x^2+1382930.4x-114987945.6=0$

解得 $x=56.305\text{cm}$

(6) 檢驗抗壓鋼筋是否降伏

$\varepsilon_s'=\dfrac{0.003(56.305-6)}{56.305}=0.00268>\varepsilon_y$，抗壓鋼筋已達降伏(與 2 之假設相符)

(7) 檢查 $\beta_1 x>h$

$\beta_1 x=0.85\times 56.305=47.86\text{cm}<h$

(8) 計算 C_c、C_s、T、P_n、M_n 各值

$C_c=0.85f_c'\beta_1 bx=0.85\times 280\times 0.85\times 30\times 56.305=341715\text{kg}$

$\varepsilon_s'=\dfrac{0.003(56.305-6)}{56.305}=0.00268>\varepsilon_y\qquad\therefore f_s'=4200\text{kg/cm}^2$

$C_s=A_s'\left(f_s'-0.85f_c'\right)=19.41\times(4200-0.85\times 280)=76902kg$

$\varepsilon_s=\dfrac{0.003(44-56.305)}{56.305}=-0.0006556$

因為抗拉鋼筋的應變為負值，表示承受壓力，故

$f_s=0.0006556E_s=0.0006556\times 2.04\times 10^6=1337.42\text{kg/cm}^2$

$T=A_s f_s=19.41\times 1337.42=25959\text{kg}$ (壓力)

標稱軸向載重 $P_n=C_c+C_s+T=341715+76902+25959=444576\text{kg}$

純軸向標稱載重 P_{n0} 為

壓力破壞時，規範允許的最大軸向載重 $P_{n,\max}$ 為

$P_{n,\max}=0.8P_{n0}=0.8\times\left(0.85f_c'\left(A_g-A_{st}\right)+f_y A_{st}\right)$

$\qquad\qquad=0.8\left(0.85\times 280\times(53\times 30-19.41-19.41)+4200\times(19.41+19.41)\right)$　因

$\qquad\qquad=0.8\times 510879=408703.2\text{kg}$

為標稱載重 P_n 大於允許的最大軸向載重 $P_{n,\max}$，應調整標稱載重 P_n。

讓 $P_n=C_s+C_c-T=76902+6069x-\dfrac{118789.2(44-x)}{x}=P_{n,\max}=408703$

整理得一元二次方程式 $6069x^2 - 212615.8x - 5226724.8 = 0$，

解得 $x = 51.693$cm，計算 C_{c0}、C_{s0}、T_0、P_{n0}、M_{n0} 各值

$C_{c0} = 0.85 f_c' \beta_1 bx = 0.85 \times 280 \times 0.85 \times 30 \times 51.693 = 313342$kg

$C_{s0} = A_s'\left(f_s' - 0.85f_c'\right) = 19.41 \times (4200 - 0.85 \times 280) = 76902$kg

$\varepsilon_s = \dfrac{0.003(44 - 51.693)}{51.693} = -0.0004645$

因為抗拉鋼筋的應變為負值，表示承受壓力，故

$f_s = 0.0006556 E_s = 0.0004645 \times 2.04 \times 10^6 = 947.58$kg/cm^2

$T_0 = A_s f_s = 19.41 \times 947.58 = 18393$kg (壓力)

標稱軸向載重 $P_{n0} = C_{c0} + C_{s0} + T_0 = 313342 + 76902 + 18393 = 408637$kg

標稱撓曲彎矩 M_{n0} 為

$$M_{n0} = C_{c0}\left(d_p - \frac{\beta_1 x}{2}\right) + C_{s0}\left(d_p - d'\right) + T_0 d''$$

$$= 313342 \times \left(25 - \frac{0.85 \times 51.693}{2}\right) + 76902 \times (25 - 6) + 18393 \times 19$$

$$= 2061246 \text{kg-cm}$$

因屬壓力破壞，故強度折減因數為 0.7，則

設計軸向載重為 $408637 \times 0.7 = 286046$kg

設計撓曲彎矩為 $2061246 \times 0.7 = 1442872$kg-cm

故偏心距為 3cm 時，標稱載重為 408,637kg，標稱彎矩為 2,061,246 kg-cm；設計載重為 286,046kg，設計彎矩為 1,442,872kg-cm。

4. 決定偏心矩為 0cm 時所能承擔的標稱載重 P_n、標稱彎矩 M_n？

(1) 因偏心距 $e_n < e_b$，故屬壓力破壞。

(2) 假設壓力破壞且抗壓鋼筋已達降伏時的中性軸位置為 x

(3) 抗壓筋的合力 C_s、抗拉筋的拉力 T、受壓區混凝土的合壓力 C_c 計算式為

$C_s = A_s'\left(f_s' - 0.85f_c'\right) = 19.41 \times (4200 - 0.85 \times 280) = 76902$kg

$T = \dfrac{118789.2(44 - x)}{x}$

$C_c = 0.85 f_c' \beta_1 xb = 0.85 \times 280 \times 0.85 \times 30x = 6069x$

(4) 計算壓力破壞且抗壓鋼筋已達降伏時的標稱載重 P_n

$$P_n = C_s + C_c - T = 76902 + 6069x - \frac{118789.2(44-x)}{x}$$

(5) 計算壓力破壞且抗壓鋼筋已達降伏時標稱彎矩 M_n

$$M_n = P_n e_n = C_s\left(d_p - d'\right) + C_c\left(d_p - \frac{\beta_1 x}{2}\right) + Td''$$

$$\left(76902 + 6069x - \frac{118789.2(44-x)}{x}\right) \times 0$$

$$= 76902 \times (25-6) + 6069x\left(25 - \frac{0.85x}{2}\right) + \left(\frac{118789.2(44-x)}{x}\right) \times 19$$

得一元三次方程式 $2579.325x^3 - 151725x^2 + 795856.8x - 99307771.2 = 0$

解得 $x = 63.510\text{cm}$

(6) 檢驗抗壓鋼筋是否降伏

$$\varepsilon_s' = \frac{0.003(63.510-6)}{63.510} = 0.00272 > \varepsilon_y \text{，抗壓鋼筋已達降伏}$$

(7) 檢查 $\beta_1 x > h$

$\beta_1 x = 0.85 \times 63.510 = 53.9835\text{cm} > h$，因為混凝土承受壓力的寬度僅 h，故修正混凝土壓力合力為 $C_c = 0.85 f_c' hb = 0.85 \times 280 \times 50 \times 30 = 357000\text{kg}$

$$P_n = C_s + C_c - T = 76902 + 357000 - \frac{118789.2(44-x)}{x}$$

$$= 433902 - \frac{118789.2(44-x)}{x}$$

$$M_n = P_n e_n = C_s\left(d_p - d'\right) + C_c\left(d_p - \frac{h}{2}\right) + Td''$$

$$\left(433902 - \frac{118789.2(44-x)}{x}\right) \times 0$$

$$= 76902 \times (25-6) + 357000 \times \left(25 - \frac{50}{2}\right) + \left(\frac{118789.2(44-x)}{x}\right) \times 19$$

整理解得 $x = 124.781\text{cm}$

(8) 計算 T、P_n、M_n 各值

$$C_c = 0.85 f_c' hb = 0.85 \times 280 \times 50 \times 30 = 357000\text{kg}$$

$$C_s = A_s'\left(f_s' - 0.85 f_c'\right) = 19.41 \times (4200 - 0.85 \times 280) = 76902\text{kg}$$

$$\varepsilon_s = \frac{0.003(44 - 124.781)}{124.781} = -0.001942146641$$

因為抗拉鋼筋的應變為負值，表示承受壓力，故

$$f_s = E_s\varepsilon_s = 2.04\times10^6\times0.001942146641 = 3961.979\text{kg/cm}^2$$

$$T = A_s f_s = 19.41\times3961.979 = 76902\text{kg (壓力)}$$

標稱軸向載重 $P_n = 357000 + 76902 + 76902 = 510804\text{kg}$

標稱撓曲彎矩 $M_n = 0\text{kg-cm}$

純軸向標稱載重 P_{n0} 為

壓力破壞時，規範允許的最大軸向載重 $P_{n,\max}$ 為

$$P_{n,\max} = 0.8P_{n0} = 0.8\times\left(0.85f_c'\left(A_g - A_{st}\right) + f_yA_{st}\right)$$
$$= 0.8\left(0.85\times280\times(53\times30 - 19.41 - 19.41) + 4200\times(19.41 + 19.41)\right)$$ 因
$$= 0.8\times510879 = 408703.2\text{kg}$$

為標稱載重 P_n 大於允許的最大軸向載重 $P_{n,\max}$，應調整標稱載重 P_n。

讓 $P_n = C_s + C_c - T = 76902 + 6069x - \dfrac{118789.2(44 - x)}{x} = P_{n,\max} = 408703$

整理得一元二次方程式 $6069x^2 - 212615.8x - 5226724.8 = 0$，

解得 $x = 51.693\text{cm}$，計算 C_{c0}、C_{s0}、T_0、P_{n0}、M_{n0} 各值

$$C_{c0} = 0.85f_c'\beta_1 bx = 0.85\times280\times0.85\times30\times51.693 = 313342\text{kg}$$

$$C_{s0} = A_s'\left(f_s' - 0.85f_c'\right) = 19.41\times(4200 - 0.85\times280) = 76902\text{kg}$$

$$\varepsilon_s = \frac{0.003(44 - 51.693)}{51.693} = -0.0004645$$

因為抗拉鋼筋的應變為負值，表示承受壓力，故

$$f_s = 0.0006556E_s = 0.0004645\times2.04\times10^6 = 947.58\text{kg/cm}^2$$

$$T_0 = A_s f_s = 19.41\times947.58 = 18393\text{kg (壓力)}$$

標稱軸向載重 $P_{n0} = C_{c0} + C_{s0} + T_0 = 313342 + 76902 + 18393 = 408637\text{kg}$

標稱撓曲彎矩 M_{n0} 為

$$M_{n0} = C_{c0}\left(d_p - \frac{\beta_1 x}{2}\right) + C_{s0}\left(d_p - d'\right) + T_0 d''$$
$$= 313342\times\left(25 - \frac{0.85\times51.693}{2}\right) + 76902\times(25 - 6) + 18393\times19$$
$$= 2061246\text{kg-cm}$$

因屬壓力破壞，故強度折減因數爲 0.7，則

設計軸向載重爲 $408637 \times 0.7 = 286046$kg

設計撓曲彎矩爲 $2061246 \times 0.7 = 1442872$kg-cm

故偏心距爲 0cm 時，標稱載重爲 408,637kg，標稱彎矩爲 2,061,246 kg-cm；設計載重爲 286,046kg，設計彎矩爲 1,442,872kg-cm。

8-23　單向偏心短柱分析程式使用說明

在鋼筋混凝土分析與設計軟體畫面的功能表上，選擇☞RC/短柱/單向偏心短柱分析(雙排筋)☜後出現如圖 8-23-1 的輸入畫面。圖 8-23-1 的畫面是以範例 8-20-1 爲例，按序輸入承受的設計軸向載重 P_u(92t)、承受的設計撓曲彎矩 M_u(35t-m)、柱的深度 h(50cm)、柱的寬度 b(30cm)、拉力筋到受壓面的深度 d(44cm)、壓力筋到受壓面的深度 d'(6cm)、混凝土抗壓強度 f_c'(280kg/cm²)、鋼筋降伏強度 f_y(4,200kg/cm²)、鋼筋的彈性模數 E_s(2.04×10^6 kg/cm²)、指定中性軸距受壓面的距離 x(32cm)、拉力鋼筋 A_s 的鋼筋編號及根數或面積(3 根#9 號鋼筋)、壓力鋼筋 A_s' 的鋼筋編號及根數或面積(3 根#9 號鋼筋)等資料後，單擊「分析」鈕即進行單向偏心短柱分析，程式先依據柱斷面尺寸及鋼筋配置計算柱斷面的塑性中心位置、平衡破壞時柱斷面的偏心距 $e_b = 33.904$cm、拉力破壞時抗壓鋼筋剛好降伏的偏心距 $e_c = 44.575$cm；然後依據承擔的軸向載重 P_u 及撓曲彎矩 M_u 計算實際偏心距 $e_n = M_u / P_u = 38.043$ cm。因爲實際偏心距大於平衡偏心距但小於拉力破壞時抗壓鋼筋剛好降伏的偏心距，故屬抗壓鋼筋降伏的拉力破壞。依據靜力平衡原理，可獲一元二次方程式 $2579.325X^2 + 79160.870X - 3185316.474 = 0$ 而解得柱斷面中性軸位置爲距柱斷面受壓側 23.001cm 處；因而可計得該柱斷面所能承受的標稱軸向載重 P_n=134,973 kg、標稱撓曲彎矩 M_n 爲 5,134,836kg-cm、設計軸向載重 P_u 爲 94,481 kg(>92t)、設計撓曲彎矩 M_u 爲 3,594,386 kg-cm(>35t-m)。因爲實際承受載重均小於設計強度，故本柱屬於安全設計，最後將基本資料及計算結果顯示於列示方塊中，如圖 8-23-1 及圖 8-23-2，並使「列印」鈕生效。單擊「取消」鈕即取消單向偏心短柱分析工作並結束程式。單擊「列印」鈕即將分析結果的資訊有組織地排列並印出如圖 8-23-6(爲便於說明，每行右側賦予編號)。

單向偏心短柱分析程式主要分析某一偏心距的柱斷面強度，因此圖 8-23-1 輸入畫面中的「指定偏心距 e」欄位必須輸入或由「承受的設計撓曲彎矩 M_u」與「承受的設計軸向載重 P_u」欄位計算而得；如果三個欄位均輸入，則以輸入的指定偏心距 e 為準，如圖 8-23-3 的訊息畫面。如果輸入「指定中性軸距受壓面的距離 x」，則分析程式順便計算中性軸在指定位置時的標稱及設計強度，如圖 8-23-6 的第 25、26、27 行。柱的深度 h 係指柱斷面上與撓曲方向平行的邊長；柱的寬度 b 係指柱斷面上與撓曲方向垂直的邊長。除了前述四個選擇性輸入欄位外，其餘欄位均屬必須輸入的欄位；否則會有欠缺項目的警示訊息(如圖 8-23-4)。所有輸入欄位均會檢查其合理性，如果輸入不合理或不合規範數值，亦會有警示訊息(如圖 8-23-5)。

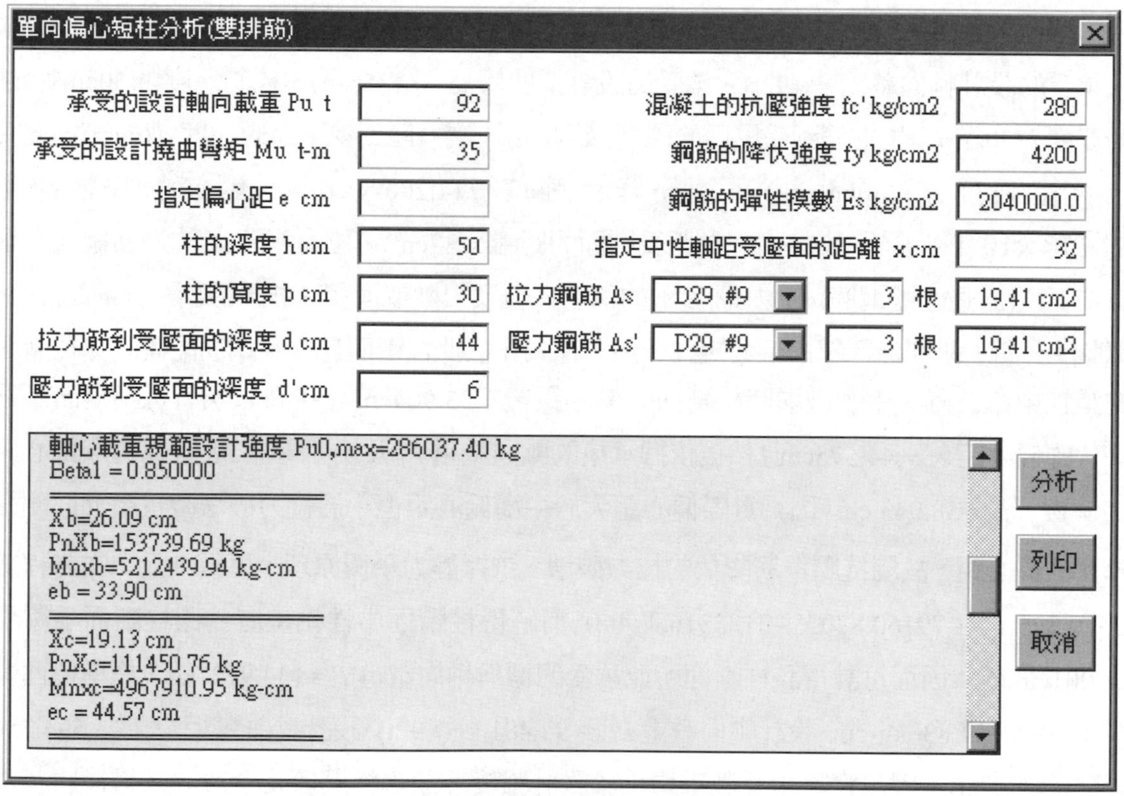

圖 8-23-1

Chapter 8

單向偏心短柱分析(雙排筋)　　　　　　　　　　　　　　　　　×

承受的設計軸向載重 Pu t	92
承受的設計撓曲彎矩 Mu t-m	35
指定偏心距 e cm	
柱的深度 h cm	50
柱的寬度 b cm	30
拉力筋到受壓面的深度 d cm	44
壓力筋到受壓面的深度 d' cm	6

混凝土的抗壓強度 fc' kg/cm2	280
鋼筋的降伏強度 fy kg/cm2	4200
鋼筋的彈性模數 Es kg/cm2	2040000.0
指定中性軸距受壓面的距離 x cm	32
拉力鋼筋 As	D29 #9 ▼	3 根	19.41 cm2
壓力鋼筋 As'	D29 #9 ▼	3 根	19.41 cm2

　((((拉力破壞,抗壓筋已降伏))))
　解 一元二次方程式 2579.325 X2 +79160.870 X + -3185316.474 = 0
　得 X1 = 23.001 X2 = -53.691
　採用 X = 23.001 cm
　計算 Pnx = 134972.84 kg
　計算 Mnx = 5134836.49 kg-cm
　(((((指定偏心距 38.043 cm)))))
　強度折減因數 = 0.700
　中性軸距受壓面 x = 23.001 cm
　標稱 Pnx = 134972.84 kg
　標稱 Mnx = 5134836.49 kg-cm
　設計 Pux = 94480.99 kg
　設計 Mux = 3594385.55 kg-cm

分析

列印

取消

圖 8-23-2

單軸偏心短柱分析(雙排筋)　　　　　　　　　　　×

ⓘ　指定軸向載重,撓曲彎矩,偏心距三者,以偏心距為準

確定

圖 8-23-3

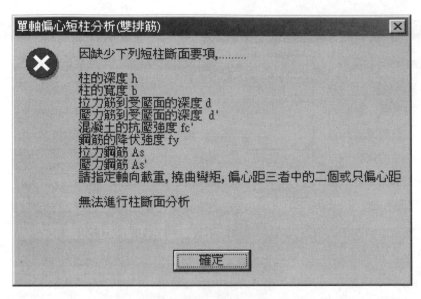

圖 8-23-4

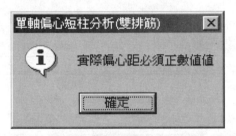

圖 8-23-5

圖 8-23-6 報表中，除列印輸入的基本資料外，尚列印平衡破壞時的偏心距、中性軸位置、標稱軸向載重及標稱撓曲彎矩，如圖 8-23-6 第 12、13 行；拉力破壞抗壓鋼筋降伏時的偏心距、中性軸位置、標稱軸向載重及標稱撓曲彎矩，如圖 8-23-6 第 14、15 行；純軸向載重時的理論與規範標稱及設計載重，如圖 8-23-6 第 16、17 行。由指定的承受軸向載重(92t)及撓曲彎矩(35t-m)，計得實際偏心距為 38.043cm，依據靜力學原理，推得求解中性軸位置的一元二次方程式；解得中性軸位置後，即可推算該柱的標稱及設計強度，並研判其安全性，如圖 8-23-6 第 18 至 24 行。

圖 8-23-6 第 12 行的平衡破壞偏心距(33.904cm)、平衡破壞中性軸位置(26.093cm)與範例 8-18-1 計算所得的平衡破壞偏心距(33.74cm)、平衡破壞中性軸位置(26.087cm)的差異乃是由抗拉鋼筋降伏應變量的尾數差異所產生。範例中，取 $\varepsilon_y = 0.00206$，而程式中取比

$$\varepsilon_y = \frac{f_y}{E_s} = \frac{4200}{2.04 \times 10^6} = 0.0020588$$ 更多位準確度的數值計算之，故有差異；應以程式的結果較為正確。

短柱分析(雙排筋)				1
柱的深度(垂直於撓曲方向) h cm	50.00	斷面總面積 Ag cm²	1500.00	2
柱的寬度(平行於撓曲方向) b cm	30.00	抗拉鋼筋量 cm²	19.407	3
拉力筋到受壓面的深度 d cm	44.00	抗拉鋼筋配筋	3x#9(D29)	4
壓力筋到受壓面的深度 d' cm	6.00	抗壓鋼筋量 cm²	19.407	5
混凝土的抗壓強度 f'c kg/cm²	280.00	抗壓鋼筋配筋	3x#9(D29)	6
鋼筋的降伏強度 fy kg/cm²	4200.00	塑性中心距受壓面距離 dp cm	25.000	7
鋼筋的彈性模數 Es kg/cm²	2,040,000	抗拉鋼筋距塑性中心的距離 d'' cm	19.000	8
鋼筋降伏應變 cm/cm	0.002059	Beta1	0.850	9
承受的設計軸向載重 Pu Kg	92,000	承受的設計撓曲彎矩 Mu Kg-cm	3,500,000	10
指定的偏心距 e cm	38.04	指定的中性軸距受壓面的距離 x cm	32.00	11
平衡破壞偏心距 eb cm	33.904	平衡破壞中性軸的距離 xb cm	26.093	12
平衡標稱軸向載重 Pn kg	153,740	平衡標稱撓曲彎矩 Mn kg-cm	5,212,440	13
抗壓筋降伏偏心距 ec cm	44.575	抗壓筋降伏中性軸的距離 xc cm	19.125	14
抗壓筋降伏軸向載重 Pn kg	111,451	抗壓筋降伏撓曲彎矩 Mn kg-cm	4,967,911	15
軸心載重理論標稱強度 Pn0 kg	510,781	軸心載重規範標稱強度 Pn0,max Kg	408,625	16
軸心載重理論設計強度 Pu0 kg	357,547	軸心載重規範設計強度 Pu0,max Kg	286,037	17
一元二次方程式	2579.325 X2 +79160.870 X + -3185316.474 = 0			18
偏心距指定的值 e cm	38.043	指定偏心距中性軸的距離 x cm	23.001	19
指定偏心距計算軸向載重 P kg	134,973	指定偏心距計算撓曲彎矩 M kg-cm	5,134,836	20
指定偏心距標稱軸向載重 Pn kg	134,973	指定偏心距標稱撓曲彎矩 Mn kg-cm	5,134,836	21
強度折減因數	0.7000	((((拉力破壞,抗壓筋已降伏))))		22
指定偏心距設計軸向載重 Pu kg	94,481	指定偏心距設計撓曲彎矩 Mu kg-cm	3,594,386	23
設計軸向載重未超量, 屬安全		設計撓曲彎矩未超量, 屬安全		24
中性軸距離指定的值 x cm	32.000	強度折減因數	0.7000	25
指定中心軸距標稱軸向載重 Pn kg	226,559	指定中心軸距標稱撓曲彎矩 Mn kg-cm	4,521,134	26
指定中心軸距設計軸向載重 Pu kg	158,592	指定中心軸距設計撓曲彎矩 Mu kg-cm	3,164,794	27

圖 8-23-6

　　範例 8-20-1 中另要評估當該柱斷面如果承受偏心距為 40cm 的載重時，其強度為何？圖 8-23-7 畫面中選擇性欄位僅輸入「指定偏心距 e」為 40cm；推得求解中性軸位置的一元二次方程式為 $2579.325X^2 + 91035X - 3194353.386 = 0$，並解得 $x = 21.721$cm；柱的承載強度計得後，因未指定實際承載載重及彎矩，故未研判其安全性，如圖 8-23-8 第 18 至

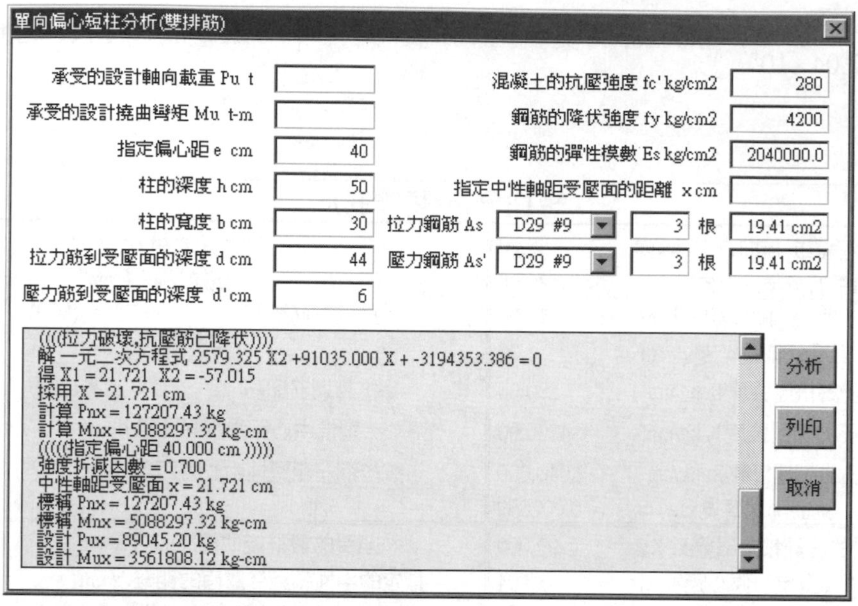

圖 8-23-7

短柱分析(雙排筋)				1
柱的深度(垂直於撓曲方向) h cm	50.00	斷面總面積 A_g cm^2	1500.00	2
柱的寬度(平行於撓曲方向) b cm	30.00	抗拉鋼筋量 cm^2	19.407	3
拉力筋到受壓面的深度 d cm	44.00	抗拉鋼筋配筋	3x#9(D29)	4
壓力筋到受壓面的深度 d' cm	6.00	抗壓鋼筋量 cm^2	19.407	5
混凝土的抗壓強度 f_c' kg/cm^2	280.00	抗壓鋼筋配筋	3x#9(D29)	6
鋼筋的降伏強度 f_y kg/cm^2	4200.00	塑性中心距受壓面距離 d_p cm	25.000	7
鋼筋的彈性模數 E_s kg/cm^2	2,040,000	抗拉鋼筋距塑性中心的距離 d" cm	19.000	8
鋼筋降伏應變 cm/cm	0.002059	Beta1	0.850	9
承受的設計軸向載重 P_u Kg		承受的設計撓曲彎矩 M_u Kg-cm		10
指定的偏心距 e cm	40.00	指定的中性軸距受壓面的距離 x cm		11
平衡破壞偏心距 e_b cm	33.904	平衡破壞中性軸的距離 x_b cm	26.093	12
平衡標稱軸向載重 P_n kg	153,740	平衡標稱撓曲彎矩 M_n kg-cm	5,212,440	13
抗壓筋降伏偏心距 e_c cm	44.575	抗壓筋降伏中性軸的距離 x_c cm	19.125	14
抗壓筋降伏軸向載重 P_n kg	111,451	抗壓筋降伏撓曲彎矩 M_n kg-cm	4,967,911	15
軸心載重理論標稱強度 P_{n0} kg	510,781	軸心載重規範標稱強度 $P_{n0,max}$ Kg	408,625	16
軸心載重理論設計強度 P_{u0} kg	357,547	軸心載重規範設計強度 $P_{u0,max}$ Kg	286,037	17
一元二次方程式	2579.325 X2 +91035.000 X + -3194353.386 = 0			18
偏心距指定的值 e cm	40.000	指定偏心距中性軸的距離 x cm	21.721	19
指定偏心距計算軸向載重 P kg	127,207	指定偏心距計算撓曲彎矩 M kg-cm	5,088,297	20
指定偏心距標稱軸向載重 P_n kg	127,207	指定偏心距標稱撓曲彎矩 M_n kg-cm	5,088,297	21
強度折減因數	0.7000	((((拉力破壞,抗壓筋已降伏))))		22
指定偏心距設計軸向載重 P_u kg	89,045	指定偏心距設計撓曲彎矩 M_u kg-cm	3,561,808	23
未輸入設計軸向載重,無法比較安全與否		未輸入設計撓曲彎矩,無法比較安全與否		24

圖 8-23-8

Chapter 8

24 行。因未輸入「指定中性軸距受壓面的距離 x」的欄位，故未列印其相當強度，即圖 8-23-8 第 25 至 27 行從缺。

因為實際偏心距為 40cm 大於平衡破壞時偏心距(33.904cm)，故屬拉力破壞模式；又因實際偏心距小於抗壓鋼筋降伏的偏心距(44.575cm)，故抗壓鋼筋已經降伏；如圖 8-23-8 第 22 行所示。

又依據柱斷面強度折減因數修正的規定，當柱的標稱載重小於 $0.1f_c'A_g$ 時，其強度折減因數必須由 0.7(橫箍柱)直線漸增到標稱載重為零時的 0.9。因為 $0.1\ f_c' = 0.1 \times 280 \times 50 \times 30 = 42,000$kg 大於偏心距 40cm 時的標稱載重 127,207 kg，故柱的強度折減因數可維持 0.7 而不修正，如圖 8-23-8 第 22 行所示。

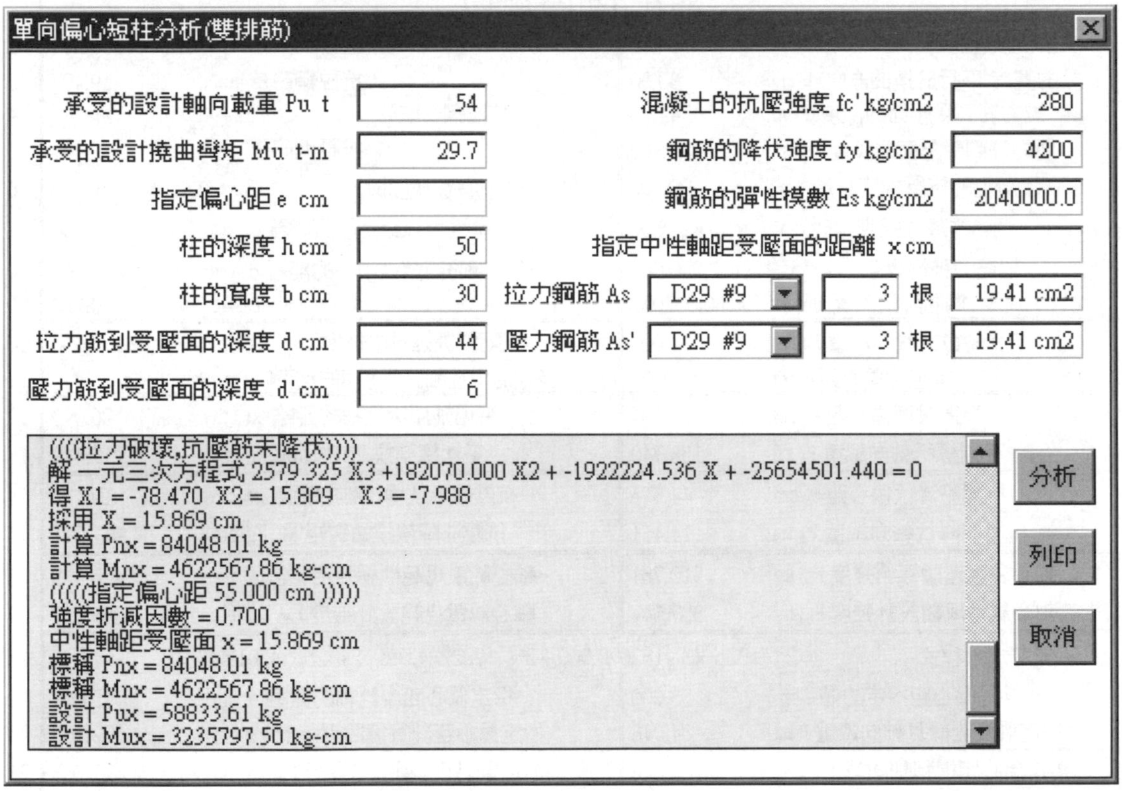

圖 8-23-9

範例 8-21-1 為屬拉力破壞且抗壓鋼筋已經降伏的情況；圖 8-23-9 以範例 8-21-1 為例(屬拉力破壞但抗壓鋼筋未達降伏的情況)承受 54t 軸向載重及 29.7t-m 撓曲彎矩的畫面。圖

8-23-10 為其輸出報表。本例的實際偏心距 e_n 為 55cm($e_n = 29.7/54 = 0.55\text{m} = 55\text{cm}$)，因大於平衡偏心距(33.904cm)且大於抗壓鋼筋降伏的偏心距(44.575cm)，故屬抗壓鋼筋未降伏的拉力破壞。據此條件可推得求解中性軸位置的一元三次方程式為

$$2579.325X^3 + 182070X^2 - 1922224.536X - 25654501.44 = 0$$

解得中性軸位於距壓力面 15.869cm 處，推算該柱斷面所能承受的標稱軸向載重 P_n=84,048 kg、標稱撓曲彎矩 M_n=4,622,568 kg-cm、設計軸向載重 P_u= 58,834 kg(>54t)、設計撓曲彎矩 M_u=3,235,798 kg-cm(>32t-m)；屬於安全設計。破壞模式及強度折減因數如圖 8-23-10 第 22 行所示。

短柱分析(雙排筋)				1
柱的深度(垂直於撓曲方向) h cm	50.00	斷面總面積 Ag cm^2	1500.00	2
柱的寬度(平行於撓曲方向) b cm	30.00	抗拉鋼筋量 cm^2	19.407	3
拉力筋到受壓面的深度 d cm	44.00	抗拉鋼筋配筋	3x#9(D29)	4
壓力筋到受壓面的深度 d' cm	6.00	抗壓鋼筋量 cm^2	19.407	5
混凝土的抗壓強度 f$_c$' kg/cm^2	280.00	抗壓鋼筋配筋	3x#9(D29)	6
鋼筋的降伏強度 f$_y$ kg/cm^2	4200.00	塑性中心距受壓面距離 d$_p$ cm	25.000	7
鋼筋的彈性模數 E$_s$ kg/cm^2	2,040,000	抗拉鋼筋距塑性中心的距離 d" cm	19.000	8
鋼筋降伏應變 cm/cm	0.002059	Beta1	0.850	9
承受的設計軸向載重 P$_u$ Kg	54,000	承受的設計撓曲彎矩 M$_u$ Kg-cm	2,970,000	10
指定的偏心距 e cm	55.00	指定的中性軸距受壓面的距離 x cm		11
平衡破壞偏心距 e$_b$ cm	33.904	平衡破壞中性軸的距離 x$_b$ cm	26.093	12
平衡標稱軸向載重 P$_n$ kg	153,740	平衡標稱撓曲彎矩 M$_n$ kg-cm	5,212,440	13
抗壓筋降伏偏心距 e$_c$ cm	44.575	抗壓筋降伏中性軸的距離 x$_c$ cm	19.125	14
抗壓筋降伏軸向載重 P$_n$ kg	111,451	抗壓筋降伏撓曲彎矩 M$_n$ kg-cm	4,967,911	15
軸心載重理論標稱強度 P$_{n0}$ kg	510,781	軸心載重規範標稱強度 P$_{n0,max}$ Kg	408,625	16
軸心載重理論設計強度 P$_{u0}$ kg	357,547	軸心載重規範設計強度 P$_{u0,max}$ Kg	286,037	17
一元三次方程式	2579.325 X3 +182070.000 X2 + -1922224.536 X + -25654501.440 = 0			18
偏心距指定的值 e cm	55.000	指定偏心距中性軸的距離 x cm	15.869	19
指定偏心距計算軸向載重 P kg	84,048	指定偏心距計算撓曲彎矩 M kg-cm	4,622,568	20
指定偏心距標稱軸向載重 P$_n$ kg	84,048	指定偏心距標稱撓曲彎矩 M$_n$ kg-cm	4,622,568	21
強度折減因數	0.7000	((((拉力破壞,抗壓筋未降伏))))		22
指定偏心距設計軸向載重 P$_u$ kg	58,834	指定偏心距設計撓曲彎矩 M$_u$ kg-cm	3,235,798	23
設計軸向載重未超量,屬安全		設計撓曲彎矩未超量,屬安全		24

圖 8-23-10

　　圖 8-23-11 為當承受的軸向載重改為 60t 及撓曲彎矩改為 33t-m 時的報表。雖然承受的載重有所改變，但是其實際的偏心距則同為 55cm，因此求解中性軸位置的一元三次方程式及中性軸則相同，因而其所能承載的強度亦無改變，詳如圖 8-23-11 第 18 至 24 行。但因實際軸向載重(60t)大於設計軸向載重 P_u= 58,834 kg、實際撓曲彎矩(33t-m)大於設計撓曲彎矩 M_u=3,235,798 kg-cm；故被判屬不安全的設計。此兩種載重組合均落在柱斷面交互曲線圖上代表某一偏心距(55 cm)的直線上，但如果落在交互曲線內則屬安全；如過落於交互曲線外則屬不安全的設計。

短柱分析(雙排筋)			1
柱的深度(垂直於撓曲方向) h cm	50.00	斷面總面積 Ag cm²	1500.00	2
柱的寬度(平行於撓曲方向) b cm	30.00	抗拉鋼筋量 cm²	19.407	3
拉力筋到受壓面的深度 d cm	44.00	抗拉鋼筋配筋　　　3x#9(D29)		4
壓力筋到受壓面的深度 d' cm	6.00	抗壓鋼筋量 cm²	19.407	5
混凝土的抗壓強度 f。kg/cm²	280.00	抗壓鋼筋配筋　　　3x#9(D29)		6
鋼筋的降伏強度 fᵧ kg/cm²	4200.00	塑性中心距受壓面距離 dₚ cm	25.000	7
鋼筋的彈性模數 Es kg/cm²	2,040,000	抗拉鋼筋距塑性中心的距離 d" cm	19.000	8
鋼筋降伏應變 cm/cm	0.002059	Beta1	0.850	9
承受的設計軸向載重 Pᵤ Kg	60,000	承受的設計撓曲彎矩 Mᵤ Kg-cm	3,300,000	10
指定的偏心距 e cm	55.00	指定的中性軸距受壓面的距離 x cm		11
平衡破壞偏心距 eᵦ cm	33.904	平衡破壞中性軸的距離 xᵦ cm	26.093	12
平衡標稱軸向載重 Pₙ kg	153,740	平衡標稱撓曲彎矩 Mₙ kg-cm	5,212,440	13
抗壓筋降伏偏心距 e꜀ cm	44.575	抗壓筋降伏中性軸的距離 x꜀ cm	19.125	14
抗壓筋降伏軸向載重 Pₙ kg	111,451	抗壓筋降伏撓曲彎矩 Mₙ kg-cm	4,967,911	15
軸心載重理論標稱強度 Pₙ₀ kg	510,781	軸心載重規範標稱強度 Pₙ₀,ₘₐₓ Kg	408,625	16
軸心載重理論設計強度 Pᵤ₀ kg	357,547	軸心載重規範設計強度 Pᵤ₀,ₘₐₓ Kg	286,037	17
一元三次方程式	2579.325 X3 +182070.000 X2 + -1922224.536 X + -25654501.440 = 0			18
偏心距指定的值 e cm	55.000	指定偏心距中性軸的距離　x cm	15.869	19
指定偏心距計算軸向載重 P kg	84,048	指定偏心距計算撓曲彎矩 M kg-cm	4,622,568	20
指定偏心距標稱軸向載重 Pₙ kg	84,048	指定偏心距標稱撓曲彎矩 Mₙ kg-cm	4,622,568	21
強度折減因數	0.7000	((((拉力破壞,抗壓筋未降伏))))		22
指定偏心距設計軸向載重 Pᵤ kg	58,834	指定偏心距設計撓曲彎矩 Mᵤ kg-cm	3,235,798	23
設計軸向載重已超量, 不安全		設計撓曲彎矩已超量, 不安全		24

圖 8-23-11

　　圖 8-23-12 為當偏心距指定為 100cm 時的報表；其求解中性軸位置的一元三次方程式則為 $2579.325X^3 + 455175X^2 - 453308.706X - 57722628.24 = 0$。解得 $x=11.393$cm，推算該柱斷面所能承受的標稱軸向載重 P_n=39,233 kg、標稱撓曲彎矩 M_n=3,922,861 kg-cm、設計軸向載重 P_u = 29,751 kg、設計撓曲彎矩 M_u = 2,974,809 kg-cm。如報表第 22 行所示，因為偏心距(100cm)大於平衡破壞偏心距(33.904cm)及抗壓鋼筋降伏的偏心距(44.575cm)，故屬抗壓筋未降伏的拉力破壞模式；另因標稱軸向載重 P_n =39,233 kg 已小於 $0.1f_c'A_g$ = 42,000kg，故應按橫箍柱的強度修正因數為

$$\phi = \min\left(0.9 - \frac{0.2P_n}{P_b}, \frac{0.9}{1+\frac{2P_n}{f_c'A_g}}\right) \geq 0.7 修正之。$$

短柱分析(雙排筋)					1
柱的深度(垂直於撓曲方向) h cm	50.00		斷面總面積 Ag cm²	1500.00	2
柱的寬度(平行於撓曲方向) b cm	30.00		抗拉鋼筋量 cm²	19.407	3
拉力筋到受壓面的深度 d cm	44.00		抗拉鋼筋配筋	3x#9(D29)	4
壓力筋到受壓面的深度 d' cm	6.00		抗壓鋼筋量 cm²	19.407	5
混凝土的抗壓強度 f。 kg/cm²	280.00		抗壓鋼筋配筋	3x#9(D29)	6
鋼筋的降伏強度 f$_y$ kg/cm²	4200.00		塑性中心距受壓面距離 d$_p$ cm	25.000	7
鋼筋的彈性模數 E$_s$ kg/cm²	2,040,000		抗拉鋼筋距塑性中心的距離 d" cm	19.000	8
鋼筋降伏應變 cm/cm	0.002059		Beta1	0.850	9
承受的設計軸向載重 P$_u$ Kg			承受的設計撓曲彎矩 M$_u$ Kg-cm		10
指定的偏心距 e cm	100.00		指定的中性軸距受壓面的距離 x cm		11
平衡破壞偏心距 e$_b$ cm	33.904		平衡破壞中性軸的距離 x$_b$ cm	26.093	12
平衡標稱軸向載重 P$_n$ kg	153,740		平衡標稱撓曲彎矩 M$_n$ kg-cm	5,212,440	13
抗壓筋降伏偏心距 e$_o$ cm	44.575		抗壓筋降伏中性軸的距離 x$_c$ cm	19.125	14
抗壓筋降伏軸向載重 P$_n$ kg	111,451		抗壓筋降伏撓曲彎矩 M$_n$ kg-cm	4,967,911	15
軸心載重理論標稱強度 P$_{n0}$ kg	510,781		軸心載重規範標稱強度 P$_{n0,max}$ Kg	408,625	16
軸心載重理論設計強度 P$_{u0}$ kg	357,547		軸心載重規範設計強度 P$_{u0,max}$ Kg	286,037	17
一元三次方程式	2579.325 X3 +455175.000 X2 + 453308.706 X + 57722628.240 = 0				18
偏心距指定的值 e cm	100.000		指定偏心距中性軸的距離 x cm	11.393	19
指定偏心距計算軸向載重 P kg	39,233		指定偏心距計算撓曲彎矩 M kg-cm	3,922,861	20
指定偏心距標稱軸向載重 P$_n$ kg	39,233		指定偏心距標稱撓曲彎矩 M$_n$ kg-cm	3,922,861	21
強度折減因數	0.7583		((((拉力破壞,抗壓筋未降伏))))		22
指定偏心距設計軸向載重 P$_u$ kg	29,751		指定偏心距設計撓曲彎矩 M$_u$ kg-cm	2,974,809	23
未輸入設計軸向載重,無法比較安全與否			未輸入設計撓曲彎矩,無法比較安全與否		24

圖 8-23-12

$$\phi = \min\left(0.9 - \frac{2 \times 39233}{153740},\ \frac{0.9}{1 + \frac{2 \times 39233}{280 \times 50 \times 30}} \right) = \min(0.84896,\ 0.758363) = 0.7583$$

　　與報表的第 22 行的強度折減因數相符。P_b 為平衡破壞時的標稱軸向載重，即報表中第 13 行的 P_b。

　　圖 8-23-13 為範例 8-22-1 當承載軸向載重(50t)及撓曲彎矩(15t-m)時所列印的報表。實際偏心距為 $e_n = 15 \times 100 / 50 = 30$ cm；因為實際偏心距小於平衡破壞時偏心距(33.904cm)，故屬壓力破壞模式。當實際偏心距為 30cm 時，其求解中性軸位置的一元三次方程式為 $2579.325X^3 + 30345.000X^2 + 6665567.034X - 256069931.04 = 0$，解得 $x = 27.229$cm，進而推算該柱斷面所能承受的標稱軸向載重 P_n=168,993 kg、標稱撓曲彎矩 M_n=5,069,776kg-cm、設計軸向載重 P_u= 118,295 kg(>50t)、設計撓曲彎矩 M_u=3,548,843 kg-cm(>15t-m)；均屬安全。

短柱分析(雙排筋)				1
柱的深度(垂直於撓曲方向) h cm	50.00	斷面總面積 Ag cm^2	1500.00	2
柱的寬度(平行於撓曲方向) b cm	30.00	抗拉鋼筋量 cm^2	19.407	3
拉力筋到受壓面的深度 d cm	44.00	抗拉鋼筋配筋	3x#9(D29)	4
壓力筋到受壓面的深度 d' cm	6.00	抗壓鋼筋量 cm^2	19.407	5
混凝土的抗壓強度 f$_c'$ kg/cm^2	280.00	抗壓鋼筋配筋	3x#9(D29)	6
鋼筋的降伏強度 f$_y$ kg/cm^2	4200.00	塑性中心距受壓面距離 d$_p$ cm	25.000	7
鋼筋的彈性模數 E$_s$ kg/cm^2	2,040,000	抗拉鋼筋距塑性中心的距離 d$''$ cm	19.000	8
鋼筋降伏應變 cm/cm	0.002059	Beta1	0.850	9
承受的設計軸向載重 P$_u$ Kg	50,000	承受的設計撓曲彎矩 M$_u$ Kg-cm	1,500,000	10
指定的偏心距 e cm	30.00	指定的中性軸距受壓面的距離 x cm		11
平衡破壞偏心距 e$_b$ cm	33.904	平衡破壞中性軸的距離 x$_b$ cm	26.093	12
平衡標稱軸向載重 P$_n$ kg	153,740	平衡標稱撓曲彎矩 M$_n$ kg-cm	5,212,440	13
抗壓筋降伏偏心距 e$_c$ cm	44.575	抗壓筋降伏中性軸的距離 x$_c$ cm	19.125	14
抗壓筋降伏軸向載重 P$_n$ kg	111,451	抗壓筋降伏撓曲彎矩 M$_n$ kg-cm	4,967,911	15
軸心載重理論標稱強度 P$_{n0}$ kg	510,781	軸心載重規範標稱強度 P$_{n0,max}$ Kg	408,625	16
軸心載重理論設計強度 P$_{u0}$ kg	357,547	軸心載重規範設計強度 P$_{u0,max}$ Kg	286,037	17
一元三次方程式	2579.325 X3 +30345.000 X2 + 6665567.034 X + -256069931.040 = 0			18
偏心距指定的值 e cm	30.000	指定偏心距中性軸的距離 x cm	27.229	19
指定偏心距計算軸向載重 P kg	168,993	指定偏心距計算撓曲彎矩 M kg-cm	5,069,776	20
指定偏心距標稱軸向載重 P$_n$ kg	168,993	指定偏心距標稱撓曲彎矩 M$_n$ kg-cm	5,069,776	21
強度折減因數	0.7000	((((壓力破壞))))		22
指定偏心距設計軸向載重 P$_u$ kg	118,295	指定偏心距設計撓曲彎矩 M$_u$ kg-cm	3,548,843	23
設計軸向載重未超量,屬安全		設計撓曲彎矩未超量,屬安全		24

圖 8-23-13

圖 8-23-14 為範例 8-22-1 當指定偏心距為 e_n =25cm；因為實際偏心距小於平衡破壞時偏心距(33.904cm)，故屬壓力破壞模式。其求解中性軸位置的一元三次方程式為 $2579.325X^3 + 0.0X^2 + 5687260.164X + 229940346.24 = 0$，解得 $X = 29.172$cm，進而推算該柱斷面所能承受的標稱軸向載重 P_n=193,563 kg、標稱撓曲彎矩 M_n=4,839,080kg-cm、設計軸向載重 P_u= 135,494kg、設計撓曲彎矩 M_u= 3,387,356 kg-cm。

短柱分析(雙排筋)				1
柱的深度(垂直於撓曲方向) h cm	50.00	斷面總面積 Ag cm^2	1500.00	2
柱的寬度(平行於撓曲方向) b cm	30.00	抗拉鋼筋量 cm^2	19.407	3
拉力筋到受壓面的深度 d cm	44.00	抗拉鋼筋配筋	3x#9(D29)	4
壓力筋到受壓面的深度 d' cm	6.00	抗壓鋼筋量 cm^2	19.407	5
混凝土的抗壓強度 f$_c$' kg/cm^2	280.00	抗壓鋼筋配筋	3x#9(D29)	6
鋼筋的降伏強度 f$_y$ kg/cm^2	4200.00	塑性中心距受壓面距離 d$_p$ cm	25.000	7
鋼筋的彈性模數 E$_s$ kg/cm^2	2,040,000	抗拉鋼筋距塑性中心的距離 d'' cm	19.000	8
鋼筋降伏應變 cm/cm	0.002059	Beta1	0.850	9
承受的設計軸向載重 P$_u$ Kg		承受的設計撓曲彎矩 M$_u$ Kg-cm		10
指定的偏心距 e cm	25.00	指定的中性軸距受壓面的距離 x cm		11
平衡破壞偏心距 e$_b$ cm	33.904	平衡破壞中性軸的距離 x$_b$ cm	26.093	12
平衡標稱軸向載重 P$_n$ kg	153,740	平衡標稱撓曲彎矩 M$_n$ kg-cm	5,212,440	13
抗壓筋降伏偏心距 e$_c$ cm	44.575	抗壓筋降伏中性軸的距離 x$_c$ cm	19.125	14
抗壓筋降伏軸向載重 P$_n$ kg	111,451	抗壓筋降伏撓曲彎矩 M$_n$ kg-cm	4,967,911	15
軸心載重理論標稱強度 P$_{n0}$ kg	510,781	軸心載重規範標稱強度 P$_{n0,max}$ Kg	408,625	16
軸心載重理論設計強度 P$_{u0}$ kg	357,547	軸心載重規範設計強度 P$_{u0,max}$ Kg	286,037	17
一元三次方程式	2579.325 X3 +0.000 X2 + 5687260.164 X + -229940346.240 = 0			18
偏心距指定的值 e cm	25.000	指定偏心距中性軸的距離 x cm	29.172	19
指定偏心距計算軸向載重 P kg	193,563	指定偏心距計算撓曲彎矩 M kg-cm	4,839,080	20
指定偏心距標稱軸向載重 P$_n$ kg	193,563	指定偏心距標稱撓曲彎矩 M$_n$ kg-cm	4,839,080	21
強度折減因數	0.7000	((((壓力破壞))))		22
指定偏心距設計軸向載重 P$_u$ kg	135,494	指定偏心距設計撓曲彎矩 M$_u$ kg-cm	3,387,356	23
未輸入設計軸向載重,無法比較安全與否		未輸入設計撓曲彎矩,無法比較安全與否		24

圖 8-23-14

圖 8-23-15 為範例 8-22-1 當指定偏心距為 e_n =3cm；因為實際偏心距小於平衡破壞時偏心距(33.904cm)，故屬壓力破壞模式。其求解中性軸位置的一元三次方程式為 $2,579.325X^3 -133,518.000X^2 +1,382,709.936X-114,970,173.12 = 0$，解得 x =56.304cm，進而推算該柱斷面所能承受的標稱軸向載重 P_n=444,555 kg、標稱撓曲彎矩 M_n=1,333,665kg-cm，如圖 8-23-15 第 20 行所示。

短柱分析(雙排筋)				1
柱的深度(垂直於撓曲方向) h cm	50.00	斷面總面積 Ag cm²	1500.00	2
柱的寬度(平行於撓曲方向) b cm	30.00	抗拉鋼筋量 cm²	19.407	3
拉力筋到受壓面的深度 d cm	44.00	抗拉鋼筋配筋	3x#9(D29)	4
壓力筋到受壓面的深度 d' cm	6.00	抗壓鋼筋量 cm²	19.407	5
混凝土的抗壓強度 f'c kg/cm²	280.00	抗壓鋼筋配筋	3x#9(D29)	6
鋼筋的降伏強度 fy kg/cm²	4200.00	塑性中心距受壓面距離 dp cm	25.000	7
鋼筋的彈性模數 Es kg/cm²	2,040,000	抗拉鋼筋距塑性中心的距離 d" cm	19.000	8
鋼筋降伏應變 cm/cm	0.002059	Beta1	0.850	9
承受的設計軸向載重 Pu Kg		承受的設計撓曲彎矩 Mu Kg-cm		10
指定的偏心距 e cm	3.00	指定的中性軸距受壓面的距離 x cm		11
平衡破壞偏心距 eb cm	33.904	平衡破壞中性軸的距離 xb cm	26.093	12
平衡標稱軸向載重 Pn kg	153,740	平衡標稱撓曲彎矩 Mn kg-cm	5,212,440	13
抗壓筋降伏偏心距 ec cm	44.575	抗壓筋降伏中性軸的距離 xc cm	19.125	14
抗壓筋降伏軸向載重 Pn kg	111,451	抗壓筋降伏撓曲彎矩 Mn kg-cm	4,967,911	15
軸心載重理論標稱強度 Pn0 kg	510,781	軸心載重規範標稱強度 Pn0,max Kg	408,625	16
軸心載重理論設計強度 Pu0 kg	357,547	軸心載重規範設計強度 Pu0,max Kg	286,037	17
一元三次方程式	2579.325 X3 +-133518.000 X2 +1382709.936 X + -114970173.120 = 0			18
偏心距指定的值 e cm	3.000	指定偏心距中性軸的距離 x cm	56.304	19
指定偏心距計算軸向載重 P kg	444,555	指定偏心距計算撓曲彎矩 M kg-cm	1,333,665	20
指定偏心距標稱軸向載重 Pn kg	408,625	指定偏心距標稱撓曲彎矩 Mn kg-cm	2,069,486	21
強度折減因數	0.7000	(((((壓力破壞))))		22
指定偏心距設計軸向載重 Pu kg	286,037	指定偏心距設計撓曲彎矩 Mu kg-cm	1,448,640	23
未輸入設計軸向載重,無法比較安全與否		未輸入設計撓曲彎矩,無法比較安全與否		24

圖 8-23-15

柱斷面能承受的極限軸向載重 P_{n0} 為

$$P_{n0} = 0.85 f_c' \left(A_g - A_{st} \right) + f_y A_{st}$$
$$= 0.85 \times 280 \times \left(50 \times 30 - 19.407 \times 2 \right) + 4200 \times 19.407 \times 2$$
$$= 510781 \text{kg}$$

但為考量難以避免的偏心載重,規範規定:橫箍柱取 P_{n0} 的 0.8 倍、螺旋柱取 P_{n0} 的 0.85 倍為標稱軸向載重的上限值。因此本柱斷面的極限標稱軸向載重為

$$P_{n,\max} = 0.8 \times P_{n0} = 0.8 \times 510781 = 408625 \text{kg}$$

因此軸向載重必須減為408,625kg；而標稱載重所相當的標稱彎矩為2069486 kg-cm(推算程序請參考範例 8-22-1)。因為其標稱軸向載重均大於$0.1f'_c A_g$，故壓力破壞模式的強度折減因數均為 0.7(橫箍柱)或 0.75(螺旋柱)。再適用 0.7 的強度折減因數，故相當的設計軸向載重 P_u 為 286,037kg、設計撓曲彎矩 M_u 為 1,448,640kg-cm，如圖 8-23-15 第 21 行至 23 行所示。

就是因為依據中性軸所計算出來的強度可能超過標標稱載重的極限值而需修正，故報表的第 20 行列印依據中性軸所計算出來的強度；而第 21 行列印調整後的強度；如果無須調整，則該兩行的數據是相同的，如以前各例。

圖 8-23-16 為範例 8-22-1 當指定偏心距為 $e_n = 0$cm；因為實際偏心距小於平衡破壞時偏心距(33.904cm)，故屬壓力破壞模式。其求解中性軸位置的一元三次方程式為 $2579.325X^3 - 151725X^2 + 795725.814X - 99292422.24 = 0$，解得 $x = 63.51$cm，因為受壓混凝土等值方塊的深度 $\beta_1 x = 0.85 \times 63.51 = 53.9835$ cm 大於柱的深度(h=50cm)；故需調整中性軸位置為 124.782cm 才能使混凝土之合壓力純由柱斷面混凝土提供(調整方法請參考範例 8-22-1)。再依據 $x = 124.782$cm 進而推算該柱斷面所能承受的標稱軸向載重 P_n 為 510,781 kg、標稱撓曲彎矩 M_n 為 0 kg-cm，如圖 8-23-16 第 20 行所示。又因標稱載重超過規範規定的標稱軸向載重的上限值 $P_{n,max} = 408625$kg；因此軸向載重必須減為 408,625kg；而標稱載重所相當的標稱彎矩為 2,069,486kg-cm(推算程序請參考範例 8-22-1)。再適用 0.7 的強度折減因數，故相當的設計軸向載重 P_u 為 286,037kg、設計撓曲彎矩 M_u 為 1,448,640 kg-cm，如圖 8-23-16 第 23 行所示。。

第一次推算的中性軸位置 $x = 63.51$cm 附加於方程式之右側括弧內，如圖 8- 23-16 第 18 行；第二次推算的中性軸位置 $x = 124.782$cm 則置入報表中「指定偏心距中性軸的距離」一欄並加「修」字，如圖 8-23-16 第 19 行。

整體而言，單向偏心短柱分析主要係根據實際偏心距研判其破壞模式，再依據靜力學原理推導一元二/三次方程式求解中性軸的位置，並依據中性軸位置計算其標稱強度。如果依據中性軸位置所推算的受壓區等值混凝土的深度($\beta_1 x$)大於柱斷面的深度(h)，則因與僅柱斷面的混凝土能承受壓力的事實不符而需再推導一元二次方程式求解另一中性軸的位置後再計算其標稱強度。如果標稱軸向載重大於規範規定的標稱載重上限值，則需將標稱載重減為上限值 $P_{n,max}$，並求其相當的標稱彎矩；如果標稱軸向載重低於平衡破壞的標稱載重 P_b 或 $0.1f'_c A_g$，則因其力學行為較接近梁，因此需修正其強度折減因數直線調升之。

短柱分析(雙排筋)				1
柱的深度(垂直於撓曲方向) h cm	50.00	斷面總面積 Ag cm^2	1500.00	2
柱的寬度(平行於撓曲方向) b cm	30.00	抗拉鋼筋量 cm^2	19.407	3
拉力筋到受壓面的深度 d cm	44.00	抗拉鋼筋配筋	3x#9(D29)	4
壓力筋到受壓面的深度 d' cm	6.00	抗壓鋼筋量 cm^2	19.407	5
混凝土的抗壓強度 f$_c'$ kg/cm^2	280.00	抗壓鋼筋配筋	3x#9(D29)	6
鋼筋的降伏強度 f$_y$ kg/cm^2	4200.00	塑性中心距受壓面距離 d$_p$ cm	25.000	7
鋼筋的彈性模數 E$_s$ kg/cm^2	2,040,000	抗拉鋼筋距塑性中心的距離 d" cm	19.000	8
鋼筋降伏應變 cm/cm	0.002059	Beta1	0.850	9
承受的設計軸向載重 P$_u$ Kg		承受的設計撓曲彎矩 M$_u$ Kg-cm		10
指定的偏心距 e cm	0.00	指定的中性軸距受壓面的距離 x cm		11
平衡破壞偏心距 e$_b$ cm	33.904	平衡破壞中性軸的距離 x$_b$ cm	26.093	12
平衡標稱軸向載重 P$_n$ kg	153,740	平衡標稱撓曲彎矩 M$_n$ kg-cm	5,212,440	13
抗壓筋降伏偏心距 e$_c$ cm	44.575	抗壓筋降伏中性軸的距離 x$_c$ cm	19.125	14
抗壓筋降伏軸向載重 P$_n$ kg	111,451	抗壓筋降伏撓曲彎矩 M$_n$ kg-cm	4,967,911	15
軸心載重理論標稱強度 P$_{n0}$ kg	510,781	軸心載重規範標稱強度 P$_{n0,max}$ Kg	408,625	16
軸心載重理論設計強度 P$_{u0}$ kg	357,547	軸心載重規範設計強度 P$_{u0,max}$ Kg	286,037	17
一元三次方程式	2579.325 X3 +-151725.000 X2 + 795725.814 X + -99292422.240 = 0(X=63.510)			18
偏心距指定的值 e cm	0.000	指定偏心距中性軸的距離 x cm	124.782 修	19
指定偏心距計算軸向載重 P kg	510,781	指定偏心距計算撓曲彎矩 M kg-cm	0	20
指定偏心距標稱軸向載重 P$_n$ kg	408,625	指定偏心距標稱撓曲彎矩 M$_n$ kg-cm	2,069,486	21
強度折減因數	0.7000	((((壓力破壞))))		22
指定偏心距設計軸向載重 P$_u$ kg	286,037	指定偏心距設計撓曲彎矩 M$_u$ kg-cm	1,448,640	23
未輸入設計軸向載重,無法比較安全與否		未輸入設計撓曲彎矩,無法比較安全與否		24

圖 8-23-16

8-24　短柱設計

　　短柱設計包括設計柱斷面尺寸、縱向鋼筋及橫向箍筋或螺旋筋的配置,使其符合強度設計法的規定;亦即標稱軸向載重 P_n 及標稱彎矩 M_n 乘以強度折減因數 ϕ 後的設計軸向載重及彎矩均不小於該柱承擔的軸向載重 P_u 或彎矩 M_u。橫箍筋及螺旋筋等橫向鋼筋的配置已於本章 8-3 節「螺旋筋設計」及 8-4 節「橫箍筋設計」中詳述之;縱向鋼筋則可採用本章 8-15-2 節「短柱設計－利用交互曲線圖」方法求得,亦可利用本節的設計方法或 8-25 節的電腦程式法來求算之。

在一鋼筋混凝土建築物中，梁與柱構成一高度超靜定的剛構體系，其應力分析與梁柱斷面的性質有關，而梁柱斷面的尺寸、鋼筋的配置又與其承受的應力有關，這些循環關係均非線性的而是複雜的非線性互動關係，因此其應力的分析與構件的設計是無法直接計算完成的，而需透過「假設－計算－檢驗」等循環使用的試誤法(Trail and Error)來設計的。這些複雜的相關變數雖然給設計者帶來繁雜的計算工作，卻也給設計者為配合環境限制，施工容易與減低成本有較大的選擇空間。

鋼筋比混凝土的成本相對上較為昂貴，如果採用較大柱斷面及較高強度的混凝土，將可使鋼筋量百分比降達約 1.5%到 3.0%之間，因而降低柱的建造成本也提供較大的混凝土澆灌空間。柱為一受壓構材，使用高強度混凝土將可獲得更高的效益；因為普通梁斷面大約僅有 30%或 40%承受壓力，易言之，約有 60%到 70%的混凝土未扮演預期的承壓角色，對柱斷面而言，承受壓力的面積相對較大，因而採用高強度混凝土的柱子較為經濟。

除非需要高度耐震韌性及為增加樓面使用面積，才採用高強度的螺旋筋柱，否則以矩形或方形橫箍柱可降低施工成本。柱斷面設計的鋼筋儘量是對稱的配置，以免施工錯誤或增加監工成本。建築中儘可能使用相同的柱斷面尺寸，至少也應避免逐層不同的柱斷面，以節省施工及模板費用。一般可於建築物高層選擇一較低鋼筋百分比的柱斷面，再配合逐層負載的增加而增加鋼筋百分比(規範規定可在 1%到 8%之間)，到不得已才再增大柱斷面。

分析計算法設計承受因數化軸向載重 P_u 及彎矩 M_u 的矩形(或方形)鋼筋對稱短柱的步驟為：

1. 計算實際偏心距 e

依據承受的因數化軸向載重 P_u 及彎矩 M_u 計算實際偏心距 e

$$e = \frac{M_u}{P_u} \tag{8-24-1}$$

2. 選擇柱斷面尺寸 h、b 及鋼筋位置 d、d'

柱斷面面積可依據下列公式非常粗略地估算其面積

$$A_g \geq \frac{P_u}{0.35f_c'} \tag{8-24-2}$$

或

$$橫箍柱\ A_g \geq \frac{P_u}{0.31\left(f_c^{'} + \rho\, f_y\right)} \qquad (8\text{-}24\text{-}3)$$

或

$$螺旋柱\ A_g \geq \frac{P_u}{0.41\left(f_c^{'} + \rho\, f_y\right)} \qquad (8\text{-}24\text{-}4)$$

再依據初估斷面積及柱斷面形狀推估其邊長及配筋位置。

3. 選擇一個合乎規範的鋼筋百分比(1%到8%)

計算鋼筋量,並考量柱斷面鋼筋根數(橫箍柱至少 4 根,螺旋柱至少 6 根),選擇鋼筋編號,並計算實際的抗壓鋼筋量及抗拉鋼筋量。

4. 計算所選用柱斷面及配筋的標稱軸向載重 P_n 及標稱撓曲彎矩 M_n

本步驟與本章 8-17 節至 8-22 節的短柱分析完全相同。即

(1) 計算柱斷面的平衡破壞偏心距 e_b

(2) 計算柱斷面的拉力破壞且抗壓鋼筋降伏時的偏心距 e_c

(3) 研判短柱的破壞模式,並依靜力學原理計算標稱軸向載重 P_n 及標稱撓曲彎矩 M_n

5. 計算選用柱斷面的強度折減因數 ϕ

依據本章第 8-16 節「強度折減因數的修正」計算柱的強度折減因數 ϕ。

6. 檢驗設計的妥適性

如果因數化軸向載重 $P_u \leq \phi P_n$ 且因數化撓曲彎矩 $M_u \leq \phi M_n$,則柱斷面及縱向鋼筋的選用正確,即進行橫向鋼筋之配置;否則必須回到步驟 2 檢討柱斷面尺寸及鋼筋百分比,繼續計算標稱軸向載重 P_n、標稱撓曲彎矩 M_n 及強度折減因數 ϕ,直到滿足本步驟(妥適性檢驗)為止。

如此構成一「假設-計算-檢驗」的繁雜循環的試誤設計手續。在此試誤設計步驟中,步驟 1、2、3 尚屬單純計算,步驟 5、6 則是相當複雜的計算工作(即短柱的分析);在此不再舉例贅述,請讀者直接使用 8-25 節的「單向偏心短柱設計程式使用說明」。

■ 8-25 單向偏心短柱設計程式使用說明

在鋼筋混凝土分析與設計軟體畫面的功能表上，選擇☞RC/短柱/單向偏心短柱設計(雙排筋)☜後出現如圖 8-25-1 的輸入畫面。圖 8-25-1 的畫面係以範例 8-20-1 改為設計實例(亦即鋼筋為未知)，按序輸入承受的設計軸向載重 P_u(92t)、承受的設計撓曲彎矩 M_u(35t-m)、柱的深度 h(50cm)、柱的寬度 b(30cm)、拉力筋到受壓面的深度 d(44cm)、壓力筋到受壓面的深度 d'(6cm)、混凝土抗壓強度 f_c'(280kg/cm²)、鋼筋降伏強度 f_y (4,200kg/ cm²)、鋼筋的彈性模數 E_s(2.04×10⁶ Kg/cm²)、指定抗拉與抗壓鋼筋根數(6)、指定鋼筋百分比為 2.5%等資料後，單擊「設計」鈕即進行單向偏心短柱設計，程式先計算 β_1 值，依據承擔的軸向載重 P_u 及撓曲彎矩 M_u 計算實際偏心距 $e_n = M_u/P_u = 38.043$cm。再依據柱斷面尺寸及鋼筋配置計算柱斷面的塑性中心位置，拉力鋼筋距塑性中心的距離。依據指定的抗壓、抗拉鋼筋總根數，鋼筋百分比及鋼筋對稱配置的原則，挑選鋼筋並配置之。程式允許

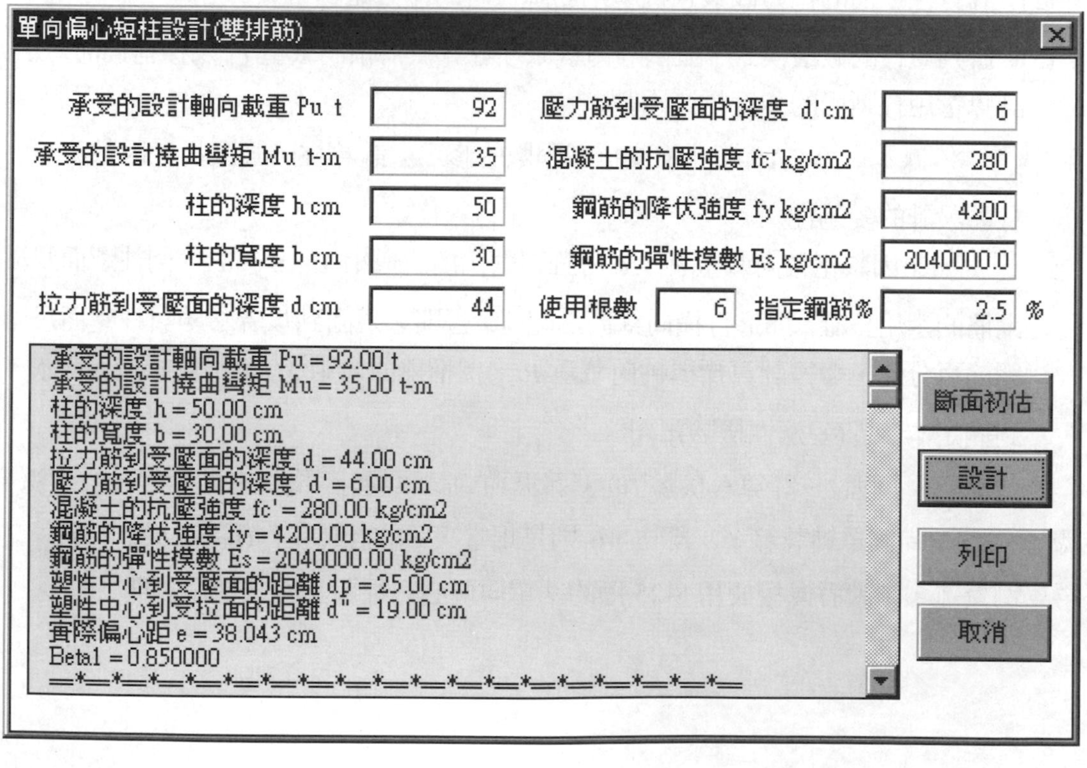

圖 8-25-1

指定一個鋼筋百分比並自動試算規範允許的鋼筋百分比為 1%至 8%等九種鋼筋量。對每種鋼筋量,程式均計算各種資訊(詳述於後)及其標稱軸向載重、標稱彎矩及強度折減因數,最後計得設計強度並與承載的軸向載重與彎矩比較,以判別該種鋼筋量的安全性。每種鋼筋量的安全妥適性判別後,會出現圖 8-25-3 顯示總共測試幾種鋼筋量,其中有幾種是安全妥適的,最後將基本資料及計算結果顯示於列示方塊中,如圖 8-25-1 及圖 8-25-2,並使「列印」鈕生效。單擊「取消」鈕即取消單向偏心短柱設計工作並結束程式。單擊「列印」鈕即將設計結果的資訊有組織地排列並印出如圖 8-25-9(a)、(b)、(c)(為便於說明,每行右側賦予編號)。

　　基本資料輸入完畢後,如果單擊「斷面初估」鈕,則程式依據公式(8-24-2)、(8-24-3)、(8-24-4)初步估算所需面積及邊長供參考,如圖 8-25-4。

　　圖 8-25-1 的輸入畫面中,除「指定鋼筋%」欄位外均為必須輸入資料的欄位,否則會出現如圖 8-25-5 的警示訊息。輸入的資料如有不合理,則有如圖 8-25-6 的警示訊息。鋼筋鋼數必需不少於 4 根的正偶數,否則會出現如圖 8-25-7 及圖 8-25-8 的警示訊息。

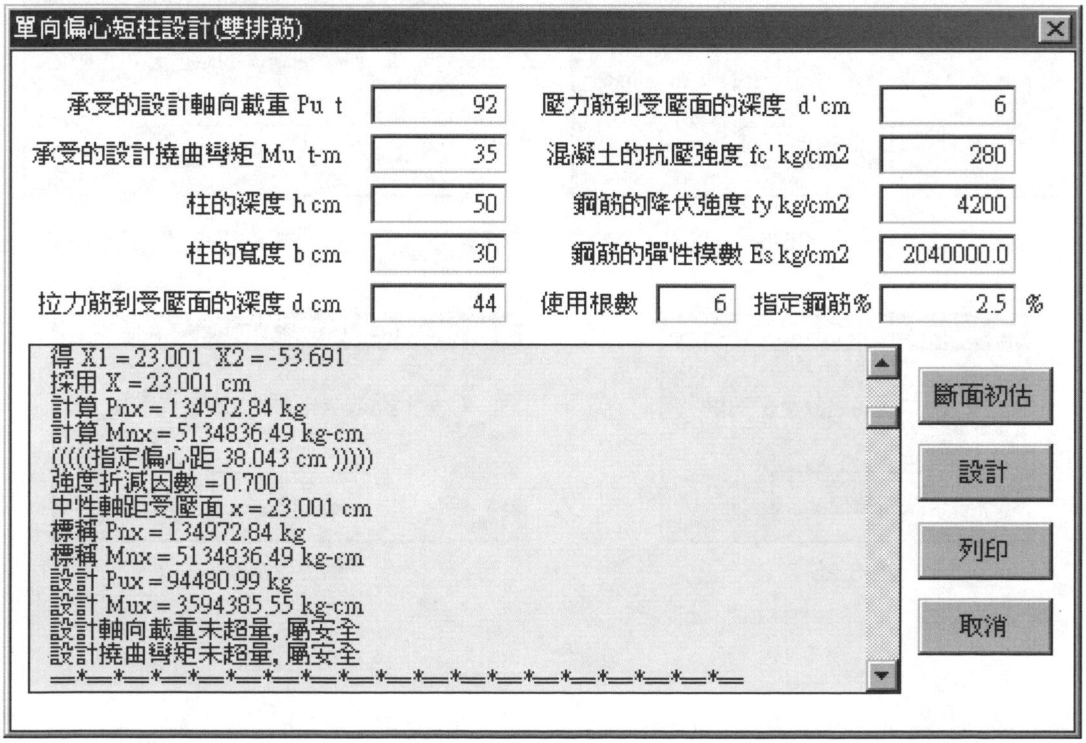

圖 8-25-2

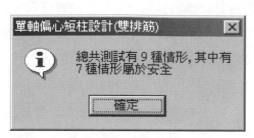

圖 8-25-3

圖 8-25-4

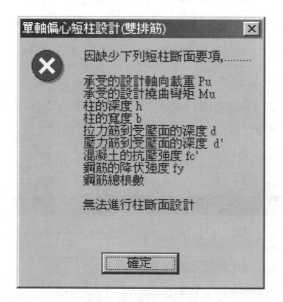

圖 8-25-5

圖 8-25-6

圖 8-25-7

圖 8-25-8

短柱設計(雙排筋)					1
承受的設計軸向載重 P_u t	92.00	承受的設計撓曲彎矩 M_u t-m		35.00	2
柱的深度 h cm	50.00	混凝土的抗壓強度 f_c' kg/cm²		280.00	3
柱的寬度 b cm	30.00	鋼筋的降伏強度 f_y kg/cm²		4200.00	4
拉力筋到受壓面的深度 d cm	44.00	鋼筋的彈性模數 E_s kg/cm²		2040000.00	5
壓力筋到受壓面的深度 d' cm	6.00	鋼筋總根數		6	6
實際偏心距 e cm	38.043	Beta1		0.850	7
塑性中心距受壓面距離 d_p cm	25.00	拉筋距塑性中心的距離 d" cm		19.00	8
軸心載重理論標稱強度 P_{n0} kg	510,781	規範標稱強度 $P_{n0,max}$ kg		408,625	9
軸心載重理論設計強度 Pu0 kg	357,547	規範設計強度 $P_{u0,max}$ kg		286,037	10
平衡破壞偏心距 e_b cm	33.904	平衡破壞中性軸的距離 x_b cm		26.0930	11
平衡標稱軸向載重 P_n kg	153,740	平衡標稱撓曲彎矩 M_n kg-cm		5,212,440	12
抗壓筋降伏偏心距 e_c cm	44.575	壓筋降伏中性軸距離 x_c cm		19.1250	13
抗壓筋降伏軸向載重 P_n kg	111,451	壓筋降伏撓曲彎矩 M_n kg-cm		4,967,911	14
2.500%	37.500	3根#9(D29)	134,973	0.7000　94,481　> 92,000　○	15
2.588%	38.814	3根#9(D29)	5,134,836	拉破,壓降　3,594,386　> 3,500,000　○	16
軸心載重理論標稱強度 P_{n0} kg	425,107	規範標稱強度 $P_{n0,max}$ kg		340,085	17
軸心載重理論設計強度 Pu0 kg	297,575	規範設計強度 $P_{u0,max}$ kg		238,060	18
平衡破壞偏心距 e_b cm	22.620	平衡破壞中性軸的距離 x_b cm		26.0930	19
平衡標稱軸向載重 P_n kg	156,313	平衡標稱撓曲彎矩 M_n kg-cm		3,535,737	20
抗壓筋降伏偏心距 e_c cm	28.864	壓筋降伏中性軸距離 x_c cm		19.1250	21
抗壓筋降伏軸向載重 P_n kg	114,024	壓筋降伏撓曲彎矩 M_n kg-cm		3,291,208	22
1.000%	15.000	3根#6(D19)	73,135	0.7000　51,195　< 92,000　×	23
1.146%	17.190	3根#6(D19)	2,782,306	拉壞,壓未　1,947,614　< 3,500,000　×	24
軸心載重理論標稱強度 P_{n0} kg	477,453	規範標稱強度 $P_{n0,max}$ kg		381,962	25
軸心載重理論設計強度 Pu0 kg	334,217	規範設計強度 $P_{u0,max}$ kg		267,374	26
平衡破壞偏心距 e_b cm	29.470	平衡破壞中性軸 x_b cm		26.0930	27
平衡標稱軸向載重 P_n kg	154,741	平衡標稱撓曲彎矩 M_n kg-cm		4,560,182	28
抗壓筋降伏偏心距 e_c cm	38.378	壓筋降伏中性軸距離 x_c cm		19.1250	29
抗壓筋降伏軸向載重 P_n kg	112,452	壓筋降伏撓曲彎矩 M_n kg-cm		4,315,653	30
2.000%	30.000	3根#8(D25)	113,731	0.7000　79,612　< 92,000　×	31
2.027%	30.402	3根#8(D25)	4,326,724	拉破,壓降　3,028,707　< 3,500,000　×	32

圖 8-25-9(a)

軸心載重理論標稱強度 P_{n0} kg			550,575	規範標稱強度 $P_{n0,max}$ kg			440,460		33
軸心載重理論設計強度 Pu0 kg			385,403	規範設計強度 $P_{u0,max}$ kg			308,322		34
平衡破壞偏心距 e_b cm			39.275	平衡破壞中性軸的距離 x_b cm			26.0930		35
平衡標稱軸向載重 P_n kg			152,544	平衡標稱撓曲彎矩 M_n kg-cm			5,991,242		36
抗壓筋降伏偏心距 e_c cm			52.122	壓筋降伏中性軸距離 x_c cm			19.1250		37
抗壓筋降伏軸向載重 P_n kg			110,256	壓筋降伏撓曲彎矩 M_n kg-cm			5,746,713		38
3.000%	45.000	3根#10(D32)	156,410	0.7000	109,487	>	92,000	○	39
3.257%	48.858	3根#10(D32)	5,950,372	壓破	4,165,260	>	3,500,000	○	40
軸心載重理論標稱強度 P_{n0} kg			596,384	規範標稱強度 $P_{n0,max}$ kg			477,107		41
軸心載重理論設計強度 Pu0 kg			417,469	規範設計強度 $P_{u0,max}$ kg			333,975		42
平衡破壞偏心距 e_b cm			45.563	平衡破壞中性軸的距離 x_b cm			26.0930		43
平衡標稱軸向載重 P_n kg			151,169	平衡標稱撓曲彎矩 M_n kg-cm			6,887,748		44
抗壓筋降伏偏心距 e_c cm			61.014	壓筋降伏中性軸距離 x_c cm			19.1250		45
抗壓筋降伏軸向載重 P_n kg			108,880	壓筋降伏撓曲彎矩 M_n kg-cm			6,643,219		46
4.000%	60.000	3根#11(D36)	174,066	0.7000	121,846	>	92,000	○	47
4.028%	60.420	3根#11(D36)	6,622,075	壓破	4,635,453	>	3,500,000	○	48
軸心載重理論標稱強度 P_{n0} kg			702,169	規範標稱強度 $P_{n0,max}$ kg			561,736		49
軸心載重理論設計強度 Pu0 kg			491,519	規範設計強度 $P_{u0,max}$ kg			393,215		50
平衡破壞偏心距 e_b cm			60.531	平衡破壞中性軸的距離 x_b cm			26.0930		51
平衡標稱軸向載重 P_n kg			147,991	平衡標稱撓曲彎矩 M_n kg-cm			8,958,039		52
抗壓筋降伏偏心距 e_c cm			82.434	壓筋降伏中性軸距離 x_c cm			19.1250		53
抗壓筋降伏軸向載重 P_n kg			105,702	壓筋降伏撓曲彎矩 M_n kg-cm			8,713,510		54
5.000%	75.000	3根#14(D43)	212,928	0.7000	149,050	>	92,000	○	55
5.808%	87.120	3根#14(D43)	8,100,519	壓破	5,670,363	>	3,500,000	○	56
軸心載重理論標稱強度 P_{n0} kg			827,448	規範標稱強度 $P_{n0,max}$ kg			661,958		57
軸心載重理論設計強度 Pu0 kg			579,214	規範設計強度 $P_{u0,max}$ kg			463,371		58
平衡破壞偏心距 e_b cm			79.109	平衡破壞中性軸的距離 x_b cm			26.0930		59
平衡標稱軸向載重 P_n kg			144,228	平衡標稱撓曲彎矩 M_n kg-cm			11,409,822		60
抗壓筋降伏偏心距 e_c cm			109.529	壓筋降伏中性軸距離 x_c cm			19.1250		61
抗壓筋降伏軸向載重 P_n kg			101,940	壓筋降伏撓曲彎矩 M_n kg-cm			11,165,293		62
6.000%	90.000	3根#16(D50)	257,224	0.7000	180,057	>	92,000	○	63
7.916%	118.740	3根#16(D50)	9,785,685	壓破	6,849,979	>	3,500,000	○	64
軸心載重理論標稱強度 P_{n0} kg			827,448	規範標稱強度 $P_{n0,max}$ kg			661,958		65
軸心載重理論設計強度 Pu0 kg			579,214	規範設計強度 $P_{u0,max}$ kg			463,371		66
平衡破壞偏心距 e_b cm			79.109	平衡破壞中性軸的距離 x_b cm			26.0930		67
平衡標稱軸向載重 P_n kg			144,228	平衡標稱撓曲彎矩 M_n kg-cm			11,409,822		68
抗壓筋降伏偏心距 e_c cm			109.529	壓筋降伏中性軸距離 x_c cm			19.1250		69
抗壓筋降伏軸向載重 P_n kg			101,940	壓筋降伏撓曲彎矩 M_n kg-cm			11,165,293		70
7.000%	105.000	3根#16(D50)	257,224	0.7000	180,057	>	92,000	○	71
7.916%	118.740	3根#16(D50)	9,785,685	壓破	6,849,979	>	3,500,000	○	72

圖 8-25-9(b)

軸心載重理論標稱強度 P_{n0} kg			970,080	規範標稱強度 $P_{n0,max}$ kg			776,064		73
軸心載重理論設計強度 $Pu0$ kg			679,056	規範設計強度 $Pu0,max$ kg			543,245		74
平衡破壞偏心距 e_b cm			101.478	平衡破壞中性軸的距離 x_b cm			26.0930		75
平衡標稱軸向載重 P_n kg			139,944	平衡標稱撓曲彎矩 M_n kg-cm			14,201,226		76
抗壓筋降伏偏心距 e_c cm			142.918	壓筋降伏中性軸距離 x_c cm			19.1250		77
抗壓筋降伏軸向載重 P_n kg			97,656	壓筋降伏撓曲彎矩 M_n kg-cm			13,956,697		78
8.000%	120.000	3根#18(D57)	306,579	0.7000	214,605	>	92,000	○	79
10.316%	154.740	3根#18(D57)	11,663,321	壓破	8,164,325	>	3,500,000	○	80

圖 8-25-9(c)

　　圖 8-25-9(a)、(b)、(c)為輸出報表的三頁,為便於說明,每行右側均賦予行號,總共有 80 行。第 2 行至第 8 行為短柱設計之基本資料。其餘各行整理如下表,表上每一行號區間均為不同鋼筋比的短柱安全性分析,故其格式及內容均是相似的,如圖 8-25-10。

行號區間	資料內容
9-16	指定鋼筋百分比的短柱安全性分析
17-24	鋼筋比為 1%的短柱安全性分析
25-32	鋼筋比為 2%的短柱安全性分析
33-40	鋼筋比為 3%的短柱安全性分析
41-48	鋼筋比為 4%的短柱安全性分析
49-56	鋼筋比為 5%的短柱安全性分析
57-64	鋼筋比為 6%的短柱安全性分析
65-72	鋼筋比為 7%的短柱安全性分析
73-80	鋼筋比為 8%的短柱安全性分析

[1]	軸心載重理論標稱強度 P_{n0} kg	425,107	規範標稱強度 $P_{n0,max}$ kg	340,085			
[2]	軸心載重理論設計強度 Pu0 kg	297,575	規範設計強度 $P_{u0,max}$ kg	238,060			
[3]	平衡破壞偏心距 e_b cm	22.620	平衡破壞中性軸的距離 x_b cm	26.0930			
[4]	平衡標稱軸向載重 P_n kg	156,313	平衡標稱撓曲彎矩 M_n kg-cm	3,535,737			
[5]	抗壓筋降伏偏心距 e_c cm	28.864	壓筋降伏中性軸距離 x_c cm	19.1250			
[6]	抗壓筋降伏軸向載重 P_n kg	114,024	壓筋降伏撓曲彎矩 M_n kg-cm	3,291,208			
[7]	1.000%	15.000	3根#6(D19)	73,135	0.7000	51,195	<	92,000	×
[8]	1.146%	17.190	3根#6(D19)	2,782,306	拉壞,壓未	1,947,614	<	3,500,000	×

圖 8-25-10

圖 8-25-10 中各行均於左側賦予[1]、[2]、[3]...的編號；每一個行號區間的第[1]行的格式及資訊意義均是相同，餘類推之。第[1]行左側代表某種鋼筋比(即鋼筋量)的軸心載重理論標稱強度 P_{n0}、右側代表某種鋼筋比(即鋼筋量)的規範標稱強度 $P_{n0,max}$，其餘各行代表意義均有清楚標題。總而言之，對每種鋼筋量均需計算其平衡破壞時柱斷面的偏心距 e_b、拉力破壞時抗壓鋼筋剛好降伏的偏心距 e_c 以研判破壞模式進而推算中性軸位置及標稱軸向載重、標稱彎矩、強度折減因數及設計軸向載重及彎矩等，然後據以判定短柱的安全性。

再將圖 8-25-10 的第[7]、[8]行取出並於各欄位賦予[1][2][3]...到[19]的欄位編號以便說明，如圖 8-25-11。各欄之意義說明如下。

[1]	[2]	[3]	[4]	[5]	[6]	[7]	[8]	[9]
1.000%	15.000	3根#6(D19)	73,135	0.7000	51,195	<	92,000	×
1.146%	17.190	3根#6(D19)	2,782,306	拉壞,壓未	1,947,614	<	3,500,000	×
[10]	[11]	[12]	[13]	[14]	[15]	[16]	[17]	[18]

圖 8-25-11

第[1]欄位為設定的鋼筋百分比(1.000%)；第[2]欄位為設定的鋼筋百分比乘以總面積 ($A_g = 50 \times 30 = 1500 cm^2$)所得的需要鋼筋量(15.000cm²)；第[3]欄位為依據第[2]欄位的需要鋼筋量及對稱配置抗壓及抗拉鋼筋之原則所選用的抗拉鋼筋(3 根#6(D19))；第[12]欄位則為所選用的抗壓鋼筋(3 根#6(D19))；第[11]欄位為實際使用鋼筋量 ($2.865 \times 6 = 17.190 cm^2$)；第[10]欄位為實際使用鋼筋比(17.19/(50×30)=0.01146=1.146%)。

第[4]欄位為根據選定的鋼筋計算的標稱軸向載重 P_n(73,135Kg)；第[13]欄位為根據選定的鋼筋計算的標稱彎矩 M_n(2,782,306Kg-cm)；第[5]欄位為強度折減因數(0.7000)；第[6]

欄位為設計軸向載重 P_u(73135×0.7=51,195Kg)；第[15]欄位則為設計彎矩 M_u(2,782,306 x 0.7=1,947,614Kg-cm)；第[8]欄位為短柱實際承載的軸向載重(92,000kg)，因設計軸向載重(示如第[6]欄)小於(示如第[7]欄＜)實際承載的軸向載重，故屬不安全(示如第[9]欄✕)。同理，第[17]欄位為短柱實際承載的彎矩(3,500,000kg-cm)，因設計彎矩(示如第[15]欄)小於(示如第[16]欄＜)實際承載的彎矩，故屬不安全(示如第[18]欄✕)。第[14]欄位為所判定的破壞模式，簡稱如下表：

破壞簡稱	破換模式
拉破,壓降	拉力破壞時,抗壓鋼筋已經降伏
拉破,壓未	拉力破壞時,抗壓鋼筋尚未降伏
平破	平衡破壞
壓破	壓力破壞

經此瞭解後，再觀察圖 8-25-11 更可迅速掌握在某一個短柱斷面尺寸之下，採用各種不同鋼筋比(即鋼筋量)的短柱承載容量(即設計軸向載重與設計彎矩)，對於儘可能採用相同尺寸斷面以變化鋼筋量來滿足不同樓層的負載變化的經濟設計原則，助益頗大。如再詳細觀察圖 8-25-11，更可整理得到下表：

假設鋼筋比	需要鋼筋量	採用鋼筋	實用鋼筋量	實用鋼筋比
1.000%	15.000	6 根#6(D19)	17.190	1.146%
2.000%	30.000	6 根#8(D25)	30.402	2.027%
3.000%	45.000	6 根#10(D32)	48.858	3.257%
4.000%	60.000	6 根#11(D36)	60.420	4.028%
5.000%	75.000	6 根#14(D19)	87.120	2.808%

由上表知，鋼筋比為 1.0%時，採用#6 號鋼筋，鋼筋比為 2.0%時，採用#8 號鋼筋，中間跳過#7 號鋼筋；鋼筋比為 2.0%時，採用#8 號鋼筋，鋼筋比為 3.0%時，採用#10 號鋼筋，中間跳過#9 號鋼筋；如果想掌握採用#9 號鋼筋的短柱承載能量，則可於輸入畫面(如圖 8-25-1)中輸入「指定鋼筋%」欄位。輸入的指定鋼筋%推算方法如下：

當鋼筋比為 2.0%採用#8 號鋼筋時，實用的鋼筋量為 30.402cm^2，實用的鋼筋比為 2.027%，因此只要指定鋼筋%大於 2.027%且小於 3.0%即可。本例輸入指定鋼筋%為 2.5%，則該鋼筋量的承載容量如圖 8-25-11(a)的第 9 行到第 16 行。因此「指定鋼筋%」欄位並非必要的輸入欄位。

再觀察輸出的報表，柱斷面的破壞模式因鋼筋量的變化而有不同的破壞模式。

每種柱斷面並不一定有八種或九種鋼筋比可以測試，如果柱斷面面積太大或指定鋼筋總數太小，以致無法找到合適鋼筋來配置，則不予配置，當然更無承載容量可言。報表僅列印有合適鋼筋的部分。

8-26 一元二/三次方程式求解程式使用說明

在梁、柱、基礎分析設計過程中，經常出現一元二次或一元三次方程式的求解，尤其一元三次方程式的求解更是繁雜，因此提供本一元二/三次方程式求解程式。在鋼筋混凝土分析與設計軟體畫面的功能表上，選擇☞RC/短柱/解一元二/三次方程式☜後出現如圖 8-26-1 的輸入畫面。圖 8-26-1 的畫面係以 8-92 頁之範例 8-22-1 3.的一元二次方程式 $6069x^2 - 212615.8x - 5226724.8 = 0$為例，先選擇「解一元二次方程式」選項，然後依序輸入 X 二次方項的係數(6069)、X 一次方項的係數(−212615.8)、常數項(−5226724.8)等資料後，單擊「確定」鈕，解得兩根為 51.693 及-16.660，正根與範例 8-22-1 的結果相同。單擊「取消」鈕，則結束程式的執行。

圖 8-26-1 的畫面的所有欄位均屬必要輸入的欄位，如果輸入資料不合理或不完整，則有如圖 8-26-2 及圖 8-26-3 的警示訊息。如果係數輸入完整但無實數解，則有圖 8-26-4 的警示訊息。

Chapter 8

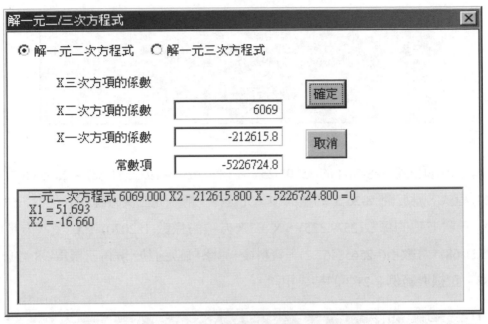

圖 8-26-1

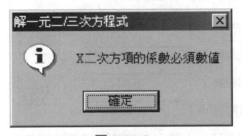

圖 8-26-2

圖 8-26-3

圖 8-26-4

　　求解 8-81 頁之範例 8-21-1 的 $2579.325x^3 + 182070x^2 - 1922521.68x - 25658467.2 = 0$ 一元三次方程式，應於圖 8-26-5 的畫面中，先選擇「解一元三次方程式」選項，然後依序輸入 X 三次方項的係數(2579.325)、X 二次方項的係數(182070)、X 一次方項的係數(–1922521.68)、常數項(–25658467.2)等資料後，單擊「確定」鈕，解得三根為-78.471、15.871及-7.988，正根與範例 8-21-1 的結果相同。

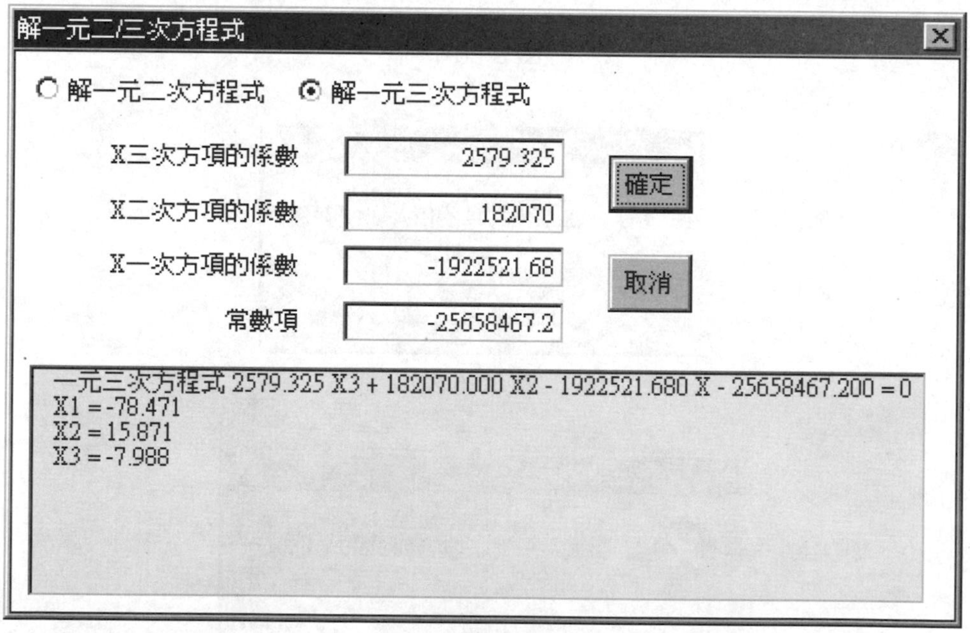

圖 8-26-5

Reinforced Concrete

9

細長柱分析與設計

9-1 導 論

在短竹桿兩端施加軸向壓力使其破壞比在細長的竹片兩端施加軸向壓力使其斷裂的困難度高應是人們的共同經驗與感受。鋼筋混凝土柱也是一種承受軸向壓力的構件，如果也如竹片那麼細長，當然也有較易斷裂的可能。由於實際建築上的需要與高強度抗壓材料的推出，使鋼筋混凝土柱有朝細長設計的趨勢，因此也帶來了受壓構材設計上的另一種新的問題。

P

M

Δ 二次彎矩=$P\Delta$

M

P

圖 9-1-1

當一鋼筋混凝土柱承受軸向壓力 P 及彎矩 M 後，柱軸線可能產生側向的撓度$\triangle$，或稱挫曲(buckling)，因而柱子必須再承受額外增生的 $P\triangle$ 彎矩，如圖 9-1-1；這也是為何細長竹片或柱子較易斷裂的原因。原來施加於柱子的彎矩 M 稱為主要彎矩(Primary Moment)，因側向撓度而增生的彎矩稱為 $P\triangle$ 彎矩或二次彎矩(secondary moment)。當一柱子承受載重後產生較大的二次彎矩而必須調適其斷面及配筋以滿足主要彎矩及增生的二次彎矩的柱子稱為細長柱(slender column)。因此，當一柱子承受載重後，沒有產生或僅產生甚小的二次彎矩，材料破壞以前並無挫曲現象者稱為短柱；若經過挫曲現象而致材料破壞者稱為細長柱。

Chapter 9

　　假設圖 9-1-2 為某柱的交互曲線圖，當該柱承受軸向壓力為 P_u 時，其相當的彎矩為 M_2；如果該柱屬於短柱，則其所能承受的軸向壓力與彎矩尚有增加的空間直到曲線上的 C 點；如果該柱屬於細長柱，則軸向壓力為 P_u 時，其所能承受的彎矩絕不可大於 M_c。因此，鋼筋混凝土細長柱的分析與設計，只要能夠正確計得因承受軸向壓力 P_u 與主要彎矩 M_u 所產生的二次彎矩 $P\triangle$，即可以承受軸向壓力 P_u 與撓曲彎矩$(M_u+P\triangle)$按第八章的短柱來分析與設計之。

　　本章說明重點是混凝土工程設計規範有關鋼筋混凝土柱的細長柱(slender column)或短柱(short column)之判別模式及細長柱增生的二次彎矩推算方法。至於其分析與設計，則以原來的軸向壓力與增大的撓曲彎矩套用短柱的分析與設計模式為之。

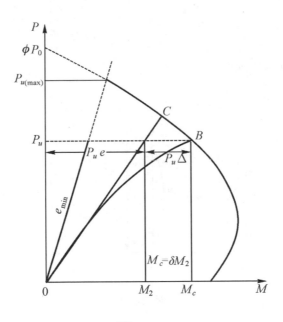

圖 9-1-2

9-2　柱的力學行為

　　在判定鋼筋混凝土柱為短柱或細長柱以前，必須先掌握柱受挫曲的臨界載重、細長比及有效長度等觀念，才能使用混凝土工程設計相關規範。

9-2-1　臨界載重

　　圖 9-2-1 為一細長柱，一端為無摩擦樞釘(pin)的鉸支承，另一端為橫向受到束制的滾支承，兩端均可自由轉動，但僅滾支端可以上下移動。假設材料為均質、彈性，則當軸向壓力逐漸增加到某一值 P_{cr} 時，該柱將會挫曲成正弦波形變形而破壞。該載重 P_{cr} 稱為臨界載重(critical load)或尤拉挫曲載重(euler buckling load)，也是一個細長柱理論上所能承受的最大載重。臨界載重的計算公式如下：

$$P_{cr} = \frac{\pi^2 EI}{l^2} \tag{9-2-1}$$

其中　　E=彈性係數

　　　　I=慣性矩

　　　　l=鉸支承間的柱長度

圖 9-2-1

9-2-2　細長比

　　如果臨界載重 P_{cr} 除以柱的斷面積 A，則可得柱的臨界應力 f_{cr} 為

$$f_{cr} = \frac{\pi^2 EI}{l^2 A} \tag{9-2-2}$$

　　令 $I=Ar^2$，其中 r 為柱斷面的迴轉半徑(radius of gyration)，則

$$f_{cr} = \frac{\pi^2 E}{\left(l/r\right)^2} \tag{9-2-3}$$

公式(9-2-2)或公式(9-2-3)中的 π^2 爲常數，E 爲柱材料的彈性模數(定值)，因此無因次項 $(l/r)^2$ 與臨界應力 f_{cr} 成反比。

如果受壓構材的最大材料極限應力強度爲 f_y，如令挫曲應力 f_{cr} 等於或小於 f_y，則必有一最小的 l/r 值使柱子不致挫曲破壞。即

$$\left(\frac{l}{r}\right)_{\min} = \sqrt{\frac{\pi^2 E}{f_y}} \tag{9-2-4}$$

所以，只要柱子的 l/r 值大於 $\left(l/r\right)_{\min}$ 值時，就會由於挫曲(buckling)而造成降伏破壞，故應該考慮細長效應(二次彎矩)，即屬於細長柱。當柱子的 l/r 值等於或小於 $\left(l/r\right)_{\min}$ 時，其失敗會由於壓碎(crushing)而造成降伏破壞，即屬於短柱。l/r 值通稱爲柱的細長比(slender ratio)，是判定短柱或細長柱的重要參數。

柱的細長比與柱的長度及迴轉半徑(即斷面形狀)有關，而與柱的材料特性無關，但因爲鋼筋混凝土爲一複合材料，判別短柱或細長柱的 $\left(l/r\right)_{\min}$ 值則與柱子材料性質有關。$\left(l/r\right)_{\min}$ 值則依設計規範訂定之。

9-2-3　有效長度

公式(9-2-1)中的 l 爲鉸支承間的柱長度，但實務上甚少有由無摩擦樞釘的鉸支承及滾支承所支撐的柱子；通常柱端均受到某種束制而產生旋轉的抵抗，並且也可能有側向的移動。爲了沿用根據公式(9-2-1)所推導的細長比觀念與公式，吾人可依據柱端的束制條件來將柱的實際未支撐長度(unsupported length)修改爲有效長度(effective length)使其符合鉸支承的條件，再套用之。圖 9-2-2 爲一端固定，另端滾支承的柱子，若其原來的柱長度爲 l 或 l_u，則取柱子承受載重後的反曲點(point of Inflection)與滾支承間的柱長爲柱的有效長度 l_e，則可將 l_e 長的柱子視同爲鉸支承柱，因此可依 l_e/r 值來判別短柱或細長柱。

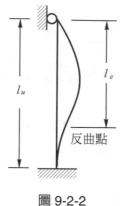

圖 9-2-2

　　圖 9-2-3 為各種柱端束制情況的有效長度，圖中虛線表示柱子承受載重後的形狀，l_u 為柱的原來長度，柱的有效長度則以柱子原長度的 k 倍表示之，即 kl_u。圖 9-2-3(a)為柱兩端固定情況，其兩反曲點間的長度為原柱長度的一半，故其 k 值為 0.5；圖 9-2-3(b)為柱一端固定，他端可水平移動的滾支承的情況，其兩反曲點間的長度即為原柱長度，故 $k=1.0$；圖 9-2-3(c)為柱兩端鉸支承情況，其兩反曲點間的長度即為原柱長度，故 $k=1.0$；圖 9-2-3(d)為柱一端固定，一端自由轉動的情況，其兩反曲點間的長度為原柱長度的二倍，故 $k=2.0$。圖 9-2-4 為各種柱端束制情況的有效長度倍數值 k。

　　除推導公式(9-2-1)的鉸支承柱外，其它柱端束制條件的細長比 l/r 值中的 l 值均必須修正為代表相當鉸支承柱的有效長度，因此實用上，柱的細長比 l/r 值應修正為 $\dfrac{kl_u}{r}$，其中 l_u 為柱的原來長度或未支撐長度，r 為柱斷面的迴轉半徑，k 稱為有效長度因數(effective length factor)。

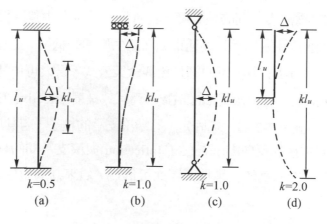

圖 9-2-3

Chapter 9

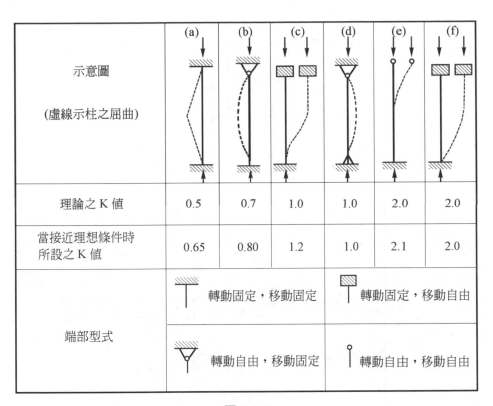

示意圖 (虛線示柱之屈曲)	(a)	(b)	(c)	(d)	(e)	(f)
理論之 K 值	0.5	0.7	1.0	1.0	2.0	2.0
當接近理想條件時 所設之 K 值	0.65	0.80	1.2	1.0	2.1	2.0
端部型式	轉動固定，移動固定　轉動固定，移動自由			轉動自由，移動固定　轉動自由，移動自由		

圖 9-2-4

9-3　柱之載重分析

　　鋼筋混凝土建築物中梁、版與柱是一種高度整合與超靜定的剛節構架，如圖 9-3-1(a) 所示三層樓建築。當各梁承受均佈載重，經過結構分析後，可獲得各構件的受力情形；圖 9-3-1(b)為梁、柱的自由體，顯示梁的剪力與彎矩將轉化為柱的軸向壓力與彎矩。

　　規範規定受壓構材、束制梁及其他支撐構材應按二階分析計得之設計彎矩與設計軸力設計之，分析時並應考慮材料之非線性與開裂、構材之彎曲與側傾效應、載重之持續時間、乾縮與潛變及與基礎之互制作用。

　　二階分析為包括變位產生之內力效應之構架分析，其分析方法稍嫌冗長與繁瑣，因此規範允許在某些條件下(當柱的細長比未超過 100 時)可使用彎矩放大法替代之。彎矩放大法允許以一階傳統彈性的結構分析方法計得各構件的彎矩與軸力後，再將彎矩放大之以為柱斷面設計之依據。

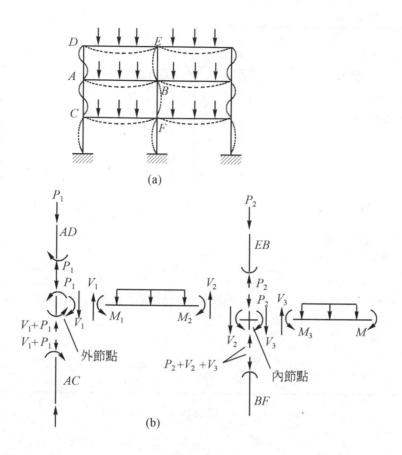

圖 9-3-1

　　一階傳統結構分析係指不考慮變位對構材內力影響之彈性分析。規範也規定採用一階彈性構架分析以計算設計軸力 P_u、設計柱端彎矩 M_1 與 M_2 及樓層相對變位時，使用之構材斷面性質應考慮軸向載重、構材之開裂範圍、載重持續時間等之影響；規範規定構材斷面慣性矩可使用下表各值：

彈性模數 E	採用混凝土的彈性模數 E_c $E_c = 15,000\sqrt{f_c'}\,\text{kg/cm}^2$	
斷面積 A	$1.0A_g$(柱斷面總面積)	
慣性矩 I		
梁	$0.35I_g$	
柱	$0.70I_g$	
牆，未開裂	$0.70I_g$	I_g 為柱斷面的慣性矩
牆，已開裂	$0.35I_g$	
平板	$0.25I_g$	

鋼筋混凝土學僅就構架分析後各桿件承受的軸力、剪力及彎矩設計其斷面並配筋。構架分析則為結構學的範疇，請參考相關結構學書籍。

9-4　無側移與有側移構架

　　柱子承受載重後，其柱端沿柱軸向的垂直方向產生相對移動者稱為側向位移。若一結構構架被諸如結構牆(剪力牆)、升降機道或加強坏工牆等剛性桿件所接觸支撐，則其節點因受剛性桿件的支撐，而受到束制以抵抗側向位移者，稱為無側移或受支撐構架(braced frame)如圖 9-4-1。反之，如果結構構架沒有和有效的支撐桿件接觸，而僅依其柱與大梁的彎曲勁性來提供側向抵抗時則稱為有側移或未支撐構架(unbraced frame)如圖 9-4-2。

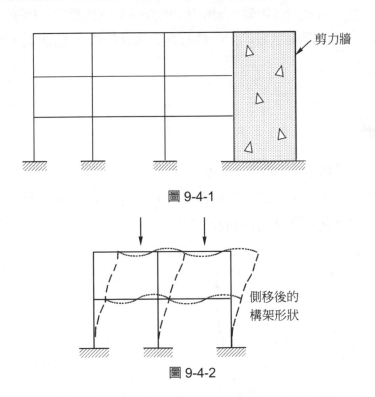

剪力牆

圖 9-4-1

側移後的
構架形狀

圖 9-4-2

　　規範規定在使用彎矩放大法設計柱斷面時，結構物中之柱或樓層須先經判定為「無側移」或「有側移」後，再設計之。柱或樓層之有無側移，判定方式如下：

1.　柱若考慮二階效應所增加之柱端彎矩，不超過一階分析之 5%，則該柱應可判定為無側移。

2.　樓層若依下式計得之穩定指數 Q 不超過 0.05，則該樓層以可判定為無側移。

$$Q = \frac{\sum P_u \Delta_0}{V_u l_c}$$

(9-4-1)

其中： $\sum P_u$ =樓層之設計總垂直力

V_u =樓層之設計剪力

Δ_0 =樓層承受剪力 V_u 時之一階分析樓頂與樓底相對變位

l_c =受壓構材之全長，為樓層兩節點之中心距

　　有側移構架與無側移構架的柱子有一明顯不同的力學行為；在有側移構架中的柱子幾乎不會單獨挫曲而破壞，而是會與同一樓層的所有柱子一起挫曲，因此其彎矩放大係數 δ_s 為整樓層各柱的設計軸力總和 $\sum P_u$ 與各柱的臨界載重的總和 $\sum P_{cr}$ 的函數。易言之，在某種載重情形下，整層各柱的彎矩放大因數是相同的。無側移構架中柱子可能單獨挫曲而破壞，各柱的彎矩放大係數為該柱的設計軸力 P_u 與臨界載重 P_{cr} 的函數，因此各柱的彎矩放大係數未必相同。

範例 9-4-1

　　圖 9-4-3 為一建築物承受因數化重力載重及風力作用，並經一階彈性構架分析的部分結果。如果二樓柱頂端對柱底端的相對位移量為 1.22cm，試以穩定指數 Q 來決定該構架應以有側移構架或無側移構架來分析設計？

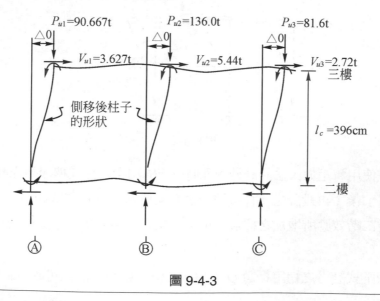

圖 9-4-3

$$\text{穩定指數} \, Q = \frac{\sum P_u \Delta_0}{V_u l_c} = \frac{(90.667 + 136.0 + 81.6) \times 1.22}{(3.627 + 5.44 + 2.72) \times 396} = 0.081 > 0.05$$

因為樓層的穩定指數 $Q = 0.081 > 0.05$，故判定為應以有側移構架分析設計之。

9-5 剛構架的有效長度因數

9-5-1 柱端相對勁度與列線圖

在 9-2-3 節有效長度中討論一些柱端固定、柱端自由轉動、柱端自由移動或柱端可自由移動與轉動等特殊束制情況的有效長度因數 k。在鋼筋混凝土中，柱和梁都是相互剛性連結，樓層間柱子柱端的束制情況受到與該柱端節點連接之梁、柱撓曲勁度的相互影響而使束制情況並非完全自由移動或自由轉動。樓層中與柱端連接之梁的端部，若勁度高、剛性強則柱端近似固定端而其自由轉動受到限制；反之如梁端的勁度低、剛性弱則柱端近似鉸支承而可允許轉動。換言之，剛結構架中柱子的有效長度因數 k 與柱子兩端節點的相對勁度有關。

設計規範中採用 Jackson & Moreland 所提供的列線圖(alignment chart)供均勻斷面多跨度構架查閱 k 值之用。Jackson & Moreland 認為構架中受壓構材有效長度 kl_u 為其兩端相對勁度 ψ_A、ψ_B 之函數，而柱端的相對勁度 ψ (柱撓曲勁度和與梁撓曲勁度和的比值)為

$$\psi = \frac{\sum \left(\dfrac{E_c I_c}{l_c} \right)}{\sum \left(\dfrac{E_b I_b}{l_b} \right)}$$

其中　　I_c =柱的有效慣性矩= $0.7 I_{gc}$，I_{gc} 為柱斷面的總慣性矩

　　　　I_b =梁的有效慣性矩= $0.35 I_{gb}$，I_{gb} 為梁斷面的總慣性矩

　　　　l_c =柱的長度(柱端節點間距)

　　　　l_b =梁的長度(梁端節點間距)

　　　　E_b, E_c =分別為梁、柱的材料彈性模數

　　梁的有效慣性矩採用梁斷面的總慣性矩的 0.35 倍，柱的有效慣性矩採用柱斷面的總慣性矩的 0.70 倍，均是考慮梁、柱鋼筋量變化及梁開裂之影響而採用的折減。

　　圖 9-5-1 爲 Jackson & Moreland 所提供用來查閱剛節構架中受壓柱有效長度因數 k 的列線圖(aignment cart)，因爲有側移構架與無側移構架中柱子的強度不同，因此列線圖亦分爲有側移構架與無側移構架列線圖。每一列線圖均由三條有刻度的垂直線所組成；左右兩條垂直線爲柱子兩柱端的相對勁度 ψ_A、ψ_B，刻度均爲 0(鉸支承)到∞(固定端)，中間的刻度垂直線爲有效長度因數 k 值線。無側移構架的有效長度因數 k 由 0.5 到 1.0；而有側移構架的有效長度因數 k 則由 1.0 到∞。使用列線圖查閱某柱的有效長度因數前，應先計算該柱兩柱端的相對勁度 ψ_A、ψ_B，然後依據 ψ_A、ψ_B 在列線圖兩側 ψ_A、ψ_B 刻度線上各找到一對應點，連接該兩對應點的直線必與中間的 k 值線相交，讀取交點的 k 值即爲該柱的有效長度因數 k。

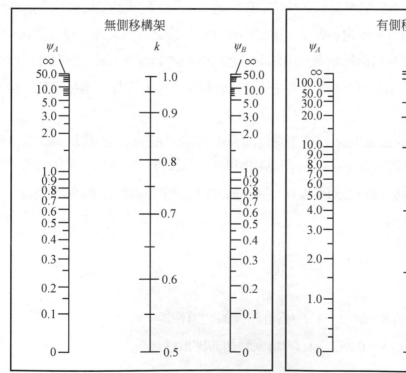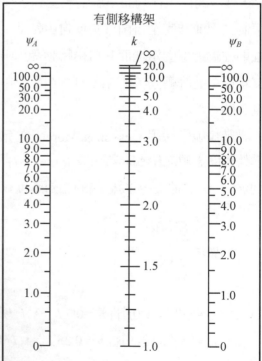

有效長度因數 k

圖 9-5-1

理論上，鉸接端的相對勁度 ψ 為∞，而固定端的相對勁度 ψ 為 0，但實際上不可能有絕對的無摩擦的鉸接或固定端，因此通常鉸接端取相對勁度 ψ 為 10，固定端則取相對勁度 ψ 為 1。

設計規範為配合電腦程式的漸趨普遍，採用英國規範(british Standard code of practice)所提供計算有效長度因數 k 值之簡化公式如下：

1. 無側移受壓構材之 k 值上限，為下列兩式之小者

$$k = 0.7 + 0.75(\psi_A + \psi_B) \leq 1.0 \tag{9-5-1}$$

$$k = 0.85 + 0.05(\psi_{min}) \leq 1.0 \tag{9-5-2}$$

式中 ψ_A 與 ψ_B 為柱兩端之 ψ 值，ψ_{min} 為兩值之小者。

2. 有側移受壓構材兩端束制者之 k 值可取為
   設 ψ_m 為柱兩端之 ψ 值之平均值，則

$$若 \psi_m < 2 ： k = \frac{20 - \psi_m}{20}\sqrt{1+\psi_m} \tag{9-5-3}$$

$$若 \psi_m \geq 2 ： k = 0.9\sqrt{1+\psi_m} \tag{9-5-4}$$

3. 有側移受壓構材一端鉸接者之 k 值可取為

$$k = 2.0 + 0.3\psi \tag{9-5-5}$$

式中 ψ 為柱束制端之 ψ 值。

雖然規範規定，無側移構架之受壓構材，其有效長度因數 k，除經分析證實可用較低值外，應取為 1.0。如果使用圖 9-5-1 的無側移構架有效長度因數列線圖或本節介紹的有效長度因數計算公式所求得者，即使小於 1.0 也視同合乎規範。

9-5-2　束制構材有效長度因數計算程式使用說明

在鋼筋混凝土分析與設計軟體畫面的功能表上，選擇☞RC/細長柱/相對勁度已知之有效長度因數計算☜後出現如圖 9-5-2 的輸入畫面。在圖 9-5-2 的畫面中，選擇構架為有側移或無側移構架，然後輸入柱頂與柱底的相對勁度等資料後，單擊「確定」鈕即按英國規

範(nritish dtandard vode of practice)所提供計算有效長度因數 k 值之簡化公式計算並顯示之，如圖 9-5-2；單擊「取消」鈕即結束程式。圖 9-5-2 為在有側移構架中某柱柱頂相對勁度為 2.99，柱底相對徑對為 2.31，計得的有效長度因數為 1.719。畫面中所有欄位均屬必須輸入的資料項，資料項目有所欠缺或資料不合理，則有如圖 9-5-3 及圖 9-5-4 的警示訊息。

本程式僅限於柱端相對勁度已知的有效長度因數計算。相對勁度的計算亦屬繁雜的工作，第 9-5-3 節的受壓構材有效長度因數計算程式則可計算柱端的相對勁度並處理一些柱端特殊(如固定端、自由端及鉸接端等)的受壓構材有效長度因數的計算。

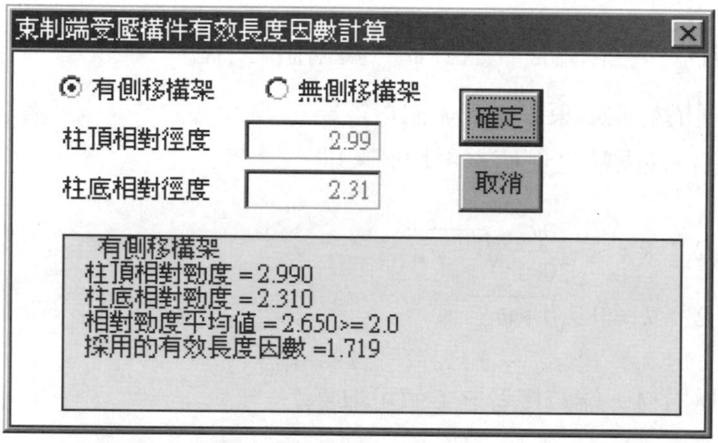

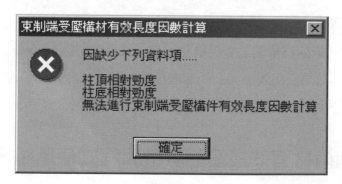

圖 9-5-2

圖 9-5-3

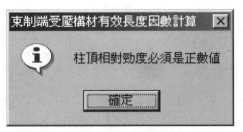

圖 9-5-4

範例 9-5-1

圖 9-5-5(a)為一懸臂柱，試查閱該柱的有效長度因數 k？

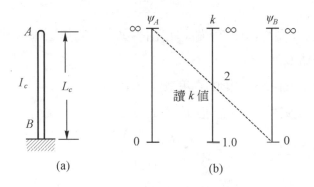

(a)　　　　　　　(b)

圖 9-5-5

懸臂柱屬有側移之構架，設懸臂柱本身的勁度為 $E_c I_c$

因為該柱柱端 A 並無梁支撐，故梁的勁度 $E_b I_b = 0$

因為該柱柱端 B 為固定端，故梁的勁度 $E_b I_b = \infty$

所以，柱端 A 的相對勁度 $\psi_A = \dfrac{\sum (E_c I_c / l_c)}{\sum (E_b I_b / l_b) = 0} = \infty$

柱端 B 的相對勁度 $\psi_B = \dfrac{\sum (E_c I_c / l_c)}{\sum (E_b I_b / l_b) = \infty} = 0$

查閱圖 9-5-1 中的有側移構架之列線圖，得有效長度因數 k 為 2.0，如圖 9-5-5(b)。

範例 9-5-2

試查閱圖 9-5-6 柱 AB 的有效長度因數 k？

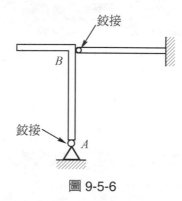

圖 9-5-6

圖 9-5-6 柱 AB 的柱端均為鉸接，雖可自由轉動，但均無法側移，故屬無側移之構架，設柱 AB 本身的勁度為 $E_c I_c$

因為該柱柱端 A 為鉸接，故梁的勁度 $E_b I_b = 0$

因為該柱柱端 B 為鉸接，故梁的勁度 $E_b I_b = 0$

所以，柱端 A 的相對勁度 $\psi_A = \dfrac{\sum (E_c I_c / l_c)}{\sum (E_b I_b / l_b) = 0} = \infty$

柱端 B 的相對勁度 $\psi_B = \dfrac{\sum (E_c I_c / l_c)}{\sum (E_b I_b / l_b) = 0} = \infty$

查閱圖 9-5-1 中的無側移構架之列線圖，得有效長度因數 k 為 1.0。

範例 9-5-3

試查閱圖 9-5-7 有側移構架中柱 AB 的有效長度因數 k 及其細長比？

1. 計算折減後柱的慣性矩

    柱 AB 及柱 BC 的折減後慣性矩為

    $$I_{AB} = I_{BC} = 0.7 \times \frac{30 \times 50^3}{12} = 218750 \text{cm}^4$$

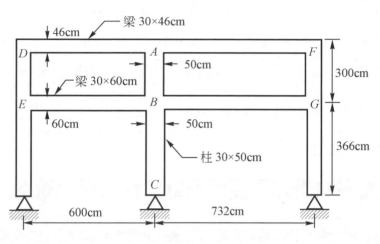

圖 9-5-7

2. 計算折減後梁的慣性矩

    梁 *AD* 及梁 *AF* 的折減後慣性矩爲

    $$I_{AD} = I_{AF} = 0.35 \times \frac{30 \times 46^3}{12} = 85169 \text{cm}^4$$

    梁 *BE* 及柱 *BG* 的折減後慣性矩爲

    $$I_{BE} = I_{BG} = 0.35 \times \frac{30 \times 60^3}{12} = 189000 \text{cm}^4$$

3. 計算柱端的相對勁度 ψ

    柱端 *A* 的相對勁度爲 $\psi_A = \dfrac{\dfrac{218750}{300}}{\left[\dfrac{85169}{600} + \dfrac{85169}{732}\right]} = 2.823$

    柱端 *B* 的相對勁度爲 $\psi_B = \dfrac{\dfrac{218750}{300} + \dfrac{218750}{366}}{\left[\dfrac{189000}{600} + \dfrac{189000}{732}\right]} = 2.315$

4. 計算柱 *AB* 的有效長度因數及細長比

    以 $\psi_A = 2.823$、$\psi_B = 2.315$ 查閱圖 9-5-1 中的有側移構架有效長度因數 k 列線圖，
    得 $k=1.75$。

    另可依公式計算如下：

    柱端相對勁度的平均值 $\psi_m = (2.823 + 2.315)/2 = 2.569$

因 $\psi_m \geq 2$，故 $k = 0.9\sqrt{1+\psi_m} = 0.9 \times \sqrt{1+2.569} = 1.700$

柱的未支撐長度 $l_u = 300 - (46+60)/2 = 300 - 53 = 247\text{cm}$

柱的細長比為 $\dfrac{kl_u}{r} = \dfrac{1.75 \times 247}{0.3 \times 50} = 28.82 > 22$，屬有側移構架中的細長柱。

迴轉半徑 r 取值，請參閱 9-24 頁說明。

9-5-3　受壓構材有效長度因數計算程式使用說明

在鋼筋混凝土分析與設計軟體畫面的功能表上，選擇☞RC/細長柱/受壓構材有效長度因數計算☜後出現如圖 9-5-8 的輸入畫面。圖 9-5-8 的畫面為以範例 9-5-3(圖 9-5-7)為例，按序輸入混凝土抗壓強度 f_c'(280Kg/cm^2)、選擇構架為有側移構架；因為求算構架中柱子 AB 的有效長度因數及細長比，故輸入受壓構材柱 AB 斷面的寬度 b(30 cm)、柱 AB 斷面的深度 h^3(50 cm)、柱 AB 高度(300 cm)等基本資料；然後在「受壓構材性質」欄框內選擇柱上端及柱下端的束制情況為「可以移動，可以轉動(束制端)」。可以移動，可以轉動(束制端)表示該柱端的移動或轉動受制於該柱端周圍的梁、柱的勁度，因此使下面的「左上梁」、「上柱」、「右上梁」、「左下梁」、「下柱」、「右下梁」諸欄框變為有效(可供輸入資料)。依據圖 9-5-7 柱 AB 的柱頂 A 僅有左側及右側有梁而無上柱、因此只需輸入「左上梁」及「右上梁」欄框的資料。在「左上梁」欄框內輸入梁 AD 的梁斷面寬度 b(30cm)、梁斷面高度 h^3 (46cm)、梁跨度(600cm)；在「右上梁」欄框內輸入梁 AF 的梁斷面寬度 b(30cm)、梁斷面高度 h^3 (46cm)、梁跨度(732cm)；因為柱端 A 沒有上柱，故「上柱」欄框內不輸入資料。圖 9-5-7 柱 AB 的柱底 B 則有左側梁、右側梁及下柱、因此必須輸入「左下梁」、「下柱」、及「右下梁」欄框的資料。在「左下梁」欄框內輸入梁 BE 的梁斷面寬度 b(30cm)、梁斷面高度 h^3 (60cm)、梁跨度(600cm)；在「右下梁」欄框內輸入梁 BG 的梁斷面寬度 b(30cm)、梁斷面高度 h^3 (60cm)、梁跨度(732cm)；在「下柱」欄框內輸入柱 BC 的柱斷面寬度 b(30cm)、柱斷面深度 h^3(50cm)、柱高度 H(366cm)等資料。單擊「確定」鈕即按輸入斷面尺寸計算柱 AB 柱端各梁、柱的勁度及柱 AB 的柱端相對勁度。然後依據柱端束制情況或英國規範之簡化公式計算有效長度因數 k 值(1.70)及其細長比(28.00)，並使「列印」鈕生效，如圖 9-5-8 及圖 9-5-9。單擊「取消」鈕即結束程式。單擊「列印」鈕即輸入及計算結果有組織地列印如圖 9-5-13。

在輸入畫面中，梁斷面寬度 b、梁斷面高度 h^3、柱斷面寬度 b 或柱斷面深度 h^3 等為免混淆，凡依公式 $I = \dfrac{bh^3}{12}$ 計算慣性矩時，需要立方的尺寸均填入 h^3 的欄位，另一尺寸則填入 b 欄位。

圖 9-5-8 的畫面中混凝土抗壓強度、受壓構材(柱)斷面的寬度、柱斷面的深度及柱高度等均為必須輸入的資料。柱上端及柱下端的束制情況也是必選項目。柱上端及柱下端可供束制情況有下列五種：

1. 不可移動，不可轉動(固定端)
2. 不可移動，可以轉動(鉸接端)
3. 可以移動，不可轉動
4. 可以移動，可以轉動(自由端)
5. 可以移動，可以轉動(束制端)

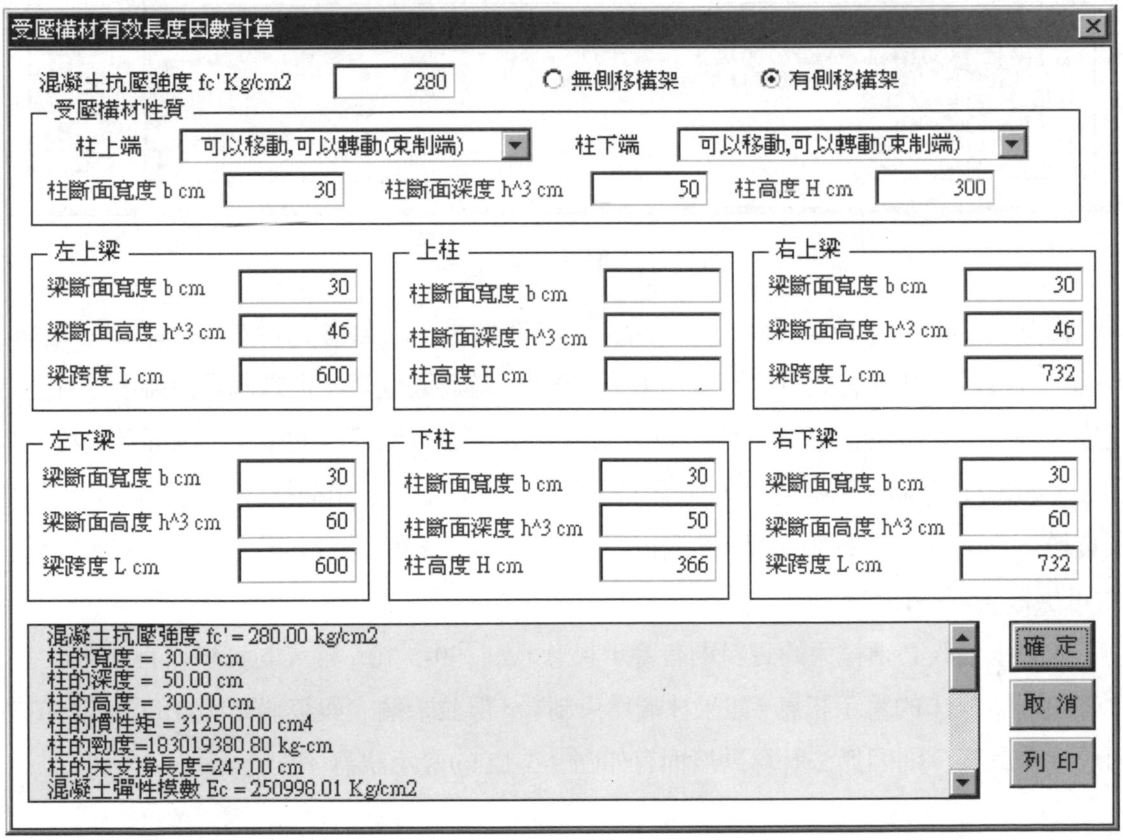

圖 9-5-8

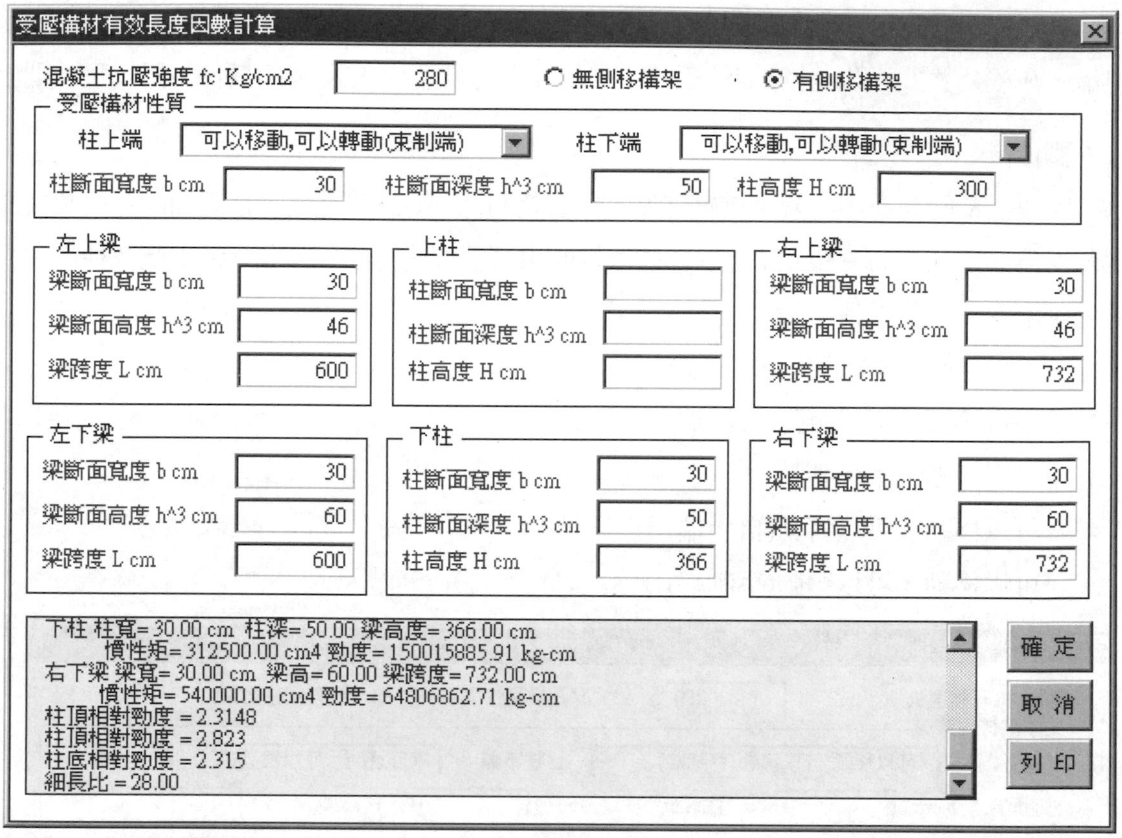

圖 9-5-9

由圖 9-2-4 知，如果柱端均為固定端，則其有效長度因數為 0.5；如果一端為固定端，他端為鉸接端，則其有效長度因數為 0.7。如果一端為固定端，他端為自由端，則其有效長度因數為 2.0。因此，只有束制端者，才需輸入與該端點連接的梁、柱斷面及長度。換言之，如果柱上端為束制端，「左上梁」、「上柱」、「右上梁」諸欄框才會變為有效(可供輸入資料)；同理，如果柱下端為束制端，「左下梁」、「下柱」、「右下梁」諸欄框才會變為有效(可供輸入資料)。

如果未輸入必須輸入的資料則有警示訊息，如圖 9-5-10。輸入的資料如有不合理者，會有如圖 9-5-11 的警示訊息。如果柱端為束制端，但並未輸入與該端點交會的梁或柱的斷面尺寸及長度，則因無法計算勁度而有如圖 9-5-12 的警示訊息。

Chapter 9

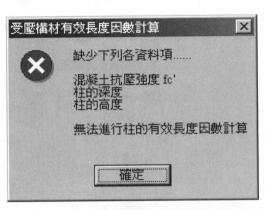

圖 9-5-10

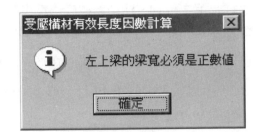

圖 9-5-11

圖 9-5-12

受壓構材有效長度因數計算				1
混凝土抗壓強度 Kg/cm²	280.00	混凝土彈性模數 kg/cm²	250998.01	2
柱斷面寬度 cm	30.00	柱高 cm	300.00	3
柱斷面深度 cm	50.00	斷面慣性矩 cm⁴	218750	4
徑度 kg-cm	183019381	[[有側移構架]]		5
柱頂端為	可以移動,可以轉動(束制端)	柱頂相對徑度 kg-cm	2.8230	6
柱底端為	可以移動,可以轉動(束制端)	柱底相對徑度 kg-cm	2.3148	7
迴轉半徑 r cm	15.00	未支撐高度 Lu cm	247.00	8
有效長度因數 k	1.70	細長比	28.00	9
柱上端(頂)束制梁柱	柱頂左梁	柱頂上柱	柱頂右梁	10
梁/柱斷面的寬度 cm	30.00		30.00	11
梁/柱斷面的高/深度 cm	46.00		46.00	12
梁/柱的跨/高度 cm	600.00		732.00	13
梁/柱的慣性矩 cm⁴	85169.00		85169.00	14
梁/柱的徑度 kg-cm	35628749		29203893	15
柱下端(底)束制梁柱	柱底左梁	柱底下柱	柱底右梁	16
梁/柱斷面的寬度 cm	30.00	30.00	30.00	17
梁/柱斷面的高/深度 cm	60.00	50.00	60.00	18
梁/柱的跨/高度 cm	600.00	366.00	732.00	19
梁/柱的慣性矩 cm⁴	189000.00	218750.00	189000.00	20
梁/柱的徑度 kg-cm	79064373	150015886	64806863	21

圖 9-5-13

圖 9-5-13 報表右側的數字是為便於說明附加的，第 2 行至第 8 行為柱的基本資料，第 9 行則是使用本程式的主要目的，即求算柱的有效長度因數 k=1.70 與細長比 28.00。由第 6 行及第 7 行知，柱頂與柱底均為束制端；所以第 10 行至第 15 行為柱頂梁柱的斷面尺寸、長度及勁度。由圖 9-5-7 知，柱 AB 的 A 端僅有左梁 AD 及右梁 AF，因為沒有上柱，所以柱頂上柱的斷面尺寸、長度及勁度均空白。柱 AB 的 B 端則有左梁 BE、右梁 BG 及下柱 BC，所以報表中的第 17 行至第 21 行有左梁 BE、右梁 BG 及下柱 BC 的斷面尺寸、長度及勁度等資料。

如果指定一端為固定端，他端為自由端，則因均非束制端，故均不可輸入柱端的梁、柱斷面尺寸及長度；其結果如圖 9-5-14 所示，與範例 9-5-1 相同。如果指定兩柱端均為自由端，則因構架不穩定而顯示圖 9-5-15 之訊息。

受壓構材有效長度因數計算			
混凝土抗壓強度 Kg/cm^2	280.00	混凝土彈性模數 kg/cm^2	250998.01
柱斷面寬度 cm	30.00	柱高 cm	300.00
柱斷面深度 cm	50.00	斷面慣性矩 cm^4	218750
勁度 kg-cm	183019381		
柱頂端為 不可移動,不可轉動(固定端)		柱頂相對勁度 kg-cm	0.0000
柱底端為 可以移動,可以轉動(自由端)		柱底相對勁度 kg-cm	0.0000
迴轉半徑 r cm	15.00	未支撐高度 L$_u$ cm	300.00
有效長度因數 k	2.00	細長比	40.00
柱上端(頂)束制梁柱	柱頂左梁	柱頂上柱	柱頂右梁
梁/柱斷面的寬度 cm			
梁/柱斷面的高/深度 cm			
梁/柱的跨/高度 cm			
梁/柱的慣性矩 cm^4			
梁/柱的勁度 kg-cm			
柱下端(底)束制梁柱	柱底左梁	柱底下柱	柱底右梁
梁/柱斷面的寬度 cm			
梁/柱斷面的高/深度 cm			
梁/柱的跨/高度 cm			
梁/柱的慣性矩 cm^4			
梁/柱的勁度 kg-cm			

圖 9-5-14

圖 9-5-15

9-6　鋼筋混凝土柱的規範分類

鋼筋混凝土柱設計時，應考量柱的撓曲勁度(flexural stiffness)以判別需否納入二次彎矩的影響；準此角度規範以柱的細長比(slenderness ratio)值來將柱子分為短柱及細長柱兩類。短柱可忽略二次彎矩，而細長柱則必須考慮二次彎矩的影響。規範規定合於下列條件者，可忽略柱的細長效應，亦即不需考慮二次彎矩。

1. 無側移構架之受壓構材

$$\frac{kl_u}{r} \le 34 - 12\frac{M_1}{M_2} \tag{9-6-1}$$

若構材彎成單曲度 M_1/M_2 為正；構材彎成雙曲度 M_1/M_2 為負，但 M_1/M_2 值不得小於–0.5。因此，如果相同未支撐長度 l_u 且承受絕對值相同的 M_1 及 M_2 彎矩，則依據公式(9-6-1)計算時，單曲度的 kl_u/r 值比雙曲度的值小；易言之，單曲度的受壓構材較易挫曲。

2. 有側移構架之受壓構材

$$\frac{kl_u}{r} \le 22 \tag{9-6-2}$$

上列公式中：

$k =$ 有效長度因數，按第 9-5 節剛節構架的有效長度因數查圖或計算所得。

$l_u =$ 受壓構材之無支撐長度(unsupported length)應為樓版、梁或其他在考慮方向有側支能力構材間之淨距。如在考慮方向有柱冠或托肩，應依其最低處計算柱的無支撐長度。

r =迴轉半徑，受壓構材斷面之迴轉半徑應可用混凝土總斷面計算。矩形斷面應可用考慮穩定方向總厚度之 0.2887 倍，規範取 0.30 倍，而圓形斷面應可用直徑之 0.25 倍為其迴轉半徑。其它斷面的迴轉半徑如下表：

圖中虛線經過形心		
A=柱斷面積	I=慣性矩	R=迴轉半徑

	$A = d^2$ $I_1 = \dfrac{d^4}{12}$ $I_2 = \dfrac{d^4}{3}$ $R_1 = 0.2887d$ $R_2 = 0.5774d$		$A = \dfrac{\pi d^2}{4} = 0.7854d^2$ $I = \dfrac{\pi d^4}{64} = 0.0491d^4$ $R = \dfrac{d}{4}$
	$A = d^2$ $y = 0.7071d$ $I = \dfrac{d^4}{12}$ $R = 0.2887d$		$A = 0.8660d^2$ $I = 0.060d^4$ $R = 0.264d$
	$A = bd$ $I_1 = \dfrac{bd^3}{12}$ $I_2 = \dfrac{bd^3}{3}$ $R_1 = 0.2887d$ $R_2 = 0.5774d$		$A = 0.8284d^2$ $I = 0.055d^4$ $R = 0.257d$
	$A = d^2 - a^2$ $I = \dfrac{d^4 - a^4}{12}$ $R = \sqrt{\dfrac{d^2 + a^2}{12}}$		$A = bd - ac$ $I = \dfrac{bd^3 - ac^3}{12}$ $R = \sqrt{\dfrac{bd^3 - ac^3}{12(bd - ac)}}$

(續前表)

圖中虛線經過形心		
A=柱斷面積	I=慣性矩	R=迴轉半徑

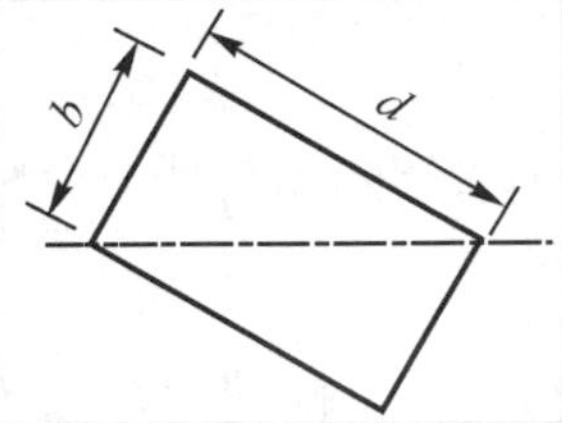	$A = bd$ $y = \dfrac{bd}{\sqrt{b^2 + d^2}}$ $I = \dfrac{b^3 d^3}{6\left(b^2 + d^2\right)}$ $R = \dfrac{bd}{\sqrt{6\left(b^2 + d^2\right)}}$
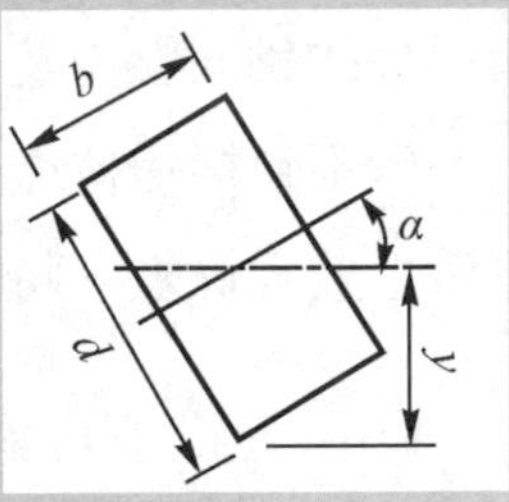	$A = bd$ $y = \dfrac{b \sin \alpha + d \cos \alpha}{2}$ $I = \dfrac{bd\left(b^2 \sin^2 \alpha + d^2 \cos^2 \alpha\right)}{12}$ $R = \sqrt{\dfrac{b^2 \sin^2 \alpha + d^2 \cos^2 \alpha}{12}}$
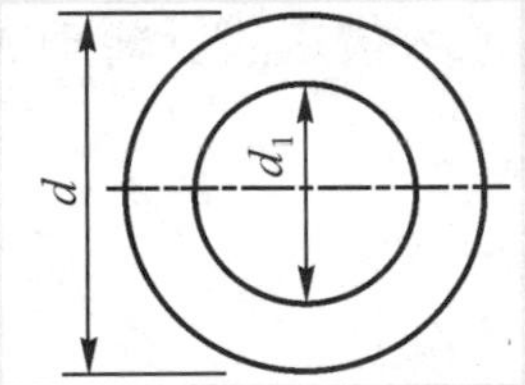	$A = \pi\left(d^2 - d_1^2\right)/4 = 0.7854\left(d^2 - d_1^2\right)$ $I = \pi\left(d^4 - d_1^4\right)/64 = 0.0491\left(d^4 - d_1^4\right)$ $R = \frac{1}{4}\sqrt{d^2 + d_1^2}$
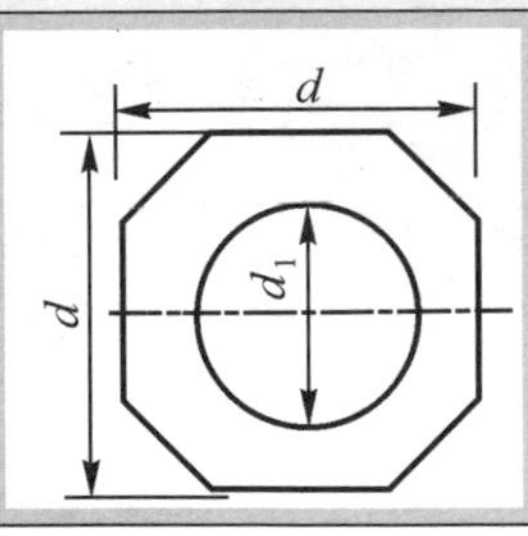	$A = 0.8284 d^2 - 0.7854 d_1^2 = 0.7854\left(1.055 d^2 - d_1^2\right)$ $I = 0.055 d^4 - 0.0491 d_1^4 = 0.0491\left(1.12 d^4 - d_1^4\right)$ $R = 0.257 d - 0.25 d_1 = 0.25\left(1.028 d - d_1\right)$

■ 9-7 細長柱彎矩放大設計法

鋼筋混凝土柱若經其細長比 $\dfrac{kl_u}{r}$ 值判定爲細長柱，則應考量其側向撓度△所產生的二次彎矩(secondary moment)；考量的方法有下列兩種：

1. 對剛節構架進行二階非線性分析(包括變位產生之內力效應)，構架內如有任一受壓構材之細長比值大於 100 時，必須選用本法。

2. 對剛節構架進行一階彈性分析(不包括變位產生之內力效應)，再將柱端彎矩放大之。

換言之，經過二階非線性構架分析(包括變位產生之內力效應)所得柱的軸向壓力及柱端彎矩可直接以第八章的短柱分析設計之；若僅經過一階彈性構架分析(不包括變位產生之內力效應)所得柱的軸向壓力及柱端彎矩必須經本彎矩放大法計算彎矩放大係數，將彎矩放大後再以第八章的短柱分析設計之。

彎矩放大法又依構架之有無側移而有如下的處理：

1. 無側移構架：受壓構材應可按設計軸力 P_u 與經構材曲率效應放大後之設計彎矩 M_c 設計之，即

$$M_c = \delta_{ns} M_2 \tag{9-7-1}$$

2. 有側移構架：受壓構材之兩端設計彎矩 M_1 與 M_2 應計算如下

$$M_1 = M_{1ns} + \delta_s M_{1s} \tag{9-7-2}$$
$$M_2 = M_{2ns} + \delta_s M_{2s} \tag{9-7-3}$$

式中　　δ_{ns} 爲無側移構架的彎矩放大係數。

　　　　δ_s 爲有側移構架的彎矩放大係數。

　　　　M_1 爲受壓構材兩端 M_u 之較小者。若構材彎成單曲度，該值爲正；若彎成雙曲度，該值爲負；若爲有側移受壓構材，需經公式(9-7-2)放大之。

　　　　M_2 爲受壓構材兩端 M_u 之較大者，恆爲正。若爲有側移受壓構材，需經公式(9-7-3)放大之。

M_{1ns} 有側移構材在不會造成顯著側向位移載重作用下，以一階彈性架構分析算
　　　得 M_1 處之設計彎矩。

M_{1s} 有側移構材在會造成顯著側向位移載重作用下，以一階彈性架構分析算得
　　　M_1 處之設計彎矩。

M_{2ns} 有側移構材在不會造成顯著側向位移載重作用下，以一階彈性架構分析算
　　　得 M_2 處之設計彎矩。

M_{2s} 有側移構材在會造成顯著側向位移載重作用下，以一階彈性架構分析算得
　　　M_2 處之設計彎矩。

　　易言之，有側移構架的一階彈性構架分析應將載重分爲不會造成顯著側向位移的載重
(如垂直載重，雪壓)及會造成顯著側向位移的載重(如地震力、風力等水平載重)，依據不
會造成顯著側向位移的載重的一階彈性構架分析結果稱爲 M_{1ns} 及 M_{2ns}；依據會造成顯著
側向位移的載重的一階彈性構架分析結果稱爲 M_{1s} 及 M_{2s}。M_{1s} 及 M_{2s} 彎矩應予放大以含
括二次彎矩所造成的影響。

　　δ_{ns}，δ_s 分別爲無側移及有側移構架的彎矩放大係數，其計算方法分別詳述於第 9-8
節及 9-9 節。

　　圖 9-7-1 爲一承受均佈重力載重 W_u 及短期側向集中載重 P_u 的有側移構架，因此必須
分別計算不產生側移的均佈重力載重 W_u 及會產生側移的短期側向集中載重 P_u 所產生的構
件彎矩。如果柱子經判屬細長柱，則需分別計算其無側移的彎矩放大係數 δ_{ns} 及有側移的
彎矩放大係數 δ_s。M_{1s} 及 M_{2s} 係由短期側向集中載重 P_u 所產生的構件彎矩；但如果構架
本身或重力載重不對稱時，也有可能產生側移，因而亦會產生 M_{1s} 及 M_{2s}。

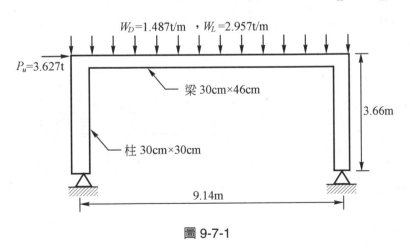

圖 9-7-1

9-8 無側移構架的彎矩放大係數

9-8-1 彎矩放大係數

圖 9-8-1(a)為一於跨度長 L 的中央處承受一集中載重 Q 的簡支梁及其彎矩圖，圖 9-8-1(b)的梁與圖 9-8-1(a)之梁相同跨度，承受集中載重 Q 外，沿梁之軸心施加一軸向壓力 P，及其主要彎矩圖、二次彎矩圖及總彎矩圖。Timoshenko 經該梁彈性曲線微分方程式，證得施加軸向壓力 P 後的最大彎矩 M_c 為

$$M_c = \frac{QL}{4} \frac{\tan \mu}{\mu} \tag{9-8-1}$$

其中

$$\mu = \frac{L}{2}\sqrt{\frac{P}{EI}} \text{ 勁度radian} \tag{9-8-2}$$

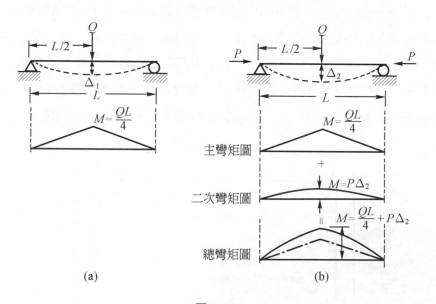

圖 9-8-1

公式(9-8-1)的第一項 $\dfrac{QL}{4}$ 代表跨度長度 L 的簡支梁中央承受集中載重 Q 的最大彎矩；式中的第二項 $\dfrac{\tan \mu}{\mu}$ 則為施加軸向壓力 P 所產生的彎矩放大係數(magnification factor)。經冪級數展開，可以證得 $\dfrac{\tan \mu}{\mu}$ 恆大於 1。Timoshenko 證得只要 P/P_c 值不超過 0.6，該彎矩放大係數 $\dfrac{\tan \mu}{\mu}$ 可以下式近似表示之。

$$\frac{\tan \mu}{\mu} \cong \frac{1}{1 - P/P_c} \tag{9-8-3}$$

其中，P 為軸向載重，P_c 為臨界載重或尤拉挫曲載重($P_c = \dfrac{\pi^2 EI}{l^2}$)。

將公式(9-8-3)代入公式(9-8-1)得

$$M_c = \frac{QL/4}{1 - P/P_c} \tag{9-8-4}$$

公式(9-8-4)並不限於跨度中央承受集中載重的簡支梁，可同樣適用於承受其它載重的無側移單曲度梁。因此，公式(9-8-4)適用於最大主要彎矩及二次彎矩發生於跨度中央的構件，推算二次彎矩對設計彎矩的放大量。

範例 9-8-1

圖 9-8-2 簡支梁的斷面為 15×20cm，跨度長為 4m，於跨度中央承受 4t 的集中載重，圖 9-8-2(b)額外承受一軸向壓力 50t，試比較該二梁跨度中央彎矩值？如果混凝土的抗壓強度為 280kg/cm²。

混凝土的彈性模數 $E_c = 15{,}000\sqrt{f_c'} = 15000 \times \sqrt{280} = 250998 \text{kg/cm}^2$

簡支梁斷面的慣性矩 $I = \dfrac{15 \times 20^3}{12} = 10000 \text{cm}^4$

圖(a)的跨度中央彎矩值為 $M_c = \dfrac{QL}{4} = \dfrac{4.7 \times 4}{4} = 4.7 \text{t-m}$

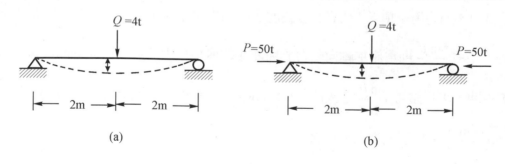

圖 9-8-2

依公式(9-8-1)知圖(b)的跨度中央彎矩值為

$$M_c = \frac{QL}{4}\frac{\tan\mu}{\mu}\text{，其中}$$

$$\mu = \frac{L}{2}\sqrt{\frac{P}{EI}} = \frac{400}{2}\sqrt{\frac{50\times1000}{250998\times10000}} = 0.89265\text{勁度radian} = 51.45^\circ$$

所以，$M_c = \frac{4.7\times4}{4}\times\frac{\tan(0.89265)}{0.89265} = 4.7\times\frac{1.241311}{0.89265} = 6.536\text{t-m}$

圖(b)的跨度中央彎矩值(6.536 t-m)比圖(a)的跨度中央彎矩值(4.7 t-m)大乃因圖(b)的軸向壓力(50 t)與跨度中央撓度△所增生的 $P\triangle$ 彎矩或二次彎矩所致。

範例 9-8-2

試驗證圖 9-8-2(b)額外承受一軸向壓力 50t 所發生的跨度中央最大彎矩值可以公式(9-8-4)近似表示之？如果簡支梁的斷面仍為 15×20cm，跨度長為 4m，於跨度中央承受 4t 的集中載重，混凝土的抗壓強度為 280kg/cm²。

混凝土的彈性模數 $E_c = 15{,}000\sqrt{f_c'} = 15000\times\sqrt{280} = 250998\text{kg/cm}^2$

簡支梁斷面的慣性矩 $I = \frac{15\times20^3}{12} = 10000\text{cm}^4$

臨界載重 $P_c = \frac{\pi^2 EI}{l^2} = \frac{\pi^2\times250998\times10000}{400\times400} = 154828\text{kg} = 154.828\text{t}$

依公式(9-8-4)得圖(b)的跨度中央最大彎矩近似值為

$M_c = \dfrac{QL/4}{1-P/P_c} = \dfrac{4.7\times4/4}{1-50/154.828} = 6.942\text{t-m}$，與範例 9-8-1 所得 6.536 t-m 尚屬接近。

範例 9-8-3

　　圖 9-8-3 為一兩端鉸接的 30cm×30cm 方形柱，除承受 68t 的軸向壓力外，另於柱高之一半處承受一 9t 的側向載重。已知柱高為 4.6m，假設混凝土的單位重為 2.4t/m³，混凝土的抗壓強度為 210kg/cm²，柱的有效長度因數 k=1.0，試求該柱承受的主彎矩及挫曲後的設計彎矩？

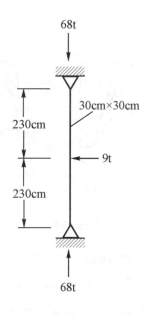

圖 9-8-3

混凝土的彈性模數為

$$E_c = 4,270 w_c^{1.5} \sqrt{f_c^{'}} = 4270 \times 2.4^{1.5} \times \sqrt{210} = 230067 \text{kg/cm}^2$$

柱斷面的慣性矩 $I = \dfrac{30 \times 30^3}{12} = 67500 \text{cm}^4$

臨界載重 $P_c = \dfrac{\pi^2 EI}{(kl_u)^2} = \dfrac{\pi^2 \times 230067 \times 67500}{(1 \times 460)^2} = 724340 \text{kg} = 724.34\text{t}$

主彎矩 $M = \dfrac{QL}{4} = \dfrac{9 \times 4.6}{4} = 10.35\text{t-m}$

依公式(9-8-4)得柱的挫曲後的設計彎矩為

$$M_c = \dfrac{M}{1 - P/P_c} = \dfrac{10.35}{1 - 68/724.34} = 11.42\text{t-m} \quad 。$$

9-8-2 無側移構架的彎矩放大係數

如果無側移構架中的受壓構材僅承受大小不等的柱端彎矩 M_1 及 M_2，如圖 9-8-4(a)，而沒有與構材軸向垂直的橫向載重，則該受壓構材最大彎矩的位置將受二次彎矩大小的影響。如果二次彎矩較小，則最大彎矩可能發生在柱端，如圖 9-8-4(b)；如果二次彎矩較大，則最大彎矩可能發生於靠近構材中央，如圖 9-8-4(c)。

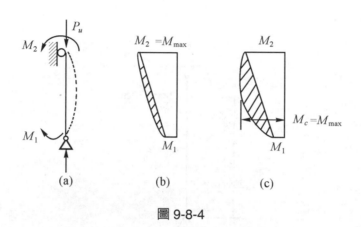

圖 9-8-4

為了符合公式(9-8-4)最大主要彎矩與最大二次彎矩落點相同的適用條件，受壓構材端點承受的較大彎矩 M_2 必須乘以等值彎矩修正因數 C_m (equivalent moment correction factor) 使柱的最大主要彎矩仍發生於受壓構材之中央處，如圖 9-8-5。

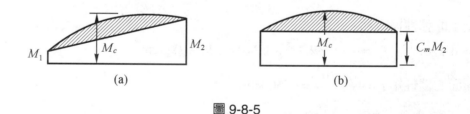

圖 9-8-5

設計規範對於無側移構架中受壓構材的彎矩放大係數 δ_{ns} 規定如下：

受壓構材應可按設計軸力 P_u 與經構材曲率效應放大後之設計彎矩 M_c 設計之，即

$$M_c = \delta_{ns} M_2 \tag{9-8-5}$$

式中，

$$\delta_{ns} = \frac{C_m}{1 - \dfrac{P_u}{\phi_k P_c}} \geq 1.0 \tag{9-8-6}$$

其中 P_u 為設計軸向載重，ϕ_k 為勁度折減因數，應取為 0.75；P_c 應取為：

$$P_c = \frac{\pi^2 EI}{(kl_u)^2} \tag{9-8-7}$$

EI 應取為：

$$EI = \frac{0.2E_c I_g + E_s I_{se}}{1 + \beta_d} \tag{9-8-8}$$

或

$$EI = \frac{0.4E_c I_g}{1 + \beta_d} \tag{9-8-9}$$

在勁度因混凝土之開裂、潛變及非線性之應力-應變關係曲線變化下，如何選用合理之勁度 EI 近似值為決定臨界載重 P_c 之主要難題。公式(9-8-8)係以較小之偏心率及高軸向載重導出，以突顯長細效應之影響；式中 I_{se} 為鋼筋斷面對構材總斷面形心軸之慣性矩，單位為 cm^4。由於持續載重引起潛變將增加柱之側向變位，而引致彎矩之增大，近似設計為將構材勁度除以$(1+\beta_d)$予以降低，再用以計算 P_c 與 δ_{ns}。公式(9-8-8)之鋼筋與混凝土之 EI 均除以$(1+\beta_d)$，以反映由於持續載重引起之過早鋼筋降伏。β_d 為最大設計軸向靜載重與設計軸向全載重之比值。

公式(9-8-8)或公式(9-8-9)均可用以計算 EI 值，公式(9-8-9)為公式(9-8-8)的簡化近似公式，亦可再假設 $\beta_d = 0.6$ 予以再簡化為：

$$EI = 0.25E_c I_g \tag{9-8-10}$$

受壓構材若支點間有橫向載重時，因為最大主要彎矩會發生於柱端之間，故 C_m 值應取為 1.0；若支點間無橫向載重時，C_m 值應按下式計算：

$$C_m = 0.6 + 0.4\frac{M_1}{M_2} \geq 0.4 \tag{9-8-11}$$

式中 M_1/M_2 值的正負號視構材的曲度而定，若構材彎成單曲度，則 M_1/M_2 值為正值；若構材彎成雙曲度，則 M_1/M_2 值為負值；但 M_1/M_2 值不得小於 -0.5。若 M_1、M_2 均為零時，M_1/M_2 值為 1。

範例 9-8-4

圖 9-8-6 為某無側移構架中某柱的斷面，該斷面有 4 根#10(D32)號鋼筋；經過一階彈性構架分析該斷面需承擔靜載重 49t，活載重 66t，試利用公式(9-8-8)及公式(9-8-9)計算該斷面對 y-y 軸的勁度值 EI？假設混凝土的抗壓強度為 $280\,kg/cm^2$，鋼筋的彈性模數為 $2.04 \times 10^6\,kg/cm^2$，#10(D32)號鋼筋標稱面積為 $8.14\,cm^2$。

混凝土的彈性模數 $E_c = 15{,}000\sqrt{f_c'} = 15000 \times \sqrt{280} = 250998\,kg/cm^2$

$$\beta_d = \frac{1.4 \times 49}{1.4 \times 49 + 1.7 \times 66} = 0.379$$

混凝土斷面(忽略鋼筋的存在)對 y-y 軸的慣性矩 $I_g = \dfrac{30 \times 36^3}{12} = 116640\,cm^4$

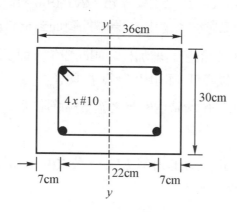

圖 9-8-6

鋼筋對 y-y 軸的慣性矩 $I_{se} = Ad^2 = (8.14 \times 2) \times (22/2)^2 \times 2 = 3939.76\,cm^4$

依公式(9-8-8)計算柱斷面勁度 EI 為

$$EI = \frac{0.2E_cI_g + E_sI_{se}}{1+\beta_d}$$

$$= \frac{0.2 \times 250998 \times 116640 + 2.04 \times 10^6 \times 3939.76}{1+0.379}$$

$$= 10074250721\text{t-cm}^4 = 1007.43\text{t-m}^2$$

依公式(9-8-9)計算柱斷面勁度 EI 為

$$EI = \frac{0.4E_cI_g}{1+\beta_d} = \frac{0.4 \times 250998 \times 116640}{1+0.379}$$

$$= 8492068664\text{kg-cm}^4 = 849.21\text{t-m}^4$$

範例 9-8-5

圖 9-8-7 為某無側移構架中某梁的受載情形及斷面尺寸，試依據混凝土工程設計規範計算該梁的最大設計彎矩？已知混凝土的抗壓強度為 280kg/cm^2，β_d 值為 0.4。

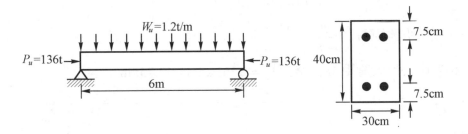

圖 9-8-7

該構件雖屬梁構件，但因承受軸向壓力，形同有橫向均佈載重的受壓構材，應先檢視該受壓構材之細長比，再考量軸向壓力對最大彎矩的影響。

混凝土的彈性模數 $E_c = 15{,}000\sqrt{f_c'} = 15000 \times \sqrt{280} = 250998\text{kg/cm}^2$

$\beta_d = 0.4$ 為已知值。矩形斷面的迴轉半徑 $r = 0.3h = 0.3 \times 40 = 12\text{cm}$

因為該構件的端點為鉸接，故有效長度因數 $k=1$，故 $M_1=0$，$M_2=0$，且成單曲度彎曲，計算並比較細長比如下：

細長比爲 $\dfrac{kl_u}{r} = \dfrac{1 \times 600}{12} = 50$

$\dfrac{kl_u}{r}(=50) > 34 - 12\dfrac{M_1}{M_2} = 34$，屬細長的受壓構件，跨度中央彎矩必須放大

斷面對中性軸的慣性矩 $I_g = \dfrac{30 \times 40^3}{12} = 160000\text{cm}^4$

因未指定鋼筋用量，依公式(9-8-9)計算斷面勁度 EI 爲

$$EI = \dfrac{0.4 E_c I_g}{1 + \beta_d} = \dfrac{0.4 \times 250998 \times 160000}{1 + 0.4}$$

$$= 11474194286\text{kg-cm}^4 = 1147.42\text{t-m}^4$$

臨界載重 $P_c = \dfrac{\pi^2 EI}{(kl_u)^2} = \dfrac{3.1416^2 \times 1147.42}{(1 \times 6)^2} = 314.573\text{t}$

受壓構材若端點間有橫向載重時，故等值彎矩修正因數 C_m 值取爲 1.0，所以

$$\delta_{ns} = \dfrac{C_m}{1 - \dfrac{P_u}{0.75 P_c}} = \dfrac{1}{1 - \dfrac{136}{0.75 \times 314.573}} = 2.361$$

跨度中央彎矩 $M_2 = \dfrac{wl^2}{8} = \dfrac{1.2 \times 6^2}{8} = 5.4\text{t-m}$

跨度中央最大彎矩 $M_c = \delta_{ns} M_2 = 2.361 \times 5.4 = 12.75\text{t-m}$

範例 9-8-6

圖 9-8-8 爲某無側移構架中某柱的受載情形及斷面尺寸，圖中所示的彎矩爲對 y-y 軸的設計彎矩，彎矩施加方向對構材產生雙曲度彎曲；對 x-x 軸的設計彎矩爲 0；對 y-y 軸撓曲的有效長度因數 k=0.9；對 x-x 軸撓曲的有效長度因數 k=0.85；如果混凝土的抗壓強度爲 $210\ \text{kg/cm}^2$，β_d 值爲 0.6。試依據混凝土工程設計規範計算該柱在兩主軸方向的最大設計彎矩？

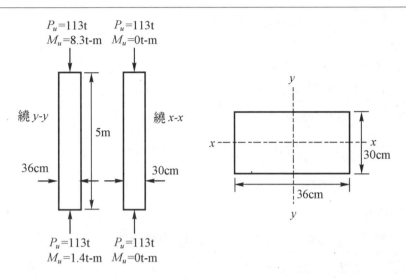

圖 9-8-8

混凝土的彈性模數 $E_c = 15,000\sqrt{f_c'} = 15000 \times \sqrt{210} = 217371\text{kg/cm}^2$

1. 對 y-y 軸撓曲

    已知 $k=0.9$，$\beta_d =0.6$，$h=36\text{cm}$，$l_u = 5\text{m} = 500\text{cm}$

    迴轉半徑 $r = 0.3h = 0.3 \times 36 = 10.8\text{cm}$

    因為承受 M_1、M_2 彎矩後，柱變成雙曲度形狀，故 $M_1 = -1.4\text{t-m}$，$M_2 = 8.3\text{t-m}$

    $34 - 12\dfrac{M_1}{M_2} = 34 - 12 \times \dfrac{-1.4}{8.3} = 36$

    $\dfrac{kl_u}{r} = \dfrac{0.9 \times 500}{10.8} = 41.67 > 36$，故屬細長柱，應考量軸向壓力造成的二次彎矩。

    最小偏心距(請參閱 9-8-3 節「最小偏心距」)的彎矩為

    $P_u(1.5 + 0.03h) = 113 \times (1.5 + 0.03 \times 36) = 291.54\text{t-cm} = 2.92\text{t-m}$

    因為 $M_2 (= 8.3t - m) > 2.92\text{t - m}$，故採用 $M_2 = 8.3\text{t-m}$

    計算放大彎矩 $M_c = \delta_{ns} M_2$

    因構材並未承受橫向載重，故等值彎矩修正因數 C_m 為

    $C_m = 0.6 + 0.4\dfrac{M_1}{M_2} = 0.6 + 0.4 \times \dfrac{-1.4}{8.3} = 0.667 > 0.4$

    $I_g = \dfrac{bh^3}{12} = \dfrac{30 \times 36^3}{12} = 116640\text{cm}^4$

$$EI = \frac{0.4 E_c I_g}{1 + \beta_d} = \frac{0.4 \times 217371 \times 116640}{1 + 0.6}$$

$$= 6338538360 \text{kg-cm}^4 = 633.854 \text{t-m}^4$$

$$P_c = \frac{\pi^2 EI}{(k l_u)^2} = \frac{3.1416^2 \times 633.854}{(0.9 \times 5)^2} = 306.417 \text{t}$$

$$\delta_{ns} = \frac{C_m}{1 - P_u / 0.75 P_c} = \frac{0.667}{1 - 113 / (0.75 \times 306.417)} = 1.312$$

所以，設計最大彎矩爲 $M_c = \delta_{ns} M_2 = 1.312 \times 8.3 = 10.89 \text{t-m}$

2. 對 x-x 軸撓曲

已知 k=0.85，β_d =0.6，h=30cm，l_u = 5m = 500cm

迴轉半徑 $r = 0.3h = 0.3 \times 30 = 9.0 \text{cm}$

因爲 M_1= 0t-m，M_2=0t-m，所以 $\dfrac{M_1}{M_2} = 1$

$$34 - 12 \frac{M_1}{M_2} = 34 - 12 \times 1 = 22$$

$\dfrac{k l_u}{r} = \dfrac{0.85 \times 500}{9.0} = 47.22 > 36$，故屬細長柱，應考量軸向壓力造成的二次彎矩。

最小偏心距的彎矩爲 $P_u (1.5 + 0.03h) = 113 \times (1.5 + 0.03 \times 30) = 271.2 \text{t-cm} = 2.712 \text{t-m}$

因爲 $M_2 = 0 \text{t-m} < 2.712 \text{t-m}$，故採用 $M_2 = 2.712 \text{t-m}$

計算放大彎矩 $M_c = \delta_{ns} M_2$

因爲規範規定，若 M_1、M_2 均爲零時，M_1 / M_2 比值爲 1，所以

等値彎矩修正因數 $C_m = 0.6 + 0.4 \dfrac{M_1}{M_2} = 0.6 + 0.4 \times 1 = 1.0 > 0.4$

$$I_g = \frac{bh^3}{12} = \frac{36 \times 30^3}{12} = 81000 \text{cm}^4$$

$$EI = \frac{0.4 E_c I_g}{1 + \beta_d} = \frac{0.4 \times 217371 \times 81000}{1 + 0.6}$$

$$= 4401762750 \text{kg-cm}^4 = 440.176 \text{t-m}^4$$

$$P_c = \frac{\pi^2 EI}{(k l_u)^2} = \frac{3.1416^2 \times 440.176}{(0.85 \times 5)^2} = 240.518 t$$

$$\delta_{ns} = \frac{C_m}{1 - P_u / 0.75 P_c} = \frac{1.0}{1 - 113 / (0.75 \times 240.518)} = 2.677$$

所以，設計最大彎矩爲 $M_c = \delta_{ns} M_2 = 2.677 \times 2.712 = 7.26 \text{t-m}$

9-8-3　最小偏心距

設計規範係以放大柱端彎矩計得柱的細長效應，如果柱端的設計彎矩非常小或爲零時，則需以規定的最小偏心距爲基準設計細長柱。當柱設計需用最小偏心距時，公式(9-8-11)中之 M_1/M_2 比值，仍應使用結構分析算得之設計柱端彎矩，此乃爲避免於計算時，在偏心距小於、等於或大於最小偏心距處，出現 C_m 值不連續之狀況。規範規定 M_2 值，應不小於：

$$\dot{M}_{2,\min} = P_u(1.5 + 0.03h) \tag{9-8-12}$$

公式中 1.5 及 h 之單位爲 cm；另 $M_{2,\min}$ 於大於 M_2 時，公式(9-8-11)之 C_m 值應按下列方式之一決定之。

1. 以實際之 M_1/M_2 比值計算 C_m
2. C_m 取爲 1.0

9-9　有側移構架的彎矩放大

9-9-1　彎矩放大係數

有側移構架受壓構材之兩端設計彎矩 M_1 與 M_2 應計算如下：

$$M_1 = M_{1ns} + \delta_s M_{1s} \tag{9-7-2}$$
$$M_2 = M_{2ns} + \delta_s M_{2s} \tag{9-7-3}$$

公式(9-7-2)及(9-7-3)係將各柱上、下端之放大側移彎矩 $\delta_s M_s$ (即 $\delta_s M_{1s}$ 及 $\delta_s M_{2s}$)與不需放大非側移彎矩 M_{ns} (即 M_{1ns} 及 M_{2ns})分別相加。非側移彎矩 M_{ns} 可依不會造成顯著側向位移的載重的一階彈性構架分析計得；而放大側移彎矩 $\delta_s M_s$ 則應按下述三種方法之一計得：

1. 二階彈性構架分析法

　　二階分析為包括變位產生之內力效應之構架分析，當使用二階彈性分析計算 $\delta_s M_s$ 時，必須採用構材破壞前一刹那極限載重下之側移量，因此二階分析應依 9-3「柱之載重分析」之規定降低構材勁度 EI 值。因此，$\delta_s M_s$ 係依據會造成顯著側向位移載重的二階彈性構架分析計得。

2. 二階彈性分析略算法

　　放大側移彎矩 $\delta_s M_s$ 亦可使用下式計得：

$$\delta_s M_s = \frac{M_s}{1-Q} \geq M_s \tag{9-9-1}$$

易言之，

$$\delta_s = \frac{1}{1-Q} \geq 1 \tag{9-9-2}$$

其中 Q 為依第 9-4 節「無側移與有側移構架」所規定計得的樓層穩定指數。

　　若計得之 $\delta_s > 1.5$ 時，則因本法不能準確預估有側移構架之二階彎矩值，放大側移彎矩 $\delta_s M_s$ 應改用「二階彈性構架分析法」或「傳統側移彎矩放大因數法」計算之。

3. 傳統側移彎矩放大因數法

　　放大側移彎矩 $\delta_s M_s$ 亦可使用下式計得：

$$\delta_s M_s = \frac{M_s}{1 - \dfrac{\sum P_u}{\phi_k \sum P_c}} \geq M_s \tag{9-9-3}$$

易言之，

$$\delta_s = \frac{1}{1 - \dfrac{\sum P_u}{\phi_k \sum P_c}} \geq 1 \tag{9-9-4}$$

其中

$\sum P_u$：一樓層內之總設計垂直力。

$\sum P_c$：為該樓層內所有束制側移柱臨界載重之總和。

ϕ_k：勁度折減因數，應取為 0.75。

某柱的臨界載重(尤拉挫曲載重)的計算公式為：

$$P_c = \frac{\pi^2 EI}{(kl_u)^2} \tag{9-9-5}$$

k 值為該柱的有效長度因數，應依第 9-5 節「剛構架的有效長度因數」之規定查閱列線圖或以公式計算的值；對於有側移構架的有效長度因數 k 值必大於 1.0。

EI 應取為：

$$EI = \frac{0.2E_c I_g + E_s I_{se}}{1 + \beta_d} \tag{9-9-6}$$

或

$$EI = \frac{0.4E_c I_g}{1 + \beta_d} \tag{9-9-7}$$

其中 E_c、E_s 分別代表鋼筋、混凝土的彈性模數；I_g、I_{se} 分別代表總斷面對其中心軸的慣性矩、鋼筋斷面對構材總斷面形心軸之慣性矩。β_d 為該層最大設計側向持續剪力與設計側向全剪力之比值(與無側移構架的定義不同)。

因為有側移構架發生側移時，並非僅某個單獨柱發生側移而係整層所有柱子均發生側移，因此，側移放大彎矩係數 δ_s 的計算就採用整層各柱設計軸力之總和與各柱臨界載重之總和。

9-9-2　最大設計彎矩

公式(9-7-2)及(9-7-3)係將各柱上、下端之放大側移彎矩 $\delta_s M_s$ (即 $\delta_s M_{1s}$ 及 $\delta_s M_{2s}$)與不需放大非側移彎矩 M_{ns} (即 M_{1ns} 及 M_{2ns})分別相加。通常其中一端將成為柱之最大彎矩 M_c，可以 M_c 及柱的設計軸力 P_u 進行柱的設計。有時當細長柱承受很大軸向壓力，最大設計彎矩可能不在柱端而是在兩柱端之間的位置上；因此，如樓層內任意一受壓構材，其

$$\frac{l_u}{r} > \frac{35}{\sqrt{\dfrac{P_u}{f_c' A_g}}} \tag{9-9-8}$$

則最大設計彎矩可能大於柱端彎矩 5%且不在柱端，最大彎矩 M_c 應做如下的修改後與設計軸力 P_u 進行柱的設計。

$$M_c = \delta_{ns}\left(M_{2ns} + \delta_s M_{2s}\right) \tag{9-9-9}$$

若將公式(9-8-6)的無側移構架彎矩放大因數 δ_{ns} 代入公式(9-9-9)可得

$$M_c = \frac{C_m\left(M_{2ns} + \delta_s M_{2s}\right)}{1 - \dfrac{P_u}{0.75P_c}} \geq \left(M_{2ns} + \delta_s M_{2s}\right) \tag{9-9-10}$$

範例 9-9-1

一有側移構架分別按會產生側移及不會產生側移的因數化載重經過兩次一階彈性構架分析後，得到某柱的受力情形如下表。如果該柱的無支撐長度為 $l_u = 5.4\text{m}$，有效長度因數 $k = 1.3$，混凝土的抗壓強度為 280kg/cm^2，圖 9-9-1 為該柱的斷面尺寸，試依彎矩放大法計算該柱的設計彎矩 M_c？

P_u 無側移載重的軸向壓力	272 t
P_u 有側移載重的軸向壓力	56.67 t
M_{1ns} 無側移載重的柱端彎矩	6.91 t-m
M_{2ns} 無側移載重的柱端彎矩	17.96 t-m
M_u 有側移載重的柱端彎矩	16.58 t-m
$\sum P_u$ 柱子所在層的所有柱子設計軸力之總和	7253.33 t
$\sum P_c$ 柱子所在層的所有柱子臨界載重之總和	21760 t

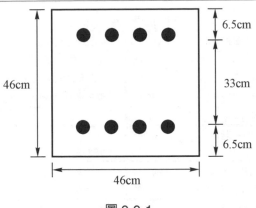

圖 9-9-1

迴轉半徑 $r = 0.3h = 0.3 \times 46 = 13.8\text{cm}$

細長比 $\dfrac{kl_u}{r} = \dfrac{1.3 \times 5.4 \times 100}{13.8} = 50.87 > 22$ 故應考慮二次彎矩

前述經一次彈性構架分析的載重為因數化載重(factored load)，故需乘以強度折減因數 0.75，所以

$$P_u = 0.75 \times (272 + 56.67) = 246.50\text{t}$$

$$M_{2ns} = 0.75 \times 17.96 = 13.47\text{t-m}$$

$$M_{2s} = 0.75 \times 16.58 = 12.435\text{t-m}$$

傳統側移彎矩放大因數 $\delta_s = \dfrac{1.0}{1 - \dfrac{7253.33}{0.75 \times 21760}} = 1.80 < 2.5$，結構穩定(請參閱 9-9-3 節

「整體構架強度與穩定度檢查」)。

$$\frac{l_u}{r} = \frac{540}{13.8} = 39.13 < \frac{35}{\sqrt{\dfrac{P_u}{f_c' A_g}}} = \frac{35}{\sqrt{\dfrac{272 \times 1000}{280 \times 46 \times 46}}} = 51.66$$

所以最大彎矩發生在柱端，最大設計彎矩為

$$M_c = M_{2ns} + \delta_s M_{2s} = 13.47 + 1.80 \times 12.435 = 35.853\text{t-m}$$

規範規定的最小設計彎矩為

短柱設計(雙排筋)

承受的設計軸向載重 P_u t	246.500	承受的設計撓曲彎矩 M_n t-m	35.853
柱的深度 h cm	46.00	混凝土的抗壓強度 f_c' kg/cm²	280.00
柱的寬度 b cm	46.00	鋼筋的降伏強度 f_y kg/cm²	4200.00
拉力筋到受壓面的深度 d cm	39.50	鋼筋的彈性模數 E_s kg/cm²	2040000.00
壓力筋到受壓面的深度 d' cm	6.50	鋼筋總根數	8
實際偏心距 e cm	14.545	Beta1	0.850
塑性中心距受壓面距離 d_p cm	23.00	拉筋距塑性中心的距離 d" cm	16.50
軸心載重理論標稱強度 P_{n0} kg	594,417	規範標稱強度 $P_{n0,max}$ kg	475,534
軸心載重理論設計強度 Pu0 kg	416,092	規範設計強度 $P_{u0,max}$ kg	332,874
平衡破壞偏心距 e_b cm	20.380	平衡破壞中性軸的距離 x_b cm	23.4244
平衡標稱軸向載重 P_n kg	215,255	平衡標稱撓曲彎矩 M_n kg-cm	4,386,858
抗壓筋降伏偏心距 e_c cm	22.518	壓筋降伏中性軸距離 x_c cm	20.7188
抗壓筋降伏軸向載重 P_n kg	190,077	壓筋降伏撓曲彎矩 M_n kg-cm	4,280,123

1.000%	21.160	4根#6(D19)	281,491	0.7000	197,044	<	246,500	✕
1.083%	22.920	4根#6(D19)	4,094,244	壓破	2,865,971	<	3,585,300	✕

軸心載重理論標稱強度 P_{n0} kg	708,649	規範標稱強度 $P_{n0,max}$ kg	566,920
軸心載重理論設計強度 Pu0 kg	496,055	規範設計強度 $P_{u0,max}$ kg	396,844
平衡破壞偏心距 e_b cm	29.875	平衡破壞中性軸的距離 x_b cm	23.4244
平衡標稱軸向載重 P_n kg	211,824	平衡標稱撓曲彎矩 M_n kg-cm	6,328,304
抗壓筋降伏偏心距 e_c cm	33.334	壓筋降伏中性軸距離 x_c cm	20.7188
抗壓筋降伏軸向載重 P_n kg	186,646	壓筋降伏撓曲彎矩 M_n kg-cm	6,221,569

2.000%	42.320	4根#9(D29)	355,571	0.7000	248,900	>	246,500	○
2.446%	51.752	4根#9(D29)	5,171,722	壓破	3,620,205	>	3,585,300	○

軸心載重理論標稱強度 P_{n0} kg	761,709	規範標稱強度 $P_{n0,max}$ kg	609,367
軸心載重理論設計強度 Pu0 kg	533,196	規範設計強度 $P_{u0,max}$ kg	426,557
平衡破壞偏心距 e_b cm	34.391	平衡破壞中性軸的距離 x_b cm	23.4244
平衡標稱軸向載重 P_n kg	210,231	平衡標稱撓曲彎矩 M_n kg-cm	7,230,074
抗壓筋降伏偏心距 e_c cm	38.494	壓筋降伏中性軸距離 x_c cm	20.7188
抗壓筋降伏軸向載重 P_n kg	185,052	壓筋降伏撓曲彎矩 M_n kg-cm	7,123,339

3.000%	63.480	4根#10(D32)	387,120	0.7000	270,984	>	246,500	○
3.079%	65.144	4根#10(D32)	5,630,595	壓破	3,941,417	>	3,585,300	○

軸心載重理論標稱強度 P_{n0} kg	889,982	規範標稱強度 $P_{n0,max}$ kg	711,986
軸心載重理論設計強度 Pu0 kg	622,988	規範設計強度 $P_{u0,max}$ kg	498,390
平衡破壞偏心距 e_b cm	45.597	平衡破壞中性軸的距離 x_b cm	23.4244
平衡標稱軸向載重 P_n kg	206,378	平衡標稱撓曲彎矩 M_n kg-cm	9,410,161
抗壓筋降伏偏心距 e_c cm	51.344	壓筋降伏中性軸距離 x_c cm	20.7188
抗壓筋降伏軸向載重 P_n kg	181,200	壓筋降伏撓曲彎矩 M_n kg-cm	9,303,426

4.000%	84.640	4根#12(D39)	460,526	0.7000	322,368	>	246,500	○
4.609%	97.520	4根#12(D39)	6,698,269	壓破	4,688,788	>	3,585,300	○

圖 9-9-2

$$M_{2,\min} = P_u(1.5+0.03h) = 246.5 \times (1.5+0.03 \times 46)/100$$
$$= 7.10\text{t-m} < 35.853\text{t-m}\quad \text{O.K}$$

因此該柱可以軸向載重為 246.5t 及彎矩 35.853t-m，以短柱設計之。圖 9-9-2 為短柱設計的報表。

範例 9-9-2

圖 9-9-3 為一承受均佈重力載重 $W_u(W_D=1.487\text{t/m}$ 及 $W_L=2.975\text{t/m})$ 及短期側向集中載重 $P_u(=3.627\text{t})$的有側移構架，梁、柱斷面假設如圖示。如果混凝土的抗壓強度為 280kg/cm²，鋼筋的降伏強度為 4,200kg/cm²，試計算柱 CD 的設計軸力及設計彎矩？

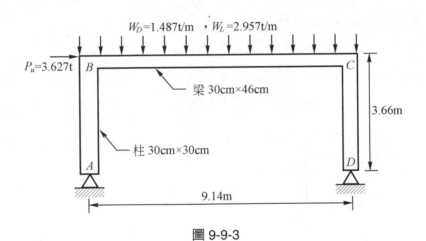

圖 9-9-3

1.　計算混凝土的彈性模數
$$E_c = 15000\sqrt{f_c'} = 15000 \times \sqrt{280} = 250998\text{kg/cm}^2$$

2.　使用折減後的慣性矩及柱 CD 的有效長度因數 k

柱折減後的慣性矩 $I_C = 0.70 \times \dfrac{30 \times 30^3}{12} = 47250\text{cm}^4$

梁折減後的慣性矩 $I_b = 0.35 \times \dfrac{30 \times 46^3}{12} = 85169\text{cm}^4$

$$\psi_C = \frac{I_c/l_c}{I_b/l_b} = \frac{47250/366}{85169/914} = 1.39$$

因為 D 端為鉸接，故 $\psi_D = \infty$，但考量鉸接處難免有摩擦阻力，所以取 $\psi_D = 10$

以 $\psi_C = 1.39$、$\psi_D = 10$ 查閱圖 9-5-1 中的有側移構架的列線圖,得柱 CD 的有效長

度因數 k=1.95。

3. 短柱及細長柱研判

柱 CD 的未支撐長度 $l_u = 3.66 - 0.46/2 = 3.43m = 343cm$

柱 CD 的斷面迴轉半徑$= 0.3h = 0.3 \times 30 = 9cm$

$$\frac{kl_u}{r} = \frac{1.95 \times 343}{9} = 74.32 > 22,故屬細長柱。$$

4. 計算在載重情況為 $U = 1.4D + 1.7L$ 的設計彎矩

(1) 載重情況 $U = 1.4D + 1.7L$ 為不產生側移的均佈重力載重,即

$$W_u = 1.4 \times 1.487 + 1.7 \times 2.957 = 7.12t/m$$

(2) 經過一階彈性構架分析,得柱 CD 的 C 端彎矩為 26.157t-m(即 $M_{2ns} = 26.157t\text{-}m$),

D 端彎矩為 0t-m;設計軸力為 32.64t。如圖 9-9-4。

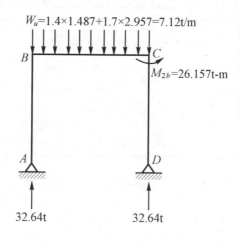

圖 9-9-4

(3) 檢查是否小於規範的最小彎矩值

$$M_{2,min} = 32.64 \times (1.5 + 0.03 \times 30)/100 = 0.784t\text{-}m < 26.157t\text{-}m$$

(4) 計算無側移彎矩放大因數 δ_{ns}

$$\beta_d = \frac{1.4 \times 1.487}{1.4 \times 1.487 + 1.7 \times 2.957} = 0.293$$

$$EI = \frac{0.4EI}{1 + \beta_d} = \frac{0.4 \times 250998 \times 47250}{1 + 0.293} \times 10^{-3} = 3856798.6t\text{-}cm^2$$

無側移構架的有效長度因數 k=1(保守)，所以

臨界載重 $P_c = \dfrac{\pi^2 EI}{(kl_u)^2} = \dfrac{3.1416^2 \times 3856798.6}{(1.0 \times 343)^2} = 323.548\text{t}$

$C_m = 0.6 + 0.4 \times \left(\dfrac{-0}{26.157}\right) = 0.6$

$\delta_{ns} = \dfrac{C_m}{1 - \dfrac{P_u}{0.75 P_c}} = \dfrac{0.6}{1 - \dfrac{32.64}{0.75 \times 323.548}} = 0.693$

因 $\delta_{ns}(=0.693) < 1.0$，取 $\delta_{ns} = 1.0$

(5) 計算有側移彎矩放大因數

有側移構架的採用有效長度因數 k=1.95，計算臨界載重，即

$P_c = \dfrac{\pi^2 EI}{(kl_u)^2} = \dfrac{3.1416^2 \times 3856798.6}{(1.95 \times 343)^2} = 85.088\text{t}$

$\delta_s = \dfrac{1}{1 - \dfrac{\sum P_u}{0.75 \sum P_c}} = \dfrac{1.0}{1 - \dfrac{2 \times 32.64}{0.75 \times 2 \times 85.088}} = 2.047$

(6) 計算放大彎矩

$M_c = \delta_{ns} M_{2ns} + \delta_s M_{2s} = 1.0 \times 26.157 + 2.047 \times 0 = 26.157\text{t-m}$

5. 計算在載重情況為 U=1.4D + 1.7L + 1.7W 的設計彎矩

(1) 載重情況 U=1.4D + 1.7L + 1.7W 為產生側移的全載重，即

$W_u = 1.4 \times 1.487 + 1.7 \times 2.957 = 7.12\text{t/m}$

$P_l = 1.7 \times 3.627 = 6.166\text{t}$ (作用於節點 A 的側向集中載重)

(2) 經過一階彈性構架分析，由均佈載重得柱 CD 的 C 端彎矩為 19.621t-m(即 $M_{2ns} = $ 19.621t-m)，D 端彎矩為 0t-m，設計軸力為 24.48t；由作用於節點 A 的側向集中載重得柱 CD 的 C 端彎矩為 8.456t-m(即 $M_{2ns} = $ 8.456t-m)，D 端彎矩為 0t-m，設計軸力為 1.859t。如圖 9-9-5。

(3) 檢查是否小於規範的最小彎矩值

$M_{2,\min} = 24.48 \times (1.5 + 0.03 \times 30)/100 = 0.588\text{t-m} < 19.621\text{t-m}$

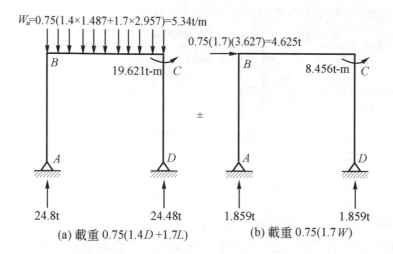

(a) 載重 $0.75(1.4D+1.7L)$　　　　(b) 載重 $0.75(1.7W)$

圖 9-9-5

(4) 計算無側移彎矩放大因數 δ_{ns}

$$\beta_d = \frac{1.4 \times 1.487}{1.4 \times 1.487 + 1.7 \times 2.957} = 0.293$$

$$EI = \frac{0.4EI}{1+\beta_d} = \frac{0.4 \times 250998 \times 47250}{1+0.293} \times 10^{-3} = 3856798.6 \text{t-cm}^2$$

無側移構架的有效長度因數 $k=1$(保守)，所以

臨界載重 $P_c = \dfrac{\pi^2 EI}{(kl_u)^2} = \dfrac{3.1416^2 \times 3856798.6}{(1.0 \times 343)^2} = 323.548\text{t}$

$$C_m = 0.6 + 0.4 \times \left(\frac{-0}{19.621}\right) = 0.6$$

$$\delta_{ns} = \frac{C_m}{1 - \dfrac{P_u}{0.75P_c}} = \frac{0.6}{1 - \dfrac{24.48 + 1.859}{0.75 \times 323.548}} = 0.673$$

因 $\delta_{ns}(=0.673) < 1.0$，取 $\delta_{ns} = 1.0$

(5) 計算有側移彎矩放大因數 δ_s

$\beta_d = 0.0$ 因為在本載重情況下並無靜載重。

$$EI = \frac{0.4EI}{1+\beta_d} = \frac{0.4 \times 250998 \times 47250}{1+0.0} \times 10^{-3} = 4743862.2 \text{t-cm}^2$$

有側移構架的採用有效長度因數 $k=1.95$，計算臨界載重，即

$$P_c = \frac{\pi^2 EI}{(kl_u)^2} = \frac{3.1416^2 \times 4743862.2}{(1.95 \times 343)^2} = 104.658t$$

$$\delta_s = \frac{1}{1 - \dfrac{\sum P_u}{0.75 \sum P_c}} = \frac{1.0}{1 - \dfrac{2 \times 24.48 + 1.859 - 1.859}{0.75 \times 2 \times 104.658}} = 1.453$$

(6) 計算放大彎矩

$$M_c = \delta_{ns} M_{2ns} + \delta_s M_{2s} = 1.0 \times 19.621 + 1.453 \times 8.456 = 31.908t\text{-m}$$

設計軸力 $P_u = 24.48 + 1.859 = 26.339t$

6. 計算在載重情況為 $U=0.9D + 0.75(1.7W)$ 的設計彎矩

(1) 載重情況 $U=0.9D + 0.75(1.7W)$ 為產生側移的集中載重與靜載重,即

$$W_u = 0.9 \times 1.487 = 1.338t/m$$

$P_l = 0.75 \times 1.7 \times 3.627 = 4.624t$ (作用於節點 B 的側向集中載重)

(2) 經過一階彈性構架分析,由均佈載重得柱 CD 的 C 端彎矩為 4.905t-m(即 $M_{2ns} =$ 4.905t-m),D 端彎矩為 0t-m,設計軸力為 6.12t;由作用於節點 B 的側向集中載重得柱 CD 的 C 端彎矩為 8.456t-m(即 $M_{2s} =$ 8.456t-m),D 端彎矩為 0t-m,設計軸力為 1.859t。如圖 9-9-6。

(3) 檢查是否小於規範的最小彎矩值

$$M_{2,\min} = 6.12 \times (1.5 + 0.03 \times 30)/100 = 0.147t\text{-m} < 4.905t\text{-m}$$

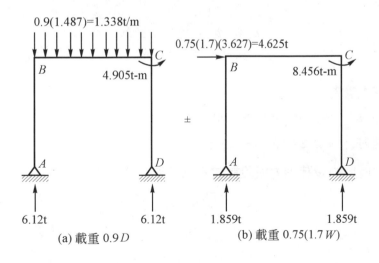

(a) 載重 $0.9D$ (b) 載重 $0.75(1.7W)$

圖 9-9-6

(4) 計算無側移彎矩放大因數 δ_{ns}

$$\beta_d = \frac{1.4 \times 1.487}{1.4 \times 1.487 + 1.7 \times 0} = 1$$

$$EI = \frac{0.4EI}{1+\beta_d} = \frac{0.4 \times 250998 \times 47250}{1+1} \times 10^{-3} = 2371931.1 \text{t-cm}^2$$

無側移構架的有效長度因數 $k=1$(保守)，所以

$$C_m = 0.6 + 0.4 \times \left(\frac{-0}{4.905}\right) = 0.6$$

臨界載重 $P_c = \dfrac{\pi^2 EI}{(kl_u)^2} = \dfrac{3.1416^2 \times 2371931.1}{(1.0 \times 343)^2} = 198.982 \text{t}$

$$\delta_{ns} = \frac{C_m}{1 - \dfrac{P_u}{0.75 P_c}} = \frac{0.6}{1 - \dfrac{6.12 + 1.859}{0.75 \times 198.982}} = 0.634$$

因 $\delta_{ns}(=0.634) < 1.0$，取 $\delta_{ns} = 1.0$

(5) 計算有側移彎矩放大因數 δ_s

$\beta_d = 0.0$ 因為在本載重情況下並無靜載重。

$$EI = \frac{0.4EI}{1+\beta_d} = \frac{0.4 \times 250998 \times 47250}{1+0.0} = 4743862.2 \text{t-cm}^2$$

有側移構架的採用有效長度因數 $k=1.95$，計算臨界載重，即

$$P_c = \frac{\pi^2 EI}{(kl_u)^2} = \frac{3.1416^2 \times 4743862.2}{(1.95 \times 343)^2} = 104.658 \text{t}$$

$$\delta_s = \frac{1}{1 - \dfrac{\sum P_u}{0.75 \sum P_c}} = \frac{1.0}{1 - \dfrac{2 \times 6.12 + 1.859 - 1.859}{0.75 \times 2 \times 104.658}} = 1.085$$

(6) 計算放大彎矩

$$M_c = \delta_{ns} M_{2ns} + \delta_s M_{2s} = 1.0 \times 4.905 + 1.085 \times 8.456 = 14.08 \text{t-m}$$

設計軸力 $P_u = 6.12 + 1.859 = 7.97 \text{t}$

7. 各種載重情形的設計軸力與設計彎矩彙整如下表

載重情形	設計軸力	設計彎矩
$U = 1.4D + 1.7L$	32.640t	26.157t-m
$U = 1.4D + 1.7L + 1.7W$	26.339t	31.908t-m
$U = 0.9D + 0.75(1.7W)$	7.979t	14.080t-m

前述設計軸力與設計彎矩均係依據梁、柱的假設斷面計算所得,據此依短柱設計的方法設計之;如果設計結果的鋼筋量嫌高,則需修改斷面再計算設計軸力與設計彎矩,直到妥適為止。

9-9-3 整體構架強度與穩定度檢查

有側移構架即使僅有垂直重力載重作用下,也有可能發生不穩定的狀況,因此必須檢查其穩定度。穩定度檢查的方法因放大側移彎矩 $\delta_s M_s$ 推算方法不同而異,茲分述如下:

1. 二階彈性構架分析法

當有側移構架依二階彈性構架分析法計算 $\delta_s M_s$ 時,構架應於設計重力載重加上一些側力載重(1.4D+1.7L+側力)後做兩次應力分析,其中一次為一階分析,另一次為二階分析,二階分析計得因側力產生側移量不得超過一階分析計得的側移量 2.5 倍,表如下式:

$$\frac{\text{二階分析計得的側移量}}{\text{一階分析計得的側移量}} \le 2.5$$

所加之側力載重可為一組設計時之側力或單一側力加於構架頂端,但側力之大小需足以正確計得側移量,而對因重力載重產生側移之非對稱構架,側力應施加於增加側移之方向。

2. 二階彈性分析略算法

當有側移構架依二階彈性分析略算法計算 $\delta_s M_s$ 時,構架於設計重力載重作用,因側力計得之樓層穩定指數 Q 值應不超過 0.6 之規定;相當於

$\delta_s = \dfrac{1}{1-Q} = \dfrac{1}{1-0.6} = 2.5$；計算 Q 值之 V_u 與 Δ_0 可用同一組任意選定之實際或虛設側

力載重求得。

3. 傳統側移彎矩放大因數法

　　當有側移構架依傳統側移彎矩放大因數法計算 $\delta_s M_s$ 時，δ_s 的上限值爲 2.5；
當 δ_s 值較高時構架分析結果將因 EI 值之變化、基礎之轉動或類似之原因而變得非
常不可靠，若 δ_s 值超過 2.5 則構架之勁度必須加強。

　　整體構架強度與穩定度檢查時，β_d 的定義爲最大設計軸向持續載重與全設計
軸向載重之比值(與無側移、有側移構架的定義不同)。至此，特將 β_d 的定義整理如
下：

無側移構架	$\dfrac{最大設計軸向靜載重}{全設計軸向載重}$
有側移構架－彎矩放大時	$\dfrac{該層最大設計側向持續剪力}{設計側向全剪力}$
有側移構架－穩定校核時	$\dfrac{最大設計軸向持續載重}{設計軸向全載重}$

9-10 細長柱的避冤

　　樓層構架中鋼筋混凝土柱的設計必須經過斷面設定、因數化載重組合及構架彈性分
析、構架有無側移之研判、有效長度因數及細長比的計算、細長柱與短柱之研判、短柱的
設計，假設斷面合理性的研判等繁瑣、重覆的冗長步驟。如果能夠從柱斷面的設定上，施
加一些斷面尺寸的限制以避免產生細長柱，則可相當程度地簡化鋼筋混凝土柱的設計。在
一篇「中型鋼筋混凝土建築物的簡化設計」研究報告中，有下列避免細長柱的建議：

　　對無側移構架，應使矩形柱的未支撐長度 l_u 與彎矩撓曲方向柱斷面深度 h 的比值 l_u/h
等於或小於 14(一樓)或 10(一樓以上)。如下的公式(9-6-1)爲無側移構架細長柱的判別式；
如柱端彎矩使該式成立，則屬短柱，否則屬細長柱。

$$\frac{kl_u}{r} \le 34 - 12\frac{M_1}{M_2} \tag{9-6-1}$$

　　式中 M_1、M_2 為柱端彎矩的較小者與較大者；單曲度則 M_1/M_2 值為正，雙曲度時則 M_1/M_2 值取負；故式中右側的最小值為 34，最大值為 46(規範限制為 40)。因為無側移構架的有效長度因數 k 最大值為 1，且迴轉半徑 $r = 0.3h$，故公式(9-6-1)可以改寫為：

$$\frac{kl_u}{r} = \frac{l_u}{0.3h} \le 34 \text{，即} \frac{l_u}{h} \le (34 \times 0.3) \le 10.2 \le 10 \text{ 或}$$

$$\frac{kl_u}{r} = \frac{l_u}{0.3h} \le 46 \text{，即} \frac{l_u}{h} \le (46 \times 0.3) \le 13.8 \le 14$$

　　對有側移構架，應使矩形柱的未支撐長度 l_u 與彎矩撓曲方向柱斷面深度 h 的比值 l_u/h 等於或小於 6。如下的公式(9-6-2)為有側移構架細長柱的判別式；如該式成立，則屬短柱，否則屬細長柱。

$$\frac{kl_u}{r} \le 22 \tag{9-6-2}$$

　　如取有側移構架的有效長度因數 k 為 1.2，及迴轉半徑 $r = 0.3h$ 代入公式(9-6-2)，可得

$$\frac{kl_u}{r} = \frac{1.2l_u}{0.3h} \le 22 \text{，亦即} \frac{l_u}{h} \le 5.5 \text{，取} \frac{l_u}{h} \le 6$$

10

單向版

10-1 導 論

鋼筋混凝土版是在鋼筋混凝土建築物中唯一能提供使用平面發揮建築物價值的構件，其鋼筋混凝土版面承載的載重係經由梁、柱傳遞於基腳，終至大地土壤承受之。這些載重的傳遞屬於高度超靜定的問題，目前尚難有精確的分析。鋼筋混凝土版僅能從其理論上的撓曲行為，大致了解其載重分配的影響因素，輔以許多試驗與假設，再經數學歸納及簡化設計步驟以供遵循。圖 10-1-1 為四邊簡支的平版，其長邊邊長為 L，短邊邊長為 S，單位面積承受的均佈載重為 W。假設在兩方向的中央各截切一帶，短向跨徑所分擔的荷重為 W_S，帶中央的撓度為 Δ_S；長向跨徑所分擔的荷重為 W_L，帶中央的撓度為 Δ_L。因為截切的中央帶均是版的一部份，故兩帶交接處的撓度必須相等，因此，$\Delta_S = \Delta_L$ 亦即

$$\frac{5W_L L^4}{384EI} = \frac{5W_S S^4}{384EI} \quad \text{整理得} \quad \frac{W_S}{W_L} = \left(\frac{L}{S}\right)^4$$

因 $W = W_L + W_S$

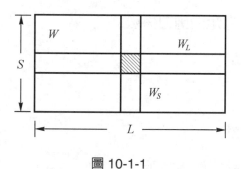

圖 10-1-1

聯立解得各方向分配負擔的載重為：

$$W_L = \frac{S^4}{S^4 + L^4} W \tag{10-1-1}$$

$$W_S = \frac{L^4}{S^4 + L^4} W \tag{10-1-2}$$

由公式(10-1-1)及公式(10-1-2)可以發現，某方向的載重分配與另一方向邊長的四次方成正比。假設長邊邊長為短邊邊長的兩倍，則長邊分擔的載重為全部載重的

1/17W (0.0588W)；而短邊分擔的載重為全部載重的 16/17W(0.9412W)；顯示版載重幾乎由短向邊負擔。因此，當版的長邊邊長大於或等於短邊的 2 倍時，作用於版上之靜載重與活載重可視為完全支承於短向之邊支承上，長向負擔載重相當微小，而可視為單向版設計之，反之以雙向版設計之。

在單向版設計中，取一單位寬之版而依單筋梁設計之。普通梁斷面其深度較寬度為大，以利抵抗彎矩，而版可視為一種寬與深之比很大的矩形淺梁，以承受其上之均佈載重。

版可依設計方法分類如下：

單向版(one-way slab)：當鋼筋混凝土版僅有兩邊支承或支承之長邊與短邊之邊長比大於或等於 2 時，如圖 10-1-2 所示，可視為單向版，其分析與設計與單筋梁相同，因其主力配筋僅於單向抵抗撓曲應力。單向版僅有兩邊支撐時，其主力配筋與支承邊垂直；若有四邊支撐，則主力配筋與長支撐邊垂直；而在另一方向輔以溫度鋼筋。

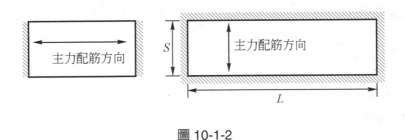

圖 10-1-2

雙向版(two-way slab)：當版支承之長邊與短邊之邊長比小於 2 時，稱為雙向版，一般版下柱間均有小梁支承之。雙向版之邊界條件、邊的連續性和短邊對長邊比例均會影響版之彎矩分配。雙向版依其雙向分配之彎矩以矩形淺梁設計之。

10-2　單向版 ACI 彎矩與剪力係數

單向版的長度與寬度之比大於或等於 2 時，幾乎所有的載重均作用在短邊方向上。因此設計時，可視單向版為由許多密接之矩形梁所組成，而沿著長邊方向取承受單向版載重的一單位寬(通常為 1 公尺)的長條，視單位寬為梁寬、版厚為梁深、支承間距離為跨度長所構成之一連續矩形梁設計之。版上的單位面積載重等於單位長度的載重。

除非特殊結構或非常重要結構需用較為精確之分析方法計算外，可用近似的 ACI 係數法分析之。ACI 係數法的使用條件及彎矩、剪力係數說明如下：

一、使用條件

1. 兩跨以上。
2. 相鄰兩跨度中較大之跨度長不超過較小者之 1.2 倍。
3. 承受均佈載重。
4. 均佈活載重(W_L)不得大於靜載重的(W_D)3 倍。
5. 均勻斷面桿件。

二、彎矩係數

符合使用條件的單向版或連續梁，可依下式計算設計彎矩

$$M_u = C_u W_u L_u^2 \tag{10-2-1}$$

其中　　C_u 為彎矩係數

W_u 為均佈載重

L_u 為有效跨徑

三、剪力係數

符合使用條件的單向版或連續梁，可依下式計算設計剪力

$$V_u = C_V \frac{W_u L_u}{2} \tag{10-2-2}$$

其中　　C_v 為剪力係數

W_u 為均佈載重

L_u 為有效跨徑

四、係數規定

若兩連續跨度近乎相等，較長跨度不比較短跨度大於 1.2 倍，承受均佈載重，且活載重不超過靜載重之 3 倍，如以 l_n 為正彎矩及剪力之淨跨度或負彎矩之相鄰跨度平均長，W 為包括梁重之單位長度均佈載重，其彎矩及剪力可依下列規定計算之。

1.　正彎矩

　　(1)　端跨，不連續端無束制者為 $\dfrac{1}{11}Wl_n^2$。

　　(2)　端跨，不連續端與支承築成一體者為 $\dfrac{1}{14}Wl_n^2$。

　　(3)　內跨為 $\dfrac{1}{16}Wl_n^2$。

2.　負彎矩

　　(1)　兩連續跨度，第一內支承外面處為 $\dfrac{1}{9}Wl_n^2$。

　　(2)　三連續跨度以上，第一內支承外面處為 $\dfrac{1}{10}Wl_n^2$。

　　(3)　其他內支承面處為 $\dfrac{1}{11}Wl_n^2$。

　　(4)　版之跨度不超過 3m，或梁端處柱之勁度和與梁之勁度比大於 8，其所有支承面處為 $\dfrac{1}{12}Wl_n^2$。

　　(5)　構材端與支承梁築成一體時，其外支承之內面處為 $\dfrac{1}{24}Wl_n^2$。

　　(6)　構材端與支承柱築成一體時，其外支承之內面處為 $\dfrac{1}{16}Wl_n^2$。

　　彎矩係數整理如下表：

支撐條件	兩跨連續梁或單向版彎矩係數 C_u					
	端　跨			端　跨		
	外支承面	中央	內支承面	內支承面	中央	外支承面
簡支承	0	1/11	-1/9	-1/9	1/11	0
梁	-1/24	1/14	-1/9	-1/9	1/14	-1/24
柱	-1/16	1/14	-1/9	-1/9	1/14	-1/16

三跨以上連續梁或單向版彎矩係數 C_u								
	端　跨			內　跨			端　跨		
支撐條件	外支承面	中央	內支承面	支承面	中央	支承面	內支承面	中央	外支承面
簡支承	0	1/11	-1/10	-1/11	1/16	-1/11	-1/10	1/11	0
梁	-1/24	1/14	-1/10	-1/11	1/16	-1/11	-1/10	1/14	-1/24
柱	-1/16	1/14	-1/10	-1/11	1/16	-1/11	-1/10	1/14	-1/16

3. 剪力

(1) 端跨，第一內支承面處為 $\dfrac{1.15}{2}Wl_n$。

(2) 其他支承面處為 $\dfrac{1}{2}Wl_n$。

■ 10-3　版厚度之決定

　　版厚的決定是設計單向版的主要工作。版厚取決於撓度、撓曲及剪力三者的影響，其中以撓度的影響最大，版可能因過度的撓度變形而嚴重地影響其可用性，造成外觀的瑕疵、積水、滲漏或下層天花板的損害等缺失。因此版厚取決於規範對撓度控制所需之最小厚度，抵抗彎矩需要之厚度，以及抵抗剪力需要的厚度的規定，選取其中最大者。相關規定分別敘述如下：

10-3-1　撓度控制之版厚

　　對於不支承或不連續於因其較大撓度而易遭破壞之隔間，採用常重混凝土(W_c=2.3 t/m³)及 f_y=4200kg/cm² 之鋼筋時，最小版厚 h 為：

懸臂版 $h = \dfrac{L}{10}$

簡支版 $h = \dfrac{L}{20}$

一端連續版　$h = \dfrac{L}{24}$

二端連續版　$h = \dfrac{L}{28}$

L 爲跨徑長度。若對輕質混凝土(W_c 介於 1.4~1.9 t/m³ 間) 則版厚應該乘以 $(1.65 - 0.315W_c)$，但不得小於 1.09，W_c 應以 t/m³ 爲單位。若採用降伏強度不等於 f_y=4,200 kg/cm² 的鋼筋，則版厚應乘以 $(0.4 + f_y / 7000)$ 加以修正，跨度 L 應以 cm 爲單位。

10-3-2　彎矩需求之版厚

版厚 h 爲 $h = d + i + 0.5d_b$，其中 d 爲有效厚度，i 爲保護層厚，d_b 爲主筋直徑。有效厚度 d 之計算與單筋梁設計完全相同。

已知 $M_u = C_u W_u l_n^2$

取 $\rho = 0.5 \times \rho_{max} = 0.375\rho_b = 0.375(0.85)\beta \left(\dfrac{f_c'}{f_y} \right) \left(\dfrac{0.003}{0.003 + \varepsilon_y} \right)$

則 $m = \dfrac{f_y}{0.85f_c'}$

$$R_n = \rho f_y \left(1 - \frac{1}{2}\rho m \right)$$

$$M_u = \phi R_n b d^2$$

故得 $d = \sqrt{\dfrac{M_u}{\phi R_n b}}$

其中　　b 爲單位寬度(1m)

R_n 爲抵抗常數

ϕ =0.9

10-3-3　剪力需求之厚度

版厚 h 爲 $h = d + i + 0.5d_b$，其中 i 爲保護層厚，d_b 爲主筋直徑，有效厚度 d 則依剪力計算之

最大剪力 $\qquad V_u = 1.15\dfrac{W_u L_u}{2}$

混凝土剪力強度 $\qquad v_c = 0.53\sqrt{f_c^{'}}$

需要的單位剪應力 $\qquad v_u = \dfrac{V_u}{\phi bd}$

故最小有效厚度為 $\qquad d = \dfrac{V_u}{\phi b\left(0.53\sqrt{f_c^{'}}\right)} \qquad\qquad \phi = 0.85$

■ 10-4 有效跨徑

計算彎矩及剪力時，構材的有效跨徑 l_u 規定如下：

1. 構材與支承非構成一體者，構材跨度為支承間淨距加構材深度，但無須超過支承中心間之距離

    $l_u = ($淨跨距+構材深度$) \leqq$ 支承中心間的距離

2. 計算構架或連續構造物之構材彎矩時，其跨度應為支承中心間之距離

    $l_u =$ 支承中心間的距離

3. 跨度小於 3m 之連續版與支承造成一體者，可以支承間之淨距為設計跨度而不考慮支承之寬度

    $l_u =$ 支承間之淨距(不考慮支承之寬度)

4. 梁與支承灌鑄成一體者，以支承面之間距計算彎矩

    $l_u^{'} =$ 淨跨距

5. 計算負彎矩時，取兩相鄰跨度之平均值
6. 剪力計算時，$l_u =$ 淨跨距

10-5　單向版之設計

　　單向版的設計可視同長邊邊長為梁寬，短邊邊長為跨度的廣而淺的單筋矩形梁設計之。為方便計算，設計時沿長邊方向取單位寬度(通常 1 公尺)的帶狀樓版如圖 10-5-1 所示，當作一單筋矩形梁設計之。

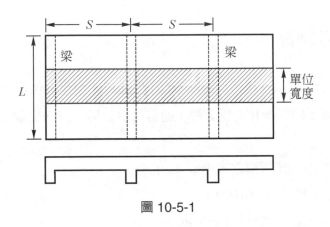

圖 10-5-1

10-5-1　主鋼筋

　　單向版之設計需要兩方向配置鋼筋，其中配置於短邊方向，抵抗彎矩者稱為主鋼筋。另一方向為控制溫度和乾縮裂縫用的副鋼筋，又稱為溫度鋼筋。主鋼筋應配置於副鋼筋的下方，以增加抵抗力臂。主鋼筋量係依據彎矩之大小計算之

$$\rho = \frac{1}{m}\left(1 - \sqrt{1 - \frac{2mR_n}{f_y}}\right) \qquad\qquad (10\text{-}5\text{-}1)$$

其中　　$m = \dfrac{f_y}{0.85 f_c^{'}}$

$R_n = \dfrac{M_u}{\phi\, \mathrm{b}d^2}$　　(b 為單位寬度，d 為有效深度)

單位寬度內主鋼筋量 $A_s = \rho bd$　且應不小於溫度鋼筋量 A_{st}

單位寬度內主鋼筋數目　$N = \dfrac{A_s}{A_b}$（A_b 為主鋼筋單根的斷面積）

主鋼筋的配置間距　$S = \dfrac{單位寬度}{N} \le \min(3h, 45\text{cm})$

主鋼筋量和其排置，應符合下列規定：

1. 主鋼筋量不得少於副鋼筋量。

2. 除欄柵版外，版和牆之主筋間距不得大於版厚或牆厚之 3 倍，亦不得大於 45 公分。

10-5-2　溫度鋼筋

　　單向版內約有 94% 的載重由短向邊所承載，設計時卻簡化為由單向版之短向邊完全承載，但為了控制混凝土的溫度和乾縮裂縫，通常也須於另一方向配置溫度鋼筋。有關溫度鋼筋之配置規定為：

1. 鋼筋之間距不得大於版厚之 5 倍或 45 公分。

2. $f_y \le 3{,}500\text{kg/cm}^2$ 時，$\rho \ge 0.002$。

3. $3{,}500 < f_y \le 4{,}200\text{kg/cm}^2$ 時，$\rho \ge 0.0018$。

4. $f_y > 4{,}200\text{kg/cm}^2$ 時，$\rho \ge \dfrac{0.0018(4200)}{f_y}$，並 ≥ 0.0014。

溫度鋼筋量 $A_{st} = \rho bh$，b 為單位寬度，h 為版厚。

單位寬度內溫度鋼筋數目 $N = \dfrac{A_{st}}{A_b}$。

溫度筋之配筋間距 $S = \dfrac{單位寬度}{N}\text{ cm} \le \min(5h, 45\text{cm})$。

範例 10-5-1

　　某建築物的三樓樓版平面圖如圖 10-5-2 所示，樓版承受均佈靜載重為 100 kg/m²，均佈活載重為 400kg/m²，採用建材為常重混凝土，單位重為 2,400kg/m³，抗壓強度為 210kg/cm²，鋼筋降伏強度為 2,800kg/cm²，試設計版厚及鋼筋量。

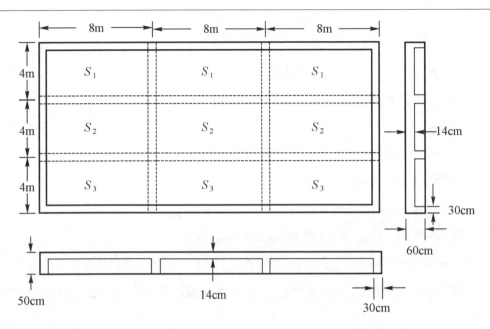

圖 10-5-2

1. 單向版適用性檢定

　(1) 樓版長邊與短邊邊長比須大於或等於 2

$$\frac{長邊}{短邊} = \frac{800}{400} = 2 \geq 2 \quad O.K.$$

　(2) 相鄰兩跨度之跨徑長度不得有 1.2 倍以上的差異

　　　單一方向上的相鄰兩跨度之跨徑長度相等。　O.K.

　(3) 單位寬版上承受均佈靜載重(W_D)不得大於活載重為(W_L)3 倍以上。因版厚尚未決定，待版厚確定後再行檢核。

2. 單向版版厚的設定

　取單位寬度為 1m。

　(1) 規範規定

　　　因為採用鋼筋的降伏強度為 2,800kg/cm^2，故版厚均須修正。

　　　樓版中的版 S_1, S_3 只有一端連續，其最小版厚為

$$h_1 = \frac{l}{24}\left(0.4 + \frac{f_y}{7000}\right) = \frac{400}{24}\left(0.4 + \frac{2800}{7000}\right) = 13.33\text{cm}$$

　　　樓版中的版 S_2 因有二端連續，其最小版厚為

$$h_2 = \frac{l}{28}\left(0.4 + \frac{f_y}{7000}\right) = \frac{400}{28}\left(0.4 + \frac{f_y}{7000}\right) = 11.43\text{cm}$$

取兩者之較大者，故先設定版厚 $h = 14\text{cm}$

單向版的有效深度 $d = 14 - 2 - 1.27/2 = 11.365\text{cm}$

(2) 彎矩檢核

支承梁寬度為 30cm，故有效跨度為 $l_n = 4.0 - 0.3 = 3.7$

梁自重 $= 0.14 \times 2400 = 336\text{kg/m}$

靜載重 $W_d = 100 + 336 = 436\text{kg/m}$

設計載重 $W_u = 1.4(436) + 1.7(400) = 1290.4\text{kg/m}^2$

最大設計彎矩為 $M_u = \frac{1}{10} \times 1290.4 \times 1 \times (3.7)^2 = 1766.56\text{kg-m/m}$

因單向版採用單筋梁的原理設計之，先令鋼筋比為單筋梁平衡鋼筋比的 0.375 倍，則

$$\rho = 0.375(0.85)(0.85)\frac{210}{2800}\left(\frac{6120}{6120 + 2800}\right) = 0.01394$$

$$m = \frac{f_y}{0.85 f_c'} = \frac{2800}{0.85 \times 210} = 15.6863$$

$$R_u = \rho f_y \left(1 - \frac{\rho m}{2}\right)$$
$$= 0.01394 \times 2800 \times \left(1 - \frac{0.01394 \times 15.6863}{2}\right) = 30.497$$

$$d = \sqrt{\frac{M_u}{\phi R_u b}} = \sqrt{\frac{1766.56 \times 100}{0.9 \times 30.497 \times 100}} = 7.77\text{cm}$$

$h_3 = $ 有效厚度 + 保護層厚度 + 主鋼筋半徑
$$= 7.77 + 2 + 1.27/2 = 10.405\text{cm} < h(14\text{cm}) \quad \text{O.K.}$$

(3) 剪力檢核

$$V_u = \frac{1.15}{2} \times 1290.4 \times 3.7 = 2745.326 \text{ kg/m}$$

混凝土的剪力強度為

$$\phi V_c = 0.85 \times 0.53 \times \sqrt{210} \times 100 \times 11.365 = 7419.487 \text{ kg/m}$$

$$\phi V_c (7419.487\text{kg/m}) > 2745.326 \text{ kg/m} \quad \text{O.K.}$$

(4) 計算版自重

先前假設的版厚 $h = 14\text{cm}$，可告確定。

單向版的有效深度 $d = 14\text{-}2\text{-}1.27/2 = 11.375 \text{ cm}$

梁自重$=0.14 \times 2400 = 336 \text{ kg/m}$(確定)

靜載重 $W_d = 100 + 336 = 436\text{kg/m}$

活載重 $W_L = 400 \times 1 = 400 \text{ kg/m}$

$\dfrac{靜載重\, W_D}{活載重\, W_L} = \dfrac{436}{400} = 1.09 < 3.0$ 符合單向版 ACI 彎矩剪力係數法的適用條件「單

位寬版上承受均佈靜載重(W_D)不得大於活載重為(W_L)3 倍以上」

3. 主鋼筋計算

　　短邊主鋼筋的計算，因端跨徑與中央跨徑的彎矩係數不同，故應分別計算，且每一跨徑亦須分別計算其兩端支承處及中央的彎矩與鋼筋量。因為版厚為 14 公分，故主鋼筋間距不得大於 $3h$(或 42 公分)。

(1) 端跨徑主鋼筋計算如下表

	支承處	中央	支承處
彎矩係數	$-1/24$	$1/14$	$-1/10$
彎矩 M_u kg-m	736.07	1261.83	1766.56
抵抗係數 R_n kg/cm^2	6.33	10.85	15.20
鋼筋比 ρ	0.0023	0.0040	0.0057
需要的鋼筋量 cm^2/m	2.62	4.55	6.46
鋼筋間距 cm	42.00	27.00	19.00
配筋	#4(D13)@42	#4(D13)@27	#4(D13)@19
實用的鋼筋量 cm^2/m	3.02	4.69	6.67

左支承計算實例：

彎矩 $M_u = \dfrac{1}{24} \times 1290.4 \times 3.7 \times 3.7 = 736.07 \text{ kg-m}$

$$R_n = \frac{M_u}{\phi\,bd^2} = \frac{736.07 \times 100}{0.9 \times 100 \times 11.365^2} = 6.33$$

$$m = \frac{f_y}{0.85 f_c'} = \frac{2800}{0.85 \times 210} = 15.6863$$

$$\rho = \frac{1}{m}\left(1 - \sqrt{1 - \frac{2mR_n}{f_y}}\right)$$

$$= \left(1 - \sqrt{1 - \frac{2 \times 15.6863 \times 6.33}{2800}}\right)/15.6863 = 0.0023$$

單位寬需要的鋼筋量 $A_s = 0.0023 \times 100 \times 11.365 = 2.62\,\mathrm{cm}^2/\mathrm{m}$

因為#4(D13)鋼筋的斷面積為 $1.267\mathrm{cm}^2$，所以

單位寬需要的鋼筋根數=2.62/1.267=2.068 根

鋼筋間距為 100/2.068=48.356cm

因鋼筋間距 48.356cm 大於最大鋼筋間距 42cm，故取 42cm

單位寬度實用的鋼筋量=100/42x1.267=3.02cm²

故得配筋 #4(D13)@42cm

(2) 中央跨徑主鋼筋計算如下表

	支承處	中央	支承處
彎矩係數	−1/11	1/16	−1/11
彎矩 M_u kg-m	1605.96	1104.10	1605.96
抵抗係數 R_n kg/cm²	13.82	9.50	13.82
鋼筋比 ρ	0.0051	0.0035	0.0051
需要的鋼筋量 cm²/m	5.84	3.96	5.84
鋼筋間距 cm	20.00	30.00	20.00
配筋	#4(D13)@20	#4(D13)@30	#4(D13)@20
實用的鋼筋量 cm²/m	6.34	4.22	6.34

4. 溫度鋼筋計算

因 $f_y \leqq 3{,}500\text{kg/cm}^2$ 時，故溫度鋼筋比 $\rho = 0.002$，則

單位寬度所需溫度鋼筋量 $= 0.002bh = 0.002 \times 100 \times 14 = 2.80\text{cm}^2$

單位寬度所需溫度鋼筋根數=2.80/1.267=2.21 根

鋼筋間距=100/2.21=45.25cm，取 45 公分

單位寬度實用溫度鋼筋量=100/45×1.267=2.82 cm^2

溫度鋼筋配置為#4(D13)@45。

10-6　單向版設計程式使用說明

在鋼筋混凝土分析與設計軟體畫面的功能表上，選擇☞RC/單向版設計☜後出現如圖 10-6-1 的輸入畫面。圖 10-6-1 的畫面係以範例 10-5-1 為例依序將已知的 X 方向格間數(3)、

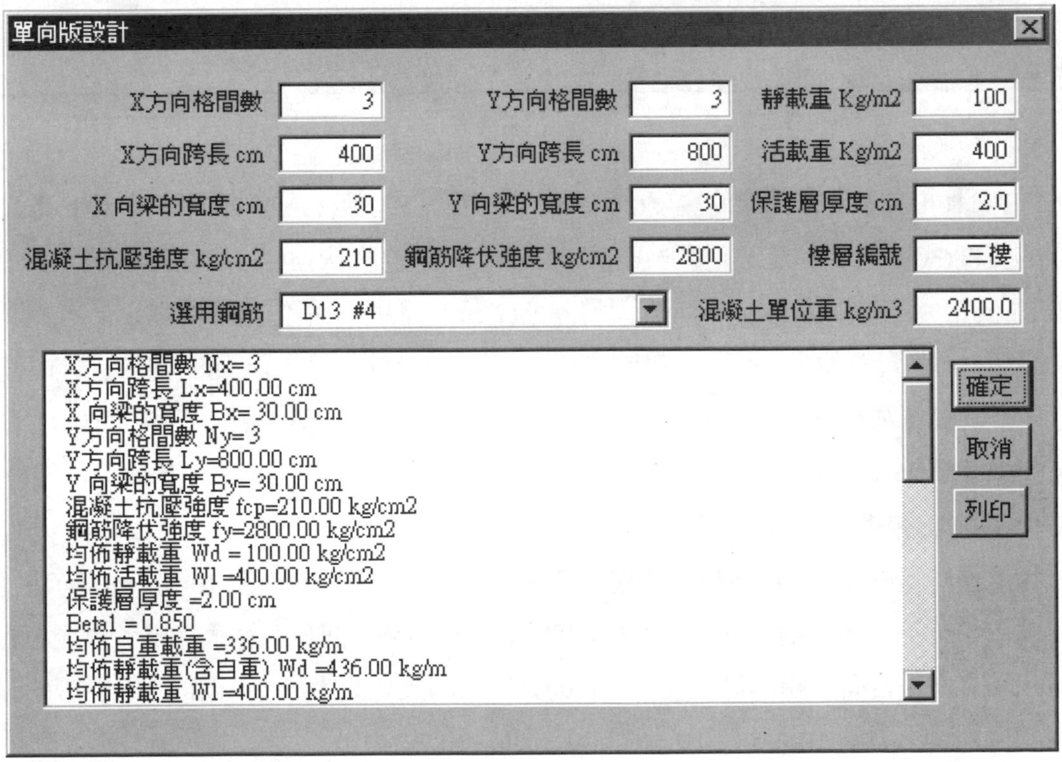

圖 10-6-1

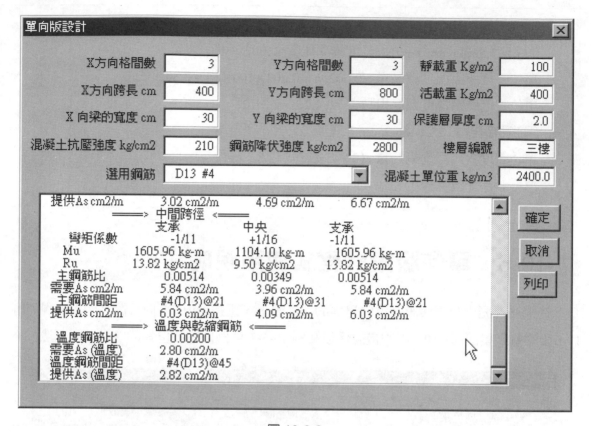

圖 10-6-2

X 方向跨長(400cm)、X 向梁的寬度(30 cm)、Y 方向格間數(3)、Y 方向跨長(800 cm)、Y 向梁的寬度(30 cm)、混凝土抗壓強度(210 kg/cm²)、鋼筋降伏強度(2,800 kg/cm²)、靜載重(100 Kg/m²)、活載重(400 Kg/m²)、保護層厚度(2 cm)、混凝土單位重(2400 kg/m³)及選用鋼筋的稱號(#4)等資料輸入。單擊「確定」鈕進行單向版設計計算工作,如資料完整且合理,則顯示計算結果如圖 10-6-1 及圖 10-6-2 所示,並使「列印」鈕生效;單擊「取消」鈕可結束作業;單擊「列印」鈕則可印出如圖 10-6-8 所示的報表。如果輸入樓層編號欄位(如三樓),則輸出報表表頭將含該欄位內容,以茲區別。

　　除了樓層編號欄位外,各欄位均屬必須輸入,如有欠缺則有如圖 10-6-3 的警示訊息。任何欄位如有不合理的輸入資料,則有如圖 10-6-4 的警示訊息。輸入完整資料後,程式將檢核兩方向是否有 2 跨間以上及單向版的長短邊跨長比是大於 2,以符合單向版的設計要件;否則將出現圖 10-6-5 及 10-6-6 的警示訊息。

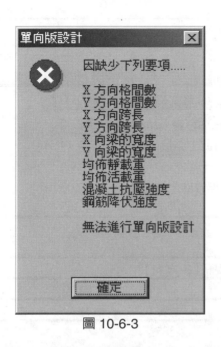

圖 10-6-3

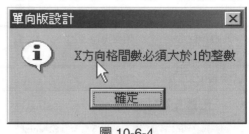

圖 10-6-4

圖 10-6-5

圖 10-6-6

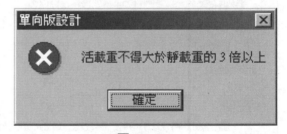

圖 10-6-7

單向版厚度確定後，如果活載重超過靜載重的 3 倍以上，則有圖 10-6-7 的警示訊息。

不論單向版的 X 方向格間數或 Y 方向格間數多少，因各跨徑的彎矩係數僅有端跨徑與中央跨徑的區別，故畫面顯示的或報表列印的設計結果，都僅列示一個端跨徑、一個中央跨徑及溫度鋼筋的彎矩、鋼筋比，鋼筋間距及鋼筋配置。左右的端跨徑是對稱的，故僅列示左端跨徑的設計結果。

[三樓]單向版設計

X方向==>	格間數	3	跨長 cm	400	梁寬度 cm	30.00
Y方向==>	格間數	3	跨長 cm	800	梁寬度 cm	30.00
靜載重 Kg/m^2	100.00	自重 Kg/m^2	336.00	活載重 Kg/m^2	400.00	
因數化靜載重 Kg/m^2		610.40	因數化活載重 Kg/m^2		680.00	
設計載重 Kg/m^2		1290.40	剪力強度 kg/m		7419.49	
混凝土抗壓強度 kg/cm^2		210.00	鋼筋降伏強度 kg/cm^2		2800.00	
樓版厚度 cm		14.00	保護層厚度 cm		2.00	
短向淨跨距 cm		370.00	有效深度 cm		11.365	

	短邊 主鋼筋 [X 方向]					
	左 端 跨 徑			中 間 跨 徑		
	支承	中央	支承	支承	中央	支承
剪 力 kg/m	2387.24		2745.33	2387.24		2387.24
彎矩係數	-1/24	+1/14	-1/10	-1/11	+1/16	-1/11
彎矩(M_u $Kg\text{-}m$)	736.07	1261.83	1766.56	1605.96	1104.10	1605.96
R_n Kg/cm^2	6.33	10.85	15.20	13.82	9.50	13.82
計算鋼筋比 ρ	0.0023	0.0040	0.0057	0.0051	0.0035	0.0051
計算 A_s cm^2/m	2.62	4.55	6.46	5.84	3.96	5.84
鋼筋間距 cm	42.00	27.00	19.00	21.00	31.00	21.00
配 筋	#4(D13)@42	#4(D13)@27	#4(D13)@19	#4(D13)@21	#4(D13)@31	#4(D13)@21
提供 A_s cm^2/m	3.02	4.69	6.67	6.03	4.09	6.03

長邊 溫度鋼筋 [Y 方向]	
溫度鋼筋比 ρ	0.0020
版厚度 cm	14.00
計算 A_s cm^2/m	2.80
鋼筋間距 cm	45.00
配 筋	#4(D13)@45
提供 A_s cm^2/m	2.82

圖 10-6-8

Reinforced Concrete

11

雙向版直接設計法

▉ 11-1　導　論

　　雙向版爲一高度超靜定結構，圖 11-1-1 爲雙向版中某一版元素的自由體所承受的各種內力。該版元素自由體的切面爲平行於支承柱心連線的平面，切面上承受的內力包括垂直與水平剪力、版面的軸力、彎矩及扭矩；因以靜力平衡的六個方程式求解十個未知內力，故屬四度超靜定結構。由平版理論的假設條件，解平版方程式需要利用一組相關之邊界條件才可求得其微分方程式之解。在技術文獻上，理論解也只能適用於某些載重情形及如簡支端、自由端及固定端等特殊的邊界條件，這種高度數學性的理論解實在不適用於一般設計工程師。另外鋼筋混凝土的潛變、龜裂、非均質非線性特質也會隨使用時間的增長而造成內力的再分配，因此正確的理論解也未能完全滿足雙向版的設計需求。

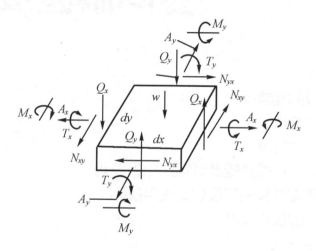

圖 11-1-1

　　爲了配合一般設計工程師的需要，美國混凝土學會(ACI)根據理論提供雙向版直接設計法(direct design method)及相當構架設計法(equivalent frame method)兩種簡化方法來推算雙向版承受的彎矩。直接設計法比相當構架法更爲簡化，故其僅適用於支承柱間距相等或近於相等且僅承受垂直均佈載重的雙向版設計；而相當構架法則受限較少，但推算程序較爲複雜，除解除承受柱間等距的限制外，也可承受地震力、風力等側向載重。

　　雙向版依據簡化的設計法推得的彎矩來適當配置鋼筋即可獲得安全的設計，然而樓版爲唯一提供使用空間的構材，必需控制其撓度以維持一定的平坦度，以免造成積水或龜裂現象；因此必須增加版厚以提升其勁度而降底版的撓度。無梁的平版僅能經由版與柱的接

觸面將版上載重完全傳遞於柱上，如果版厚不足，亦可能造成版柱的貫穿剪力破壞。因此版厚也是設計的重要因素之一。

　　因此雙向版的規範設計主要是規定雙向版厚的控制與版彎矩的簡化推算方法。實務設計時，均先假設一版厚度，據以推算版的自重及設計載重，進而推算設計彎矩，並檢核剪力的安全性；如果厚度不足而可能造成剪力破壞，則需增加版厚，重新推算設計載重及設計彎矩，直到滿足剪力安全性；這種冗長的試誤法將造成煩雜、重複的計算工作。果能由電腦逐一公分的增加版厚試算，將可獲得經濟、快速的設計結果。本章詳述雙向版直接設計法的原理、實例與程式使用說明。

11-2　雙向版的理論基礎

　　圖 11-2-1(a)為一承受均佈載重且在四角簡支承的雙向版，假設跨度長 l_1 大於跨度長 l_2。由幾何及載重的對稱，四角支承之反力為雙向版整體載重的四分之一，即

$$R_v = \frac{w l_2 l_1}{4}$$

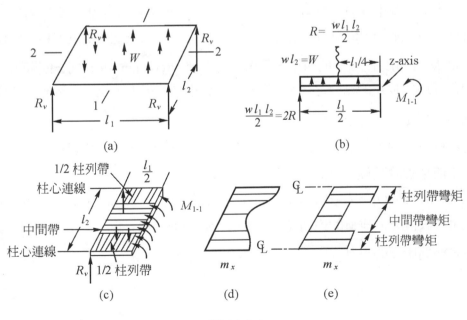

圖 11-2-1

在 l_1 方向跨度中央(斷面 1-1)所承受的彎矩為 M_{1-1}，由圖 11-2-1(b)的斷面 1-1 左側的自由體，可得：

$$M_{1-1} = \frac{wl_2l_1^2}{8}$$

同理在 l_2 方向跨度中央(斷面 2-2)所承受的彎矩為 M_{2-2}，可得：

$$M_{2-2} = \frac{wl_1l_2^2}{8}$$

因為 l_1 大於 l_2，故 M_{1-1} 大於 M_{2-2}，亦即跨度中央最大彎矩發生於跨度較長的方向上，且其比例為

$$\frac{M_{1-1}}{M_{2-2}} = \frac{l_1}{l_2}$$

M_{1-1} 為在 l_1 方向上作用於 l_2 寬度內的彎矩，但是 M_{1-1} 如何在寬度 l_2 內橫向分配則屬未知。圖 11-2-1(d)為解雙向版微分方程式所得的 M_{1-1} 沿寬度 l_2 內橫向分配的曲線圖，圖中 m_x 為單位長度的彎矩。由圖 11-2-1(d)知在跨度中央 m_x 最小，向兩端呈非線性增大。圖 11-2-1(e)為美國混凝土學會根據圖 11-2-1(d)的理論彎矩橫向分配加以簡化的彎矩橫向分配圖。由圖 11-2-1(e)知，彎矩 M_{1-1} 在 l_1 方向按兩種大小橫向分配於寬度 l_2 內；跨度中央的中間帶(middle strip)分配較小的彎矩、而兩側的柱列帶(column strip)則分配較大的彎矩。一般中間帶取跨度長 l_2 的二分之一，柱列帶各取跨度長 l_2 的四分之一；至於彎矩分配的相對大小則另行規定。

在實際房屋構架中，雙向版的四周非如圖 11-2-1 之單純，版的周邊可能固定、連續或自由，準用前述理論基礎，雙向版設計規範主要規定為：

1. 規定設計方向(l_1、l_2)各跨間的中央正彎矩及兩端負彎矩的推算(縱向分配)
2. 規定與設計方向垂直的方向(l_2、l_1)內各彎矩的橫向分配
3. 規定雙向版厚的控制

11-3　構架的拆解

圖 11-3-1(a)為一四層樓的平面圖，在 l_1 方向有四排柱子，柱間距為 l_2；在 l_2 方向有五排柱子，柱間距為 l_1。如果將 l_1 方向四排柱子之間的中線(如虛線)加以切割，並將虛線間或虛線與樓版邊緣之間的樓版視同為梁，則梁與柱子構成一如圖 11-3-1(b)的剛節構架。在 l_1 方向共有四個構架，其中間的兩個構架的梁部分包括柱子兩側的樓版(寬度為 l_2)，外側的兩個構架的梁的部分則僅有柱子單側的樓版(寬度為 $l_2/2$)。同理將 l_2 方向五排柱子之間的中線(如虛線)加以切割，並將虛線間或虛線與樓版邊緣之間的樓版視同為梁，則梁與柱子構成一如圖 11-3-1(c)的剛節構架。在 l_2 方向共有五個構架，其中間的三個構架的梁的部分包括柱子兩側的樓版(寬度為 l_1)，外側的兩個構架的梁的部分則僅有柱子單側的樓版(寬度為 $l_1/2$)。

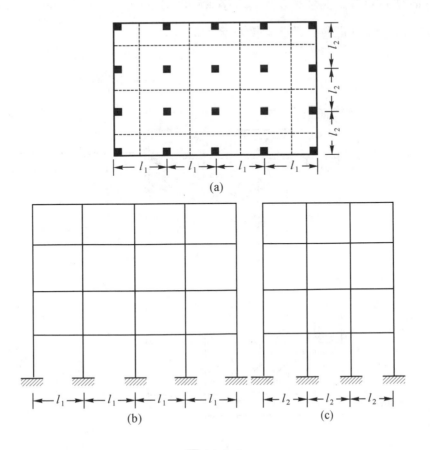

圖 11-3-1

　　這種將樓版切割並簡約成梁與柱子構成的剛節構架稱為相當構架(equivalent frame)，內側的相當構架的梁係由柱子兩側的樓版簡約而成；外側的相當構架則由柱子單側的樓版簡約而成。

　　設計規範的雙向版直接設計法或相當構架法均需將三度空間的房屋構架經過一定計算程序將之簡約成許多相當構架。相當構架經彈性結構分析方法，梁所承受的彎矩即為雙向版承受的彎矩(縱向分配)；再經彎矩的橫向分配即可計得柱列帶與中間帶所承擔的彎矩，如係雙向梁版，則柱列帶的彎矩又可進一步分配與梁及樓版。直接設計法因為有諸如僅承受均佈載重及柱間距相同或近乎相同的限制條件，而可略去相當構架的結構分析，而直接以每一跨間的均佈載重直接分析之。

　　圖 11-3-1 係就三度空間的房屋構架在垂直於地面的分割；圖 11-3-2 係就平行於地面的分割。柱列帶(column strip)為柱中心線兩側部分樓版及版下之梁組合而成，柱中心線兩側樓版之每側樓版寬度為跨度長 l_1 及 l_2 之小者的四分之一。中間帶(middle strip)則為相鄰兩柱列帶間之部份；亦即每一樓版格間柱列帶間的部分。

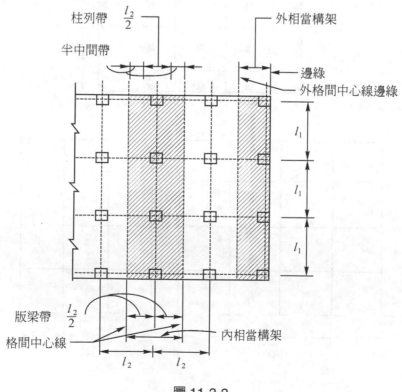

圖 11-3-2

▣ 11-4　構件特性計算

在實際的房屋立體剛構架中，因為柱子、樓版與梁的整體澆灌，使柱子周圍有樓版，樓版下面可能有梁來加強其勁度；各構件間之相互影響使各構件的剛度計算必須加以修飾才能將整體構架簡約成不同的相當構架。本節詳述各構件剛度計算及修正及相關名詞的定義。

11-4-1　跨度長

跨度長 l_1 為要求分析彎矩方向之支承中心至中心間之縱向水平距離；跨度長 l_2 為垂直於 l_1 方向之支承中心至中心間之橫向水平距離；跨度長 l_3 為柱上、下樓版中心至中心間之垂直距離；因此 l_1 及 l_2 隨分析彎矩方向之改變而改變，並非一固定之值。分析彎矩的方向稱為縱向，與縱向垂直的方向稱為橫向，因此縱向與橫向亦隨分析彎矩方向的改變而異。

11-4-2　淨跨長

淨跨長 l_n 係指 l_1 方向兩端支承的支承面至支承面間之距離，支承面係指設計用負彎矩之臨界斷面。非正方形斷面需換算成等效正方形後推算之。規範規定淨跨長 l_n 不得小於 $0.65 \, l_1$。

11-4-3　設計帶、柱列帶與中間帶

雙向版的格間(panel)為由四周之柱、梁或牆中心線所圍成之部分。設計方向的設計帶為相鄰兩格間中間線間的部分。設計帶內包括柱列帶與中間帶。柱列帶為柱中心線每側寬 $l_1/4$ 或 $l_2/4$ (以較小者為準)之部分，柱列帶中若有梁時，亦應包括之。中間帶為相鄰兩柱列帶間之部分。

11-4-4 梁之有效慣性矩 I_b 及撓曲勁度 K_b

在柱列帶中如柱線上有整體灌築或合成之梁存在，樓版中的梁均在柱列帶的柱線上與版整體灌築，則梁翼之有效寬度按規定為梁翼每側懸出之寬度等於該梁突出版上或版下之梁腰高度，以值大者為準，但不得大於版厚之 4 倍，如圖 11-4-1(a)之 T 型梁及圖 12 -4-1(b)L 型梁所示，梁之有效寬度 b_e 為有效梁翼寬度加上梁腰寬 b_w。即

內梁：$b_e \leq b_w + 2(h-t)$ 或 $b_e \leq b_w + 2(4t)$　　兩者取小者

邊梁：$b_e \leq b_w + (h-t)$ 或 $b_e \leq b_w + (4t)$　　　兩者取小者

其中　　　$h =$ 梁全深

$t =$ 樓版厚度

$b_w =$ 梁腰寬度

$b_e =$ 梁之有效寬度

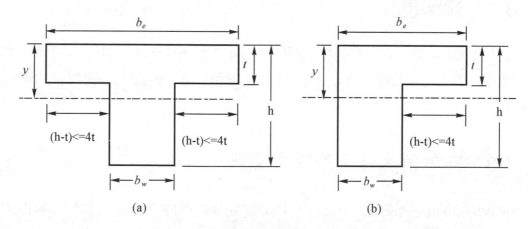

圖 11-4-1

按此規定則內梁形成 T 型梁，邊梁則形成 L 型梁；其有效之慣性矩 I_b 應先求 T 型梁或 L 型梁的形心，再將其分割成多個矩形，並求各個矩形對本身形心的慣性距及各矩形面積對整個形心的面積矩之和；如下式：

$$I_b = \sum \left(\frac{bh^3}{12} + bhd^2 \right) \qquad\qquad (11\text{-}4\text{-}1)$$

式中 b、h 為各個矩形的寬與高，d 則為各個矩形形心至 T 型梁或 L 型梁形心的距離。

　　T 型梁或 L 型梁慣性矩的簡化計算(非規範建議的)可取以梁腰寬為寬度、版頂至梁底的距離為高度的矩形梁慣性矩的 2 倍或 1.5 倍，即

$$內梁：I_b = 2.0\frac{b_w h^3}{12} = \frac{b_w h^3}{6} \tag{11-4-2}$$

$$邊梁：I_b = 1.5\frac{b_w h^3}{12} = \frac{b_w h^3}{8} \tag{11-4-3}$$

梁之撓曲勁度 K_b 計算式為

$$K_b = \frac{4E_c I_b}{l_1}$$

式中 E_c 為梁混凝土的彈性模數，I_b、l_1 分別為梁的慣性矩及跨度長。

範例 11-4-1

　　圖 11-4-2 為一梁腰寬度為 30cm，梁翼寬度為 118cm，版厚為 11cm，梁高為 60cm 的 T 型梁，試求其慣性矩？

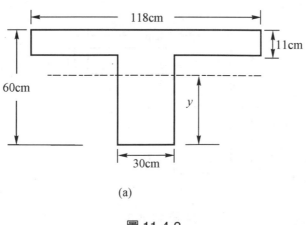

(a)

圖 11-4-2

　　梁腰突出版面的高度為 $h - t = 60 - 11 = 49\text{cm}$，規範規定梁翼每側懸出的寬度為梁腰突出版面的高度(49cm)，但不得超過版厚的四倍(44cm)，因此 T 型梁的梁翼寬度為 $b_e = 30 + 2 \times 44 = 118\text{cm}$。設經過 T 型梁形心的中性軸距梁腰底的距離為 y，則

$$y = \frac{11 \times 118 \times (60 - 11/2) + (60 - 11) \times 30 \times (60 - 11)/2}{11 \times 118 + (60 - 11) \times 30}$$

$$= \frac{70741 + 36015}{1298 + 1470} = 38.568\text{cm}$$

依據公式(11-4-1)得 T 型梁慣性矩 I_b 為

$$I_b = \frac{118 \times 11^3}{12} + 118 \times 11 \times (60 - 38.568 - 11/2)^2$$

$$+ \frac{30 \times (60 - 11)^3}{12} + 30 \times (60 - 11) \times (38.568 - (60 - 11)/2)$$

$$= 342557.72 + 585048.18 = 927605.90\text{cm}^4$$

範例 11-4-2

　　圖 11-4-3 為一梁腰寬度為 30cm，梁翼寬度為 74cm，版厚為 11cm，梁高為 60cm 的 L 型梁，試求其慣性矩？

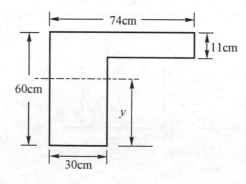

圖 11-4-3

梁腰突出版面的高度為 $h - t = 60 - 11 = 49\text{cm}$，規範規定梁翼每側懸出的寬度為梁腰突出版面的高度(49cm)，但不得超過版厚的四倍(44cm)，因此 L 型梁的梁翼寬度為 $b_e = 30 + 1 \times 44 = 74\text{cm}$。設經過 L 型梁形心的中性軸距梁腰底的距離為 y，則

$$y = \frac{74 \times 11 \times (60 - 11/2) + 30 \times (60 - 11) \times (60 - 11)/2}{74 \times 11 + 30 \times (60 - 11)}$$

$$= \frac{44363 + 36015}{814 + 1470} = \frac{80378}{2284} = 35.192\text{cm}$$

依據公式(11-4-1)得 T 型梁慣性矩 I_b 為

$$I_b = \frac{74 \times 11^3}{12} + 74 \times 11 \times (60 - 35.192 - 11/2)^2$$

$$+ \frac{30 \times (60 - 11)^3}{12} + 30 \times (60 - 11) \times (35.192 - (60 - 11)/2)^2$$

$$= 311666.11 + 462171.23 = 773837.34\text{cm}^4$$

11-4-5　版之慣性矩 I_s 及撓曲勁度 K_s

彎矩分析時版之慣性矩不考慮版上下之梁腰，也不考慮版中有無開孔，均以混凝土版總斷面對其中性軸計算。

$$I_s = \frac{l_2 t^3}{12} \tag{11-4-4}$$

式中 l_2、t 分別為版的寬度與厚度。

版之撓曲勁度則為

$$K_s = \frac{4 E_{cs} I_s}{l_1} \tag{11-4-5}$$

11-4-6　梁與版之撓曲勁度比 α

縱向梁對版之撓曲勁度比 α 可以公式(11-4-6)表示之

$$\alpha = \frac{E_{cb}I_b}{E_{cs}I_s} \tag{11-4-6}$$

E_{cb}、E_{cs} 分別為梁、版混凝土的彈性係數，I_b 為梁總斷面積對其中性軸的慣性矩，I_s 為不含梁的版總斷面積對其中性軸的慣性矩。

11-4-7　邊梁扭力常數 C

扭力常數是相當構架法中計算扭力臂扭曲勁度，進而推算相當柱的撓曲勁度的重要物理量。在直接設計法中作彎矩橫向分配時，需要利用邊梁斷面之扭曲勁度與版之撓曲勁度比 β_t，即 $\beta_t = (E_{cb}C)/(2E_{cs}I_s)$，其中 C 即為邊梁斷面的扭力常數。邊梁的扭力常數 C 的計算，說明如下：

雙向版邊梁斷面通常為 L 形斷面，如圖 11-4-4(a)；其梁翼的寬度取 $b_e = b_w + 2t$ 或 $b_e = b_w + (h - t)$ 之小者；如無邊梁的雙向版，則以圖 11-4-4(b)的矩形斷面為其邊梁斷面，其寬度與柱寬 C_1 相同，深度則為版厚 t。

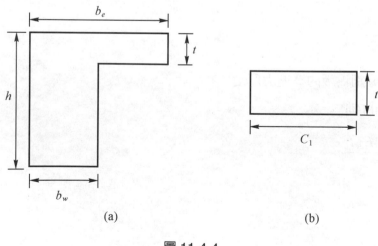

(a)　　　　(b)

圖 11-4-4

矩形邊梁斷面的扭力常數 C，按下式計算之

$$C = \left(1 - 0.63\frac{x}{y}\right)\frac{x^3 y}{3} \qquad (11\text{-}4\text{-}7)$$

L 形邊梁斷面的扭力常數 C，按下式計算之

$$C = \sum \left(1 - 0.63\frac{x}{y}\right)\frac{x^3 y}{3} \qquad (11\text{-}4\text{-}8)$$

公式(11-4-7)及公式(11-4-8)中 x 爲矩形的短邊邊長，y 爲矩形長邊的邊長；L 形邊梁斷面應將斷面分割爲多個矩形斷面；則公式(11-4-8)爲各矩形斷面扭力常數之和。L 形斷面可如圖 11-4-5 及圖 11-4-6 兩種不同分割方式，L 形斷面扭力常數 C 取不同分割方式的最大 C 值。

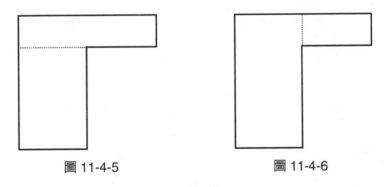

圖 11-4-5　　　　　　　　圖 11-4-6

範例 11-4-3

圖 11-4-7 爲一梁腰寬度爲 30cm，梁翼寬度爲 74cm，版厚爲 11cm，梁高爲 60cm 的 L 型梁，試求其扭力常數 C？

將圖 11-4-7 按圖 11-4-8(a)及圖 11-4-8(b)兩種方式分割爲不同的兩個矩形；圖 11-4-8(a) 的兩個矩形，一個是短邊(x)爲 11cm，長邊(y)爲 44cm；另一個是短邊(x)爲 30cm，長邊 (y)爲 60cm。該種分割方式的扭力常數爲

$$C = \left(1 - 0.63\times\frac{11}{44}\right)\times\left(\frac{11^3 \times 44}{3}\right) + \left(1 - 0.63\times\frac{30}{60}\right)\times\left(\frac{30^3 \times 60}{3}\right)$$

$$= 16446.72 + 369900 = 386346.72\text{cm}^4$$

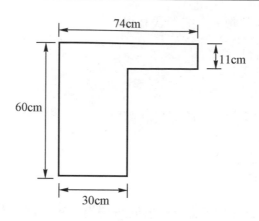

圖 11-4-7

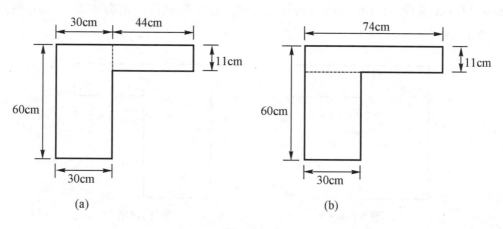

(a)   (b)

圖 11-4-8

    圖 11-4-8(b)的兩個矩形，一個是短邊(x)爲 11cm，長邊(y)爲 74cm；另一個是短邊(x)爲 30cm，長邊(y)爲 49cm。該種分割方式的扭力常數爲

$$C = \left(1 - 0.63 \times \frac{11}{74}\right) \times \left(\frac{11^3 \times 74}{3}\right) + \left(1 - 0.63 \times \frac{30}{49}\right) \times \left(\frac{30^3 \times 49}{3}\right)$$

$$= 29756.72 + 270900 = 300656.72 \text{cm}^4$$

兩者取值大者，故扭力常數 C=386346.72cm^4。

11-5　梁、版、柱慣性矩計算程式使用說明

　　梁、版、柱斷面的慣性矩是雙向版分析設計的重要物理量，本程式計算矩形斷面、T型斷面及 L 型斷面的中性軸距斷面底邊的距離 y 及慣性矩。

　　在鋼筋混凝土分析與設計軟體畫面的功能表上，選擇☞RC/雙向版設計/梁，版慣性矩計算☜後出現如圖 11-5-1 的畫面。圖 11-5-1 為範例 11-4-1 的輸入畫面，依序輸入梁翼寬度(118cm)、梁腰寬度(30cm)、梁翼厚度(11cm)、梁全深度(60cm)的 T 型斷面推算所得慣性矩為 927605.90cm[4]，形心距 T 型梁底面的距離為 y=38.568cm。

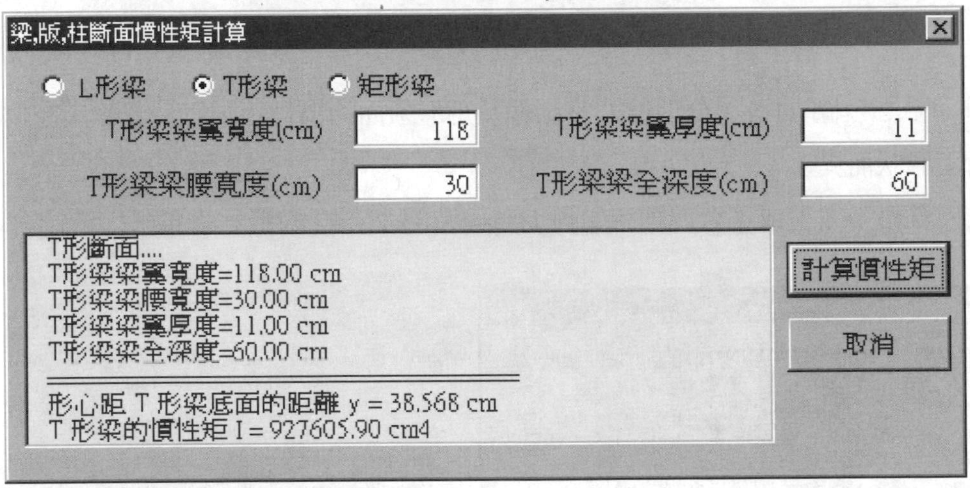

圖 11-5-1

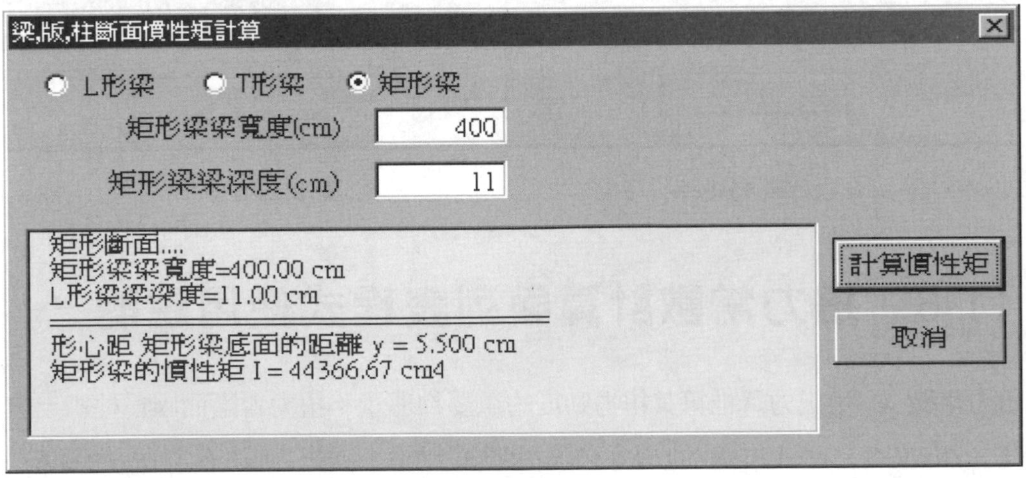

圖 11-5-2

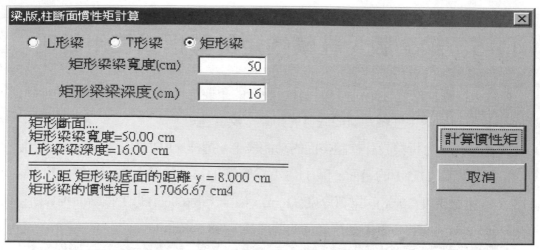

圖 11-5-3

　　圖 11-5-2 及圖 11-5-3 分別為 L 型斷面及矩形斷面的慣性矩推算，其輸入欄位的標題均因斷面形狀而異。

　　輸入資料不完整或不合理則有如圖 11-5-4 及圖 11-5-5 的警示訊息。

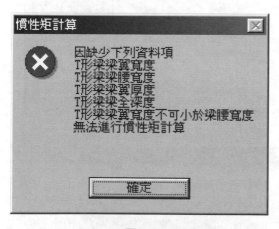

圖 11-5-4　　　　　　　　　圖 11-5-5

11-6　扭力常數計算與列表程式使用說明

　　扭力常數 C 是扭力臂推算其扭力勁度的重要物理量；扭力臂斷面因為柱線上有梁而成為 T 型斷面(內梁)或 L 型斷面(邊梁)；如果柱間無梁，則扭力臂的斷面為矩形。

　　扭力常數計算與列表程式主要有兩項功能，一是推算矩形斷面、T 型斷面或 L 型斷面

扭力臂的扭力常數；一是由使用者指定矩形斷面短邊、長邊的起始邊長及增量，表列公式
(11-4-8)計算的扭力常數。

　　計算扭力常數時應在鋼筋混凝土分析與設計軟體畫面的功能表上，選擇☞RC/雙向版
設計/扭力常數計算☜後出現如圖 11-6-1 的畫面。圖 11-6-1 為範例 11-4-3 的資料輸入畫面，
依序輸入梁翼寬度(74cm)、梁腰寬度(30cm)、梁翼厚度(11cm)、梁全深為(60cm)；資料輸
入後，單擊「計算扭力常數」鈕即推算出扭力常數為 386346.72cm^4。因為輸入畫面中，同
時指定矩形斷面短邊 x 從 10cm 起每增 2cm；矩形斷面長邊 y 從 10cm 起每增 2cm；故「列
印扭力常數表」鈕也告生效。單擊「列印扭力常數表」鈕即印出圖 11-6-2 的扭力常數表。
單擊「取消」鈕即結束程式的執行。

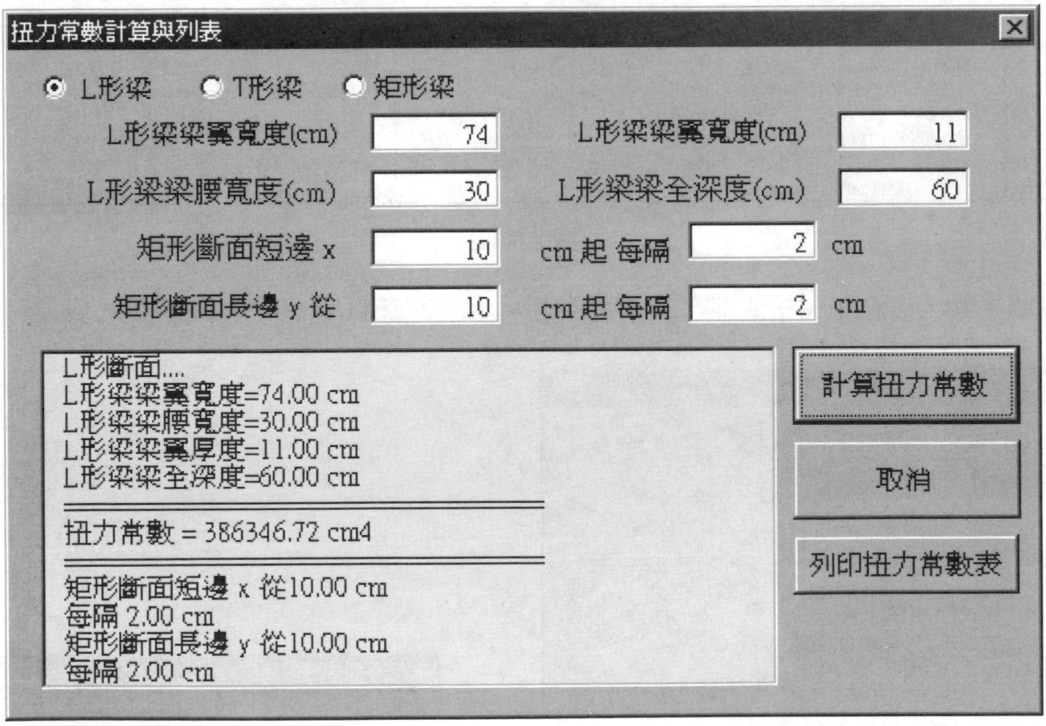

圖 11-6-1

短邊x→ 長邊y↓	10	12	14	16	18	20	22	24	26	28	30	32
10	1,233	1,900	2,567	3,233	3,900	4,567	5,233	5,900	6,567	7,233	7,900	8,567
12	1,900	2,557	3,709	4,861	6,013	7,165	8,317	9,469	10,621	11,773	12,925	14,077
14	2,567	3,709	4,738	6,567	8,397	10,226	12,055	13,885	15,714	17,543	19,373	21,202
16	3,233	4,861	6,567	8,083	10,813	13,544	16,275	19,005	21,736	24,467	27,197	29,928
18	3,900	6,013	8,397	10,813	12,947	16,835	20,723	24,611	28,499	32,387	36,275	40,163
20	4,567	7,165	10,226	13,544	16,835	19,733	25,067	30,400	35,733	41,067	46,400	51,733
22	5,233	8,317	12,055	16,275	20,723	25,067	28,892	35,990	43,089	50,188	57,286	64,385
24	5,900	9,469	13,885	19,005	24,611	30,400	35,990	40,919	50,135	59,351	68,567	77,783
26	6,567	10,621	15,714	21,736	28,499	35,733	43,089	50,135	56,360	68,078	79,795	91,512
28	7,233	11,773	17,543	24,467	32,387	41,067	50,188	59,351	68,078	75,808	90,442	105,077
30	7,900	12,925	19,373	27,197	36,275	46,400	57,286	68,567	79,795	90,442	99,900	117,900
32	8,567	14,077	21,202	29,928	40,163	51,733	64,385	77,783	91,512	105,077	117,900	129,324
34	9,233	15,229	23,031	32,659	44,051	57,067	71,484	86,999	103,230	119,712	135,900	151,170
36	9,900	16,381	24,861	35,389	47,939	62,400	78,582	96,215	114,947	134,346	153,900	173,015
38	10,567	17,533	26,690	38,120	51,827	67,733	85,681	105,431	126,664	148,981	171,900	194,860
40	11,233	18,685	28,519	40,851	55,715	73,067	92,780	114,647	138,382	163,616	189,900	216,706
42	11,900	19,837	30,349	43,581	59,603	78,400	99,878	123,863	150,099	178,250	207,900	238,551
44	12,567	20,989	32,178	46,312	63,491	83,733	106,977	133,079	161,816	192,885	225,900	260,396
46	13,233	22,141	34,007	49,043	67,379	89,067	114,076	142,295	173,534	207,520	243,900	282,242
48	13,900	23,293	35,837	51,773	71,267	94,400	121,174	151,511	185,251	222,154	261,900	304,087
50	14,567	24,445	37,666	54,504	75,155	99,733	128,273	160,727	196,968	236,789	279,900	325,932
52	15,233	25,597	39,495	57,235	79,043	105,067	135,372	169,943	208,686	251,424	297,900	347,778
54	15,900	26,749	41,325	59,965	82,931	110,400	142,470	179,159	220,403	266,058	315,900	369,623
56	16,567	27,901	43,154	62,696	86,819	115,733	149,569	188,375	232,120	280,693	333,900	391,468
58	17,233	29,053	44,983	65,427	90,707	121,067	156,668	197,591	243,838	295,328	351,900	413,314
60	17,900	30,205	46,813	68,157	94,595	126,400	163,766	206,807	255,555	309,962	369,900	435,159

圖 11-6-2

如果輸入資料不完整或不合理，則有圖 11-6-3 及圖 11-6-4 的警示訊息。

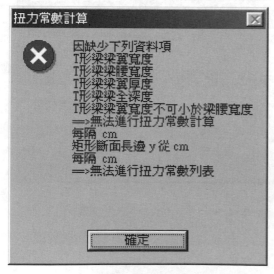

圖 11-6-3

圖 11-6-4

11-7　雙向版的最小厚度

　　平坦的樓版是設計的基本要件，因混凝土的潛變(creep)與乾縮(shrinkage)，使結構物有裂紋或撓度發生，雖尚不至於倒塌，但結構物構件的撓度(deflections)對於結構物的使用影響甚大；梁或樓版的過度撓度，將使樓版微陷而積水、門框、窗框變形而無法使用、磁磚脫落、甚至損傷結構物的外觀而使住戶心生恐懼。構件的裂紋(cracks)也會產生不安全感，實質上也可能使鋼筋暴露而腐蝕。這些裂紋或撓度雖然在外觀上或使用上造成不便，但都尚在強度極限狀態以內工作中。這些無傷的撓度及裂紋若能依據規範對於撓度及裂紋加以計算與控制，則可使設計工作更臻完美。

　　版厚是影響樓版勁度的主要因素。設計規範對於撓度的控制方法有二種；一是規範最大容許的計算撓度，一是控制受撓構材的最小厚度。因為雙向版的撓度計算為相當複雜的步驟，因此一般設計均以不少於規範規定最小厚度為宜。

11-7-1　雙向平版最小版厚的規定

　　雙向版若無梁橫跨其支承者，其最小版厚依下表規定推算之，但無柱頭版的雙向版版厚不得小於 12.5cm，有柱頭版的雙向版版厚不得小於 10.0cm。

無內梁雙向版之最小版厚						
f_y (kg/cm^2)	無柱頭版(至少 12.5cm)			有柱頭版(至少 10.0cm)		
	外格間		內格間	外格間		內格間
	無邊梁	有邊梁		無邊梁	有邊梁	
2,800	$l_n/33$	$l_n/36$	$l_n/36$	$l_n/36$	$l_n/40$	$l_n/40$
4,200	$l_n/30$	$l_n/33$	$l_n/33$	$l_n/33$	$l_n/36$	$l_n/36$
5,250	$l_n/28$	$l_n/31$	$l_n/31$	$l_n/31$	$l_n/34$	$l_n/34$

鋼筋降伏強度若介於表中之值者，得以線性內插法推求版厚
沿外緣支承柱上有梁者，其邊梁與版的撓曲勁度比 α 值不得小於 0.8

11-7-2 雙向梁版最小版厚的規定

版四周有橫梁支承的雙向梁版，其最小版厚規定如下：

α 為雙向梁版格間四周各梁與版的撓曲勁度比，α_m 則為格間四邊梁的 α 值的平均值。

1. 若版之 $\alpha_m \leq 0.2$，則視同雙向平版(視同無內梁)，採計最小版厚。

2. 若版之 $0.2 < \alpha_m \leq 2.0$ 者，其厚度不得小於公式(11-7-1)之規定，且不得小於 12.5cm。

$$h = \frac{l_n(800 + 0.0712f_y)}{36,000 + 5,000\beta(\alpha_m - 0.2)} \tag{11-7-1}$$

3. 若版之 $\alpha_m > 2.0$ 者，其厚度不得小於公式(11-7-2)之規定，且不得小於 9.0cm。

$$h = \frac{l_n(800 + 0.0712f_y)}{36,000 + 9,000\beta} \tag{11-7-2}$$

4. 版之不連續邊，應置邊梁使其梁與版的撓曲勁度比 α 值至少為 0.8；有不連續版邊之格間，其版厚為按公式(11-7-1)或公式(11-7-2)計算所得版厚再增加 10%以上。

公式(11-7-1)及公式(11-7-2)中的 l_n 為設計彎矩方向的淨跨度，β 為雙向版長短向淨跨度之比，α_m 版周各梁 α 之平均值，α 為版與梁之撓曲勁度比，f_y 為鋼筋之降伏強度。

11-7-3 最大容許計算撓度

雙向版如未依規定的最小厚度設計，則須依照彈性力學之方法與公式計算撓度，所得撓度不得大於下表的容許計算撓度值，以保證撓度對雙向版的使用無不良影響。

表中所謂「非結構體」係指非為結構安全所必備之構件，如門、窗、櫃、天花板、管路、磁磚及其他為生活或工作上方便等易因變形而致失去其原有功能之構材。這些非結構體如不與梁或單向構材連繫或支承，則梁或單向構材的撓度並不會影響非結構體的使用，其最大容許撓度可以稍大；反之，則梁或單向構材的撓度必須受更嚴格的限制。

構材形式	考慮之撓度	撓度值限制
平屋頂，不支承或不連繫於因其較大撓度而易遭破壞之非結構體者	因活載重所產生之即時撓度	$l/180$ ①
樓版，不支承或不連繫於因其較大撓度而易遭破壞之非結構體者	因活載重所產生之即時撓度	$l/360$
屋頂或樓版，支承或連繫於因其較大撓度而易遭破壞之非結構體者	與非結構體連繫後所增之撓度(持續載重之長期撓度與任何增加活載重之即時撓度之和④)	$l/480$ ②
屋頂或樓版，支承或連繫於不因其較大撓度而易遭破壞之非結構體者		$l/240$ ③

①本限制並未計及屋頂積水，積水之情況必須經過適宜之撓度計算，同時必須考慮持續載重、拱度、施工誤差，以及排水設施之可靠性所產生之長期影響。
②支承或連繫之構體，若已有適宜之措施預防破壞時，可超過本值。
③本值不得大於非結構體之容許限度，如設有拱度時，可超過本值。但總撓度扣除拱度後，不得超過本值。
④與非結構體連繫前之撓度可予扣減，扣減值可按類似構材之時間—撓度特性曲線估算之。

11-8　直接設計法

　　直接設計法是根據有梁版與無梁版之彎矩分析理論步驟配合簡化設計與施工程序之要求，及往例之版系行為等所發展出來，用以滿足安全性與大多數使用性需求之版與梁斷面上彎矩分配原則。依據 11-3 節「構架的拆解」的論述，三度空間的房屋構架均需簡約成多個縱向與橫向相當構架。直接設計法因為加設諸如僅承受均佈載重及柱間距相同或近乎相同的限制條件，而可略去相當構架的整體結構分析，允許直接以每一跨間的載重直接分析之。

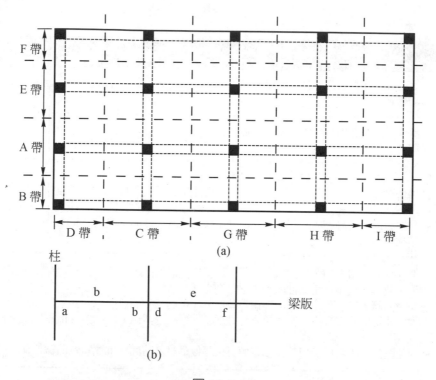

圖 11-8-1

　　假設圖 11-8-1(a)為一每層有 12 個格間的四層樓房屋平面圖。因此可將該房屋簡約成縱向與橫向共有九個相當構架，如 A、B、C、D 等各帶均為一相當構架。因為 A 帶與 E 帶相似，B 帶與 F 帶相似，C 帶與 G 帶、H 帶相似，D 帶與 I 帶相似，因此整個三度空間構架可簡約成 A 帶、B 帶、C 帶與 D 帶等四個設計帶的相當構架。A 帶與 B 帶的相當構架如圖 11-3-1(b)共有 16 個跨間，而 C 帶與 D 帶的相當構架如圖 11-3-1(c)共有 12 個跨間。A 帶兩側均有梁版而 B 帶僅有單側梁版，因此 A、B、E、F 諸帶可依 A、B 兩帶為代表設計之。同理，C 帶兩側均有梁版而 D 帶僅有單側梁版，因此 C、D、G、H、I 諸帶可依 C、D 兩帶為代表設計之。以此類推，不論跨間數有多少，均可簡約成 A、B、C、D 四個設計帶的相當構架分析之。

Chapter 11

前述因直接設計法加設使用的限制條件，使可略去相當構架的整體結構分析，而直接以每一跨間的載重直接分析之。跨間承受載重後因端跨間與內跨間束制條件的差異使其彎矩分配的係數亦不相同；因此每一相當構架的每一層僅需分析其端跨間及內跨間即可，如圖 11-8-1(b)。以此類推，任一相當構架的每一樓層僅需分析其一端跨間及一內跨間即可；如果載重量不相同，仍需就不同載重的跨間個別分析之。

總而言之，任意三度空間的房屋構架均可簡約成每一方向的內跨間相當構架(如 A 帶與 C 帶)，及端跨間的相當構架(如 B 帶與 D 帶)；任一相當構架的每一樓層又可簡約成端跨間與內跨間的分析。為便於說明，彎矩分配於端跨間及內跨間的端點與中央分別以 a、b、c、d、e、f 諸點表示之，如圖 11-8-1(b)。

11-8-1　直接設計法使用限制

直接設計法僅適用於符合下列條件的雙向版結構：

1. 版之每方向至少需有三個連續跨度。由於直接設計法應用時，版系所假設之第一個內支承負彎矩斷面，暨非旋轉固定亦非不連續端情況，故以至少三個連續跨度之版系作限制較能符合原假設。

2. 版之格間需為矩形，其長、短跨度(支承中心間距)之比值不得大於 2。因若版系中長、短跨度之比值大於 2 時，則於短跨方向所承擔彎矩作用顯然呈單向版行為，故作此限制。

3. 版之每方向相鄰兩連續跨度長相差不得大於較長跨度支承中心到支承中心跨度長之 1/3。其用意在避免於負鋼筋斷點之外尚有負彎矩存在。

4. 柱偏離柱列中心線的距離不得大於偏向跨度的 1/10，如圖 11-8-2。

5. 所有載重均需為垂直均佈於全格間，且活載重不得大於靜載重之 2 倍以避免載重分佈效用之分析檢驗。

6. 若版格間四周均有梁，相互垂直方向梁之相對勁度比值，$\dfrac{\alpha_1 l_2^2}{\alpha_2 l_1^2}$，不得小於 0.2，亦不得大於 5。如果相對勁度比值超出上述範圍，則各部位彎矩之彈性分析結果會產生與直接設計法所假設之彎矩呈明顯的差異。

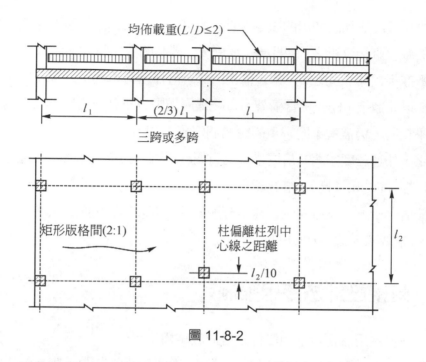

圖 11-8-2

11-8-2 設計步驟

雙向版直接設計法每一跨間的設計步驟如下

一、跨度總因數化靜定彎矩計算

以 $M_0 = \left(w_u l_2 l_n^2\right)/8$ 公式計算單一跨度的總因數化靜定彎矩 M_0，其中 w_u 為因數化均佈載重，l_n 為撓曲彎矩方向支承面與支承面之間的距離，l_2 為垂直於撓曲彎矩方向的支承中心與支承中心長度。

二、總靜定彎矩縱向分配

如為內跨端，跨度兩端的負設計彎矩為總靜定彎矩的 65%，跨度中央的正設計彎矩為總靜定彎矩的 35%。

如為外跨端，則應依版外緣束制情況及內支承間有無支承梁的不同情況查表或計算取得彎矩分配係數。

三、格間彎矩橫向分配

前述僅將總靜定彎矩 M_0 分配為兩端的負設計彎矩及中央的正設計彎矩，為了設計目的，仍需要再將彎矩細分至柱列帶與中間帶的版及梁。

柱列帶彎矩分配百分比可由跨度長 l_2/l_1 比值，梁及版的相對剛度比 α，邊梁的扭曲抵抗度 β_t 等物理量套用公式計算之。

如柱線上有梁，則此種梁將承擔大部分柱列帶上的彎矩。如果 $\alpha_1 l_2/l_1 \geq 1.0$，支承間之梁應承受柱列帶設計彎矩之 85%。如果 $\alpha_1 = 0$ 時，因為柱線上無梁，則柱列帶所承受的設計彎矩全部由帶內之版承受之。如果 $0 < \alpha_1 l_2/l_1 < 1.0$，支承間之梁所應承受柱列帶設計彎矩之百分率介於 0 與 85% 之間，以線性內插法求之。

中間帶承擔不為柱列帶承擔的彎矩。內部跨度的中間帶彎矩依比例分給相鄰的兩半。

11-8-3　因數化總靜定彎矩 M_0

每一跨間之因數化總靜定設計彎矩 M_0 為該方向之正設計彎矩與平均負設計彎矩之絕對值總和，其值不得小於

$$M_0 = \frac{w_u l_2 l_n^2}{8} \tag{11-8-1}$$

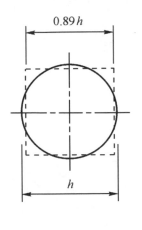
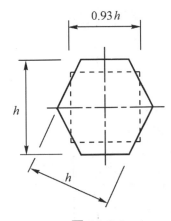
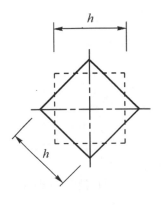

圖 11-8-3

l_2 為垂直於 l_1 方向的心對心距離。如果支承線兩側格間寬度不同時,公式(11-8-1)中之 l_2 須取其平均寬度。若一側為外側,則 l_2 為內側格間中心線至外側邊緣之距離。

l_n 為 l_1 方向的淨跨度,亦是柱、柱冠、托架版或牆之支承面間之距離,但不小於 $0.65\,l_1$,圓形或正多邊形支承應按其相等面積之方形計算其有效寬度,進而計算淨跨度。如圖 11-8-3 所示,支承構材為圓形斷面、六角形斷面及菱形斷面時,其有效相當方形之寬度分別為直徑 0.89 倍、平行邊間距之 0.93 倍,及菱形邊長。

11-8-4 因數化總靜定設計彎矩之縱向分配

跨度的因數化總靜定設計彎矩 M_0 應縱向分配負設計彎矩到跨度兩端,分配正設計彎矩到跨度中央。負設計彎矩應位於矩形支承之支承面;圓形或正多邊形支承則以其相等面積之方形邊緣作為支承面。其分配比例因內跨間或外跨間而異。

1. 在內跨間內,跨度兩端的負設計彎矩為因數化總靜定設計彎矩 M_0 的 65%,跨度中央的正設計彎矩為因數化總靜定設計彎矩 M_0 的 35%,即

    跨度兩端負設計彎矩$=0.65M_0$

    跨度中央正設計彎矩$=0.35M_0$

2. 在外跨間內,因數化總靜定設計彎矩 M_0 將依外柱或外牆對版的撓曲束制條件是否有邊梁及柱線上是否有梁等由圖 11-8-4 表查得或依公式(11-8-2)、公式(11-8-3)及公式(11-8-4)計得正、負設計彎矩的分配比例。

$$外端負設計彎矩\ M_{ext,neg} = \left(\frac{0.65}{1+\dfrac{1}{\alpha_{ec}}}\right)M_0 \tag{11-8-2}$$

$$中央正設計彎矩\ M_{pos} = \left(0.63 - \frac{0.28}{1+\dfrac{1}{\alpha_{ec}}}\right)M_0 \tag{11-8-3}$$

$$內端負設計彎矩\ M_{in,neg} = \left(0.75 - \frac{0.10}{1 + \dfrac{1}{\alpha_{ec}}} \right) M_0 \qquad (11\text{-}8\text{-}4)$$

因數化總靜定設計彎矩之縱向分配						
	外跨度					內跨度
	版外緣無束制	版所有支承間均有梁	版所有內支承間均無梁		版外邊緣完全束制	
			無邊緣梁	有邊緣梁		
外側負彎矩	0.75	0.70	0.70	0.70	0.65	0.65
中央正彎矩	0.63	0.57	0.52	0.50	0.35	0.35
外側負彎矩	0.0	0.16	0.26	0.30	0.65	0.65

圖 11-8-4

公式中，α_{ec} 為相當柱(Equivalent Column)的勁度與梁、版勁度和的比值。如果柱的勁度相對於梁、版勁度和很大，則以 $\alpha_{ec} = \infty$ 帶入公式(11-8-2)、(11-8-3)、(11-8-4)得外端負設計彎矩、中央正設計彎矩、內端負設計彎矩的分配比例為 0.65、0.35、0.65 與內跨間的彎矩分配比例相同。在了解相當柱的觀念以前，外跨間的彎矩縱向分配係數可先用查表法選用之。

圖 11-8-4 的因數化總靜定設計彎矩 M_0 的縱向分配表中，所謂「版外緣無束制」係指版外緣為簡支承於磚石牆上或混凝土牆上。所謂「版外邊緣完全束制」係指版外緣與勁度較版勁度大很多之支承 RC 牆相結合成一體之情況。

設計時，負彎矩斷面應按同一支承相連兩跨間，較大之負設計彎矩設計之，否則需將不平衡彎矩按其相鄰構材之勁度作分析分配之。若作不平衡彎矩分配分析時，所用之勁度可按各相關構材之混凝土全斷面推算之。

11-8-5　正設計彎矩縱向分配係數修正

　　柱為支撐建築物之主幹，因此柱子必須有足夠的勁度始能抵抗支承處可能發生的不平衡彎矩；尤當承受較大活載重時，因版梁之撓曲增加，致傳遞到柱子之不平衡彎矩也增大。如果柱子的勁度較小，當活載重增大時，梁版與柱之撓曲曲線增加甚多，如圖 11-8-5(a)，為設計所應避免的情況；圖 11-8-5(b)則為理想的設計，因為柱子的勁度較高，即使活載重較大對梁版之撓曲曲線不致過大，而柱子之撓曲甚至不受影響。

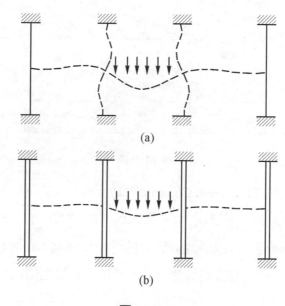

圖 11-8-5

　　我國建築技術規則規定，當靜載重與活載重之比 β_a 小於 2 時，版上及版下柱之撓曲勁度和，必須使 α_c (柱子勁度與梁、版勁度和之比，如公式 11-8-5)不小於圖 11-8-6 之最小相對勁度 α_{min} 值。如果 $\alpha_c < \alpha_{min}$ 時，則柱子因勁度較低致產生較大撓曲。通常可以增加柱子勁度(即增大柱斷面尺寸)再作分析或使用較大之正彎矩來設計版(即放大正設計彎矩縱向分配係數)以達設計目的。

β_a	方向比值L_2/L_1	梁及版相對剛度　　　　$\alpha = \dfrac{E_{cb} I_b}{E_{cs} I_s}$				
		0.00	0.50	1.00	2.00	4.00
2.00	0.5~2.0	0.00	0.00	0.00	0.00	0.00
1.00	0.50	0.60	0.00	0.00	0.00	0.00
	0.80	0.70	0.00	0.00	0.00	0.00
	1.00	0.70	0.10	0.00	0.00	0.00
	1.25	0.80	0.40	0.00	0.00	0.00
	2.00	1.20	0.50	0.20	0.00	0.00
0.50	0.50	1.30	0.30	0.00	0.00	0.00
	0.80	1.50	0.50	0.20	0.00	0.00
	1.00	1.60	0.60	0.20	0.00	0.00
	1.25	1.90	1.00	0.50	0.00	0.00
	2.00	4.90	1.60	0.80	0.30	0.00
0.33	0.50	1.80	0.50	0.10	0.00	0.00
	0.80	2.00	0.90	0.30	0.00	0.00
	1.00	2.30	0.90	0.40	0.00	0.00
	1.25	2.80	1.50	0.80	0.20	0.00
	2.00	13.00	2.60	1.20	0.30	0.30

最小相對勁度 α_{min}

圖 11-8-6

　　圖 11-8-6 之最小相對勁度 α_{min} 值依 β_a(靜載重與活載重之比)、跨度長比(l_2/l_1)及梁版相對剛度比($\alpha = (E_{cb}I_b)/(E_{cs}I_s)$)查得，中間值可線性內插之。當 $\alpha_c \geq \alpha_{min}$，構架不致產生過大的撓曲，故不需修正(即 $\delta_s = 1.0$)；當 $\alpha_c < \alpha_{min}$，將這些柱所支承的方格中的正設計彎矩要乘以修正係數 δ_s；

$$\alpha_c = \sum K_c / \sum (K_s + K_b) \tag{11-8-5}$$

$$\delta_s = 1 + \frac{2 - \beta_a}{4 + \beta_a}\left(1 - \frac{\alpha_c}{\alpha_{min}}\right) \tag{11-8-6}$$

式中 $\beta_a = w_d / w_l$，α_{min} 的值，如圖 11-8-6 之表。

11-8-6 縱向設計彎矩之橫向分配

每一跨間因垂直均佈載重的因數化總靜定設計彎矩 M_0 經過縱向分配後，其跨間兩端的負設計彎矩及跨間中央的正設計彎矩，需再分配由各該點的柱列帶與中間帶共同承擔。這種分配稱為設計彎矩的橫向分配。橫向分配係數或比例可依 $\alpha_1 l_2/l_1$ (及)扭矩勁度參數 β_t 由圖 11-8-7 或圖 11-8-8、圖 11-8-9、圖 11-8-10 的表查得或依公式(11-8-7)、(11-8-8)及(11-8-9)計得。查表時，中間值以直線內插法求之。

當鋼筋混凝土牆作為沿柱線而立之支承時，可視為勁度甚大之梁處理，其 $\alpha_1 l_2/l_1$ 值大於 1。當外支承具有與決定該彎矩方向相垂直之牆時，若該牆為無法抵抗扭矩之坊工牆，則 β_t 可取為 0；若該牆為可抵抗大扭矩之鋼筋混凝土牆，並與鋼筋混凝土牆澆置成一體者，則 β_t 可採用 2.50。

1. 跨度之內支承所分擔之負設計彎矩再分配到柱列帶之百分率為

$$M_{in,neg} = 75 + 30\left(\frac{\alpha_1 l_2}{l_1}\right)\left(1 - \frac{l_2}{l_1}\right) \tag{11-8-7}$$

若 $\dfrac{\alpha_1 l_2}{l_1} \geq 1.0$，則採用 $\dfrac{\alpha_1 l_2}{l_1} = 1.0$

2. 跨度之外支承所分擔之負設計彎矩再分配到柱列帶之百分率為

$$M_{ex,neg} = 100 - 10\beta_t + 12\beta_t\left(\frac{\alpha_1 l_2}{l_1}\right)\left(1 - \frac{l_2}{l_1}\right) \tag{11-8-8}$$

若 $\dfrac{\alpha_1 l_2}{l_1} \geq 1.0$，則採用 $\dfrac{\alpha_1 l_2}{l_1} = 1.0$，$\beta_t \geq 2.5$，則採用 $\beta_t = 2.5$

3. 跨度之中央所分擔之正設計彎矩再分配到柱列帶百分率為

$$M_{pos} = 60 + 30\left(\frac{\alpha_1 l_2}{l_1}\right)\left(1.5 - \frac{l_2}{l_1}\right) \tag{11-8-9}$$

β_t 為邊梁斷面之扭曲勁度與寬度等於該梁跨度版之撓曲勁度之比值，即

$$\beta_t = \frac{E_{cb}C}{2E_{cs}I_s} \tag{11-8-10}$$

依據公式(11-8-7)、公式(11-8-8)及公式(11-8-9)可整理得下列因數化設計彎矩之橫向分配略表；另分別依據公式(11-8-7)、公式(11-8-8)及公式(11-8-9)可整理得因數化設計彎矩之橫向分配詳細表如圖 11-8-8、圖 11-8-9、圖 11-8-10。

因數化設計彎矩之橫向分配略表					
設計彎矩	範圍		l_2/l_1		
			0.5	1.0	2.0
內端負設計彎矩	$\alpha_1 l_2/l_1 = 0$		75%	75%	75%
	$\alpha_1 l_2/l_1 \geq 1.0$		90%	75%	45%
中央正設計彎矩	$\alpha_1 l_2/l_1 = 0$		60%	60%	60%
	$\alpha_1 l_2/l_1 \geq 1.0$		90%	75%	45%
外端負設計彎矩	$(\alpha_1 l_2)/l_1 = 0$	$\beta_t = 0$	100%	100%	100%
		$\beta_t \geq 2.5$	75%	75%	75%
	$(\alpha_1 l_2)/l_1 \geq 1.0$	$\beta_t = 0$	100%	100%	100%
		$\beta_t \geq 2.5$	90%	75%	45%

圖 11-8-7

柱列帶內端負設計彎矩橫向分配百分數																
l_2/l_1 $\alpha_1 l_2/l_1$	0.5	0.6	0.7	0.8	0.9	1.0	1.1	1.2	1.3	1.4	1.5	1.6	1.7	1.8	1.9	2.0
0.0	75.0	75.0	75.0	75.0	75.0	75.0	75.0	75.0	75.0	75.0	75.0	75.0	75.0	75.0	75.0	75.0
0.1	76.5	76.2	75.9	75.6	75.3	75.0	74.7	74.4	74.1	73.8	73.5	73.2	72.9	72.6	72.3	72.0
0.2	78.0	77.4	76.8	76.2	75.6	75.0	74.4	73.8	73.2	72.6	72.0	71.4	70.8	70.2	69.6	69.0
0.3	79.5	78.6	77.7	76.8	75.9	75.0	74.1	73.2	72.3	71.4	70.5	69.6	68.7	67.8	66.9	66.0
0.4	81.0	79.8	78.6	77.4	76.2	75.0	73.8	72.6	71.4	70.2	69.0	67.8	66.6	65.4	64.2	63.0
0.5	82.5	81.0	79.5	78.0	76.5	75.0	73.5	72.0	70.5	69.0	67.5	66.0	64.5	63.0	61.5	60.0
0.6	84.0	82.2	80.4	78.6	76.8	75.0	73.2	71.4	69.6	67.8	66.0	64.2	62.4	60.6	58.8	57.0
0.7	85.5	83.4	81.3	79.2	77.1	75.0	72.9	70.8	68.7	66.6	64.5	62.4	60.3	58.2	56.1	54.0
0.8	87.0	84.6	82.2	79.8	77.4	75.0	72.6	70.2	67.8	65.4	63.0	60.6	58.2	55.8	53.4	51.0
0.9	88.5	85.8	83.1	80.4	77.7	75.0	72.3	69.6	66.9	64.2	61.5	58.8	56.1	53.4	50.7	48.0
≥ 1.0	90.0	87.0	84.0	81.0	78.0	75.0	72.0	69.0	66.0	63.0	60.0	57.0	54.0	51.0	48.0	45.0

圖 11-8-8

L₂/L₁→ βt↓	柱列帶外端負設計彎矩橫向分配百分數																α₁L₂/L₁=0
	α1L2/L1≧1.0																
	0.5	0.6	0.7	0.8	0.9	1.0	1.1	1.2	1.3	1.4	1.5	1.6	1.7	1.8	1.9	2.0	
0.0	100.0	100.0	100.0	100.0	100.0	100.0	100.0	100.0	100.0	100.0	100.0	100.0	100.0	100.0	100.0	100.0	100.00
0.1	99.60	99.48	99.36	99.24	99.12	99.00	98.88	98.76	98.64	98.52	98.40	98.28	98.16	98.04	97.92	97.80	99.00
0.2	99.20	98.96	98.72	98.48	98.24	98.00	97.76	97.52	97.28	97.04	96.80	96.56	96.32	96.08	95.84	95.60	98.00
0.3	98.80	98.44	98.08	97.72	97.36	97.00	96.64	96.28	95.92	95.56	95.20	94.84	94.48	94.12	93.76	93.40	97.00
0.4	98.40	97.92	97.44	96.96	96.48	96.00	95.52	95.04	94.56	94.08	93.60	93.12	92.64	92.16	91.68	91.20	96.00
0.5	98.00	97.40	96.80	96.20	95.60	95.00	94.40	93.80	93.20	92.60	92.00	91.40	90.80	90.20	89.60	89.00	95.00
0.6	97.60	96.88	96.16	95.44	94.72	94.00	93.28	92.56	91.84	91.12	90.40	89.68	88.96	88.24	87.52	86.80	94.00
0.7	97.20	96.36	95.52	94.68	93.84	93.00	92.16	91.32	90.48	89.64	88.80	87.96	87.12	86.28	85.44	84.60	93.00
0.8	96.80	95.84	94.88	93.92	92.96	92.00	91.04	90.08	89.12	88.16	87.20	86.24	85.28	84.32	83.36	82.40	92.00
0.9	96.40	95.32	94.24	93.16	92.08	91.00	89.92	88.84	87.76	86.68	85.60	84.52	83.44	82.36	81.28	80.20	91.00
1.0	96.00	94.80	93.60	92.40	91.20	90.00	88.80	87.60	86.40	85.20	84.00	82.80	81.60	80.40	79.20	78.00	90.00
1.1	95.60	94.28	92.96	91.64	90.32	89.00	87.68	86.36	85.04	83.72	82.40	81.08	79.76	78.44	77.12	75.80	89.00
1.2	95.20	93.76	92.32	90.88	89.44	88.00	86.56	85.12	83.68	82.24	80.80	79.36	77.92	76.48	75.04	73.60	88.00
1.3	94.80	93.24	91.68	90.12	88.56	87.00	85.44	83.88	82.32	80.76	79.20	77.64	76.08	74.52	72.96	71.40	87.00
1.4	94.40	92.72	91.04	89.36	87.68	86.00	84.32	82.64	80.96	79.28	77.60	75.92	74.24	72.56	70.88	69.20	86.00
1.5	94.00	92.20	90.40	88.60	86.80	85.00	83.20	81.40	79.60	77.80	76.00	74.20	72.40	70.60	68.80	67.00	85.00
1.6	93.60	91.68	89.76	87.84	85.92	84.00	82.08	80.16	78.24	76.32	74.40	72.48	70.56	68.64	66.72	64.80	84.00
1.7	93.20	91.16	89.12	87.08	85.04	83.00	80.96	78.92	76.88	74.84	72.80	70.76	68.72	66.68	64.64	62.60	83.00
1.8	92.80	90.64	88.48	86.32	84.16	82.00	79.84	77.68	75.52	73.36	71.20	69.04	66.88	64.72	62.56	60.40	82.00
1.9	92.40	90.12	87.84	85.56	83.28	81.00	78.72	76.44	74.16	71.88	69.60	67.32	65.04	62.76	60.48	58.20	81.00
2.0	92.00	89.60	87.20	84.80	82.40	80.00	77.60	75.20	72.80	70.40	68.00	65.60	63.20	60.80	58.40	56.00	80.00
2.1	91.60	89.08	86.56	84.04	81.52	79.00	76.48	73.96	71.44	68.92	66.40	63.88	61.36	58.84	56.32	53.80	79.00
2.2	91.20	88.56	85.92	83.28	80.64	78.00	75.36	72.72	70.08	67.44	64.80	62.16	59.52	56.88	54.24	51.60	78.00
2.3	90.80	88.04	85.28	82.52	79.76	77.00	74.24	71.48	68.72	65.96	63.20	60.44	57.68	54.92	52.16	49.40	77.00
2.4	90.40	87.52	84.64	81.76	78.88	76.00	73.12	70.24	67.36	64.48	61.60	58.72	55.84	52.96	50.08	47.20	76.00
2.5	90.00	87.00	84.00	81.00	78.00	75.00	72.00	69.00	66.00	63.00	60.00	57.00	54.00	51.00	48.00	45.00	75.00

圖 11-8-9

α₁l₂/l₁ ＼ l₂/l₁	柱列帶中央正設計彎矩橫向分配百分數															
	0.5	0.6	0.7	0.8	0.9	1.0	1.1	1.2	1.3	1.4	1.5	1.6	1.7	1.8	1.9	2.0
0.0	60.0	60.0	60.0	60.0	60.0	60.0	60.0	60.0	60.0	60.0	60.0	60.0	60.0	60.0	60.0	60.0
0.1	63.0	62.7	62.4	62.1	61.8	61.5	61.2	60.9	60.6	60.3	60.0	59.7	59.4	59.1	58.8	58.5
0.2	66.0	65.4	64.8	64.2	63.6	63.0	62.4	61.8	61.2	60.6	60.0	59.4	58.8	58.2	57.6	57.0
0.3	69.0	68.1	67.2	66.3	65.4	64.5	63.6	62.7	61.8	60.9	60.0	59.1	58.2	57.3	56.4	55.5
0.4	72.0	70.8	69.6	68.4	67.2	66.0	64.8	63.6	62.4	61.2	60.0	58.8	57.6	56.4	55.2	54.0
0.5	75.0	73.5	72.0	70.5	69.0	67.5	66.0	64.5	63.0	61.5	60.0	58.5	57.0	55.5	54.0	52.5
0.6	78.0	76.2	74.4	72.6	70.8	69.0	67.2	65.4	63.6	61.8	60.0	58.2	56.4	54.6	52.8	51.0
0.7	81.0	78.9	76.8	74.7	72.6	70.5	68.4	66.3	64.2	62.1	60.0	57.9	55.8	53.7	51.6	49.5
0.8	84.0	81.6	79.2	76.8	74.4	72.0	69.6	67.2	64.8	62.4	60.0	57.6	55.2	52.8	50.4	48.0
0.9	87.0	84.3	81.6	78.9	76.2	73.5	70.8	68.1	65.4	62.7	60.0	57.3	54.6	51.9	49.2	46.5
≧1.0	90.0	87.0	84.0	81.0	78.0	75.0	72.0	69.0	66.0	63.0	60.0	57.0	54.0	51.0	48.0	45.0

圖 11-8-10

11-8-7　中間帶之設計彎矩

因數化總靜定設計彎矩經過縱向分配及橫向分配後，正負設計彎矩除由柱列帶承受者外，其餘應由其兩側之半中間帶承受之。中間帶之設計彎矩為兩相連接半中間帶設計彎矩之和。

相鄰且平行於牆支承邊緣之中間帶，其設計彎矩應為第一內支承之半中間帶設計彎矩之兩倍。

11-8-8　梁、版之設計彎矩

柱列帶之柱線上若配置有梁，則柱列帶之設計彎矩需再分配至梁及柱列帶內之版，其中梁之分配百分率如下：

1.　如 $\alpha_1 l_2 / l_1 \geq 1.0$，支承間之梁應承受柱列帶設計彎矩之 85%。
2.　如 $\alpha_1 = 0$ 時，因為柱線上無梁，則柱列帶所承受的設計彎矩全部由帶內之版承受之。
3.　如 $0 < \alpha_1 l_2 / l_1 < 1.0$，支承間之梁所應承受柱列帶設計彎矩之百分率介於 0 與 85%之間，以線性內插法求之。
4.　柱列帶所承受的設計彎矩除由柱線上的梁承受部分設彎矩外，其餘部分由帶內之版承受之。

計算跨間之總靜定設計彎矩的均佈載重 w_u 包括版的均佈載重、均佈天花板載重、樓版粉飾、相當均佈之隔間載重及活載重等。這些載重經過總靜定彎矩分配至梁的載重為間接載重。直接作用於梁之載重包括沿著梁中心線之隔間牆、梁上加柱或梁下吊掛之集中載重及梁本身之靜載重，且僅作用於梁身寬度內(非梁之有效寬度)之載重才認定為梁直接載重。梁之設計應考量直接與間接載重。

11-8-9　梁、版之設計剪力

柱列帶之柱線上若配置有梁，則梁之設計剪力應按下列規定推算之：

1. 如 $\alpha_1 l_2 / l_1 \geq 1.0$，梁應能承受自版格間隔角端作 45° 線與平行於長邊之格間內中線圍成之界內面積(如圖 11-8-11)設計載重之剪力

2. 如 $\alpha_1 = 0$ 時，因為柱線上無梁，則梁應承之剪力為 0。其餘部分由柱列帶之版承受之。

3. 如 $0 < \alpha_1 l_2 / l_1 < 1.0$，梁應承受可以線性內插法求之。

4. 梁除承受前述 1、2 的間接剪力外，尚需承受沿著梁中心線之隔間牆、梁上加柱或梁下吊掛之集中載重及梁本身之靜載重等所衍生的直接剪力。

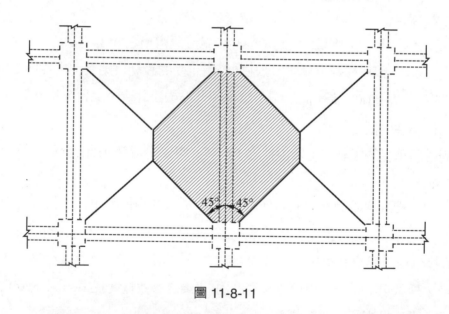

圖 11-8-11

11-8-10　柱之設計彎矩

以直接設計法分析相當構架時，由某一樓層傳遞至該樓層上下柱的彎矩 M 可依下式計算：

$$M = 0.07 \left[\left(w_d + 0.5 w_l \right) l_2 l_n^2 - w_d' l_2' \left(l_n' \right)^2 \right] \tag{11-8-11}$$

式中，　w_d, w_l 分別是較長跨度格間的因數化均佈靜載重與活載重

$w_d^{'}, w_l^{'}$ 分別是較短跨度格間的因數化均佈靜載重與活載重

l_n 為較長跨度格間的淨跨度

$l_n^{'}$ 為較短跨度格間的淨跨度

公式(11-8-11)係假設柱兩側均承載均佈靜載重，較長跨度多承載一半的均佈活載重後經一循環的彎矩分配後的上下柱承擔彎矩的總和。彎矩 M 應再依樓版上下柱的撓曲勁度分配之。構架邊跨度的柱設計彎矩可如圖 11-8-12 以增加一跨徑為 0 的虛擬跨度處理之。

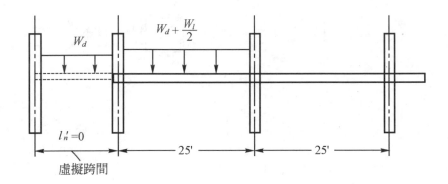

圖 11-8-12

11-9　版、柱間彎矩與剪力的傳遞

平版系結構中，版上之所有載重均由版直接傳遞於柱上。於是版與柱連接部分，遭受強大的剪力，如此項剪力超過混凝土之剪力強度，便有破壞情事發生。只有在柱面四週各邊相等之特別情況下，垂直載重始能完全傳遞於柱子上。通常沿柱之四週臨界斷面產生剪應力，並誘發斜張應力導致穿孔破壞，如圖 11-9-1。此種穿孔破壞發生於距柱面約版之有效深度一半之處，如圖 11-9-2。

柱四週臨界斷面上混凝土之容許穿孔剪力為：

$$V_c = 0.265\left(2 + \frac{4}{\beta_c}\right)\sqrt{f_c^{'}} b_0 d \le 1.06\sqrt{f_c^{'}} b_0 d \qquad (11\text{-}9\text{-}1)$$

上式中之 d 為版之有效深度，b_0 為柱四周臨界斷面之周長，β_c 為柱或載重面積長短邊之比。

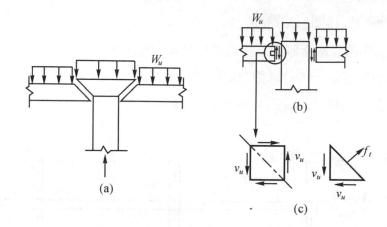

圖 11-9-1

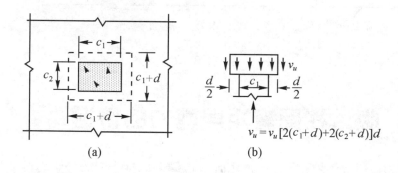

$$v_u = v_u[2(c_1+d)+2(c_2+d)]d$$

(a)　　　　　　　　　(b)

圖 11-9-2

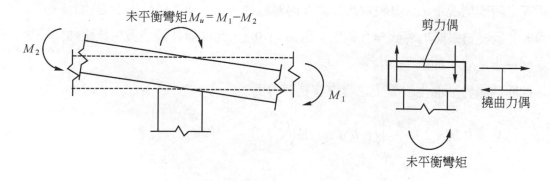

圖 11-9-3

假定在垂直載重、風力、地震力或其他測向力作用下，引起版柱間不平衡彎矩 M_u 時，這些不平衡彎矩 M_u 將以撓曲彎矩($\gamma_f M_u$)及偏心剪力彎矩($\gamma_v M_u$)兩種方式傳遞到柱子，如圖 11-9-3 所示。

撓曲彎矩與偏心剪力彎矩的分配比例依柱的臨界斷面尺寸而定，如圖 11-9-4 其比例如下：

$$\gamma_f = \frac{1}{1+\dfrac{2}{3}\sqrt{\dfrac{c_1+d}{c_2+d}}} = \frac{1}{1+\dfrac{2}{3}\sqrt{\dfrac{b_1}{b_2}}} \tag{11-9-2}$$

$$\gamma_v = 1 - \gamma_f \tag{11-9-3}$$

式中 c_1 為彎矩設計方向柱寬、c_2 為垂直於彎矩設計方向柱寬、b_1 為版沿彎矩考慮方向跨度兩測之臨界斷面之寬度、b_2 為垂直於 b_1 之臨界斷面寬度、d 為版的有效深度。

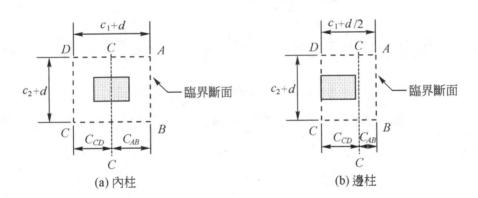

圖 11-9-4

若為方形柱，則因 $c_1 = c_2$，使 $\gamma_f = 0.6$，$\gamma_v = 0.4$；易言之，方形柱的版柱間的不平衡彎矩將以不平衡彎矩 M_u 的 60%以撓曲彎矩方式傳遞於柱子，以 M_u 的 40%由偏心剪力彎矩方式傳遞於柱子。矩形柱的撓曲傳遞彎矩的比例隨承受彎矩方向臨界斷面之面寬增加而增加。非矩形柱則以相等面積之方形柱推算等值柱面寬度。

11-9-1　撓曲彎矩傳遞

部分不平衡彎矩 $\gamma_f M_u$ 經由撓曲傳遞時，其有效版寬為柱或柱冠兩側外各加版或柱頭版厚度之 1.5 倍，如圖 11-9-5。根據撓曲彎矩、版的有效寬度與有效深度，即可

推算所需鋼筋量。規範規定應在有效寬度內以密集配置或加設鋼筋於柱頭以抵抗撓曲彎矩$\gamma_f M_u$。

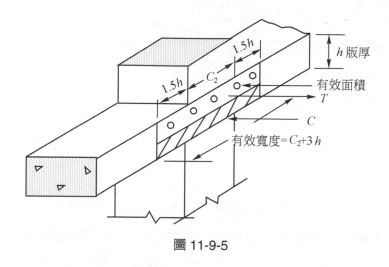

圖 11-9-5

11-9-2　偏心剪力彎矩傳遞

部分不平衡彎矩$\gamma_v M_u$經由偏心剪力傳遞時,將於臨界斷面之周界$ABCD$由版的垂直載重設計剪力V_u及偏心剪力彎矩$\gamma_v M_u$共同聯合而產生剪應力如圖 11-9-6。這些沿周界的剪應力可按下式計算之:

$$v_{u(AB)} = \frac{V_u}{A_c} + \frac{\gamma_v M_u C_{AB}}{J_c}$$
(11-9-4)

$$v_{u(CD)} = \frac{V_u}{A_c} - \frac{\gamma_v M_u C_{CD}}{J_c}$$
(11-9-5)

其中γ_v為依公式(11-9-3)計得之偏心剪力彎矩分配比例、V_u為版承受垂直載重的設計剪力、A_c為臨界斷面周界承受剪力傳遞之混凝土面積、M_u為柱版接觸處的不平衡彎矩、J_c為臨界斷面之慣性矩。圖 11-9-6 中的c-c為臨界斷面的中性軸,周界面AB與中性軸的距離為C_{AB}、周界面 CD 與中性軸的距離為C_{CD}。

公式中的A_c、C_{AB}、C_{CD}、J_c的推算因柱子的位置而異,彙整如下:

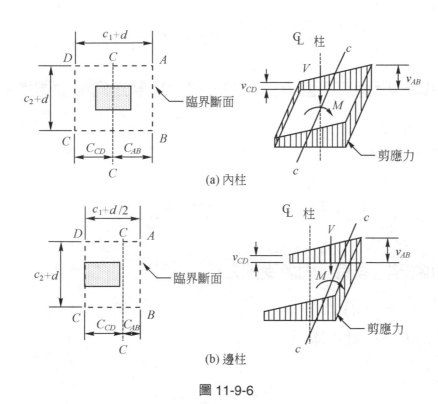

(a) 內柱

(b) 邊柱

圖 11-9-6

一、內柱(臨界斷面有四面承受剪力)

$$A_c = 2(c_1 + c_2 + 2d)d$$

$$C_{AB} = (c_1 + d)/2$$

$$C_{CD} = (c_1 + d)/2$$

$$J_c = \frac{d(c_1 + d)^3}{6} + \frac{d^3(c_1 + d)}{6} + \frac{d(c_2 + d)(c_1 + d)^2}{2}$$

二、邊柱(臨界斷面有三面承受剪力，彎矩設計方向與版邊緣垂直)

$$A_c = (2c_1 + c_2 + 2d)d$$

$$C_{AB} = d(c_1 + d/2)^2/A_c$$

$$C_{CD} = c_1 + d/2 - C_{AB}$$

Chapter 11

$$J_c = \frac{d^3(c_1 + d/2)}{6} + \frac{2d\left(C_{AB}^3 + C_{CD}^3\right)}{3} + d(c_2 + d)C_{AB}^2$$

三、邊柱(臨界斷面有三面承受剪力,彎矩設計方向與版邊緣平行)

$$A_c = (c_1 + 2c_2 + 2d)d$$

$$C_{AB} = (c_1 + d)/2$$

$$C_{CD} = (c_1 + d)/2$$

$$J_c = \frac{d(c_1 + d)^3}{12} + \frac{d^3(c_1 + d)}{12} + \frac{d(c_2 + d/2)(c_1 + d)^2}{2}$$

四、角柱(臨界斷面有二面承受剪力)

$$A_c = (c_1 + c_2 + d)d$$

$$C_{AB} = (c_1 + d/2)^2 d/(2A_c)$$

$$C_{CD} = c_1 + d/2 - C_{AB}$$

$$J_c = \frac{d^3(c_1 + d/2)}{12} + \frac{d\left(C_{AB}^3 + C_{CD}^3\right)}{3} + d(c_2 + d/2)C_{AB}^2$$

■ 11-10 雙向版之剪力設計

版之剪力設計仍應依據下列基本公式設計之:

$$\phi V_n \geq V_u \tag{11-10-1}$$

式中V_u為臨界斷面所承受的設計剪力;如果版柱間並無不平衡彎矩,則V_u為由垂直載重所分配之設計剪力;如果因承受測向力或者相鄰跨距相差甚大而產生不平衡彎矩M_u,導致有偏心剪力彎矩$\gamma_v M_u$存在時,則V_u為依據公式(11-9-4)計算包括原來垂直載重的設計剪力V_u與偏心剪力彎矩$\gamma_v M_u$所共同誘生的設計剪力。剪力強度折減因數ϕ為0.85。

V_n為剪力計算強度,應依下式計算之:

$$V_n = V_c + V_s \tag{11-10-2}$$

式中V_c為混凝土的剪力計算強度,而V_s則為剪力鋼筋的剪力計算強度。

11-10-1　版之破壞模式

　　當雙向版系為無版梁或平版，直接由柱支承時，其臨界斷面之剪應力即產生兩種破壞模式，一是梁式剪力的斜拉力破壞，斜裂縫可能延伸到整個版寬的平面上，損傷了版的美觀和設計強度；一是穿孔剪力破壞，裂縫圍繞著柱面產生，有柱冠或托架版者即成為截圓錐面(螺旋圓柱)或角錐面(矩形橫箍柱)。此種破壞面由支承處的版底斜延伸至版之頂面，與水平成約 45 度角，如圖 11-9-1 所示。剪力之臨界斷面垂直於版面，距離支承面周圍之 $d/2$ 處，圖 11-9-2。

　　基於此兩種破壞模式，版及基腳在接近柱、集中載重或反力處之剪力強度，須以寬梁作用與雙向作用兩種方式計算之，並以能達成較安全者為準。如單向版受撓構材，其主要受撓作用僅在單一方向，故採用寬梁作用計算剪力強度。如雙向版、雙向平版的雙向版系，因其破壞機制為沿圍繞集中載重或反力處截頭圓錐或角錐之穿孔剪力，故採用雙向作用計算剪力強度。雙向版系的剪力設計，雖然寬梁作用較少控制，但設計者仍應確保寬梁作用及雙向作用兩者都能符合安全規定。圖 11-10-1 為版柱接頭處，寬梁作用剪力強度及雙向作用剪力強度之承載面積與臨界斷面。

　　計算雙向作用剪力強度之各種臨界斷面之周長示如圖 11-10-2。

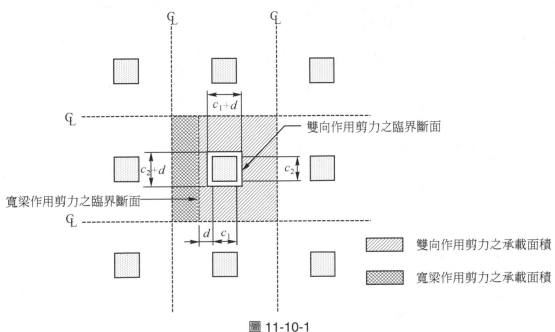

圖 11-10-1

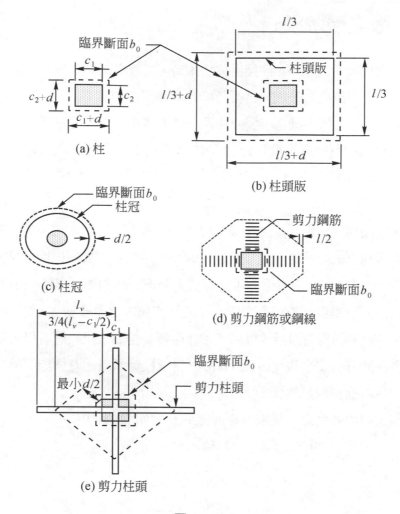

圖 11-10-2

11-10-2　版之混凝土剪力強度

雙向作用之版或基腳應按公式(11-10-1)及(11-10-2)設計。其中混凝土剪力強度V_c應取下列三式之最小者：

$$V_c = 1.06\sqrt{f_c'}\,b_0 d \tag{11-10-3}$$

$$V_c = 0.265\left(2 + \frac{4}{\beta_c}\right)\sqrt{f_c'}\,b_0 d \tag{11-10-4}$$

Chapter 11

$$V_c = 0.265\left(2+\frac{\alpha_s d}{b_0}\right)\sqrt{f_c^{'}}b_0 d \qquad (11\text{-}10\text{-}5)$$

式中 β_c 為集中載重或反力區長邊對短邊之比值；α_s 為一常數，內柱時為 40，邊柱時為 30，角柱時為 20；b_0 為臨界斷面之周長。所謂內柱、邊柱及角柱分別表示其臨界斷面有四面、三面或二面的剪力承載能力。

對方柱而言，雙向彎曲作用之版因極限載重之剪應力限制為 $1.06\sqrt{f_c^{'}}$。但試驗顯示，矩形柱或矩形載重面積之長邊與短邊之比 β_c 大於 2.0 時，該 $1.06\sqrt{f_c^{'}}$ 值即不保守；因此有修正公式(11-10-4)。其他試驗也顯示，V_c 隨 b_0/d 之增加而減少，因此有修正公式 (11-10-5)。

非矩形時，β_c 設定為有效載重面積之最長總尺度與垂直該尺度之最大總尺度之比值，如圖 11-10-3 中 L 形載重反力區。有效載重面積係包圍實際載重面積，而周界為最小之面積。

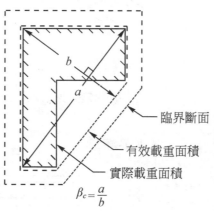

圖 11-10-3

11-10-3　版之剪力補強

雙向平版傳遞於柱面的設計剪力 V_u 為承受的垂直載重(及)版柱間不平衡彎矩所共同誘生的。設計剪力 V_u 經公式(11-10-1)即可推算標稱剪力 V_n。依據版之臨界斷面形狀與周長 b_0、版的有效深度 d、混凝土抗壓強度及柱之位置經公式(11-10-3)、(11-10-4)或(11-10-5)推算作用混凝土之剪力強度 V_c。另依公式(11-10-2)，即 $V_n = V_c + V_s$，如果 $V_n > V_c$，則需以剪力鋼筋或剪力柱頭加以剪力補強之。

11-10-4 版之剪力鋼筋

研究證明，包括鋼筋或鋼線之剪力鋼筋，若能適當錨定，皆可使用於版的剪力補強。由於版厚較薄，可採用閉合肋筋，且繞緊於縱向鋼筋上，如圖 11-10-4。在不計彎矩傳遞之版柱接頭中肋筋之個數、間距、及排列應對稱於臨界面中心，如圖 11-10-5。邊柱或有彎矩傳遞時之內柱，剪力鋼筋應儘可能對稱。圖 11-10-6 之外柱，其 *AD* 及 *BC* 邊之平均剪應力較 *AB* 邊為小，但肋筋從 *AD* 及 *BC* 邊伸出以補強沿版邊列帶之扭應力。

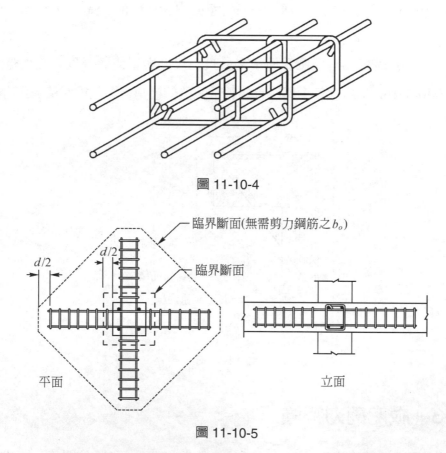

圖 11-10-4

圖 11-10-5

規範規定，當配置剪力鋼筋或鋼線以補強剪力時，剪力標稱強度 v_n 可提高至最大剪應力為 $1.60\sqrt{f_c'}$。然而剪力鋼筋須設計承受應力超過 $0.53\sqrt{f_c'}$ 部分之全部剪力。易言之，公式(11-10-2)中的混凝土剪力強度 V_c 不得大於 $0.53\sqrt{f_c'}\,b_0 d$，版的標稱剪力強度 V_n 不得大於 $1.60\sqrt{f_c'}\,b_0 d$。

須由剪力鋼筋補強的剪力 $V_s = V_n - V_c$，則所需鋼筋量 A_v 為

1.　剪力鋼筋為垂直肋筋時，$A_v = \dfrac{V_s s}{f_y d}$

2.　剪力鋼筋為斜向肋筋時，$A_v = \dfrac{V_s s}{f_y (\sin\alpha + \cos\alpha) d}$

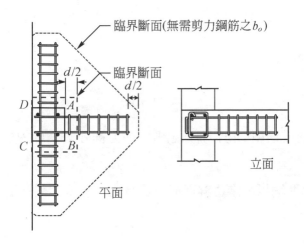

圖 11-10-6

11-10-5　版之剪力柱頭

雙向平版的垂直載重僅能經由版與柱接頭處的有限接觸面傳遞到柱子上，而致產生較高剪應力。增加版厚或柱子尺寸固可增加臨界斷面的周長，但如圖 11-10-7 於柱頂設置剪力柱頭(shear head)也可如圖 11-10-8 有效增加臨界斷面周長來提昇版柱剪力的傳遞容量。

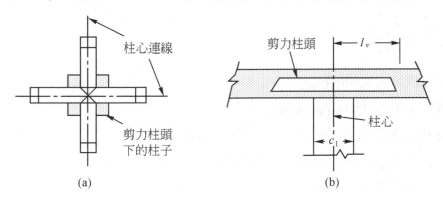

圖 11-10-7

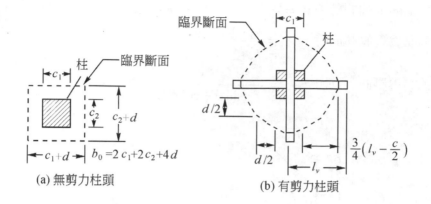

圖 11-10-8

版內可設置 I 型或槽型鋼(剪力柱頭)做為剪力補強，其於內柱傳遞重力載重之剪力時，應按下列之規定設計。

1. 剪力柱頭係由型鋼以全滲透銲而成直交且完全相同之臂，各臂於柱斷面內不得中斷。

2. 剪力柱頭型鋼之深度不得大於其腹鈑厚度之 70 倍。

3. 剪力柱頭各臂之末端應准予切成與水平線相交成不小於 30°之斜角，但切除後斜面段之塑性彎矩強度須足夠抵抗分佈於該臂之剪力。

4. 所有型鋼受壓翼緣須置於距混凝土版之壓力面 0.3d 以內。

5. 剪力柱頭各臂之勁度與$(c_2 + d)$寬之版與剪力柱頭合成斷面考慮混凝土開裂後勁度之比值α_v不得小於 0.15。

6. 剪力柱頭各臂所需之塑性彎矩設計強度ϕM_P應由下式計算：

$$\phi M_P = \frac{V_u}{2\eta}\left[h_v + \alpha_v \left(l_v - \frac{c_1}{2} \right) \right]$$

(11-10-6)

其中ϕ為撓曲之強度折減因數 0.9，η為剪力柱頭臂數，l_v為剪力柱頭各臂之實際長度，h_v為剪力柱頭斷面總深。

7. 版之剪力臨界斷面須與版面垂直，並與各臂在距柱面之距離為$(l_v - c_1/2)$之 3/4 處相交，而使周線長度b_0為最小。在使臨界斷面周線長度最小時，臨界斷面周線與柱面或柱冠、柱頭版的邊的距離也不可小於$d/2$(版有效深度之一半)，如圖 11-10-9。

8.　剪力計算強度 V_n 於前述規定之臨界斷面（如圖 11-10-9 b）處不得超過 $1.06\sqrt{f_c'}b_0d$。若已設置剪力柱頭補強，則其剪力計算強度V_n於未設置剪力柱頭之臨界斷面(如圖 11-10-9a)不得超過$1.86\sqrt{f_c'}b_0d$。

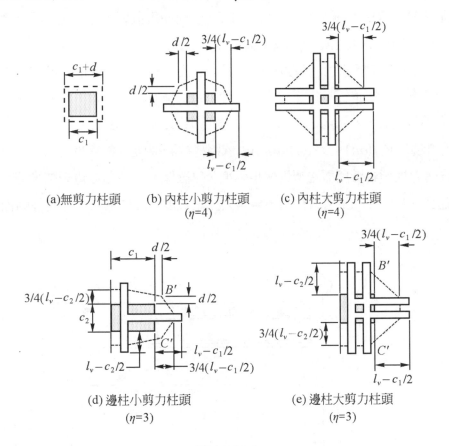

(a)無剪力柱頭　　　(b) 內柱小剪力柱頭　　(c) 內柱大剪力柱頭
　　　　　　　　　　　($\eta=4$)　　　　　　　　($\eta=4$)

(d) 邊柱小剪力柱頭　　　　　(e) 邊柱大剪力柱頭
　　($\eta=3$)　　　　　　　　　　($\eta=3$)

圖 11-10-9

9.　剪力柱頭各臂在版之柱列帶所能承受之彎矩設計強度 M_v 為：

$$M_v = \frac{\phi\alpha_v V_u}{2\eta}\left(l_v - \frac{c_1}{2}\right) \tag{11-10-7}$$

式中ϕ為撓曲之強度折減因數 0.9，η為剪力柱頭臂數，l_v為剪力柱頭臂之實際長度，但M_v不得超過下列之較小值：

(1) 版每一柱列帶全部設計彎矩之 30%

(2) l_v長度內柱列帶彎矩之變化值

(3) 公式(11-10-6)之 M_P 值

10. 當考慮不平衡彎矩時，剪力柱頭應做適當錨定以將 M_P 傳入柱中。

剪力柱頭設計爲以傳遞因重力載重之剪力接頭時，須考慮三個基本準則：第一，需設置最少撓曲強度以確保在剪力柱頭之撓曲強度被超過前，所需剪力強度先達到。第二，在剪力柱頭端點之版中剪應力應予限制。第三，若前面兩個要求已滿足，設計者可按設計斷面處剪力柱頭彎矩分擔之比例，減少版之負彎矩鋼筋。

圖 11-10-10 所示爲沿內柱剪力接頭一臂之假設理想化剪力分佈。沿各臂之剪力取爲 $\alpha_v V_c / \eta$。然而柱面之高峰剪力取爲各臂之總剪力 $V_u /(\phi \eta)$ 減去由版之混凝土受壓區傳給柱之剪力。後項以 $V_c (1-\alpha_v)/\eta$ 表示，若剪力柱頭勁度很大，該值趨近零，若剪力柱頭勁度很小，則該值趨近 $V_u /(\phi \eta)$。公式(11-10-6)係依照斜拉開裂剪力 V_c 約爲剪力 V_u 一半之假設，式中 M_P 爲剪力柱頭各臂所需之塑性彎矩強度，以確保剪力柱頭之彎矩強度達到前，極限剪力已先達到。l_v 爲柱心至剪力柱頭不再需要處之長度，$c_1 /2$ 爲設計方向柱斷面尺度之一半。

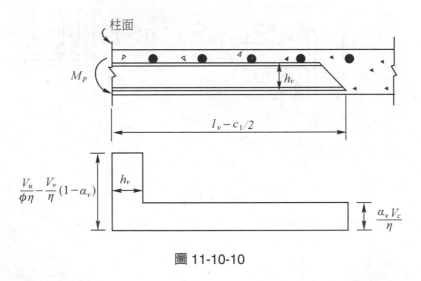

圖 11-10-10

試驗指出配置「低度補強」剪力柱頭之版，曾在剪力柱頭端之臨界斷面上剪應力小於 $1.06\sqrt{f_c'}$ 而失敗。雖然採用「高度補強」剪力柱頭可將剪力強度帶回至約相當於 $1.06\sqrt{f_c'}$，但有限的試驗資料建議採用保守設計較可取。因此，在剪力柱頭端點內之假設臨界斷面上之剪力強度仍依據 $1.06\sqrt{f_c'}$ 計算。

若不計柱面之高峰剪力，且仍假設開裂載重 V_c 約爲剪力 V_u 一半，則剪力柱頭之彎矩分擔 M_v 可根據公式(11-10-10)保守計算，其中 $\phi = 0.9$。

範例 11-10-1

　　如圖 11-10-11 所示，有一雙向平版支撐於 25cm×25cm 的方形柱，設平版厚度為 19 cm，有效深度為 15 cm，版內負彎矩鋼筋為#5(D16)@12.5cm，版傳遞到柱子的設計剪力 V_u=50t，已知混凝土的抗壓強度為 210 kg/cm²，混凝土的彈性模式為 220,000 kg/cm²，鋼筋的降伏強度為 2,800 kg/cm²，鋼筋的彈性模式為 2,100,000kg/cm²，#5(D16)的標稱直徑為 1.59cm，標稱斷面積為 1.99cm²，試以 I 型鋼設計該剪力柱頭。

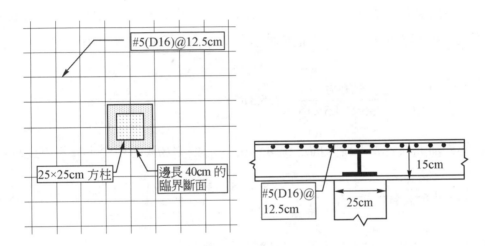

圖 11-10-11

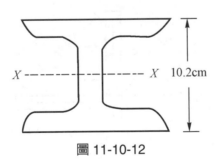

圖 11-10-12

　　圖 11-10-12 的 I 型鋼特性資料為：高度 10.2cm，斷面積 a=14.58cm²，對 X-X 軸的慣性矩 I_{xx}=253.07cm⁴，塑性指數 Z_p=57.52cm³。

　　雙向作用剪力斷面距柱面的距離為 $d/2 = 15/2 = 7.5$cm

　　臨界斷面周長 $b_0 = 4 \times (25 + 15) = 160$cm

臨界斷面處之剪應力強度為 $v_u = \dfrac{V_u}{\phi\,b_0 d} = \dfrac{50,000}{0.85 \times 160 \times 15} = 24.51\,\text{kg/cm}^2$

混凝土的剪應力強度為 $v_c = 1.06\sqrt{f_c'} = 1.06 \times \sqrt{210} = 15.66\,\text{kg/cm}^2$

因為 $v_c < v_u$，顯然剪力抵抗能力有待補強。

如果選用剪力柱頭，則臨界斷面處最大容許的剪應力 v_u 為

$$v_u = 1.86\sqrt{f_c'} = 1.86 \times \sqrt{210} = 26.95\,\text{kg/cm}^2 > 24.51\,\text{kg/cm}^2$$

圖 11-10-13 為於柱頭上方與柱面垂直方向各加一臂長為 l_v 的 I 型鋼剪力柱頭後擴大的臨界斷面。依據規範，在該臨界斷面處的容許剪應力強度為 $1.06\sqrt{210} = 15.36\,\text{kg/cm}^2$。所以

$$b_0 = \dfrac{V_u}{v_c \phi d} = \dfrac{50,000}{15.36 \times 0.85 \times 15} = 255.31\,\text{cm}$$

因為臨界斷面與各臂在距柱面之距離為 $(l_v - c_1/2)$ 之 $3/4$ 處相交，故其周長 b_0 為：

$$b_0 = 4 \times \dfrac{2}{\sqrt{2}}\left[\dfrac{c_1}{2} + \dfrac{3}{4}\left(l_v - \dfrac{c_1}{2}\right)\right] = \dfrac{8}{\sqrt{2}}\left[\dfrac{25}{2} + \dfrac{3}{4}\left(l_v - \dfrac{25}{2}\right)\right] = \dfrac{1}{\sqrt{2}}(25 + 6l_v) = 255.31$$

解得 $l_v = 56.01\,\text{cm}$，試用剪力柱頭每臂臂長 l_v 為 60cm。

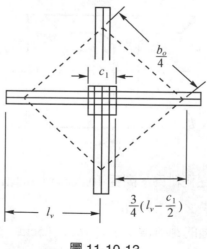

圖 11-10-13

因爲 α_v 爲剪力柱頭各臂之勁度與(c_2+d)寬之版與剪力柱頭合成斷面考慮混凝土開裂後勁度之比值且不得小於 0.15。圖 11-10-14 爲($c_2+d=40\text{cm}$)寬之版與剪力柱頭合成斷面；若 I_s 爲 I 型鋼的慣性矩，$E_s=2,100,000\text{kg/cm}^2$ 爲鋼筋的彈性模數，I_c 爲合成斷面的慣性矩，$E_c=220,000\text{kg/cm}^2$ 爲混凝土的彈性模數，則 $\alpha_v=\dfrac{E_s I_s}{E_c I_c}$ 。

彈性模數比 $n=\dfrac{E_s}{E_c}=\dfrac{2,100,000}{220,000}=9.55$，取用 $n=10$

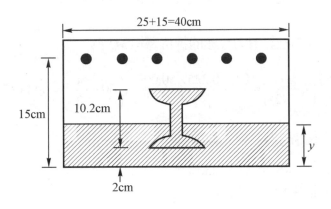

圖 11-10-14

在圖 11-10-14 中，負彎矩撓曲鋼筋#5(D16)@12.5cm，化成寬度 40cm 的等值混凝土斷面積爲 $10\times\dfrac{40}{12.5}\times1.99=63.68\text{cm}^2$；I 型鋼的面積爲 14.58cm^2，化成等值混凝土的面積爲 $10.58\times10=145.8\text{cm}^2$，則

$$y=\frac{63.68\times15+145.8\times(2+10.2/2)+40\times y^2/2}{63.68+145.8+40y}\text{，整理得}$$

$20y^2+209.48y-1990.38=0$，解得 $y=6.03\text{cm}$

$$I_c=\frac{40\times6.03^3}{3}+63.68\times(15-6.03)^2+10\times253.07+145.8\times(5.1+2-6.03)^2$$

$$=2923.42+5123.75+2530.7+166.93=10,744.80\text{cm}^4$$

$I_s=253.07\text{cm}^4$

$$\alpha_v=\frac{E_s I_s}{E_c I_c}=\frac{2,100,000\times253.07}{220,000\times10,744.8}=0.225>\left(\alpha_{v,\min}=0.15\right)\text{O.K.}$$

依據公式(11-10-6)推算所需塑性彎矩容量 M_p 爲

$$M_P = \frac{V_u}{\phi 2\eta}\left[h_v + \alpha_v\left(l_v - \frac{c_1}{2}\right)\right]$$

$$= \frac{50,000}{0.9 \times 2 \times 4}\left[10.2 + 0.225 \times \left(60 - \frac{25}{2}\right)\right]$$

$$= 6944.44 \times (10.2 + 10.6875) = 145,051.99\text{kg-cm}$$

I 型鋼的塑性彎矩容量為

$$M_P = Z_p f_y = 57.52 \times 2,800 = 161,056\text{kg-cm} > 145,051.99\text{kg-cm} \text{ O.K.}$$

復依據公式(11-10-7)推算剪力柱頭的抵抗彎矩 M_v 為

$$M_v = \frac{\phi \alpha_v V_u}{2\eta}\left(l_v - \frac{c_1}{2}\right) = \frac{0.9 \times 0.225 \times 50,000}{2 \times 4} \times \left(60 - \frac{50}{2}\right) = 60,117.19\text{kg-cm}$$

規範規定，M_v 不得超過下列之較小值：

1. 版每一柱列帶全部設計彎矩之 30%
2. l_v 長度內柱列帶彎矩之變化值
3. 公式(11-10-9)之 M_P 值

11-11 雙向版之撓曲設計

雙向版系統中之撓曲鋼筋，通常均配置成格子狀，並平行於格間之兩邊緣。可全部使用直鋼筋，亦可使用部分直鋼筋部分彎鋼筋，以使彎上之鋼筋作為負彎矩鋼筋之一部份或全部。為了避免互相垂直配置造成鋼筋擁擠現象，其內側鋼筋之有效深度，較外側鋼筋之有效深度少一根鋼筋之直徑。對於矩形格間而言，短方向之鋼筋均置於外側而有最大之有效深度 d。對於方形或近似於方形之格間，多數設計者均以其平均有效深度設計之；如此對內側鋼筋較為保守，可能在版破壞前由載重及彎矩之重新分佈，造成容量之差異性。

11-11-1　撓曲鋼筋量、間距與錨定

　　雙向版的撓曲鋼筋量應以臨界斷面之彎矩計算之,但不得小於乾縮與溫度鋼筋量之規定。乾縮與溫度鋼筋須與主筋在同一平面上垂直配置,以使龜裂減至最小。乾縮與溫度之鋼筋面積與版總斷面積之比值不得小於下列規定:

竹節鋼筋,$f_y < 4{,}200\text{kg/cm}^2$	0.0020
竹節鋼筋,$f_y = 4{,}200\text{kg/cm}^2$ 或熔接鋼線網	0.0018
竹節鋼筋,$f_y = 4{,}200\text{kg/cm}^2$ (以 0.35%為降伏應變時之 f_y)	$0.0018\!\left(4{,}200/f_y\right)$ 且不得小於 0.0014

　　版在臨界斷面處之鋼筋間距不得大於版厚之兩倍,以確保版之行為及減少裂縫並達到版上小範圍內確能承擔集中載重之能力。在外跨度中,所有垂直於不連續邊之正彎矩鋼筋必須延伸至版邊,並至少延伸 15cm 直伸或彎鉤埋入邊梁、牆或柱內;所有垂直於不連續邊之負彎矩鋼筋必須以彎折、彎鉤或其他方式錨定於邊梁、牆或柱內,並有足夠伸展長度。如果版邊無梁或牆支承、或超出支承端之懸臂版,鋼筋得在版內錨定。

　　若邊梁嵌築於支承之鋼筋混凝土牆,則版系於該邊界狀況接近固接;若邊梁之下未有鋼筋混凝土牆,則版於該邊之支撐狀況將依邊梁或版端之扭轉勁度而定,而接近簡支承。在一般結構體中版彎矩可能因邊界情況無法預知為固接或簡支承,而有很大之變化,因此外跨度的版鋼筋應有適當的錨定。

11-11-2　角隅鋼筋之設置

　　版支承於梁,若其 α 值大於 1.0 者,則版之外隅角處應加置角隅鋼筋加強之。角隅鋼筋在版之頂面及底面均需置放,頂面者須與由該角所引之對角線平行,底面者須與該對角線垂直;亦得各以兩組鋼筋與版邊平行排置。角隅鋼筋量不論在版頂或版底均應等於版內最大正彎矩所需之數量。角隅鋼筋應置放在每個方向距角隅1/5長向跨度範圍內。

　　角隅鋼筋設置如圖 11-11-1 所示。

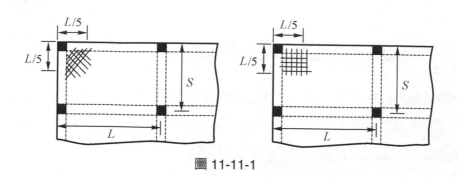

圖 11-11-1

11-11-3 雙向平版之鋼筋設計

雙向平版的撓曲鋼筋量仍應以臨界斷面處的彎矩計算之，其最小鋼筋延伸長度應符合圖 11-11-2 之規定。

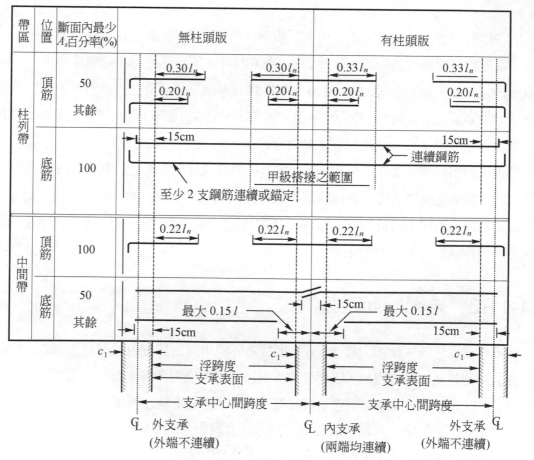

圖 11-11-2

相鄰兩跨度不相等時，圖 11-11-2 所示負彎矩鋼筋在支承面外之延伸長度應以較長跨度計算。彎起鋼筋僅在版之深跨比容許其彎角不大於 45°時方可使用。對有側移構架內之版，其鋼筋長度應按分析所得之值設置，惟不得小於圖 11-11-2 所示之長度。兩向柱列帶內所有底層鋼筋或鋼線應連續或如圖 11-11-2 所示做甲級搭接，且至少需有二根底層鋼筋或鋼線連續穿過柱心，並應錨定在外支承處。具有剪力柱頭之版，至少應於每向設有兩支握裏之底鋼筋或鋼線通過剪力柱頭，而盡可能接近柱並連續之，或以甲級搭接續接之。在外柱處，則鋼筋應錨定於剪力柱頭。

11-11-4　雙向平版柱頭版之設計

雙向平版的全部載重均直接傳遞於柱子上，使柱子四周形成一種集中反力，而有向上貫穿樓版之趨勢。為避免平版因承受較大貫穿剪力而造成的斜向破裂，通常均將柱頂剖面加大成一個倒置的錐體，如圖 11-11-3；圖中錐形體為柱冠(Column Capital)，柱冠上面的平版為柱頭版(Drop Panel)。

柱頭版之大小應符合下列規定：

1.　柱頭版應由支承中心向每面延伸至少該向支承中心間跨度之1/6。

2.　柱頭版下突出部分不得少於平版厚度之1/4。

3.　計算鋼筋時，柱頭版在版下突出厚度之計算值不得大於柱頭版邊緣至柱邊緣或柱冠邊緣間距離之1/4。

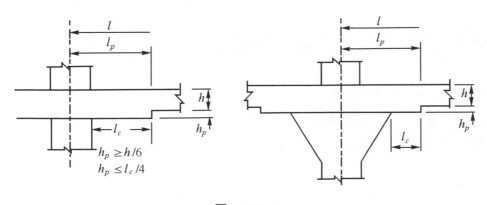

圖 11-11-3

11-11-5　撓曲彎矩對版厚之控制

版的厚度須滿足在臨界斷面能夠承擔撓曲應力與剪應力，雖然增加鋼筋量可以減少版厚，但為防止版太薄造成不當的撓度與裂縫，鋼筋量亦須加以控制。

首先，取一單位的版寬，找出各構架單位版寬的最大彎矩進行校核，假定一鋼筋比，此鋼筋比不得超過最大鋼筋比 ρ_{max} 的限制，依 ACI 規定 $\rho_{max} = 0.75\rho_b$，由於考慮版厚不可太薄，所以設計鋼筋量大多以 $\rho_{max}/2$ 來設計，也就是取鋼筋比為 $0.375\rho_b$，按下列步驟設計之：

1. 設定鋼筋比 ρ

$$\rho = 0.5\rho_{max} = 0.5(0.75\rho_b) = 0.375\rho_b$$

$$\rho_b = \frac{0.85\beta_1 f_c'}{f_y}\left(\frac{\varepsilon_c}{\varepsilon_c + \varepsilon_s}\right) = \frac{0.85\beta_1 f_c'}{f_y}\left(\frac{6120}{6120 + f_y}\right) \quad 若 E_s = 2.04\times10^6\,\text{kg/cm}^2$$

2. 計算版的最小有效深度 d

$$d = \sqrt{\frac{M_u}{\phi\rho f_y b\left(1 - 0.59\rho\dfrac{f_y}{f_c'}\right)}} \quad ，其中 \phi = 0.9$$

3. 確保版的實際有效深度大於版的最小有效深度

11-11-6　梁撓曲鋼筋量之計算

雙向梁版中，梁的撓曲鋼筋量是依據 11-8-7 節的「梁、版之設計彎矩」所分配到梁部分的載重彎矩及梁之直接載重所增加的彎矩之和按單筋梁計算之。如果計算所得撓曲鋼筋比大於規範規定最大鋼筋比 ρ_{max}，則需修改梁的尺寸，重新設計之。計算相關公式彙整如下：

Chapter 11

1.　推算梁之設計彎矩 M_u

2.　$R_n = \dfrac{M_u}{\phi bd^2}$　（$\phi = 0.9$）

3.　$m = \dfrac{f_y}{0.85 f_c^{'}}$

4.　$\rho = \dfrac{1}{m}\left(1 - \sqrt{1 - \dfrac{2mR_n}{f_y}}\right)$

5.　$\rho_b = \dfrac{0.85 \beta_1 f_c^{'}}{f_y}\left(\dfrac{\varepsilon_c}{\varepsilon_c + \varepsilon_s}\right) = \dfrac{0.85 \beta_1 f_c^{'}}{f_y}\left(\dfrac{6120}{6120 + f_y}\right)$

6.　$\rho_{\max} = 0.75 \rho_b$

7.　假若 $\rho > \rho_{\max}$，則需修改梁斷面尺寸重新設計之。

11-11-7　版撓曲鋼筋量之計算

　　雙向梁版中，版的撓曲鋼筋量是依據 11-8-7 節的「梁、版之設計彎矩」所分配到版部分的載重彎矩按單筋梁計算之。規範規定版的撓曲鋼筋比不得小於乾縮與溫度鋼筋比。計算相關公式彙整如下：

1.　推算版之設計彎矩 M_u

2.　$R_n = \dfrac{M_u}{\phi bd^2}$　（$\phi = 0.9$，b 為帶寬，d 為版的有效深度)

3.　$m = \dfrac{f_y}{0.85 f_c^{'}}$

4.　設 ρ_t 為乾縮與溫度鋼筋比，則最少鋼筋量 $A_t = \rho_t bh$（h 為版厚)

5.　版的最小撓曲鋼筋比 $\rho_{\min} = \dfrac{A_t}{bd}$

6.　$\rho = \dfrac{1}{m}\left(1 - \sqrt{1 - \dfrac{2mR_n}{f_y}}\right)$

7.　假若 $\rho < \rho_{\min}$，取 $\rho = \rho_{\min}$

8.　版的撓曲鋼筋量 $A_s = \rho bd$

9.　版的撓曲鋼筋間距 $s = \dfrac{\text{單根鋼筋標稱斷面積}}{A_s} \times b$，但不得小於版厚的兩倍

10. 實際提供的鋼筋量 $A_s = \dfrac{\text{帶寬} b}{\text{選用間距} s} \times \text{單根鋼筋標稱面積}$

■ 11-12　版中開孔

　　至此所論述的雙向版均為實體雙向版，亦即版中均無開孔。實務上，所有建築物之版系皆有開孔之必要性且可能貫穿整體建築物之高度，如樓梯、電梯等則需較大之開孔，而一些管道系統與維護出入之孔道，則需較小之開孔。大的開孔邊緣需加邊梁，以保持版之連續性，且此種邊梁之設計，係由版加隔間或附屬設備之支承梁，或樓梯等載重設計之。

　　在柱線上有梁的雙向版上留有小開孔，不致造成任何損害。通常在開孔之邊上多加一些鋼筋補強，即可防止角隅之裂縫發生。但在柱線上無梁及無柱冠或柱頭版之雙向平版中開孔，可能造成剪力與撓曲強度的大量折減。因此，開孔的設計原則為(1)能將載重安全傳遞到柱子及(2)維持版的勁度以免造成超限量的撓度。

　　為避免複雜的分析，設計規範提供一些限制如下：

1. 在格間的中間帶相交區域內可以開孔(如圖 11-12-1 之 A 開孔)，但鋼筋面積必須保有全格間無孔原設計的需要量。因為在中間帶的剪力與彎矩均小，所需鋼筋量較少(甚至僅需最少規範量)，將開孔處原有鋼筋移至開孔旁邊不致影響其強度或造成鋼筋的擁擠。

2. 如在兩柱列帶相交區內開孔(如圖 11-12-1 之 B 及 C 開孔)，每向開孔寬度不得超過柱列帶寬之八分之一，被開孔截斷之鋼筋面積，應在開孔四週補加等量之鋼筋。

3. 在柱列帶與中間帶相交區內(如圖 11-12-1 之 D 開孔)，各帶中被開孔截斷之鋼筋面積不得大於四分之一，並需於開孔四周補加等量之鋼筋。

4. 如版之開孔位置距離集中載重或反力處小於版厚之 10 倍時，或在雙向平版之柱列帶時，則其臨界斷面週長需依照規範修正之：

   (1) 若版中無剪力柱頭時，臨界斷面在柱、載重區、反力區中心引至開孔兩側射線範圍內的臨界斷面週長視為無效，如圖 11-12-2 所示。

   (2) 若版中有剪力柱頭之設置，則臨界斷面之有效週長只需減除一半即可。

Chapter 11

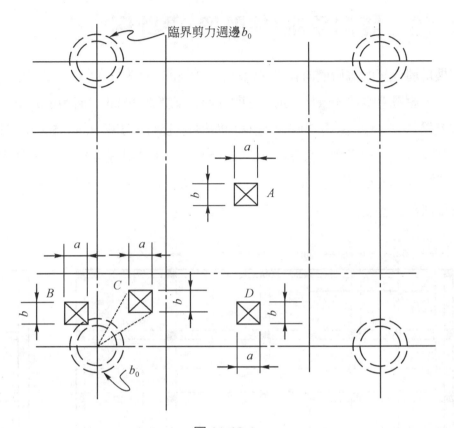

圖 11-12-1

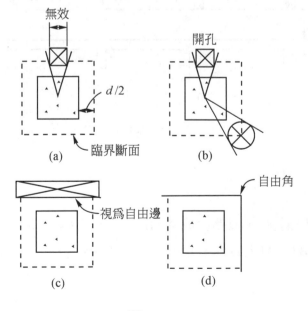

圖 11-12-2

📃 11-13 雙向平版(柱間梁)設計例

　　某四樓房屋建築的每層雙向有梁樓版均有 12 格間(如圖 11-13-1)，每一格間的長邊邊長為 6 公尺、短邊邊長為 4 公尺，長向柱間及邊梁梁寬為 30cm，梁深為 60cm，短向柱間及邊梁梁寬為 30cm，梁深為 50cm。三樓與四樓的柱斷面均為 50cm×50cm、柱長均為 3 公尺；樓版自重外尚須承擔一靜載重 100kg/m² 及一均佈活載重 400kg/m²。使用混凝土的抗壓強度為 f_c'=210kg/cm²，鋼筋的降伏強度為 2,800kg/cm²。設樓版厚度為 11 公分，試以直接設計法設計三樓雙向有梁版。

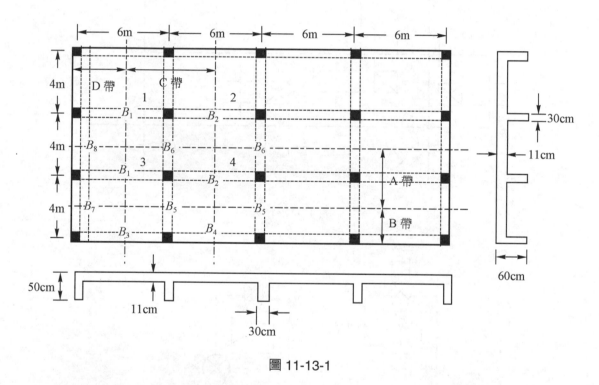

圖 11-13-1

一、劃分設計帶

　　由於樓版幾何的對稱性，將樓版分成 A、B、C、D 四個設計帶，並設計格間 1、2、3、4，長向梁 B1、B2、B3、B4 及短向梁 B5、B6、B7、B8 等即可套用於其他格間或樓版，如圖 11-13-1。

設計帶 A、B 為長方向的設計帶並與長邊平行；而設計帶 C、D 為短方向的設計帶並與短邊平行。根據跨度長 l_1、l_2 的定義，整理如下：

	l_1	l_2	l_3	l_n	縱向	橫向
當設計 A 帶時	6m	4m	3m	5.5m	長向	短向
當設計 B 帶時	6m	2m	3m	5.5m	長向	短向
當設計 C 帶時	4m	6m	3m	3.5m	短向	長向
當設計 D 帶時	4m	3m	3m	3.5m	短向	長向

二、計算梁版撓曲勁度比α

$$撓曲勁度比\, \alpha = \frac{梁的勁度}{版的勁度}$$

1.　長向內梁(B1、B2 梁)

如圖 11-13-2，T 型梁形心距梁腰底面的距離 y

T 型梁梁腰高度$=60-11=49$cm

因梁腰高大於版厚的四倍(44cm)，T 型梁梁翼寬度$=30+8\times11=118$cm

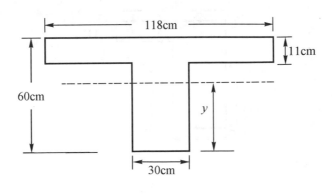

圖 11-13-2

$$y = \frac{(118 \times 11) \times (60-5.5) + ((60-11) \times 30) \times (60-11)/2}{118 \times 11 + (60-11) \times 30}$$

$$= \frac{70741 + 36015}{1298 + 1470} = \frac{106756}{2768} = 38.568 \text{cm}$$

$$\because I_b = \sum \left(I_A + Ad^2 \right)$$

$$\therefore I_b = \frac{118 \times 11^3}{12} + 1298 \times (60 - 38.568 - 5.5)^2 +$$

$$\frac{30 \times (60-11)^3}{12} + 1470 \times (38.568 - 24.5)^2$$

$$= 13088.17 + 329469.55 + 294122.5 + 290925.68 = 927605.9 \text{ cm}^4$$

$$I_s = \frac{l_2 h^3}{12} = \frac{400 \times 11^3}{12} = 44366.67 \text{ cm}^4$$

版梁勁度比 $\alpha = \dfrac{E_{cb} I_b}{E_{cs} I_s} = \dfrac{927605.9}{44366.67} = 20.91$

2.　長向邊梁(B3、B4 梁)

　　如圖 11-13-3，L 型梁形心距梁腰底面的距離 y

$$y = \frac{(74 \times 11) \times (60-5.5) + ((60-11) \times 30) \times (60-11)/2}{74 \times 11 + (60-11) \times 30}$$

$$= \frac{44363 + 36015}{814 + 1470} = \frac{80378}{2284} = 35.192 \text{cm}$$

$$\because I_b = \sum \left(I_A + Ad^2 \right)$$

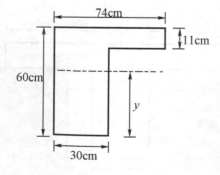

圖 11-13-3

$$I_b = \frac{74 \times 11^3}{12} + 814 \times (60 - 35.192 - 5.5)^2 +$$

$$\frac{30 \times (60 - 11)^3}{12} + 1470 \times (35.192 - 24.5)^2$$

$$= 8207.83 + 303458.28 + 294122.5 + 168048.73 = 773837.34 \text{cm}^4$$

$$I_s = \frac{l_2 h^3}{12} = \frac{200 \times 11^3}{12} = 22183.33 \text{ cm}^4$$

版梁勁度比 $\alpha = \dfrac{E_{cb} I_b}{E_{cs} I_s} = \dfrac{773837.34}{22183.33} = 34.88$

3.　短向內梁(B5、B6 梁)

　　T 型梁梁腰高度=50–11=39cm

　　　因梁腰高小於版厚的四倍(44cm)，T 型梁梁翼寬度 $= 30 + 2 \times 39 = 108$cm
如圖 11-13-4，T 型梁形心距梁腰底面的距離 y

$$y = \frac{(108 \times 11) \times (50 - 5.5) + ((50 - 11) \times 30) \times (50 - 11)/2}{108 \times 11 + (50 - 11) \times 30}$$

$$= \frac{52866 + 22815}{1188 + 1170} = \frac{75681}{2358} = 32.095 \text{ cm}$$

$$\because I_b = \sum (I_A + Ad^2)$$

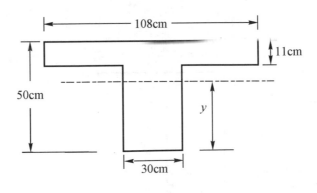

圖 11-13-4

$$\therefore I_b = \frac{108 \times 11^3}{12} + 1188 \times (50 - 32.095 - 5.5)^2 +$$

$$\frac{30 \times (50-11)^3}{12} + 1170 \times (32.095 - 19.5)^2$$

$$= 11979 + 182814.22 + 148297.5 + 185601.81 = 528692.53 \, \text{cm}^4$$

$$I_s = \frac{l_2 h^3}{12} = \frac{600 \times 11^3}{12} = 66550 \, \text{cm}^4$$

版梁勁度比 $\alpha = \dfrac{E_{cb} I_b}{E_{cs} I_s} = \dfrac{528692.53}{66550} = 7.944$

4. 短向邊梁(B7、B8 梁)

如圖 11-13-5，L 型梁形心距梁腰底面的距離 y

$$y = \frac{(69 \times 11) \times (50 - 5.5) + ((50-11) \times 30) \times (50-11)/2}{69 \times 11 + (50-11) \times 30}$$

$$= \frac{33775.5 + 22815}{759 + 1170} = \frac{56590.5}{1929} = 29.337 \text{cm}$$

$$\because I_b = \sum (I_A + Ad^2)$$

$$\therefore I_b = \frac{69 \times 11^3}{12} + 759 \times (50 - 29.337 - 5.5)^2 +$$

$$\frac{30 \times (50-11)^3}{12} + 1170 \times (29.337 - 19.5)^2$$

$$= 7653.25 + 174506.68 + 148297.5 + 113216.89 = 443674.32 \, \text{cm}^4$$

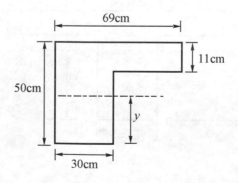

圖 11-13-5

$$I_s = \frac{l_2 h^3}{12} = \frac{300 \times 11^3}{12} = 33275 \, \text{cm}^4$$

版梁勁度比 $\alpha = \dfrac{E_{cb} I_b}{E_{cs} I_s} = \dfrac{443674.32}{33275} = 13.3336$

梁版勁度比的計算結果整理如下：

	形心位置 y	梁慣性矩 I_b	版慣性矩 I_s	梁版勁度比 α
長向內梁	38.568	927605.90	44366.67	20.91
長向邊梁	35.192	773837.34	22183.33	34.88
短向內梁	32.095	528692.53	66550	7.944
短向邊梁	29.337	443674.32	33275	13.3336

三、雙向版直接設計法適用條件檢核

1.　版之每向至少需有三個連續跨度。

　　合格

2.　版之格間需為矩形，其長短跨度(支承中心間距)之比值不得大於 2。

　　6.00/4.00=1.5 < 2 合格

3.　版之每向相鄰兩跨度的差不得大於較長跨度之 1/3。

　　長向或短向跨度長均相同合格

4.　柱偏離柱列中心線的距離不得大於較長跨度的 1/10。

　　合格

5.　所有載重均需為垂直均佈於全格間，且活載重不得大於靜載重之 3 倍。

　　$w_l = 400 \text{kg/m}^2$

$$w_d = 0.11 \times 2400 + 100 = 364 \text{kg/m}^2$$

$$\frac{w_l}{w_d} = \frac{400}{364} = 1.10 \ < 3.0 \ 合格$$

6. 若版格間四周均有梁，相互垂直方向梁之相對勁度比值，$\dfrac{\alpha_1 l_2^2}{\alpha_2 l_1^2}$，不得小於 0.2，亦不得大於 5。設格間相對位置如下：

格間 1	格間 2		
格間 3	格間 4		

7. 格間 1

$$\frac{l_1^2}{\alpha_1} = \frac{6^2}{(34.88 + 20.91)/2} = 1.291$$

$$\frac{l_2^2}{\alpha_2} = \frac{4^2}{(13.3336 + 7.944)/2} = 1.504$$

$$\frac{\alpha_1 l_2^2}{\alpha_2 l_1^2} = \frac{1.504}{1.291} = 1.165$$

因 0.2 < 1.165 < 5 故合格

8. 格間 2

$$\frac{l_1^2}{\alpha_1} = \frac{6^2}{(34.88 + 20.91)/2} = 1.291$$

$$\frac{l_2^2}{\alpha_2} = \frac{4^2}{(7.944 + 7.944)/2} = 2.014$$

$$\frac{\alpha_1 l_2^2}{\alpha_2 l_1^2} = \frac{2.014}{1.291} = 1.560$$

因 0.2 < 1.560 < 5 故合格

9.　格間 3

$$\frac{l_1^2}{\alpha_1} = \frac{6^2}{(20.91 + 20.91)/2} = 1.722$$

$$\frac{l_2^2}{\alpha_2} = \frac{4^2}{(13.3336 + 7.944)/2} = 1.504$$

$$\frac{\alpha_1 l_2^2}{\alpha_2 l_1^2} = \frac{1.504}{1.722} = 0.873$$

因 0.2 < 0.873 < 5 故合格

10.　格間 4

$$\frac{l_1^2}{\alpha_1} = \frac{6^2}{(20.91 + 20.91)/2} = 1.722$$

$$\frac{l_2^2}{\alpha_2} = \frac{4^2}{(7.944 + 7.944)/2} = 2.014$$

$$\frac{\alpha_1 l_2^2}{\alpha_2 l_1^2} = \frac{2.014}{1.722} = 1.17$$

因 0.2 < 1.17 < 5 故合格

四、計算各格間四周梁版勁度比平均值 α_m

格間 1：$\alpha_m = (20.91 + 34.88 + 7.944 + 13.3336)/4 = 19.267$

格間 2：$\alpha_m = (20.91 + 34.88 + 7.944 + 7.944)/4 = 17.920$

格間 3：$\alpha_m = (20.91 + 20.91 + 7.944 + 13.3336)/4 = 15.774$

格間 4：$\alpha_m = (20.91 + 20.91 + 7.944 + 7.944)/4 = 14.427$

五、樓版厚度檢核

因版之四周有梁支承且 α_m 均大於 2.0，故其厚度不得小於：

$$h = \frac{l_n(800 + 0.0712 f_y)}{36000 + 9000\beta} = \frac{550(800 + 0.0712 \times 2800)}{36000 + 9000 \times 1.571} = 10.96\text{cm}$$

β =雙向版長短向淨跨度之比=(6.0-0.5)/(4.0-0.5)=1.571

設定厚度 11cm > 10.96cm 合格

六、計算各設計帶每一格間的總靜定彎矩 M

計算因數化載重 w_u

$$w_u = 1.4w_d + 1.7w_l = 1.4(0.11 \times 2400 + 100) + 1.7 \times 400$$
$$= 509.6 + 680 = 1189.6\,\text{kg/m}^2$$

設計帶 A、B、C、D 的總靜定彎矩分別為 M_A、M_B、M_C、M_D，

$$M_A = \frac{1}{8} w_u l_2 l_n^2 = \frac{1}{8} \times 1189.6 \times 4 \times (6 - 0.5)^2 = 17992.7\,\text{kg-m}$$

$$M_B = \frac{1}{8} w_u l_2 l_n^2 = \frac{1}{8} \times 1189.6 \times 2 \times (6 - 0.5)^2 = 8996.35\,\text{kg-m}$$

$$M_C = \frac{1}{8} w_u l_2 l_n^2 = \frac{1}{8} \times 1189.6 \times 6 \times (4 - 0.5)^2 = 10929.45\,\text{kg-m}$$

$$M_D = \frac{1}{8} w_u l_2 l_n^2 = \frac{1}{8} \times 1189.6 \times 3 \times (4 - 0.5)^2 = 5464.73\,\text{kg-m}$$

七、各設計帶格間總靜定彎矩 M_0 的縱向分配

查圖 11-8-4 因數化總靜定設計彎矩之縱向分配表得內跨及外跨格間的縱向設計彎矩分配係數如下：

1. 內跨格間

    正彎矩=0.65M_0
    負彎矩=0.35M_0

2. 端跨格間

    外負彎矩=0.16M_0
    正彎矩=0.57M_0

內負彎矩=$0.70M_0$

推算正設計彎矩之修正係數：

1. 決定柱的相對最小勁度 $\alpha_{\min}$ 值

各跨間的靜載重與活載重之比值 $\beta_a = \dfrac{w_d}{w_l} = \dfrac{364}{400} = 0.91 < 2.0$

跨度長比 $\dfrac{l_2}{l_1} = \dfrac{6}{4} = 1.5$

各跨間長向與短向梁版勁度比 α 如下表

	形心位置 y	梁慣性矩 I_b	版慣性矩 I_s	梁版勁度比 α
長向內梁	38.568	927605.90	44366.67	20.91
長向邊梁	35.192	773837.34	22183.33	34.88
短向內梁	32.095	528692.53	66550	7.944
短向邊梁	29.337	443674.32	33275	13.3336

根據各跨間的 β_a、α、l_2/l_1 值查圖 11-8-6 得最小相對勁度 $\alpha_{\min} = 0$

2. 計算各柱的相對勁度比 α_c 值

(1) 柱斷面：

慣性矩 $I_c = \dfrac{50 \times 50^3}{12} = 520833\,\text{cm}^4$

勁度 $K_c = \dfrac{4EI_c}{l} = \dfrac{4E(520833)}{300} = 6944.44E$

(2) A 帶：

長向內梁的慣性矩 $I_b = 927605.90\,\text{cm}^4$

長向內梁的勁度 $K_b = \dfrac{4EI_b}{l} = \dfrac{4E(927605.90)}{600} = 6184.04E$

長向內版的慣性矩 $I_s = 44366.67\,\text{cm}^4$

長向內版的勁度 $K_s = \dfrac{4EI_s}{l} = \dfrac{4E(44366.67)}{600} = 295.78E$

相對勁度比 $\alpha_c = \dfrac{\sum K_c}{K_b + K_s} = \dfrac{2 \times 6944.44E}{6184.04E + 295.78E} = 2.143$

(3) B 帶：

長向邊梁的慣性矩 $I_b = 773837.34 \text{cm}^4$

長向邊梁的勁度 $K_b = \dfrac{4EI_b}{l} = \dfrac{4E(773837.34)}{600} = 5158.92E$

長向邊版的慣性矩 $I_s = 22183.33 \text{cm}^4$

長向邊版的勁度 $K_s = \dfrac{4EI_s}{l} = \dfrac{4E(22183.33)}{600} = 147.89E$

相對勁度比 $\alpha_c = \dfrac{\sum K_c}{K_b + K_s} = \dfrac{2 \times 6944.44E}{5158.92E + 147.89E} = 2.617$

(4) C 帶：

短向內梁的慣性矩 $I_b = 528692.53 \text{cm}^4$

短向內梁的勁度 $K_b = \dfrac{4EI_b}{l} = \dfrac{4E(528692.53)}{400} = 5286.69E$

短向內版的慣性矩 $I_s = 66550 \text{cm}^4$

短向內版的勁度 $K_s = \dfrac{4EI_s}{l} = \dfrac{4E(66550)}{400} = 665.50E$

相對勁度比 $\alpha_c = \dfrac{\sum K_c}{K_b + K_s} = \dfrac{2 \times 6944.44E}{5286.69E + 665.50E} = 2.333$

(5) D 帶：

短向邊梁的慣性矩 $I_b = 443674.32 \text{cm}^4$

短向邊梁的勁度 $K_b = \dfrac{4EI_b}{l} = \dfrac{4E(443674.32)}{400} = 4436.74E$

短向邊版的慣性矩 $I_s = 33275 \text{cm}^4$

短向邊版的勁度 $K_s = \dfrac{4EI_s}{l} = \dfrac{4E(33275)}{400} = 332.75E$

$$相對勁度比\,\alpha_c = \frac{\sum K_c}{K_b + K_s} = \frac{2 \times 6944.44E}{4436.74E + 332.75E} = 2.912$$

3. 決定正設計彎矩修正係數 δ_s

因爲各跨間之 $\alpha_c > \alpha_{\min}$，故正設計彎矩無須修正，即 $\delta_s = 1.0$。如各設計帶的臨界點示如圖 11-13-6，則各設計帶彎矩縱向分配如下表：

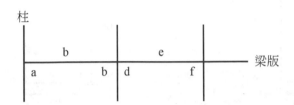

圖 11-13-6

分配彎矩	設計帶→ 總靜定彎矩→ 分配係數↓	A	B	C	D
		17992.70	8996.35	10929.45	5464.73
M_a	0.16	2878.83	1439.42	1748.71	874.36
M_b	0.57	10255.84	5127.92	6229.79	3114.90
M_c	0.70	12594.89	6297.45	7650.62	3825.31
M_d	0.65	11695.26	5847.63	7104.14	3552.07
M_e	0.35	6297.45	3148.72	3825.31	1912.66
M_f	0.65	11695.26	5847.63	7104.14	3552.07

八、計算邊梁扭力常數 C

1. 將長向邊梁剖面拆如圖 11-13-7 及圖 11-13-8，並計算扭力常數 C

扭力常數

$$\because C = \sum \left(1 - 0.63\frac{x}{y}\right)\left(\frac{x^3 y}{3}\right)$$

$$\therefore C = \left(1 - 0.63 \times \frac{11}{74}\right)\left(\frac{11^3 \times 74}{3}\right) + \left(1 - 0.63 \times \frac{30}{44}\right)\left(\frac{30^3 \times 44}{3}\right)$$

$$= 29756.72 + 225900 = 255656.72 \text{cm}^4$$

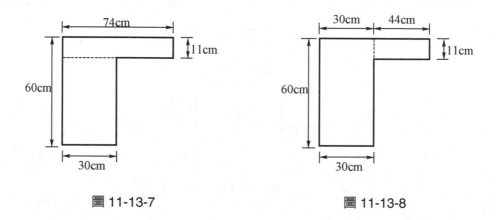

圖 11-13-7　　　　　　　　　　　圖 11-13-8

扭力常數

$$\because C = \sum\left(1 - 0.63\frac{x}{y}\right)\left(\frac{x^3 y}{3}\right)$$

$$\therefore C = \left(1 - 0.63 \times \frac{11}{44}\right)\left(\frac{11^3 \times 44}{3}\right) + \left(1 - 0.63 \times \frac{30}{60}\right)\left(\frac{30^3 \times 60}{3}\right)$$

$$= 16446.72 + 369900 = 386346.72 \text{ cm}^4$$

取值大的，故長向邊梁的扭力常數 C=386346.72cm^4

2. 將短向邊梁剖面拆如圖 11-13-9 及圖 11-13-10，並計算扭力常數 C

扭力常數

$$\because C = \sum\left(1 - 0.63\frac{x}{y}\right)\left(\frac{x^3 y}{3}\right)$$

$$\therefore C = \left(1 - 0.63 \times \frac{11}{69}\right)\left(\frac{11^3 \times 69}{3}\right) + \left(1 - 0.63 \times \frac{30}{39}\right)\left(\frac{30^3 \times 39}{3}\right)$$

$$= 27538.39 + 166984.62 = 194523.01 \text{cm}^4$$

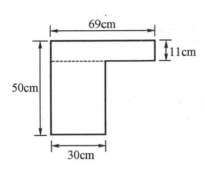

圖 11-13-9

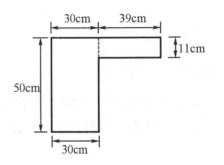

圖 11-13-10

扭力常數

$$\because C = \sum \left(1 - 0.63\frac{x}{y}\right)\left(\frac{x^3 y}{3}\right)$$

$$\therefore C = \left(1 - 0.63 \times \frac{11}{39}\right)\left(\frac{11^3 \times 39}{3}\right) + \left(1 - 0.63 \times \frac{30}{50}\right)\left(\frac{30^3 \times 50}{3}\right)$$

$$= 14228.39 + 279900 = 294128.39 \, \text{cm}^4$$

取值大的，故短向邊梁的扭力常數 C=294128.39cm[4]

3.　扭力常數整理如下

長向邊梁的扭力常數 C	386346.72cm[4]
短向邊梁的扭力常數 C	294128.39cm[4]

九、縱向彎矩的橫向分配

1.　設計帶 A

$$l_2 / l_1 = 4/6 = 0.667$$

$$\alpha = 20.91$$

$$\alpha l_2 / l = 20.91 \times 0.667 = 13.947$$

因 $\dfrac{\alpha l_2}{l_1} = 13.947 \geq 1.0$　取 $\dfrac{\alpha l_2}{l_1} = 1.0$

邊梁相對扭轉勁度 $\beta_t = \dfrac{E_{cb}C}{2E_{cs}I_s} = \dfrac{294128.39}{2 \times 44366.67} = 3.3147$

因 $\beta_t > 2.5$，取 $\beta_t = 2.5$

(1) 設計帶外跨端外支承(臨界點 a)分擔負設計彎矩百分率計算

　　柱列帶外支承所分擔之負設計彎矩百分率為

$$100 - 10\beta_t + 12\beta_t \left(\frac{\alpha l_2}{l_1} \right)\left(1 - \frac{l_2}{l_1} \right)$$
$$= 100 - 10 \times 2.5 + 12 \times 2.5 \times 1 \times (1 - 0.667) = 84.99\%$$

　　中間帶所負擔負彎矩百分率為 100%–84.99%=15.01%
　　因柱列帶有梁且 $\alpha l_2 \big/ l_1$ 值大於 1.0，故

　　柱列帶中的梁分擔負彎矩的百分率=0.85×84.99%=72.24%
　　柱列帶中的版分擔負彎矩的百分率=0.15×84.99%=12.75%

(2) 設計帶中支承(臨界點 b,e)分擔正設計彎矩百分率計算

　　柱列帶中支承所分擔之正設計彎矩百分率為

$$60 + 30\left(\frac{\alpha l_2}{l_1} \right)\left(1.5 - \frac{l_2}{l_1} \right) = 60 + 30 \times 1 \times (1.5 - 0.667) = 84.99\%$$

　　中間帶所負擔正彎矩百分率為 100%–84.99%=15.01%
　　因柱列帶有梁且 $\alpha l_2 \big/ l_1$ 值大於 1.0，故

　　柱列帶中的梁分擔正彎矩的百分率=0.85×84.99%=72.24%
　　柱列帶中的版分擔正彎矩的百分率=0.15×84.99%=12.75%

(3) 設計帶內支承(臨界點 c,d,f)分擔負設計彎矩百分率計算

　　柱列帶內支承所分擔之負設計彎矩百分率為

$$75 + 30\left(\frac{\alpha l_2}{l_1} \right)\left(1 - \frac{l_2}{l_1} \right) = 75 + 30 \times 1 \times (1 - 0.667) = 84.99\%$$

　　中間帶所負擔負彎矩百分率為 100%–84.99%=15.01%
　　因柱列帶有梁且 $\alpha l_2 \big/ l_1$ 值大於 1.0，故

柱列帶中的梁分擔負彎矩的百分率=0.85×84.99%=72.24%

柱列帶中的版分擔負彎矩的百分率=0.15×84.99%=12.75%

2. 設計帶 B

$l_2/l_1 = 4/6 = 0.667$

$\alpha = 34.88$

$\alpha l_2/l = 34.88 \times 0.667 = 23.265$

其中 $\dfrac{\alpha l_2}{l_1} = 23.265 \geq 1.0$　取 1.0

邊梁相對扭轉勁度 $\beta_t = \dfrac{E_{cb}C}{2E_{cs}I_s} = \dfrac{294128.39}{2 \times 22183.33} = 6.6295$

因 $\beta_t (= 6.6295) > 2.5$，取 $\beta_t = 2.5$

(1) 設計帶外跨端外支承(臨界點 a)分擔負設計彎矩百分率計算

柱列帶外支承所分擔之負設計彎矩百分率為

$$100 - 10\beta_t + 12\beta_t \left(\dfrac{\alpha l_2}{l_1}\right)\left(1 - \dfrac{l_2}{l_1}\right)$$
$$= 100 - 10 \times 2.5 + 12 \times 2.5 \times 1 \times (1 - 0.667) = 84.99\%$$

中間帶所負擔負彎矩百分率為 100%-84.99%=15.01%

因柱列帶有梁且 $\alpha l_2 / l_1$ 值大於 1.0，故

柱列帶中的梁分擔負彎矩的百分率=0.85×84.99%=72.24%

柱列帶中的版分擔負彎矩的百分率=0.15×84.99%=12.75%

(2) 設計帶中支承(臨界點 b,e)分擔正設計彎矩百分率計算

柱列帶中支承所分擔之正設計彎矩百分率為

$$60 + 30\left(\dfrac{\alpha l_2}{l_1}\right)\left(1.5 - \dfrac{l_2}{l_1}\right) = 60 + 30 \times 1 \times (1.5 - 0.667) = 84.99\%$$

中間帶所負擔正彎矩百分率為 100%–84.99%=15.01%

因柱列帶有梁且 $\alpha l_2 / l_1$ 值大於 1.0，故

柱列帶中的梁分擔正彎矩的百分率=0.85×84.99%=72.24%

柱列帶中的版分擔正彎矩的百分率=0.15×84.99%=12.75%

(3) 設計帶內支承(臨界點 c,d,f)分擔負設計彎矩百分率計算

柱列帶內支承所分擔之負設計彎矩百分率為

$$75 + 30\left(\frac{\alpha l_2}{l_1}\right)\left(1 - \frac{l_2}{l_1}\right) = 75 + 30 \times 1 \times (1 - 0.667) = 84.99\%$$

中間帶所負擔負彎矩百分率為 100%–84.99%=15.01%

因柱列帶有梁且 $\alpha l_2 \big/ l_1$ 值大於 1.0，故

柱列帶中的梁分擔負彎矩的百分率=0.85×84.99%=72.24%

柱列帶中的版分擔負彎矩的百分率=0.15×84.99%=12.75%

3. 設計帶 C

$$l_2 / l_1 = 6 / 4 = 1.5$$

$$\alpha = 7.944$$

$$\alpha l_2 / l = 7.944 \times 1.5 = 11.916$$

其中 $\dfrac{\alpha l_2}{l_1} = 11.916 \geq 1.0$ 取 1.0

邊梁相對扭轉勁度 $\beta_t = \dfrac{E_{cb} C}{2 E_{cs} I_s} = \dfrac{386346.72}{2 \times 66550} = 2.9026$

因 $\beta_t (= 2.9026) > 2.5$，取 $\beta_t = 2.5$

(1) 設計帶外跨端外支承(臨界點 a)分擔負設計彎矩百分率計算

柱列帶外支承所分擔之負設計彎矩百分率為

$$100 - 10\beta_t + 12\beta_t\left(\frac{\alpha l_2}{l_1}\right)\left(1 - \frac{l_2}{l_1}\right)$$
$$= 100 - 10 \times 2.5 + 12 \times 2.5 \times 1 \times (1 - 1.5) = 60.0\%$$

中間帶所負擔負彎矩百分率為 100%–60.0%=40.0%

因柱列帶有梁且 $\alpha l_2 \big/ l_1$ 值大於 1.0，故

柱列帶中的梁分擔負彎矩的百分率=0.85×60.0%=51.0%

柱列帶中的版分擔負彎矩的百分率=0.15×84.99%=9.0%

(2) 設計帶中支承(臨界點 b,e)分擔正設計彎矩百分率計算

柱列帶中支承所分擔之正設計彎矩百分率為

$$60 + 30\left(\frac{\alpha l_2}{l_1}\right)\left(1.5 - \frac{l_2}{l_1}\right) = 60 + 30 \times 1 \times (1.5 - 1.5) = 60\%$$

中間帶所負擔正彎矩百分率為 100%–60%=40%

因柱列帶有梁且 $\alpha l_2 \big/ l_1$ 值大於 1.0，故

柱列帶中的梁分擔正彎矩的百分率=0.85×60%=51%

柱列帶中的版分擔正彎矩的百分率=0.15×60%=9%

(3) 設計帶內支承(臨界點 c,d,f)分擔負設計彎矩百分率計算

柱列帶內支承所分擔之負設計彎矩百分率為

$$75 + 30\left(\frac{\alpha l_2}{l_1}\right)\left(1 - \frac{l_2}{l_1}\right) = 75 + 30 \times 1 \times (1 - 1.5) = 60\%$$

中間帶所負擔負彎矩百分率為 100%–60%=40%

因柱列帶有梁且 $\alpha l_2 \big/ l_1$ 值大於 1.0，故

柱列帶中的梁分擔負彎矩的百分率=0.85×60%=51%

柱列帶中的版分擔負彎矩的百分率=0.15×60%=9%

4.　設計帶 D

$$l_2 / l_1 = 6 / 4 = 1.5$$

$$\alpha = 13.3336$$

$$\alpha l_2 / l = 13.3336 \times 1.5 = 20.0$$

因　$\dfrac{\alpha l_2}{l_1} = 20.0 \geq 1.0$　取 1.0

邊梁相對扭轉勁度 $\beta_t = \dfrac{E_{cb}C}{2E_{cs}I_s} = \dfrac{386346.72}{2 \times 33275} = 5.8054$

因 $\beta_t\,(=5.8054)>2.5$，取 $\beta_t=2.5$

(1) 設計帶外跨端外支承(臨界點 a)分擔負設計彎矩百分率計算

　　柱列帶外支承所分擔之負設計彎矩百分率為

$$100-10\beta_t+12\beta_t\left(\frac{\alpha l_2}{l_1}\right)\left(1-\frac{l_2}{l_1}\right)$$
$$=100-10\times2.5+12\times2.5\times1\times(1-1.5)=60.0\%$$

　　中間帶所負擔負彎矩百分率為 100%–60.0%=40.0%

　　因柱列帶有梁且 $\alpha l_2\big/l_1$ 值大於 1.0，故

　　柱列帶中的梁分擔負彎矩的百分率=0.85×60.0%=51.0%

　　柱列帶中的版分擔負彎矩的百分率=0.15×60.0%=9.0%

(2) 設計帶中支承(臨界點 b,e)分擔正設計彎矩百分率計算

　　柱列帶中支承所分擔之正設計彎矩百分率為

$$60+30\left(\frac{\alpha l_2}{l_1}\right)\left(1.5-\frac{l_2}{l_1}\right)=60+30\times1\times(1.5-1.5)=60\%$$

　　中間帶所負擔正彎矩百分率為 100%–60%=40%

　　因柱列帶有梁且 $\alpha l_2\big/l_1$ 值大於 1.0，故

　　柱列帶中的梁分擔正彎矩的百分率=0.85×60%=51%

　　柱列帶中的版分擔正彎矩的百分率=0.15×60%=9%

(3) 設計帶內支承(臨界點 c,d,f)分擔負設計彎矩百分率計算

　　柱列帶內支承所分擔之負設計彎矩百分率為

$$75+30\left(\frac{\alpha l_2}{l_1}\right)\left(1-\frac{l_2}{l_1}\right)=75+30\times1\times(1-1.5)=60\%$$

　　中間帶所負擔負彎矩百分率為 100%–60%=40%

　　因柱列帶有梁且 $\alpha l_2\big/l_1$ 值大於 1.0，故

　　柱列帶中的梁分擔負彎矩的百分率=0.85×60%=51%

　　柱列帶中的版分擔負彎矩的百分率=0.15×60%=9%

Chapter 11

5. 各帶正負彎矩分擔係數整理如下表

彎矩分擔係數%			a點	b點	c點	d點	e點	f點
A 帶	柱列帶	梁	72.24	72.24	72.24	72.24	72.24	72.24
		版	12.75	12.75	12.75	12.75	12.75	12.75
	中間帶		15.01	15.01	15.01	15.01	15.01	15.01
B 帶	柱列帶	梁	72.24	72.24	72.24	72.24	72.24	72.24
		版	12.75	12.75	12.75	12.75	12.75	12.75
	中間帶		15.01	15.01	15.01	15.01	15.01	15.01
C 帶	柱列帶	梁	51.00	51.00	51.00	51.00	51.00	51.00
		版	9.00	9.00	9.00	9.00	9.00	9.00
	中間帶		40.00	40.00	40.00	40.00	40.00	40.00
D 帶	柱列帶	梁	51.00	51.00	51.00	51.00	51.00	51.00
		版	9.00	9.00	9.00	9.00	9.00	9.00
	中間帶		40.00	40.00	40.00	40.00	40.00	40.00

6. 各帶彎矩分配如下表

			a點	b點	c點	d點	e點	f點
A 帶	總靜定彎矩M_0		-2878.83	10255.8	-12594.9	-11695.26	6297.45	-11695.3
	柱列帶	梁	-2079.67	7408.82	-9098.55	-8448.66	4549.28	-8448.66
		版	-367.05	1307.62	-1605.85	-1491.15	802.92	-1491.15
	中間帶		-432.11	1539.40	-1890.49	-1755.46	945.25	-1755.46
B 帶	總靜定彎矩M_0		-1439.42	5127.92	-6297.45	-5847.63	3148.72	5847.63
	柱列帶	梁	-1039.84	3704.41	-4549.28	-4224.33	2274.64	4224.33
		版	-183.53	653.81	-802.92	-745.57	401.46	745.57
	中間帶		-216.06	769.70	-945.25	-877.73	472.62	877.73
C 帶	總靜定彎矩M_0		-1748.71	6229.79	7650.62	-7104.14	3825.31	-7104.14
	柱列帶	梁	-891.84	3177.19	3901.82	-3623.11	1950.91	-3623.11
		版	-157.38	560.68	688.56	-639.37	344.28	-639.37
	中間帶		-699.48	2491.92	3060.25	-2841.66	1530.12	-2841.66
D 帶	總靜定彎矩M_0		-874.36	3114.90	-3825.31	-3552.07	1912.66	-3552.07
	柱列帶	梁	-445.92	1588.60	-1950.91	-1811.56	975.46	-1811.56
		版	-78.69	280.34	-344.28	-319.69	172.14	-319.69
	中間帶		-349.74	1245.96	-1530.12	-1420.83	765.06	-1420.83

十、檢核撓曲與剪力對版厚之控制

1. 彎矩控制檢核

　　尋找各設計帶中，樓版單位寬度承擔的最大彎矩，並以梁平衡鋼筋比的 0.75 為版的撓曲鋼筋比，以檢核其有效深度加鋼筋保護層後，並未超過假設的樓版版厚。

設計帶 A 的最大單位彎矩 $= \dfrac{1890.49}{2} = 945.245\ \text{kg-m/m}$

設計帶 B 的最大單位彎矩 $= \dfrac{945.25}{1} = 945.25\ \text{kg-m/m}$

設計帶 C 的最大單位彎矩 $= \dfrac{3060.25}{4} = 765.0625\ \text{kg-m/m}$

設計帶 D 的最大單位彎矩 $= \dfrac{1530.12}{2} = 615.06\ \text{kg-m/m}$

取最大單位寬彎矩 $M_u = 945.25\ \text{kg-m/m}$

梁的平衡鋼筋比 $\rho_b = 0.85 \times 0.85 \times \dfrac{210}{2800}\left(\dfrac{6120}{6120+2800}\right) = 0.03718$

樓版的最大鋼筋比 $\rho = 0.75 \times \rho_b = 0.75 \times 0.03718 = 0.0139$

$$\because M_u = 0.9\rho f_y bd^2\left(1 - \frac{\rho}{2}\frac{f_y}{0.85f_c'}\right)$$

$$\therefore d = \sqrt{\dfrac{945.25 \times 100}{0.9 \times 0.0139 \times 2800 \times 100\left[1 - \dfrac{0.0139}{2}\dfrac{2800}{0.85 \times 210}\right]}} = 5.503\ \text{cm}$$

設採用#3 鋼筋，直徑$=0.95$cm，保護層 2.0cm，假設版厚 $h=11$cm，

　　$d=11.0-2.0-0.5*0.95=9.0-0.635=8.525$cm > 5.503 cm　合格

2. 剪力控制檢核

因數化載重 $w_u = 1189.6\ \text{kg/m}^2$

$$V_u = \frac{1.15}{2}w_u l_2 = \frac{1.15}{2} \times 1189.6 \times 4 = 2736.08\ \text{kg/m}$$

$$\phi V_c = 0.85 \times 0.53 \times \sqrt{210} \times 100 \times 8.525 = 5565.43\ \text{kg/m} > 2736.08\ \text{kg/m}$$

假設版厚能滿足彎矩與剪力控制所須有效深度。

十一、樓版鋼筋設計

因鋼筋降伏強度小於 3500kg/m^2，故溫度鋼筋比 $\rho=0.002$

所以最小鋼筋量 $A_{s,\text{min}}=0.002(100)(11)=2.2\text{cm}^2/\text{m}$

鋼筋最大間距 $\text{MaxS}=2*h=22\ \text{cm}$

1. 長向設計帶的有效深度及最小鋼筋比

   採用#3 鋼筋，直徑=0.95cm，鋼筋面積=0.7133cm^2

   因長向鋼筋置於版底的上層，故

   $$有效深度\ d=11.0-2.0-0.95-0.95/2=7.575\text{cm}$$
   $$最小鋼筋比\ \rho_{\text{min}}=\frac{2.2}{100\times7.575}=0.00291$$

2. 短向設計帶的有效深度及最小鋼筋比

   採用#3 鋼筋，直徑=0.95cm，鋼筋面積=0.7133cm^2

   因短向鋼筋置於版底的下層，故

   $$有效深度\ d=11.0-2.0-0.95/2=8.525\text{cm}$$
   $$最小鋼筋比\ \rho_{\text{min}}=\frac{2.20}{100\times8.525}=0.00258$$

3. 設計帶各臨界點的鋼筋計算

   $$材料強度比\ m=\frac{f_y}{0.85f_c'}=\frac{2800}{0.85\times210}=15.686$$

   以設計帶 A 柱列帶臨界點 b 的版設計彎矩 $M_u=1307.62\text{kg-m}$ 為例，求算 R_n 及鋼筋比如下：

   $$R_n=\frac{M_u}{\phi\,bd^2}=\frac{1307.62\times100}{0.9\times170\times7.575^2}=14.895\text{kg/cm}^2$$

   $$\rho=\frac{1}{m}\left(1-\sqrt{1-\frac{2mR_n}{f_y}}\right)=\frac{1}{15.686}\left(1-\sqrt{1-\frac{2.0\times15.686\times14.895}{2800}}\right)=0.00556$$

   因鋼筋比大於長向最小鋼筋比(0.00291)，故所須鋼筋量

$$A_s = 0.00556 \times 170 \times 7.575 = 7.16 \text{cm}^2$$

鋼筋間距 $s = \dfrac{0.7133}{7.16} \times 170 = 16.94\text{cm}$ 取 $s=16\text{cm}$

因鋼筋間距小於最大鋼筋間距，故採用#3(D10)@16 配置之。

實際提供鋼筋量 $A_{s,used} = 0.7133 \times 170 / 16 = 7.58\text{cm}^2$

另以設計帶 B 柱列帶臨界點 a 的版設計彎矩 M_u=183.53m 爲例，求算 R_n 及鋼筋比如下：

$$R_n = \frac{M_u}{\phi\, bd^2} = \frac{183.53 \times 100}{0.9 \times 85 \times 7.575^2} = 4.181\text{kg/cm}^2$$

$$\rho = \frac{1}{m}\left(1 - \sqrt{1 - \frac{2mR_n}{f_y}}\right) = \frac{1}{15.686}\left(1 - \sqrt{1 - \frac{2.0 \times 15.686 \times 4.181}{2800}}\right) = 0.00151$$

因鋼筋比小於長向最小鋼筋比(0.00291)，故所須鋼筋量

$$A_s = 0.00291 \times 85 \times 7.575 = 1.874\text{cm}^2$$

鋼筋間距 $s = \dfrac{0.7133}{1.874} \times 85 = 32.35\text{cm}$ ，因大於最大間距(22cm)，故取 $s=22\text{cm}$

因鋼筋間距小於最大鋼筋間距，故採用#3(D10)@22 配置之。

實際提供鋼筋量 $A_{s,used} = 0.7133 \times 85 / 22 = 2.76\text{cm}^2$

各設計帶各臨界點的鋼筋設計彙整如下：

Chapter 11

長向內跨帶A	柱帶寬 cm		200.00	中央帶寬 cm		200.00	有效深度cm		7.57
柱帶	端跨間版設計			內跨間版設計					
b= 170.00	外側	中央	內側	外側	中央	內側			
彎矩 kg-m	367.05	1307.62	1605.85	1491.15	802.92	1491.15			
R_n kg/cm²	4.186	14.912	18.313	17.005	9.157	17.005			
計算 ρ	0.00151	0.00557	0.00692	0.00639	0.00336	0.00639			
設計 ρ	0.00291	0.00557	0.00692	0.00639	0.00336	0.00639			
設計A_s cm²	3.74	7.17	8.90	8.23	4.32	8.23			
鋼筋配置	#3(D10)@22	#3(D10)@16	#3(D10)@13	#3(D10)@14	#3(D10)@22	#3(D10)@14			
提供A_s cm²	5.51	7.58	9.33	8.66	5.51	8.66			
中央帶	端跨間版設計			內跨間版設計					
b= 200.00	外側	中央	內側	外側	中央	內側			
彎矩 kg-m	431.82	1538.38	1889.23	1754.29	944.62	1754.29			
R_n kg/cm²	4.186	14.912	18.313	17.005	9.157	17.005			
計算 ρ	0.00151	0.00557	0.00692	0.00639	0.00336	0.00639			
設計 ρ	0.00291	0.00557	0.00692	0.00639	0.00336	0.00639			
設計A_s cm²	4.40	8.43	10.47	9.68	5.09	9.68			
鋼筋配置	#3(D10)@22	#3(D10)@16	#3(D10)@13	#3(D10)@14	#3(D10)@22	#3(D10)@14			
提供A_s cm²	6.48	8.92	10.97	10.19	6.48	10.19			

長向端跨帶B	柱帶寬 cm		100.00	中央帶寬 cm		100.00	有效深度cm		7.57
柱帶	端跨間版設計			內跨間版設計					
b= 85.00	外側	中央	內側	外側	中央	內側			
彎矩 kg-m	183.53	653.81	802.92	745.57	401.46	745.57			
R_n kg/cm²	4.186	14.912	18.313	17.005	9.157	17.005			
計算 ρ	0.00151	0.00557	0.00692	0.00639	0.00336	0.00639			
設計 ρ	0.00291	0.00557	0.00692	0.00639	0.00336	0.00639			
設計A_s cm²	1.87	3.58	4.45	4.11	2.16	4.11			
鋼筋配置	#3(D10)@22	#3(D10)@16	#3(D10)@13	#3(D10)@14	#3(D10)@22	#3(D10)@14			
提供A_s cm²	2.76	3.79	4.66	4.33	2.76	4.33			
中央帶	端跨間版設計			內跨間版設計					
b= 100.00	外側	中央	內側	外側	中央	內側			
彎矩 kg-m	215.91	769.19	944.62	877.14	472.31	877.14			
R_n kg/cm²	4.186	14.912	18.313	17.005	9.157	17.005			
計算 ρ	0.00151	0.00557	0.00692	0.00639	0.00336	0.00639			
設計 ρ	0.00291	0.00557	0.00692	0.00639	0.00336	0.00639			
設計A_s cm²	2.20	4.22	5.24	4.84	2.54	4.84			
鋼筋配置	#3(D10)@22	#3(D10)@16	#3(D10)@13	#3(D10)@14	#3(D10)@22	#3(D10)@14			
提供A_s cm²	3.24	4.46	5.49	5.10	3.24	5.10			

短向內跨帶C	柱帶寬 cm		200.00	中央帶寬 cm		400.00	有效深度cm	8.52
柱帶	端跨間版設計			內跨間版設計				
b= 170.00	外側	中央	內側	外側	中央	內側		
彎矩 kg-m	157.38	560.68	688.56	639.37	344.28	639.37		
R_n kg/cm²	1.416	5.044	6.195	5.752	3.097	5.752		
計算 ρ	0.00051	0.00183	0.00225	0.00209	0.00112	0.00209		
設計 ρ	0.00258	0.00258	0.00258	0.00258	0.00258	0.00258		
設計A_s cm²	3.74	3.74	3.74	3.74	3.74	3.74		
鋼筋配置	#3(D10)@22	#3(D10)@22	#3(D10)@22	#3(D10)@22	#3(D10)@22	#3(D10)@22		
提供A_s cm²	5.51	5.51	5.51	5.51	5.51	5.51		
中央帶	端跨間版設計			內跨間版設計				
b= 400.00	外側	中央	內側	外側	中央	內側		
彎矩 kg-m	699.48	2491.91	3060.25	2841.66	1530.12	2841.66		
R_n kg/cm²	2.674	9.528	11.701	10.865	5.850	10.865		
計算 ρ	0.00096	0.00350	0.00433	0.00401	0.00212	0.00401		
設計 ρ	0.00258	0.00350	0.00433	0.00401	0.00258	0.00401		
設計A_s cm²	8.80	11.93	14.75	13.66	8.80	13.66		
鋼筋配置	#3(D10)@22	#3(D10)@22	#3(D10)@19	#3(D10)@20	#3(D10)@22	#3(D10)@20		
提供A_s cm²	12.97	12.97	15.02	14.27	12.97	14.27		

短向內跨帶D	柱帶寬 cm		100.00	中央帶寬 cm		200.00	有效深度cm	8.52
柱帶	端跨間版設計			內跨間版設計				
b= 85.00	外側	中央	內側	外側	中央	內側		
彎矩 kg-m	78.69	280.34	344.28	319.69	172.14	319.69		
R_n kg/cm²	1.416	5.044	6.195	5.752	3.097	5.752		
計算 ρ	0.00051	0.00183	0.00225	0.00209	0.00112	0.00209		
設計 ρ	0.00258	0.00258	0.00258	0.00258	0.00258	0.00258		
設計A_s cm²	1.87	1.87	1.87	1.87	1.87	1.87		
鋼筋配置	#3(D10)@22	#3(D10)@22	#3(D10)@22	#3(D10)@22	#3(D10)@22	#3(D10)@22		
提供A_s cm²	2.76	2.76	2.76	2.76	2.76	2.76		
中央帶	端跨間版設計			內跨間版設計				
b= 200.00	外側	中央	內側	外側	中央	內側		
彎矩 kg-m	349.74	1245.96	1530.12	1420.83	765.06	1420.83		
R_n kg/cm²	2.674	9.528	11.701	10.865	5.850	10.865		
計算 ρ	0.00096	0.00350	0.00433	0.00401	0.00212	0.00401		
設計 ρ	0.00258	0.00350	0.00433	0.00401	0.00258	0.00401		
設計A_s cm²	4.40	5.96	7.37	6.83	4.40	6.83		
鋼筋配置	#3(D10)@22	#3(D10)@22	#3(D10)@19	#3(D10)@20	#3(D10)@22	#3(D10)@20		
提供A_s cm²	6.48	6.48	7.51	7.13	6.48	7.13		

■ 11-14　雙向平版(有邊梁)設計

某四樓房屋建築的每層雙向僅有邊梁的無梁樓版均有 12 格間(如圖 11-14-1)，每一格間的長邊邊長為 6 公尺、短邊邊長為 4 公尺，長向邊梁梁寬為 30 cm，梁深為 60cm，短向邊梁梁寬為 30cm，梁深為 50cm，三樓與四樓的柱斷面均為 50cm×50cm、柱長均為 3 公尺；樓版自重外尚須承擔一靜載重 100kg/m² 及一均佈活載重 400kg/m²。使用混凝土的抗壓強度為 f_c'=210kg/cm²，鋼筋的降伏強度為 2800kg/cm²。設樓版厚度為 16 公分，試以直接設計法設計該雙向僅有邊梁版。

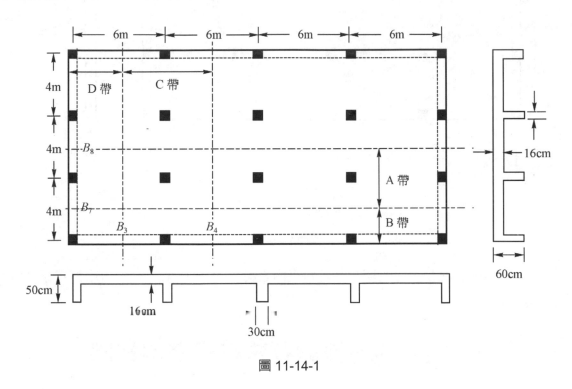

圖 11-14-1

🗐詳解請參閱鋼筋混凝土分析與設計資料夾內之第十一章\11-14 雙向平版(有邊梁)設計例.doc

■ 11-15　雙向平版(無邊梁)設計

某四樓房屋建築的每層雙向均無柱間及邊梁的樓版且均有 12 格間(如圖 11-15- 1)，每一格間的長邊邊長為 6 公尺、短邊邊長為 4 公尺，三樓與四樓的柱斷面均為 50cm×50cm、

柱長均為 3 公尺；樓版自重外尚須承擔一靜載重 100kg/m² 及一均佈活載重 400kg/m²。使用混凝土的抗壓強度為 f_c'=210kg/cm²，鋼筋的降伏強度為 2,800kg/cm²。設樓版厚度為 17 公分，試以直接設計法設計該雙向平版(無柱間及邊梁)。

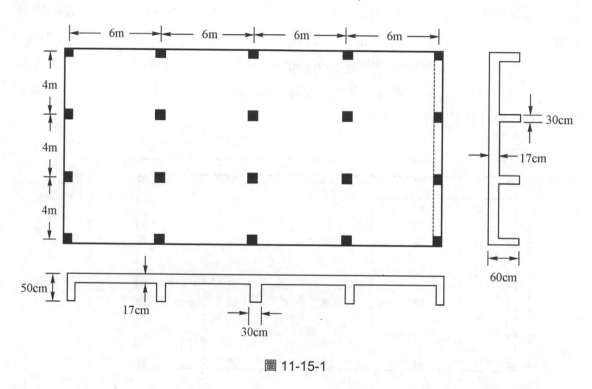

圖 11-15-1

🖶詳解請參閱鋼筋混凝土分析與設計資料夾內之第十一章\11-15 雙向平版(無邊梁)設計例.doc

▉11-16　雙向版直接設計法程式使用說明

以直接設計法設計雙向版時應在鋼筋混凝土分析與設計軟體畫面的功能表上，選擇☞RC/雙向版設計 Q/雙向版直接設計法☜後出現如圖 11-16-1 的輸入畫面。先在輸入畫面中的開拉選單中指定雙向版結構特性為(1)版所有支承間均有梁；(2)版所有支承間均無梁 - 但有邊梁或(3)版所有支承間均無梁 - 且無邊梁等選項中的「版所有支承間均有梁」。

以 11-13 節「雙向平版(柱間梁)設計例」為例，依序將已知的 X 方向格間數(4)、X 方向跨長(600cm)、X 向梁的寬度(30 cm)、X 向梁的深度(60 cm)、版下 X 方向柱的寬度(50cm)、Y 方向格間數(3)、Y 方向跨長(400 cm)、Y 向梁的寬度(30 cm)、Y 向梁的深度(50

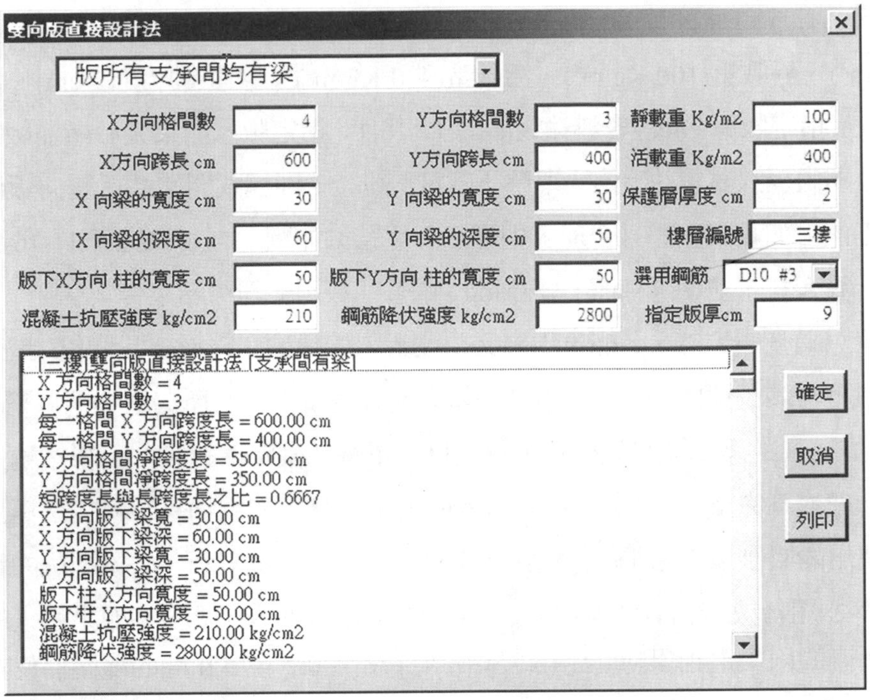

Chapter 11

雙向版直接設計法

版所有支承間均有梁

X方向格間數 4	Y方向格間數 3	靜載重 Kg/m2 100
X方向跨長 cm 600	Y方向跨長 cm 400	活載重 Kg/m2 400
X 向梁的寬度 cm 30	Y 向梁的寬度 cm 30	保護層厚度 cm 2
X 向梁的深度 cm 60	Y 向梁的深度 cm 50	樓層編號 三樓
版下X方向 柱的寬度 cm 50	版下Y方向 柱的寬度 cm 50	選用鋼筋 D10 #3
混凝土抗壓強度 kg/cm2 210	鋼筋降伏強度 kg/cm2 2800	指定版厚cm 9

```
[三樓] 雙向版直接設計法 [支承間有梁]
X 方向格間數 = 4
Y 方向格間數 = 3
每一格間 X 方向跨度長 = 600.00 cm
每一格間 Y 方向跨度長 = 400.00 cm
X 方向格間淨跨度長 = 550.00 cm
Y 方向格間淨跨度長 = 350.00 cm
短跨度長與長跨度長之比 = 0.6667
X 方向版下梁寬 = 30.00 cm
X 方向版下梁深 = 60.00 cm
Y 方向版下梁寬 = 30.00 cm
Y 方向版下梁深 = 50.00 cm
版下柱 X方向寬度 = 50.00 cm
版下柱 Y方向寬度 = 50.00 cm
混凝土抗壓強度 = 210.00 kg/cm2
鋼筋降伏強度 = 2800.00 kg/cm2
```

確定
取消
列印

圖 11-16-1

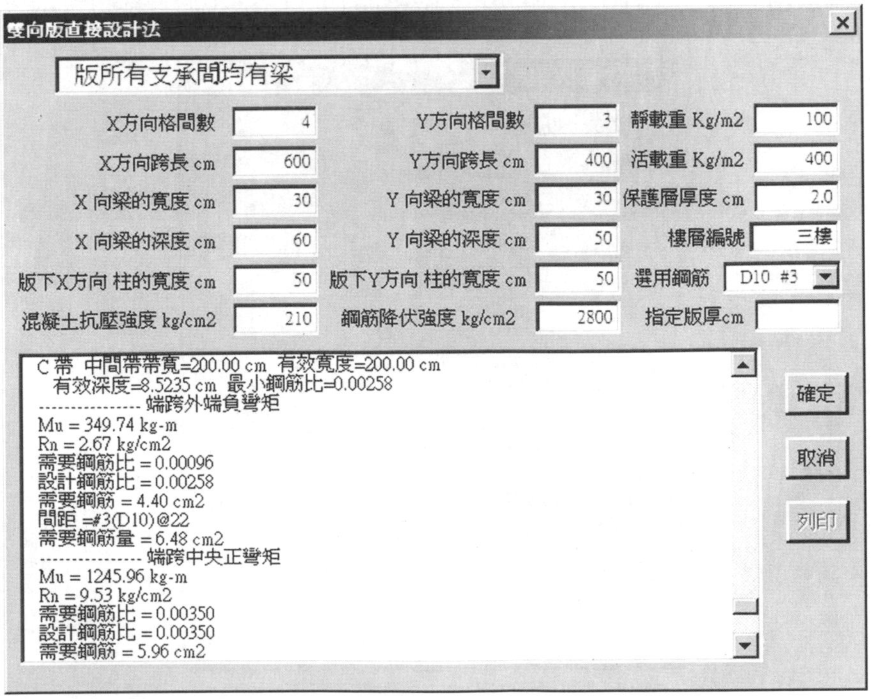

版所有支承間均有梁

X方向格間數 4	Y方向格間數 3	靜載重 Kg/m2 100
X方向跨長 cm 600	Y方向跨長 cm 400	活載重 Kg/m2 400
X 向梁的寬度 cm 30	Y 向梁的寬度 cm 30	保護層厚度 cm 2.0
X 向梁的深度 cm 60	Y 向梁的深度 cm 50	樓層編號 三樓
版下X方向 柱的寬度 cm 50	版下Y方向 柱的寬度 cm 50	選用鋼筋 D10 #3
混凝土抗壓強度 kg/cm2 210	鋼筋降伏強度 kg/cm2 2800	指定版厚cm

```
C 帶 中間帶帶寬=200.00 cm 有效寬度=200.00 cm
    有效深度=8.5235 cm 最小鋼筋比=0.00258
-------------- 端跨外端負彎矩
Mu = 349.74 kg-m
Rn = 2.67 kg/cm2
需要鋼筋比 = 0.00096
設計鋼筋比 = 0.00258
需要鋼筋 = 4.40 cm2
間距 =#3(D10)@22
需要鋼筋量 = 6.48 cm2
-------------- 端跨中央正彎矩
Mu = 1245.96 kg-m
Rn = 9.53 kg/cm2
需要鋼筋比 = 0.00350
設計鋼筋比 = 0.00350
需要鋼筋 = 5.96 cm2
```

確定
取消
列印

圖 11-16-2

cm)、版下 Y 方向柱的寬度(50cm)、混凝土抗壓強度(210 kg/cm²)、鋼筋降伏強度(2,800kg/cm²)、靜載重(100 Kg/m²)、活載重(400 Kg/m²)、保護層厚度(2 cm)、選用鋼筋的稱號（#3）及指定版厚 cm 等資料輸入如圖 11-16-1。指定版厚如果大於所需版厚，則依指定版厚，否則由程式試算決定之。單擊「確定」鈕後，則程式開始進行雙向版直接設計法設計計算工作。如資料完整且合理，則顯示計算結果如圖 11-16-1 及圖 11-16-2 所示，可瀏覽其他計算資料，並使「列印」鈕生效；單擊「取消」鈕可結束作業。

除了樓層編號欄位外，各欄位均屬必須輸入。如果輸入樓層編號欄位(如三樓)，則輸出報表表頭將含該欄位內容，以茲區別。如果輸入資料項目有所欠缺，則單擊「確定」鈕後出現圖 11-16-3 的警示訊息以顯示欠缺項目，單擊「確定」鈕後，可繼續輸入資料。如果輸入不合理或不完整，則有如圖 11-16-4 的警示訊息。如果輸入資料無法滿足雙向版直接設計法使用的限制條件，則有各種警示訊息並停止程式的執行。如果樓版的長邊與短邊邊長比大於 2，則有如圖 11-16-5「請改用單向版設計」的警示訊息。如果輸入的資料使版四周互相垂直的兩梁之相對勁度比 $(\alpha_1 l_2^2)/(\alpha_2 l_1^2)$ 超出 0.2 至 5.0 間的範圍而使該雙向版不能使用直接設計法求解，則有如圖 11-16-6 的警示訊息。圖 11-16-7 及圖 11-16-8 分別為跨度數少於三個及沿外緣支承柱上邊梁的梁、版撓曲勁度比 α 小於 0.8 的警示訊息。

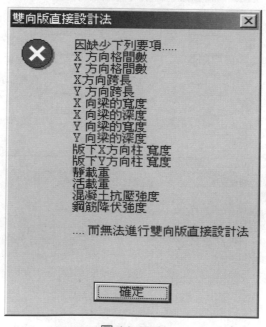

圖 11-16-3

Chapter 11

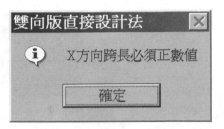

圖 11-16-4

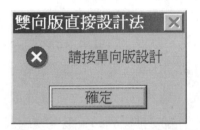

圖 11-16-5

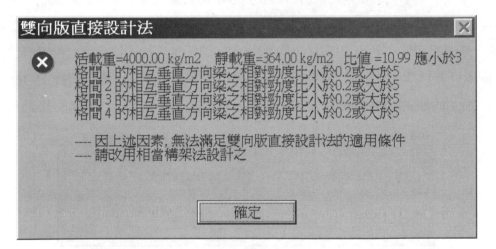

圖 11-16-6

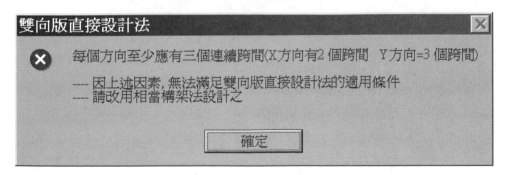

圖 11-16-7

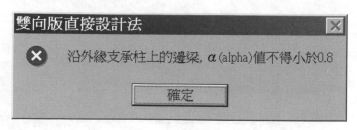

圖 11-16-8

　　設計計算結果以螢幕顯示及報表列印兩種方式表示。螢幕除顯示原始基本資料(如圖
11-16-1 及圖 11-16-2)外，顯示選定版厚、版自重及靜載重、短邊淨跨度長對長邊境跨度長
的比值 m、淨跨距、梁版撓曲勁度比 α、梁及版的慣性矩、扭力常數、各向格間總靜定設
計彎矩、縱向及橫向彎矩分配係數及分配彎矩及各設計帶各代表重要臨界點的鋼筋設計
等。報表則將螢幕顯示資料，精簡安排後列印，為主要的設計成果文件。報表分兩部份，
一部份是雙向版基本資料、重要推導資料及各設計帶各重要臨界點的鋼筋設計；另一部份
則是各設計帶的縱向及橫向彎矩分配係數及分配彎矩等詳細資料。單擊「列印」鈕時，除
列印第一部份報表外，尚出現圖 11-16-9 的畫面詢問「是否加印雙向版直接設計法的縱向
與橫向彎矩分配表？」，並依回應執行之。如果單擊「是(Y)」鈕，則列印圖 11-16-10 及圖
11-16-11 所示的報表；如果單擊「否(N)」鈕，則僅列印圖 11-16-10 所示的報表。

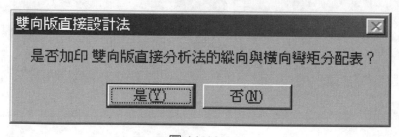

圖 11-16-9

[三樓]雙向版直接設計法 [支承間有梁]					
X方向==>	格間數	4	跨長 cm	600	梁寬度 cm 30.00
Y方向==>	格間數	3	跨長 cm	400	梁寬度 cm 30.00
靜載重 Kg/m²	100.00	自重 Kg/m²	264.00	活載重 Kg/m²	400.00　梁深 cm↓
因數化靜載重 Kg/m²	509.60	因數化活載重 Kg/m²		680.00	X->60.0
設計載重 Kg/m²	1189.60	材料強度比 m		15.6863	Y->50.0
混凝土抗壓強度 kg/cm²	210.00	鋼筋降伏強度 kg/cm²		2800.00	
樓版厚度 cm	11.00	保護層厚度 cm		2.00	

版	長向	端版版寬 cm	200.00	厚度 cm	11.00	慣性矩 cm⁴	22183.33
		中央版版寬 cm	400.00	厚度 cm	11.00	慣性矩 cm⁴	44366.67
	短向	端版版寬 cm	300.00	厚度 cm	11.00	慣性矩 cm⁴	33275.00
		中央版版寬 cm	600.00	厚度 cm	11.00	慣性矩 cm⁴	66550.00
梁	長向雙翼 T型梁	梁腰寬 cm	30.00	有效寬度 cm	118.00	慣性矩 cm⁴	927605.90
		梁全深 cm	60.00		梁與版之撓曲勁度比 α		20.9077
	長向單翼 L型梁	梁腰寬 cm	30.00	有效寬度 cm	74.00	慣性矩 cm⁴	773837.34
		梁全深 cm	60.00		梁與版之撓曲勁度比 α		34.8837
	短向雙翼 T型梁	梁腰寬 cm	30.00	有效寬度 cm	108.00	慣性矩 cm⁴	528692.53
		梁全深 cm	50.00		梁與版之撓曲勁度比 α		7.9443
	短向單翼 L型梁	梁腰寬 cm	30.00	有效寬度 cm	69.00	慣性矩 cm⁴	443674.31
		梁全深 cm	50.00		梁與版之撓曲勁度比 α		13.3336

圖 11-16-10(a)

長向內跨帶A	柱帶寬 cm	200.00	中央帶寬 cm	200.00	有效深度 cm	7.57
柱帶		端跨間版設計			內跨間版設計	
b= 170.00	外側	中央	內側	外側	中央	內側
彎矩 kg-m	367.05	1307.62	1605.85	1491.15	802.92	1491.15
R_n kg/cm²	4.186	14.912	18.313	17.005	9.157	17.005
計算 ρ	0.00151	0.00557	0.00692	0.00639	0.00336	0.00639
設計 ρ	0.00291	0.00557	0.00692	0.00639	0.00336	0.00639
設計 A_s cm²	3.74	7.17	8.90	8.23	4.32	8.23
鋼筋配置	#3(D10)@22	#3(D10)@16	#3(D10)@13	#3(D10)@14	#3(D10)@22	#3(D10)@14
提供 A_s cm²	5.51	7.58	9.33	8.66	5.51	8.66
中央帶		端跨間版設計			內跨間版設計	
b= 200.00	外側	中央	內側	外側	中央	內側
彎矩 kg-m	431.82	1538.38	1889.23	1754.29	944.62	1754.29
R_n kg/cm²	4.186	14.912	18.313	17.005	9.157	17.005
計算 ρ	0.00151	0.00557	0.00692	0.00639	0.00336	0.00639
設計 ρ	0.00291	0.00557	0.00692	0.00639	0.00336	0.00639
設計 A_s cm²	4.40	8.43	10.47	9.68	5.09	9.68
鋼筋配置	#3(D10)@22	#3(D10)@16	#3(D10)@13	#3(D10)@14	#3(D10)@22	#3(D10)@14
提供 A_s cm²	6.48	8.92	10.97	10.19	6.48	10.19

圖 11-16-10(b)

長向端跨帶B	柱帶寬 cm	100.00	中央帶寬 cm	100.00	有效深度cm	7.57
柱帶	端跨間版設計			內跨間版設計		
b= 85.00	外側	中央	內側	外側	中央	內側
彎矩 kg-m	183.53	653.81	802.92	745.57	401.46	745.57
R_n kg/cm²	4.186	14.912	18.313	17.005	9.157	17.005
計算ρ	0.00151	0.00557	0.00692	0.00639	0.00336	0.00639
設計ρ	0.00291	0.00557	0.00692	0.00639	0.00336	0.00639
設計A_s cm²	1.87	3.58	4.45	4.11	2.16	4.11
鋼筋配置	#3(D10)@22	#3(D10)@16	#3(D10)@13	#3(D10)@14	#3(D10)@22	#3(D10)@14
提供A_s cm²	2.76	3.79	4.66	4.33	2.76	4.33
中央帶	端跨間版設計			內跨間版設計		
b= 100.00	外側	中央	內側	外側	中央	內側
彎矩 kg-m	215.91	769.19	944.62	877.14	472.31	877.14
R_n kg/cm²	4.186	14.912	18.313	17.005	9.157	17.005
計算ρ	0.00151	0.00557	0.00692	0.00639	0.00336	0.00639
設計ρ	0.00291	0.00557	0.00692	0.00639	0.00336	0.00639
設計A_s cm²	2.20	4.22	5.24	4.84	2.54	4.84
鋼筋配置	#3(D10)@22	#3(D10)@16	#3(D10)@13	#3(D10)@14	#3(D10)@22	#3(D10)@14
提供A_s cm²	3.24	4.46	5.49	5.10	3.24	5.10

圖 11-16-10(c)

短向內跨帶C	柱帶寬 cm	200.00	中央帶寬 cm	400.00	有效深度cm	8.52
柱帶	端跨間版設計			內跨間版設計		
b= 170.00	外側	中央	內側	外側	中央	內側
彎矩 kg-m	157.38	560.68	688.56	639.37	344.28	639.37
R_n kg/cm²	1.416	5.044	6.195	5.752	3.097	5.752
計算ρ	0.00051	0.00183	0.00225	0.00209	0.00112	0.00209
設計ρ	0.00258	0.00258	0.00258	0.00258	0.00258	0.00258
設計A_s cm²	3.74	3.74	3.74	3.74	3.74	3.74
鋼筋配置	#3(D10)@22	#3(D10)@22	#3(D10)@22	#3(D10)@22	#3(D10)@22	#3(D10)@22
提供A_s cm²	5.51	5.51	5.51	5.51	5.51	5.51
中央帶	端跨間版設計			內跨間版設計		
b= 400.00	外側	中央	內側	外側	中央	內側
彎矩 kg-m	699.48	2491.91	3060.25	2841.66	1530.12	2841.66
R_n kg/cm²	2.674	9.528	11.701	10.865	5.850	10.865
計算ρ	0.00096	0.00350	0.00433	0.00401	0.00212	0.00401
設計ρ	0.00258	0.00350	0.00433	0.00401	0.00258	0.00401
設計A_s cm²	8.80	11.93	14.75	13.66	8.80	13.66
鋼筋配置	#3(D10)@22	#3(D10)@22	#3(D10)@19	#3(D10)@20	#3(D10)@22	#3(D10)@20
提供A_s cm²	12.97	12.97	15.02	14.27	12.97	14.27

圖 11-16-10(d)

短向內跨帶D	柱帶寬 cm	100.00	中央帶寬 cm	200.00	有效深度cm	8.52
柱帶		端跨間版設計			內跨間版設計	
b= 85.00	外側	中央	內側	外側	中央	內側
彎矩 kg-m	78.69	280.34	344.28	319.69	172.14	319.69
R_n kg/cm^2	1.416	5.044	6.195	5.752	3.097	5.752
計算ρ	0.00051	0.00183	0.00225	0.00209	0.00112	0.00209
設計ρ	0.00258	0.00258	0.00258	0.00258	0.00258	0.00258
設計A_s cm^2	1.87	1.87	1.87	1.87	1.87	1.87
鋼筋配置	#3(D10)@22	#3(D10)@22	#3(D10)@22	#3(D10)@22	#3(D10)@22	#3(D10)@22
提供A_s cm^2	2.76	2.76	2.76	2.76	2.76	2.76
中央帶		端跨間版設計			內跨間版設計	
b= 200.00	外側	中央	內側	外側	中央	內側
彎矩 kg-m	349.74	1245.96	1530.12	1420.83	765.06	1420.83
R_n kg/cm^2	2.674	9.528	11.701	10.865	5.850	10.865
計算ρ	0.00096	0.00350	0.00433	0.00401	0.00212	0.00401
設計ρ	0.00258	0.00350	0.00433	0.00401	0.00258	0.00401
設計A_s cm^2	4.40	5.96	7.37	6.83	4.40	6.83
鋼筋配置	#3(D10)@22	#3(D10)@22	#3(D10)@19	#3(D10)@20	#3(D10)@22	#3(D10)@20
提供A_s cm^2	6.48	6.48	7.51	7.13	6.48	7.13

圖 11-16-10(e)

[三樓]雙向版直接設計法 [支承間有梁]							1
縱向分配	總靜定彎矩 kg-m	端跨間彎矩 kg-m			內跨間彎矩 kg-m		2
		外側負	中央正	內側負	外側負	中央正	內側負	3
分配係數		0.16	0.57	0.70	0.65	0.35	0.65	4
長向 內跨帶A	17992.70	2878.83	10255.84	12594.89	11695.26	6297.45	11695.26	5
端跨帶B	8996.35	1439.42	5127.92	6297.45	5847.63	3148.72	5847.63	6
短向 內跨帶C	10929.45	1748.71	6229.79	7650.62	7104.14	3825.31	7104.14	7
端跨帶D	5464.73	874.36	3114.89	3825.31	3552.07	1912.65	3552.07	8

橫向分配係數	長向		短向		10
	內跨帶A	端跨帶B	內跨帶C	端跨帶D	11
L_2/L_1	0.667	0.667	1.500	1.500	12
α_1	20.9077	34.8837	7.9443	13.3336	13
$\alpha_1 L_2/L_1$	13.938	23.256	11.916	20.000	14
扭力常數C	294128.39	294128.39	386346.72	386346.72	15
版慣性矩I_s cm^4	44366.67	22183.33	66550.00	33275.00	16
βt	3.3147	6.6295	2.9027	5.8054	17
端跨間 柱帶 外側負	0.8500	0.8500	0.6000	0.6000	18
中央正	0.8500	0.8500	0.6000	0.6000	19
內側負	0.8500	0.8500	0.6000	0.6000	20
內跨間 柱帶 外側負	0.8500	0.8500	0.6000	0.6000	21
中央正	0.8500	0.8500	0.6000	0.6000	22
內側負	0.8500	0.8500	0.6000	0.6000	23
柱帶版梁分配	0.8500	0.8500	0.8500	0.8500	24

圖 11-16-11(a)

長向內跨帶A	總寬度cm	400.00	柱帶寬cm	200.00	中央帶寬	200.00	27
橫向分配彎矩 kg-m	端跨間彎矩 kg-m			內跨間彎矩 kg-m			28
	外側負	中央正	內側負	外側負	中央正	內側負	29
分配到的彎矩	2878.83	10255.84	12594.89	11695.26	6297.45	11695.26	30
柱帶分配百分比	0.8500	0.8500	0.8500	0.8500	0.8500	0.8500	31
柱帶彎矩	2447.01	8717.46	10705.66	9940.97	5352.83	9940.97	32
梁支承百分比	0.85	0.85	0.85	0.85	0.85	0.85	33
(柱帶)梁支承彎矩	2079.96	7409.84	9099.81	8449.82	4549.90	8449.82	34
(柱帶)版支承彎矩	367.05	1307.62	1605.85	1491.15	802.92	1491.15	35
(中央帶)版支承彎矩	431.82	1538.38	1889.23	1754.29	944.62	1754.29	36
							37
長向端跨帶B	總寬度cm	200.00	柱帶寬cm	100.00	中央帶寬	100.00	38
橫向分配彎矩 kg-m	端跨間彎矩 kg-m			內跨間彎矩 kg-m			39
	外側負	中央正	內側負	外側負	中央正	內側負	40
分配到的彎矩	1439.42	5127.92	6297.45	5847.63	3148.72	5847.63	41
柱帶分配百分比	0.8500	0.8500	0.8500	0.8500	0.8500	0.8500	42
柱帶彎矩	1223.50	4358.73	5352.83	4970.48	2676.41	4970.48	43
梁支承百分比	0.85	0.85	0.85	0.85	0.85	0.85	44
(柱帶)梁支承彎矩	1039.98	3704.92	4549.90	4224.91	2274.95	4224.91	45
(柱帶)版支承彎矩	183.53	653.81	802.92	745.57	401.46	745.57	46
(中央帶)版支承彎矩	215.91	769.19	944.62	877.14	472.31	877.14	47
							48

圖 11-16-11(b)

短向內跨帶C	總寬度cm	600.00	柱帶寬cm	200.00	中央帶寬	400.00	49
橫向分配彎矩 kg-m	端跨間彎矩 kg-m			內跨間彎矩 kg-m			50
	外側負	中央正	內側負	外側負	中央正	內側負	51
分配到的彎矩	1748.71	6229.79	7650.62	7104.14	3825.31	7104.14	52
柱帶分配百分比	0.6000	0.6000	0.6000	0.6000	0.6000	0.6000	53
柱帶彎矩	1049.23	3737.87	4590.37	4262.49	2295.18	4262.49	54
梁支承百分比	0.85	0.85	0.85	0.85	0.85	0.85	55
(柱帶)梁支承彎矩	891.84	3177.19	3901.81	3623.11	1950.91	3623.11	56
(柱帶)版支承彎矩	157.38	560.68	688.56	639.37	344.28	639.37	57
(中央帶)版支承彎矩	699.48	2491.91	3060.25	2841.66	1530.12	2841.66	58
							59
短向端跨帶D	總寬度cm	300.00	柱帶寬cm	100.00	中央帶寬	200.00	60
橫向分配彎矩 kg-m	端跨間彎矩 kg-m			內跨間彎矩 kg-m			61
	外側負	中央正	內側負	外側負	中央正	內側負	62
分配到的彎矩	874.36	3114.89	3825.31	3552.07	1912.65	3552.07	63
柱帶分配百分比	0.6000	0.6000	0.6000	0.6000	0.6000	0.6000	64
柱帶彎矩	524.61	1868.94	2295.18	2131.24	1147.59	2131.24	65
梁支承百分比	0.85	0.85	0.85	0.85	0.85	0.85	66
(柱帶)梁支承彎矩	445.92	1588.60	1950.91	1811.56	975.45	1811.56	67
(柱帶)版支承彎矩	78.69	280.34	344.28	319.69	172.14	319.69	68
(中央帶)版支承彎矩	349.74	1245.96	1530.12	1420.83	765.06	1420.83	69

圖 11-16-11(c)

Chapter 11

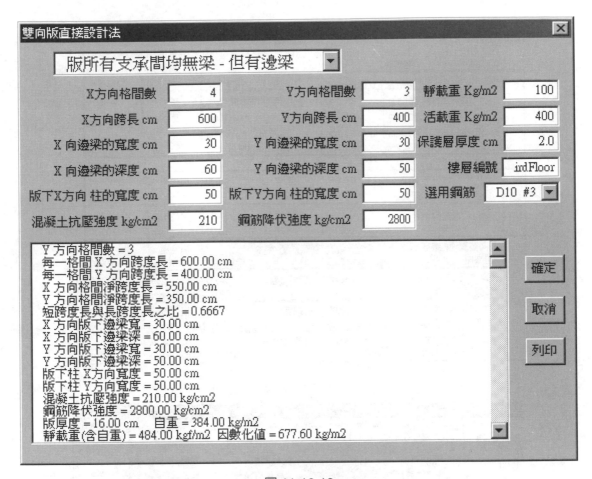

圖 11-16-12

圖 11-16-12 為第 11-14 節「雙向平版(有邊梁)設計例」的輸入畫面,因為柱間無梁而僅有邊梁,故在輸入畫面中的開拉選單中指定雙向版結構特性為「版所有支承間均無梁－但有邊梁」,其餘資料則與前例相同。圖 11-16-13 則為輸出的部分報表。由圖 11-16-12 的列示方塊的倒數第二行及圖 11-16-13 的第 8 行均顯示版厚度增為 16cm。因為柱間無梁,故圖 11-16-13 的第 14、15 行及第 18、19 行的慣性矩及梁版撓曲勁度比均為零。

圖 11-16-14 為第 11-15 節「雙向平版(無邊梁)設計例」的輸入畫面,因為無柱間梁亦缺邊梁,故在輸入畫面中的開拉選單中指定雙向版結構特性為「版所有支承間均無梁－且無邊梁」,其餘資料則與前例相同。圖 11-16-15 則為輸出的部分報表。由圖 11-16-14 的列示方塊的倒數第四行及圖 11-16-15 的第 8 行均顯示版厚度增為 17cm。因為無柱間梁及邊梁,故圖 11-16-15 的第 14 至 21 行顯示所有內梁及邊梁的慣性矩及梁版撓曲勁度比均為零。

[ThirdFloor]雙向版直接設計法 [支承間無梁 - 但有邊梁]						1
X方向==>	格間數	4	跨長 cm	600	梁寬度 cm	30.00	2
Y方向==>	格間數	3	跨長 cm	400	梁寬度 cm	30.00	3
靜載重 Kg/m²	100.00	自重 Kg/m²	384.00	活載重 Kg/m²	400.00	梁深 cm↓	4
因數化靜載重 Kg/m²	677.60	因數化活載重 Kg/m²	680.00	X->60.0	5
設計載重 Kg/m²	1357.60	材料強度比 m	15.6863	Y->50.0	6
混凝土抗壓強度 kg/cm²	210.00	鋼筋降伏強度 kg/cm²	2800.00		7
樓版厚度 cm	16.00	保護層厚度 cm	2.00		8
						9

版

	長向	端版版寬 cm	200.00	厚度 cm	16.00	慣性矩 cm⁴	68266.67	10
		中央版版寬 cm	400.00	厚度 cm	16.00	慣性矩 cm⁴	136533.33	11
	短向	端版版寬 cm	300.00	厚度 cm	16.00	慣性矩 cm⁴	102400.00	12
		中央版版寬 cm	600.00	厚度 cm	16.00	慣性矩 cm⁴	204800.00	13

梁

	長向雙翼 T型梁	梁腰寬 cm	0.00	有效寬度 cm	0.00	慣性矩 cm⁴	0.00	14
		梁全深 cm	0.00			梁與版之撓曲勁度比 α	0.0000	15
	長向單翼 L型梁	梁腰寬 cm	30.00	有效寬度 cm	74.00	慣性矩 cm⁴	799956.69	16
		梁全深 cm	60.00			梁與版之撓曲勁度比 α	11.7181	17
	短向雙翼 T型梁	梁腰寬 cm	0.00	有效寬度 cm	0.00	慣性矩 cm⁴	0.00	18
		梁全深 cm	0.00			梁與版之撓曲勁度比 α	0.0000	19
	短向單翼 L型梁	梁腰寬 cm	30.00	有效寬度 cm	64.00	慣性矩 cm⁴	439479.11	20
		梁全深 cm	50.00			梁與版之撓曲勁度比 α	4.2918	21

圖 11-16-13

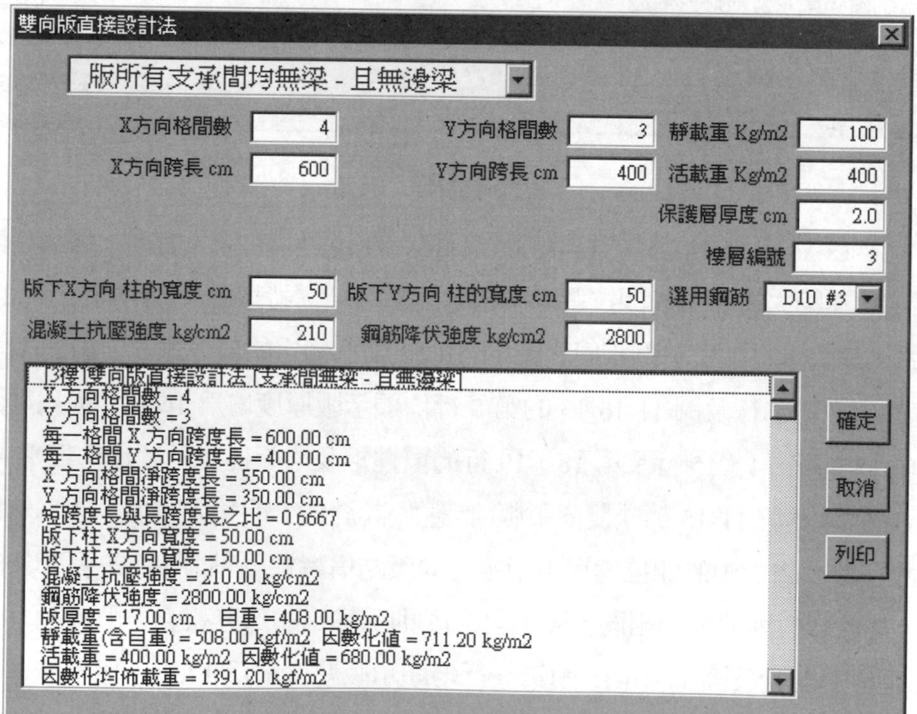

圖 11-16-14

[3樓]雙向版直接設計法 [支承間無梁 - 且無邊梁]						1
X方向⟹	格間數	4	跨長 cm	600	梁寬度 cm	0.00	2
Y方向⟹	格間數	3	跨長 cm	400	梁寬度 cm	0.00	3
靜載重 Kg/m²	100.00	自重 Kg/m²	408.00	活載重 Kg/m²	400.00	梁深 cm ↓	4
因數化靜載重 Kg/m²		711.20	因數化活載重 Kg/m²		680.00	X->0.0	5
設計載重 Kg/m²		1391.20	材料強度比 m		15.6863	Y->0.0	6
混凝土抗壓強度 kg/cm²		210.00	鋼筋降伏強度 kg/cm²		2800.00		7
樓版厚度 cm		17.00	保護層厚度 cm		2.00		8
							9

版	長向	端版版寬 cm	200.00	厚度 cm	17.00	慣性矩 cm⁴	81883.33	10
		中央版版寬 cm	400.00	厚度 cm	17.00	慣性矩 cm⁴	163766.67	11
	短向	端版版寬 cm	300.00	厚度 cm	17.00	慣性矩 cm⁴	122825.00	12
		中央版版寬 cm	600.00	厚度 cm	17.00	慣性矩 cm⁴	245650.00	13
梁	長向雙翼 T 型梁	梁腰寬 cm	0.00	有效寬度 cm	0.00	慣性矩 cm⁴	0.00	14
		梁全深 cm	0.00		梁與版之撓曲勁度比 α		0.0000	15
	長向單翼 L 型梁	梁腰寬 cm	0.00	有效寬度 cm	0.00	慣性矩 cm⁴	0.00	16
		梁全深 cm	0.00		梁與版之撓曲勁度比 α		0.0000	17
	短向雙翼 T 型梁	梁腰寬 cm	0.00	有效寬度 cm	0.00	慣性矩 cm⁴	0.00	18
		梁全深 cm	0.00		梁與版之撓曲勁度比 α		0.0000	19
	短向單翼 L 型梁	梁腰寬 cm	0.00	有效寬度 cm	0.00	慣性矩 cm⁴	0.00	20
		梁全深 cm	0.00		梁與版之撓曲勁度比 α		0.0000	21

圖 11-16-15

11-17　雙向版設計難題─版厚

雙向版直接設計法或相當構架法的計算過程均相當繁瑣,但雙向版版厚的決定更是一大難題。不同版厚除了影響版的自重以外,尚影響各構件的慣性矩、扭力常數、撓曲勁度等重要物理量。設計過程中,在桿件彎矩計得後,版厚如果未能通過撓曲與剪力的檢核,則必須增加版厚,重新計算,這種繁瑣、重複與循環的計算工作,除了影響工作效率外,過程中的計算錯誤亦所難免。

在程式的輸入畫面中,使用者如未輸入指定的版厚 cm,則雙向版的版厚完全由程式循環試算決定之;如果指定的版厚大於所需版厚,則依指定版厚;否則從指定版厚開始試算,因此可以節省甚多的低效率工作。前面的設計例中,均已指定雙向版的版厚,除可一次完成設計、計算工作,且設定版厚與實際所需版厚相差均在 1cm 以內。在設計這些設計例時,均先以程式試算決定版厚,故可一次計算完成之。由此可見,使用程式進行雙向版設計可提升工作效率、決定最經濟的版厚,並產生完整合用的報表。

國家圖書館出版品預行編目(CIP)資料

鋼筋混凝土學 / 趙元和, 趙英宏編著. -- 二版. --
　臺北縣土城市：全華圖書, 2008.05
　　面；　公分
ISBN 978-957-21-6423-5(平裝附光碟片)

1.鋼筋混凝土

441.557　　　　　　　　　　　　　97008919

鋼筋混凝土學(附分析設計軟體光碟)

作者 / 趙元和・趙英宏

執行編輯 / 陳韋翔

發行人 / 陳本源

出版者 / 全華圖書股份有限公司

郵政帳號 / 0100836-1 號

印刷者 / 宏懋打字印刷股份有限公司

圖書編號 / 05407017

二版二刷 / 2010 年 11 月

定價 / 新台幣 680 元

ISBN / 978-957-21-6423-5　(平裝附光碟片)

全華圖書 / www.chwa.com.tw

全華網路書店 Open Tech / www.opentech.com.tw

若您對書籍內容、排版印刷有任何問題，歡迎來信指導 book@chwa.com.tw

臺北總公司(北區營業處)
地址：23671 臺北縣土城市忠義路 21 號
電話：(02) 2262-5666
傳真：(02) 6637-3695、6637-3696

中區營業處
地址：40256 臺中市南區樹義一巷 26-1 號
電話：(04) 2261-8485
傳真：(04) 3600-9806

南區營業處
地址：80769 高雄市三民區應安街 12 號
電話：(07) 862-9123
傳真：(07) 862-5562

全省訂書專線 / 0800021551